Peter Wriggers, Udo Nackenhorst,
Sascha Beuermann, Holger Spiess, Stefan Löhnert

Technische Mechanik kompakt

Starrkörperstatik
Elastostatik
Kinetik

Peter Wriggers, Udo Nackenhorst,
Sascha Beuermann, Holger Spiess, Stefan Löhnert

Technische Mechanik kompakt

Starrkörperstatik
Elastostatik
Kinetik

2., durchgesehene und überarbeitete Auflage

Mit zahlreichen Abbildungen und Tabellen,
106 durchgerechneten Beispielen, 178 Übungsaufgaben
sowie einer englisch-deutschen Vokabelübersicht

Bibliografische Information der Deutschen Bibliothek
Die Deutsche Bibliothek verzeichnet diese Publikation in der Deutschen Nationalbibliografie; detaillierte bibliografische Daten sind im Internet über <http://dnb.ddb.de> abrufbar.

Prof. Dr.-Ing. Peter Wriggers und **Prof. Dr.-Ing. Udo Nackenhorst** vertreten die Mechanik im Fachgebiet Bauingenieurwesen an der Leibniz Universität Hannover.
Dipl.-Ing. Sascha Beuermann (Altair Engineering), **Dr.-Ing. Holger Spiess** (Fraunhofer Institut SCAI) und **Dr.-Ing. Stefan Löhnert** (Northwestern University) waren wissenschaftliche Mitarbeiter am Institut für Baumechanik und Numerische Mechanik an der Leibniz Universtität Hannover.

Ausführliche Informationen zu den Autoren sind auf der Homepage des Buches unter **www.tm-kompakt.de** zu finden.

1. Auflage 2005
2., durchges. und überarb. Auflage Oktober 2006

Der B. G. Teubner Verlag ist ein Unternehmen von Springer Science+Business Media.
www.teubner.de

Umschlaggestaltung: Ulrike Weigel, www.CorporateDesignGroup.de
Druck und buchbinderische Verarbeitung: Strauss Offsetdruck, Mörlenbach
Gedruckt auf säurefreiem und chlorfrei gebleichtem Papier.

ISBN 978-3-8351-0087-9

Vorwort

Dieses Lehrbuch zur Technischen Mechanik behandelt die *Starrkörperstatik*, die *Elastostatik* und die *Kinetik* kompakt in einem einzigen Band. Es ist aus den von den Autoren gemeinsam ausgearbeiteten Kursunterlagen zur Technischen Mechanik im Bauwesen an der Leibniz Universität Hannover entstanden. Die Grundlagen der Technischen Mechanik sind dabei so allgemein gehalten, dass sich das Lehrbuch auch für das Studium anderer ingenieurwissenschaftlicher Studiengänge eignet.

Da das Verstehen der Mechanik nicht allein durch das Studium von Lehrbüchern gelingen wird, ist das Nachvollziehen von Herleitungen, insbesondere aber das selbständige Lösen von Aufgaben unverzichtbar. Aus diesem Grund enthält jedes Kapitel neben Herleitungen der theoretischen Zusammenhänge motivierende Beispiele mit detailliertem Lösungsweg. Zusätzlich befindet sich am Ende eines jeden Kapitels ein Abschnitt mit Übungsaufgaben, deren Endergebnisse angegeben sind.

Um zu demonstrieren, dass viele Aufgaben der Mechanik erleichternd auch mit Hilfe von Computerprogrammen gelöst werden können, sind für einige Bespiele Lösungswege mit dem Computer-Algebra-Programm MAPLE angegeben.

Für Hinweise auf etwaige Fehler sind wir jederzeit sehr dankbar. Auch Verbesserungsvorschläge nehmen wir gerne entgegen (`info@tm-kompakt.de`).

An einer englischen Version des Buches wird zurzeit gearbeitet. Nach Fertigstellung wird diese im Internet unter `www.tm-kompakt.de` zum Download bereitgestellt. Ferner finden Sie auf dieser Seite auch eine Errata-Liste sowie weitere Informationen zu den Autoren.

Wir danken den studentischen Hilfskräften Björn-André Lau und Dana Müller-Hoeppe für die Hilfe bei der Erstellung dieses Buches. Ferner richtet sich der Dank der Autoren an Herrn Dr. Martin Feuchte vom Teubner-Verlag für die gute Zusammenarbeit.

Hannover, im September 2006

S. Beuermann   S. Löhnert   U. Nackenhorst   H. Spiess   P. Wriggers

Inhaltsverzeichnis

1 Allgemeine Einführung

1.1 Aufgabe und Einteilung der Mechanik

Die *Mechanik* ist das älteste Teilgebiet der Physik. Ihre Geschichte reicht zurück bis ins Altertum. Die Wortprägung „mechanae“ stammt von ARISTOTELES (384 - 322 v. Chr.). ARCHIMEDES (287 - 212 v. Chr.) befasste sich mit dem Hebelgesetz und dem Auftrieb eines Körpers in einer Flüssigkeit. Gegen Ende des Mittelalters erfolgte eine Belebung dieser Wissenschaft durch z. B. GALILEO GALILEI (1564 - 1642, Fallgesetze) und ISAAC NEWTON (1643 - 1727, Bewegungsgesetze).

Die Mechanik befasst sich mit der Bewegung und dem inneren mechanischen Zustand von Körpern unter der Einwirkung von Kräften. Ein *Körper* wird in der Mechanik als ein zusammenhängendes Gebiet aus materiellen Teilchen *(Kontinuum)* beliebigen Aggregatzustandes (fest, flüssig, gasförmig) verstanden. Mit *Bewegung* ist die Ortsveränderung einzelner Körperpunkte gemeint. Somit umfasst der Begriff sowohl Bewegungen des Körpers als Ganzes als auch Deformationen und, als Sonderfall, den Ruhezustand. Die Mechanik unterteilt sich in die Kinematik und in die Dynamik, wobei die *Kinematik* den räumlichen und zeitlichen Ablauf der Bewegung von Körpern beschreibt, ohne nach den verursachenden Kräften zu fragen. Die *Dynamik* hingegen ist die Lehre von den Kräften und ihren Wirkungen auf Körper und gliedert sich in die Teilgebiete Kinetik und Statik. Die *Kinetik* beschäftigt sich mit den zwischen Kräften und Bewegungen bestehenden Beziehungen. Die *Statik*, ein Sonderfall der Dynamik, ist die Lehre vom Gleichgewicht der Kräfte.

Nach den Eigenschaften und dem Aggregatzustand der betrachteten Körper werden weitere Unterscheidungen getroffen, siehe Tabelle 1.1. Diese Einteilung ist jedoch nur sehr grob, da z. B. die Temperatur- oder Zeitabhängigkeit der Eigenschaften nicht berücksichtigt ist. Außerdem sind die Übergänge zwischen den Werkstoffmodellen oft fließend. Die aufgeführten Eigenschaften sind damit nur Idealisierungen der realen Eigenschaften. Z. B. wird jeder *feste Körper* bei einer Belastung durch Kräfte verformt. Verschwinden diese Verformungen nach der Belastung wieder vollständig, verhält sich der Körper ideal elastisch; gehen sie überhaupt nicht zurück, verhält er sich ideal plastisch. In Wirklichkeit verhält sich kein Körper ideal elastisch oder ideal plastisch, i. d. R. überwiegt jedoch eine der beiden Eigenschaften, so dass die andere oft vernachlässigt werden kann.

Sind die Formänderungen klein und beeinflussen das Verhalten nur gering oder unwesentlich, so darf der Körper als starr angesehen werden. Ein *starrer Körper* erfährt unter der Wirkung von Kräften keine Deformation. In der *Starrkörperstatik* werden mithin Beziehungen zwischen den Kräften, die an einem im Gleichgewicht befindlichen, starren Körper angreifen, beschrieben.

<table>
<tr><th>Aggregat-zustand</th><th>Werkstoff-modell</th><th>Teilgebiet</th><th colspan="2">übergeordnete Begriffe</th></tr>
<tr><td rowspan="3">fest</td><td>starr</td><td>Stereomechanik</td><td rowspan="3">Festkörper-mechanik</td><td rowspan="5">Kontinuums-mechanik</td></tr>
<tr><td>elastisch</td><td>Elastomechanik</td></tr>
<tr><td>plastisch</td><td>Plastomechanik</td></tr>
<tr><td>flüssig</td><td></td><td>Hydromechanik</td><td rowspan="2">Fluid-mechanik</td></tr>
<tr><td>gasförmig</td><td></td><td>Aeromechanik</td></tr>
</table>

Tabelle 1.1 Einteilung der Mechanik nach den Eigenschaften der Körper

1.2 Vorgehen in der Mechanik

Die Lösung von Aufgabenstellungen in der Mechanik vollzieht sich in mehreren Schritten:

Zunächst wird im Rahmen der *Modellbildung (Abstraktion)* das reale System (die Wirklichkeit) auf ein mechanisches (Ersatz-)Modell abgebildet. Mit Hilfe von Naturgesetzen, Axiomen und Prinzipien wird daraus ein mathematisches Modell erstellt, das entweder analytisch oder numerisch gelöst wird.

Axiome sind Aussagen, die mathematisch nicht bewiesen sind, die jedoch aufgrund der Beobachtungen der Natur plausibel erscheinen und bislang nicht widerlegt worden sind. *Prinzipien* sind Verfahrens- oder Rechenvorschriften, die durch ihren axiomatischen Charakter gekennzeichnet sind. Sie werden wegen ihrer Vorteile in Theorie und Berechnung verwendet, beispielsweise das Prinzip der virtuellen Arbeit, siehe Abschnitt 15.4.

1.3 Physikalische Größen und Einheiten

Eine *physikalische Größe* wird durch ihre Maßzahl in ihrer Maßeinheit ausgedrückt. Die Länge $\ell = 3$ m zum Beispiel hat die Maßzahl 3 und die Maßeinheit m. Physikalische Größen, die durch eine einzige Maßzahl und die entsprechende *Einheit* bestimmt sind, nennt man *Skalare*. Beispiele hierfür sind die *Länge* ℓ, die *Masse* m (z. B. $m = 1.5$ kg), die *Temperatur* T (z. B. $T = 350$ K) und die *Zeit* t (z. B. $t = 2$ s).

Die Kraft $\boldsymbol{F}$ hingegen ist ein Beispiel für eine *gerichtete* physikalische Größe, die *Vektor* genannt wird. Im Gegensatz zu Skalaren ist bei Vektoren nicht nur die Größe, sondern auch die Richtung maßgebend. Vektoren bestehen im Räumlichen aus drei, in der Ebene aus zwei skalaren Größen mit jeweils der gleichen Maßeinheit und aus den Basisvektoren $\boldsymbol{e}_x$, $\boldsymbol{e}_y$ und $\boldsymbol{e}_z$, die die Richtungen der einzelnen Komponenten bestimmen. Im weiteren beschränken wir uns auf das kartesische Koordinatensystem, in dem die Basisvektoren jeweils senkrecht aufeinander stehen und die Einheitslänge 1 haben.

$$\boldsymbol{F} = 12\,\mathrm{N}\,\boldsymbol{e}_x + 0.4\,\mathrm{N}\,\boldsymbol{e}_y + 7\,\mathrm{N}\,\boldsymbol{e}_z = \begin{bmatrix} \boldsymbol{e}_x & \boldsymbol{e}_y & \boldsymbol{e}_z \end{bmatrix} \begin{bmatrix} 12\,\mathrm{N} \\ 0.4\,\mathrm{N} \\ 7\,\mathrm{N} \end{bmatrix}$$

Der Einfachheit halber werden im folgenden Vektoren nur noch durch ihre Koordinatenmatrizen dargestellt, vgl. Abschnitt A.4.1.

$$\boldsymbol{F} = \begin{bmatrix} 12\,\mathrm{N} & 0.4\,\mathrm{N} & 7\,\mathrm{N} \end{bmatrix}^{\mathrm{T}}$$

In der Regel wird heute das Internationale *Einheitensystem* (SI-System) zur Kennzeichnung der Maßeinheit verwendet. Dieses lässt sich auf die sieben Grundeinheiten Meter (m), Kilogramm (kg), Sekunde (s), Ampère (A), Kelvin (K), Candela (cd) und Mol (mol) zurückführen. Von diesen Grundeinheiten werden Einheiten für andere physikalische Größen abgeleitet, so z. B. für die Kraft Newton (N) oder den Druck Pascal (Pa). Tabelle 1.2 zeigt die wichtigsten in der Mechanik verwendeten Größen sowie deren Symbole und Einheiten.

Physikalische Größe	Formelzeichen	Einheit	Name	Basiseinheit
Länge	ℓ, s	m	Meter	m
Masse	m	kg	Kilogramm	kg
Zeit	t	s	Sekunde	s
Temperatur	T	K	Kelvin	K
Fläche	A	–	–	m^2
Volumen	V	–	–	m^3
Kraft	F	N	Newton	$\mathrm{kg\ m/s^2}$
Spannung	σ, τ	Pa	Pascal	$\mathrm{kg/(m\ s^2)}$
Druck	p	Pa	Pascal	$\mathrm{kg/(m\ s^2)}$
Moment	M	–	–	$\mathrm{kg\ m^2/s^2}$
Geschwindigkeit	v	–	–	m/s
Beschleunigung	a	–	–	$\mathrm{m/s^2}$
Arbeit	W	J	Joule	$\mathrm{kg\ m^2/s^2}$
Leistung	P	W	Watt	$\mathrm{kg\ m^2/s^3}$

Tabelle 1.2 Symbole und Einheiten der Mechanik

1.4 Aufbau des Buches

Der erste Teil des Buches beschäftigt sich mit der Starrkörperstatik, d. h. mit den Beziehungen zwischen den Kräften, die an einem im Gleichgewicht befindlichen, starren Körper angreifen. Als starr werden solche Körper idealisiert, deren Deformationen vernachlässigt werden können. Zunächst werden im ersten Teil einige der in der Ingenieurmechanik wichtigen Größen, wie beispielsweise *Kräfte* und *Momente* eingeführt. Anschließend werden die grundlegenden mechanischen Gesetzmäßigkeiten wie die *Gleichgewichtsbedingungen* behandelt und auf die im Ingenieurwesen wichtigen Strukturen, *Fachwerk* und *Balken*, angewendet. Im Speziellen wird für Balkenstrukturen auf die Berechnung der Schnittgrößen eingegangen.

Der zweite Teil beschäftigt sich mit den Beanspruchungen und Deformationen elastischer Körper. Zunächst werden Spannungs- und Verzerrungszustände sowie Materialgleichungen eingeführt. Im Besonderen werden die Beanspruchung von Stäben und Balken sowie die Balkenbiegung und die Schubbeanspruchung behandelt. Außerdem werden Energiemethoden vorgestellt und eine Einführung in die Finite Elemente Methode gegeben. Desweiteren beschäftigt sich dieser Teil mit Stabilitätsproblemen und den Grundlagen der Festigkeitslehre.

Im dritten Teil wird die Kinetik behandelt, welche die zwischen den Kräften und Bewegungen bestehenden Beziehungen umfasst. Im Gegensatz zur Statik spielen hier zeitlich veränderliche Vorgänge, Geschwindigkeiten und Beschleunigungen eine große Rolle. Nach einer Einführung in die Kinematik des Punktes und die Kinetik des Massenpunktes folgt die Dynamik des ausgedehnten starren Körpers. Im Speziellen werden der Impulssatz, der Arbeitssatz und Stoßprobleme behandelt. Am Ende dieses Teils wird auf Schwingungen starrer Körper eingegangen.

Die Übungsaufgaben am Ende eines jeden Kapitels sind mit einem Schwierigkeitsgrad von 1 bis 3 versehen, wobei die Aufgaben mit dem Schwierigkeitsgrad 1 der Einübung des Grundverständnisses dienen. Die sichere Beherrschung der Aufgaben der Schwierigkeitsklasse 2 entspricht den Minimalanforderungen der Kursprüfungen der Mechanik in Hannover. Erst die Beherrschung der Aufgaben vom Schwierigkeitsgrad 3 ist ein Indiz für das vertiefte Verständnis der mechanischen Zusammenhänge.

Im Anhang des Buches werden die wichtigsten Elemente der benötigten mathematischen Grundlagen zusammengefasst. Hilfsmittel zum Lösen der Übungsaufgaben sind dort ebenso wie ein Symbol- und Stichwortverzeichnis sowie eine Übersicht der wichtigsten Begriffe der Mechanik in englischer und deutscher Sprache zu finden.

Teil I: Starrkörperstatik

2 Kräfte und Momente

2.1 Kräfte

Kräfte können nicht unmittelbar gemessen werden, sondern nur deren Wirkung auf Körper. Eine Kraft $\boldsymbol{F}$ ist, wie in Bild 2.1 gezeigt, durch ihren *Betrag* F, ihre *Wirkungslinie* und ihren *Richtungssinn* (gekennzeichnet durch den Richtungsvektor $\boldsymbol{n}$) sowie durch ihren *Angriffspunkt* beschrieben. Kräfte sind somit vektorielle Größen. Mathematisch können sie dargestellt werden durch ihren Betrag und den Einheitsvektor $\boldsymbol{n}$, der die Lage der Wirkungslinie im Raum beschreibt,

$$\boldsymbol{F} = F\boldsymbol{n} \qquad \text{mit} \quad F = |\boldsymbol{F}|, \quad |\boldsymbol{n}| = 1\,. \tag{2.1}$$

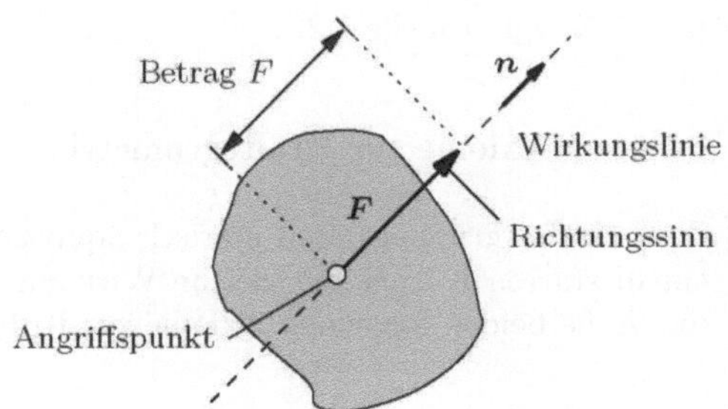

Bild 2.1
Beschreibung einer Kraft

Einzelkräfte stellen jedoch nur eine Idealisierung der in der Realität auftretenden *Volumenkräfte* (z. B. Gewichts- oder magnetische Kräfte) und *Oberflächenkräfte* (z. B. Druckkräfte) dar. Eine Einzelkraft ist stets die Resultierende aus diesen verteilten Kräften, vgl. Kapitel 5.

Eine Kraft $\boldsymbol{F}$ lässt sich im kartesischen Koordinatensystem in ihre Komponenten F_x, F_y und F_z zerlegen (siehe Bild 2.2).

$$\boldsymbol{F} = F_x\boldsymbol{e}_x + F_y\boldsymbol{e}_y + F_z\boldsymbol{e}_z = \mathbf{e}^{\mathrm{T}} \begin{bmatrix} F_x \\ F_y \\ F_z \end{bmatrix} \tag{2.2}$$

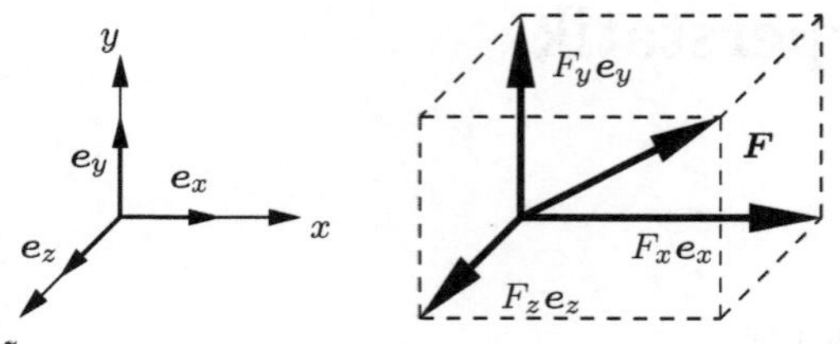

Bild 2.2
Komponenten eines Kraftvektors

Entsprechend Abschnitt A.4.1 wird im Folgenden für Vektoren die matrizielle Schreibweise verwendet, d. h. es werden lediglich die Komponenten in einer Spaltenmatrix bzw. in einer transponierten Zeilenmatrix für kartesische Koordinaten notiert.

$$\boldsymbol{F} = \begin{bmatrix} F_x \\ F_y \\ F_z \end{bmatrix} = \begin{bmatrix} F_x & F_y & F_z \end{bmatrix}^{\mathrm{T}} \tag{2.3}$$

Für den Betrag F des Kraftvektors gilt

$$F = |\boldsymbol{F}| = \sqrt{F_x^2 + F_y^2 + F_z^2}\,. \tag{2.4}$$

Die Maßeinheit der Kraft ist nach Isaac Newton (1643 – 1727) „Newton“: $[F] = \mathrm{N}$, vgl. Tabelle 1.2.

2.1.1 Axiome zur Kräftegeometrie

Zwei Kräfte(gruppen) sind statisch äquivalent, d. h. gleichwertig, wenn sie an einem starren Körper die gleiche Wirkung hervorrufen. Diese Definition wird durch die beiden folgenden Axiome zur Kräftegeometrie konkretisiert.

Linienflüchtigkeit einer Kraft

Die Wirkung einer Kraft $\boldsymbol{F}$ auf einen starren Körper ändert sich nicht, wenn der Angriffspunkt der Kraft entlang der Wirkungslinie verschoben wird, siehe Bild 2.3.

Zu beachten ist, dass dieses Axiom nicht für verformbare Körper gilt.

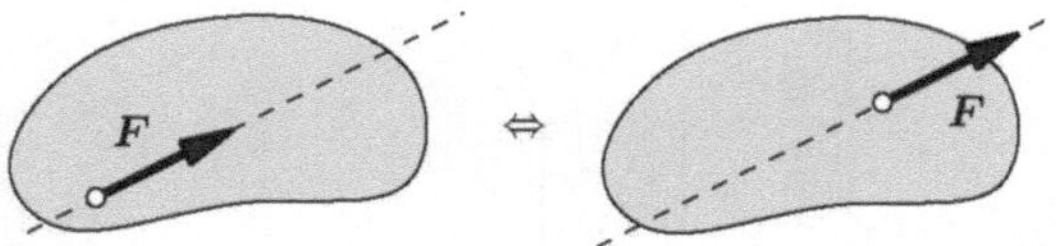

Bild 2.3
Axiom der Linienflüchtigkeit einer Kraft

Addition von Kräften (Parallelogrammaxiom)

Zwei an einem Punkt angreifende Kräfte $\boldsymbol{F}_1$ und $\boldsymbol{F}_2$ lassen sich vektoriell zu einer resultierenden Kraft $\boldsymbol{F}_\mathrm{R}$ mit demselben Angriffspunkt addieren, so dass die Wirkung der beiden Einzelkräfte statisch äquivalent zur Wirkung der Resultierenden ist. In der Ebene kann man sich die vektorielle Addition geometrisch über eines *Parallelogrammkonstruktion* veranschaulichen, siehe Bild 2.4.

Bild 2.4
Addition von Kräften mit Hilfe des Kräfteparallelogramms

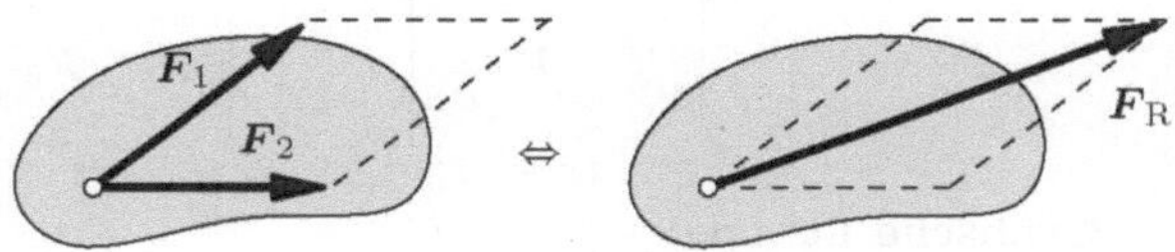

Beispiel 2.1 Axiome der Kräftegeometrie

Die beiden in einer Ebene liegenden Kräfte $\boldsymbol{F}_1$ und $\boldsymbol{F}_2$, die an einem starren Körper eingreifen, sollen grafisch zu einer Resultierenden zusammengefasst werden.

Lösung:

Zunächst werden die beiden Kräfte nach dem Axiom der Linienflüchtigkeit entlang ihrer Wirkungslinie verschoben, so dass sie einen gemeinsamen Angriffspunkt haben. Anschließend fasst man die beiden Kräfte nach dem Parallelogrammaxiom zur Resultierenden $\boldsymbol{F}_\mathrm{R}$ zusammen.

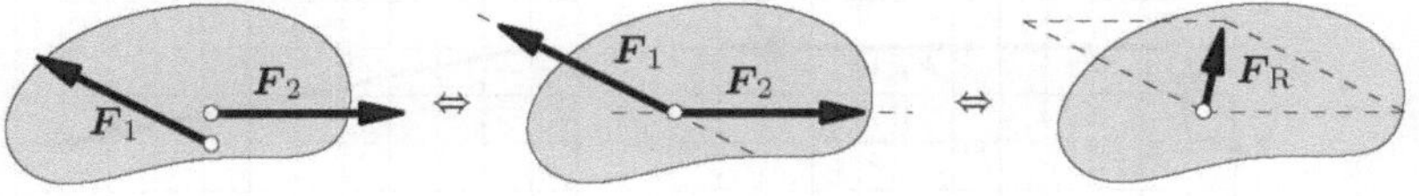

2.1.2 Zusammenfassung von Kräften

Durch eine Verallgemeinerung des Parallelogrammaxioms können auch mehrere Kräfte $\boldsymbol{F}_i$ $(i = 1, \ldots, n)$ mit gemeinsamem Angriffspunkt (zentrales Kräftesystem) vektoriell addiert und zu einer resultierenden Kraft $\boldsymbol{F}_\mathrm{R}$ zusammengefasst werden. Die so ermittelte Resultierende $\boldsymbol{F}_\mathrm{R}$ ist den Kräften $\boldsymbol{F}_i$ statisch äquivalent, d. h. sie übt auf einen starren Körper die gleiche Wirkung aus.

$$\boldsymbol{F}_\mathrm{R} = \sum_{i=1}^{n} \boldsymbol{F}_i \tag{2.5}$$

Diese Vektorgleichung kann mittels dreier skalarer Gleichungen,

$$F_{\mathrm{R}x} = \sum F_{ix}\,, \quad F_{\mathrm{R}y} = \sum F_{iy}\,, \quad F_{\mathrm{R}z} = \sum F_{iz}\,, \tag{2.6}$$

ausgewertet werden. Die vektorielle Addition von Kräften, die nicht in einem Punkt angreifen (allgemeines Kräftesystem), liefert keine Aussage über den Angriffspunkt der Resultierenden. Greifen die zu addierenden Kräfte jedoch in einem Punkt an, so ist dieser auch der Angriffspunkt der Resultierenden.

Beispiel 2.2 Zentrales Kräftesystem

Die resultierende Kraft $\boldsymbol{F}_\mathrm{R}$ aus den drei in einem Punkt angreifenden Kräften $\boldsymbol{F}_1$, $\boldsymbol{F}_2$ und $\boldsymbol{F}_3$ ist grafisch und rechnerisch zu bestimmen.

$$\boldsymbol{F}_1 = \begin{bmatrix} 2 \\ 1.5 \end{bmatrix} \mathrm{N}, \quad \boldsymbol{F}_2 = \begin{bmatrix} 3 \\ -1.5 \end{bmatrix} \mathrm{N}, \quad \boldsymbol{F}_3 = \begin{bmatrix} 0 \\ -1 \end{bmatrix} \mathrm{N}$$

Grafische Lösung:

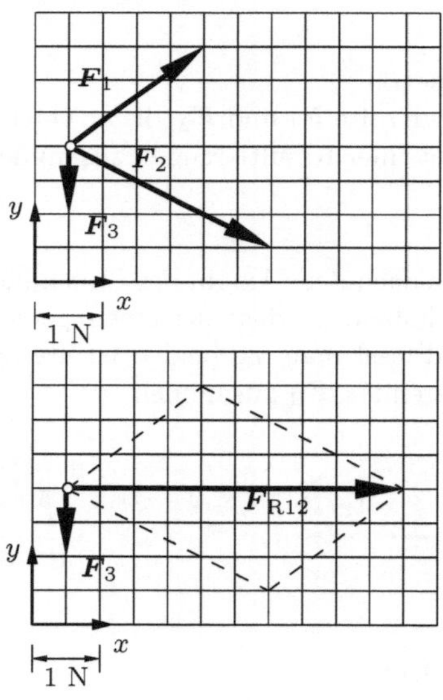

Zunächst werden die beiden Kräfte $\boldsymbol{F}_1$ und $\boldsymbol{F}_2$ mittels Parallelogrammkonstruktion zur Resultierenden $\boldsymbol{F}_{\mathrm{R}12}$ zusammengefasst. Anschließend werden dann $\boldsymbol{F}_{\mathrm{R}12}$ und $\boldsymbol{F}_3$ zur endgültigen Resultierenden $\boldsymbol{F}_\mathrm{R}$ addiert.

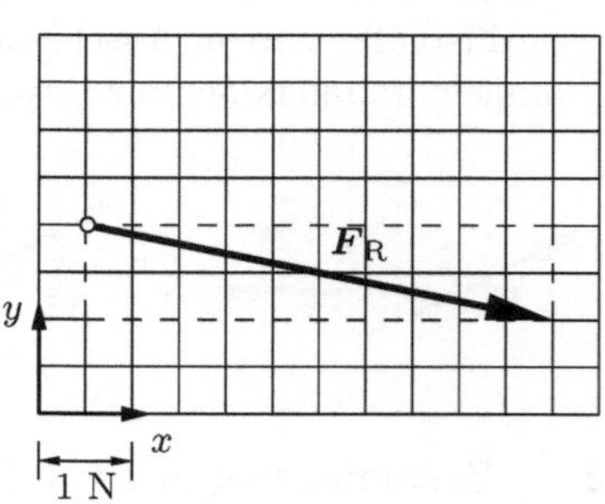

Rechnerische Lösung:

Aus Gleichung 2.5 folgt für die Resultierende

$$\boldsymbol{F}_\mathrm{R} = \boldsymbol{F}_1 + \boldsymbol{F}_2 + \boldsymbol{F}_3 = \begin{bmatrix} 2+3+0 \\ 1.5-1.5-1 \end{bmatrix} \mathrm{N} = \begin{bmatrix} 5 \\ -1 \end{bmatrix} \mathrm{N}.$$

2.1.3 Zerlegung von Kräften

Als Umkehrung des Parallelogrammaxioms lässt sich eine Kraft in mehrere Kräfte in verschiedene Richtungen zerlegen. Die Zerlegung einer Kraft $\boldsymbol{F}$ ist in der Ebene entlang zweier sich schneidender Wirkungslinien eindeutig möglich. Im dreidimensionalen Raum ist die Zerlegung in drei sich in einem Punkt schneidende Wirkungslinien eindeutig. Oft ist die Zerlegung in Richtung der kartesischen Koordinaten x und y (sowie ggf. z) sinnvoll.

Beispiel 2.3 Kraftzerlegung
Bestimmen Sie grafisch und rechnerisch die Zerlegung der Kraft $\boldsymbol{F}$ in Richtung der beiden Vektoren $\boldsymbol{n}_1$ und $\boldsymbol{n}_2$.

$$\boldsymbol{F} = \begin{bmatrix} 5 \\ 1 \end{bmatrix} \mathrm{N}, \quad \boldsymbol{n}_1 = \frac{1}{\sqrt{5}} \begin{bmatrix} 1 \\ 2 \end{bmatrix}, \quad \boldsymbol{n}_2 = \frac{1}{\sqrt{17}} \begin{bmatrix} 4 \\ -1 \end{bmatrix}$$

Grafische Lösung:
Neben der Kraft, die maßstabsgetreu aufgetragen wird, werden die Wirkungslinien der gesuchten Kraftkomponenten am Angriffspunkt der Kraft F entsprechend der gegebenen Normalenvektoren eingezeichnet. Anschließend können durch Umkehrung des Parallelogrammaxioms die gesuchten Kraftkomponenten konstruiert werden. Die Beträge lassen sich bei vorheriger Festlegung eines Kräftemaßstabs aus der Zeichnung ablesen: $F_1 \approx 2.2$ N, $F_2 \approx 4.1$ N.

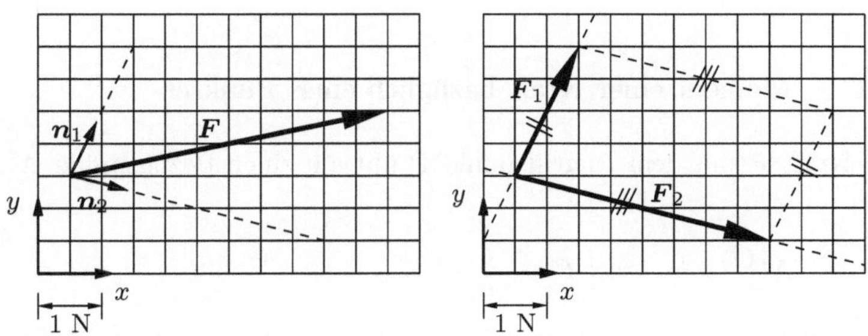

Rechnerische Lösung:
Aus Gleichung 2.6 folgt für die Komponenten der Resultierenden $\boldsymbol{F}_\mathrm{R}$ in x- und y-Richtung das lineare Gleichungssystem:

$$\begin{aligned} F_{\mathrm{R}x} &= F_1\, n_{1x} + F_2\, n_{2x} \quad &\Rightarrow \quad \tfrac{1}{\sqrt{5}} F_1 + \tfrac{4}{\sqrt{17}} F_2 &= 5\ \mathrm{N} \qquad (*) \\ F_{\mathrm{R}y} &= F_1\, n_{1y} + F_2\, n_{2y} \quad &\Rightarrow \quad \tfrac{2}{\sqrt{5}} F_1 - \tfrac{1}{\sqrt{17}} F_2 &= 1\ \mathrm{N} \qquad (**) \end{aligned}$$

Addiert man zu Gleichung $(**)$ viermal Gleichung $(*)$, so kann daraus F_1 bestimmt werden.

$$F_1 \left(\tfrac{1}{\sqrt{5}} + 4\, \tfrac{2}{\sqrt{5}} \right) = 5\ \mathrm{N} + 4 \cdot 1\ \mathrm{N} \quad \Rightarrow \quad F_1 = \sqrt{5}\ \mathrm{N} \approx 2.24\ \mathrm{N}$$

Daraus kann beispielsweise mit Gleichung $(*)$ F_2 berechnet werden.

$$\tfrac{1}{\sqrt{5}} \sqrt{5}\ \mathrm{N} + \tfrac{4}{\sqrt{17}} F_2 = 5\ \mathrm{N} \quad \Rightarrow \quad F_2 = \sqrt{17}\ \mathrm{N} \approx 4.12\ \mathrm{N}$$

2.1.4 Kräftepaar

Zwei gleich große, auf parallelen Wirkungslinien in entgegengesetzter Richtung wirkende Kräfte werden als *Kräftepaar* bezeichnet. Die resultierende Kraft eines Kräftepaars ist offensichtlich null, dennoch wird eine Wirkung auf den Körper ausgeübt, die wir als Moment (Moment eines Kräftepaares, Drehmoment) bezeichnen, siehe Bild 2.5.

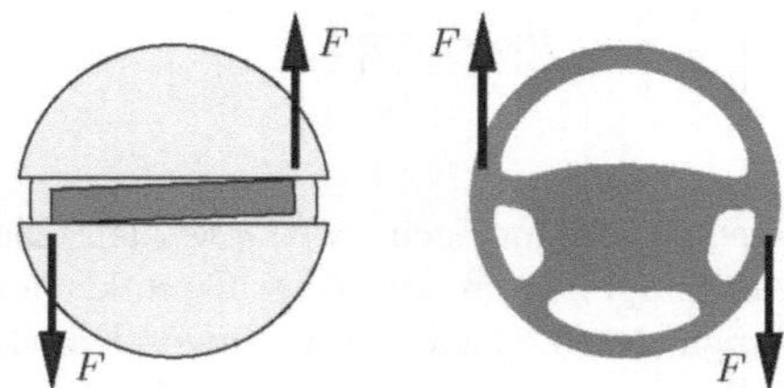

Bild 2.5
Beispiele für ein Kräftepaar: Schraubendreher und Lenkrad

2.2 Momente

2.2.1 Moment einer Kraft bezüglich eines Punktes

Eine Kraft $\boldsymbol{F}$ mit dem Angriffspunkt P übt auf einen Bezugspunkt A das Moment

$$\boldsymbol{M}^{(\mathrm{A})} = \boldsymbol{r} \times \boldsymbol{F} \qquad (2.7)$$

aus, wobei $\boldsymbol{r}$ der Ortsvektor von Punkt A zu Punkt P ist. Aufgrund des Vektorproduktes (vgl. Abschnitt A.4.1) ist das Moment ein Vektor, der senkrecht auf der vom Ortsvektor $\boldsymbol{r}$ und der Kraft $\boldsymbol{F}$ aufgespannten Ebene steht. Der Betrag des Momentenvektors ist das Produkt des Betrags der Kraft und des lotrechten Abstands der Wirkungslinie vom Momentenbezugspunkt A, dem so genannten *Hebelarm* $r_\perp$, siehe Bild 2.6. Die *Dimension* des Moments ist Kraft mal Länge und wird in der Regel mit der Einheit „Newton-Meter“ angegeben: $[M] = [F\,\ell] = \mathrm{Nm}$.

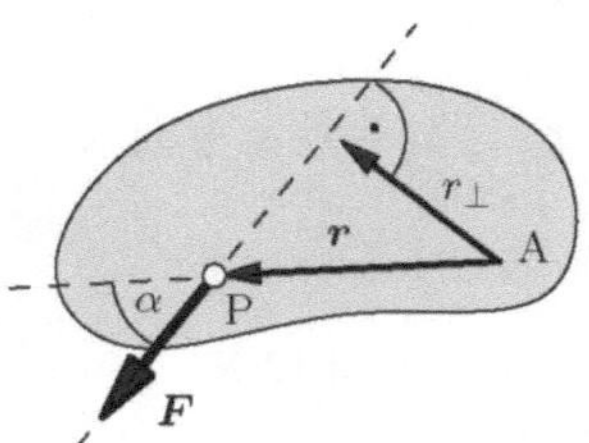

Bild 2.6
Moment einer Kraft bezüglich des Punktes A

Zur Unterscheidung von Kräften wird der Momentenvektor im räumlichen Fall durch einen Doppelpfeil gekennzeichnet. Der Drehsinn des Moments folgt aus dem Vektorprodukt und kann mit der Rechten-Hand-Regel verdeutlicht werden, siehe Bild 2.7. In ebenen Systemen, in denen der Momentenvektor senkrecht auf der Zeichenebene steht, wird der Drehsinn durch gebogene Pfeile (↷ oder ↶) angegeben.

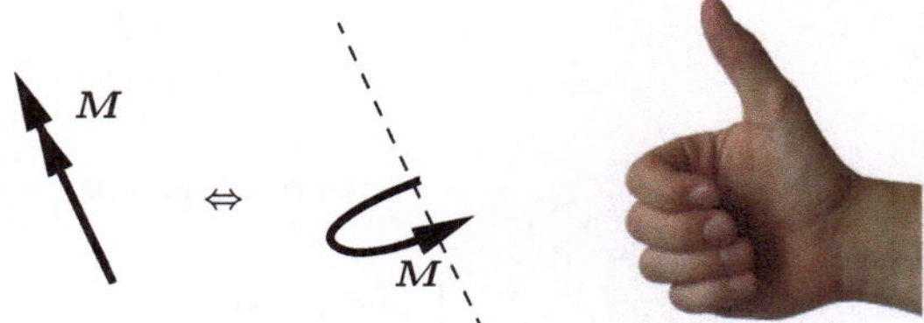

Bild 2.7
Darstellung und Drehsinn eines Moments

Im ebenen Fall erhält man mit Hilfe des Winkels α den Hebelarm

$$r_\perp = r \sin\alpha , \tag{2.8}$$

und damit folgt für den Betrag des Momentes $\boldsymbol{M}^{(\mathrm{A})}$

$$M^{(\mathrm{A})} = |\boldsymbol{M}^{(\mathrm{A})}| = F\, r_\perp = F\, r \sin\alpha . \tag{2.9}$$

Das Moment $\boldsymbol{M}^{(\mathrm{A})}$ verschwindet, wenn die Wirkungslinie der Kraft $\boldsymbol{F}$ durch den Punkt A verläuft und damit der Hebelarm $r_\perp$ zu null wird.

Beispiel 2.4 Moment einer Kraft

Zu berechnen ist das Moment und der Drehsinn der Kraft $\boldsymbol{F}$ bezüglich des Punktes A.

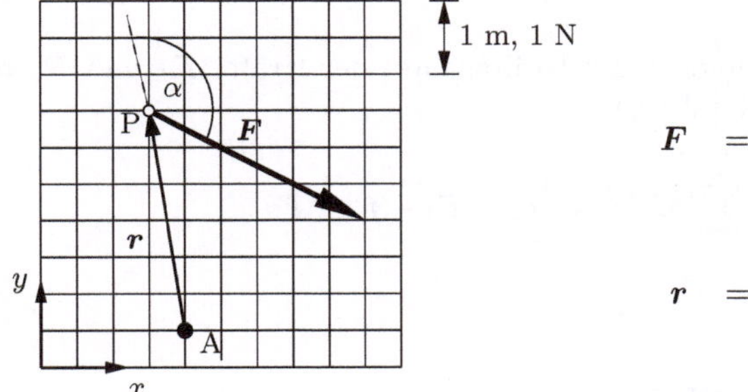

$$\boldsymbol{F} = \begin{bmatrix} 3 \\ -1.5 \\ 0 \end{bmatrix} \mathrm{N} \qquad \boldsymbol{r} = \begin{bmatrix} -0.5 \\ 3 \\ 0 \end{bmatrix} \mathrm{m}$$

Lösung mit dem Vektorprodukt:

$$\boldsymbol{M}^{(\mathrm{A})} = \boldsymbol{r} \times \boldsymbol{F} = \begin{bmatrix} r_y F_z - r_z F_y \\ r_z F_x - r_x F_z \\ r_x F_y - r_y F_x \end{bmatrix}$$

$$= \begin{bmatrix} 3 \cdot 0 + 0 \cdot 1.5 \\ 0 \cdot 3 + 0.5 \cdot 0 \\ 0.5 \cdot 1.5 - 3 \cdot 3 \end{bmatrix} \mathrm{Nm} = \begin{bmatrix} 0 \\ 0 \\ -8.25 \end{bmatrix} \mathrm{Nm}$$

Lösung mit dem Winkel α:

$$
\begin{aligned}
M^{(\mathrm{A})} &= F\,r\,\sin\alpha \quad \text{mit} \\
& \qquad r = |\boldsymbol{r}| = \sqrt{(-0.5)^2+3^2}\ \mathrm{m} \approx 3.041\ \mathrm{m} \\
& \qquad F = |\boldsymbol{F}| = \sqrt{3^2+(-1.5)^2}\ \mathrm{N} \approx 3.354\ \mathrm{N} \\
& \qquad \cos\alpha = \frac{\boldsymbol{r}\,\boldsymbol{F}}{|\boldsymbol{r}|\,|\boldsymbol{F}|} \approx \frac{-6}{10.2} \\
& \qquad \Rightarrow \alpha \approx \arccos\left(\frac{-6}{10.2}\right) \approx \begin{cases} 126.03^\circ \\ -53.97^\circ \end{cases} \\
\Rightarrow M^{(\mathrm{A})} &= \begin{cases} +8.25\ \mathrm{Nm} \\ -8.25\ \mathrm{Nm} \end{cases}
\end{aligned}
$$

Während bei der Lösung mit dem Vektorprodukt die Richtung des Vektors aus dem Vorzeichen der z-Komponente und der positiven z-Richtung hervorgeht, muss bei der Lösung mit dem Winkel die Richtung bzw. das Vorzeichen des Momentenvektors wegen der Symmetrie der trigonometrischen Funktionen aus der Anschauung bestimmt werden. Hier ist es offensichtlich (vgl. Bild 2.7), dass die Kraft $\boldsymbol{F}$ bezüglich des Punktes A entgegen der mathematisch positiven Richtung (und im Uhrzeigersinn) dreht und folglich ein negatives Moment $M_{\mathrm{A}z}$ ausübt.

2.2.2 Moment eines Kräftepaars

Das resultierende Moment des Kräftepaares der Kräfte $\boldsymbol{F}_1$ und $\boldsymbol{F}_2$ bezüglich des Punktes O in Bild 2.8 ist

$$
\boldsymbol{M}_{\mathrm{R}}^{(\mathrm{O})} = \sum_{i=1}^{2} \boldsymbol{M}_i^{(\mathrm{O})} = \boldsymbol{r}_1 \times \boldsymbol{F}_1 + \boldsymbol{r}_2 \times \boldsymbol{F}_2\,. \tag{2.10}
$$

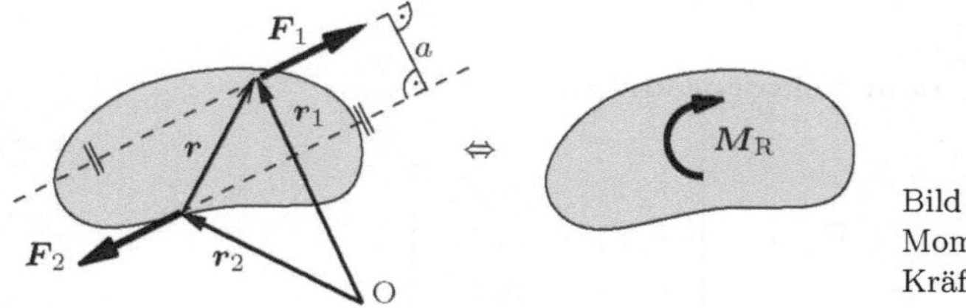

Bild 2.8
Moment eines Kräftepaares

Mit $\boldsymbol{F} = \boldsymbol{F}_1 = -\boldsymbol{F}_2$ und $\boldsymbol{r} = \boldsymbol{r}_1 - \boldsymbol{r}_2$ folgt dann

$$
\boldsymbol{M}_{\mathrm{R}} = \boldsymbol{r} \times \boldsymbol{F} \quad \text{und} \quad M_{\mathrm{R}} = a\,F. \tag{2.11}
$$

Da in diesem Fall die resultierenden Kraft gerade verschwindet, ist das Moment $\boldsymbol{M}_\mathrm{R}$ dem Kräftepaar statisch äquivalent. Der Momentenbezugspunkt O tritt in dieser Beziehung nicht mehr auf, daher ist der Momentenvektor ein so genannter *freier Vektor*, er hat keinen Angriffspunkt und darf somit beliebig (auch parallel) verschoben werden.

2.2.3 Versetzungsmoment

Nach dem Axiom der Linienflüchtigkeit können Kräfte entlang ihrer Wirkungslinie verschoben werden. Wenn Kräfte jedoch auf parallele Wirkungslinien verschoben werden sollen, kann wie folgt vorgegangen werden.

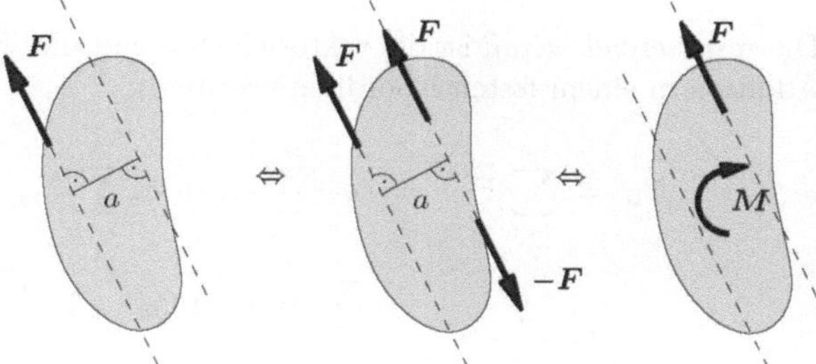

Bild 2.9
Versetzungsmoment

Bild 2.9 zeigt eine Kraft F, die auf eine parallele Wirkungslinie mit dem Abstand a von der ursprünglichen Wirkungslinie verschoben werden soll. Dazu werden auf der parallelen Wirkungslinie die entsprechende Kraft $\boldsymbol{F}$ und eine gleichgroße Gegenkraft $-\boldsymbol{F}$ eingefügt, die sich nach dem Parallelogrammaxiom gegenseitig aufheben. Dann kann die Gegenkraft mit der zu verschiebenden Kraft gedanklich zu einem Kräftepaar bzw. dem daraus resultierenden Versetzungsmoment

$$M = F\,a \tag{2.12}$$

zusammengefasst werden. Dem ursprünglichen Kräftesystem ist somit das in Bild 2.9 rechts dargestellte System mit der parallel verschobenen Kraft F und dem Versetzungsmoment M statisch äquivalent.

2.3 Zusammenfassung von Kräftesystemen

2.3.1 Räumliche Kräftesysteme

In diesem Abschnitt wird die Zusammenfassung aller an einem Körper angreifenden Kräfte und Momente zu einer resultierenden Kraft und einem resultierenden Moment behandelt.

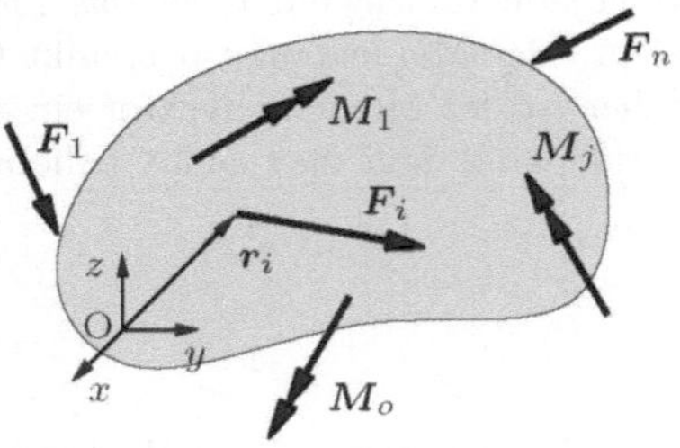

$$
\begin{aligned}
\boldsymbol{F}_i &= F_{ix}\boldsymbol{e}_x + F_{iy}\boldsymbol{e}_y + F_{iz}\boldsymbol{e}_z \\
\boldsymbol{r}_i &= r_{ix}\boldsymbol{e}_x + r_{iy}\boldsymbol{e}_y + r_{iz}\boldsymbol{e}_z \\
\boldsymbol{M}_j &= M_{jx}\boldsymbol{e}_x + M_{jy}\boldsymbol{e}_y + M_{jz}\boldsymbol{e}_z \\
i &= 1, 2, \ldots, n \quad \text{mit } n\text{: Anzahl der angreifenden Kräfte} \\
j &= 1, 2, \ldots, o \quad \text{mit } o\text{: Anzahl der angreifenden Momente}
\end{aligned}
$$

Bild 2.10 Zusammenfassung eines räumlichen Kräftesystems

Die *resultierende Kraft* ist die vektorielle Summe aller Kräfte (koordinatenweise Addition in einem festen Koordinatensystem):

$$\boldsymbol{F}_{\mathrm{R}} = \sum_{i=1}^{n} \boldsymbol{F}_i = \boldsymbol{e}_x \sum_{i=1}^{n} F_{ix} + \boldsymbol{e}_y \sum_{i=1}^{n} F_{iy} + \boldsymbol{e}_z \sum_{i=1}^{n} F_{iz} \tag{2.13}$$

$$= \sum_{i=1}^{n} \begin{bmatrix} F_{ix} & F_{iy} & F_{iz} \end{bmatrix}^{\mathrm{T}} \tag{2.14}$$

Anmerkung: Im dreidimensionalen Raum ist es immer möglich, eine resultierende Kraft nach Betrag und Richtung zu bestimmen, eine zugehörige Wirkungslinie lässt sich jedoch nur in Ausnahmefällen angeben. Ein Ausnahmefall liegt beispielsweise dann vor, wenn die Wirkungslinien der Kräfte sich in einem Punkt schneiden (zentrales Kräftesystem) oder alle Kräfte in einer Ebene und die Momente senkrecht dazu liegen (ebenes Kräftesystem, siehe Abschnitt 2.3.2).

Entsprechend erhält man das *resultierende Moment* aller angreifenden Kräfte und Momente bezüglich des Punktes O:

$$\boldsymbol{M}_{\mathrm{R}}^{(\mathrm{O})} = \boldsymbol{M}_{\mathrm{R}F}^{(\mathrm{O})} + \boldsymbol{M}_{\mathrm{R}M} = \sum_{i=1}^{n} \boldsymbol{r}_i \times \boldsymbol{F}_i + \sum_{j=1}^{o} \boldsymbol{M}_j \tag{2.15}$$

$$= \sum_{i=1}^{n} \begin{bmatrix} r_{iy}F_{iz} - r_{iz}F_{iy} \\ r_{iz}F_{ix} - r_{ix}F_{iz} \\ r_{ix}F_{iy} - r_{iy}F_{ix} \end{bmatrix} + \sum_{j=1}^{o} \begin{bmatrix} M_{jx} \\ M_{jy} \\ M_{jz} \end{bmatrix} \tag{2.16}$$

Bei der Berechnung der Momentensumme muss für alle Kräfte derselbe Momentenbezugspunkt O herangezogen werden.

Beispiel 2.5 Zusammenfassung eines räumlichen Kräftesystems

Der dargestellte Trger ist durch drei Kräfte und zwei Momente belastet. Die resultierende Kraft und das resultierende Moment bezüglich des Punktes A sind zu bestimmen.

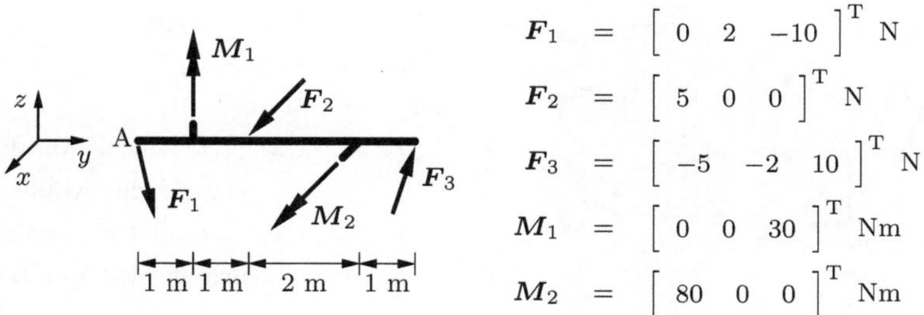

$$\boldsymbol{F}_1 = \begin{bmatrix} 0 & 2 & -10 \end{bmatrix}^{\mathrm{T}} \mathrm{N}$$
$$\boldsymbol{F}_2 = \begin{bmatrix} 5 & 0 & 0 \end{bmatrix}^{\mathrm{T}} \mathrm{N}$$
$$\boldsymbol{F}_3 = \begin{bmatrix} -5 & -2 & 10 \end{bmatrix}^{\mathrm{T}} \mathrm{N}$$
$$\boldsymbol{M}_1 = \begin{bmatrix} 0 & 0 & 30 \end{bmatrix}^{\mathrm{T}} \mathrm{Nm}$$
$$\boldsymbol{M}_2 = \begin{bmatrix} 80 & 0 & 0 \end{bmatrix}^{\mathrm{T}} \mathrm{Nm}$$

Lösung:
Aus Gleichung 2.14 folgt für die resultierende Kraft

$$\boldsymbol{F}_{\mathrm{R}} = \begin{bmatrix} 0+5-5 \\ 2+0-2 \\ -10+0+10 \end{bmatrix} \mathrm{N} = \begin{bmatrix} 0 \\ 0 \\ 0 \end{bmatrix} \mathrm{N} = \boldsymbol{0},$$

und Gleichung 2.16 liefert für das resultierende Moment mit $r_{ix} = r_{iz} = 0$

$$\begin{aligned}\boldsymbol{M}_{\mathrm{R}} &= \begin{bmatrix} 0\cdot(-10)+2\cdot 0+5\cdot 10 \\ 0 \\ -0\cdot 0-2\cdot 5-5\cdot(-5) \end{bmatrix} \mathrm{Nm} + \begin{bmatrix} 0+80 \\ 0+0 \\ 30+0 \end{bmatrix} \mathrm{Nm} \\ &= \begin{bmatrix} 50 \\ 0 \\ 15 \end{bmatrix} \mathrm{Nm} + \begin{bmatrix} 80 \\ 0 \\ 30 \end{bmatrix} \mathrm{Nm} = \begin{bmatrix} 130 \\ 0 \\ 45 \end{bmatrix} \mathrm{Nm}.\end{aligned}$$

2.3.2 Ebene Kräftesysteme

Bei ebenen Kräftesystemen beispielsweise in der x-y-Ebene sind die Koordinaten des Kraftvektors in $\boldsymbol{e}_z$-Richtung und die Koordinaten des Momentenvektors in den $\boldsymbol{e}_x$- und $\boldsymbol{e}_y$-Richtungen null.

Für die *resultierende Kraft* $\boldsymbol{F}_{\mathrm{R}}$ (mit Wirkungslinie durch den Punkt O) und das zugehörige Moment $\boldsymbol{M}_{\mathrm{R}}^{(\mathrm{O})}$ (bezüglich des Punktes O) erhält man damit

$$\boldsymbol{F}_{\mathrm{R}} = \sum_{i=1}^{n} \boldsymbol{F}_i = \boldsymbol{e}_x \sum_{i=1}^{n} F_{ix} + \boldsymbol{e}_y \sum_{i=1}^{n} F_{iy} = \sum_{i=1}^{n} \begin{bmatrix} F_{ix} \\ F_{iy} \end{bmatrix}, \quad (2.17)$$

$$\boldsymbol{M}_{\mathrm{R}}^{(\mathrm{O})} = \boldsymbol{M}_{\mathrm{R}F}^{(\mathrm{O})} + \boldsymbol{M}_{\mathrm{R}M} = \sum_{i=1}^{n} \boldsymbol{r}_i \times \boldsymbol{F}_i + \sum_{j=1}^{o} \boldsymbol{M}_j \quad (2.18)$$

$$= \sum_{i=1}^{n} \begin{bmatrix} 0 \\ 0 \\ r_{ix}F_{iy} - r_{iy}F_{ix} \end{bmatrix} + \sum_{j=1}^{o} \begin{bmatrix} 0 \\ 0 \\ M_{jz} \end{bmatrix}. \quad (2.19)$$

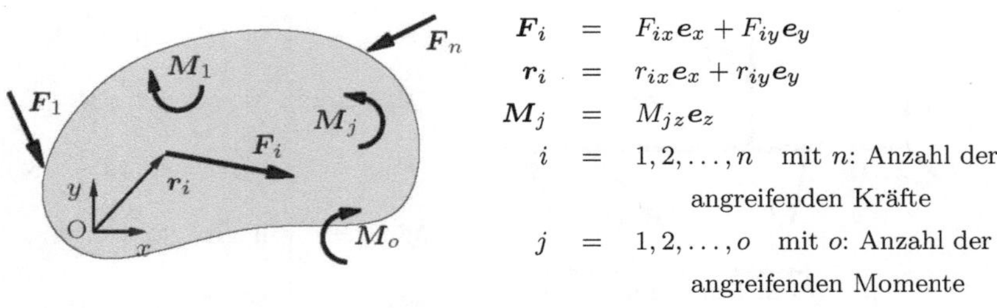

Bild 2.11 Zusammenfassung eines ebenen Kräftesystems

Die Belastung durch die Kraft $\boldsymbol{F}_{\mathrm{R}}$ (mit Wirkungslinie durch O) und das Moment $\boldsymbol{M}_{\mathrm{R}}^{(\mathrm{O})}$ lässt sich noch durch die Wirkung der resultierenden Kraft $\boldsymbol{F}_{\mathrm{R}}$ allein ersetzen, wenn deren Wirkungslinie um den Wert h parallel verschoben wird. h ist dabei so zu wählen, dass das statische Moment der Kraft $\boldsymbol{F}_{\mathrm{R}}$ bezüglich des Punktes O dem Moment $\boldsymbol{M}_{\mathrm{R}}^{(\mathrm{O})}$ statisch äquivalent ist, also

$$h = \frac{M_{\mathrm{R}}^{(\mathrm{O})}}{F_{\mathrm{R}}}. \tag{2.20}$$

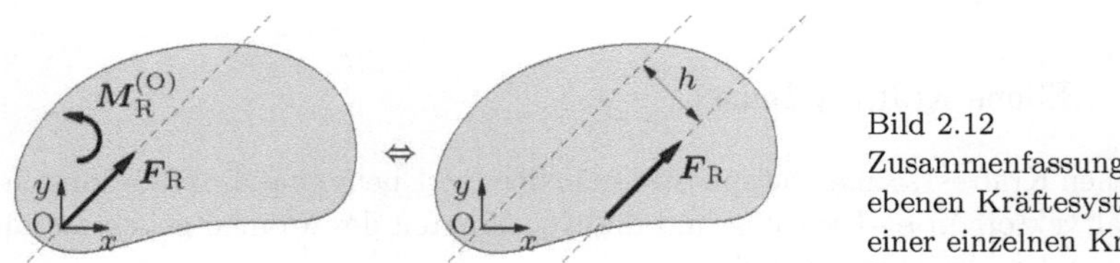

Bild 2.12 Zusammenfassung eines ebenen Kräftesystems zu einer einzelnen Kraft

Für den Fall $M_{\mathrm{R}}^{(\mathrm{O})} = 0$ und $F_{\mathrm{R}} \neq 0$ wird $h = 0$, so dass die Wirkungslinie von $\boldsymbol{F}_{\mathrm{R}}$ dann durch den Punkt O verläuft. Für $F_{\mathrm{R}} = 0$ und $M_{\mathrm{R}}^{(\mathrm{O})} \neq 0$ ist keine weitere Vereinfachung möglich, da das Kräftesystem dann nur auf ein Moment (bzw. ein Kräftepaar) reduziert ist, das von der Wahl des Bezugspunktes unabhängig ist.

Beispiel 2.6 Zusammenfassung eines ebenen Kräftesystems

Der darstellte eingespannte Träger ist durch zwei Kräfte und ein Moment belastet. Zu bestimmen ist die Größe und Wirkungslinie der resultierenden Kraft.

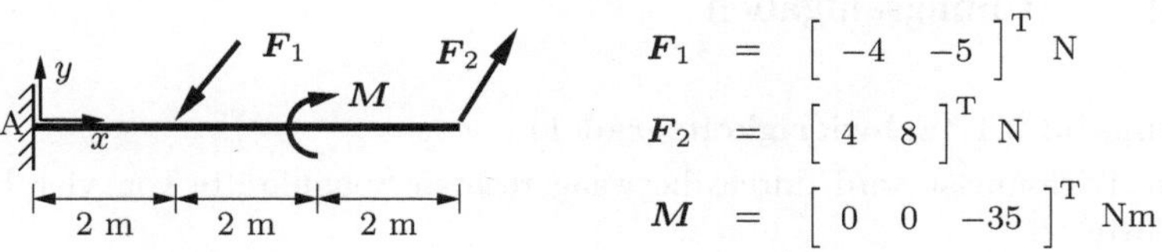

Lösung:
Aus Gleichung 2.17 folgt für die resultierende Kraft

$$\boldsymbol{F}_{\mathrm{R}} = \begin{bmatrix} -4+4 \\ -5+8 \end{bmatrix} \mathrm{N} = \begin{bmatrix} 0 \\ 3 \end{bmatrix} \mathrm{N}.$$

Zur Bestimmung der Lage der Wirkungslinie von $\boldsymbol{F}_{\mathrm{R}}$ muss zunächst das resultierende Moment bezüglich eines (beliebigen) Bezugspunktes (hier A) berechnet werden. Mit Gleichung 2.19 und $r_{iy} = 0$ gilt für die z-Komponente des resultierenden Momentes

$$\boldsymbol{M}_{\mathrm{R}z}^{(\mathrm{A})} = 2\ \mathrm{m} \cdot (-5\ \mathrm{N}) + 6\ \mathrm{m} \cdot 8\ \mathrm{N} - 35\ \mathrm{Nm} = 3\ \mathrm{Nm},$$

so dass für die Lage der Wirkungslinie der resultierenden Kraft $\boldsymbol{F}_{\mathrm{R}}$ in Verbindung mit Gleichung 2.20 folgt

$$x_{F_R} = \frac{M_{\mathrm{R}}^{(\mathrm{A})}}{F_{\mathrm{R}}} = \frac{M_{\mathrm{R}z}^{(\mathrm{A})}}{F_{\mathrm{R}y}} = \frac{3\ \mathrm{Nm}}{3\ \mathrm{m}} = 1\ \mathrm{m}.$$

Der Richtungssinn der Wirkungslinie ist mit dem Richtungssinn der resultierenden Kraft identisch. Hier entspricht die Wirkungslinie der um einen Meter in positive x-Richtung verschobenen y-Achse.

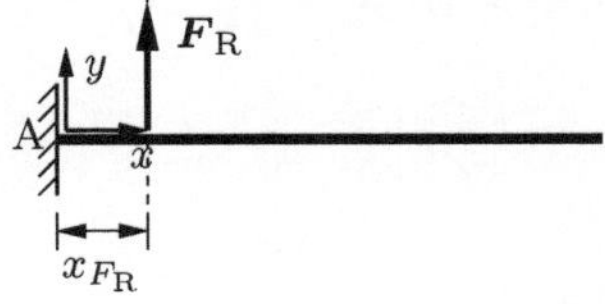

2.4 Übungsaufgaben

Aufgabe 2.1 (Schwierigkeitsgrad 1)

Ein Telefonmast wird durch die waagerechten Spannkräfte von vier Drähten belastet.

Ermitteln Sie den Betrag der Resultierenden, den Winkel α, den deren Wirkungslinie mit der Kraft F_3 einschließt, und Richtungssinn der Resultierenden.

Gegeben: $F_1 = 400$ N, $F_2 = 500$ N, $F_3 = 350$ N, $F_4 = 450$ N

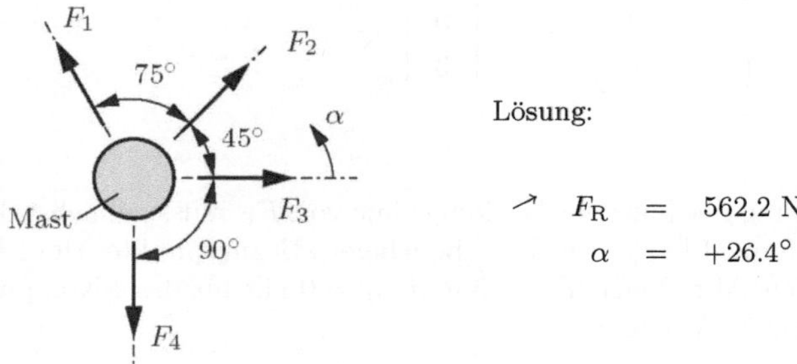

Lösung:

$$\nearrow \quad F_R = 562.2 \text{ N}$$
$$\alpha = +26.4°$$

Aufgabe 2.2 (Schwierigkeitsgrad 1)

Zerlegen Sie die Kraft $\boldsymbol{F}$ grafisch und rechnerisch in zwei Komponenten mit den angegebenen Wirkungslinien 1 und 2.

Gegeben: $F = 75$ N, $\alpha = 60°$, $\beta = 90°$

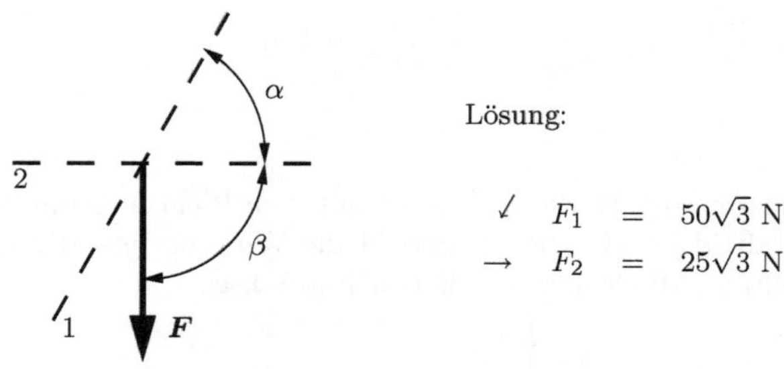

Lösung:

$$\swarrow \quad F_1 = 50\sqrt{3} \text{ N}$$
$$\rightarrow \quad F_2 = 25\sqrt{3} \text{ N}$$

Aufgabe 2.3 (Schwierigkeitsgrad 1)

An einem quadratischen Körper greifen in einer Ebene wie skizziert drei Kräfte an.

Bestimmen Sie auf grafischem Wege den Betrag der resultierenden Kraft F_R, und überprüfen Sie ihr Ergebnis rechnerisch. Berechnen Sie außerdem das resultierende Moment bezüglich des Punktes A.

Gegeben: $F_1 = 25$ N, $F_2 = 20$ N, $F_3 = 10$ N, $\alpha = 30°$, $a = 1$ m

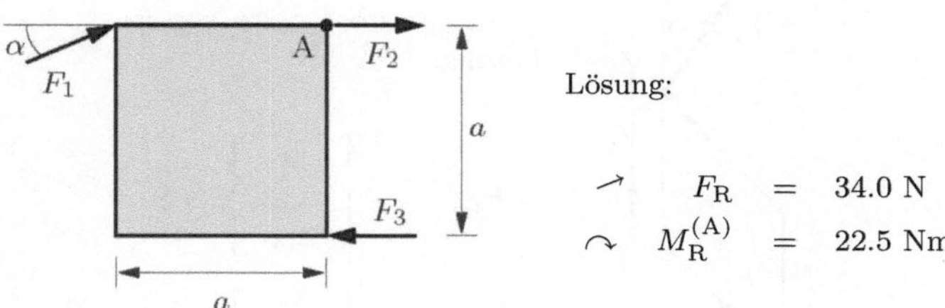

Lösung:

$$\nearrow \quad F_R = 34.0 \text{ N}$$

$$\curvearrowright \quad M_R^{(A)} = 22.5 \text{ Nm}$$

Aufgabe 2.4 (Schwierigkeitsgrad 1)

An einer Bohle greifen wie skizziert die drei Kräfte G_1, G_2 und G_3 an.

Bestimmen Sie sowohl die resultierende Kraft $\boldsymbol{F}_R$ als auch die Lage ihrer Wirkungslinie.

Gegeben: G_1, G_2, G_3, ℓ_1, ℓ_2, ℓ_3

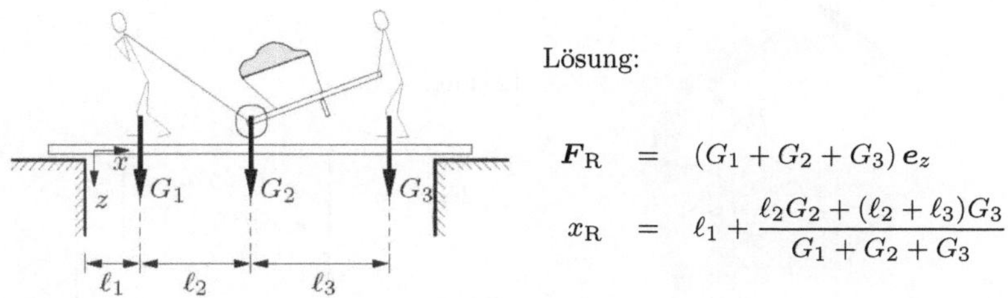

Lösung:

$$\boldsymbol{F}_R = (G_1 + G_2 + G_3)\,\boldsymbol{e}_z$$

$$x_R = \ell_1 + \frac{\ell_2 G_2 + (\ell_2 + \ell_3) G_3}{G_1 + G_2 + G_3}$$

Aufgabe 2.5 (Schwierigkeitsgrad 2)

An einem Kragarm greifen die beiden Kräfte $\boldsymbol{F}_1$ und $\boldsymbol{F}_2$ wie dargestellt an.

Bestimmen Sie die resultierende Kraft $\boldsymbol{F}_\mathrm{R}$ sowie das resultierende Moment $\boldsymbol{M}_\mathrm{R}^{(\mathrm{E})}$ bezüglich der Einspannstelle.

Gegeben: $a = 3$ m, $b = 2$ m, $c = 1,5$ m;

$$\boldsymbol{F}_1 = \begin{bmatrix} 0 & 10 & -30 \end{bmatrix}^\mathrm{T} \mathrm{N},\ \boldsymbol{F}_2 = \begin{bmatrix} 0 & -20 & 0 \end{bmatrix}^\mathrm{T} \mathrm{N}$$

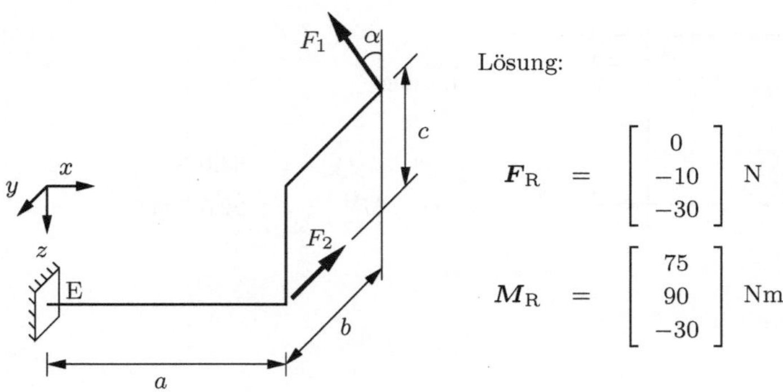

Lösung:

$$\boldsymbol{F}_\mathrm{R} = \begin{bmatrix} 0 \\ -10 \\ -30 \end{bmatrix} \mathrm{N}$$

$$\boldsymbol{M}_\mathrm{R} = \begin{bmatrix} 75 \\ 90 \\ -30 \end{bmatrix} \mathrm{Nm}$$

Aufgabe 2.6 (Schwierigkeitsgrad 1)

An einem Lenkrad greifen wie skizziert die beiden Kräfte F an.

Bestimmen Sie sowohl die resultierende Kraft $\boldsymbol{F}_\mathrm{R}$ als auch das resultierende Moment $\boldsymbol{M}_\mathrm{R}$ bezüglich des Lenkungslagers A.

Gegeben: F, R, α, β

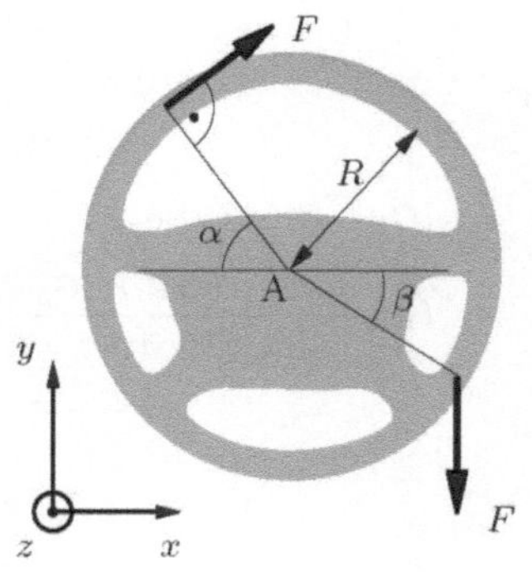

Lösung:

$$\boldsymbol{F}_\mathrm{R} = \begin{bmatrix} F\sin\alpha \\ F(\cos\alpha - 1) \end{bmatrix}$$

$$\boldsymbol{M}_\mathrm{R}^{(\mathrm{A})} = \begin{bmatrix} 0 \\ 0 \\ -FR(1+\cos\beta) \end{bmatrix}$$

3 Gleichgewicht starrer Körper

Dieses Kapitel gibt eine Einführung in die Untersuchung des Gleichgewichts starrer Körper. Nach der Vorstellung von NEWTONs Axiomen werden die Gleichgewichtsbedingungen eingeführt. Anschließend wird das Schnittprinzip mit Lager- und Gelenkreaktionen dargelegt. Die statische Bestimmtheit wird abschließend untersucht.

Bild 3.1
Starre Körper im Gleichgewicht

3.1 Newtons Axiome

Die Mechanik baut auf drei *Axiomen* auf, die nach Vorarbeit von GALILEO GALILEI (1546 – 1642) zuerst von ISAAC NEWTON (1643 – 1727) zusammenhängend angegeben und von LEONHARD EULER (1707 – 1783) erweitert wurden.

3.1.1 Gleichgewichtsaxiom

Jeder Körper beharrt im Zustand der Ruhe oder der gleichförmig geraden Bewegung, solange er nicht durch einwirkende Kräfte gezwungen wird, diesen Zustand zu ändern.
Dieser Zustand wird Gleichgewicht genannt. *Gleichgewicht* kann demzufolge nur dann vorliegen, wenn die Resultierende aller einwirkenden Kräfte und auch das resultierende Moment verschwindet:

$$\boldsymbol{F}_{\mathrm{R}} = \boldsymbol{0} \tag{3.1}$$

$$\boldsymbol{M}_{\mathrm{R}} = \boldsymbol{0} \tag{3.2}$$

Zwei Kräfte stehen also miteinander im Gleichgewicht, wenn sie den gleichen Betrag, aber entgegengesetzte Richtungen haben und auf derselben Wirkungslinie liegen, siehe Bild 3.2.

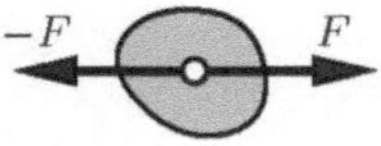

Bild 3.2
Gleichgewichtsaxiom

3.1.2 Dynamisches Grundgesetz

Die auf einen starren Körper einwirkende resultierende Kraft $\boldsymbol{F}$ ist gleich dem Produkt aus Masse m und Beschleunigung $\boldsymbol{a}_{\mathrm{S}}$ des Schwerpunktes:

$$\boldsymbol{F} \quad = \quad m\,\boldsymbol{a}_{\mathrm{S}} \tag{3.3}$$

Für die freie Bewegung im Erdschwerefeld folgt als erster Sonderfall das Fallgesetz von GALILEI mit der *Erdbeschleunigung* g:

$$G \quad = \quad m\,g \tag{3.4}$$

Als zweiter Sonderfall folgt das *Gleichgewicht*, wenn ein Körper keine Beschleunigung erfährt:

$$\boldsymbol{a}_{\mathrm{S}} = \boldsymbol{0} \qquad \Rightarrow \qquad \boldsymbol{F} = \boldsymbol{0} \tag{3.5}$$

Gleichgewicht ist damit der Zustand der Ruhe oder der gleichförmig geradlinigen (und damit unbeschleunigten) Bewegung, der im Folgenden betrachtet wird. Die (beschleunigte) Bewegung des starren Körpers wird in Kapitel 20 behandelt.

3.1.3 Reaktionsaxiom

Zu einer Kraft ist stets eine gleichgroße entgegengesetzte Kraft auf derselben Wirkungslinie vorhanden. Wird beispielsweise von einem Körper (1) auf einen anderen Körper (2) an der Berührstelle B eine Kraft $\boldsymbol{F}_{12}$ ausgeübt (*actio*), so bedingt dies, dass der zweite Körper auf den ersten Körper ebenfalls eine (Reaktions-)Kraft $\boldsymbol{F}_{21}$ ausübt (*reactio*). Diese beiden Kräfte sind gleich groß, agieren auf derselben Wirkungslinie und sind entgegengesetzt gerichtet:

$$\boldsymbol{F}_{12} \quad = \quad -\boldsymbol{F}_{21} \tag{3.6}$$

Kurz gesagt: *actio* = *reactio* .

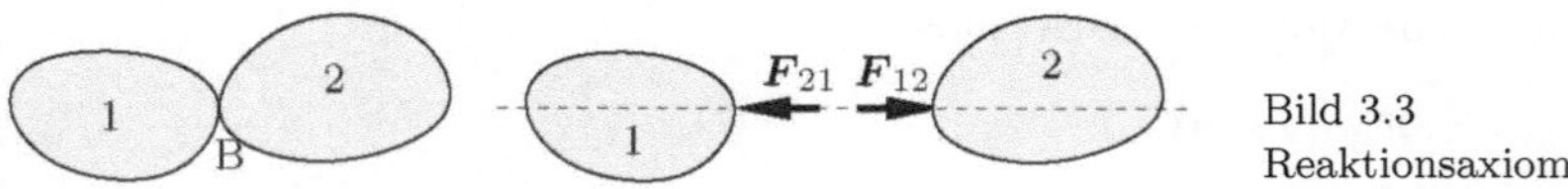

Bild 3.3
Reaktionsaxiom

3.2 Gleichgewichtsbedingungen

Gleichgewicht ist nur möglich, wenn sowohl die Resultierende der Kräfte $\boldsymbol{F}_\mathrm{R}$ (nach Gleichung 2.13) als auch die Resultierende der Momente $\boldsymbol{M}_\mathrm{R}$ (nach Gleichung 2.15) bezüglich eines beliebigen Punktes P verschwinden:

$$\boldsymbol{F}_\mathrm{R} = \boldsymbol{0}, \tag{3.7}$$

$$\boldsymbol{M}_\mathrm{R}^{(\mathrm{P})} = \boldsymbol{0} \tag{3.8}$$

Aus diesen Vektorgleichungen resultieren im allgemeinen räumlichen Fall sechs skalarwertige Gleichgewichtsbedingungen:

$$\sum F_x = 0, \qquad \sum F_y = 0, \qquad \sum F_z = 0, \tag{3.9}$$

$$\sum M_x^{(\mathrm{P})} = 0, \qquad \sum M_y^{(\mathrm{P})} = 0, \qquad \sum M_z^{(\mathrm{P})} = 0 \tag{3.10}$$

Für ebene Probleme reduzieren sich die Gleichgewichtsbedingungen auf drei skalare Gleichungen:

$$\sum F_x = 0, \qquad \sum F_y = 0, \qquad \sum M_z^{(\mathrm{P})} = 0. \tag{3.11}$$

Eine gebräuchliche Abkürzung für die Gleichgewichtsbedingungen, die auch im Folgenden verwendet wird, ist

- $\uparrow$ für Summe aller Kräfte in Pfeilrichtung gleich null und
- $\overset{\curvearrowright}{\mathrm{A}}$ für Summe aller Momente in der durch den Pfeil gekennzeichneten Drehrichtung um den Bezugspunkt A gleich null.

Beispiel 3.1 Seil

Die Kräfte in einem Seils sind zu bestimmen.

Lösung:

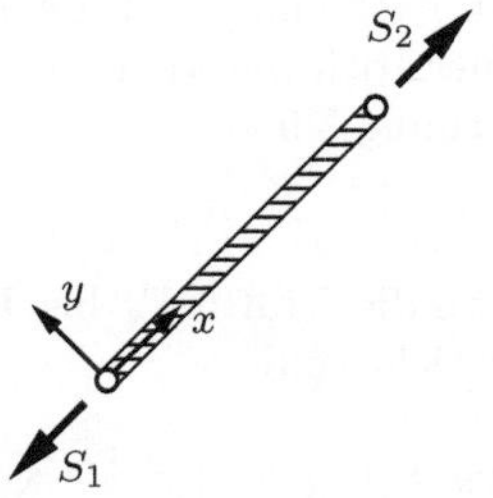

Ein Seil überträgt nur Zugkräfte in Längsrichtung. Aus dem Gleichgewicht in dieser Richtung folgt:

$$\nearrow: \quad S_2 - S_1 = 0$$

$$\Rightarrow \quad S_1 = S_2 .$$

Beispiel 3.2 Seilrolle

Die folgende Abbildung zeigt eine (reibungsfrei) gelagerte Seilrolle. Gesucht sind die unbekannten Lagerkräfte A_H und A_V.

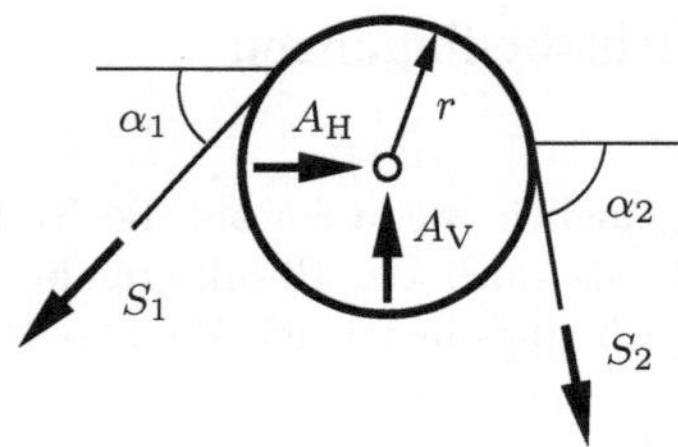

Lösung:
Die drei Gleichgewichtsbedingungen für dieses ebene Problem lauten nach Gleichung 3.11

$$
\begin{aligned}
\rightarrow &: \quad -S_1 \cos\alpha_1 + S_2 \cos\alpha_2 + A_{\mathrm{H}} = 0\,, \\
\uparrow &: \quad -S_1 \sin\alpha_1 - S_2 \sin\alpha_2 + A_{\mathrm{V}} = 0\,, \\
\overset{\curvearrowleft}{\mathrm{A}} &: \quad S_1\, r - S_2\, r = 0\,.
\end{aligned}
$$

Aus der Momentengleichung folgt direkt

$$S_1 = S_2 = S\,,$$

und die Kräftegleichgewichtsbedingungen liefern die unbekannten Lagerkräfte

$$
\begin{aligned}
A_{\mathrm{H}} &= S\,(\cos\alpha_1 - \cos\alpha_2)\,, \\
A_{\mathrm{V}} &= S\,(\sin\alpha_1 + \sin\alpha_2)\,.
\end{aligned}
$$

3.2.1 Zentrales Kräftesystem

Ein zentrales Kräftesystem ist dadurch gekennzeichnet, dass sich die Wirkungslinien aller Kräfte in einem Punkt schneiden. Bezüglich dieses Punktes ist dann offensichtlich die Summe der Momente null. Damit reduzieren sich die Gleichgewichtsbedingungen für zentrale Kräftesysteme auf die Kräftegleichgewichtsbedingungen (Gleichung 3.7). Alternativ können nach einer Zerlegung der Kräfte auch nur die Kraftkomponenten in jeweils einer Richtung (beispielsweise x-, y- und z-Richtung) betrachtet werden, vgl. Gleichung 3.9.

Beispiel 3.3 Zentrales Kräftesystem
Überprüfen Sie grafisch und analytisch, ob die Kräfte $\boldsymbol{F}_1$ bis $\boldsymbol{F}_4$, die denselben Angriffspunkt haben, im Gleichgewicht sind.

$$\boldsymbol{F}_1 = \begin{bmatrix} 2 & 1.5 \end{bmatrix}^{\mathrm{T}}\ \mathrm{N}, \qquad \boldsymbol{F}_2 = \begin{bmatrix} 3 & -1.5 \end{bmatrix}^{\mathrm{T}}\ \mathrm{N},$$

$$\boldsymbol{F}_3 = \begin{bmatrix} 0 & -1 \end{bmatrix}^{\mathrm{T}}\ \mathrm{N}, \qquad \boldsymbol{F}_4 = \begin{bmatrix} -5 & 1 \end{bmatrix}^{\mathrm{T}}\ \mathrm{N}$$

Grafische Lösung::
Zunächst werden die Kräfte $\boldsymbol{F}_1$ und $\boldsymbol{F}_2$ sowie $\boldsymbol{F}_3$ und $\boldsymbol{F}_4$ nach dem Parallelogrammaxiom zu den Teilresultierenden $\boldsymbol{F}_{12}$ bzw. $\boldsymbol{F}_{34}$ zusammengefasst (vgl. Beispiel 2.2). Addiert man nun die beiden Teilresultierenden zusammen, so erhält man als endgültige Resultierende den Nullvektor. Die Kräfte $\boldsymbol{F}_1$ bis $\boldsymbol{F}_4$ sind somit im Gleichgewicht.

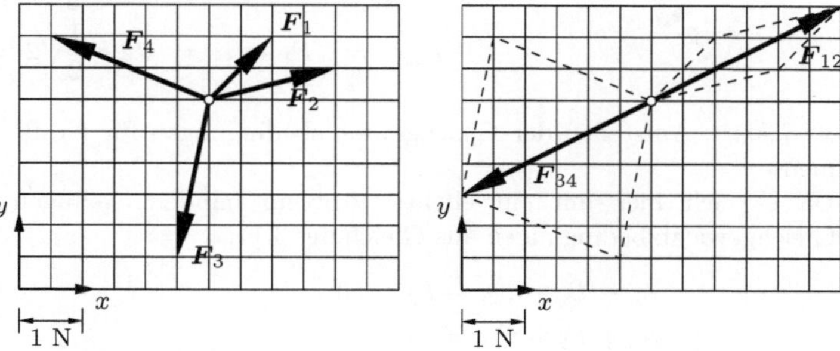

Rechnerische Lösung:
Gleichung 2.5 liefert für die Resultierende den Nullvektor. Die Gleichgewichtsbedingung 3.7 ist somit erfüllt.

$$\begin{aligned} \boldsymbol{F}_{\mathrm{R}} &= \boldsymbol{F}_1 + \boldsymbol{F}_2 + \boldsymbol{F}_3 + \boldsymbol{F}_4 \\ &= \begin{bmatrix} 2+3+0-5 \\ 1.5-1.5-1+1 \end{bmatrix} \mathrm{N} = \begin{bmatrix} 0 \\ 0 \end{bmatrix} \mathrm{N} \quad \checkmark \end{aligned}$$

3.2.2 Allgemeines Kräftesystem

Bei einem allgemeinen Kräftesystem schneiden sich die Wirkungslinien der Kräfte nicht in einem Punkt. Es ist daher im Gleichgewicht, wenn sowohl das Kräftegleichgewicht (Gleichung 3.7) als auch das Momentengleichgewicht (Gleichung 3.8) erfüllt sind.

Beispiel 3.4 Allgemeines Kräftesystem
Die Kräfte A_x, A_y und B_y sind so zu bestimmen, dass sich der Körper, der durch die Kräfte F_1, F_2 und F_3 belastet ist, im Gleichgewicht befindet.

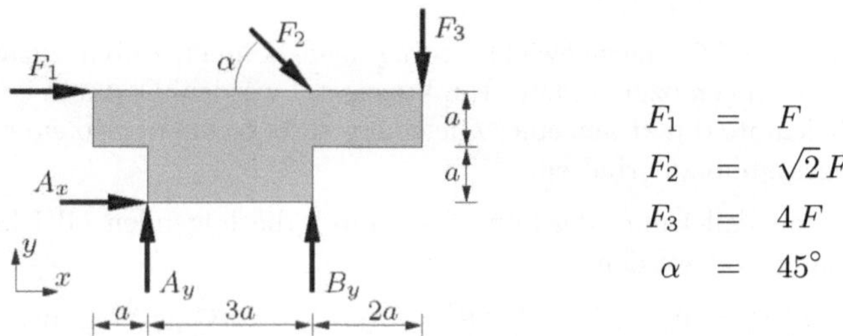

Lösung:

1. Schritt: Zerlegen der Kraft F_2 in x- und y-Komponenten

Im nächsten Schritt sollen die skalaren Gleichgewichtsbedingungen verwendet werden.

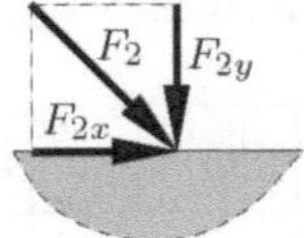

$$F_{2x} = F_2 \cos\alpha = \sqrt{2}\,F\,\frac{1}{2}\sqrt{2} = F$$
$$F_{2y} = F_2 \sin\alpha = \sqrt{2}\,F\,\frac{1}{2}\sqrt{2} = F$$

2. Schritt: Aufstellen der Gleichgewichtsbedingungen für Kräfte und Momente

Da es sich hier um ein ebenes Problem handelt, genügen die drei Gleichgewichtsbedingungen aus Gleichung 3.11:

$$\uparrow \; : \; A_y + B_y - F_{2y} - F_3 = 0$$
$$\rightarrow \; : \; A_x + F_1 + F_{2x} = 0$$
$$\overset{\frown}{\mathrm{A}} \; : \; B_y\,3a - F_1\,2a - F_{2x}\,2a - F_{2y}\,3a - F_3\,5a = 0$$

3. Schritt: Auflösen nach den gesuchten Größen

Da in x-Richtung nur eine unbekannte Kraft auftritt, lässt sich diese sofort aus der entsprechenden Kräftegleichgewichtsbedingung bestimmen.

$$A_x = -F_1 - F_{2x} = -F - F = -2F$$

Aus dem Momentengleichgewicht um A folgt auch ohne Kenntnis von A_x die gesuchte Kraft B_y.

$$B_y = \frac{1}{3a}\left(F_1\,2a + F_{2x}\,2a + F_{2y}\,3a + F_3\,5a\right)$$
$$= \frac{1}{3a}\left(F\,2a + F\,2a + F\,3a + 4F\,5a\right) = 9F$$

Mit Kenntnis von B_y kann nun aus der Kräftegleichgewichtsbedingung in y-Richtung die Kraft A_y berechnet werden.

$$A_y = -B_y + F_{2y} + F_3 = -9F + F + 4F = -4F$$

Alternative Formulierungsmöglichkeiten der Gleichgewichtsbedingungen

Die skalaren Kräftegleichgewichtsbedingungen können durch zusätzliche Momentengleichungen bzgl. anderer Punkte ersetzt werden. Dadurch ist es möglich, jede Unbekannte direkt aus einer Gleichung zu berechnen, also ein entkoppeltes Gleichungssystem zu erhalten.

Beim ebenen Fall kann Gleichung 3.11 durch die folgenden Gleichgewichtsbedingungen ersetzt werden:

$$\sum F_x = 0\,, \qquad \sum M_z^{(\mathrm{P})} = 0\,, \qquad \sum M_z^{(\mathrm{Q})} = 0 \qquad (3.12)$$

Dabei dürfen jedoch die beiden Bezugspunkte für die Momentengleichgewichte nicht auf einer Linie liegen, die senkrecht auf der Richtung steht, in der das Kräftegleichgewicht ausgewertet wird. Wenn drei Momentengleichungen verwendet werden,

$$\sum M_z^{(\mathrm{P})} = 0\,, \qquad \sum M_z^{(\mathrm{Q})} = 0\,, \qquad \sum M_z^{(\mathrm{R})} = 0\,, \tag{3.13}$$

dürfen die drei Momentenbezugspunkte nicht auf einer Geraden liegen, da ansonsten Kräfte mit dieser Geraden als Wirkungslinie im Gleichgewicht nicht berücksichtigt würden.

Zusätzliche Gleichgewichtsbedingungen (auch solche mit mehreren zunächst unbekannten Größen) können zur Kontrolle der Ergebnisse verwendet werden.

Beispiel 3.5 Alternative Formulierung der Gleichgewichtsbedingungen
Für Beispiel 3.4 sind zusätzliche Momentengleichgewichtsbedingungen aufzustellen, mit denen die gesuchten Kräfte A_y und A_x direkt bestimmt werden können.

Lösung:
Mit dem Momentengleichgewicht um den Punkt B kann die gesuchte Kraft A_y direkt bestimmt werden:

$$\begin{aligned} \overset{\frown}{\mathrm{B}} \quad : \quad & A_y\, 3a + F_1\, 2a + F_{2x}\, 2a + F_3\, 2a \;=\; 0 \\ \Rightarrow \quad & A_y \;=\; -\frac{1}{3a}\,(F\, 2a + F\, 2a + 4F\, 2a) \;=\; -4F \end{aligned}$$

Das Momentengleichgewicht um den Kraftangriffspunkt von F_2 liefert dann

$$\begin{aligned} \overset{\frown}{2} \quad : \quad & A_x\, 2a - F_3\, 2a - A_y\, 3a \;=\; 0 \\ \Rightarrow \quad & A_x \;=\; \frac{1}{2a}\,(4F\, 2a - 4F\, 3a) \;=\; -2F \end{aligned}$$

Dieser Bezugspunkt hat den Vorteil, dass nur zwei weitere Kräfte einen Anteil zum Momentengleichgewicht liefern und die Gleichung somit einfacher wird.

3.3 Schnittprinzip

Um alle auf einen Körper einwirkenden Kräfte zu erfassen, muss dieser von seinen Bindungen befreit werden, indem diese gedanklich entfernt und durch die entsprechenden (zunächst unbekannten) Bindungskräfte ersetzt werden. Dieser Prozess wird *Freischneiden* genannt, man erhält das so genannte *Freikörperbild*. Der Gleichgewichtszustand wird durch das Freischneiden nicht verändert. Um Lager-, Gelenk- oder Zwischenreaktionen sichtbar zu machen, wird ein Tragwerk an den entsprechenden Stellen freigeschnitten. Die Schnittkräfte und -momente sind dann gemäß dem Reaktionsaxiom, dem Prinzip von Kraft und Gegenkraft, an den beiden Schnittufern entgegengesetzt wirkend anzutragen.

Mit dem Schnittprinzip können auch die Kräfte, die im Inneren der Körper wirken (innere Kräfte), sichtbar gemacht werden, indem ein Schnitt durch den Körper selbst geführt und die wirkenden Kräfte angetragen werden, vgl. Kapitel 6.

3.3.1 Lagerreaktionen

Damit Körper unter der Einwirkung von Kräften und Momenten im Zustand der Ruhe verharren, müssen sie entsprechend gelagert werden. Bild 3.4 a) zeigt beispielsweise die Systemskizze einer einfachen Brücke. Ersetzt man die beiden Auflager des Tragwerks durch die Lagerkräfte A_x, A_z und B_z, so erhält man das Freikörperbild 3.4 b) des Systems, an dem alle äußeren Kräfte angetragen werden. Auf die freigeschnittenen *Lager* wirken die Kräfte in entgegengesetzter Richtung und werden direkt in den Boden bzw. das Fundament geleitet, Bild 3.4 c). In Bild 3.5 ist das Lager einer Brücke als reales Bauteil mit Systemskizze abgebildet.

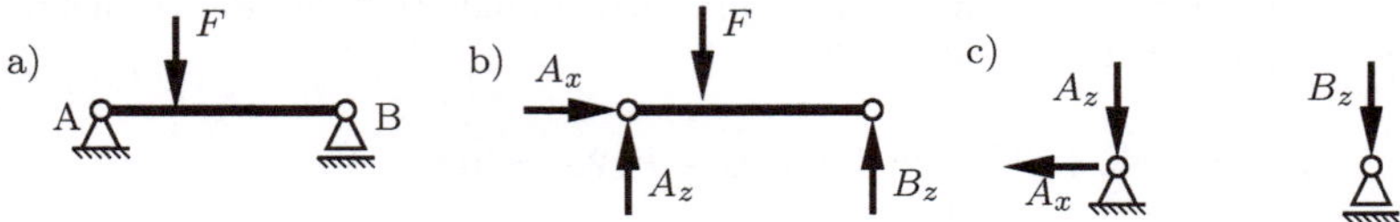

Bild 3.4 Lagerreaktionen

Bild 3.5
Festlager einer Brücke (reales Bauteil und Systemskizze)

Mit der Wertigkeit a eines Lagers bezeichnet man die Anzahl der aufnehmbaren Reaktionskräfte und -momente. Im ebenen Fall kann die Wertigkeit eines Lagers maximal drei, im räumlichen maximal sechs betragen. Eine Übersicht über gängige Lagerungen ebener Systeme zeigt Tabelle 3.1, siehe aber auch Tabelle B.1.

3.3.2 Gelenkreaktionen

Auch Gelenkkräfte können mit Hilfe des Schnittprinzips bestimmt werden. Im Gelenk wird das System geschnitten, und die entsprechenden Gelenkkräfte werden an den beiden Schnittufern angetragen. Die Wertigkeit z eines Gelenks be-

Bezeichnung	Symbol	Reaktionskräfte	Wertigkeit	GG-Bed.
Festlager		A_x, A_z	$a = 2$	$M_A = 0$
Loslager		A_z	$a = 1$	$A_x = 0$ $M_A = 0$
Einspannung		M_A, A_x, A_z	$a = 3$	
verschiebliche Einspannung		M_A, A_x	$a = 2$	$A_z = 0$

Tabelle 3.1 Lagerreaktionen ebener Systeme

zeichnet die Anzahl der übertragenen Schnittkräfte und -momente. Tabelle 3.2 zeigt verschiedene innere Bindungen und die entsprechenden Schnittkräfte und -momente.

Durch Schneiden des Systems in Bild 3.6 im Gelenk erhält man zwei Teilsysteme, an denen die Gelenkkräfte G_x und G_z angreifen. Momente können durch dieses (Momenten-)Gelenk nicht übertragen werden ($z = 2$).

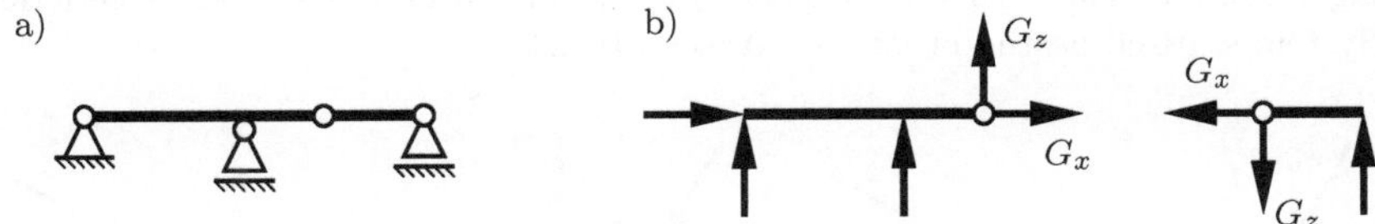

Bild 3.6 Gelenkreaktionen

3.3.3 Zusammengesetzte Systeme

Die Auflagerreaktionen eines aus mehreren starren Teilkörpern zusammengesetzten Systems, wie beispielhaft in Bild 3.7 a) gezeigt, lassen sich in der Regel nicht direkt bestimmen, da für das Gesamtsystem in der Ebene nur drei, im Raum nur sechs Gleichgewichtsbedingungen zur Verfügung stehen. Schneidet man jedoch das Gesamtsystem gedanklich in mehrere Einzelsysteme und trägt

Bezeichnung	Symbol	Reaktionskräfte	Wertigkeit	GG-Bed.
(Momenten-) Gelenk		G_z G_x G_x G_z	$z = 2$	$M = 0$
Querkraftgelenk		M_{G} G_x M_{G} G_x	$z = 2$	$G_z = 0$
Pendelstab		G_x G_x	$z = 1$	$G_z = 0$ $M = 0$
Normalkraft-gelenk (Schiebehülse)		G_z M_{G} M_{G} G_z	$z = 2$	$G_x = 0$

Tabelle 3.2 Gelenk- und Zwischenreaktionen ebener Systeme

die Schnittkräfte und -momente an den entstehenden Schnittufern an (Bild 3.7 b)), so können für jedes einzelne Teilsystem die entsprechenden Gleichgewichtsbedingungen aufgestellt werden, da jedes Teilsystem für sich im Gleichgewicht sein muss. Man erhält hierdurch ein Gleichungssystem, mit dem sowohl die Auflagerreaktionen als auch die Gelenkkräfte bestimmen werden können, sofern das System statisch bestimmt ist, vgl. Abschnitt 3.4.

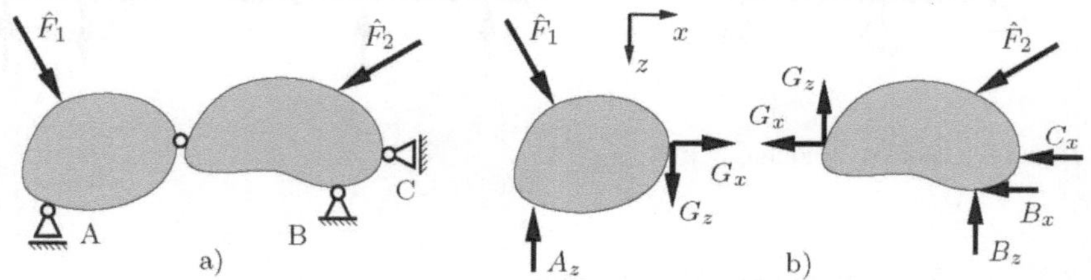

Bild 3.7 Zusammengesetztes System

Bei dem in Bild 3.7 angegebenen System erhält man zwei Teilsysteme und sechs unbekannte Lager- und Gelenkreaktionen. Für diese beiden Teilsysteme lassen sich jeweils drei Gleichgewichtsbedingungen aufstellen. Diese insgesamt sechs

Gleichungen (lineares Gleichungssystem) kann man in Matrix-Form schreiben:

$$\underbrace{\begin{bmatrix} A_{11} & A_{12} & A_{13} & A_{14} & A_{15} & A_{16} \\ A_{21} & A_{22} & A_{23} & A_{24} & A_{25} & A_{26} \\ A_{31} & A_{32} & A_{33} & A_{34} & A_{35} & A_{36} \\ A_{41} & A_{42} & A_{43} & A_{44} & A_{45} & A_{46} \\ A_{51} & A_{52} & A_{53} & A_{54} & A_{55} & A_{56} \\ A_{61} & A_{62} & A_{63} & A_{64} & A_{65} & A_{66} \end{bmatrix}}_{=\mathbf{A}} \underbrace{\begin{bmatrix} A_z \\ B_x \\ B_z \\ C_x \\ G_x \\ G_z \end{bmatrix}}_{=\mathbf{f}} = \underbrace{\begin{bmatrix} F_1 \\ F_2 \\ F_3 \\ F_4 \\ F_5 \\ F_6 \end{bmatrix}}_{=\mathbf{p}} \tag{3.14}$$

Allgemein führt dies auf ein lineares Gleichungssystem

$$\mathbf{A}\,\mathbf{f} = \mathbf{p}\,. \tag{3.15}$$

Die Koeffizienten A_{ij} der Matrix $\mathbf{A}$ stellen Abhängigkeiten aus den Gleichgewichtsbedingungen zwischen den Lager- und Gelenkreaktionen dar. Der Lösungsvektor $\mathbf{f}$ enthält die unbekannten Reaktionen und der Lastvektor $\mathbf{p}$ die äußeren Lasten. Die manuelle Lösung linearer Gleichungssysteme kann sehr aufwändig werden, wenn viele unbekannte Lager- und Gelenkreaktionen auftreten. In solchen Fällen werden zweckmäßig Computerprogramme eingesetzt.

Durch geschicktes Schneiden des Systems und entsprechende Wahl der Gleichgewichtsbedingungen kann der Lösungsaufwand für das Gleichungssystem oftmals deutlich reduziert werden, indem entkoppelte Gleichungen aufgestellt werden. Hierbei sollte darauf geachtet werden, dass

- der Bezugspunkt für Momentengleichgewichte so gewählt wird, dass nur eine unbekannte Kraft ein Moment ausübt,
- das System so zerlegt wird, dass nicht unnötigerweise innere Schnittkräfte und -momente bestimmt werden müssen.

Beispiel 3.6 Zusammengesetzte Systeme

Die Lagerreaktionen und Gelenkkräfte des dargestellten Tragwerkes sind zu bestimmen.

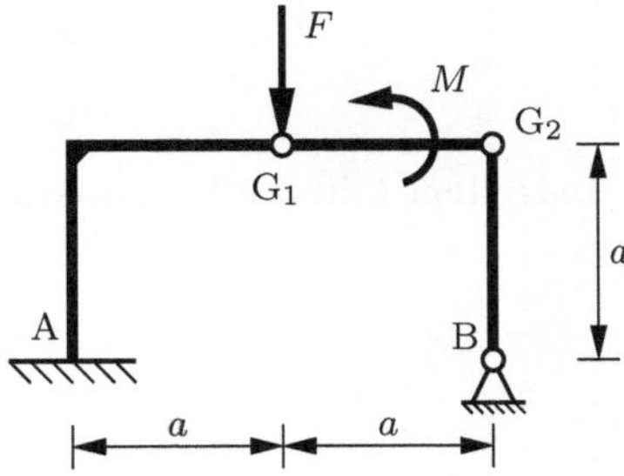

Lösung:

Zunächst wird das Tragwerk durch Schneiden in den Gelenken und an den Auflagern in drei Teilsysteme aufgeteilt.

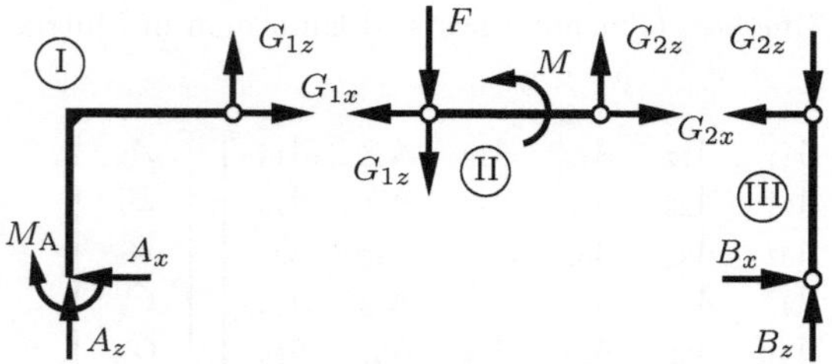

Die Last F am Gelenk G_1 kann nach dem Schneiden des Gelenks auch im Teilsystem I statt im Teilsystem II angebracht werden. Dies ändert das Ergebnis für die Auflager nicht, lediglich die Gelenkkraft G_{1z} verändert sich um den Betrag F.

Durch Aufstellen der drei Gleichgewichtsbedingungen für das Teilsystem III erhält man

$$\overset{\curvearrowleft}{\mathrm{B}} \; : \; G_{2x}\,a = 0 \quad \Rightarrow \quad G_{2x} = 0\,,$$

$$\rightarrow \; : \; B_x - G_{2x} = 0 \quad \Rightarrow \quad B_x = 0\,,$$

$$\uparrow \; : \; B_z - G_{2z} = 0 \quad \Rightarrow \quad B_z = G_{2z}\,.$$

Das Teilsystem II liefert

$$\leftarrow \; : \; G_{1x} - G_{2x} = 0 \quad \Rightarrow \quad G_{1x} = 0\,,$$

$$\overset{\curvearrowleft}{\mathrm{G}_2} \; : \; G_{1z}a + M + Fa = 0 \quad \Rightarrow \quad G_{1z} = -\frac{M}{a} - F\,,$$

$$\overset{\curvearrowleft}{\mathrm{G}_1} \; : \; G_{2z}a + M = 0 \quad \Rightarrow \quad G_{2z} = -\frac{M}{a} = B_z\,.$$

Jetzt können am Teilsystem I die Auflagerreaktionen in A bestimmt werden.

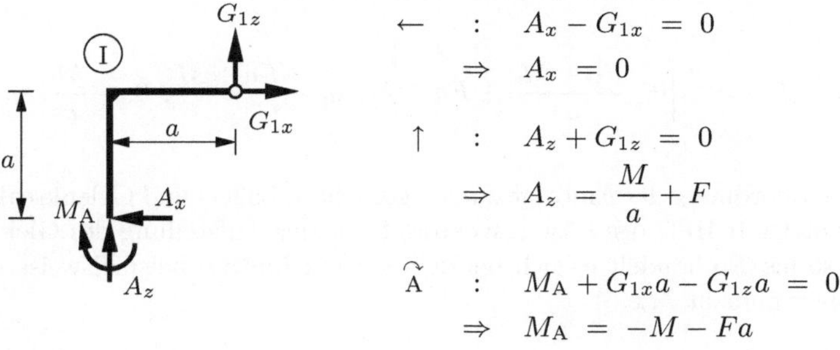

$$
\begin{aligned}
\leftarrow \quad &: \quad A_x - G_{1x} = 0 \\
&\Rightarrow \quad A_x = 0 \\
\uparrow \quad &: \quad A_z + G_{1z} = 0 \\
&\Rightarrow \quad A_z = \frac{M}{a} + F \\
\overset{\curvearrowright}{\mathrm{A}} \quad &: \quad M_{\mathrm{A}} + G_{1x}a - G_{1z}a = 0 \\
&\Rightarrow \quad M_{\mathrm{A}} = -M - Fa
\end{aligned}
$$

Lösung mit Maple:
Alternativ kann man die für jedes Teilsystem erhältlichen drei Gleichgewichtsbedingungen in Matrix-Form analog zu Gleichung 3.14 aufstellen. Jede Zeile der Matrix **A** entspricht einer der oben aufgestellten Gleichgewichtsbedingungen, die erste Zeile beispielsweise gibt das Momentengleichgewicht um Punkt B für das dritte Teilsystem wieder.

$$
\underbrace{\begin{bmatrix}
0 & 0 & 0 & 0 & 0 & a & 0 & 0 & 0 \\
0 & 0 & 0 & 0 & 0 & -1 & 0 & 1 & 0 \\
0 & 0 & 0 & 0 & 0 & 0 & -1 & 0 & 1 \\
0 & 0 & 0 & 1 & 0 & -1 & 0 & 0 & 0 \\
0 & 0 & 0 & 0 & a & 0 & 0 & 0 & 0 \\
0 & 0 & 0 & 0 & 0 & 0 & a & 0 & 0 \\
1 & 0 & 0 & -1 & 0 & 0 & 0 & 0 & 0 \\
0 & 1 & 0 & 0 & 1 & 0 & 0 & 0 & 0 \\
0 & 0 & 1 & a & -a & 0 & 0 & 0 & 0
\end{bmatrix}}_{=\mathbf{A}}
\underbrace{\begin{bmatrix}
A_x \\ A_z \\ M_{\mathrm{A}} \\ G_{1x} \\ G_{1z} \\ G_{2x} \\ G_{2z} \\ B_x \\ B_z
\end{bmatrix}}_{=\mathbf{f}}
=
\underbrace{\begin{bmatrix}
0 \\ 0 \\ 0 \\ 0 \\ -Fa - M \\ -M \\ 0 \\ 0 \\ 0
\end{bmatrix}}_{=\mathbf{p}} .
$$

Die Lösung dieses Gleichungssystems soll hier beispielhaft mit dem Computeralgebra-Systems MAPLE vorgeführt werden. Mit dem Befehl

```
> with(linalg):
```

wird das Paket für die lineare Algebra geladen. Anschließend werden die Matrix **A** sowie der Lastvektor **p** eingegeben.

```
> A:=matrix([[0,0,0,0,0,a,0,0,0],[0,0,0,0,0,-1,0,1,0],
    [0,0,0,0,0,0,-1,0,1],[0,0,0,1,0,-1,0,0,0],
    [0,0,0,0,a,0,0,0,0],[0,0,0,0,0,0,a,0,0],
    [1,0,0,-1,0,0,0,0,0],[0,1,0,0,1,0,0,0,0],
    [0,0,1,a,-a,0,0,0,0]]):
> p:=vector([0,0,0,0,-F*a-M,-M,0,0,0]):
```

Die Lösung des Gleichungssystems erfolgt mit dem Befehl `linsolve` aus dem `linalg`-Paket.

```
> f:=linsolve(A, p);
```

MAPLE gibt daraufhin folgendes Ergebnis aus.

$$f \; := \; \left[0, \; \frac{Fa+M}{a}, \; -Fa-M, \; 0, \; -\frac{Fa+M}{a}, \; 0, \; -\frac{M}{a}, \; 0, \; -\frac{M}{a}\right]$$

Die Zuordnung der Einträge zu den gesuchten Lager- und Gelenkreaktionen erfolgt mit Hilfe des Lösungsvektors **f** aus der Aufstellung des Gleichungssystems. So handelt es sich bei dem dritten Eintrag beispielsweise um das Lagermoment M_A.

Pendelstab

Stabartige Bauteile, an denen keine äußeren Lasten angreifen und die an beiden Enden mit Momentengelenken angeschlossen sind, werden *Pendelstäbe* genannt, siehe Tabelle 3.2, Zeile 3. Sie sind nur dann im Gleichgewicht, wenn die beiden Gelenkkräfte auf einer gemeinsamen Wirkungslinie liegen, gleich groß und entgegengesetzt gerichtet sind. Von *Pendelstützen* spricht man, wenn der Pendelstab ein System mit einem Auflager verbindet, siehe Bild 3.8.

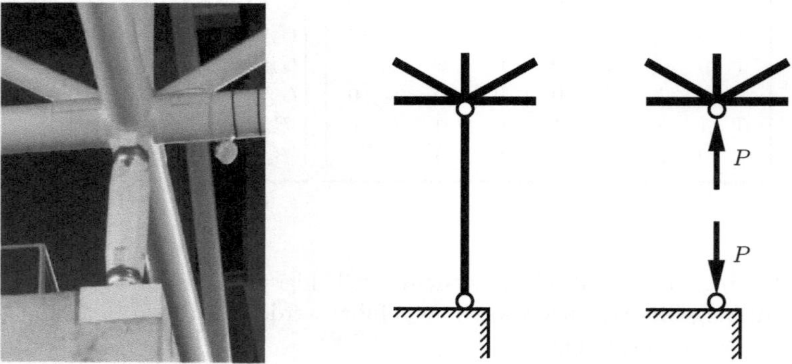

Bild 3.8 Pendelstütze (reales Bauteil, Systemskizze und Freikörperbild)

In Beispiel 3.6 greifen am Teilsystem III nur an den Enden die beiden Kräfte B und G_2 an. Das bedeutet, dass Gleichgewicht nur möglich ist, wenn diese Kräfte auf der gleichen Wirkungslinie liegen. An einem geraden Stab wirken die Kräfte daher stets in Längsrichtung. Der in Bild 3.9 a) gezeigte Körper ist durch drei Pendelstützen gelagert. Diese Information kann bereits beim Freikörperbild genutzt werden, so dass (hier) nur drei unbekannte Auflagerkräfte angetragen werden müssen, deren Richtungen vorab bekannt sind, siehe Bild 3.9 b).

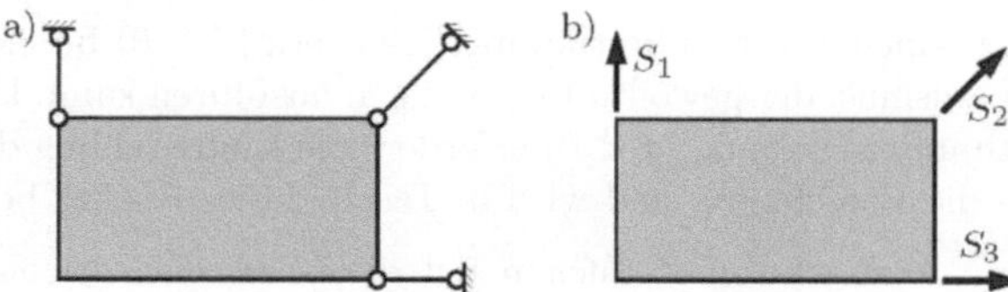

Bild 3.9
Lagerung durch Pendelstützen

3.4 Statische Bestimmtheit

Ein mechanisches System ist *statisch bestimmt*, wenn sämtliche Lager- und Zwischenreaktionen allein aus den Gleichgewichtsbedingungen ermittelt werden können. Hierzu kann es notwendig sein, das System in mehrere Teilsysteme zu zerschneiden. Man unterscheidet die äußere und innere statische Bestimmtheit. Wenn ein System *äußerlich statisch bestimmt* ist, können alle Auflagerreaktionen mit Hilfe der Gleichgewichtsbedingungen berechnet werden, bei *innerer statischer Bestimmtheit* alle Zwischenreaktionen.

Die statische Bestimmtheit eines Systems ist eine reine Systemgröße, sie hängt nicht von der äußeren Belastung ab.

3.4.1 Notwendige Bedingung

Für jedes Teilsystem stehen im ebenen Fall (2D) drei Gleichgewichtsbedingungen, im räumlichen Fall (3D) sechs Gleichgewichtsbedingungen zur Verfügung. Es dürfen nun insgesamt nicht mehr unbekannte Größen zu bestimmen sein, als Gleichungen zur Verfügung stehen. Eine notwendige Bedingung für die statische und kinematische Bestimmtheit ist daher die Abzählformel:

$$\begin{aligned} \text{2D}: \quad & f \geq f_{\min} = 3n - a - z = 0 \\ \text{3D}: \quad & f \geq f_{\min} = 6n - a - z = 0 \end{aligned} \tag{3.16}$$

mit n Anzahl der Teilsysteme (○)
z Anzahl der Gelenk- und Zwischenreaktionen (□)
a Anzahl der Auflagerreaktionen (△)

Die tatsächliche Anzahl der Freiheitsgrade f kann mit diesem Abzählkriterium nicht immer bestimmt werden. Daher kann das Abzählkriterium lediglich als notwendige Bedingung für die statische Bestimmtheit dienen. Einige Ausnahmefälle erfasst das Abzählkriterium nicht, vgl. Beispiel 3.8.

Das Abzählkriterium nach Gleichung 3.16 liefert dann die Aussage

$f_{\min} = 0$: statisch bestimmt
$f_{\min} > 0$: kinematisch unbestimmt, unterbestimmt, beweglich
$f_{\min} < 0$: statisch unbestimmt, überbestimmt

Ein kinematisch unbestimmtes Tragwerk ($f > 0$) bezeichnet mach auch als Mechanismus, der gewollte Bewegungen ausführen kann. Die Lösung statisch unbestimmter Systeme ($f < 0$) erfordert die Einbeziehung der Tragwerksverformung in die Berechnung und wird in Teil II dieses Buches behandelt.

Anmerkung: Greifen m Teilsysteme an einem (Momenten-)Gelenk an, so treten für jedes Teilsystem zwei zusätzliche Zwischenreaktionen auf, und es gilt $z = 2\,(m-1)$.

Beispiel 3.7 Statische Bestimmtheit (Abzählformel)

Anhand der Abzählformel ist die statische Bestimmtheit des Systems aus Beispiel 3.6 zu bestimmen.

Lösung:

Zunächst werden die einzelnen Teilsysteme freigeschnitten und alle Schnitt- und Reaktionskräfte angetragen. Abzählen und Einsetzen in Gleichung 3.16 liefert

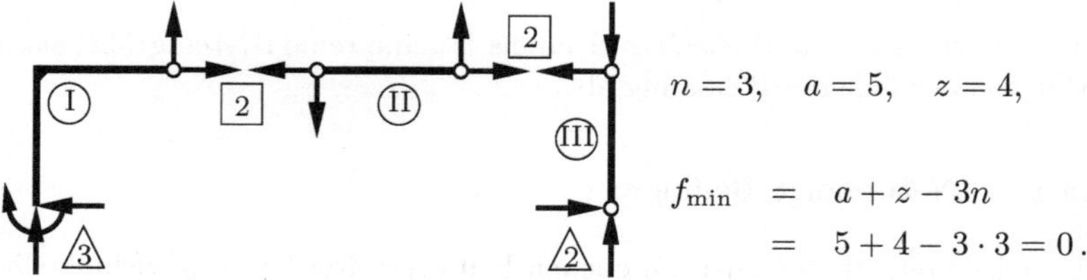

$$n = 3, \quad a = 5, \quad z = 4,$$

$$f_{\min} = a + z - 3n = 5 + 4 - 3 \cdot 3 = 0\,.$$

Das System ist somit statisch bestimmt, die Lager- und Gelenkreaktionen können alle durch Anwendung der Gleichgewichtsbedingungen berechnet werden, wie bereits in Beispiel 3.6 durchgeführt.

Beispiel 3.8 Statische Bestimmtheit (Ausnahmefall)

Das dargestellte System ist auf seine statische Bestimmtheit zu untersuchen.

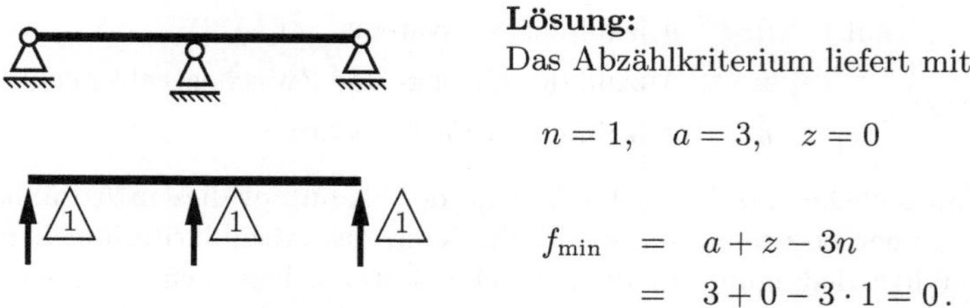

Lösung:

Das Abzählkriterium liefert mit

$$n = 1, \quad a = 3, \quad z = 0$$

$$f_{\min} = a + z - 3n = 3 + 0 - 3 \cdot 1 = 0\,.$$

Obwohl das notwendige Kriterium ($f_{\min} = 0$) für die statische Bestimmtheit erfüllt ist, ist das System in horizontaler Richtung verschieblich gelagert, also *kinematisch unbestimmt*. Die Anzahl der Freiheitsgrade ist daher $f = 1$. Es liegt der Ausnahmefall vor, dass die Wirkungslinien der drei Lagerkräfte parallel sind, so dass mit Hilfe der Gleichgewichtsbedingungen nicht alle Lagerreaktionen berechnet werden können.

3.4.2 Hinreichende Bedingung

Ein hinreichendes Kriterium für statische und kinematische Bestimmtheit lässt sich aus dem Gleichungssystem zur Bestimmung der Lager- und Gelenkkräfte formulieren. Dieses Gleichungssystem muss eine eindeutige Lösung haben. Das ist nur dann der Fall, wenn die Determinante der Koeffizientenmatrix **A** aus Gleichung 3.15 ungleich null ist (*Determinantenkriterium*):

$$\det \mathbf{A} \neq 0 \tag{3.17}$$

Beispiel 3.9 Statische Bestimmtheit (Determinantenkriterium)
Gesucht ist das Verhältnis a/b, für welches das dargestellte System verschieblich ist. Die Überprüfung soll mit Hilfe der Determinante der Koeffizientenmatrix und zum Vergleich mit der Abzählformel durchgeführt werden.

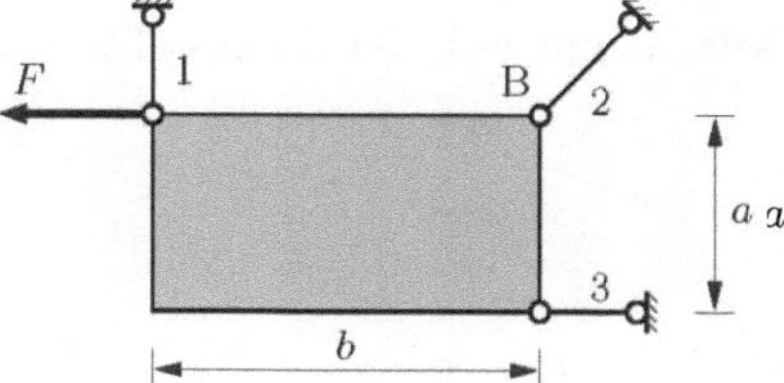

Lösung:
Das Gleichungssystem aus den Gleichgewichtsbedingungen lässt sich mit Hilfe des Freikörperbildes aus Bild 3.9 b) bestimmen.

$$\begin{array}{lccccc}
\uparrow & : & +S_1 & +1/\sqrt{2}\,S_2 & & = & 0 \\
\rightarrow & : & & +1/\sqrt{2}\,S_2 & +S_3 & = & F \\
\overset{\curvearrowright}{\mathrm{B}} & : & b\,S_1 & & -a\,S_3 & = & 0
\end{array}$$

Dieses Gleichungssystem kann in Matrix-Schreibweise notiert werden, wobei die unbekannten Stabkräfte S_1, S_2 und S_3 im Lösungsvektor **f** und die äußeren Lasten im Lastvektor **p** zusammengefasst werden. Die entsprechenden Koeffizienten des Gleichungssystems bilden die Matrix **A**, und man erhält

$$\underbrace{\begin{bmatrix} 1 & 1/\sqrt{2} & 0 \\ 0 & 1/\sqrt{2} & 1 \\ b & 0 & -a \end{bmatrix}}_{=\mathbf{A}} \underbrace{\begin{bmatrix} S_1 \\ S_2 \\ S_3 \end{bmatrix}}_{=\mathbf{f}} = \underbrace{\begin{bmatrix} 0 \\ F \\ 0 \end{bmatrix}}_{=\mathbf{p}} .$$

Damit kann die Determinante der Koeffizientenmatrix **A** berechnet werden.

$$\det \mathbf{A} = \frac{b}{\sqrt{2}} - \frac{a}{\sqrt{2}}$$

Die Determinante det(**A**) ist gleich null für $a = b$. Das Gleichungssystem ist dann *singulär*. Obwohl die notwendige Bedingung für statische und kinematische Bestimmtheit (Gleichung 3.16) mit $f = 0$ erfüllt ist, ist das System für $a = b$ beweglich. Dies resultiert aus der Tatsache, dass für $a = b$ die Stabkräfte S_1 bis S_3 ein zentrales Kräftesystem bilden, das kein Moment aufnehmen kann, was jedoch unter Belastung des System i. d. R. auftritt. Man sieht an diesem Beispiel, dass die Koeffizientenmatrix **A**, deren Determinante und somit die statische Bestimmtheit unabhängig von der Belastung des Systems ist. Die äußere Last F geht nur in den Lastvektor **p** ein.

3.5 Übungsaufgaben

Aufgabe 3.1 (Schwierigkeitsgrad 1)

Wie groß muss F_2 sein, damit sich der dargestellte Körper im Gleichgewicht befindet?

Gegeben: F_1, a

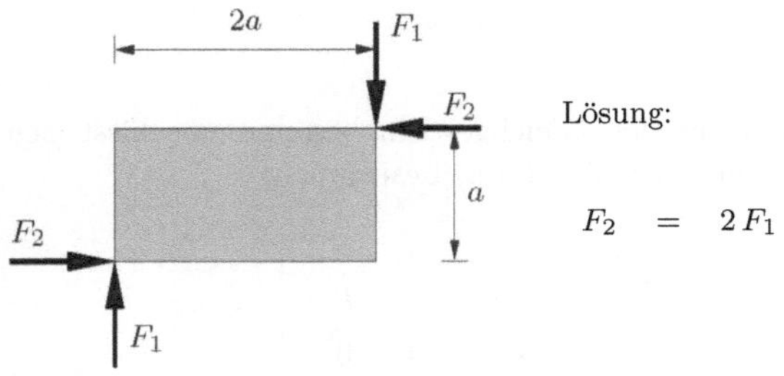

Lösung:

$$F_2 = 2\,F_1$$

Aufgabe 3.2 (Schwierigkeitsgrad 1)

Bestimmen Sie die Kräfte A_x, A_z und B_z in Abhängigkeit von a, so dass sich das System im Gleichgewicht befindet.

Gegeben: ℓ, F

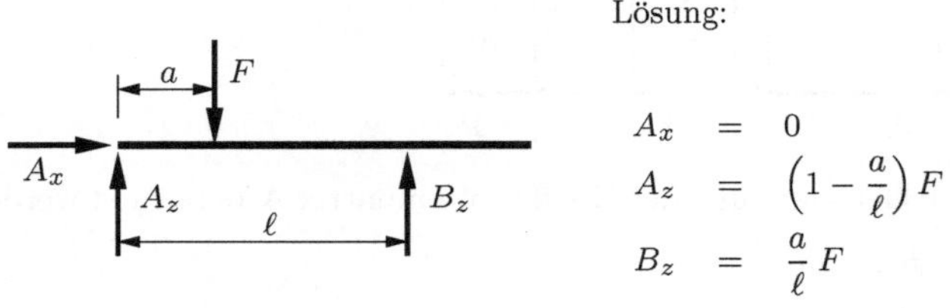

Lösung:

$$A_x = 0$$
$$A_z = \left(1 - \frac{a}{\ell}\right) F$$
$$B_z = \frac{a}{\ell} F$$

Aufgabe 3.3 (Schwierigkeitsgrad 2)
Das dargestellte räumliche System aus drei Stäben wird durch eine Kraft $\boldsymbol{F}$ belastet.

Bestimmen Sie die Stabkräfte S_1, S_2 und S_3.

Gegeben: $\boldsymbol{F} = F\,\boldsymbol{e}_z$, F, a

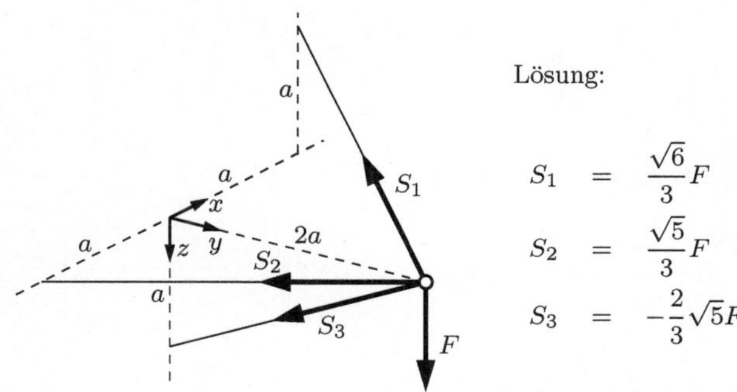

Lösung:

$$S_1 = \frac{\sqrt{6}}{3}F$$
$$S_2 = \frac{\sqrt{5}}{3}F$$
$$S_3 = -\frac{2}{3}\sqrt{5}F$$

Aufgabe 3.4 (Schwierigkeitsgrad 2)
Die Aufhängung für eine Oberleitung der Bahn wird durch das Gewicht der Leitung belastet.

Berechnen Sie die Kräfte in den Stäben 1 und 2,
a) wenn die Kraft aus der Leitung genau senkrecht nach unten zeigt,
b) wenn in einer Kurve die Kraft unter dem Winkel φ schräg angreift.

Gegeben: $a = 3.5$ m, $b = 1.0$ m, $\varphi = 20°$, F

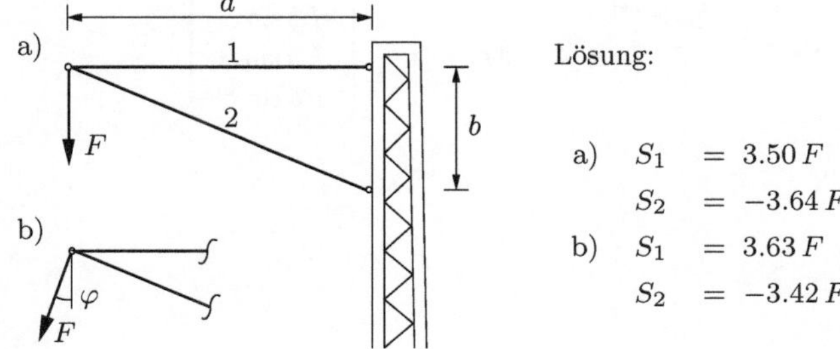

Lösung:

a) $S_1 = 3.50\,F$
$S_2 = -3.64\,F$

b) $S_1 = 3.63\,F$
$S_2 = -3.42\,F$

Aufgabe 3.5 (Schwierigkeitsgrad 1)

Eine Straßenlampe ist wie dargestellt an zwei Drähten aufgehängt.

Berechnen Sie die Kraft in den Drähten.

Gegeben: G, α

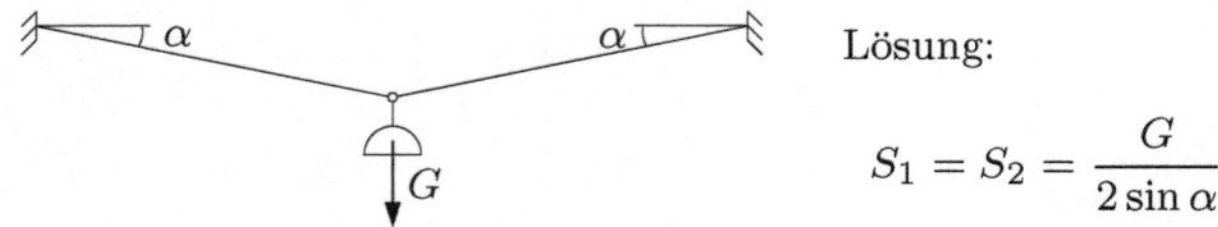

Lösung:

$$S_1 = S_2 = \frac{G}{2\sin\alpha}$$

Aufgabe 3.6 (Schwierigkeitsgrad 1)

An einem räumlichen Kragarm greift eine Kraft F an, die in einer Ebene parallel zur y-z-Ebene liegt und mit dem Ende des Kragarms den Winkel α einschließt.

Berechnen Sie die Auflagerreaktionen.

Gegeben: F, α, a, b

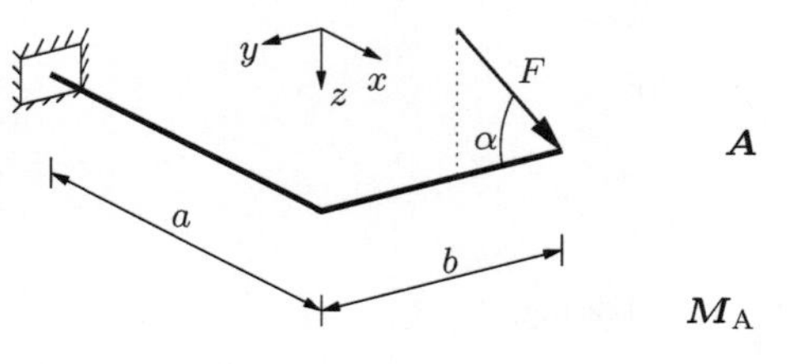

Lösung:

$$\boldsymbol{A} = \begin{bmatrix} 0 \\ F\cos\alpha \\ -F\sin\alpha \end{bmatrix}$$

$$\boldsymbol{M}_{\mathrm{A}} = \begin{bmatrix} Fb\sin\alpha \\ Fa\sin\alpha \\ Fa\cos\alpha \end{bmatrix}$$

Aufgabe 3.7 (Schwierigkeitsgrad 2)

Das dargestellte ebene System ist durch drei Kräfte belastet.

a) Überprüfen Sie mit Hilfe des Abzählkriteriums die statische Bestimmtheit.

b) Bestimmen Sie die Auflagerreaktionen und die Gelenkkräfte in G_1.

Gegeben: $F_1 = 3\sqrt{2}$ kN, $F_2 = 4$ kN, $F_3 = 20\sqrt{2}$ kN, $a = 1$ m

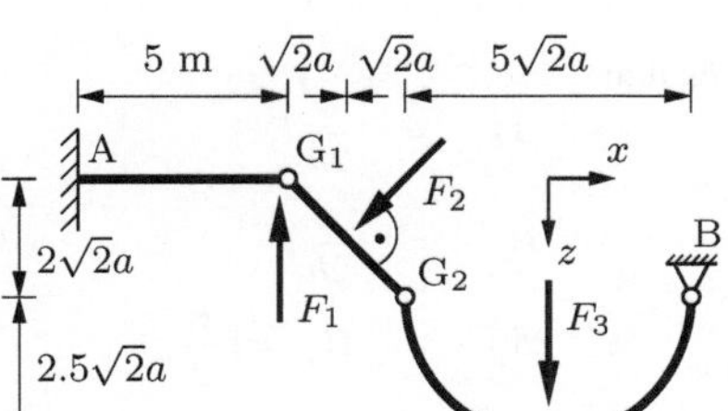

Lösung:

a) $f_{\min} = 0$

b)

$\leftarrow \; A_x = 10\sqrt{2}$ kN

$\uparrow \; A_z = 9\sqrt{2}$ kN

$\rightarrow \; B_x = 12\sqrt{2}$ kN

$\uparrow \; B_z = 10\sqrt{2}$ kN

$\curvearrowleft \; M_A = 45\sqrt{2}$ kNm

$G_x^1 = 10\sqrt{2}$ kN

$G_z^1 = 12\sqrt{2}$ kN

Aufgabe 3.8 (Schwierigkeitsgrad 2)

Das skizzierte räumliche System ist durch zwei Kräfte sowie ein Moment belastet.

Berechnen Sie die unbekannten Lagerreaktionen in A, B, C, D, E und H sowie die Gelenkkräfte in G.

Gegeben: a, $F_1 = F_2 = F$, $M = Fa$

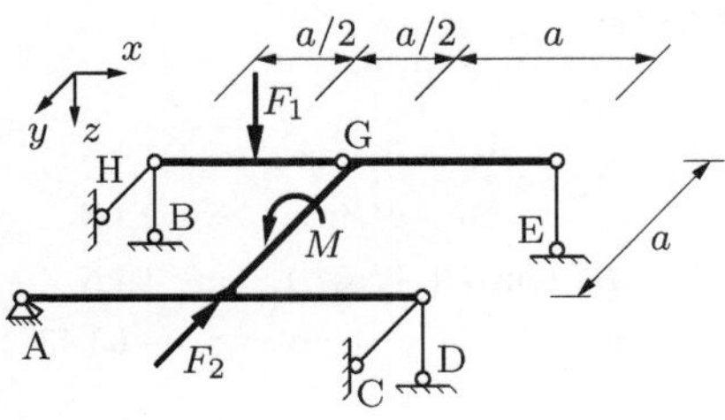

Lösung:

$A_x = 0,\ A_y = -\frac{F}{2},\ A_z = \frac{3F}{4},$

$B = \frac{F}{2},\ C = -\frac{F}{2},\ D = -\frac{3F}{4},$

$E = \frac{F}{2},\ H = 0,$

$G_x = 0,\ G_y = 0,\ G_z = -\frac{F}{2}$

Aufgabe 3.9 (Schwierigkeitsgrad 2)

Ein Dreigelenkbogen wird durch eine Kraft F belastet.
a) Berechnen Sie die Auflagerreaktionen.
b) Überprüfen Sie mit einem geeigneten Verfahren, für welche Höhe h das System verschieblich wird.

Gegeben: F, a, h

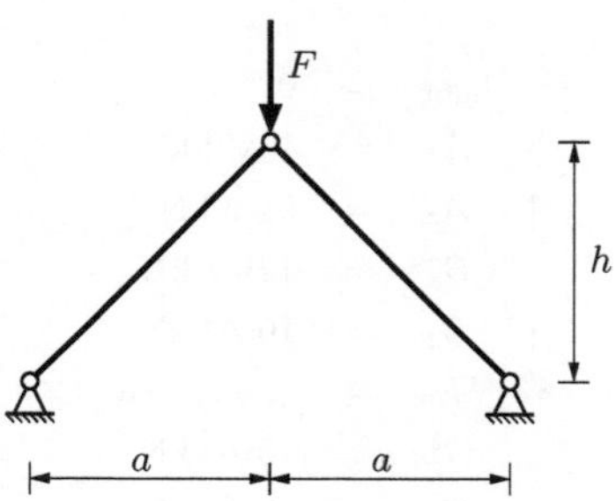

Lösung:

a) $\rightarrow \quad A_x = \dfrac{a}{2h}F$

$\leftarrow \quad B_x = \dfrac{a}{2h}F$

$\uparrow \quad A_y = B_y = \dfrac{F}{2}$

b) $h = 0$

Aufgabe 3.10 (Schwierigkeitsgrad 2)

Das dargestellte ebene System ist durch die zwei Kräfte F_1 und F_2 belastet.
a) Stellen Sie die Gleichgewichtsbedingungen auf.
b) Für welchen Winkel α wird das System verschieblich?

Gegeben: $F_1 = 1$ kN, $F_2 = 2$ kN, $a = 1$ m

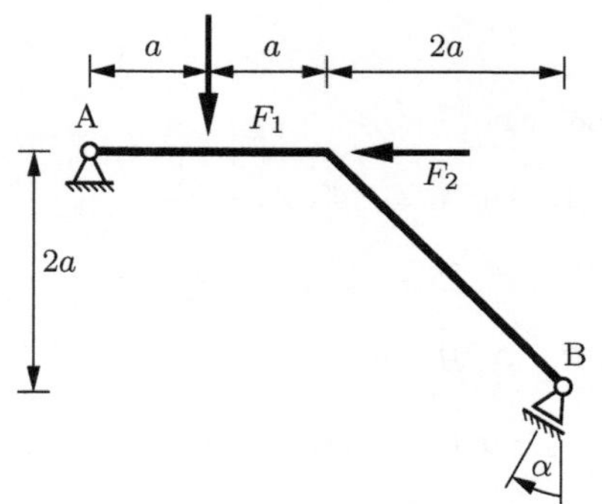

Lösung:

a)
$$A_V + B\cos\alpha = 1\text{ kN}$$
$$A_H + B\sin\alpha = 2\text{ kN}$$
$$B\,(2\sin\alpha + 4\cos\alpha) = 1\text{ kN}$$

b) $\alpha = -63.43°$

4 Fachwerke

Als Fachwerk bezeichnet man ein Tragwerk, das aus geraden Stäben besteht, welche an ihren Endpunkten miteinander verbunden sind, siehe Bild 4.1. Bei einem Fachwerk werden üblicherweise die Annahmen getroffen, dass

- die Stäbe an den Knoten durch reibungsfreie Gelenke zentrisch miteinander verbunden sind,
- äußere Kräfte nur in den Knoten angreifen und
- das Eigengewicht der Stäbe gegenüber der äußeren Last vernachlässigbar ist (bzw. auf die Knoten verteilt wird).

Bild 4.1 Fachwerkkonstruktion des Fahrbahnträgers der Brücke des 25. April über den Tejo, Lissabon (1966)

Unter den obigen Annahmen werden die Stäbe des Fachwerks ausschließlich auf Zug oder Druck beansprucht, der über die Stablänge konstant ist. Man trifft dabei die Vorzeichenkonvention, dass Zugkräfte als positive, Druckkräfte als negative Stabkräfte angetragen werden (siehe Bild 4.2).

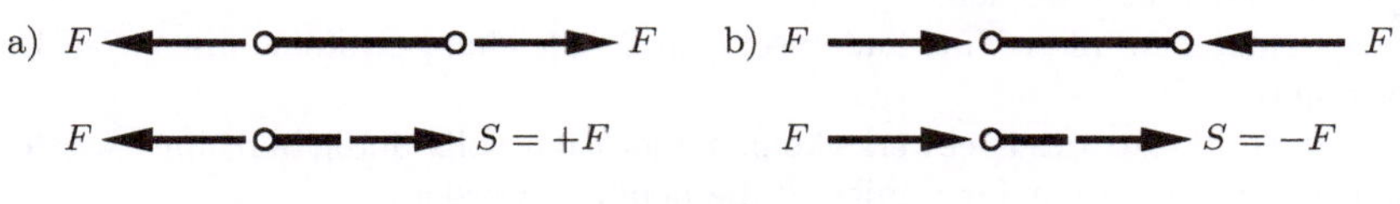

a) F F b) F F

F $S = +F$ F $S = -F$

Bild 4.2 Fachwerkstäbe: a) Zugstab, b) Druckstab

Grundsätzliches Ziel der Gleichgewichtsbetrachtung an Fachwerkstrukturen ist es, die Stabkräfte zu ermitteln, um sich einen Eindruck über die Beanspruchung dieser Bauteile zu verschaffen. Mit den obigen Modellannahmen wird die Gleichgewichtsanalyse an Fachwerksystemen erheblich vereinfacht und die Praxis zeigt, dass beispielsweise die Idealisierung real ausgeführter Knoten durch ideale Gelenke eine gute Näherung ist. Die nachfolgend vorgestellten Lösungsverfahren folgen aus der konsequenten Anwendung der bislang erlernten Analyse des Gleichgewichts an Systemen starrer Körper, wobei lediglich die getroffenen Modellannahmen die Berechnungen deutlich vereinfachen.

4.1 Gleichgewicht am Knoten

Unter den oben aufgezeigten Modellvorstellungen können die einzelnen Fachwerkknoten als zentrale Kräftesysteme aufgefasst werden (vgl. Abschnitt 3.2.1). An jedem Knoten stehen im ebenen Fall zwei, im räumlichen Fall drei Gleichgewichtsbedingungen für Kräfte zur Verfügung, um drei bzw. zwei unbekannte Stabkräfte zu berechnen. Das Momentengleichgewicht ist bezüglich des Knotens a priori erfüllt.

Beim so genannten *Knotenpunktverfahren* werden daher zur Bestimmung der Stabkräfte die einzelnen Knoten des Fachwerks gedanklich freigeschnitten und die Stabkräfte in Stabrichtung angetragen, siehe Bild 4.3. Die Gleichgewichtsbedingungen führen zu einem linearen Gleichungssystem für die Stabkräfte und Lagerreaktionen, vgl. Beispiel 4.1.

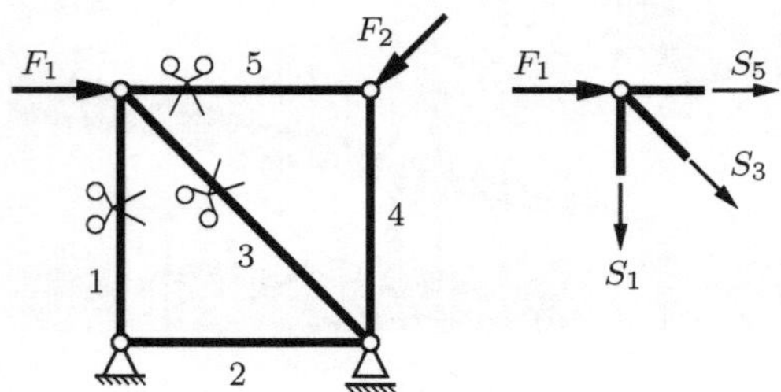

Bild 4.3
Freischneiden eines Fachwerkknotens

Die *Vor-* und *Nachteile* dieser Vorgehensweise sind:

⊕ Das Verfahren ist gut automatisierbar und kann leicht in ein Computerprogramm umgesetzt werden.

⊖ Es entstehen unter Umständen sehr große Gleichungssysteme mit vielen Unbekannten.

⊖ Die Stabkräfte des Fachwerks können meist nur vollständig berechnet werden, selbst wenn diese nur für wenige Stäbe benötigt werden.

4.2 Nullstäbe

Fachwerkstäbe, die vollkommen unbelastet sind, nennt man *Nullstäbe.* Bei der Fachwerksberechnung ist es sehr hilfreich, schon vor der Berechnung zu wissen, welche Stäbe offensichtlich unbelastet sind. Die Gleichgewichtsbedingungen vereinfachen sich dann an den entsprechenden Knoten. Mit Hilfe der folgenden, aus den Gleichgewichtsbedingungen abgeleiteten Regeln können Nullstäbe erkannt werden.

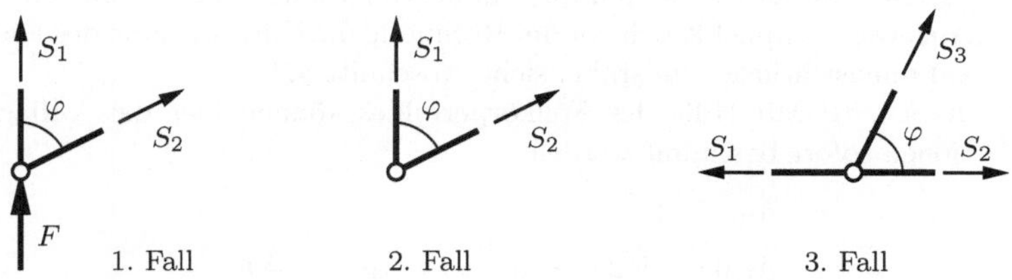

Bild 4.4 Nullstäbe

1. Fall: An einem Knoten mit zwei nicht gleichgerichteten Stäben greift nur eine Kraft F an, die genau in Richtung des Stabes 1 wirkt. Aus dem Kräftegleichgewicht folgt sofort, dass der Stab 2 ein Nullstab ist:

$$\rightarrow \; : \quad S_2 \sin\varphi = 0 \quad \Rightarrow \quad S_2 = 0 \tag{4.1}$$

2. Fall: Greift an einem Knoten mit zwei nicht gleichgerichteten Stäben keine äußere Last an, sind beide Stäbe Nullstäbe:

$$\rightarrow \; : \quad S_2 \sin\varphi = 0 \quad \Rightarrow \quad S_2 = 0 \tag{4.2}$$

$$\uparrow \; : \quad S_1 + S_2 \cos\varphi = 0 \quad \Rightarrow \quad S_1 = 0 \tag{4.3}$$

3. Fall: Greift an einem Knoten mit drei Stäben keine äußere Last an und haben zwei der Stäbe dieselbe Ausrichtung, dann ist der dritte Stab ein Nullstab:

$$\uparrow \; : \quad S_3 \sin\varphi = 0 \quad \Rightarrow \quad S_3 = 0 \tag{4.4}$$

Oft entsteht einer der oben skizzierten Fälle dadurch, dass bereits erkannte Nullstäbe aus dem Fachwerk gedanklich entfernt werden.

Beispiel 4.1 Gleichgewicht am Knoten

Die Stabkräfte des dargestellten ebenen Fachwerks sollen mit Hilfe des Gleichgewichts am Knoten bestimmt werden.

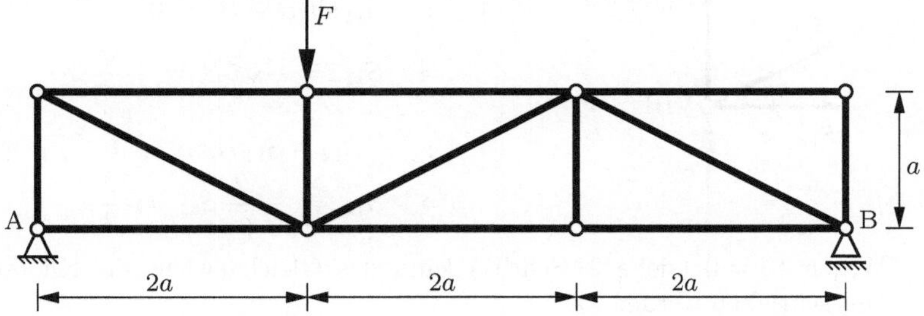

Lösung:
Wendet man das Knotenpunktverfahren von Hand an, so wählt man die Reihenfolge der Knoten bei der Berechnung geschickterweise so, dass am jeweils betrachteten Knoten lediglich zwei unbekannte Stabkräfte angreifen. Soweit erforderlich, sollten die Auflagerreaktionen vorab ermittelt werden. Außerdem empfiehlt sich vor der Rechnung die Untersuchung des Fachwerks auf offensichtliche Nullstäbe, siehe Abschnitt 4.2.
1. Schritt: Mit Hilfe des Freikörperbildes können hier die Auflagerreaktionen sofort bestimmt werden.

$$\begin{aligned}
\rightarrow &: \quad A_{\mathrm{H}} = 0 \\
\overset{\curvearrowleft}{\mathrm{A}} &: \quad A_{\mathrm{V}}\, 6a - F\, 2a = 0 \quad \Rightarrow \quad A_{\mathrm{V}} = \tfrac{2}{3} F \\
\uparrow &: \quad B + A_{\mathrm{V}} - F = 0 \quad \Rightarrow \quad B = \tfrac{1}{3} F
\end{aligned}$$

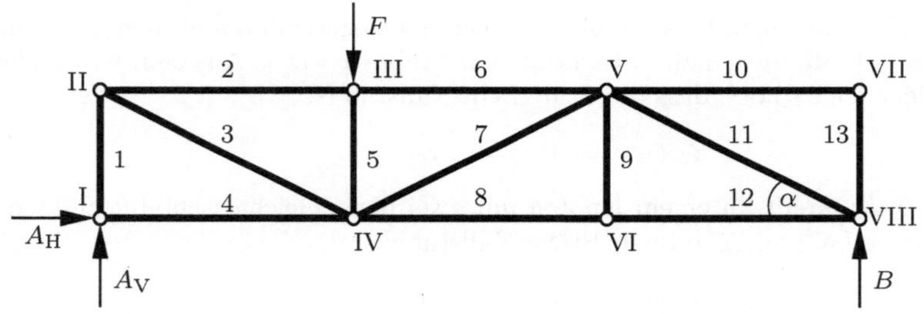

2. Schritt: Anhand der in Abschnitt 4.2 vorgestellten Fallgruppen kann man folgende Nullstäbe erkennen:

1. Fall: $S_4 = 0$ (da $A_{\mathrm{H}} = 0$)
2. Fall: $S_{10} = S_{13} = 0$
3. Fall: $S_9 = 0$

3. Schritt: Die Berechnung der Stabkräfte kann zum Beispiel am Knoten VIII beginnen. An diesem Knoten greifen nur zwei unbekannte Kräfte an, da $S_{13} = 0$ und die Lagerkraft B bekannt ist. Aus der Geometrie folgt für die Winkelbeziehungen $\sin\alpha = 1/\sqrt{5}$ und $\cos\alpha = 2/\sqrt{5}$.

$S_{13} = 0$, S_{11}, α, S_{12}, VIII, $B = \frac{1}{3}F$

$$\begin{aligned}
\uparrow &: \quad S_{11} \sin\alpha + B = 0 \\
&\Rightarrow \quad S_{11} = -\sqrt{5} B = -\frac{\sqrt{5}}{3} F \\
\rightarrow &: \quad -S_{12} - S_{11} \cos\alpha = 0 \\
&\Rightarrow \quad S_{12} = -\frac{2}{\sqrt{5}} S_{11} = \frac{2}{3} F
\end{aligned}$$

Wegen $S_9 = 0$ (siehe 2. Schritt) kann das Gleichgewicht für Knoten VI angeschrieben werden.

$S_9 = 0$, S_8, VI, S_{12}

$$\rightarrow \ : \quad S_{12} - S_8 = 0$$
$$\Rightarrow \quad S_8 = \frac{2}{3}F$$

Auch die Stabkräfte am Knoten V können bestimmt werden, da $S_{10} = 0$ ist.

S_6, V, $S_{10} = 0$, S_7, α, S_{11}

$$\uparrow \ : \quad -S_7 \sin\alpha - S_{11} \sin\alpha = 0$$
$$\Rightarrow \quad S_7 = -S_{11} = \frac{\sqrt{5}}{3}F$$
$$\rightarrow \ : \quad -S_6 - S_7 \cos\alpha + S_{11} \cos\alpha = 0$$
$$\Rightarrow \quad S_6 = -\frac{2}{3}F - \frac{2}{3}F = -\frac{4}{3}F$$

Die übrigen Stabkräfte können entsprechend der Reihe nach berechnet werden.

Lösung mittels Computerprogramm:
Will man das Knotenpunktverfahren in einem Computerprogramm umsetzen, so werden für jeden Knoten die beiden (Kräfte-)Gleichgewichtsbedingungen aufgestellt. Die unbekannten Stabkräfte und Lagerreaktionen werden dann in Form eines Lösungsvektors **f** angeordnet. Die entsprechenden Koeffizienten der Gleichungen bilden wiederum eine Matrix **A**, die äußeren Kräfte den Lastvektor **p**, und man erhält eine lineares Gleichungssystem in Matrix-Form entsprechend Gleichung 3.15 mit

$$\mathbf{f} = [\,S_1\ S_2\ S_3\ \ldots\ S_{13}\ A_\mathrm{H}\ A_\mathrm{V}\ B\,]^\mathrm{T}\,,$$
$$\mathbf{p} = [\,0\ 0\ \ldots\ 0\ F\,]^\mathrm{T}\,,$$
$$\mathbf{A} = \begin{bmatrix} A_{1,1} & A_{1,2} & A_{1,3} & A_{1,4} & \cdots & A_{1,16} \\ A_{2,1} & A_{2,2} & A_{2,3} & A_{2,4} & \cdots & A_{2,16} \\ A_{3,1} & A_{3,2} & A_{3,3} & A_{3,4} & \cdots & A_{3,16} \\ \vdots & \vdots & \vdots & \vdots & \vdots & \vdots \\ A_{16,1} & A_{16,2} & A_{16,3} & A_{16,4} & \cdots & A_{16,16} \end{bmatrix}.$$

Die Lösung des Gleichungssystems kann analog zu Beispiel 3.6 erfolgen.

4.3 Statische Bestimmtheit

Für jeden Knoten stehen im ebenen Fall (2D) zwei und im räumlichen Fall (3D) drei Gleichgewichtsbedingungen zur Verfügung. Es dürfen nun insgesamt nicht mehr unbekannte Größen zu bestimmen sein, als Gleichungen zur Verfügung stehen (vgl. Abschnitt 3.4), so dass für die Abzählformel bei Fachwerken gilt:

$$\begin{aligned} 2\text{D}: \quad & f \geq f_{\min} = 2k - a - s = 0 \\ 3\text{D}: \quad & f \geq f_{\min} = 3k - a - s = 0 \end{aligned} \tag{4.5}$$

mit k Anzahl der Knoten
a Anzahl der Lagerreaktionen
s Anzahl der Stäbe

Diese Bedingung für statische Bestimmtheit eines Fachwerks ist nicht hinreichend. Die hinreichende Bedingung ist auch hier das *Determinantenkriterium* (vgl. Abschnitt 3.4.2):

$$\det \mathbf{A} \neq 0 \tag{4.6}$$

Beispiel 4.2 Statische Bestimmtheit

Die statische Bestimmtheit des Fachwerks aus Beispiel 4.1 ist mit Hilfe der Abzählformel zu überprüfen.

Lösung:

Aus Gleichung 4.5 folgt für dieses ebene Problem mit $k = 8$, $a = 3$ und $s = 13$

$$f_{\min} = 2 \cdot 8 - 3 - 13 = 0\,.$$

Das Fachwerk ist somit statisch bestimmt, die Lager- und Stabkräfte können (zumindest entsprechend der notwendigen Bedingung) mit Hilfe der Gleichgewichtsbedingungen ermittelt werden.

Anmerkung: Für die Überprüfung der hinreichenden Bedingung für statische Bestimmtheit mit dem Determinantenkriterium bietet sich die Verwendung eines Computerprogrammes an.

4.4 Ritter-Schnitt

Alternativ zu der in Abschnitt 4.1 beschriebenen Vorgehensweise, bei dem das Gleichgewicht des zentralen Kräftesystems an den Knoten des Fachwerks untersucht worden ist, kann natürlich auch ein beliebiger Schnitt durch das Fachwerk gelegt werden, um die unbekannten Stabkräfte mit Hilfe des Freikörperbildes zu ermitteln. Dann sind allgemeine Kräftesysteme zu untersuchen, wobei nun an jedem Teilsystem im ebenen Fall drei, im räumlichen Fall sechs Gleichgewichtsbedingungen zur Verfügung stehen.

Zerlegt man ein ebenes Fachwerk so, dass drei Stäbe geschnitten werden, die nicht durch einen gemeinsamen Punkt gehen, so entsteht ein allgemeines Kräftesystem, das drei Gleichungen für die drei unbekannten Stabkräfte zur Verfügung stellt, die also direkt aus den Gleichgewichtsbedingungen bestimmt werden können. Diese Vorgehensweise wird nach AUGUST RITTER (1826 – 1908) *Ritter-Schnitt-Verfahren* genannt.

Die *Vor-* und *Nachteile* dieser Vorgehensweise sind:

⊕ Man kann einzelne interessierende Stabkräfte bestimmen, ohne das ganze System lösen zu müssen.
⊕ Das Verfahren ist für wenige Stäbe mit niedrigem Aufwand von Hand durchführbar.
⊖ Es fordert eine gewisse Erfahrung, geeignete Schnitte zu finden.
⊖ Das Verfahren ist unter Umständen aufwändig, wenn alle Stabkräfte berechnet werden sollen.

Das Ritter-Schnitt-Verfahren kann auch mit dem Knotenpunktverfahren kombiniert werden, um die jeweiligen Vorteile auszunutzen.

Beispiel 4.3 Ritter-Schnitt-Verfahren

Zu bestimmen sind die Stabkräfte S_2 bis S_4 aus Beispiel 4.1. Die Auflagerreaktionen können als bekannt voraus gesetzt werden.

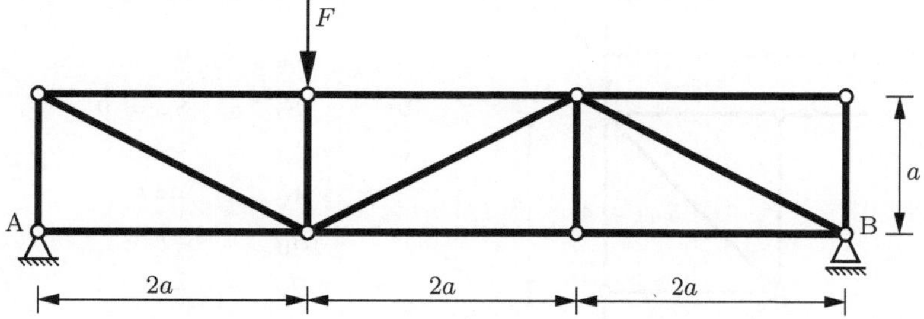

Lösung:

Das Fachwerk wird so zerlegt, dass die drei gesuchten Stäbe wie abgebildet geschnitten werden. In der Regel ist es sinnvoll, zwei Momentengleichgewichte um den Schnittpunkt jeweils zweier Stäbe aufzustellen. Als dritte Gleichgewichtsbedingung dient dann die Kräftegleichgewichtsbedingung in vertikaler Richtung.

$$\overset{\curvearrowright}{\mathrm{I}} \quad : \quad -S_4\, a = 0 \quad \Rightarrow \quad S_4 = 0$$

$$\overset{\curvearrowright}{\mathrm{IV}} \quad : \quad S_2\, a + A_V\, 2a = 0$$

$$\Rightarrow \quad S_2 = -2A_V = -\frac{4}{3}F$$

$$\uparrow \quad : \quad -S_3 \frac{1}{\sqrt{5}} + A_V = 0$$

$$\Rightarrow \quad S_3 = \sqrt{5}A_V = \frac{2\sqrt{5}}{3}F$$

Bei Stab 4 handelt es sich um einen Nullstab (vgl. Bild 4.4, 1. Fall), bei Stab 2 um einen Druck- und bei Stab 3 um einen Zugstab.

4.5 Übungsaufgaben

Aufgabe 4.1 (Schwierigkeitsgrad 2)

Das abgebildete ebene Fachwerk ist durch zwei Kräfte F belastet.
a) Überprüfen Sie die statische Bestimmtheit des Systems.
b) Bestimmen Sie die offensichtlichen Nullstäbe.
c) Berechnen Sie die Auflagerreaktionen und alle Stabkräfte.

Gegeben: F, a

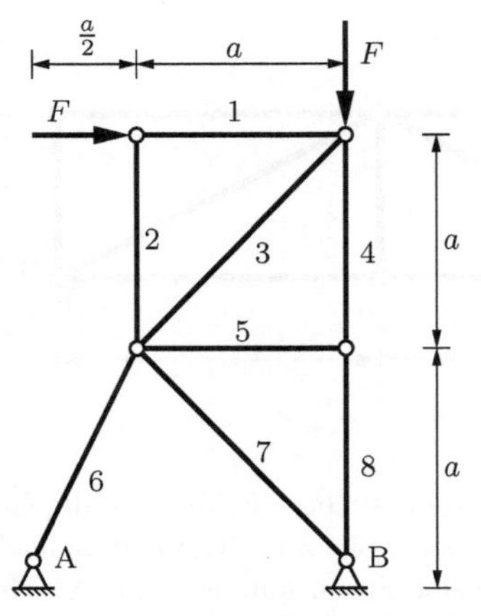

Lösung:

a) $f_{\min} = 0$

b) $S_2 = S_5 = 0$

c) $\rightarrow A_H = -\frac{2}{3}F$

$\uparrow A_V = -\frac{4}{3}F$

$\leftarrow B_H = \frac{1}{3}F$

$\uparrow B_V = \frac{7}{3}F$

$S_1 = -F$

$S_3 = \sqrt{2}F$

$S_4 = -2F$

$S_6 = \frac{2}{3}\sqrt{5}F$

$S_7 = -\frac{1}{3}\sqrt{2}F$

$S_8 = -2F$

Aufgabe 4.2 (Schwierigkeitsgrad 2)
Stellen Sie das Gleichungssystem zur Bestimmung der Lager- und Stabkräfte des abgebildeten Fachwerks in Matrix-Form auf.
Gegeben: F, a

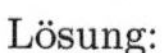

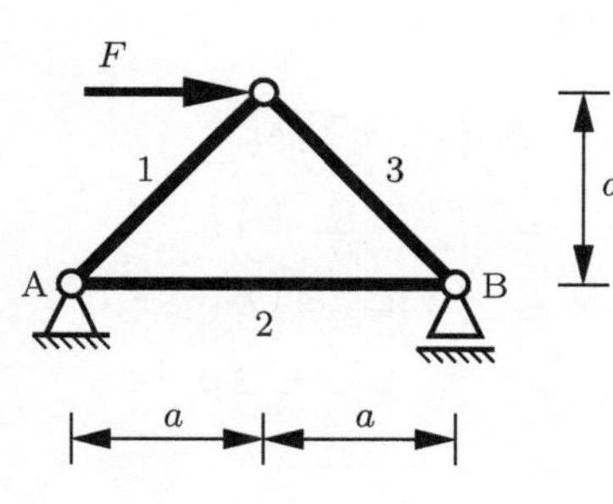

$$\mathbf{A} = \begin{bmatrix} 1 & 0 & -1 & 0 & 0 & 0 \\ 1 & 0 & 1 & 0 & 0 & 0 \\ \frac{\sqrt{2}}{2} & 1 & 0 & 1 & 0 & 0 \\ \frac{\sqrt{2}}{2} & 0 & 0 & 0 & 1 & 0 \\ 0 & 1 & \frac{\sqrt{2}}{2} & 0 & 0 & 0 \\ 0 & 0 & \frac{\sqrt{2}}{2} & 0 & 0 & 1 \end{bmatrix}$$

$$\mathbf{f} = \begin{bmatrix} S_1 & S_2 & S_3 & A_V & A_H & B \end{bmatrix}^T$$

$$\mathbf{p} = \begin{bmatrix} \sqrt{2}F & 0 & 0 & 0 & 0 & 0 \end{bmatrix}^T$$

Aufgabe 4.3 (Schwierigkeitsgrad 1)
Berechnen Sie in dem abgebildeten Fachwerk die Stabkraft in Stab 1
a) mit dem Ritter-Schnitt-Verfahren,
b) mit dem Knotenpunktverfahren.

Gegeben: F, a

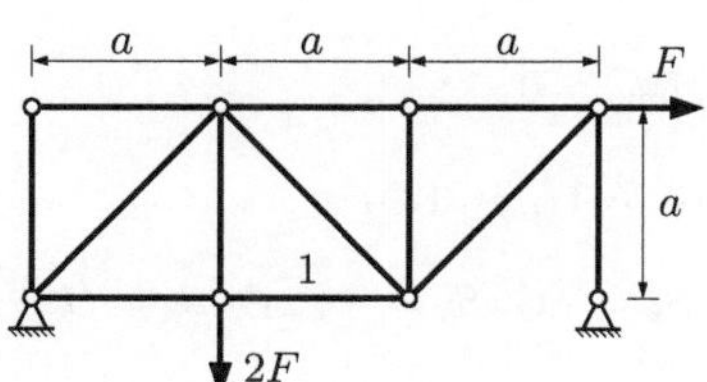

Lösung:

$$S_1 = 2F$$

Aufgabe 4.4 (Schwierigkeitsgrad 3)

Der dargestellte Kran wird am Ende seines Auslegers mit der Kraft F belastet. Der Ausleger wird durch ein Seil gehalten, das über zwei reibungsfreie Rollen geführt wird. Der Radius der Rollen ist vernachlässigbar klein.

Berechnen Sie die Stabkräfte in den Stäben 6, 7, 8, 18 und 19.

Gegeben: a, F

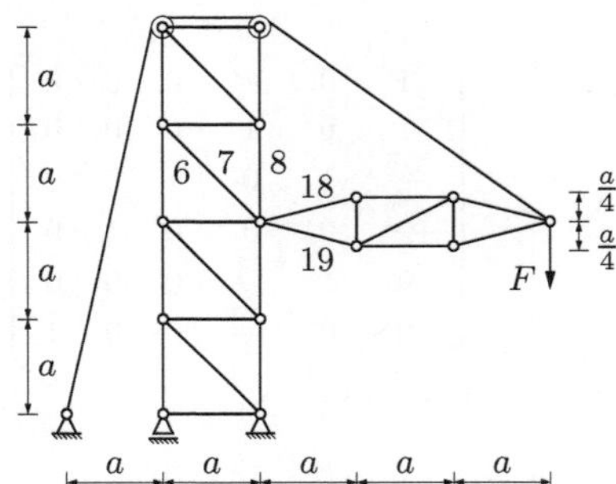

Lösung:

$$S_6 = \left(1 - \frac{\sqrt{13}}{\sqrt{17}}\right) 3F$$

$$S_7 = \frac{\sqrt{2}}{2}\left(\frac{\sqrt{13}}{\sqrt{17}} - 3\right) F$$

$$S_8 = \left(\frac{\sqrt{13}}{2\sqrt{17}} - \frac{5}{2}\right) F$$

$$S_{18} = S_{19} = -\frac{3\sqrt{17}}{16} F$$

Aufgabe 4.5 (Schwierigkeitsgrad 3)

Ein Kran trägt eine Last mit dem Gewicht G. Das Tragseil ist über reibungsfreie Rollen mit vernachlässigbar kleinem Radius geführt.

a) Überprüfen Sie die statische Bestimmtheit des Fachwerks.
b) Bestimmen Sie die offensichtlichen Nullstäbe.
c) Bestimmen Sie die Kräfte in den Stäben 4, 5 und 8 sowie
d) in den Stäben 1 und 2.

Gegeben: G, a

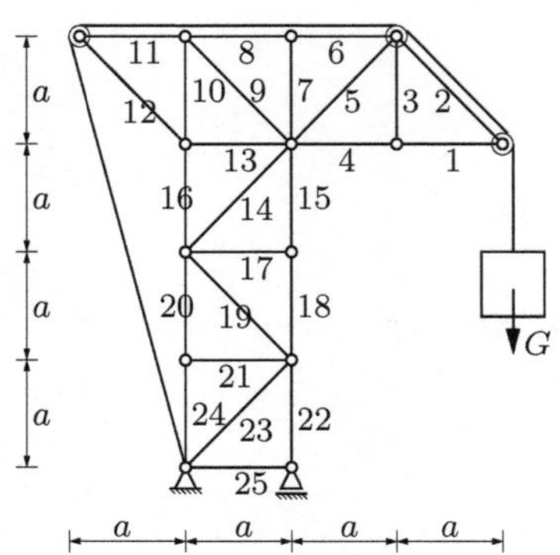

Lösung:

a) $f_{\min} = 0$

b) 3, 7, 17, 21, (25)

c) $S_4 = -G$, $S_5 = -\sqrt{2}\,G$, $S_8 = G$

d) $S_1 = -G$, $S_2 = (\sqrt{2} - 1)G$

5 Verteilte Kräfte

Bild 5.1
Schneelast

Wie bereits in Abschnitt 2.1 angedeutet, stellen Einzelkräfte nur eine Idealisierung dar. In Wirklichkeit treten Kräfte verteilt auf, wie beispielsweise die Schneelast in Bild 5.1. *Verteilte Lasten* treten entweder als *Volumen-* oder als *Oberflächenkräfte* auf, die dann zu einer resultierenden Kraft zusammengefasst werden können, siehe Bild 5.2.

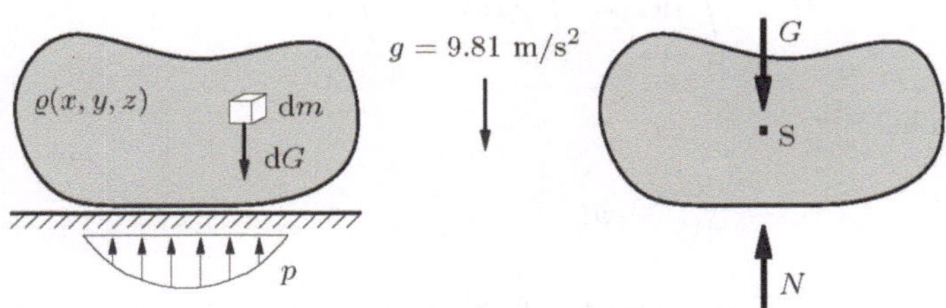

Bild 5.2 Verteilte Gewichts- und Oberflächenkraft

5.1 Gewichtskräfte

Auf eine infinitesimale Masse $\mathrm{d}m$ eines Körpers wirkt im Gravitationsfeld der Erde (*Erdschwerefeld*) eine Gewichtskraft

$$\mathrm{d}G = g\,\mathrm{d}m \tag{5.1}$$

die hauptsächlich durch die *Gravitation* verursacht wird, aber auch Einflüsse aus der Erdrotation (Fliehkraft) berücksichtigt. Dabei ist die Erdbeschleunigung g vom Ort abhängig. Da die Schwankungen jedoch im Allgemeinen vernachlässigt werden können, wird der mittlere Wert

$$g = 9.81\ \mathrm{m/s^2} \tag{5.2}$$

verwendet.

Anmerkung: Die Bezeichnung Erdbeschleunigung rührt daher, dass diese massenspezifische Größe die Dimension einer Beschleunigung hat. Es handelt sich jedoch nicht um eine Beschleunigung im eigentlichen Sinne, sondern um ein auf den Körper wirkendes Kraftfeld.

Die *Dichte*

$$\varrho = \frac{\mathrm{d}m}{\mathrm{d}V}, \tag{5.3}$$

ist eine Materialeigenschaft des Körpers und kann innerhalb eines Körpers variieren. Damit folgt die Resultierende der *Schwerkraft* eines Körpers

$$G = \int_V \mathrm{d}G = \int_m g\,\mathrm{d}m = mg \tag{5.4}$$

oder bei Integration über das Volumen

$$G = \int_V \mathrm{d}G = \int_V \varrho g\,\mathrm{d}V = \int_V \gamma\,\mathrm{d}V\,. \tag{5.5}$$

Dabei ist

$$\gamma = \frac{\mathrm{d}G}{\mathrm{d}V} = g\varrho \tag{5.6}$$

das *spezifische Gewicht*, das die Einheit Kraft pro Volumen, z. B. $\mathrm{kg/m^3}$ hat.

Der Angriffspunkt der resultierenden Gewichtskraft, der auch als *Schwerpunkt* S des Körpers bezeichnet wird, folgt aus der Äquivalenz des Momentes der resultierenden Gewichtskraft G mit dem resultierenden Moment der Elementarkräfte $\mathrm{d}G$.

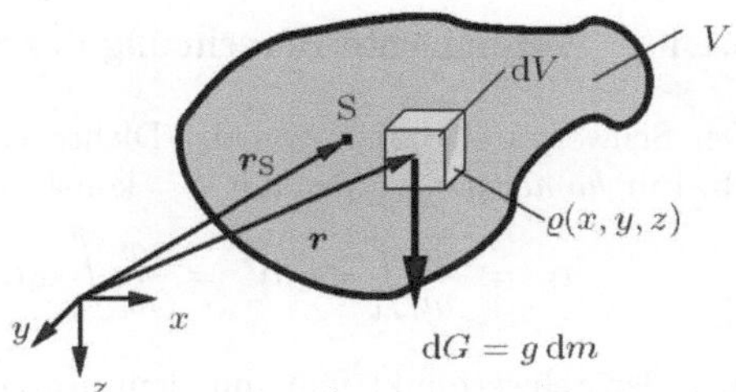

Bild 5.3
Ermittlung des Schwerpunkts

Um die Lage des Schwerpunkts zu ermitteln wird das Koordinatensystem zunächst so gewählt, dass die Gewichtskraft in positive z-Richtung zeigt. Mit dem Vektor der Gewichtskraft

$$\boldsymbol{G} = G\,\boldsymbol{e}_z \quad \text{mit} \quad G = \int_V \mathrm{d}G = \int_V \varrho\, g\, \mathrm{d}V = mg\,. \tag{5.7}$$

gilt für das resultierende Moment bezüglich des Koordinatenursprungs

$$\boldsymbol{r}_\mathrm{S} \times \boldsymbol{G} = \int_V g\,\boldsymbol{r} \times \boldsymbol{e}_z\,\mathrm{d}m\,. \tag{5.8}$$

Mit

$$\boldsymbol{r}_\mathrm{S} \times \boldsymbol{e}_z = \begin{vmatrix} \boldsymbol{e}_x & \boldsymbol{e}_y & \boldsymbol{e}_z \\ x_\mathrm{S} & y_\mathrm{S} & z_\mathrm{S} \\ 0 & 0 & 1 \end{vmatrix} = y_\mathrm{S}\,\boldsymbol{e}_x - x_\mathrm{S}\,\boldsymbol{e}_y \tag{5.9}$$

folgt

$$y_\mathrm{S}\,G\,\boldsymbol{e}_x - x_\mathrm{S}\,G\,\boldsymbol{e}_y = \left(\int_V g\,y\;\mathrm{d}m\right)\boldsymbol{e}_x - \left(\int_V g\,x\;\mathrm{d}m\right)\boldsymbol{e}_y\,. \tag{5.10}$$

Somit folgt für den Angriffspunkt der resultierenden Gewichtskraft, also für die Koordinaten des Schwerpunkts

$$x_\mathrm{S} = \frac{1}{G}\int_V g\,x\,\mathrm{d}m = \frac{1}{m}\int_V \varrho\,x\,\mathrm{d}V\,, \tag{5.11}$$

$$y_\mathrm{S} = \frac{1}{G}\int_V g\,y\,\mathrm{d}m = \frac{1}{m}\int_V \varrho\,y\,\mathrm{d}V\,. \tag{5.12}$$

Die Bestimmung der z-Koordinate des Schwerpunktes erfolgt analog, indem der Körper gedanklich um 90° um die x-Achse gedreht wird.

$$z_\mathrm{S} = \frac{1}{G}\int_V g\,z\,\mathrm{d}m = \frac{1}{m}\int_V \varrho\,z\,\mathrm{d}V \tag{5.13}$$

Hängt man einen Körper an einem beliebigen Punkt frei drehbar gelagert auf, so wird sich aufgrund des Momentengleichgewichtes der Schwerpunkt immer senkrecht unter der Aufhängung einstellen. Der geometrische Ort des Schwerpunkts kann somit experimentell bestimmt werden, wenn dieser an zwei Punkten „ausgependelt“ wird.

5.1.1 Vereinfachte Berechnung des Schwerpunkts in Sonderfällen

Der Schwerpunkt hängt von der Dichteverteilung $\varrho(\boldsymbol{r}) = \varrho(x, y, z)$ im Körper ab. Für *homogene Körper* mit $\varrho =$ konst. ist beispielsweise

$$x_\mathrm{S} = \frac{1}{m}\int_V \varrho\, x\,\mathrm{d}V = \frac{\varrho}{m}\int_V x\,\mathrm{d}V = \frac{1}{V}\int_V x\,\mathrm{d}V\,, \tag{5.14}$$

d. h. der Schwerpunkt fällt mit dem *geometrischen Schwerpunkt* aus A.3.2 zusammen,

$$x_\mathrm{S} = \frac{1}{V}\int x\,\mathrm{d}V\,,\quad y_\mathrm{S} = \frac{1}{V}\int y\,\mathrm{d}V\,,\quad z_\mathrm{S} = \frac{1}{V}\int z\,\mathrm{d}V\,. \tag{5.15}$$

Liegt ein ebenes Problem vor, also ein Körper mit konstanter Dicke t, so folgt

$$x_\mathrm{S} = \frac{1}{m}\int_V \varrho\, x\,\mathrm{d}V = \frac{1}{m}\int_A \varrho\, x t\,\mathrm{d}A = \frac{t}{m}\int_A \varrho\, x\,\mathrm{d}A \tag{5.16}$$

und

$$y_\mathrm{S} = \frac{t}{m}\int_A \varrho\, y\,\mathrm{d}A\,. \tag{5.17}$$

Für homogenen ebene Körper fällt der Schwerpunkt entsprechend Gleichung 5.14 mit dem in Abschnitt A.3.2 beschriebenen geometrischen Flächenschwerpunkt zusammen,

$$x_\mathrm{S} = \frac{1}{A}\int\limits_A x\,\mathrm{d}A,\quad y_\mathrm{S} = \frac{1}{A}\int\limits_A y\,\mathrm{d}A\,. \tag{5.18}$$

Anmerkung: Hat ein homogener Körper eine Symmetrieachse, so liegt der Schwerpunkt auf dieser Symmetrieachse.
Ist die Dichte eines schlanken, stabartigen Bauteils konstant, so entspricht auch hier der Schwerpunkt dem geometrischen Schwerpunkt. Die Berechnung des geometrischen Schwerpunkts von Linien ist in A.3.2 angegeben.

5.1.2 Summenformel zur Berechnung des Schwerpunkts

Die Berechnung des Schwerpunktes geometrisch komplizierter Bauteile, die in einfache geometrische Körper bzw. Flächen zerlegt werden können, kann analog zu Gleichung A.12 durch entsprechende Summenbildung erfolgen.

Mit dem Gewicht der Einzelkörper G_i und deren Einzelschwerpunkten $x_{\mathrm{S}i}$, $y_{\mathrm{S}i}$ und $z_{\mathrm{S}i}$ gilt

$$x_\mathrm{S} = \frac{1}{G}\sum_i x_{\mathrm{S}i} G_i\,,\ y_\mathrm{S} = \frac{1}{G}\sum_i y_{\mathrm{S}i} G_i\,,\ z_\mathrm{S} = \frac{1}{G}\sum_i z_{\mathrm{S}i} G_i \tag{5.19}$$

$$\text{mit}\quad G = \sum_i G_i\,. \tag{5.20}$$

Zusammengesetzte Flächen

Für zusammengesetzte Flächen lässt sich der Schwerpunkt $(x_S,\, y_S)$ aus den Schwerpunkten $(x_{Si},\, y_{Si})$ der Teilflächen A_i berechnen mit

$$x_S = \frac{1}{A}\sum_i x_{Si}\, A_i,\; y_S = \frac{1}{A}\sum_i y_{Si}\, A_i \quad \text{mit} \quad A = \sum_i A_i\,. \tag{5.21}$$

Dies geschieht zweckmäßig in Form einer Tabelle (siehe Beispiel 5.1), dabei können Aussparungen als negative Teilflächen A_i berücksichtigt werden.

Beispiel 5.1 Schwerpunkt einer zusammengesetzten Fläche
Berechnen Sie den Flächenschwerpunkt (x_S, y_S) der dargestellten zusammengesetzten homogenen Fläche.

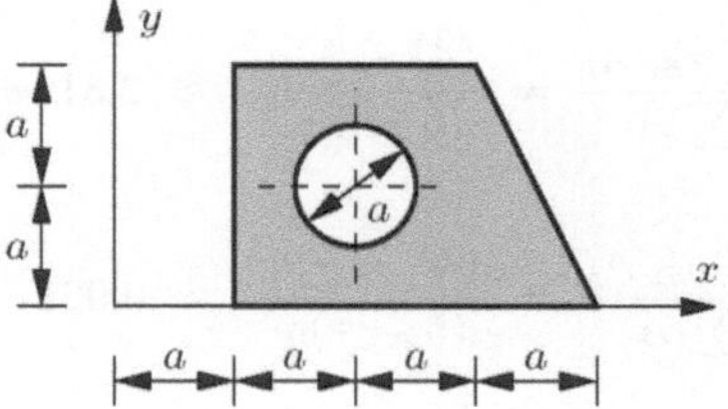

Lösung:
Die Fläche wird in $n = 3$ Teilflächen unterteilt, deren Teilflächeninhalte A_i sowie Teilflächenschwerpunkte (x_{Si}, y_{Si}) einfach zu berechnen sind. Aussparungen erhalten negative Flächeninhalte. Diese Werte werden in eine Tabelle (siehe unten) eingetragen.

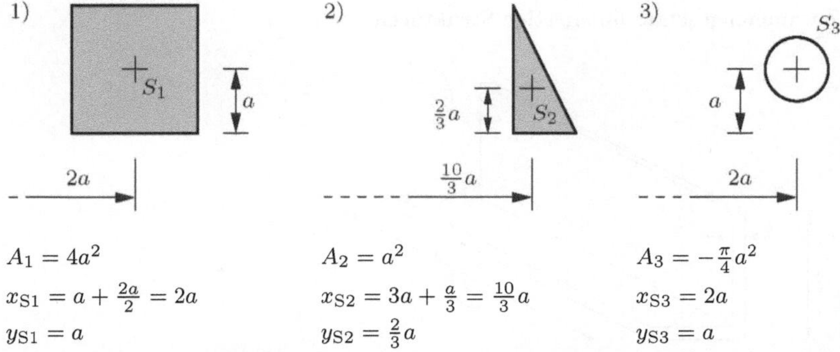

$A_1 = 4a^2$ | $A_2 = a^2$ | $A_3 = -\frac{\pi}{4}a^2$

$x_{S1} = a + \frac{2a}{2} = 2a$ | $x_{S2} = 3a + \frac{a}{3} = \frac{10}{3}a$ | $x_{S3} = 2a$

$y_{S1} = a$ | $y_{S2} = \frac{2}{3}a$ | $y_{S3} = a$

Nun werden die Werte $x_{Si}\, A_i$ und $y_{Si}\, A_i$ für jede Teilfläche berechnet und mit den Summen

$$\sum_{i=1}^{n} A_i\,, \qquad \sum_{i=1}^{n} x_{Si}\, A_i\,, \qquad \sum_{i=1}^{n} y_{Si}\, A_i\,.$$

in der Tabelle aufgelistet:

i	A_i	x_{Si}	y_{Si}	$x_{Si}\,A_i$	$y_{Si}\,A_i$
1	$4a^2$	$2a$	a	$8a^3$	$4a^2$
2	a^2	$\frac{10}{3}a$	$\frac{2}{3}a$	$\frac{10}{3}a^3$	$\frac{2}{3}a^3$
3	$-\frac{\pi}{4}a^2$	$2a$	a	$-\frac{\pi}{2}a^3$	$-\frac{\pi}{4}a^3$
$\sum$	$(5-\frac{\pi}{4})a^2$	–	–	$(\frac{34}{3}-\frac{\pi}{2})a^3$	$(\frac{14}{3}-\frac{\pi}{4})a^3$

Mit den Spaltensummen lässt sich Gesamtschwerpunkt anhand Gleichung 5.21 berechnen und man erhält

$$x_S = \frac{\sum x_{Si}\,A_i}{\sum A_i} = \frac{(\frac{34}{3}-\frac{\pi}{2})a^3}{(5-\frac{\pi}{4})a^2} \approx 2.316\,a\,,$$

$$y_S = \frac{\sum y_{Si}\,A_i}{\sum A_i} = \frac{(\frac{14}{3}-\frac{\pi}{4})a^3}{(5-\frac{\pi}{4})a^2} \approx 0.921\,a\,.$$

Anmerkung: Wenn der gesamte Körper nicht homogen ist, aber jeder Teilkörper für sich homogen ist, also eine andere konstante Dichte ϱ_i hat, so sind die Teilflächen A_i in der Berechnung mit ihrer Dichte ϱ_i zu gewichten

$$x_S = \frac{\sum x_{Si}\,\varrho_i\,A_i}{\sum \varrho_i\,A_i}\,, \qquad y_S = \frac{\sum y_{Si}\,\varrho_i\,A_i}{\sum \varrho_i\,A_i}\,. \tag{5.22}$$

Zusammengesetzte linienartige Strukturen

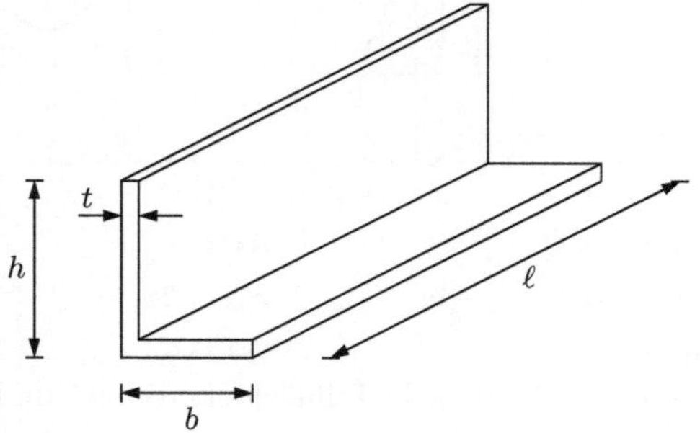

Bild 5.4
Dünnwandiger L-Träger

Um die Lage des Schwerpunkts von dünnwandigen Trägern wie in Bild 5.4 zu berechnen, kann der Querschnitt als Linienstruktur angesehen werden. Dies ist nur möglich, wenn die Dicke t sehr viel kleiner als die anderen Abmessungen des Trägers sind. In Längsrichtung liegt der Schwerpunkt offensichtlich bei $\ell/2$.

Ist eine Linienstruktur in homogene Teilstücke mit der Länge L_i und den Teilschwerpunkten (x_{Si}, y_{Si}) zerlegbar, so können auch die folgenden Summenformeln verwendet werden

$$x_S = \frac{\sum x_{Si} L_i}{\sum L_i}, \qquad y_S = \frac{\sum y_{Si} L_i}{\sum L_i}. \tag{5.23}$$

Haben die einzelnen Teilstücke unterschiedliche, aber konstante Querschnittsflächen A_i oder Dichten ϱ_i, werden wiederum die Teilschwerpunkte (x_{Si}, y_{Si}) entsprechend gewichtet und man erhält

$$x_S = \frac{\sum x_{Si} \varrho_i A_i L_i}{\sum \varrho_i A_i L_i}, \qquad y_S = \frac{\sum y_{Si} \varrho_i A_i L_i}{\sum \varrho_i A_i L_i}. \tag{5.24}$$

Anmerkung: Der Schwerpunkt von dünnwandigen Querschnitten (z. B. von Stahlträgern) kann nach demselben Schema berechnet werden. Die Querschnittsfläche A_i der Teilstücke ist dann durch die Wandstärke t_i der Teilquerschnitte zu ersetzen. Die Dichte ϱ ist dabei in der Regel konstant.
Man erhält damit

$$x_S = \frac{\sum x_{Si} t_i L_i}{\sum t_i L_i}, \qquad y_S = \frac{\sum y_{Si} t_i L_i}{\sum t_i L_i}. \tag{5.25}$$

Beispiel 5.2 Schwerpunkt eines dünnwandigen Querschnitts
Berechnen Sie den Schwerpunkt (x_S, y_S) des dargestellten dünnwandigen Querschnittes eines L-Profils. Das Profil hat die konstante Dichte ϱ, aber unterschiedliche Wandstärken t_1 bzw. t_2.

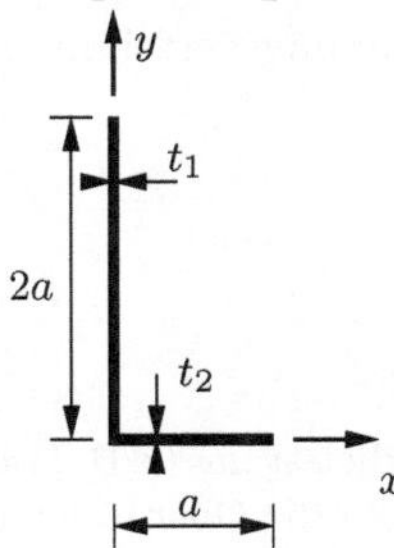

Lösung:
Die beiden Teilschwerpunkte lauten

$$x_{S1} = 0 \quad , \qquad y_{S1} = a,$$
$$x_{S2} = \frac{1}{2}a \quad , \qquad y_{S2} = 0.$$

Mit Gleichung 5.25 folgt

$$x_S = \frac{\frac{a}{2}\, t_2\, a}{t_2\, a + t_1\, 2a}, \quad y_S = \frac{a\, t_1\, 2a}{t_2\, a + t_1\, 2a}.$$

5.2 Oberflächenkräfte

Ähnlich wie die verteilten Gewichtskräfte lässt sich eine Oberflächenspannung p zu einer resultierenden *Oberflächenlast* zusammenfassen

$$N = \int_A p \, \mathrm{d}A \,. \tag{5.26}$$

Oberflächenkräfte sind die aus einer flächenhaft wirkenden Belastung (z. B. *Druck*belastung) resultierenden Kräfte. Die *Oberflächenspannungen* $\boldsymbol{t}$ können als infinitesimale Einzelkräfte $\mathrm{d}\boldsymbol{F}$ aufgefasst werden, die auf ein infinitesimales Flächenelement $\mathrm{d}A$ wirken.

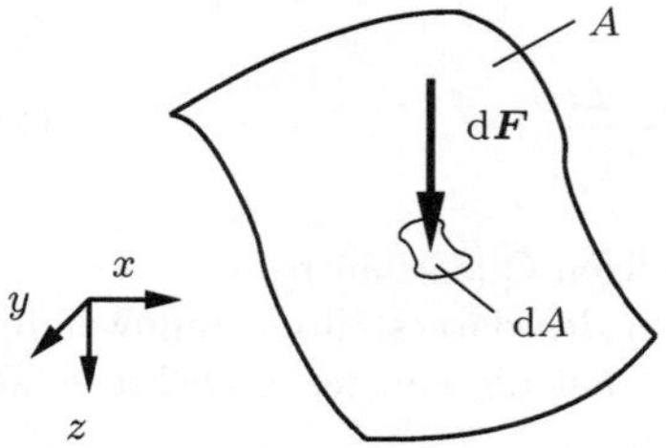

A
dF
x
y
dA
z

$$\boldsymbol{t} = \frac{\mathrm{d}\boldsymbol{F}}{\mathrm{d}A} \tag{5.27}$$

(5.28)

Die aus einer Oberflächenspannungsverteilung resultierende (Kontakt-)Kraft ist dann

$$\boldsymbol{F}_\mathrm{R} = \int_A \boldsymbol{t} \, \mathrm{d}A \,. \tag{5.29}$$

Anmerkung: Eine Druckbelastung (z. B. Wasserdruck oder Innendruck im Kessel) wirkt stets senkrecht auf die Oberfläche, also in Richtung des Normalenvektors $\boldsymbol{e}_n$:

$$\boldsymbol{t} = -p \, \boldsymbol{e}_n \,. \tag{5.30}$$

Bei Gasen, deren Eigengewicht vernachlässigt werden kann, ist der Druck in einem abgeschlossenen Volumen an jedem Punkt und in allen Richtungen gleich groß.

Beispiel 5.3 Resultierende einer Oberflächenlast
Eine Wand wird wie unten abgebildet durch Wasserdruck belastet. Gesucht ist die Größe der Resultierenden dieser Last.

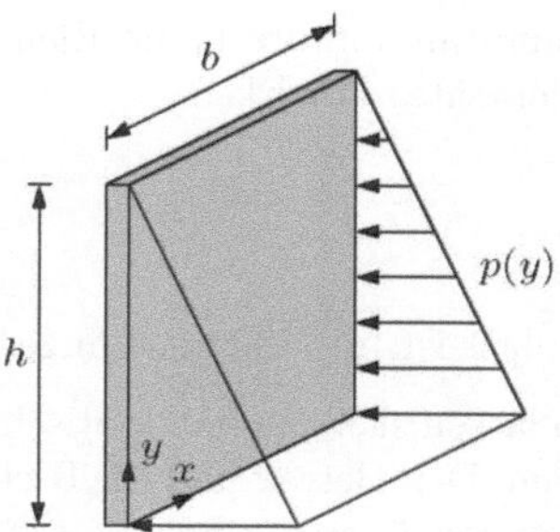

Lösung:
Im Wasser liegt stets eine lineare Druckverteilung vor. Diese ist nur von der Tiefe abhängig. Für die Wand ist der Druck

$$p(y) = \varrho g (h - y) ,$$

mit der Dichte ϱ des Wassers und der Erdbeschleunigung g. Der Betrag der Resultierenden ist also

$$\begin{aligned} F_{\mathrm{R}} &= \int_A -p \,\mathrm{d}A = \int_0^b \int_0^h p(y) \,\mathrm{d}y \,\mathrm{d}x = \int_0^b \int_0^h \varrho g (h - y) \,\mathrm{d}y \,\mathrm{d}x \\ &= \varrho g \int_0^b \left[h y - \frac{1}{2} y^2 \right]_0^h \mathrm{d}x = \varrho g \int_0^b \frac{1}{2} h^2 \,\mathrm{d}x \\ &= \frac{\varrho g b h^2}{2} . \end{aligned}$$

5.3 Streckenlasten (Linienkräfte)

Für eine einfache Berechnung werden viele mechanische Bauteile zu eindimensionalen Modellen (z. B. Balken, Stäben, Seilen) idealisiert. Eine auf solche (in der Wirklichkeit dreidimensionale) Bauteile wirkende Oberflächen- oder Volumenkraft wird dann zu Streckenlasten (oder *Linienlasten*) zusammengefasst.

5.3.1 Gleichgerichtete Lasten

Lasten, die aus Gewichtskräften resultieren, wirken näherungsweise nur in einer Richtung. Neben dem Eigengewicht der Strukturen sind dies auch äußere Lasten, wie Lasten aus dem Gewicht anderer Teile oder Schneelasten bei Gebäuden.

Die Streckenlast $\mathbf{q}(s)$ kann als infinitesimale Elementarkraft $\mathrm{d}\boldsymbol{F}$ interpretiert werden, die auf Linienelemente $\mathrm{d}s$ wirken.

$$\boldsymbol{q}(s) = \frac{\mathrm{d}\boldsymbol{F}}{\mathrm{d}s} . \tag{5.31}$$

Die Einheit der Streckenlast ist $[\boldsymbol{q}]$ = Kraft/Länge.

Auch die Streckenlasten lassen sich zu einer statisch äquivalenten resultierenden Kraft F_R zusammenfassen. Den Betrag und die Richtung einer Streckenlast $q(s)$ erhält man durch Integration über die belastete Strecke s. Der Angriffspunkt x_R von F_R wird durch die Integration des Momentes $x\,q(s)$ ermittelt, so dass die Resultierende ein äquivalentes Moment ergibt.

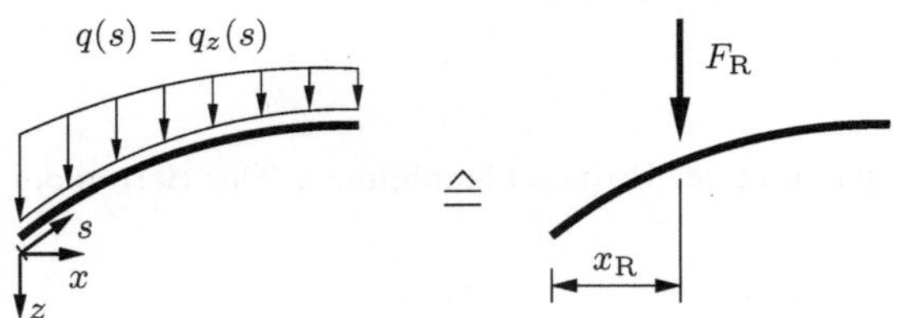

Bild 5.5
Resultierende einer Streckenlast

$$F_\mathrm{R} = \int_\ell q(s)\,\mathrm{d}s \tag{5.32}$$

$$x_\mathrm{R} = \frac{\int_\ell x\,q(s)\,\mathrm{d}s}{\int_\ell q(s)\,\mathrm{d}s} = \frac{1}{F_\mathrm{R}} \int_\ell x\,q(s)\,\mathrm{d}s \tag{5.33}$$

Anmerkung: Für $q(x) = q_0 =$ konst. stimmt diese Formel mit der zur Berechnung von Linienschwerpunkten überein, siehe dazu A.3.2.
Man erkennt die Analogie der Gleichungen 5.32 und 5.33 zu den Gleichungen für den Flächenschwerpunkt in Gleichung 5.18 bzw. Gleichung A.10. Man kann also die Resultierende F_R als „Fläche" unter der Streckenlastkurve $q(s)$ und den Angriffspunkt x_R als geometrischen Schwerpunkt dieser Fläche deuten.

Beispiel 5.4 Resultierende einer Streckenlast
Berechnen Sie den Betrag F_R und die Lage x_R der Resultierenden der dargestellten Streckenlast.

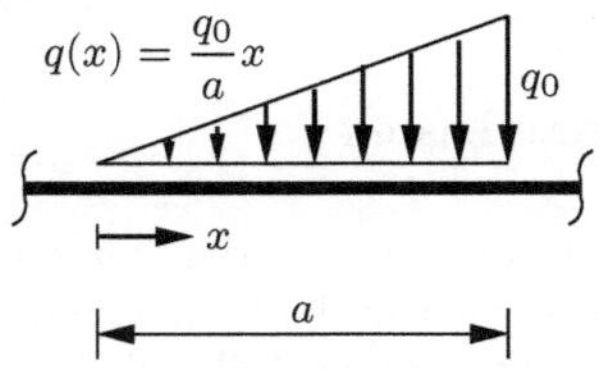

Lösung:
1. Schritt: Berechnung des Betrages der Resultierenden („Fläche" unter der Streckenlastkurve)

$$F_{\mathrm{R}} = \int_0^a q(x)\,\mathrm{d}x = \int_0^a \frac{q_0}{a} x\,\mathrm{d}x = \frac{q_0}{a}\left[\frac{x^2}{2}\right]_0^a = \frac{1}{2}\,q_0\,a\,.$$

2. Schritt: Berechnung des Angriffspunktes der Resultierenden („geometrischer Schwerpunkt der Fläche" unter der Streckenlastkurve)

$$x_{\mathrm{R}} = \frac{1}{F_{\mathrm{R}}}\int_0^a x\,q(x)\,\mathrm{d}x = \frac{1}{F_{\mathrm{R}}}\int_0^a \frac{q_0}{a} x^2\,\mathrm{d}x = \frac{1}{F_{\mathrm{R}}}\frac{q_0}{a}\left[\frac{x^3}{3}\right]_0^a = \frac{2}{3}\,a\,.$$

5.3.2 Nicht gleichgerichtete Lasten

Während Gewichtskräfte näherungsweise nur in einer Richtung wirken, können allgemeine Streckenlasten auch ihre Richtung in Abhängigkeit des Ortes ändern, wie z. B. Druckkräfte.

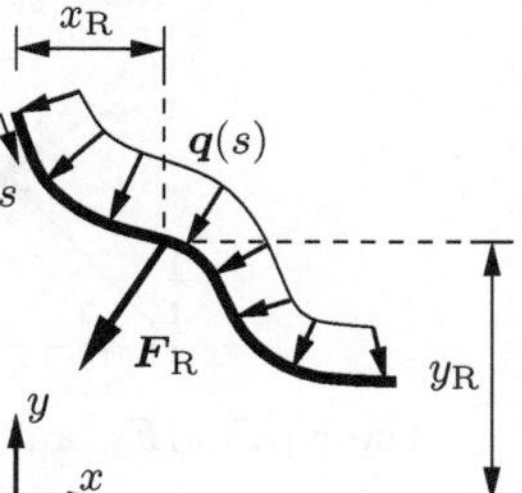

Bild 5.6
Nicht gleichgerichtete Last $\boldsymbol{q}(s)$

Wirkt die verteilte Last nicht nur in einer Richtung, so muss koordinatenweise integriert werden. Hierbei ist der vektorielle Charakter der Streckenlast $\boldsymbol{q}(s)$ und der Resultierenden $\boldsymbol{F}_{\mathrm{R}}$ zu berücksichtigen

$$\boldsymbol{F}_{\mathrm{R}} = \int \boldsymbol{q}(s)\,\mathrm{d}s\,. \tag{5.34}$$

Man erhält dann die Komponenten $(F_{\mathrm{R}x}, F_{\mathrm{R}y})$ der Resultierenden $\boldsymbol{F}_{\mathrm{R}}$ durch Aufteilung der Last in x- und y-Richtung

$$F_{\mathrm{R}x} = \int q_x(s)\,\mathrm{d}s\,, \quad F_{\mathrm{R}y} = \int q_y(s)\,\mathrm{d}s\,. \tag{5.35}$$

Entsprechend folge der Kraftangriffspunkt

$$x_{\mathrm{R}} = \frac{1}{F_{\mathrm{R}y}}\int x\,q_y(s)\,\mathrm{d}s\,, \tag{5.36}$$

$$y_{\mathrm{R}} = \frac{1}{F_{\mathrm{R}x}}\int y\,q_x(s)\,\mathrm{d}s\,. \tag{5.37}$$

Hierbei ist zu beachten, dass die Resultierende gemäß dem Axiom der Linienflüchtigkeit entlang ihrer Wirkungslinie verschoben werden kann (siehe Abschnitt 2.1.1).

Beispiel 5.5 Resultierende nicht gleichgerichteter Lasten

Das dargestellte Segment eines Zylinderkessels steht unter dem Innendruck p_0, der eine verteilte Kraft $\boldsymbol{p}(s)$ jeweils orthogonal auf die Zylinderoberfläche erzeugt. Berechnen Sie die Komponenten F_{Rx}, F_{Ry} und den Angriffspunkt x_R, y_R der Resultierenden aus der dargestellten verteilten Last $p(s) = p_0$.

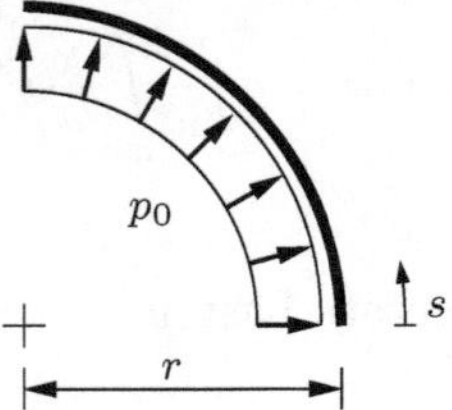

Lösung:

Um die Druckkraft darzustellen, bestimmen wir zunächst den Normalenvektor $\boldsymbol{n} = (n_x, n_y)$ in Abhängigkeit des Winkels α zu

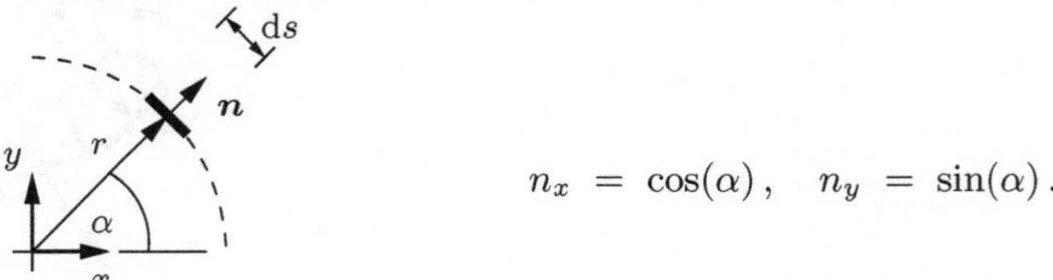

$$n_x = \cos(\alpha)\,, \quad n_y = \sin(\alpha)\,.$$

Die Kraft $\mathrm{d}\boldsymbol{F}_R$ auf ein infinitesimales Linienelement $\mathrm{d}s = r\,\mathrm{d}\alpha$ ist

$$\begin{aligned}
\mathrm{d}\boldsymbol{F}_R &= \boldsymbol{n}\,p(s)\,\mathrm{d}s = \boldsymbol{n}\,p_0\,r\,\mathrm{d}\alpha \\
\mathrm{d}F_{Rx} &= n_x\,p_0\,r\,\mathrm{d}\alpha = \cos(\alpha)\,p_0\,r\,\mathrm{d}\alpha \\
\mathrm{d}F_{Ry} &= n_y\,p_0\,r\,\mathrm{d}\alpha = \sin(\alpha)\,p_0\,r\,\mathrm{d}\alpha\,.
\end{aligned}$$

Die Integration der Gleichungen 5.35 über den Winkel $\alpha = \left[0, \frac{1}{2}\pi\right]$ liefert dann

$$\begin{aligned}
F_{Rx} &= \int_0^{\frac{1}{2}\pi} \cos(\alpha)\,p_0\,r\,\mathrm{d}\alpha = p_0\,r \\
F_{Ry} &= \int_0^{\frac{1}{2}\pi} \sin(\alpha)\,p_0\,r\,\mathrm{d}\alpha = p_0\,r\,.
\end{aligned}$$

Die Lage der Resultierenden bestimmt sich anhand der Gleichungen 5.36

und 5.37 zu

$$x_{\mathrm{R}} = \frac{1}{F_{\mathrm{R}y}} \int_0^{\frac{1}{2}\pi} x(\alpha)\, n_y\, p_0\, r \,\mathrm{d}\alpha = \frac{1}{2} r$$

$$y_{\mathrm{R}} = \frac{1}{F_{\mathrm{R}x}} \int_0^{\frac{1}{2}\pi} y(\alpha)\, n_x\, p_0\, r \,\mathrm{d}\alpha = \frac{1}{2} r\,.$$

Die resultierende Durckkraft $\boldsymbol{F}_{\mathrm{R}}$ zeigt damit in Richtung $\alpha = 45°$, kann also entlang dieser Linie verschoben werden. Dieses Ergebnis folgt zudem aus der Symmetrie des Körpers und der Last zu dieser Achse.

5.4 Übungsaufgaben

Aufgabe 5.1 (Schwierigkeitsgrad 3)

Gegeben ist der dargestellte dünnwandige Stahlkasten mit konstanter Wanddicke t_1. Der Stahlkasten steht auf dem dargestellten Stahlbalken, der im Punkt A drehbar gelagert und im Punkt B über Seile in der dargestellten Lage festgehalten ist. Der Stahlbalken hat die konstante Wanddicke t_2.

Der Stahlkasten und der Stahlbalken haben dieselbe Breite normal zur Zeichenebene von b.

a) Wo muß der *leere* Stahlkasten stehen, damit keine Zugkräfte in den Seilen auftreten? Geben Sie den zutreffenden Wert für x an.

b) Wieviel Wasser (Angabe der Füllhöhe H) darf in der unter a) berechneten Lage des Stahlkastens maximal zugefüllt werden, ohne daß die zulässige Seilkraft $S_{\max}$ überschritten wird?

Gegeben: $\varrho_{\mathrm{Stahl}} = 8$ g/cm^3, $\varrho_{\mathrm{Wasser}} = 1$ g/cm^3; $S_{\max} = 50$ N; $b = 10$ cm; $t_1 = 1.5$ cm, $a = 30$ cm, $h = 75$ cm; $t_2 = 2$ cm, $\ell = 200$ cm, $\ell_1 = 130$ cm, $\ell_2 = 70$ cm

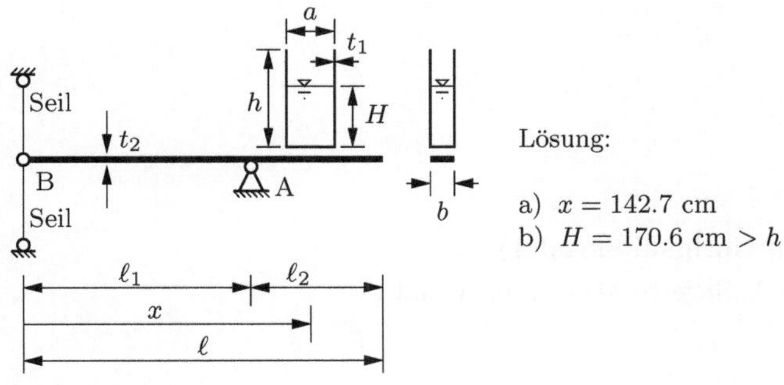

Lösung:

a) $x = 142.7$ cm

b) $H = 170.6$ cm $> h$

Aufgabe 5.2 (Schwierigkeitsgrad 2)

Die dargestellte Scheibe konstanter Dicke besteht aus drei Materialien unterschiedlicher Dichte.

Berechnen Sie die Lage des Massenschwerpunktes.

Gegeben: $\varrho_1 = \varrho$, $\varrho_2 = 0.5\varrho$, $\varrho_3 = 4\varrho$, Abmessungen in cm siehe Skizze

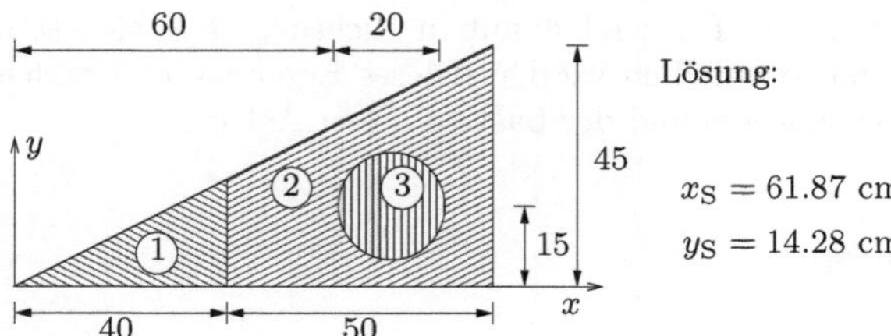

Lösung:

$x_S = 61.87$ cm

$y_S = 14.28$ cm

Aufgabe 5.3 (Schwierigkeitsgrad 1)

Bestimmen Sie die Lage des Massenschwerpunktes.

Gegeben: $a = 0.1$ m, $\varrho_1 = 5000$ kg/m^3, $\varrho_2 = 2500$ kg/m^3, $\varrho_3 = 6000$ kg/m^3

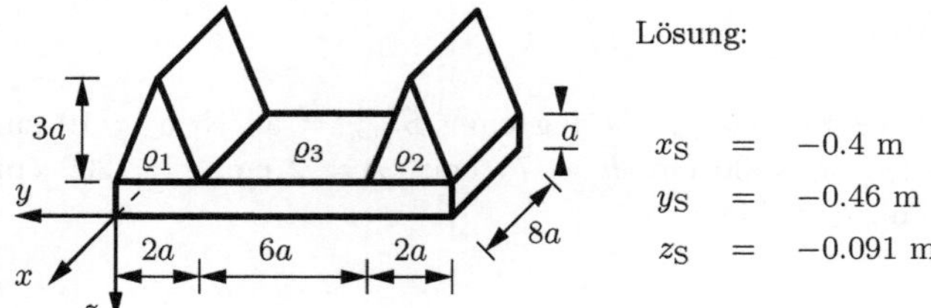

Lösung:

$$x_S = -0.4 \text{ m}$$
$$y_S = -0.46 \text{ m}$$
$$z_S = -0.091 \text{ m}$$

Aufgabe 5.4 (Schwierigkeitsgrad 1)

Bestimmen Sie die Auflagerreaktionen in A und B.

Gegeben: a, q_0

Lösung:

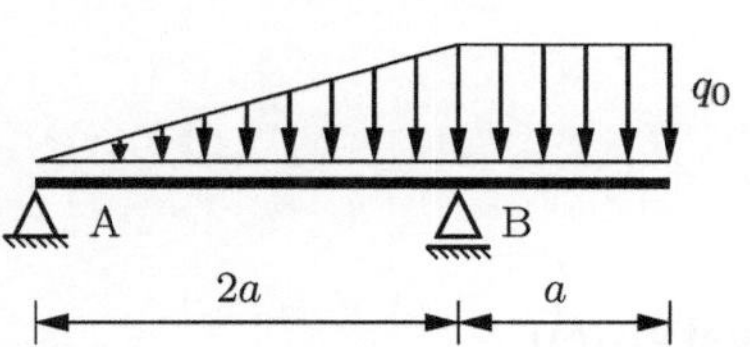

$$\rightarrow A_x = 0$$

$$\uparrow A_z = \frac{1}{12}\, a q_0$$

$$\uparrow B = \frac{23}{12}\, a q_0$$

Aufgabe 5.5 (Schwierigkeitsgrad 2)

Bestimmen Sie die Auflagerreaktionen in A und B sowie die Gelenkkräfte in G.

Gegeben: $F = 2$ kN, $q_0 = 4.5$ kN/m

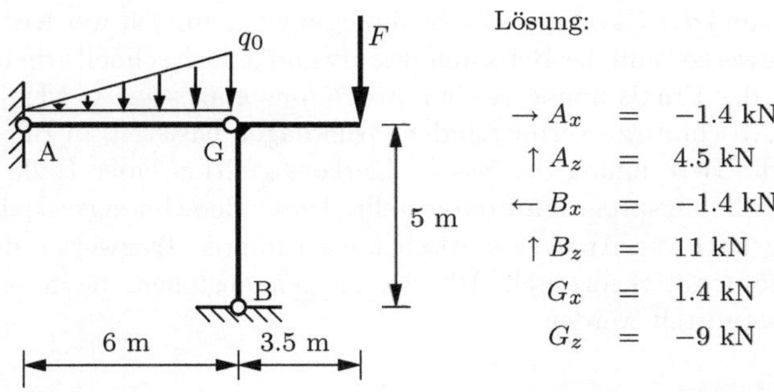

Lösung:

$$\rightarrow A_x = -1.4 \text{ kN}$$

$$\uparrow A_z = 4.5 \text{ kN}$$

$$\leftarrow B_x = -1.4 \text{ kN}$$

$$\uparrow B_z = 11 \text{ kN}$$

$$G_x = 1.4 \text{ kN}$$

$$G_z = -9 \text{ kN}$$

Aufgabe 5.6 (Schwierigkeitsgrad 2)

Bestimmen Sie die Auflagerreaktionen in A und B sowie die Gelenkkräfte in G.

Gegeben: q_0, ℓ

Lösung:

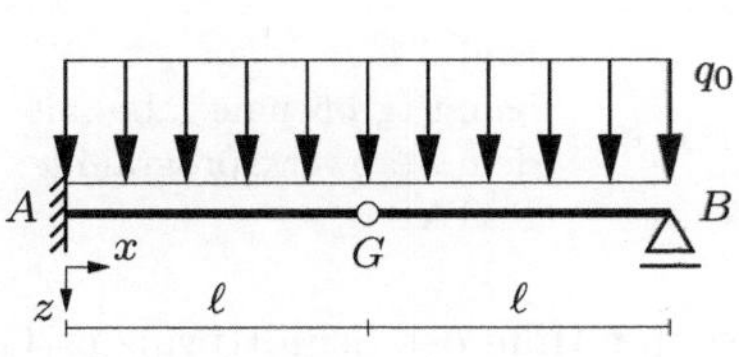

$$\rightarrow A_x = 0$$

$$\uparrow A_z = \tfrac{3}{2}\, q_0 \ell$$

$$\curvearrowleft M_A = -q_0 \ell^2$$

$$\uparrow B = \tfrac{1}{2}\, q_0 \ell$$

$$G_x = 0$$

$$G_z = -\tfrac{1}{2}\, q_0 \ell$$

6 Schnittgrößen in Balkensystemen

Dieses Kapitel beschäftigt sich mit den inneren Kräften von Balkensystemen, den so genannten Schnittgrößen. Die Kenntnis der Schnittgrößenverläufe ist zur Auslegung von Tragwerken wichtig, da die inneren Kräfte ein Maß für die Beanspruchung des Bauteils sind.

Für statisch bestimmte Balkensysteme können sämtliche Schnittgrößen mit Hilfe des Schnittprinzips und der Gleichgewichtsbedinungungen ermittelt werden. Für kompliziertere Tragwerke kann der Berechnungsaufwand jedoch schnell erheblich werden, so dass in der Praxis häufig Rechenprogramme eingesetzt werden, die auf den in diesem Abschnitt zu vermittelnden Grundlagen basieren. In Bild 6.1 ist beispielsweise die Berechnung der Stahlträgerkonstruktion einer Halle mit einem solchen Berechnungsprogramm dargestellt. Diese Berechnungsverfahren ermöglichen häufig auch die Analyse statisch unbestimmter Tragwerke, dafür sind jedoch weiterführende theoretische Überlegungen anzustellen, die in Teil II dieses Lehrbuchs vermittelt werden.

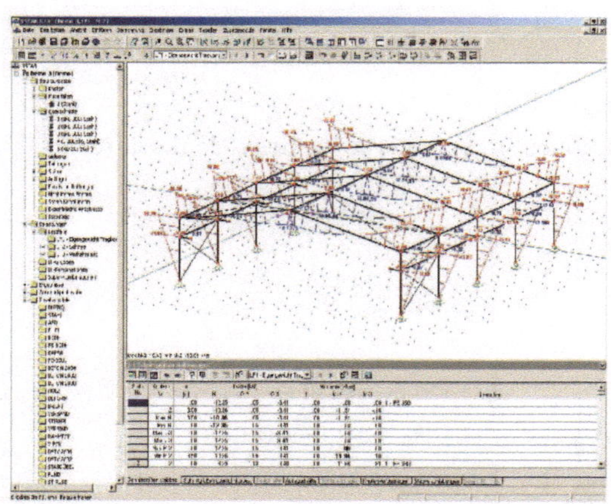

Bild 6.1
Schnittgrößenausgabe mit dem Stabwerksprogramm RSTAB

In Abschnitt 3.3 wurde bereits gezeigt, dass mit Hilfe des Schnittprinzips Gelenke und Auflager durch Schnittkräfte bzw. -momente ersetzt werden können. Dadurch ist es möglich, auch mehrteilige Systeme statisch zu berechnen und gleichzeitig die entsprechenden Schnittkräfte und -momente aus den Gleichgewichtsbedingungen zu bestimmen. In diesem Kapitel wird das Schnittprinzip auch auf Schnitte durch das Bauteil selbst angewandt, um die inneren Kräfte im Bauteil zu ermitteln.

6.1 Schnittgrößen in geraden Balken

6.1.1 Ebene Belastung

Der Einfachheit halber werden im Folgenden zunächst nur ebene Balkentragwerke behandelt. Dazu wird ein kartesisches Koordinatensystem eingeführt, bei dem die z-Achse in Richtung der Erdbeschleunigung nach unten und die x-Achse in Balkenlängsrichtung zeigt. Als Belastung kommen die Einzelkräfte F_x und F_z, Einzelmomente M_y, Streckenlasten n und q_z sowie Streckenmomente m_y in Betracht (vgl. Abschnitt 5.3), siehe Bild 6.2.

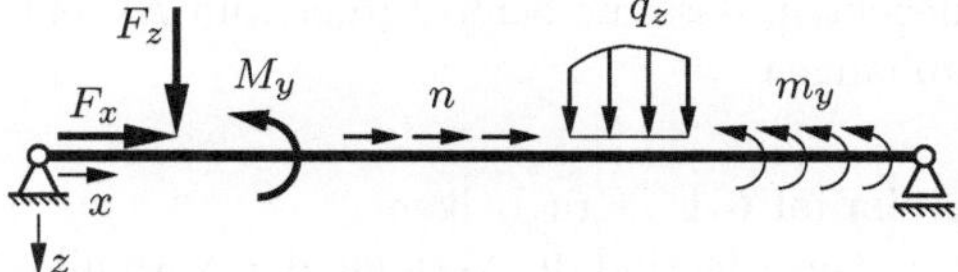

Bild 6.2
Ebene Belastung eines Balkens

Wird der in Bild 6.2 skizzierte gerade Balken an einer beliebigen Stelle x geschnitten, müssen als Schnittgrößen in der Ebene eine resultierende Kraft $\boldsymbol{R}$, die in eine Normalkraft N in Richtung der Balkenachse und eine Querkraft V quer zur Balkenachse aufgespaltet wird, und ein Biegemoment M angetragen werden, siehe Bild 6.3. Diese Reaktionen werden *Schnittgrößen* genannt.

Anmerkung: Auf die Angabe der Indizes der zugehörigen Achsen kann bei den Schnittgrößen und Streckenlasten im ebenen Fall verzichtet werden, da die Zuordnungen eindeutig sind: $V = V_z$, $M = M_y$, $q = q_z$. Für die Normalkraft und die Streckenlast in Balkenlängsrichtung gilt auch im räumlichen Fall $N = N_x$ bzw. $n = n_x$.

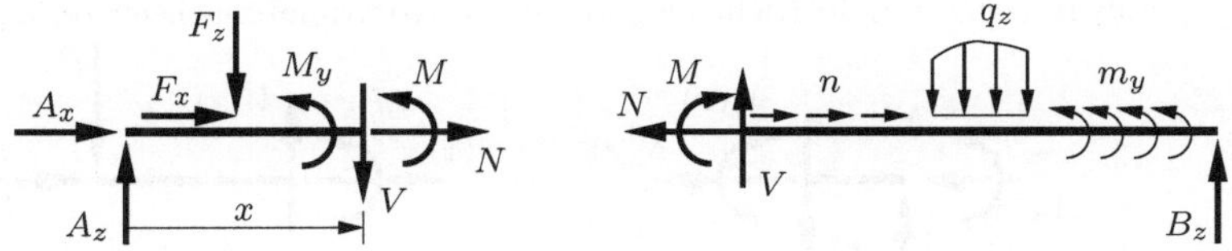

Bild 6.3 Schnittgrößen am Balken unter ebener Belastung

Analog zu den Stabkräften bei Fachwerken gibt es auch bei den Schnittgrößen in Balkensystemen eine Vorzeichenkonvention, durch die erreicht wird, dass man unabhängig vom Schnittufer stets ein eindeutiges Vorzeichen erhält, das für beide Schnittufer gilt:

Positive Schnittgrößen zeigen am *positiven* Schnittufer in *positive* Koordinatenrichtung bzw. am *negativen* Schnittufer in *negative* Koordinatenrichtung. Dabei zeichnet sich ein positives (negatives) Querschnittsufer dadurch aus, dass die x-Koordinate aus einem Querschnittsufer heraus (hinein) zeigt.

Die Querkraft V ist demnach positiv, wenn sie am positiven Schnittufer in positive z-Richtung bzw. am negativen Schnittufer in negative z-Richtung zeigt. Das Moment M ist positiv, wenn die Biegung die untere (positive) Seite des Balkens auf Zug beansprucht, analog zur Vorzeichendefinition bei der Normalkraft N. Der Momentenvektor zeigt somit am positiven Schnittufer in positive y-Richtung bzw. am negativen Schnittufer in negative y-Richtung. Dementsprechend sind auch in Bild 6.3 die Schnittgrößen am linken (hier positiven) Schnittufer in positiver Koordinatenrichtung und am rechten (hier negativen) Schnittufer in der entgegengesetzten, also negativen Koordinatenrichtung angetragen.

Das Gleichgewicht kann nun für das linke oder das rechte Teilsystem aufgestellt werden, um die Schnittgrößen N, V und M zu bestimmen. Es ist hierbei zu beachten, dass die Schnittgrößen im Allgemeinen von dem Ort x des Schnittes abhängen.

Beispiel 6.1 Kragbalken

Gesucht sind die Verläufe der Normalkraft $N(x)$, der Querkraft $V(x)$ sowie des Biegemomentes $M(x)$ für den dargestellten Kragbalken der Länge ℓ, der durch die unter 45° angreifende Kraft $\sqrt{2}F$ belastet ist.

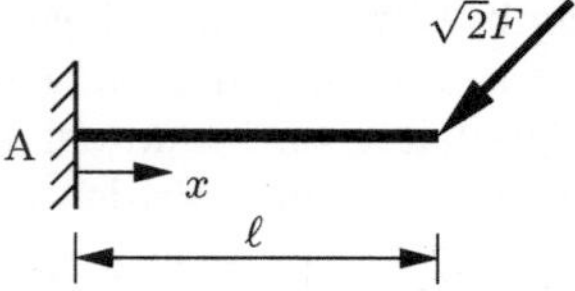

Lösung:

Der Balken wird an der Stelle x gedanklich geschnitten und die Schnittgrößen an den Teilsystemen entsprechend der getroffenen Vorzeichenkonvention an beiden Teilsystemen angetragen. Dabei wird zweckmäßigerweise die äußere Belastung in Richtung der beiden Koordinatenachsen zerlegt.

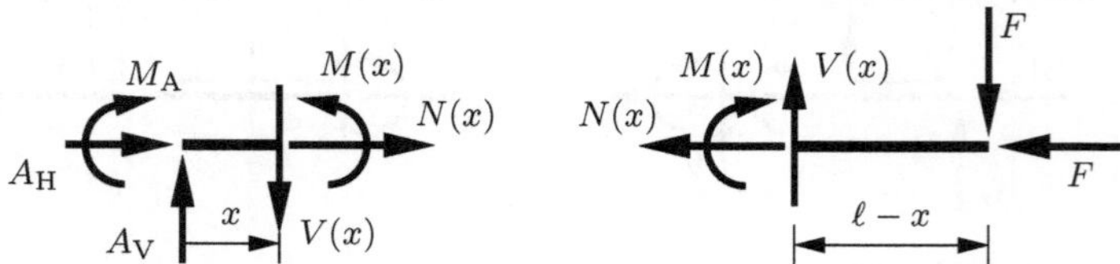

Bei diesem System bietet es sich an, die Gleichgewichtsbedingungen am rechten Teilsystem aufzustellen, weil dann auf die vorherige Bestimmung der Lagerreaktionen verzichtet werden kann. Das Kräftegleichgewicht in horizontaler Richtung liefert die Normalkraft:

$$\leftarrow \; : \; N(x) + F = 0 \quad \Rightarrow \quad N(x) = -F = \text{konst.}$$

Das Kräftegleichgewicht in vertikaler Richtung liefert die Querkraft:

$$\uparrow \; : \quad V(x) - F = 0 \quad \Rightarrow \quad V(x) = F = \text{konst.}$$

Das Momentengleichgewicht bezüglich des Schnittpunkts x liefert schließlich

$$\overset{\curvearrowright}{x} \; : \quad M(x) + F(\ell - x) = 0 \quad \Rightarrow \quad M(x) = -F(\ell - x)\,.$$

Zur Veranschaulichung und Interpretation der Schnittgrößenverläufe (oft auch *Zustandslinien* genannt) werden diese unter Angabe charakteristischer Werte grafisch dargestellt. Dabei gelte die Konvention, dass *positive* Schnittgrößen auch in *positive* z-Richtung angetragen werden.

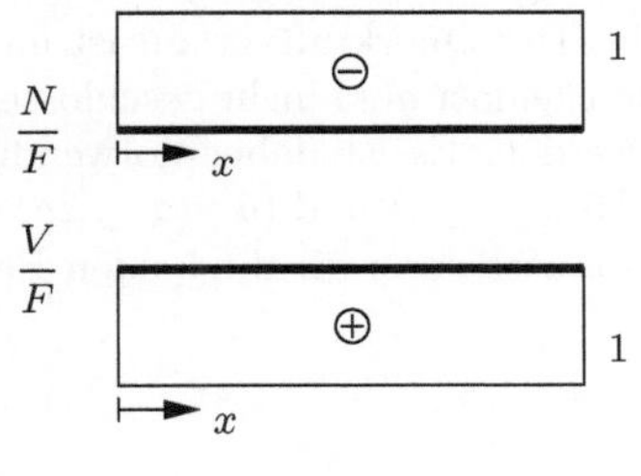

Die Belastung liefert einen konstanten Normal- und Querkraftverlauf und einen linearen Biegemomentenverlauf.
Die Lagerreaktionen sind aus den Schnittgrößen an der Einspannstelle ablesbar:

$$\begin{aligned} A_{\mathrm{H}} &= -N(x=0) = F \\ A_{\mathrm{V}} &= V(x=0) = F \\ M_{\mathrm{A}} &= M(x=0) = -F\ell \end{aligned}$$

Alternativer Lösungsweg:
Das Antragen der Schnittgrößen am linken Teilsystem führt zum gleichen Ergebnis. Dann müssen jedoch zuerst die Lagerreaktionen aus dem Gleichgewicht am Gesamtsystem bestimmt werden. Für die Lagerreaktionen in A folgt

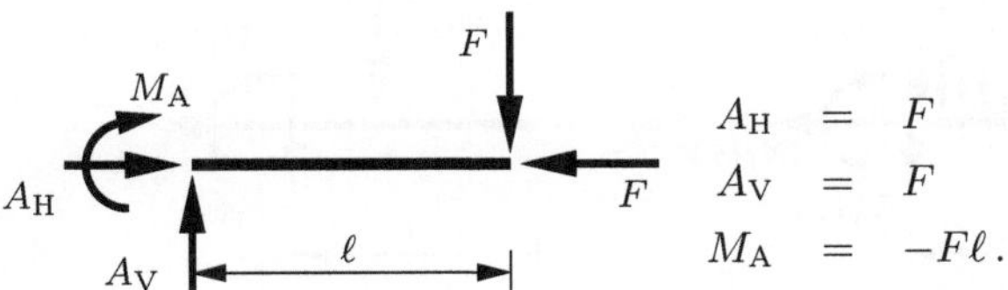

$$\begin{aligned} A_{\mathrm{H}} &= F \\ A_{\mathrm{V}} &= F \\ M_{\mathrm{A}} &= -F\ell\,. \end{aligned}$$

Das Gleichgewicht am linken Teilsystem liefert dann

$$\begin{aligned} N(x) &= -A_{\mathrm{H}} = -F\,, \\ V(x) &= A_{\mathrm{V}} = F\,, \\ M(x) &= M_{\mathrm{A}} + A_{\mathrm{V}}\,x = -F(\ell - x)\,. \end{aligned}$$

Beispiel 6.2 Träger unter veränderlicher Streckenlast

Zu berechnen sind die Schnittgrößen des dargestellten Trägers, der durch eine linear veränderliche Streckenlast in Bereich 1 ($0 \leq x \leq a$) und eine konstante Streckenlast im Bereich 2 ($a \leq x \leq 2a$) belastet ist.

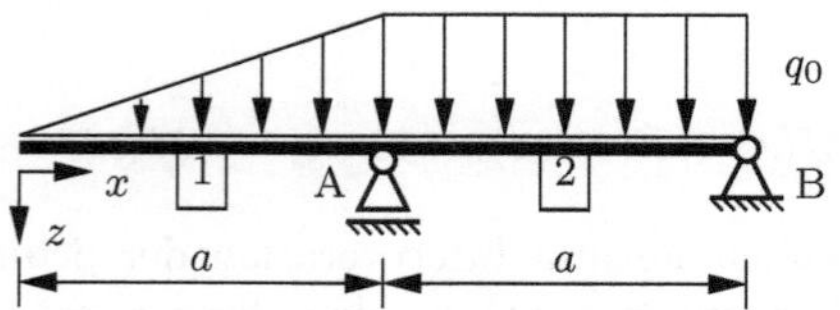

Lösung:

Durch das Lager A in der Mitte des Trägers wird eine Querkraft in den Balken an der Stelle $x = a$ eingebracht. Der Querkraftverlauf ist an dieser Stelle unstetig. Außerdem kann die Streckenlast $q(x)$ nicht geschlossen über die gesamte Balkenlänge dargestellt werden. Es ist daher notwendig, den dargestellten Balken in zwei Bereiche ($0 \leq x \leq a$) und ($a \leq x \leq 2a$) zu unterteilen. Die Belastungsfunktion $q(x)$ lautet dann für die beiden Bereiche

$$q(x) = \begin{cases} q_0 \dfrac{x}{a} & \text{für} \quad 0 \leq x \leq a\,, \\ q_0 & \text{für} \quad a \leq x \leq 2a\,. \end{cases}$$

Die Ermittlung der Schnittgrößen erfolgt daher getrennt für die beiden Bereiche durch die Auswertung der jeweils drei Gleichgewichtsbedingungen an den freigeschnittenen Teilsystemen. Hier ist es zweckmäßig, die Gleichgewichtsbedingungen für den Bereich 1 ($0 \leq x \leq a$) am linken Teilsystem (positives Schnittufer) aufzustellen, so dass auf eine vorherige Bestimmung der Lagerreaktionen verzichtet werden kann. Die Lage x_{R1} und der Betrag F_{R1} der aus der Streckenlast resultierenden Kraft folgt aus Abschnitt 5.3.1, vgl. auch Beispiel 5.4.

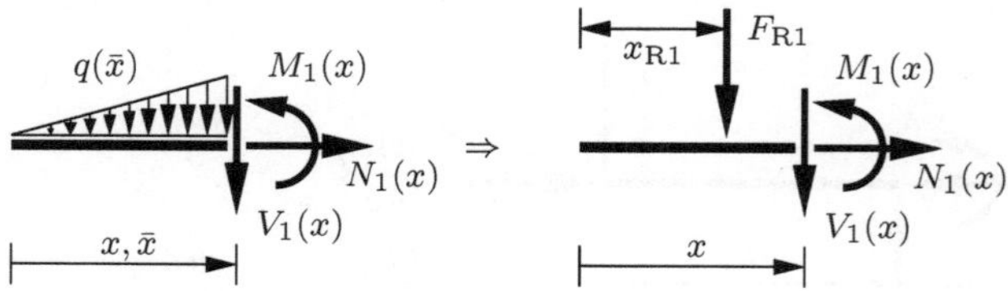

$$F_{\mathrm{R1}} = \int_0^x q(\bar{x})\,\mathrm{d}\bar{x} = \int_0^x q_0 \frac{\bar{x}}{a}\,\mathrm{d}\bar{x} = \frac{q_0}{a}\left[\frac{\bar{x}^2}{2}\right]_0^x = \frac{q_0 x^2}{2a}$$

$$x_{\mathrm{R1}} = \frac{1}{F_{\mathrm{R1}}} \int_0^x \bar{x}\,q(\bar{x})\,\mathrm{d}\bar{x} = \frac{1}{F_{\mathrm{R1}}} \frac{q_0}{a} \left[\frac{\bar{x}^3}{3}\right]_0^x = \frac{2}{3}\,x$$

Die Gleichgewichtsbedingungen liefern die Schnittgrößen an der Stelle x:

$$\rightarrow \ : \quad N_1(x) = 0$$

$$\downarrow \ : \quad V_1(x) + F_{\mathrm{R1}} = 0 \quad \Rightarrow V_1(x) = -\frac{q_0 x^2}{2a}$$

$$\overset{\curvearrowright}{x} \ : \quad M_1(x) + (x - x_{\mathrm{R1}})\,F_{\mathrm{R1}} = 0 \quad \Rightarrow M_1(x) = -\frac{q_0 x^3}{6a}$$

Für den Bereich 2 ($a \leq x \leq 2a$) erfolgt die Ermittlung der Schnittgrößen am rechten Teilsystem (negatives Schnittufer). Doch zunächst müssen die Lagerreaktionen B_{H} und B_{V} aus den Gleichgewichtsbedingungen am Gesamtsystem bestimmt werden. Diese bereits eingeübten Berechnungen liefern $B_{\mathrm{H}} = 0$ und $B_{\mathrm{V}} = \frac{1}{3} q_0 a$. Nach diesen Vorüberlegungen wird nun wiederum an einer willkürlichen Stelle x innerhalb des zweiten Abschnitts das Freikörperbild gezeichnet, wobei jetzt das rechte Teilsystem betrachtet wird. Die für diesen Freischnitt resultierende Kraft der Streckenlast und deren Angriffspunkt berechnen sich zu:

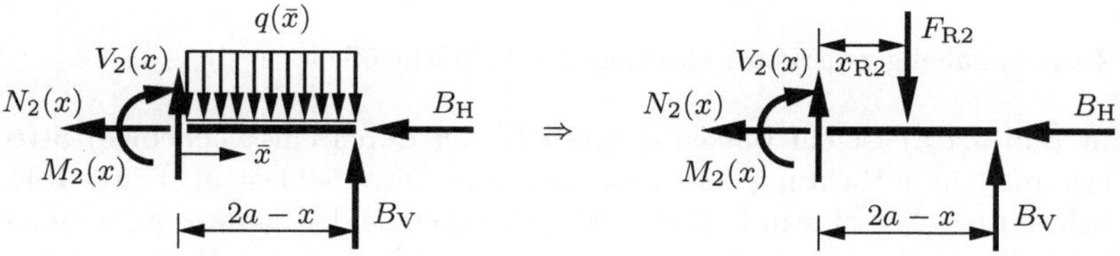

$$F_{\mathrm{R2}} = \int_0^{2a-x} q(\bar{x})\,\mathrm{d}\bar{x} = \int_0^{2a-x} q_0\,\mathrm{d}\bar{x} = q_0 \Big[\,\bar{x}\,\Big]_0^{2a-x} = q_0\,(2a - x)$$

$$x_{\mathrm{R2}} = \frac{1}{F_{\mathrm{R2}}} \int_0^{2a-x} \bar{x}\,q(\bar{x})\,\mathrm{d}\bar{x} = \frac{q_0}{F_{\mathrm{R2}}} \left[\frac{\bar{x}^2}{2}\right]_0^{2a-x} = \frac{2a - x}{2}$$

Die Gleichgewichtsbedingungen mit dem auf diese Weise abstrahierten Freikörperbild liefern dann Funktionen für die Zustandslinien im zweiten Abschnitt des Systems:

$$\leftarrow \ : \quad N_2(x) + B_{\mathrm{H}} = 0 \quad \Rightarrow N_2(x) = -B_{\mathrm{H}} = 0$$

$$\uparrow \ : \quad V_2(x) + B_{\mathrm{V}} - F_{\mathrm{R2}} = 0$$

$$\Rightarrow V_2(x) = q_0\,(2a - x) - \frac{1}{3}\,q_0 a = q_0 \left(\frac{5}{3}\,a - x\right)$$

$$\overset{\curvearrowleft}{x} \ : \quad M_2(x) - (2a - x)\,B_{\mathrm{V}} + x_{\mathrm{R2}}\,F_{\mathrm{R2}} = 0$$

$$\Rightarrow M_2(x) = (2a - x)\,\frac{1}{3}\,q_0 a - \frac{2a - x}{2}\,q_0\,(2a - x)$$

$$= -q_0 \left(\frac{x^2}{2} - \frac{5}{3} a x + \frac{4}{3} a^2\right)$$

Zur Kontrolle der Berechnungen besteht die Möglichkeit, den Auflagerbereich A ($x = a$) freizuschneiden und dort die Gleichgewichtsbedingungen zu überprüfen. Die Lagerkraft A folgt zunächst aus den Gleichgewichtsbedingungen am Gesamtsystem zu $A = \frac{7}{6} q_0 a$.

$$
\begin{aligned}
\leftarrow \quad : \quad & N_1(a) - N_2(a) \;=\; 0 \quad \Rightarrow 0 = 0 \quad \checkmark \\
\uparrow \quad : \quad & V_1(a) + A - V_2(a) \;=\; 0 \\
& \Rightarrow \; -\frac{q_0 a}{2} + \frac{7}{6}\, q_0 a - q_0\, \frac{2}{3}\, a \;=\; 0 \quad \checkmark \\
\overset{\frown}{\mathrm{A}} \quad : \quad & M_1(a) - M_2(a) \;=\; 0 \quad \Rightarrow \; -\frac{q_0 a^2}{6} + \frac{q_0 a^2}{6} \;=\; 0 \quad \checkmark
\end{aligned}
$$

Zusammenhang zwischen Belastung und Schnittgrößen

In Bild 6.4 a) ist ein Balken dargestellt, der durch eine (beliebige) Streckenlast $n(x)$ in x-Richtung und eine (beliebige) Streckenlast $q(x)$ in z-Richtung belastet ist. Aus diesem Balken wird gedanklich an der Stelle x ein infinitesimales Balkenelement der Länge $\mathrm{d}x$ herausgeschnitten. Dieses Balkenelement und die entsprechenden Schnittgrößen sind in Bild 6.4 b) dargestellt.

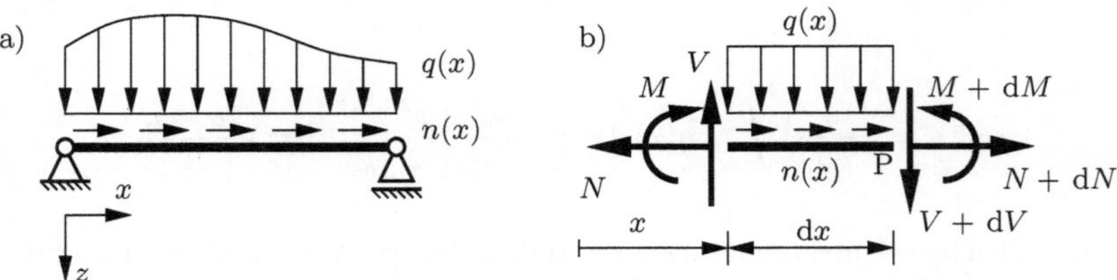

Bild 6.4 Balken und infinitesimales Balkenelement

Am linken Schnittufer wirken dann die Schnittgrößen N, V und M. Am rechten Schnittufer wirken entgegengesetzt $N + \mathrm{d}N$, $V + \mathrm{d}V$ und $M + \mathrm{d}M$, wobei $\mathrm{d}N$, $\mathrm{d}V$ und $\mathrm{d}M$ einen infinitesimalen Zuwachs der Größen über die Länge $\mathrm{d}x$ bezeichnen.

Das Kräftegleichgewicht am Balkenelement $\mathrm{d}x$ in horizontaler Richtung liefert

$$
\begin{aligned}
\leftarrow \quad : \quad & N(x) - n(x)\,\mathrm{d}x - (N(x) + \mathrm{d}N(x)) \;=\; 0 \\
& \Rightarrow \; n(x) \;=\; -\frac{\mathrm{d}N(x)}{\mathrm{d}x}\,. \qquad (6.1)
\end{aligned}
$$

Das Kräftegleichgewicht am Balkenelement $\mathrm{d}x$ in vertikaler Richtung lautet

$$\begin{aligned} \uparrow \;:\; & V(x) - q(x)\,\mathrm{d}x - (V(x) + \mathrm{d}V(x)) \;=\; 0 \\ & \Rightarrow\; q(x) \;=\; -\frac{\mathrm{d}V(x)}{\mathrm{d}x}\,, \end{aligned} \tag{6.2}$$

und das entsprechende Momentengleichgewicht bezüglich des Punktes P (Bild 6.4 b)) führt auf den Zusammenhang

$$\overset{\frown}{\mathrm{P}} \;:\; M(x) + V(x)\,\mathrm{d}x - q(x)\,\mathrm{d}x\frac{\mathrm{d}x}{2} - (M(x) + \mathrm{d}M(x)) \;=\; 0\,, \tag{6.3}$$

und mit $(\mathrm{d}x)^2 \ll \mathrm{d}x$ folgt daraus

$$V(x) \;=\; \frac{\mathrm{d}M(x)}{\mathrm{d}x}\,. \tag{6.4}$$

Es gibt somit einen differentiellen Zusammenhang zwischen $n(x)$ und $N(x)$ sowie zwischen $q(x)$, $V(x)$ und $M(x)$. Mit der abkürzenden Schreibweise $\frac{\mathrm{d}\ldots}{\mathrm{d}x} = \ldots'$ lauten diese wichtigen Beziehungen zusammengefasst

$$N' \;=\; \frac{\mathrm{d}N}{\mathrm{d}x} \;=\; -n(x)\,, \tag{6.5}$$

$$V' \;=\; \frac{\mathrm{d}V}{\mathrm{d}x} \;=\; -q(x)\,, \tag{6.6}$$

$$M' \;=\; \frac{\mathrm{d}M}{\mathrm{d}x} \;=\; V(x)\,. \tag{6.7}$$

Aus Gleichung 6.7 folgt, dass das Biegemoment $M(x)$ an der Stelle $\hat{x}$ einen Extremwert hat, an der die Querkraft null ist:

$$\left.\frac{\mathrm{d}M(x)}{\mathrm{d}x}\right|_{x=\hat{x}} \;=\; V(\hat{x}) \;=\; 0 \tag{6.8}$$

Entsprechendes gilt für die Normalkraft $N(x)$ und die Querkraft $V(x)$, die dann extremal sind, wenn die Streckenlast $n(x)$ bzw. $q(x)$ null sind. Diese Zusammenhänge sind bei der Suche nach maximalen Schnittgrößen in einem Tragwerk hilfreich.

Der Verlauf der Normalkraft $N(x)$ lässt sich also durch Integration des analytisch bekannten Verlaufs der Streckenlast $n(x)$, der Querkraftverlauf $V(x)$ durch Integration des Streckenlastverlaufs $q(x)$ und ferner der Momentenverlauf $M(x)$ durch Integration des Querkraftverlaufs berechnen. Damit lassen sich mit Kenntnis einer analytischen Formulierung der Streckenlasten die Schnittgrößen mittels Integration ermitteln.

$$N(x) \;=\; -\int n(x)\,\mathrm{d}x + C_0 \tag{6.9}$$

$$V(x) \;=\; -\int q(x)\,\mathrm{d}x + C_1 \tag{6.10}$$

$$M(x) \;=\; \int V(x)\,\mathrm{d}x + C_2 \tag{6.11}$$

Der Biegemomentenverlauf lässt sich alternativ auch direkt aus der zweifachen Integration der Streckenlast $q(x)$ gewinnen.

$$M(x) \quad = \quad -\iint q(x)\,\mathrm{d}x\,\mathrm{d}x + C_1\,x + C_2 \tag{6.12}$$

Die Integrationskonstanten C_i können aus Rand- bzw. Übergangsbedingungen für Schnittgrößen bestimmt werden, siehe Tabelle B.1.

Beispiel 6.3 Schnittgrößenverlauf aus differentialalgebraischer Betrachtung
Der Querkraft- und Momentenverlauf des Tragwerks aus Beispiel 6.2 ist durch Integration zu berechnen und grafisch darzustellen. Außerdem ist Ort und Betrag des maximalen Moments zu bestimmen.

Lösung:
Einsetzen der Belastungsfunktion $q(x)$ in Gleichung 6.10 liefert für Bereich 1 $(0 \leq x \leq a)$ den Querkraftverlauf

$$V_1(x) \quad = \quad -\int q_0\,\frac{x}{a}\,\mathrm{d}x \;=\; -\frac{q_0\,x^2}{2\,a} + C_1\,.$$

Die Integrationskonstante C_1 muss aus einer Randbedingung bestimmt werden. Da der linke Rand bei $x = 0$ ein freier Rand ist, muss die Querkraft dort den Wert $V_1(0) = 0$ haben, vgl. Tabelle B.1. Hieraus lässt sich die Integrationskonstante C_1 bestimmen:

$$V_1(0) = 0 \quad \Rightarrow \quad C_1 = 0$$

Für den zweiten Bereich $(a \leq x \leq 2a)$ geht man analog vor und erhält den Querkraftverlauf

$$V_2(x) = -\int q_0\,\mathrm{d}x = -q_0\,x + C_2\,.$$

Die Integrationskonstante C_2 folgt beispielsweise aus der rechten Randbedingung bei $x = 2a$. Die Querkraft am rechten Rand $V(2a)$ muss im Gleichgewicht mit der Lagerkraft B_V stehen. Das Kräftegleichgewicht liefert hier

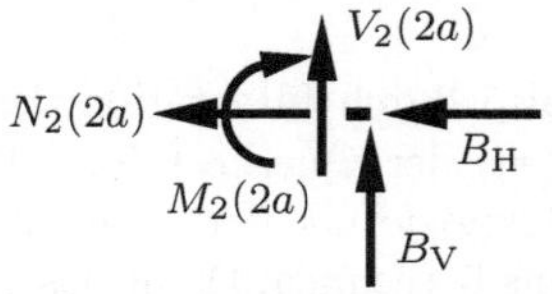

$$\uparrow\;:\quad V_2(2a) + B_\mathrm{V} \;=\; 0$$
$$\Rightarrow\; V_2(2a) \;=\; -B_\mathrm{V} \;=\; -\frac{1}{3}\,q_0\,a\,.$$

Die Integrationskonstante C_2 folgt damit zu

$$V_2(2a) \quad = \quad -q_0\,2a + C_2 \;=\; -\frac{1}{3}\,q_0\,a \quad \Rightarrow \quad C_2 \;=\; \frac{5}{3}\,q_0\,a\,.$$

Zusammengefasst ist der Querkraftverlauf

$$V(x) = \begin{cases} -\dfrac{q_0 x^2}{2a} & \text{für} \quad 0 \leq x \leq a\,, \\ -q_0 x + \dfrac{5}{3}\,q_0\,a & \text{für} \quad a \leq x \leq 2a\,. \end{cases}$$

Nochmalige Integration von $V(x)$ entsprechend Gleichung 6.11 liefert den Momentenverlauf $M(x)$. In Bereich 1 ist

$$M_1(x) \;=\; \int -\frac{q_0 x^2}{2a}\,\mathrm{d}x \;=\; -\frac{q_0 x^3}{6a} + C_3\,.$$

Die Integrationskonstante C_3 folgt aus der Forderung

$$M_1(0) \;=\; 0 \;\Rightarrow\; C_3 \;=\; 0\,.$$

Für den zweiten Bereich erhält man

$$M_2(x) \;=\; \int \left(-q_0 x + \frac{5}{3}\,q_0 a\right)\mathrm{d}x \;=\; -\frac{q_0 x^2}{2} + \frac{5}{3}\,q_0 a x + C_4\,.$$

Am rechten Rand muss wiederum das Biegemoment aus Gleichgewichtsgründen verschwinden, da das Lager B keine Momente aufnehmen kann. Dies führt für die Integrationskonstante C_4 zu der Forderung

$$M_2(2a) \;=\; -2q_0a^2 + \frac{10}{3}\,q_0a^2 + C_4 \;=\; 0 \;\Rightarrow\; C_4 \;=\; -\frac{4}{3}\,q_0a^2\,.$$

Zusammengefasst gilt für den Momentenverlauf

$$M(x) = \begin{cases} -\dfrac{q_0 x^3}{6a} & \text{für} \quad 0 \le x \le a\,, \\[2ex] -\dfrac{q_0 x^2}{2} + \dfrac{5}{3}\,q_0 a x - \dfrac{4}{3}\,q_0 a^2 & \text{für} \quad a \le x \le 2a\,. \end{cases}$$

Die Integrationskonstanten C_2 und C_4 des Bereiches 2 hätten nach der Bestimmung von C_1 und C_3 ersatzweise auch aus einer Gleichgewichtsbetrachtung am Lager A ermittelt werden können, vgl. Gleichgewichtskontrolle in Beispiel 6.2.

$$\begin{aligned} \uparrow \;:\;\; & V_1(a) + A - V_2(a) \;=\; 0 \\ & \Rightarrow\; -\frac{q_0 a}{2} + \frac{7}{6} q_0 a + q_0 a - C_2 \;=\; 0 \;\Rightarrow\; C_2 \;=\; \frac{5}{3}\,q_0 a \\ \overset{\frown}{\mathrm{A}} \;:\;\; & M_1(a) - M_2(a) \;=\; 0 \\ & \Rightarrow\; -\frac{q_0 a^2}{6} + \frac{q_0 a^2}{2} - \frac{5}{3} q_0 a^2 - C_4 \;=\; 0 \;\Rightarrow\; C_4 \;=\; -\frac{4}{3}\,q_0 a^2 \end{aligned}$$

An der grafischen Darstellung des Querkraft- und Momentenverlaufs ist der differentielle Zusammenhang gemäß der Gleichungen 6.6 und 6.7 gut nachzuvollziehen. In Bereich 1 mit linear veränderlicher Streckenlast ist der Querkraftverlauf quadratisch und der Momentenverlauf kubisch. Bei der konstanten Streckenlast in Bereich 2 ist der Querkraftverlauf linear und der Momentenverkauf quadratisch. Entsprechend der Extremalbedingung 6.8 hat der Momentenverlauf ein lokales Maximum an der Stelle des Nulldurchgangs des Querkraftverlaufs $\hat{x} = \frac{5}{3}a$.

$$V(\hat{x}) \;=\; 0 \;\Rightarrow\; M(\hat{x}) \;=\; M_{\max} \;=\; \frac{q_0 a^2}{18}$$

An der Stelle $x = 0$ haben Querkraft- und Momentenverlauf jeweils eine horizontale Tangente, da an dieser Stelle die Streckenlast bzw. die Querkraft null sind.

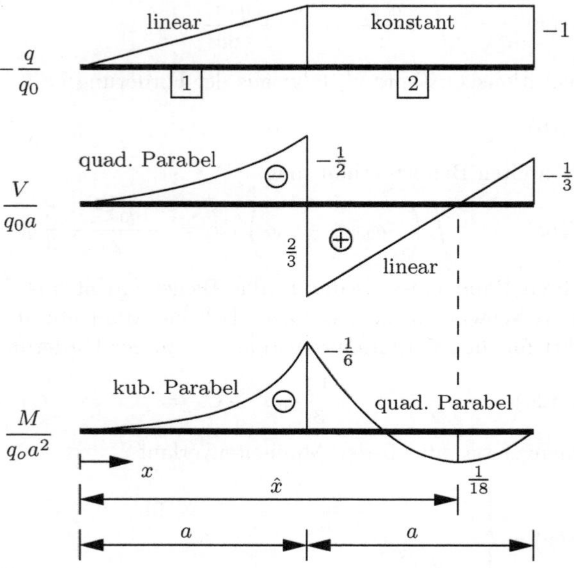

Punktweise Ermittlung von Schnittgrößen

Die Berechnung der Schnittgrößenverläufe in analytischer Form ist oftmals nicht notwendig. Durch Berechnung der Schnittgrößen an ausgezeichneten Punkten und Überlegungen bezüglich des qualitativen Verlaufs zwischen diesen Punkten können die Zustandslinien konstruiert werden. Hilfreich sind dabei folgende Regeln:

- Der Querkraftverlauf beschreibt die Steigung des Momentenverlaufs.
- Der Streckenlastverlauf beschreibt die Steigung des Querkraftverlaufs sowie die Krümmung des Momentenverlaufs. Formal gilt nämlich

$$\frac{\mathrm{d}^2 M}{\mathrm{d}x^2} = \frac{\mathrm{d}V}{\mathrm{d}x} = -q(x) \, . \tag{6.13}$$

- Unter Einzellasten F_x und F_z (oder entsprechenden Lagerreaktionen), die in positive Koordinatenrichtung zeigen, entstehen negative Sprünge in der Normal- und Querkraftlinie, während die Momentenlinie infolge F_z einen negativen Knick erhält.
- Ein negativer Sprung in der Momentenlinie wird durch ein positives Lastmoment M_y erzeugt. Die Querkraftlinie bleibt davon unbeeinflusst.
- In Bereichen ohne entsprechende Streckenlasten sind Normal- und Querkraftlinie konstant, die Momentenlinie verläuft dort linear.
- Eine konstante Momentenlinie tritt nur im Fall $V = 0$ auf.

Mit diesen Kenntnissen und einiger Erfahrung können die Zustandslinien relativ einfach beanspruchter Balkenstrukturen auch ohne aufwändige Berechnungen konstruiert werden.

Beispiel 6.4 Punktweise Schnittgrößenermittlung beim Rahmen
Für den dargestellten Rahmen, der durch die Kräfte F und das Moment $M_0 = 3\,Fa$ belastet ist, sind die Zustandslinien zu konstruieren.

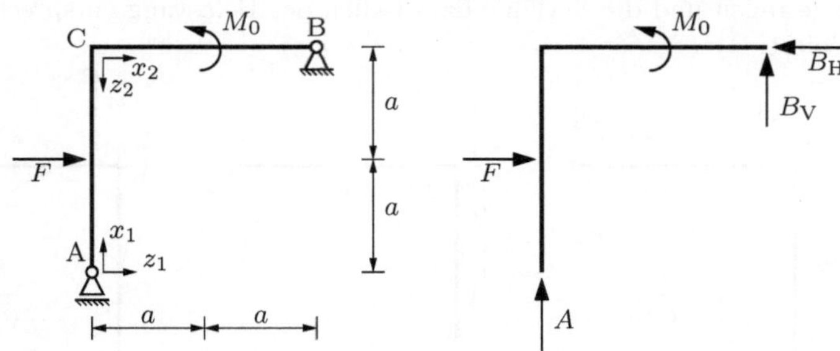

Lösung:
Aus den Gleichgewichtsbedingungen am gesamten Rahmen folgen die Lagerreaktionen zu

$$A = 2\,F\,, \qquad B_V = -2\,F\,, \qquad B_H = F\,.$$

Zunächst werden die Schnittgrößen an den Stellen A bis C durch entsprechende Schnitte bestimmt.

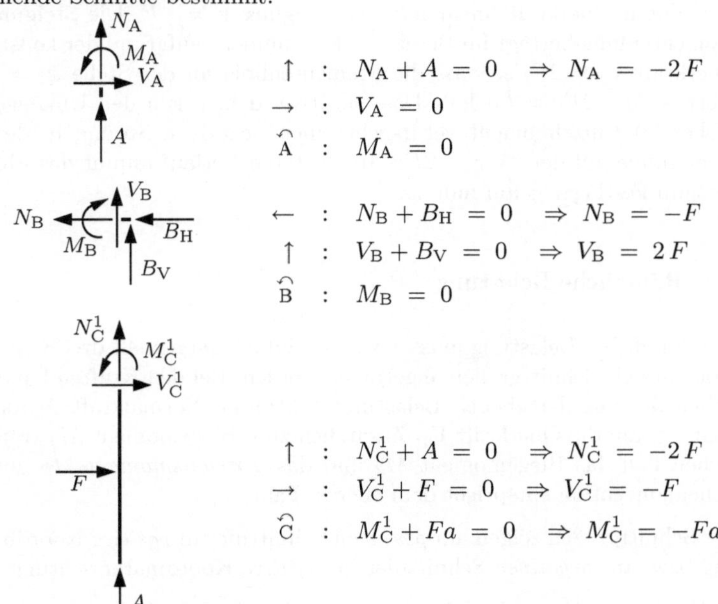

$$\uparrow : \; N_A + A = 0 \;\Rightarrow\; N_A = -2\,F$$
$$\rightarrow : \; V_A = 0$$
$$\overset{\curvearrowleft}{A} : \; M_A = 0$$

$$\leftarrow : \; N_B + B_H = 0 \;\Rightarrow\; N_B = -F$$
$$\uparrow : \; V_B + B_V = 0 \;\Rightarrow\; V_B = 2\,F$$
$$\overset{\curvearrowleft}{B} : \; M_B = 0$$

$$\uparrow : \; N_C^1 + A = 0 \;\Rightarrow\; N_C^1 = -2\,F$$
$$\rightarrow : \; V_C^1 + F = 0 \;\Rightarrow\; V_C^1 = -F$$
$$\overset{\curvearrowleft}{C} : \; M_C^1 + Fa = 0 \;\Rightarrow\; M_C^1 = -Fa$$

$$
\begin{aligned}
\rightarrow &: \quad N_C^2 - V_C^1 = 0 \quad \Rightarrow N_C^2 = -F \\
\uparrow &: \quad V_C^2 + N_C^1 = 0 \quad \Rightarrow V_C^2 = 2\,F \\
\curvearrowleft C &: \quad M_C^2 - M_C^1 = 0 \quad \Rightarrow M_C^2 = -Fa
\end{aligned}
$$

Anschließend werden die bekannten Werte in die Schnittgrößendiagramme eingetragen und die Verläufe dazwischen der Belastung entsprechend konstruiert.

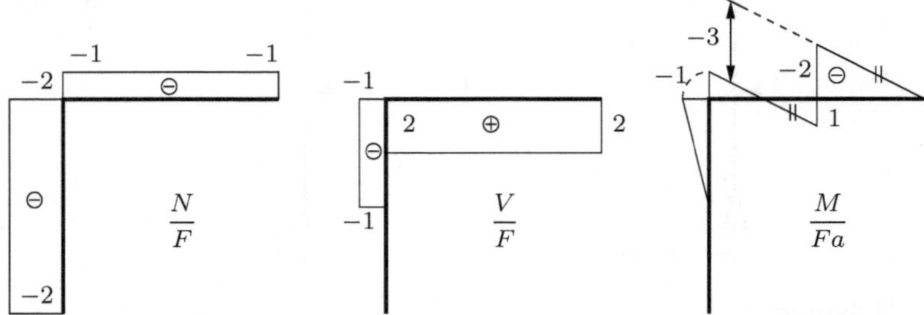

Der Normal- und Querkraftverlauf ist im gesamten abschnittsweise Rahmen konstant, da keine Streckenlasten n oder q vorhanden sind. Die Einzellast F im Bereich 1 verursacht einen negativen Sprung in der Querkraftlinie an der Stelle $x_1 = a$.

Da die Querkraft im unteren Teil von Bereich 1 null ist, ist die Momentenlinie dort konstant (null). Im oberen Teil ist der Verlauf aufgrund der konstanten Querkraft linear mit der Steigung $V = -F$. Die Steigung der Momentenlinie beträgt im Bereich 2 des Rahmens aufgrund der konstanten Querkraft $V = 2F$, so dass die Momentenlinie an der Stelle $x_2 = a$ den Wert $-Fa + 2Fa = Fa$ hat. Das (positive, d. h. gegen den Uhrzeigersinn drehende) Einzelmoment verursacht einen negativen Sprung in der Momentenlinie auf den Wert $-2Fa$. Im weiteren Verlauf nimmt das Moment bis zum Festlager B auf null zu.

6.1.2 Räumliche Belastung

Im Falle räumlicher Belastung müssen wie in Bild 6.5 dargestellt drei Kräfte und drei Momente als Schnittgrößen angetragen werden. Bei den Kräften handelt es sich neben der aus der ebenen Belastung bekannten Normalkraft N und der Querkraft V_z um die Querkraft V_y. Zusätzlich zum Biegemoment M_y treten im räumlichen Fall das Biegemoment M_z und das *Torsionsmoment* M_{T} auf. Die Vorzeichenkonvention entspricht dem ebenen Fall:

Positive Schnittgrößen zeigen am *positiven* Schnittufer in *positive* Koordinatenrichtung bzw. am *negativen* Schnittufer in *negative* Koordinatenrichtung.

Für die Berechnung der sechs Schnittgrößen stehen für jedes Teilsystem die sechs

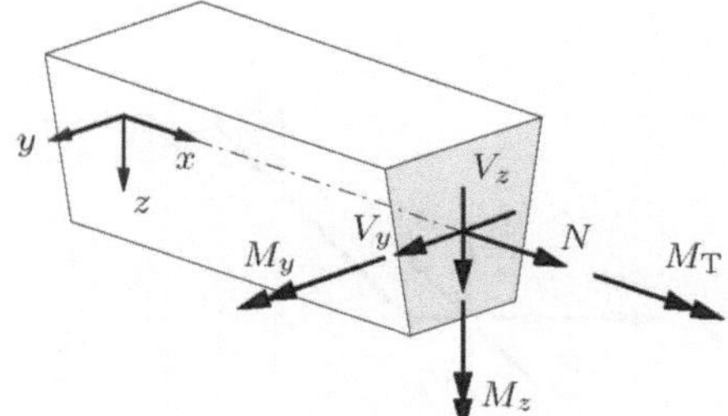

Bild 6.5
Schnittgrößen am Balken unter räumlicher Belastung

skalarwertigen Gleichgewichtsbedingungen zur Verfügung (Gleichungen 3.9 und 3.10).

Beispiel 6.5 Balken mit räumlicher Belastung
Gesucht sind die Schnittgrößenverläufe des dargestellten Balkens mit räumlicher Belastung durch die beiden Kräfte F_1 und F_2.

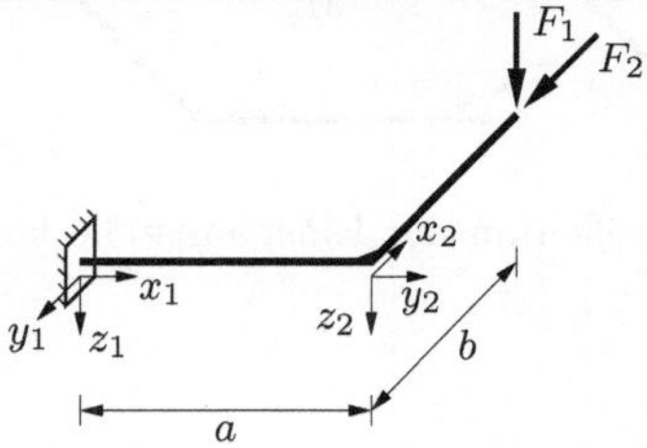

Lösung:
Die Schnittgrößen werden wie in Beispiel 6.1 aus den Gleichgewichtsbedingungen am geschnittenen System berechnet. Auch in diesem Beispiel ist es möglich, die Gleichgewichtsbedingungen für die beiden Bereiche so aufzustellen, dass die Lagerreaktionen vorab nicht bestimmt werden müssen, indem das abgeschnittene Teilsystem mit der Lasteinleitungsstelle (am negativen Schnittufer) betrachtet wird.

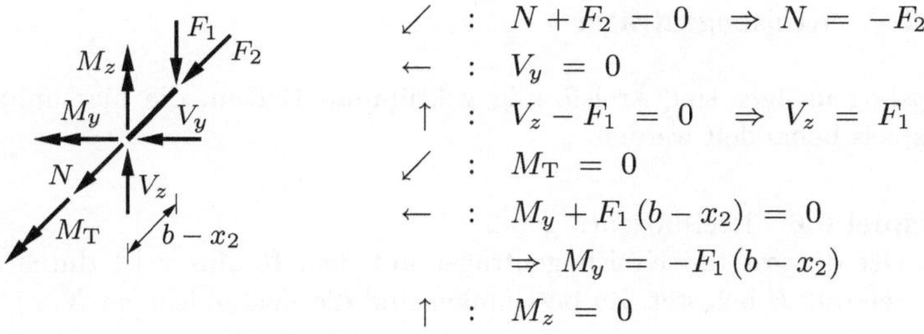

$$
\begin{aligned}
\swarrow &: \quad N + F_2 = 0 \quad \Rightarrow N = -F_2 \\
\leftarrow &: \quad V_y = 0 \\
\uparrow &: \quad V_z - F_1 = 0 \quad \Rightarrow V_z = F_1 \\
\swarrow &: \quad M_\mathrm{T} = 0 \\
\leftarrow &: \quad M_y + F_1\,(b - x_2) = 0 \\
&\qquad \Rightarrow M_y = -F_1\,(b - x_2) \\
\uparrow &: \quad M_z = 0
\end{aligned}
$$

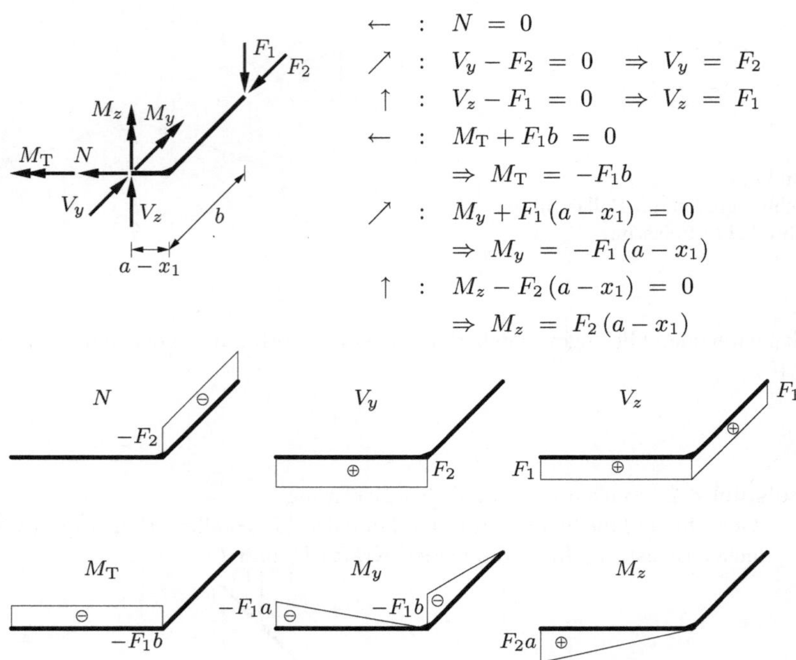

Aus den Schnittgrößen an der Einspannstelle können die Lagerreaktionen abgelesen werden.

6.2 Schnittgrößen in gekrümmten Balken

Im Gegensatz zum geraden Balken sind Normalkraftverlauf und Querkraft- bzw. Biegemomentenverläufe bei Tragwerken mit gekrümmtem Verlauf nicht mehr unabhängig voneinander. Die gekoppelten Gleichungen müssen gemeinsam gelöst werden. Tragwerke mit gekrümmtem Verlauf bezeichnet man auch als *Bogenträger*.

6.2.1 Kreisbogenträger

Kreisbogenträger sind kreisförmig gekrümmte Balken, die hier anhand eines Beispiels behandelt werden.

Beispiel 6.6 Kreisbogenträger
Der dargestellte Kreisbogenträger mit dem Radius r ist durch eine Einzelkraft F belastet. Zu bestimmen sind die Zustandslinien $N(\varphi)$, $V(\varphi)$ so-

wie $M(\varphi)$, die zusätzlich unter Angabe charakteristischer Werte grafisch darzustellen sind.

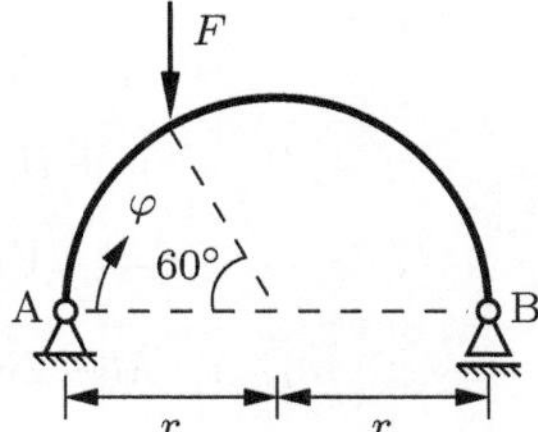

Lösung:

Die Lagerkräfte folgen aus den Gleichgewichtsbedingungen am freigeschnittenen Gesamtsystem.

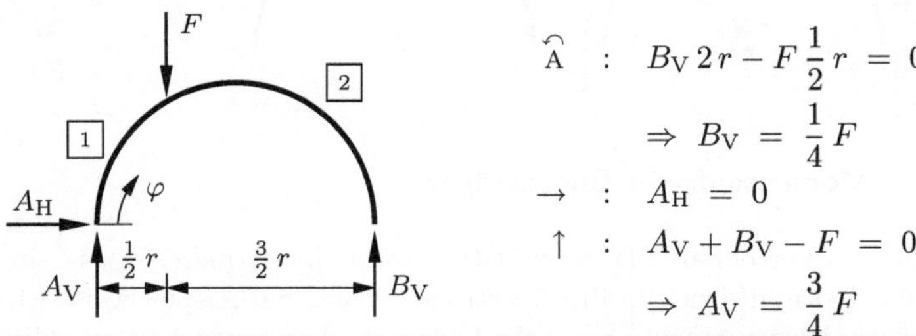

$$\overset{\frown}{A}: \quad B_V\, 2r - F\,\frac{1}{2}\,r = 0 \quad \Rightarrow \quad B_V = \frac{1}{4}\,F$$

$$\rightarrow: \quad A_H = 0$$

$$\uparrow: \quad A_V + B_V - F = 0 \quad \Rightarrow \quad A_V = \frac{3}{4}\,F$$

Die Schnittgrößen N, V und M werden nun an freigeschnittenen Bogenteilen bestimmt. Aufgrund der Einzelkraft F muss der Kreisbogen in die beiden Bereiche 1 und 2 aufgeteilt werden.

Zunächst wird ein Schnitt an einer beliebigen Stelle φ im Bereich 1 ($0° < \varphi < 60°$) geführt. Die Gleichgewichtsbedingungen liefern

$$\nearrow: \quad N + A_V \cos\varphi = 0 \quad \Rightarrow \quad N(\varphi) = -\frac{3}{4}\,F\cos\varphi\,,$$

$$\searrow: \quad V - A_V \sin\varphi = 0 \quad \Rightarrow \quad V(\varphi) = \frac{3}{4}\,F\sin\varphi\,,$$

$$\overset{\frown}{S_1}: \quad M - A_V\, r\,(1-\cos\varphi) = 0 \quad \Rightarrow \quad M(\varphi) = \frac{3}{4}\,Fr\,(1-\cos\varphi)\,.$$

(Figure labels: M, N, S_1, V, 1, $A_H = 0$, φ, A_V, $r\cos\varphi$, $r\,(1-\cos\varphi)$)

Da der Winkel φ beliebig ist, erhält man somit den Verlauf der Zustandsgrößen im gesamten Bereich 1 als Funktion des Winkels φ. Entsprechend gilt in Bereich 2 ($60° < \varphi < 180°$)

$$\nwarrow : \quad N + B_V \cos(180^\circ - \varphi) = 0$$
$$\Rightarrow \quad N(\varphi) = \frac{1}{4} F \cos\varphi ,$$
$$\nearrow : \quad V + B_V \sin(180^\circ - \varphi) = 0$$
$$\Rightarrow \quad V(\varphi) = -\frac{1}{4} F \sin\varphi ,$$
$$\overset{\curvearrowleft}{S_2} : \quad M - B_V r \,(1 - \cos(180^\circ - \varphi)) = 0$$
$$\Rightarrow \quad M(\varphi) = \frac{1}{4} F r \,(1 + \cos\varphi) .$$

Die Zustandslinien werden senkrecht zum Bogen aufgetragen. Die Sprünge $\Delta N = F/2$ in der Normalkraft und $\Delta V = \sqrt{3}F/4$ in der Querkraft bei $\varphi = 60^\circ$ entsprechen den Komponenten der Einzelkraft F tangential und normal zum Kreisbogen.

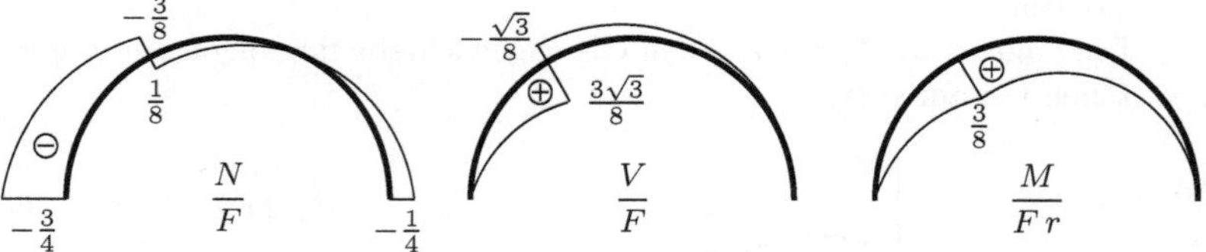

6.2.2 Momentenfreier Bogenträger

Häufig ist es vorteilhaft, Tragstrukturen so zu konstruieren, dass ein Bogenträger nur Normal(druck)kräfte übertragen muss, da beispielsweise Stein- und Betonträger Biegemomente nur sehr begrenzt übertragen können. Gesucht ist daher im Folgenden die Form des Bogenträgers $y(x)$, der bei gegebener Last *momentenfrei* bleibt. In der Baustatik wird diese Form als *Stützlinie* bezeichnet, siehe Bild 6.6. Aufgrund der Abbhängigkeit zwischen Moment und Querkraft muss die Querkraft dann ebenfalls null sein:

$$M = 0 \quad \text{und} \quad V = 0. \tag{6.14}$$

Bild 6.6
Gmündertobelbrücke über die Sitter bei Teufel, Schweiz (1908)

Da die Lagerung Einfluss auf Querkraft- und Momentenverlauf hat, muss die Lagerung querkraft- und momentenfrei erfolgen. Wir beschränken uns hier auf vertikale Lasten $q(x)$, wie sie z. B. durch Eigengewicht oder andere Gewichtskräfte (wie Verkehrslasten) entstehen, siehe Bild 6.7.

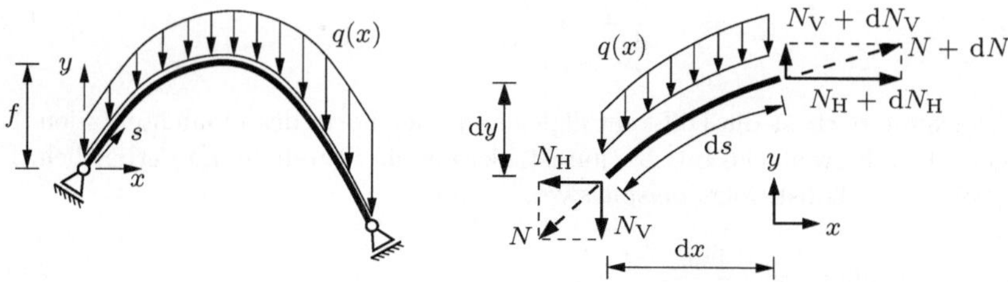

Bild 6.7 Bogenträger und infinitesimales Bogenträgerelement unter Vertikallast $q(x)$

Zur Herleitung der Stützlinie wird das Gleichgewicht am infinitesimalen Bogenträgerelement aufgestellt. Die einzig wirkenden Schnittkräfte N bzw. $N + \mathrm{d}N$ an den Schnittufern wirken daher in jeweils tangentialer Richtung auf die Enden des Bogenelementes. Die Schnittkraft N wird in eine Horizontalkomponente N_H und eine Vertikalkomponente N_V zerlegt. Entsprechend erfolgt die Zerlegung der Schnittkraft $N + \mathrm{d}N$ am anderen Schnittufer. Die Kräftegleichgewichtsbedingungen liefern:

$$\rightarrow \; : \quad -N_\mathrm{H} + (N_\mathrm{H} + \mathrm{d}N_\mathrm{H}) = 0 \tag{6.15}$$

$$\uparrow \; : \quad -N_\mathrm{V} + (N_\mathrm{V} + \mathrm{d}N_\mathrm{V}) - q(x)\,\mathrm{d}x = 0 \tag{6.16}$$

Aus dem Gleichgewicht in horizontaler Richtung (Gleichung 6.15) folgt

$$\mathrm{d}N_\mathrm{H} = 0 \quad \Rightarrow \quad N_\mathrm{H} = \text{konst.} \tag{6.17}$$

Aus dem vertikalen Gleichgewicht (Gleichung 6.16) erhält man

$$\mathrm{d}N_\mathrm{V} = q(x)\,\mathrm{d}x \quad \Rightarrow \quad \frac{\mathrm{d}N_\mathrm{V}}{\mathrm{d}x} = q(x)\,. \tag{6.18}$$

Da N tangential wirkt und die Abmessungen $\mathrm{d}x$ und $\mathrm{d}y$ infinitesimal klein sind, liefert die Geometrie den Zusammenhang

$$y' = \frac{\mathrm{d}y}{\mathrm{d}x} = \frac{N_\mathrm{V}}{N_\mathrm{H}}\,. \tag{6.19}$$

Mit Gleichung 6.17 folgt, dass die größte Normalkraft dort vorhanden ist, wo die Steigung des Bogenträgers y' am größten ist. Differenzieren der Gleichung 6.19

nach x und Einsetzen von Gleichung 6.18 liefert

$$y'' = \frac{\mathrm{d}^2 y}{\mathrm{d}x^2} = \frac{1}{N_\mathrm{H}} \frac{\mathrm{d}N_\mathrm{V}}{\mathrm{d}x} = \frac{1}{N_\mathrm{H}}\, q(x) \tag{6.20}$$

$$\Rightarrow \quad \frac{\mathrm{d}^2 y}{\mathrm{d}x^2} = \frac{q(x)}{N_\mathrm{H}}\,. \tag{6.21}$$

Gleichung 6.21 ist die Differentialgleichung der Form des momentenfreien Trägers. Durch zweifache Integration ist hieraus die Stützlinie $y(x)$ erhältlich. Für $q(x) = q_0 =$ konst. folgt beispielsweise

$$y(x) = \frac{1}{2}\frac{q_o}{N_\mathrm{H}}\, x^2 + C_1\, x + C_2\,. \tag{6.22}$$

Die beiden Integrationskonstanten C_1 und C_2 sowie die noch unbekannte Horizontalkraft N_H werden aus den beiden Randbedingungen und einer Nebenbedingung (z. B. der Stichhöhe f) bestimmt, siehe Beispiel 6.7.

Die Schnittkraft N wird aus ihrer Horizontalkomponente N_H und der Vertikalkomponente N_V berechnet zu

$$N = \sqrt{N_\mathrm{H}^2 + N_\mathrm{V}^2} = N_\mathrm{H}\sqrt{1 + \left(\frac{N_\mathrm{V}}{N_\mathrm{H}}\right)^2}$$

$$\Rightarrow \quad N = N_\mathrm{H}\sqrt{1 + \left(\frac{\mathrm{d}y}{\mathrm{d}x}\right)^2} = N_\mathrm{H}\sqrt{1 + y'^2}\,. \tag{6.23}$$

Bei der Schnittkraft N handelt es sich voraussetzungsgemäß um eine Druckkraft, das negative Vorzeichen folgt aus der (konstanten) negativen Horizontalkomponente N_H.

Beispiel 6.7 Momentenfreier Bogenträger

Der dargestellte symmetrische momentenfreie Bogenträger mit der Stützweite $2a$ und der Stichhöhe f ist durch die konstante Streckenlast q_0 belastet. Die Stützlinie $y(x)$ sowie die Extremwerte der Normalkraft sind zu bestimmen.

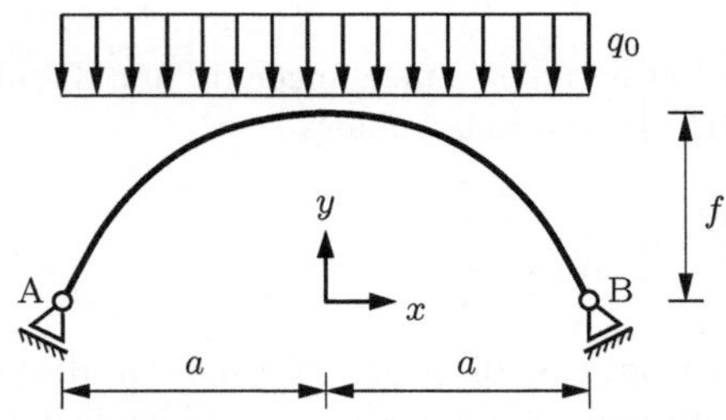

Lösung:
Aus den Randbedingungen an den Lagern A und B folgt für die Integrationskonstanten C_1 und C_2 aus Gleichung 6.22

$$y(-a) = 0\,, \quad y(a) = 0 \quad \Rightarrow \quad C_1 = 0\,, \quad C_2 = -\frac{1}{2}\frac{q_0 a^2}{N_{\mathrm{H}}}\,.$$

Die Stützlinie ist folglich durch eine quadratische Parabel beschrieben:

$$y(x) = \frac{q_0\, a^2}{2\, N_{\mathrm{H}}}\left[\left(\frac{x}{a}\right)^2 - 1\right].$$

Aus der Symmetrie des Bogenträgers folgt für die Stichhöhe f

$$f = y_{\max} = y(x=0) = \frac{q_0\, a^2}{2\, N_{\mathrm{H}}}\,[\,0-1\,] = -\frac{q_0\, a^2}{2\, N_{\mathrm{H}}}\,.$$

Auflösen nach der Horizontalkraft N_{H} liefert hieraus

$$N_{\mathrm{H}} = -\frac{q_0\, a^2}{2\, f}\,.$$

Die Gleichung der Stützlinie ist damit

$$y(x) = f\left[1 - \left(\frac{x}{a}\right)^2\right].$$

Die Normal(druck)kraft N im Bogenträger ist nach Gleichung 6.23

$$N(x) = N_{\mathrm{H}}\sqrt{1+y'^2} = -\frac{q_0\, a^2}{2\, f}\sqrt{1+4\frac{f^2}{a^4}x^2}.$$

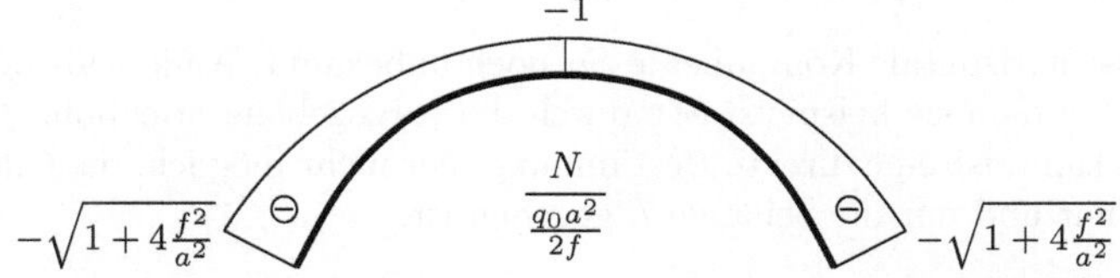

In der Mitte des Trägers bei $x = 0$ ist wegen $y'(0) = 0$ die Druckkraft minimal

$$N_{\min} = N(0) = N_{\mathrm{H}}\,.$$

Die Maxima der Normalkraft N treten an den Stellen der größten Steigung $y'_{\max}$ und damit jeweils an den Lagern bei $x = -a$ bzw. $x = a$ auf. Dort ist

$$y'(-a) = -y'(a) = -\frac{q_0\, a}{N_{\mathrm{H}}} = 2\,\frac{f}{a}$$

und damit die maximale Normalkraft

$$N_{\max} = N(-a) = N(a) = -\frac{q_0\, a^2}{2\, f}\sqrt{1+4\,\frac{f^2}{a^2}}\,.$$

6.2.3 Seile und Ketten

Seile und Ketten können ausschließlich Zugkräfte übertragen, die in jedem Punkt die Richtung der Tangente der *Seil-* bzw. *Kettenlinie* haben. Man bezeichnet sie als *biegeschlaff*, da weder Biegemomente noch Querkräfte übertragen werden können. Da Seile und Ketten auf die gleiche Weise idealisiert werden, wird im Folgenden nur auf Seile eingegangen. Alle Aussagen gelten jedoch auch für Ketten. Auch hier werden nur vertikale Lasten auf das Seil berücksichtigt, wie beispielsweise bei Hochspannungsüberlandleitungen oder Hängebrücken, vgl. Beispiel 6.8.

Die Eigenschaft, weder Biegemomente noch Querkräfte übertragen zu können, entspricht der Forderung an momentenfreie Bogenträger (Gleichung 6.14). Damit haben Seillinie und Seil(zug)kraft die gleiche Lösung wie Stützlinie und Normal(druck)kraft für momentenfreie Bogenträger, mit dem einzigen Unterschied, dass bei Seilen die Normalkraft positiv ist.

Die Herleitung der Seillinie erfolgt analog zum Bogenträger. Am infinitesimalen Seilelement werden auch hier die Normalzugkräfte S angetragen und in ihre Komponenten S_{H} sowie S_{V} aufgeteilt, vgl. Bild 6.7. Die Differentialgleichung des Seils, aus der durch zweifache Integration die Seillinie erhältlich ist, lautet dann entsprechend Gleichung 6.21

$$\frac{\mathrm{d}^2 y}{\mathrm{d}x^2} = \frac{q(x)}{S_{\mathrm{H}}}, \tag{6.24}$$

und es gilt analog zu Gleichung 6.23 für die Zugkraft im Seil

$$S = \sqrt{S_{\mathrm{H}}^2 + S_{\mathrm{V}}^2} = S_{\mathrm{H}}\sqrt{1 + y'^2}\,. \tag{6.25}$$

Dabei ist horizontale Komponente S_{H} noch unbekannt. Anders als beim Bogenträger, bei dem sie beispielsweise durch die vorgegebene Stichhöhe f bestimmt werden kann, ist eine direkte Bestimmung hier nicht möglich, da f in der Regel unbekannt und nur die Seilänge L gegeben ist.

$$L = \int \mathrm{d}s\,. \tag{6.26}$$

Die infinitesimale Länge $\mathrm{d}s$ folgt aus dem geometrischen Zusammenhang

$$\mathrm{d}s = \sqrt{\mathrm{d}x^2 + \mathrm{d}y^2} = \sqrt{1 + \left(\frac{\mathrm{d}y}{\mathrm{d}x}\right)^2}\,\mathrm{d}x = \sqrt{1 + y'^2}\,\mathrm{d}x\,. \tag{6.27}$$

Einsetzen in Gleichung 6.26 liefert dann den gesuchten Zusammenhang zwischen Seillinie $y(x)$ und Seillänge

$$L = \int \sqrt{1 + y'^2}\,\mathrm{d}x\,. \tag{6.28}$$

Da die Funktion $y(x)$ a priori unbekannt ist, kann y' und damit das Integral 6.28 im Allgemeinen nicht analytisch bestimmt werden. Für Spezialfälle ist dies jedoch möglich.

Beispiel 6.8 Hängebrücke

Gesucht ist der Durchhang f des Tragseils der Länge L der skizzierten Hängebrückenkonstruktion mit der Spannweite $2a$. Das Gewicht des Seiles sei gegenüber der Brückenfahrbahn vernachlässigbar, so dass die Belastung als $q(x) = q_0 =$ konst. angesehen werden kann.

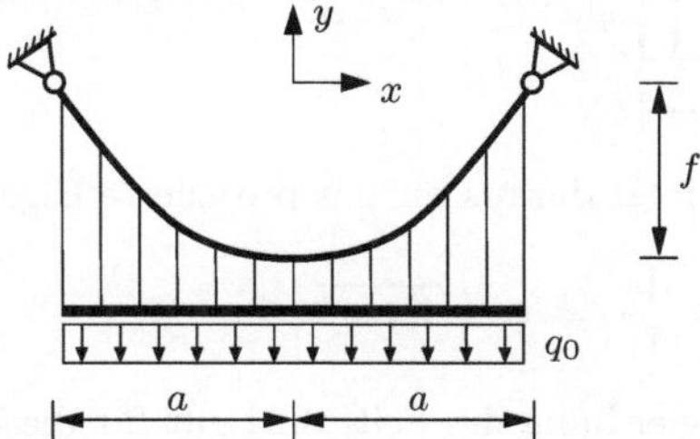

Lösung:

Die Integration der Differentialgleichung 6.24 liefert (vgl. Beispiel 6.7)

$$y(x) \; = \; \frac{q_0\, a^2}{2\, S_{\mathrm{H}}} \left[\left(\frac{x}{a} \right)^2 - 1 \right] .$$

Mit der Ableitung

$$y'(x) \; = \; \frac{q_0}{S_{\mathrm{H}}}\, x$$

gilt für die Seillänge nach Gleichung 6.28

$$L \; = \; \int_{-a}^{a} \sqrt{1 + \left(\frac{q_0}{S_{\mathrm{H}}}\, x \right)^2}\, \mathrm{d}x .$$

Daraus kann die bisher unbekannte Horizontalkomponente S_{H} der Seilkraft numerisch bestimmt und damit der gesuchte Durchhang f berechnet werden:

$$f \; = \; -y\left(\frac{\ell}{2} \right) \; = \; \frac{q_0\, a^2}{2\, S_{\mathrm{H}}} .$$

Belastung durch Eigengewicht g

Im Folgenden sollen nun auch solche Linienlasten betrachtet werden, die nicht auf die Horizontalprojektion des Bogens bezogen sind, sondern wie das Eigengewicht auf den Bogen selbst. Dies ist beispielsweise nötig, wenn das Eigengewicht gegenüber der äußeren Belastung nicht zu vernachlässigen (z. B. bei Seilbahnen) oder die dominierende Belastung (z. B. bei Hochspannungs-Überlandleitungen) ist. Daher wird die Gewichtsstreckenlast g (Gewicht pro Länge s) auf die (horizontale) x-Richtung projiziert. Aus Gleichgewichtsgründen gilt

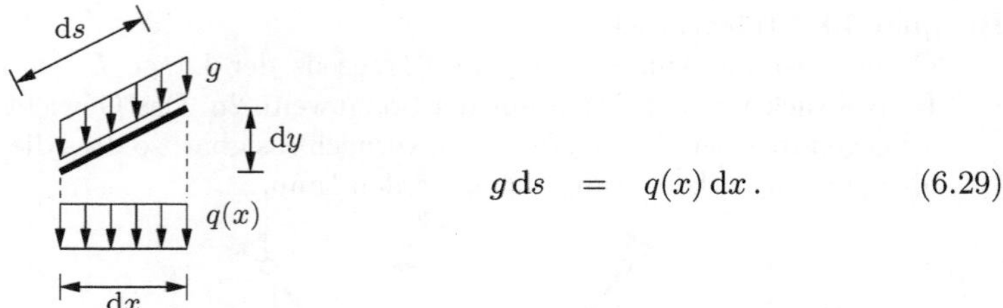

$$g\,\mathrm{d}s \;=\; q(x)\,\mathrm{d}x\,. \tag{6.29}$$

Mit Gleichung 6.27 folgt daraus für das projizierte Eigengewicht

$$q(x) \;=\; q_0\,\frac{\mathrm{d}s}{\mathrm{d}x} \;=\; q_0\,\sqrt{1+y'^2}\,. \tag{6.30}$$

Mit der Differentialgleichung des Seils 6.24 gilt für die Belastung durch Eigengewicht

$$y'' \;=\; \frac{q_0}{S_\mathrm{H}}\,\sqrt{1+y'^2}\,. \tag{6.31}$$

In der so entstandenen nichtlinearen Differentialgleichung 2. Ordnung tritt y nicht explizit auf, so dass die Gleichung nach der Substitution $y' = z$ ein erstes Mal und nach Rücksubstitution ein zweites Mal integriert werden kann. Die allgemeine Lösung der *Seillinie* ist dann

$$y(x) \;=\; \frac{S_\mathrm{H}}{g}\,\cosh\left(\frac{g}{S_\mathrm{H}}\,x + C_1\right) + C_2\,. \tag{6.32}$$

Die Berechnung der unbekannten Integrationskonstanten C_1 und C_2 sowie der Horizontal(zug)kraft S_H erfolgt (durch numerische Iteration) aus den beiden Randbedingungen und einer Nebenbedingung (z. B. der Seillänge L). Mit Gleichung 6.32 folgt für die Seilkraft aus der belastungsunabhängigen Gleichung 6.25

$$\begin{aligned} S \;&=\; S_\mathrm{H}\sqrt{1+\sinh^2\left(\frac{g}{S_\mathrm{H}}\,x + C_1\right)} \\ \Rightarrow\quad S \;&=\; S_\mathrm{H}\cosh\left(\frac{g}{S_\mathrm{H}}\,x + C_1\right). \end{aligned} \tag{6.33}$$

Gleichung 6.28 liefert die Länge des Seils als Bogenlänge der Seilkurve:

$$\begin{aligned} L \;&=\; \int\limits_{x_\mathrm{l}}^{x_\mathrm{r}} \sqrt{1+y'^2}\,\mathrm{d}x \;=\; \int\limits_{x=x_\mathrm{l}}^{x_\mathrm{r}} \sqrt{1+\sinh^2\left(\frac{g}{S_\mathrm{H}}\,x + C_1\right)}\,\mathrm{d}x \\ \Rightarrow\quad L \;&=\; \frac{S_\mathrm{H}}{g}\left[\sinh\left(\frac{g}{S_\mathrm{H}}\,x + C_1\right)\right]_{x_\mathrm{l}}^{x_\mathrm{r}} \end{aligned} \tag{6.34}$$

Beispiel 6.9 Seil unter Eigengewicht

Das dargestellte Seil ($g = 100$ N/m) soll zwischen den beiden Punkten A und B im Abstand von $a = 200$ m so aufgehängt werden, dass der Durchhang $f = 20$ m beträgt. Zu bestimmen ist die maximale Seilkraft $S_{\max}$ und die Seillänge L.

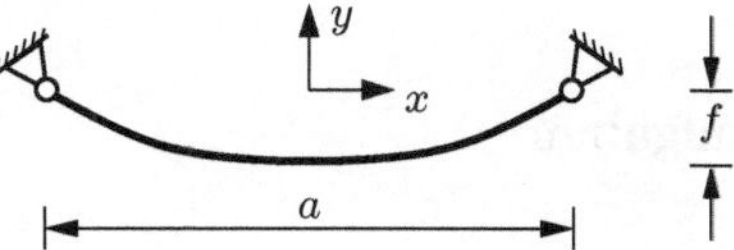

Lösung:

Da die beiden Punkte A und B auf der gleichen Höhe liegen, ist die Seillinie symmetrisch, und es gilt $y'(0) = 0$. Aus dieser Randbedingung lässt sich eine Integrationskonstante durch Ableiten der Seillinie (Gleichung 6.32) und Einsetzen direkt bestimmen.

$$y'(x) = \sinh\left(\frac{g}{S_{\mathrm{H}}}x + C_1\right) \qquad \Rightarrow \qquad C_1 = 0$$

Dies liefert für die Seillinie aus Belastung durch Eigengewicht g

$$y(x) = \frac{S_{\mathrm{H}}}{g}\cosh\left(\frac{g}{S_{\mathrm{H}}}x\right) + C_2\,.$$

Aus der verbleibenden Randbedingung $y(a/2) = 0$ folgt für die Integrationskonstante C_2

$$C_2 = -\frac{S_{\mathrm{H}}}{g}\cosh\left(\frac{ga}{2\,S_{\mathrm{H}}}\right).$$

Die Nebenbedingung $y(0) = -f$ liefert eine Gleichung, aus der die unbekannte Horizontalkraft (iterativ) beispielsweise mit Hilfe von MAPLE bestimmt werden kann:

$$\frac{S_{\mathrm{H}}}{g}\cosh(0) + C_2 = -f \quad \Rightarrow \quad \frac{gf}{S_{\mathrm{H}}} = \cosh\left(\frac{ga}{2\,S_{\mathrm{H}}}\right) - 1$$

Mit $x = S_{\mathrm{H}}/g$, $[x]$ =m folgt

```
> fsolve(20/x=cosh(200/(2*x))-1);
                 253.2648721
```

Die Horizontalkraft ist damit

$$S_{\mathrm{H}} \approx 253.27\,g/\mathrm{m} = 25.327\ \mathrm{kN}\,.$$

Der Verlauf der Seilkraft entspricht Gleichung 6.33. Die Seilkraft ist nach Gleichung 6.25 an der Stelle mit der größten Steigung maximal, was jeweils an den beiden Lagern der Fall ist:

$$S_{\max} = S\left(\frac{a}{2}\right) \approx 25.327\cosh\left(\frac{0.1}{25.327}\cdot\frac{200}{2}\right)\ \mathrm{kN} = 27.326\ \mathrm{kN}.$$

Gleichung 6.34 liefert die Seillänge

$$L \approx 2 \cdot \frac{25.327}{0.1} \left[\sinh \left(\frac{0.1}{25.327} \cdot \frac{200}{2} \right) \right] \text{ m} = 205.237 \text{ m} .$$

6.3 Übungsaufgaben

In den Übungsaufgaben sind zumeist Schnittgrößenverläufe gesucht. Die grafische Darstellung sowie die vollständige Angabe der Funktionsverläufe würde den Rahmen dieses Abschnitts sprengen. Deshalb sind i. d. R. nur charakteristische Werte der Schnittgrößenverläufe angegeben.

Aufgabe 6.1 (Schwierigkeitsgrad 2)

Das dargestellte System ist durch die unter 45° angreifende Kraft $\sqrt{2}F$ und das Moment M_0 belastet.

Bestimmen und skizzieren Sie die Schnittgrößenverläufe.

Gegeben: a, F, $M_0 = Fa$

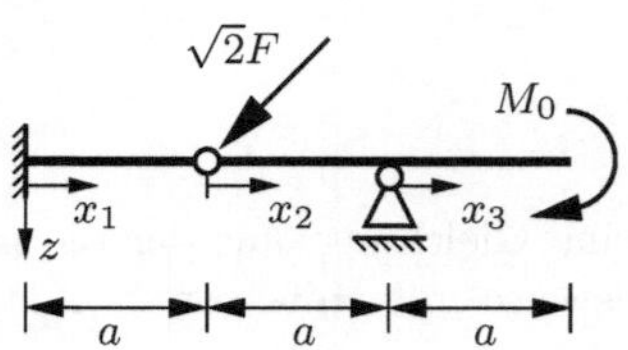

Lösung:

$$N(x_1) = -F$$
$$V(x_2) = -F$$
$$M(x_2) = -Fx_2$$
$$M(x_3) = -Fa$$

Alle anderen Schnittgrößen sind null.

Aufgabe 6.2 (Schwierigkeitsgrad 2)

Das dargestellte System wird durch die Einzelkraft $2F$ und das Moment M_0 belastet.

Bestimmen und skizzieren Sie die Schnittgrößenverläufe.

Gegeben: a, F, $M_0 = Fa$

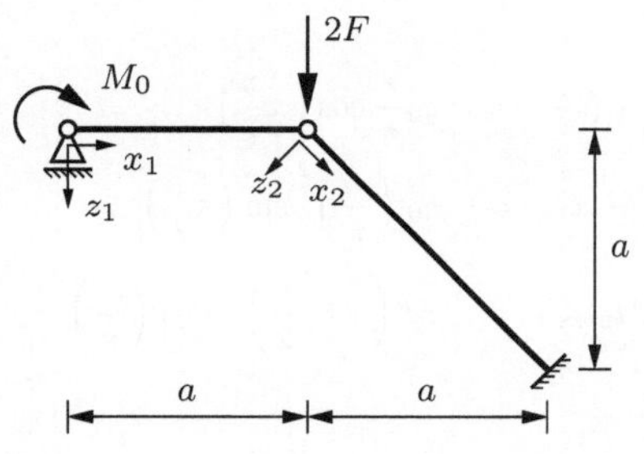

Lösung:

$$
\begin{aligned}
N(x_1) &= 0\\
N(x_2) &= -\tfrac{3}{2}\sqrt{2}\,F\\
V(x_1) &= -F\\
V(x_2) &= -\tfrac{3}{2}\sqrt{2}\,F\\
M(x_1) &= F(a - x_1)\\
M(x_2) &= -3\,Fx_2
\end{aligned}
$$

Aufgabe 6.3 (Schwierigkeitsgrad 2)

Der abgebildete Rahmen wird durch eine konstante Streckenlast sowie eine Einzelkraft belastet.

Bestimmen und skizzieren Sie die Schnittgrößenverläufe.

Gegeben: q_0, a, $F = q_0 a$

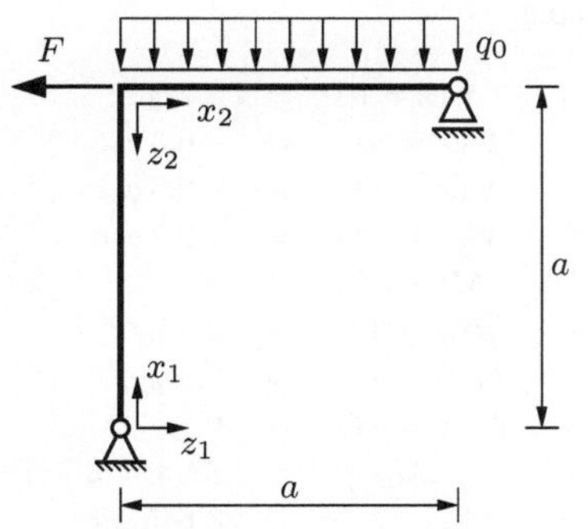

Lösung:

$$
\begin{aligned}
N(x_1) &= -\tfrac{3}{2}q_0 a\\
N(x_2) &= 0\\
V(x_1) &= -q_0 a\\
V(x_2) &= q_0\left(\tfrac{3}{2}\,a - x_2\right)\\
M(x_1) &= -q_0 a x_1\\
M(x_2) &= -\tfrac{q_0 a^2}{2}\left(\left(\tfrac{x_2}{a}\right)^2 \right.\\
&\qquad \left. -3\left(\tfrac{x_2}{a}\right) + 2\right)
\end{aligned}
$$

Aufgabe 6.4 (Schwierigkeitsgrad 2)

Bestimmen Sie den Querkraft- und den Biegemomentenverlauf. An welcher Stelle ist das Biegemoment maximal und wie groß ist es?

Gegeben: q_0, ℓ, $q(x) = q_0 \sin\left(\pi \frac{x}{\ell}\right)$

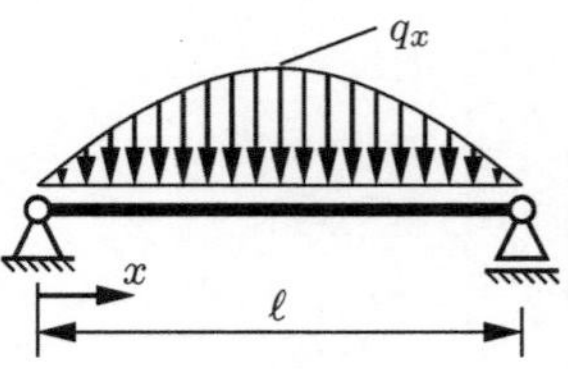

Lösung:

$$V(x) = q_0 \frac{\ell}{\pi} \cos\left(\pi \frac{x}{\ell}\right)$$

$$M(x) = q_0 \left(\frac{\ell}{\pi}\right)^2 \sin\left(\pi \frac{x}{\ell}\right)$$

$$M_{\text{max}} = M\left(x = \frac{\ell}{2}\right) = q_0 \left(\frac{\ell}{\pi}\right)^2$$

Aufgabe 6.5 (Schwierigkeitsgrad 2)

Ein Zug steht auf einer als Träger auf zwei Stützen idealisierten Brücke.

a) Berechnen Sie die Schnittgrößenverläufe in der Brücke.
b) Berechnen Sie den Ort und die Größe des maximalen Biegemoments.

Die Auflast durch den Zug soll als Gleichstreckenlast angenommen werden. Die Gewichtskraft eines Waggons beträgt $q_0\ell$, die der Lok ist doppelt so groß.

Gegeben: ℓ, q_0

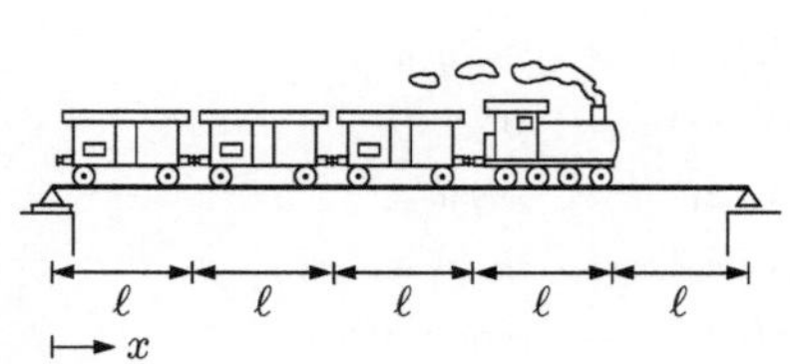

Lösung:

a)
$$\begin{aligned}
V(x=0) &= 2.7\, q_0\ell \\
V(x=3\,\ell) &= -0.3\, q_0\ell \\
V(x=4\,\ell) &= -2.3\, q_0\ell \\
V(x=5\,\ell) &= -2.3\, q_0\ell \\
M(x=0) &= 0 \\
M(x=3\,\ell) &= 3.6\, q_0\ell^2 \\
M(x=4\,\ell) &= 2.3\, q_0\ell^2 \\
M(x=5\,\ell) &= 0
\end{aligned}$$

b)
$$\begin{aligned}
M_{\text{max}} &= M(x=2.7\,\ell) \\
&= 3.645\, q_0\ell^2
\end{aligned}$$

Aufgabe 6.6 (Schwierigkeitsgrad 2)

Bestimmen Sie die Zustandlinien des dargestellten räumlichen Systems (durch Freischneiden), das durch das im Bereich 2 wirkende Streckentorsionsmoment m_{T} sowie durch die Einzellast F belastet ist.

Gegeben: $F = 2$ kN, $m_{\mathrm{T}} = 1$ kNm/m, $a = 2$ m

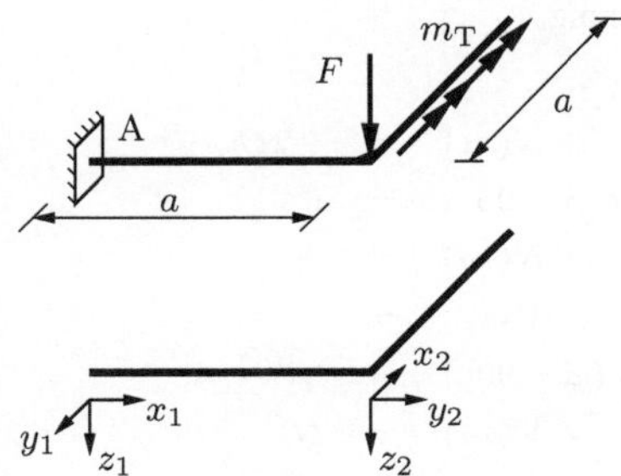

Lösung:

$$
\begin{aligned}
V_z(x_1) &= 2 \text{ kN} \\
M_y(x_1) &= -6 \text{ kNm} + 2 \text{ kN} \cdot x_1 \\
M_x(x_2) &= (2 \text{ m} - x_2) \text{ kN}
\end{aligned}
$$

Alle anderen Schnittgrößen sind null.

Aufgabe 6.7 (Schwierigkeitsgrad 3)

Berechnen Sie die Verläufe von Normalkraft, Querkräften sowie Torsions- und Biegemomenten des räumlichen Systems.

Gegeben: q, a, $F = qa$, $M = 2qa^2$

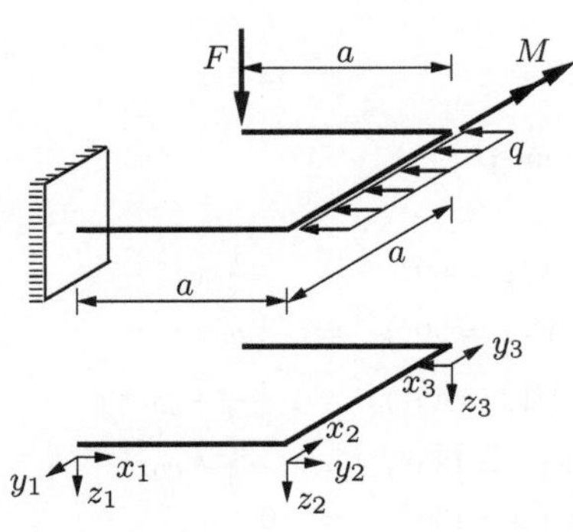

Lösung:

$$
\begin{aligned}
N(x_1) &= -qa \\
V_y(x_2) &= q(x_2 - a) \\
V_z &= qa \\
M_x(x_1) &= -qa^2 \\
M_x(x_2) &= qa^2 \\
M_y(x_1) &= qa\,(x_1 - 2a) \\
M_y(x_2) &= qa\,(x_2 - a) \\
M_y(x_3) &= qa\,(x_3 - a) \\
M_z(x_1) &= -\tfrac{1}{2}qa^2 \\
M_z(x_2) &= q(-\tfrac{1}{2}x_2^2 + ax_2 - \tfrac{1}{2}a^2)
\end{aligned}
$$

Alle anderen Schnittgrößen sind null.

Aufgabe 6.8 (Schwierigkeitsgrad 2)

An einem Ampelmast hängen zwei Ampeln mit jeweils dem Eigengewicht G. Berechnen und zeichnen Sie die Schnittgrößen im Mast.

Gegeben: a, G

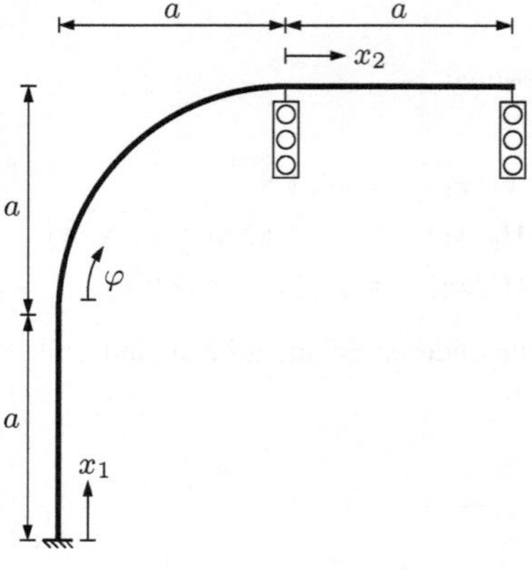

Lösung:

$$
\begin{aligned}
N(x_1) &= -2\,G\\
N(\varphi = 90^\circ) &= 0\\
N(x_2) &= 0\\
V(x_1) &= 0\\
V(\varphi = 90^\circ) &= 2\,G\\
V(x_2) &= G\\
M(x_1) &= -3\,G\,a\\
M(\varphi = 90^\circ) &= -G\,a\\
M(x_2 = a) &= 0
\end{aligned}
$$

Aufgabe 6.9 (Schwierigkeitsgrad 3)

Der dargestellte halbkreisförmige Bogenträger wird durch eine Streckenlast q_0 belastet.

Berechnen Sie die Schnittgrößenverläufe.

Gegeben: r, q_0

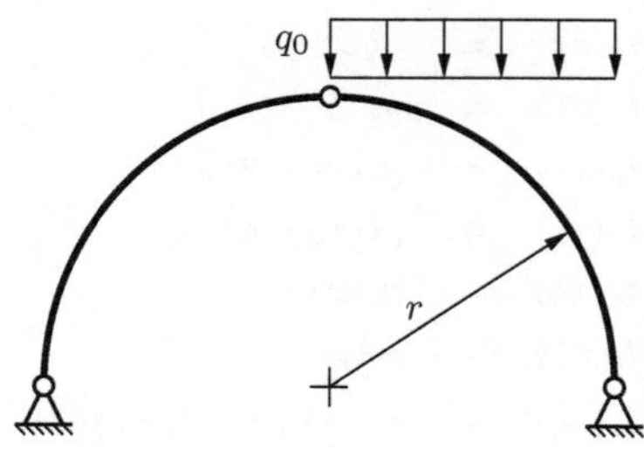

Lösung:

$$
\begin{aligned}
N(\varphi = 90^\circ) &= -\tfrac{1}{4}\,q_0 r\\
V(\varphi = 90^\circ) &= \tfrac{1}{4}\,q_0 r\\
M(\varphi = 45^\circ) &= \tfrac{1-\sqrt{2}}{4}\,q_0 r^2\\
V(\varphi = 135^\circ) &= \tfrac{\sqrt{2}-2}{4}\,q_0 r\\
M(\varphi = 135^\circ) &= 0
\end{aligned}
$$

Aufgabe 6.10 (Schwierigkeitsgrad 2)

Ein Fenstersturz aus Ziegeln wird so gemauert, dass keine Momente auftreten. Dabei kann die Belastung aus dem darüberliegenden Mauerwerk vereinfachend als konstante Streckenlast angenommen werden.

Welche Kraft muss an den Enden des Bogens vom umliegenden Mauerwerk aufgenommen werden?

Gegeben: b, h, q_0

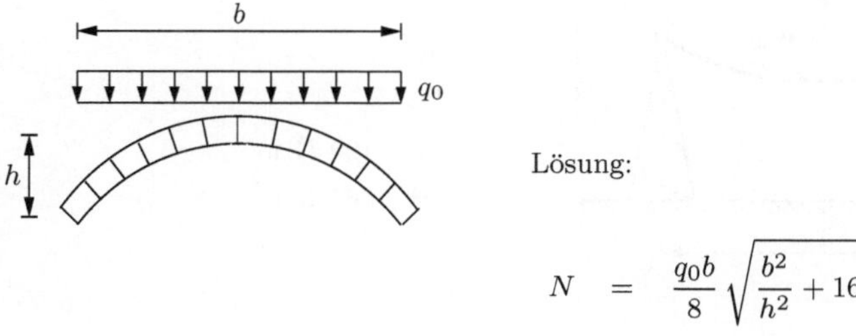

Lösung:

$$N = \frac{q_0 b}{8} \sqrt{\frac{b^2}{h^2} + 16}$$

Aufgabe 6.11 (Schwierigkeitsgrad 2)

Damit die Oberleitung der Bahn annähernd gerade verläuft, ist der Fahrdraht in regelmäßigen Abständen über Hänger mit dem Tragseil verbunden. Das System wird durch das Eigengewicht g_F des Fahrdrahtes belastet. Die maximale Durchhang f des Tragseils soll 50 cm betragen.

Berechnen Sie den Verlauf der Normalkraft im Tragseil.

Gegeben: $\ell = 50$ m, $g_\text{F} = 15$ N/m, $f = 0.5$ m

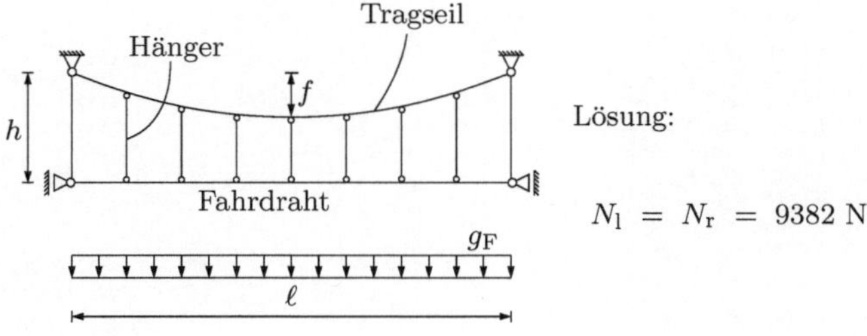

Lösung:

$$N_\text{l} = N_\text{r} = 9382 \text{ N}$$

Aufgabe 6.12 (Schwierigkeitsgrad 3)

Zwischen zwei Masten mit dem Abstand a soll ein Kabel mit dem Eigengewicht g aufgehängt werden. Die maximale Zugkraft im Kabel soll $S_{\max}$ betragen.

Berechnen Sie den maximalen Durchhang f sowie die Länge L des Kabels.

Gegeben: $g = 0.15$ kN/m, $a = 250$ m, $S_{\max} = 30$ kN

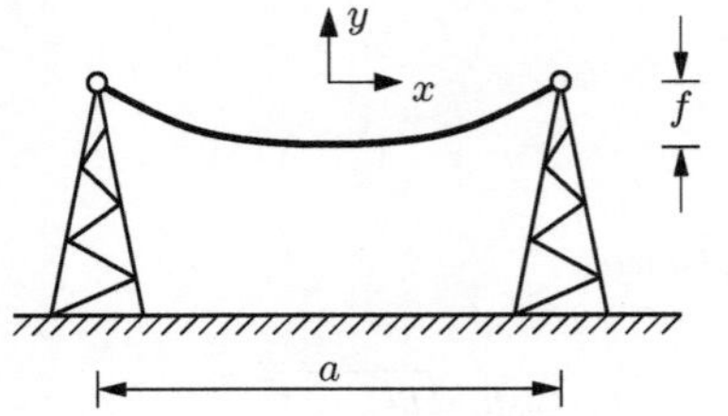

Lösung:

$$f = 120.71 \text{ m}$$
$$L = 367.23 \text{ m}$$

Teil II: Elastostatik

7 Motivation der Elastostatik

Bisher wurde in Teil I davon ausgegangen, dass die behandelten Körper als starr angenommen werden können. Diese Idealisierung wird nun fallen gelassen, und es werden *elastisch deformierbare* feste Körper behandelt, vgl. Tabelle 1.1. Elastisches Material ist dadurch gekennzeichnet, dass es nach einer Be- und Entlastung (einer Deformation unter der Einwirkung von Kräften) wieder seine ursprüngliche Form annimmt. Dies ist beispielsweise bei der in Bild 7.1 dargestellten Feder der Fall.

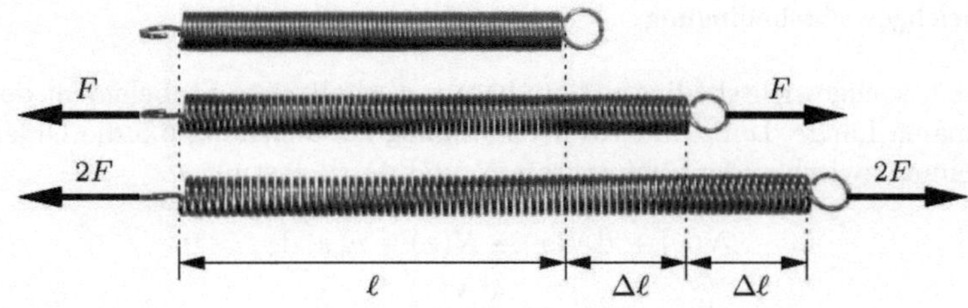

Bild 7.1 Feder mit verschiedenen Belastungen

7.1 Aufgaben und Elemente der Elastostatik

Der Aufgabenbereich der Elastostatik umfasst die Berechnung von *Spannungszuständen* (Kapitel 8) und *Verzerrungszuständen* (Kapitel 9) sowie deren Verknüpfung durch die *Materialgleichung* (Kapitel 10). Des weiteren ist die Berechnung *statisch unbestimmter Systeme* (Kapitel 11 und 12) und die Betrachtung von *Stabilitätsproblemen* (Kapitel 16) Aufgabe der Elastostatik.

Aus den Elementen der Elastostatik

- Statik (Gleichgewicht),
- Kinematik (Verzerrungen) und
- Materialtheorie (Materialgleichung)

sowie der Äquivalenz der Spannungen und Schnittgrößen erhält man die *problembeschreibenden Differentialgleichungen*, siehe auch Tabelle 14.1. Für den einfachen Fall des geraden Stabes wird dies im nächsten Abschnitt kurz motiviert. Ausführlich wird die Beanspruchung von Stäben in Kapitel 11 behandelt.

7.2 Elastostatik des Stabes

Ein Stab ist ein Bauteil, das wie in Bild 7.2 dargestellt nur in Längsrichtung belastet wird, vgl. auch Kapitel 11. Zur Motivation der Elastostatik wird im Folgenden die *Differentialgleichung der Stabdehnung* für die Verschiebung aus den Elementen der Elastostatik hergeleitet. Dabei wird teilweise inhaltlich den Kapiteln 8 bis 10 vorgegriffen.

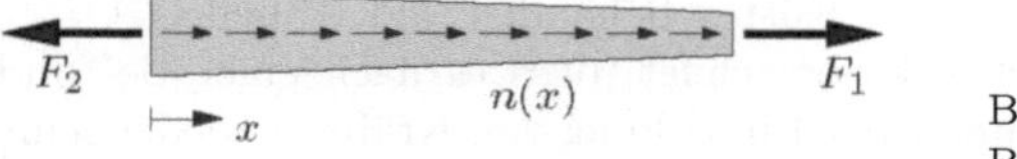

Bild 7.2
Belasteter Stab

Gleichgewichtsbedingung

Die Gleichgewichtsbedingung am herausgeschnittenen Stabelement der infinitesimalen Länge $\mathrm{d}x$ in Bild 7.3 liefert analog zu Gleichung 6.5 die Differentialbeziehung zwischen der Schnittkraft N und der Belastung n.

$$\rightarrow \; : \quad N(x) + \mathrm{d}N(x) - N(x) + n(x)\,\mathrm{d}x \;=\; 0 \tag{7.1}$$

$$\Rightarrow \quad -n(x) \;=\; \frac{\mathrm{d}N(x)}{\mathrm{d}x} \;=\; N' \tag{7.2}$$

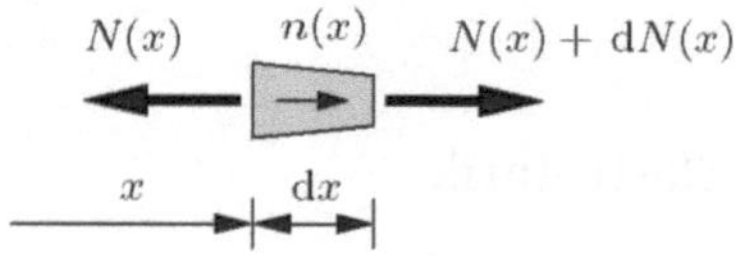

$N(x)$ $n(x)$ $N(x) + \mathrm{d}N(x)$

x $\mathrm{d}x$

Bild 7.3
Infinitesimales Stabelement

Äquivalenz von Spannungen und Schnittgrößen

Im Vorgriff auf Kapitel 8 wird hier vereinfachend die Annahme getroffen, dass die Normalkraft N im Stab gleichmäßig über die Querschnittsfläche A verteilt ist. Diese verteilte Kraft (vgl. Kapitel 5) wird als *Spannung* σ bezeichnet.

$$\sigma(x) \;=\; \frac{N(x)}{A(x)} \tag{7.3}$$

Die Dimension der Spannung ist dementsprechend Kraft pro Fläche und wird in der Regel nach Blaise Pascal (1623 – 1662) mit der Einheit „Pascal" angegeben: $[\sigma] = [F/\ell^2] = \mathrm{Pa} = \mathrm{N/m^2}$.

Kinematik

Unter der Einwirkung von Lasten erfahren die Punkte eines deformierbaren Stabes *Verschiebungen* u, vgl. Kapitel 9. Als *Dehnung* ε wird das Verhältnis der Längenänderung zur Ausgangslänge eines infinitesimalen Stabelements (siehe Bild 7.4) bezeichnet.

$$\varepsilon(x) = \frac{u(x+\mathrm{d}x) - u(x)}{\mathrm{d}x} = \frac{\mathrm{d}u(x)}{\mathrm{d}x} = u(x)' \tag{7.4}$$

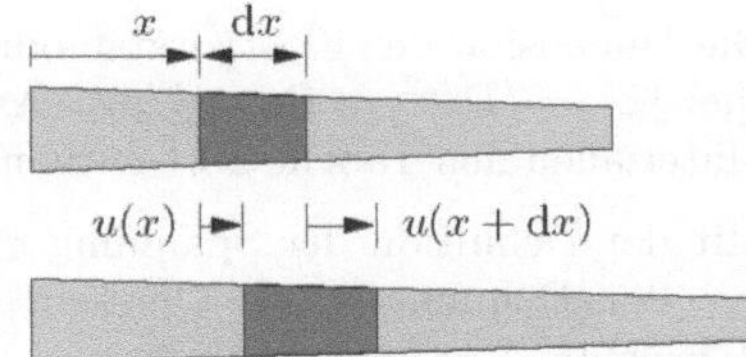

Bild 7.4
Stab im unverformten Zustand und verformten Zustand

Materialgleichung

Den Zusammenhang zwischen Dehnung und Spannung eines Körpers beschreibt die *Materialgleichung*, die – anders als die bisherigen Beziehungen – nicht mehr allgemein gültig ist, sondern vom Material abhängt, siehe auch Kapitel 10.

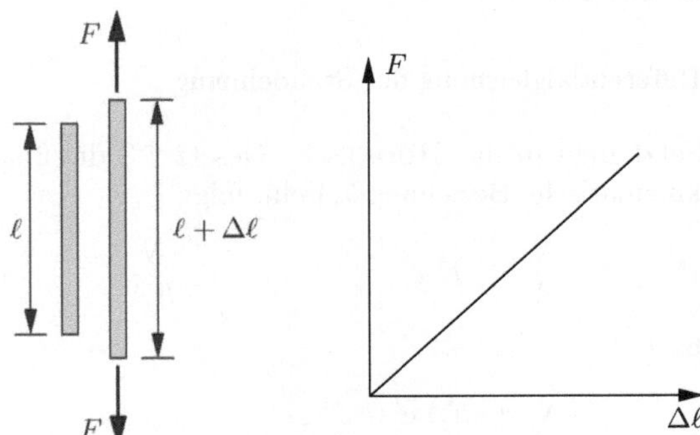

Bild 7.5
Zugversuch eines Stabes

Ein einfaches, aber zugleich wichtiges Experiment zur Ermittlung der Materialgleichung ist der einachsige *Zugversuch*, siehe Bild 7.5. Dieser Versuch zeigt, dass für *kleine Verformungen* die Längenänderung $\Delta\ell$ eines Stabes der Länge ℓ zur einwirkenden Kraft F proportional ist, vgl. auch die Verformung der Feder in Bild 7.1. Weitere Versuche zeigen, dass bei ansonsten gleich bleibenden Bedingungen (gleich große Kraft, gleiches Material etc.) Stäbe mit größerer Querschnittsfläche eine kleinere Längenänderung erfahren, und längere Stäbe eine entsprechend größere Längenänderung erfahren, so dass zusammenfassend gilt:

$$\Delta\ell \sim \frac{F}{A}\ell \quad \Rightarrow \quad \Delta\ell = C\frac{F}{A}\ell \tag{7.5}$$

Die Proportionalitätskonstante C ist eine Materialkenngröße und heißt *Nachgiebigkeit*. Gebräuchlicher ist hingegen die Darstellung dieses Zusammenhangs mit dem Kehrwert der Nachgiebigkeit, dem *Elastizitätsmodul* E:

$$\Delta\ell = \frac{F\,\ell}{EA} \tag{7.6}$$

Die Dimension des Elastizitätsmoduls ist wie die der Spannung Kraft pro Fläche: $[E] = [F/\ell^2] = \mathrm{Pa} = \mathrm{N/m^2}$. Anhaltswerte für E können für verschiedene Materialien aus Tabelle 10.1 entnommen werden.

Mit der Definition der Spannung σ als Kraft pro Fläche (Gleichung 7.3) und der der Dehnung ε als Quotient von Längenänderung und Ausgangslänge (Gleichung 7.4) folgt

$$\frac{\Delta\ell}{\ell} = \frac{1}{E}\frac{F}{A} \quad \Rightarrow \quad \varepsilon = \frac{1}{E}\sigma \tag{7.7}$$

beziehungsweise

$$\sigma = E\varepsilon\,. \tag{7.8}$$

Diese Beziehung wird nach ROBERT HOOKE (1635 – 1703) als *Hookesches Gesetz* bezeichnet.

Differentialgleichung der Stabdehnung

Setzt man in das HOOKEsche Gesetz 7.8 die Spannungsdefinition 7.3 und die kinematische Beziehung 7.4 ein, folgt

$$\frac{N}{A} = E\,u' \quad \Rightarrow \quad u' = \frac{N}{EA} \tag{7.9}$$

bzw.

$$N = EA\,u'\,. \tag{7.10}$$

Eingesetzt in die Gleichgewichtsbedingung 7.2 liefert dies die Differentialgleichung für die Verschiebung des Stabes.

$$(EA\,u')' = -n \tag{7.11}$$

Das Produkt EA wird *Dehnsteifigkeit* genannt. Für den Sonderfall $EA = \text{konst.}$ gilt dann

$$u'' = -\frac{n}{EA}\,. \tag{7.12}$$

Die zweifache Integration liefert hier

$$u(x) \;=\; -\frac{n(x)}{2\,EA(x)}\,x^2 + C_1\,x + C_2\,, \tag{7.13}$$

wobei sich die beiden Integrationskonstanten durch zwei (Kräfte- oder Verschiebungs-)Randbedingungen bestimmen lassen.

Beispiel 7.1 Statisch unbestimmte Lagerung
Gesucht sind die Verschiebungsfunktion $u(x)$ und die Lagerreaktionen des dargestellten Stabes mit der konstanten Dehnsteifigkeit EA und der Länge ℓ, der durch die konstante Streckenlast n_0 belastet ist.

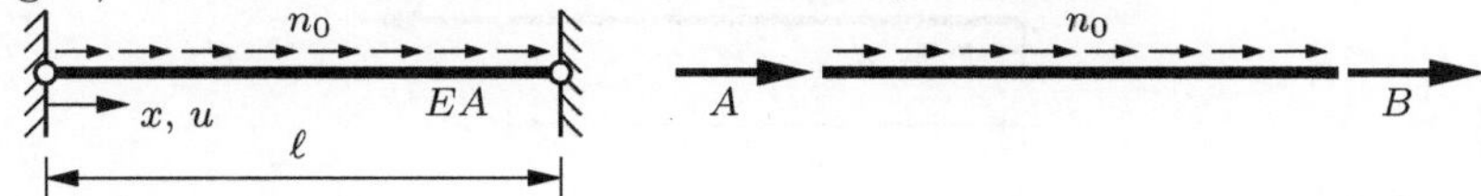

Lösung:
Für diesen Stab können zwei Verschiebungsrandbedingungen aufgestellt werden: $u(0) = 0$ und $u(\ell) = 0$. Aus der ersten Randbedingung folgt für die Verschiebungsfunktion 7.13 direkt $C_2 = 0$, die zweite liefert

$$0 \;=\; -\frac{n_0}{2\,EA}\,\ell^2 + C_1\,\ell \qquad \Rightarrow \quad C_1 \;=\; \frac{n_0\,\ell}{2\,EA}\,.$$

Die gesuchte Verschiebungsfunktion lautet damit

$$u(x) \;=\; -\frac{n_0}{2\,EA}\,\ell^2 + \frac{n_0}{2\,EA}\,\ell x \;=\; \frac{n_0}{2\,EA}\left(\ell x - x^2\right)\,.$$

Aus Gleichung 7.10 folgt dann der Normalkraftverlauf

$$N(x) \;=\; \frac{n_0}{2}\,(\ell - 2x)\,,$$

aus dem sich wiederum die Lagerreaktionen dieses statisch unbestimmten Systems ermitteln lassen.

$$A \;=\; -N(0) \;=\; -\frac{n_0\ell}{2}\,, \qquad B \;=\; N(\ell) \;=\; -\frac{n_0\ell}{2}$$

Eine abschließende Gleichgewichtskontrolle liefert

$$\rightarrow \;:\; A + B + n_0\ell \;=\; 0\,. \;\; \checkmark$$

Lösung mit Maple:
Die Differentialgleichung 7.11 lässt sich für dieses Beispiel mit den beiden MAPLE-Befehlen

```
> dgl := diff(EA*diff(u(x),x),x) = -n0:
> dsolve({u(0)=0,u(l)=0,dgl},u(x));
```

einfach lösen. MAPLE gibt daraufhin die Lösung für die Verschiebungsfunktion aus:

$$u(x) = -\frac{1}{2}\,\frac{n0\,x^2}{EA} + \frac{\frac{1}{2}\,n0\,\ell\,x}{EA}$$

Beispiel 7.2 Statisch bestimmte Lagerung

Gesucht sind die Verschiebungsfunktion $u(x)$ sowie die Längenänderung $\Delta\ell$ des dargestellten Stabes mit der konstanten Dehnsteifigkeit EA und der Länge ℓ, der durch die Kraft F belastet ist.

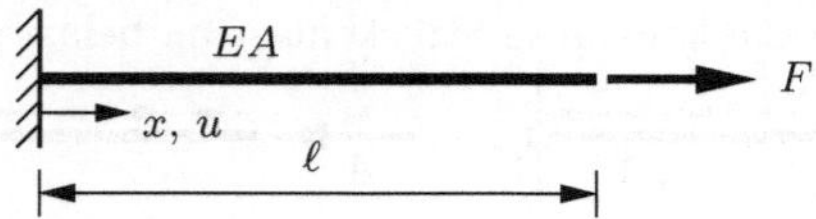

Lösung:

Da es sich hier um ein statisch bestimmtes System handelt, ist es möglich, die Verschiebungsfunktion mit Hilfe von Gleichung 7.9 durch Integration aus dem offensichtlichen Normalkraftverlauf $N(x) = F =$ konst. zu bestimmen.

$$u(x) \;=\; \int \frac{F}{EA}\,\mathrm{d}x \;=\; \frac{F}{EA}\,x + C_1$$

Die Verschiebungsrandbedingung $u(0) = 0$ liefert direkt $C_1 = 0$ und damit

$$u(x) \;=\; \frac{F}{EA}\,x\,.$$

Die Längenänderung des Stabes ist dann

$$\Delta\ell \;=\; u(\ell) - u(0) \;=\; \frac{F\ell}{EA} - 0 \;=\; \frac{F\ell}{EA}\,.$$

Lösung mit Maple:

Für eine Lösung mit MAPLE analog zu Beispiel 7.1 muss die Kräfterandbedingung $N(\ell) = F$ mit Hilfe von Gleichung 7.9 umgeschrieben werden zu

$$u'(\ell) \;=\; \frac{N(\ell)}{EA} \;=\; \frac{F}{EA}\,.$$

MAPLE liefert die Lösung dann mit den beiden Befehlen

```
> dgl := diff(EA*diff(u(x),x),x) = 0:
> dsolve({u(0)=0,D(u)(l)=F/EA,dgl},u(x));
```

$$u(x) = \frac{F x}{EA}\,.$$

7.3 Übungsaufgaben

Aufgabe 7.1 (Schwierigkeitsgrad 1)

Der dargestellte Stab mit der Länge ℓ und der Dehnsteifigkeit EA wird belastet durch

a) die konstante Streckenlast $n(x) = n_0 = \text{konst.}$,

b) die veränderliche Streckenlast $n(x) = n_0\, x/\ell$.

Bestimmen Sie jeweils den Verschiebungsverlauf sowie die Längenänderung.

Gegeben: ℓ, EA, $n(x)$

Lösung:

a) $$u(x) = \frac{n_0\,\ell^2}{EA}\left(\left(\frac{x}{\ell}\right) - \frac{1}{2}\left(\frac{x}{\ell}\right)^2\right)$$

$$\Delta\ell = \frac{n_0\,\ell^2}{2\,EA}$$

b) $$u(x) = \frac{n_0\,\ell^2}{2\,EA}\left(\left(\frac{x}{\ell}\right) - \frac{1}{3}\left(\frac{x}{\ell}\right)^3\right)$$

$$\Delta\ell = \frac{n_0\,\ell^2}{3\,EA}$$

Aufgabe 7.2 (Schwierigkeitsgrad 3)

Der dargestellte Stab mit veränderlicher Dehnsteifigkeit $EA(x)$ und der Länge ℓ wird durch die konstante Streckenlast n_0 belastet.

Bestimmen Sie den Dehnungs- und Verschiebungsverlauf mit Hilfe eines Computeralgebra-Systems wie MAPLE.

Gegeben: ℓ, $EA(x) = EA_0\left(1 + \frac{x}{\ell}\right)$, EA_0, n_0

Lösung:

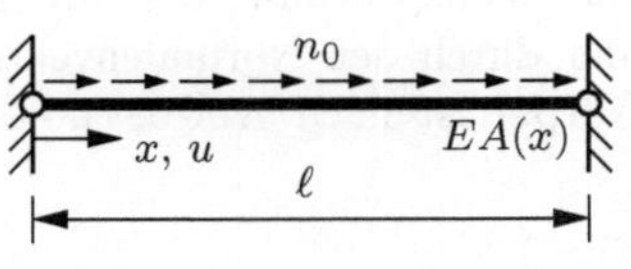

$$\varepsilon(x) = -\frac{n_0\,\ell\,(\ell\,\ln(2) + x\,\ln(2) - \ell)}{(\ell + x)\,\ln(2)\,EA_0}$$

$$u(x) = \frac{n_0\,\ell}{\ln(2)\,EA_0}\,(-x\,\ln(2) + \ln(\ell + x)\,\ell - \ln(\ell)\,\ell)$$

8 Spannungszustand

In Kapitel 6 wurde bereits die innere Beanspruchung stabartiger Bauteile in Form von Schnittgrößen ermittelt. Um jedoch Aussagen über die Beanspruchung des Materials treffen zu können, um daraus Versagensprognosen etc. abzuleiten (siehe Kapitel 17), müssen die Schnittflächen der Bauteile genauer betrachtet werden. Dies führt auf den Begriff der mechanischen *Spannungen*.

Mit Hilfe der Spannungsoptik ist die Sichtbarmachung der mechanischen Spannungsverteilung möglich. Bild 8.1 zeigt die Spannungen in einem Maulschlüssel beim Anziehen einer Schraube.

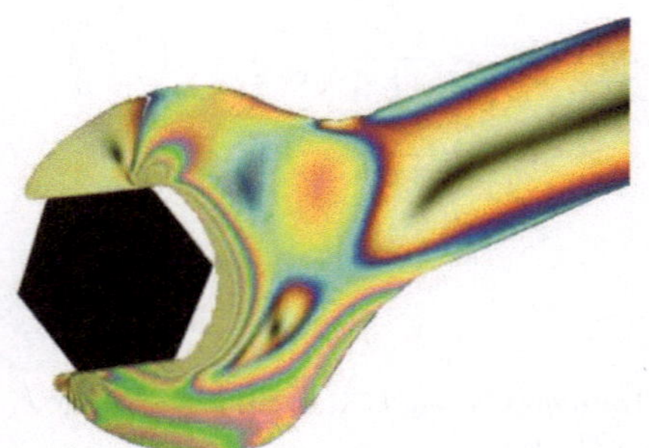

Bild 8.1
Spannungsoptik: Spannungen in einem Maulschüssel

8.1 Spannungsvektor und Spannungstensor

Als *Spannungen* bezeichnet man die in einem Schnitt durch einen Körper verteilten inneren Kräfte. Sie sind ein Maß für die Beanspruchung des Materials. Der *Spannungsvektor* $\boldsymbol{t}$ in einem Punkt auf der durch den Normalenvektor $\boldsymbol{n}$ charakterisierten Schnittfläche durch einen Körper ist nach AUGUSTIN-LOUIS CAUCHY (1789 – 1857) definiert als

$$\boldsymbol{t}(\boldsymbol{n}) = \lim_{\Delta A \to 0} \frac{\Delta \boldsymbol{F}}{\Delta A} = \frac{\mathrm{d}\boldsymbol{F}}{\mathrm{d}A}, \tag{8.1}$$

siehe Bild 8.2. Die Dimension der Spannung ist damit Kraft pro Fläche und wird nach BLAISE PASCAL (1623 – 1662) in der Regel mit der Einheit „Pascal" angegeben: $[\boldsymbol{t}] = [F/\ell^2] = \mathrm{Pa} = \mathrm{N/m^2}$.

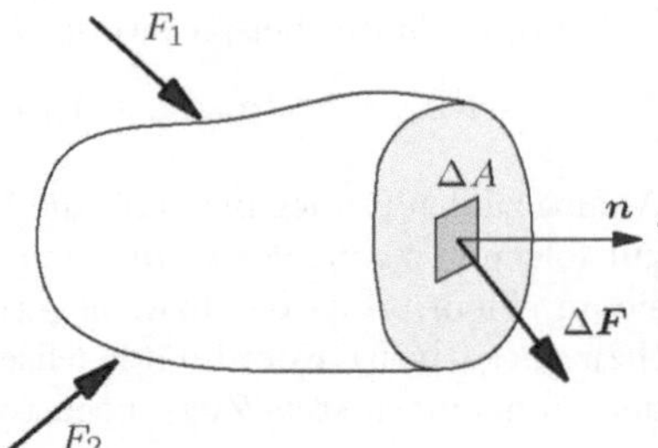

Bild 8.2
Definition des Spannungsvektors

Der Spannungsvektor $\boldsymbol{t}$ steht (wie auch $\Delta \boldsymbol{F}$) i. d. R. nicht senkrecht auf der Schnittfläche und wird daher oft in Komponenten zerlegt. Die Spannungen senkrecht zur Schnittfläche werden auch *Normalspannungen* genannt, die Spannungen in der Schnittfläche *Schubspannungen*.

Die auf der Schnittfläche verteilten Spannungen sind den resultierenden Schnittgrößen (siehe Kapitel 6), die durch die äußere Belastung auf den Körper verursacht werden, statisch äquivalent.

Der *Spannungszustand* in einem Punkt ist wegen der Abhängigkeit von der Schnittfläche (beschrieben durch deren Normalenvektor $\boldsymbol{n}$) durch den Spannungsvektor nach Gleichung 8.1 nicht eindeutig beschrieben. Zur eindeutigen Beschreibung wird wie in Bild 8.3 ein kartesisches Koordinatensystem zugrunde gelegt und ein infinitesimales Volumenelement mit den Kantenlängen dx, dy und dz freigeschnitten.

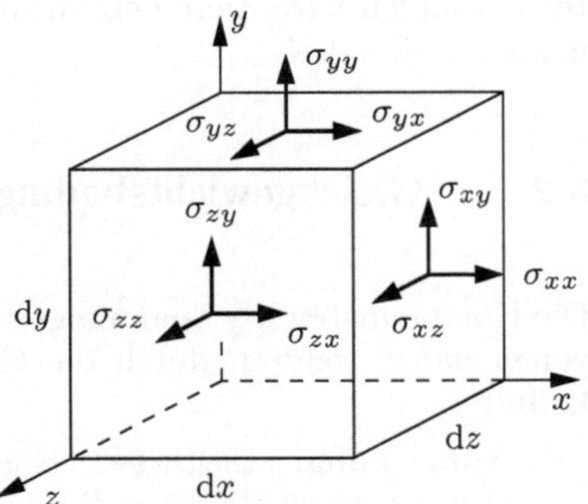

Bild 8.3
Spannungskomponenten in kartesischen Koordinaten

An jeder der sechs Schnittflächen wirkt ein Spannungsvektor, der in seine Komponenten in Richtung der Koordinatenachsen zerlegt wird, wobei zwei Indizes zur Kennzeichnung verwendet werden: Der erste Index i der Spannungskomponenten σ_{ij} bezieht sich auf die Orientierung (Richtung der Flächennormalen) des zugehörigen Flächenelementes, der zweite Index j auf die Richtung der betreffenden Spannungskomponente. Der Spannungsvektor auf der x-y-Ebene (in

z-Richtung) lautet beispielsweise

$$\boldsymbol{t}(\boldsymbol{e}_z) = \sigma_{zx}\,\boldsymbol{e}_x + \sigma_{zy}\,\boldsymbol{e}_y + \sigma_{zz}\,\boldsymbol{e}_z\,. \tag{8.2}$$

Analog zu den Festlegungen für die Vorzeichen der Schnittgrößen (vgl. Kapitel 6) gilt folgende *Vorzeichenkonvention*: Spannungskomponenten sind positiv, wenn sie an einem positiven (bzw. negativen) Schnittufer in Richtung der positiven (bzw. negativen) Koordinatenachsen wirken. Positive Normalspannungen bedeuten demnach stets Zug-, negative Normalspannungen Druckspannungen.

Die Anordnung der Komponenten der Spannungsvektoren der drei Ebenen in einer Matrix liefert die Koordinatenmatrix des *Spannungstensors*, der den Spannungszustand in einem Punkt eindeutig festlegt.

$$\boldsymbol{\sigma} = \begin{bmatrix} \sigma_{xx} & \sigma_{xy} & \sigma_{xz} \\ \sigma_{yx} & \sigma_{yy} & \sigma_{yz} \\ \sigma_{zx} & \sigma_{zy} & \sigma_{zz} \end{bmatrix} \tag{8.3}$$

Sind beide Indizes gleich, so handelt es sich um Normalspannungen (σ_{xx}, σ_{yy} und σ_{zz}), sind sie voneinander verschieden, so handelt es sich um Schubspannungen. In der technischen Praxis wird bei Normalspannungen häufig nur ein Index angegeben, da sowohl die Flächennormale als auch die Spannung in dieselbe Richtung zeigen. Ferner werden die Schubspannungskomponenten mit dem Buchstaben τ gekennzeichnet:

$$\boldsymbol{\sigma} = \begin{bmatrix} \sigma_{x} & \tau_{xy} & \tau_{xz} \\ \tau_{yx} & \sigma_{y} & \tau_{yz} \\ \tau_{zx} & \tau_{zy} & \sigma_{z} \end{bmatrix} \tag{8.4}$$

Im Folgenden wird diese gebräuchliche Schreibweise für die Spannungskomponenten verwendet.

8.2 Gleichgewichtsbedingungen

Die Komponenten des Spannungstensors sind im Allgemeinen nicht unabhängig voneinander, sondern durch die Gleichgewichtsbedingungen miteinander verknüpft.

> **Anmerkung:** Gleichgewichtsbedingungen dürfen nur mit Kräften (bzw. Momenten) gebildet werden. Hierfür müssen die Spannungen mit den zugehörigen Flächenelementen multipliziert werden.

Kräftegleichgewicht

An dem Körperelement in Bild 8.4 sind (der Übersicht halber nur) die Spannungskomponenten sowie die Komponenten der Volumenkraft $\boldsymbol{b}$ angetragen, die einen Beitrag zum Kräftegleichgewicht in x-Richtung liefern.

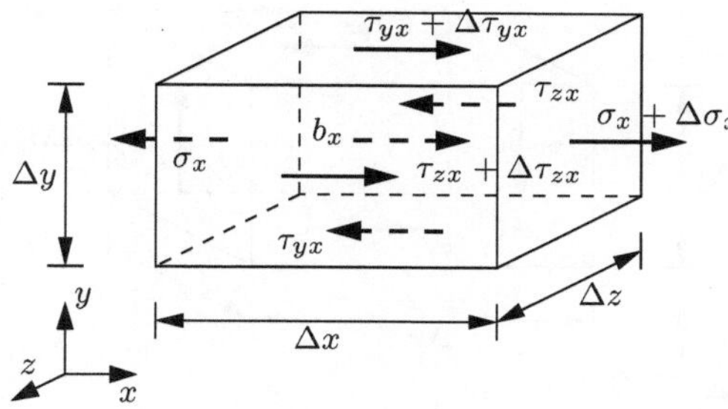

Bild 8.4
Körperelement mit Spannungskomponenten in x-Richtung

$$\begin{aligned}\rightarrow: \quad &(\sigma_x + \Delta\sigma_x)\Delta y\Delta z - \sigma_x\,\Delta y\Delta z \\ &+ (\tau_{yx} + \Delta\tau_{yx})\Delta x\Delta z - \tau_{yx}\,\Delta x\Delta z \\ &+ (\tau_{zx} + \Delta\tau_{zx})\Delta x\Delta y - \tau_{zx}\,\Delta x\Delta y + b_x\,\Delta x\Delta y\Delta z \;=\; 0\end{aligned} \tag{8.5}$$

Nach Ausklammern des Faktors $\Delta x\Delta y\Delta z$ folgt

$$\frac{\Delta\sigma_x}{\Delta x} + \frac{\Delta\tau_{yx}}{\Delta y} + \frac{\Delta\tau_{zx}}{\Delta z} + b_x \;=\; 0\,. \tag{8.6}$$

Mit dem Grenzübergang $\Delta x, \Delta y, \Delta z \to 0$ gilt dann

$$\lim_{\Delta x,\Delta y,\Delta z\to 0}\left(\frac{\Delta\sigma_x}{\Delta x} + \frac{\Delta\tau_{yx}}{\Delta y} + \frac{\Delta\tau_{zx}}{\Delta z}\right) + b_x \;=\; 0\,, \tag{8.7}$$

$$\Rightarrow \quad \frac{\partial\sigma_x}{\partial x} + \frac{\partial\tau_{yx}}{\partial y} + \frac{\partial\tau_{zx}}{\partial z} + b_x \;=\; 0\,, \tag{8.8}$$

wobei $\partial/\partial x$ beispielsweise die *partielle Ableitung* nach x bedeutet. Die Kräftegleichgewichte in y- und z-Richtung liefern entsprechend

$$\frac{\partial\tau_{xy}}{\partial x} + \frac{\partial\sigma_y}{\partial y} + \frac{\partial\tau_{zy}}{\partial z} + b_y \;=\; 0\,, \tag{8.9}$$

$$\frac{\partial\tau_{xz}}{\partial x} + \frac{\partial\tau_{yz}}{\partial y} + \frac{\partial\sigma_z}{\partial z} + b_z \;=\; 0\,. \tag{8.10}$$

Momentengleichgewicht

Zur Untersuchung des Momentengleichgewichts sind in Bild 8.5 (der Übersicht halber nur) die Spannungskomponenten angetragen, die einen Beitrag zum Momentengleichgewicht um die z-Achse durch den Schwerpunkt des Körperelements liefern. Die Komponenten der Volumenkraft $\boldsymbol{b}$ liefern keinen Beitrag, da sie im Schwerpunkt wirken. Unter Vernachlässigung volumenverteilter Momente gilt

$$\begin{aligned}\overset{\curvearrowleft}{S}: \quad &(\tau_{xy} + \Delta\tau_{xy})\Delta y\Delta z\frac{\Delta x}{2} + \tau_{xy}\,\Delta y\Delta z\frac{\Delta x}{2} \\ &- (\tau_{yx} + \Delta\tau_{yx})\Delta x\Delta z\frac{\Delta y}{2} - \tau_{yx}\,\Delta x\Delta z\frac{\Delta y}{2} \;=\; 0\,.\end{aligned} \tag{8.11}$$

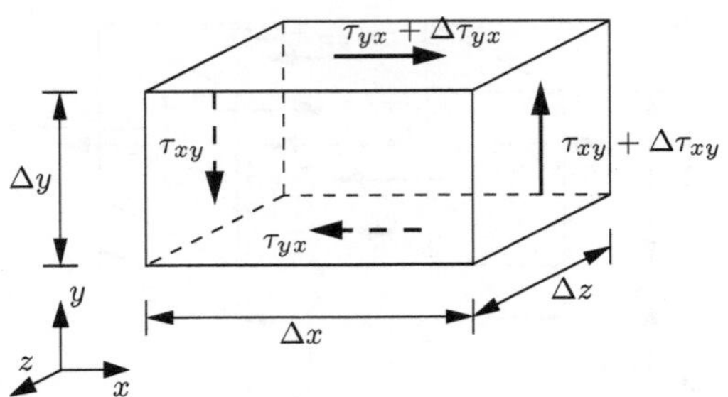

Bild 8.5
Körperelement mit Spannungskomponenten für Momentengleichgewicht

Nach Ausklammern des Faktors $\Delta x \Delta y \Delta z$ folgt

$$2\,\tau_{xy} - 2\,\tau_{yx} + (\Delta\tau_{xy} - \Delta\tau_{yx}) \;=\; 0\,. \tag{8.12}$$

Mit dem Grenzübergang $\Delta x, \Delta y, \Delta z \to 0$ verschwinden $\Delta\tau_{xy}$ und $\Delta\tau_{yx}$, so dass gilt:

$$\tau_{xy} \;=\; \tau_{yx} \tag{8.13}$$

Analog folgt aus dem Momentengleichgewicht um die anderen Achsen

$$\tau_{yz} \;=\; \tau_{zy}\,, \tag{8.14}$$

$$\tau_{xz} \;=\; \tau_{zx}\,. \tag{8.15}$$

Aus der Momentenbilanz (Gleichungen 8.13 bis 8.15) folgt der Satz von der *Gleichheit der (in orthogonalen Schnitten) einander zugeordneten Schubspannungen*: An einem orthogonalen Schnitt sind die einander zugeordneten Schubspannungen betragsmäßig gleich. Sie zeigen entweder aufeinander zu oder voneinander weg, siehe beispielsweise Bild 8.5. Aus dieser Gleichheit folgt die Symmetrie des Spannungstensors bzw. dessen Matrix:

$$\boldsymbol{\sigma} \;=\; \boldsymbol{\sigma}^{\mathrm{T}} \;=\; \begin{bmatrix} \sigma_x & \tau_{xy} & \tau_{xz} \\ \tau_{xy} & \sigma_y & \tau_{yz} \\ \tau_{xz} & \tau_{yz} & \sigma_z \end{bmatrix} \tag{8.16}$$

Die Gleichungen 8.8 bis 8.10 sind drei gekoppelte partielle Differentialgleichungen für die (mit Berücksichtigung der Symmetrie des Spannungstensors) sechs unabhängigen Spannungskomponenten im räumlichen Spannungszustand, aus denen der Spannungszustand nicht eindeutig ermittelt werden kann. Das Problem ist also statisch unbestimmt.

8.3 Ebener Spannungszustand

Der zweiachsige oder ebene Spannungszustand tritt bei *Scheiben* auf. Eine Scheibe ist ein ebenes Flächentragwerk, dessen Dicke h sehr viel kleiner ist als die

Abmessungen der Scheibenseiten und das ferner nur in seiner (x-y-)Ebene belastet ist, siehe Bild 8.6. Aufgrund der fehlenden Belastung in z-Richtung sind die Spannungskomponenten in dieser Richtung null:

$$\sigma_z = \tau_{xz} = \tau_{yz} = 0 \tag{8.17}$$

Die Spannungsmatrix (Gleichung 8.16) hat damit vier Einträge, wobei wegen $\tau_{xy} = \tau_{yx}$ nur noch drei unabhängig voneinander sind.

$$\boldsymbol{\sigma} = \begin{bmatrix} \sigma_x & \tau_{xy} \\ \tau_{xy} & \sigma_y \end{bmatrix} \tag{8.18}$$

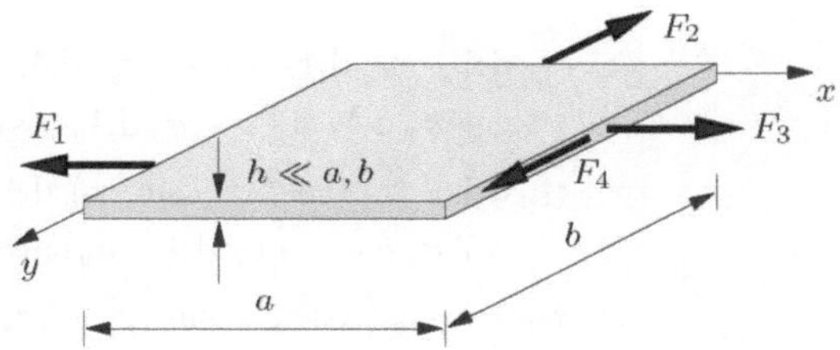

Bild 8.6
Scheibe

8.3.1 Koordinatentransformation

Im Folgenden soll der Einfluss der Drehung des x-y-Koordinatensystems um den Winkel φ auf die Spannungskomponenten untersucht werden. Dazu wird ein ξ-η-Koordinatensystem eingeführt, das gegenüber dem x-y-Koordinatensystem um den Winkel φ im mathematisch positiven Sinn (und damit gegen den Uhrzeigersinn) gedreht ist, siehe Bild 8.7.

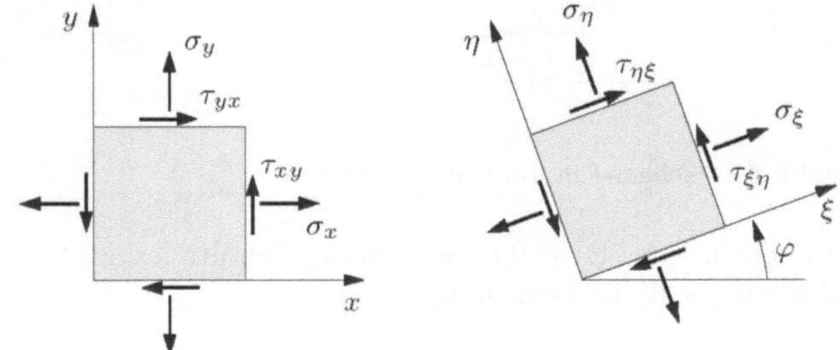

Bild 8.7
Transformation der Spannungskomponenten

An dem in Bild 8.8 dargestellten prismatischen, dreieckförmigen Scheibenelement der Dicke h, dessen Schnittflächen die Größen

$$\mathrm{d}A = \mathrm{d}\eta\, h \tag{8.19}$$

$$\mathrm{d}A_x = \mathrm{d}y\, h = \mathrm{d}\eta\, h \cos\varphi = \mathrm{d}A\, \cos\varphi \tag{8.20}$$

$$\mathrm{d}A_y = \mathrm{d}x\, h = \mathrm{d}\eta\, h \sin\varphi = \mathrm{d}A\, \sin\varphi \tag{8.21}$$

haben, wird das Kräftegleichgewicht untersucht. Unter Beachtung der Gleichungen 8.20 und 8.21 sowie der Gleichheit der zugeordneten Schubspannungen folgt daraus:

$$\begin{aligned}
\nearrow \quad : \quad & \sigma_\xi \, \mathrm{d}A - \sigma_x \, \mathrm{d}A_x \cos\varphi - \sigma_y \, \mathrm{d}A_y \sin\varphi \\
& \quad - \tau_{xy} \, \mathrm{d}A_x \sin\varphi - \tau_{yx} \, \mathrm{d}A_y \cos\varphi \;=\; 0 \\
\Rightarrow \quad & \sigma_\xi \, \mathrm{d}A - \sigma_x \cos^2\varphi \, \mathrm{d}A - \sigma_y \sin^2\varphi \, \mathrm{d}A \\
& \quad - 2\,\tau_{xy} \sin\varphi \cos\varphi \, \mathrm{d}A \;=\; 0 \\
\Rightarrow \quad & \sigma_\xi \;=\; \sigma_x \cos^2\varphi + \sigma_y \sin^2\varphi + 2\,\tau_{xy} \sin\varphi \cos\varphi
\end{aligned} \tag{8.22}$$

$$\begin{aligned}
\nwarrow \quad : \quad & \tau_{\xi\eta} \, \mathrm{d}A - \tau_{xy} \, \mathrm{d}A_x \cos\varphi + \tau_{yx} \, \mathrm{d}A_y \sin\varphi \\
& \quad + \sigma_x \, \mathrm{d}A_x \sin\varphi - \sigma_y \, \mathrm{d}A_y \cos\varphi \;=\; 0 \\
\Rightarrow \quad & \tau_{\xi\eta} \, \mathrm{d}A - \tau_{xy} \left(\cos^2\varphi - \sin^2\varphi\right) \mathrm{d}A \\
& \quad + \sigma_x \cos\varphi \sin\varphi \, \mathrm{d}A - \sigma_y \sin\varphi \cos\varphi \, \mathrm{d}A \;=\; 0 \\
\Rightarrow \quad & \tau_{\xi\eta} \;=\; \tau_{xy} \left(\cos^2\varphi - \sin^2\varphi\right) - (\sigma_x - \sigma_y) \sin\varphi \cos\varphi
\end{aligned} \tag{8.23}$$

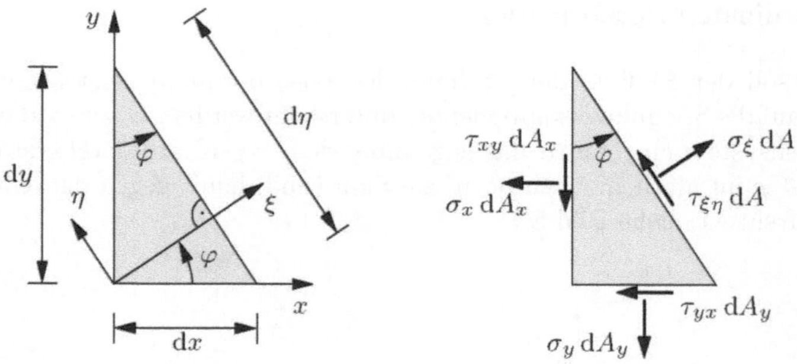

Bild 8.8 Gleichgewicht am Scheibenelement

Für einen um $\varphi + 90°$ gedrehten Schnitt erhält man entsprechend zu Gleichung 8.22 die Beziehung

$$\sigma_\eta \;=\; \sigma_x \cos^2\varphi + \sigma_y \sin^2\varphi - 2\,\tau_{xy} \sin\varphi \cos\varphi \,. \tag{8.24}$$

Mit den trigonometrischen Beziehungen

$$\begin{aligned}
2\cos^2\varphi &= 1 + \cos 2\varphi \,, & \qquad 2\sin\varphi\cos\varphi &= \sin 2\varphi \,, \\
2\sin^2\varphi &= 1 - \cos 2\varphi \,, & \qquad \cos^2\varphi - \sin^2\varphi &= \cos 2\varphi
\end{aligned}$$

folgen die Spannungskomponenten im um den Winkel φ gedrehten ξ-η-Koordinatensystem zu

$$\sigma_\xi = \tfrac{1}{2}(\sigma_x + \sigma_y) + \tfrac{1}{2}(\sigma_x - \sigma_y)\cos 2\varphi + \tau_{xy}\sin 2\varphi\,, \tag{8.25}$$

$$\sigma_\eta = \tfrac{1}{2}(\sigma_x + \sigma_y) - \tfrac{1}{2}(\sigma_x - \sigma_y)\cos 2\varphi - \tau_{xy}\sin 2\varphi\,, \tag{8.26}$$

$$\tau_{\xi\eta} = - \tfrac{1}{2}(\sigma_x - \sigma_y)\sin 2\varphi + \tau_{xy}\cos 2\varphi\,. \tag{8.27}$$

Die Spannungsmatrix lautet damit

$$\boldsymbol{\sigma}' = \begin{bmatrix} \sigma_\xi & \tau_{\xi\eta} \\ \tau_{\xi\eta} & \sigma_\eta \end{bmatrix}. \tag{8.28}$$

Ein Vergleich zwischen Gleichung 8.18 und 8.28 zeigt, dass die Spur (Summe der Hauptdiagonalelemente) und die Determinante der beiden Matrizen unabhängig von der Drehung des Koordinatensystems (d. h. unabhängig vom Drehwinkel φ) sind. Man spricht von so genannten *Invarianten* $I_{\boldsymbol{\sigma}}$ und $II_{\boldsymbol{\sigma}}$.

$$I_{\boldsymbol{\sigma}} = \sigma_x + \sigma_y = \sigma_\xi + \sigma_\eta \tag{8.29}$$

$$II_{\boldsymbol{\sigma}} = \sigma_x\,\sigma_y - \tau_{xy}^2 = \sigma_\xi\,\sigma_\eta - \tau_{\xi\eta}^2 \tag{8.30}$$

Gleichung 8.29 folgt direkt aus der Addition der Transformationsgleichungen 8.25 und 8.26, Gleichung 8.30 kann durch Einsetzen der drei Transformationsgleichungen bestätigt werden.

Beispiel 8.1 Spannungszustand einer Scheibe

Der Spannungszustand einer Scheibe ist mit σ_x, σ_y und $\tau_{xy} = \tau_{yx}$ gegeben. Gesucht sind die Spannungen für einen Schnitt unter dem Winkel α zur x-Achse.

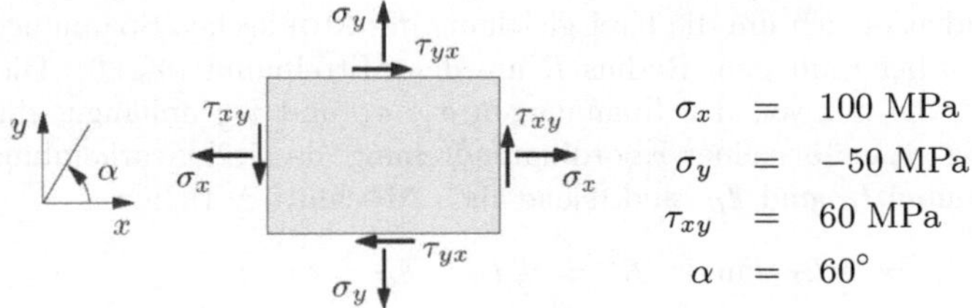

Lösung:

Die Gleichungen 8.26 und 8.27 liefern die gesuchten Spannungen:

$$\begin{aligned} \sigma_\eta &= \tfrac{1}{2}\big(100\ \text{MPa} + (-50\ \text{MPa})\big) \\ &\quad -\tfrac{1}{2}\big(100\ \text{MPa} - (-50\ \text{MPa})\big)\cos(2\cdot 60^\circ) \\ &\quad -60\ \text{MPa}\sin(2\cdot 60^\circ) = 10.54\ \text{MPa} \\ \tau_{\eta\xi} &= -\tfrac{1}{2}\big(100\ \text{MPa} - (-50\ \text{MPa})\big)\sin(2\cdot 60^\circ) \\ &\quad +60\ \text{MPa}\cos(2\cdot 60^\circ) = -94.95\ \text{MPa} \end{aligned}$$

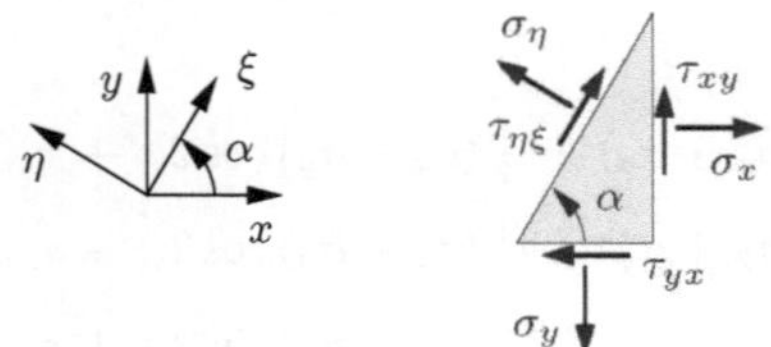

8.3.2 Mohrscher Spannungskreis

Für die Transformationsgleichungen 8.25 bis 8.27 gibt es eine anschauliche geometrische Darstellung: den nach CHRISTIAN OTTO MOHR (1835 – 1918) benannten MOHRschen *Spannungskreis.* Gleichung 8.25 lässt sich umformen zu

$$\sigma_\xi - \tfrac{1}{2}(\sigma_x + \sigma_y) = \tfrac{1}{2}(\sigma_x - \sigma_y)\cos 2\varphi + \tau_{xy}\sin 2\varphi\,. \tag{8.31}$$

Addiert man die Gleichungen 8.27 und 8.31 und quadriert das Ergebnis anschließend, so verschwindet der Winkel φ:

$$\left(\sigma_\xi - \tfrac{1}{2}(\sigma_x + \sigma_y)\right)^2 + \tau_{\xi\eta}^2 = \left(\frac{\sigma_x - \sigma_y}{2}\right)^2 + \tau_{xy}^2 \tag{8.32}$$

Verwendet man dabei anstelle von Gleichung 8.27 die Gleichung 8.26, so folgt daraus die gleiche Gleichung nur mit σ_η anstatt σ_ξ. Mit den Abkürzungen

$$\sigma_\mathrm{m} = \frac{1}{2}(\sigma_x + \sigma_y) \quad \text{und} \quad R^2 = \left(\frac{\sigma_x - \sigma_y}{2}\right)^2 + \tau_{xy}^2 \tag{8.33}$$

wird aus Gleichung 8.31 ohne die Indizes ξ und η

$$(\sigma - \sigma_\mathrm{m})^2 + \tau^2 = R^2\,. \tag{8.34}$$

Dabei handelt es sich um die Kreisgleichung des MOHRschen Spannungskreises in der σ-τ-Ebene mit dem Radius R um den Mittelpunkt $(\sigma_\mathrm{m},\, 0)$. Die Werte σ_m und R, die nur von den Spannungen σ_x, σ_y und τ_{xy} abhängig sind, sind unabhängig gegenüber einer Koordinatendrehung, da sie Linearkombinationen der Invarianten $I_{\boldsymbol{\sigma}}$ und $II_{\boldsymbol{\sigma}}$ sind (siehe auch Abschnitt A.4):

$$\sigma_\mathrm{m} = \tfrac{1}{2} I_{\boldsymbol{\sigma}} \quad \text{und} \quad R^2 = \tfrac{1}{2} I_{\boldsymbol{\sigma}} - II_{\boldsymbol{\sigma}} \tag{8.35}$$

Konstruktion des Spannungskreises

Der Spannungskreis lässt sich mit den Spannungen σ_x, σ_y und τ_{xy} einfach und ohne Berechnung von σ_m und R konstruieren. Zunächst trägt man den Punkt P_x mit den Koordinaten $(\sigma_x,\, \tau_{xy})$ sowie den Punkt P_y mit den Koordinaten $(\sigma_y,\, -\tau_{xy})$ in das σ-τ-Koordinatensystem ein. Der Schnittpunkt ihrer Verbindungslinie mit der σ-Achse ergibt den Kreismittelpunkt, so dass der Kreis mit dem Radius R, der durch die beiden Punkte P_x und P_y geht, gezeichnet werden kann, siehe Bild 8.9.

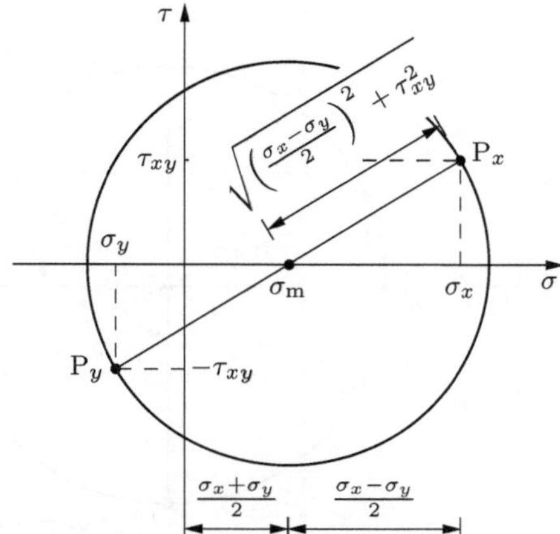

Bild 8.9
Konstruktion des Mohrschen Spannungskreises

Der MOHRsche Kreis beschreibt den Spannungszustand eines Punktes des betrachteten Körpers. Jeder Punkt auf dem Kreis gehört zu einem Schnitt durch den Punkt unter einem bestimmten Winkel, wie z. B. der Punkt P_x zu dem Schnitt parallel zur y-Achse gehört, in dem die beiden Spannungen σ_x und τ_{xy} wirken. Genauso gehört zum Punkt P_ξ der Schnitt parallel zur η-Achse, in dem die beiden Spannungen σ_ξ und $\tau_{\xi\eta}$ wirken, siehe Bild 8.10. Dabei ist das ξ-η- im Vergleich zum x-y-Koordinatensystem um den Winkel φ gedreht (vgl. Bild 8.7). Im Spannungskreis hingegen ist der doppelte Winkel in entgegengesetzter Richtung anzutragen, siehe Bild 8.10.

Im Spannungskreis in Bild 8.10 sind die Punkte P_1 und P_2 gekennzeichnet. In den zugehörigen Schnitten (unter den Winkeln φ_0 bzw. $\varphi_0 + \frac{\pi}{2}$) werden die Normalspannungen extremal und die zugehörigen Schubspannungen verschwinden gleichzeitig. Diese Normalspannungen werden auch als *Hauptspannungen* σ_1 und σ_2 bezeichnet, vgl. Abschnitt 8.3.3, die zugehörigen Richtungen werden *Hauptspannungsrichtungen* genannt.

Die Punkte P_1^* und P_2^* kennzeichnen die Schnitte (unter den Winkeln φ_0^* bzw. $\varphi_0^* + \frac{\pi}{2}$), in denen die Schubspannung in der Scheibenebene extremal wird und die Werte $\pm\,\tau_{\max}$ annimmt. Die zugehörigen Normalspannungen verschwinden hier allerdings nicht, sondern betragen σ_m.

Sonderfälle des Spannungskreises

Bei *einachsigem Zug* (siehe Bild 8.11 a) erfolgt die Belastung ausschließlich in x-Richtung: $\sigma_x = \sigma_0$, $\sigma_y = \tau_{xy} = 0$. Die Hauptspannungen werden wegen der fehlenden Schubbeanspruchung ($\tau_{xy} = 0$) zu $\sigma_1 = \sigma_x = \sigma_0$ und $\sigma_2 = \sigma_y = 0$. Der MOHRsche Kreis liegt damit rechts von der τ-Achse, und die maximale Schubspannung in der x-y-Ebene $\tau_{\max} = \sigma_0/2$ tritt unter 45° zur x-Achse auf (vgl. Abschnitt 8.5). Die zugehörige Normalspannung beträgt ebenfalls $\sigma_0/2 = \sigma_m$. Vom

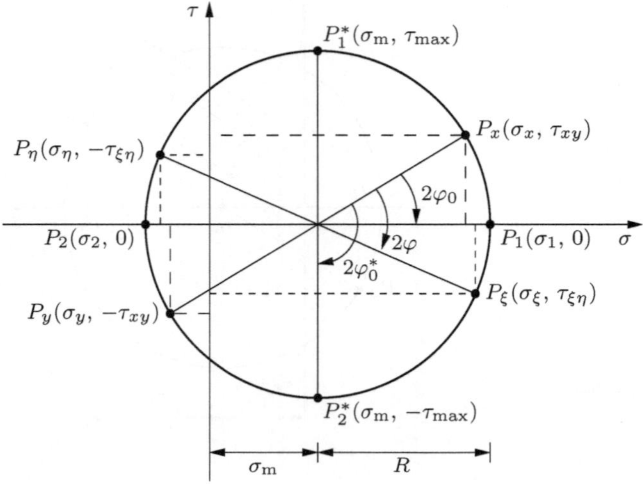

Bild 8.10 Darstellung des Mohrschen Spannungskreises

reinen Schub (siehe Bild 8.11 b) spricht man bei einem Spannungszustand mit $\sigma_x = \sigma_y = 0$ und $\tau_{xy} = \sigma_0$. Der Mittelpunkt des Kreises fällt wegen $\sigma_m = 0$ mit dem Koordinatenursprung zusammen. Die Hauptachsen $\sigma_1 = \sigma_0$ und $\sigma_2 = -\sigma_0$ treten unter einem Winkel von 45° zur x-Achse auf. Beim *hydrostatischen Spannungszustand* (siehe Bild 8.11 c) mit $\sigma_x = \sigma_y = \sigma_0$ und $\tau_{xy} = 0$, wie er beispielsweise in Flüssigkeiten auftritt, entartet der Spannungskreis zu einem Punkt. Die Spannungen sind unabhängig vom Schnittwinkel in allen Richtungen gleich ($\sigma_\xi = \sigma_\eta = \sigma_0$), es treten keine Schubspannungen auf ($\tau_{\xi\eta} = 0$).

Beispiel 8.2 MOHRscher Spannungskreis

Die Ergebnisse aus Beispiel 8.1 sind mit Hilfe des MOHRschen Spannungskreises zu kontrollieren. Ferner sind die Hauptspannungen sowie die maximale Schubspannung in der x-y-Ebene mit den zugehörigen Richtungen im Spannungskreis gesucht.

Lösung:

In der Darstellung des MOHRschen Spannungskreises sind die Koordinaten der Punkte P in ganzzahligen Werten der Einheit MPa angegeben.

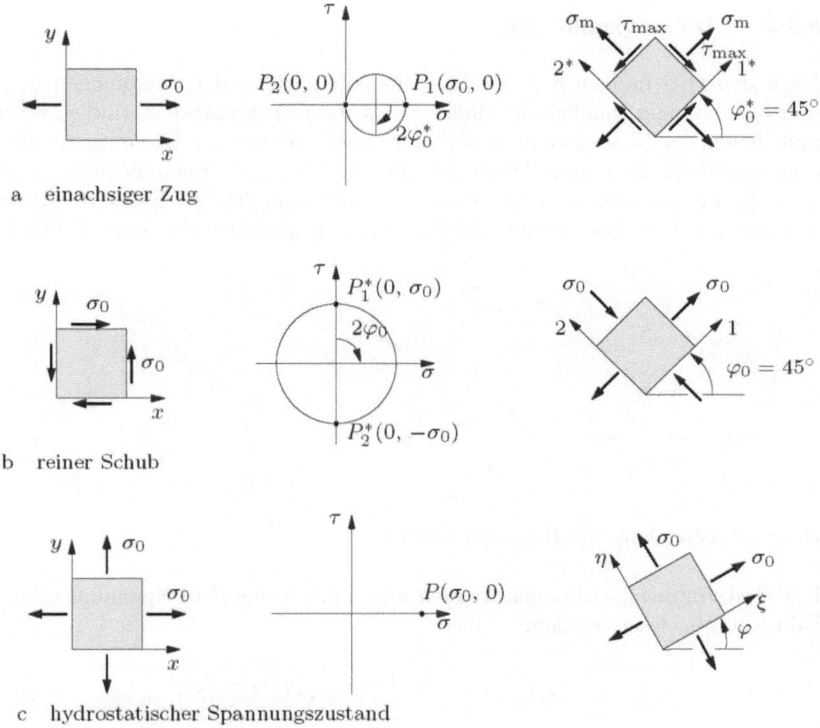

a einachsiger Zug

b reiner Schub

c hydrostatischer Spannungszustand

Bild 8.11 Sonderfälle des MOHRschen Spannungskreises

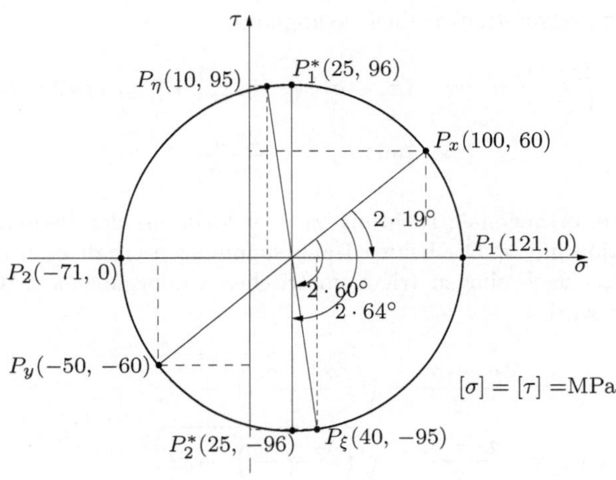

8.3.3 Hauptspannungen

Nach den Gleichungen 8.25 bis 8.27 sind die Größen der Spannungen σ_ξ, σ_η und $\tau_{\xi\eta}$ abhängig vom Schnittwinkel φ. Als *Hauptspannungen* σ_1 und σ_2 werden nun diejenigen Normalspannungen bezeichnet, die bei der Drehung des Koordinatensystems extremale Werte annehmen. Die zugehörigen Winkel φ_0 bzw. $\varphi_0 + \frac{\pi}{2}$, die gegen die x-Achse gemessen werden und die Richtung der 1- bzw. 2-Achse angeben, beschreiben die *Hauptspannungsrichtungen*, siehe Bild 8.12.

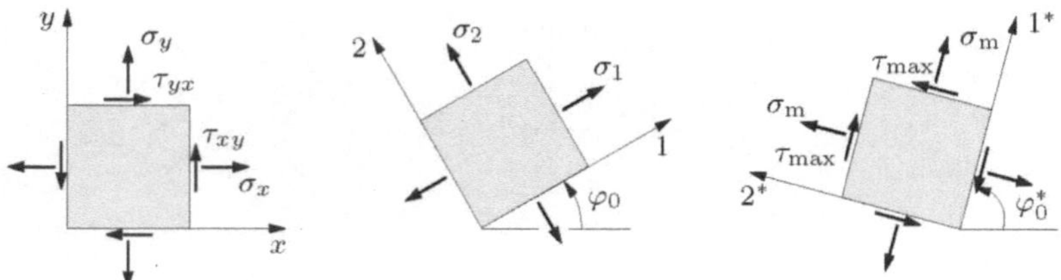

Bild 8.12 Darstellung der Hauptspannungen

Die Bestimmungsgleichungen können anschaulich aus dem Spannungskreis in Bild 8.10 abgelesen werden:

$$\sigma_{1,2} = \sigma_\mathrm{m} \pm R = \frac{\sigma_x + \sigma_y}{2} \pm \sqrt{\left(\frac{\sigma_x - \sigma_y}{2}\right)^2 + \tau_{xy}^2} \tag{8.36}$$

$$\tan 2\varphi_0 = \frac{2\,\tau_{xy}}{\sigma_x - \sigma_y} \tag{8.37}$$

Diese Beziehungen folgen auch aus den Gleichungen 8.25 bis 8.27: Zur Bestimmung des Winkels φ_0, bei dem die maximale Normalspannung, die so genannte *Hauptspannung*, auftritt, ist Gleichung 8.25 nach dem Winkel φ zu differenzieren und null zu setzen (notwendige Bedingung):

$$\frac{\mathrm{d}\sigma_\xi}{\mathrm{d}\varphi} \stackrel{!}{=} 0 \quad \Rightarrow \quad (\sigma_x - \sigma_y)(-\sin 2\varphi) + 2\,\tau_{xy}\cos 2\varphi = 0\,, \tag{8.38}$$

$$\Rightarrow \quad \tan 2\varphi_0 = \frac{2\tau_{xy}}{\sigma_x - \sigma_y}\,. \tag{8.39}$$

Die zweite, orthogonale Richtung $\varphi_0 + \frac{\pi}{2}$ folgt aus der Periodizität der Tangensfunktion mit π. Die beiden Hauptspannungen erhält man nun, indem der Winkel $2\varphi_0$ nach einigen trigonometrischen Umformungen in Gleichung 8.25 eingesetzt wird:

$$\sigma_1 = \frac{\sigma_x + \sigma_y}{2} + \sqrt{\left(\frac{\sigma_x - \sigma_y}{2}\right)^2 + \tau_{xy}^2} \tag{8.40}$$

$$\sigma_2 = \frac{\sigma_x + \sigma_y}{2} - \sqrt{\left(\frac{\sigma_x - \sigma_y}{2}\right)^2 + \tau_{xy}^2} \tag{8.41}$$

Dabei gilt $\sigma_1 > \sigma_2$. In welcher Richtung σ_1 bzw. σ_2 liegen, überprüft man am leichtesten durch Einsetzen von φ_0 in die Gleichung 8.25 bzw. 8.26. Setzt man zur Bestimmung der den Hauptspannungen zugeordneten Schubspannung die Winkel in Gleichung 8.27 ein, folgt daraus

$$\tau_{\xi\eta}(\varphi_0) = 0 \quad \text{bzw.} \quad \tau_{\xi\eta}(\varphi_0 + \tfrac{\pi}{2}) = 0\,. \tag{8.42}$$

In den Hauptspannungsrichtungen verschwinden also die Schubspannungen. Umgekehrt gilt damit, dass es sich beim Fehlen einer Schubspannung bei den zugehörigen Normalspannungen um Hauptspannungen handelt. Die Spannungsmatrix lautet damit

$$\boldsymbol{\sigma}'' = \begin{bmatrix} \sigma_1 & 0 \\ 0 & \sigma_2 \end{bmatrix}. \tag{8.43}$$

Auch die Gleichung für die maximale Schubspannung in der Scheibenebene und den zugehörigen Winkel lässt sich aus dem Spannungskreis in Bild 8.10 ablesen:

$$\tau_{\max} = R = \sqrt{\left(\frac{\sigma_x - \sigma_y}{2}\right)^2 + \tau_{xy}^2} = \frac{\sigma_1 - \sigma_2}{2}\,, \tag{8.44}$$

$$\varphi_0^* = \varphi_0 + \frac{\pi}{4} \tag{8.45}$$

Zur Berechnung der maximalen Schubspannung und der entsprechenden Richtung aus Gleichung 8.27 kann analog zu Gleichung 8.38 die notwendige Bedingung aufgestellt werden:

$$\frac{\mathrm{d}\tau_{\xi\eta}}{\mathrm{d}\varphi} \stackrel{!}{=} 0 \quad \Rightarrow \quad -(\sigma_x - \sigma_y)\cos 2\varphi - 2\,\tau_{xy}\sin 2\varphi = 0 \tag{8.46}$$

$$\Rightarrow \quad \tan 2\varphi_0^* = -\frac{\sigma_x - \sigma_y}{2\,\tau_{xy}} \tag{8.47}$$

Ein Vergleich mit Gleichung 8.39 zeigt

$$\tan 2\varphi_0^* = -\frac{1}{\tan 2\varphi_0} = -\cot 2\varphi_0\,, \tag{8.48}$$

was den gesuchten Zusammenhang

$$\varphi_0^* = \varphi_0 + \tfrac{\pi}{4} \tag{8.49}$$

liefert. Wegen der Periodizität der Tangensfunktion gibt es auch hier wieder einen zweiten Winkel $\varphi_0^* + \frac{\pi}{2}$. Die beiden Richtungen 1^* und 2^* der größten Schubspannungen sind ebenfalls zueinander orthogonal und um $\pi/4$ gegen die Hauptspannungsrichtung gedreht, siehe Bild 8.12. Durch Einsetzen in die Transformationsbeziehung 8.27 und einigen Umformungen erhält man die maximale Schubspannung in der Scheibenebene.

$$\tau_{\max} = \sqrt{\left(\frac{\sigma_x - \sigma_y}{2}\right)^2 + \tau_{xy}^2} \tag{8.50}$$

Durch Vergleich mit den Hauptspannungen (Gleichungen 8.40 und 8.41) erkennt man

$$\tau_{\max} = \frac{\sigma_1 - \sigma_2}{2}. \tag{8.51}$$

Die Normalspannungen in den Richtungen der maximalen Schubspannung verschwinden nicht, sondern ergeben sich als arithmetisches Mittel σ_m der beiden Hauptspannungen σ_1 und σ_2:

$$\sigma_\xi(\varphi_0^*) = \sigma_\eta(\varphi_0^*) = \frac{\sigma_x + \sigma_y}{2} = \frac{\sigma_1 + \sigma_2}{2} = \sigma_m \tag{8.52}$$

Beispiel 8.3 Hauptspannungen

Für den Spannungszustand der Scheibe aus Beispiel 8.1 sind die Hauptspannungen und deren Richtungen sowie die maximale Schubspannung in der Scheibenebene und ihre Richtung gesucht, vgl. Beispiel 8.2.

Lösung:

Aus Gleichung 8.39 folgt zunächst der Schnittwinkel der Hauptspannungen

$$\tan 2\varphi_0 = \frac{2 \cdot 60 \text{ MPa}}{100 \text{ MPa} - (-50 \text{ MPa})} = 0.8 \quad \Rightarrow \quad \varphi_0 = 19.3^\circ.$$

Damit folgen aus den Gleichungen 8.25 und 8.26 die Größen und Richtungen der Hauptspannungen

$$\begin{aligned} \sigma_\xi &= \tfrac{1}{2}\big(100 + (-50)\big)\text{MPa} + \tfrac{1}{2}\big(100 - (-50)\big) \text{ MPa} \cos(2 \cdot 19.3^\circ) \\ &\quad +60 \text{ MPa} \sin(2 \cdot 19.3^\circ) = 121.05 \text{ MPa}, \end{aligned}$$

$$\begin{aligned} \sigma_\eta &= \tfrac{1}{2}\big(100 + (-50)\big)\text{MPa} - \tfrac{1}{2}\big(100 - (-50)\big) \text{ MPa} \cos(2 \cdot 19.3^\circ) \\ &\quad -60 \text{ MPa} \sin(2 \cdot 19.3^\circ) = -71.05 \text{ MPa}. \end{aligned}$$

Da $\sigma_\xi > \sigma_\eta$ folgt $\sigma_1 = \sigma_\xi$ und $\sigma_2 = \sigma_\eta$. Der Winkel φ_0 gehört also zu σ_1; σ_2 erhält man in einem Schnitt unter dem Winkel $\varphi_0 + 90^\circ$. Als einfache Rechenkontrolle kann die erste Invariante (die Spur) der Spannungsmatrix dienen:

$$\begin{aligned} \sigma_x + \sigma_y &= \sigma_1 + \sigma_2 \\ \Rightarrow \quad 100 \text{ MPa} - 50 \text{ MPa} &= 121.05 \text{ MPa} - 71.05 \text{ MPa} \quad \checkmark \end{aligned}$$

Der zu der maximalen Schubspannung gehörige Schnittwinkel ist gegenüber der Hauptspannungsrichtung um 45° geneigt (vgl. Gleichung 8.45).

$$\varphi_0^* = 19.3^\circ + 45^\circ = 64.3^\circ$$

Die Größe und Richtung der maximalen Schubspannung in der Scheibenebene folgt durch Einsetzen von φ_0^* in Gleichung 8.27.

$$\begin{aligned} \tau(\varphi_0^*) &= -\tfrac{1}{2}\big(100 - (-50)\big) \sin(2 \cdot 64.3^\circ) \text{ MPa} \\ &\quad +60 \cos(2 \cdot 64.3^\circ) \text{ MPa} = -96.05 \text{ MPa} \\ \Rightarrow \quad \tau_{\max} &= |\, \tau(\varphi_0^*) \,| = 96.05 \text{ MPa} \end{aligned}$$

Für die maximale Schubspannung ist eine einfache Rechenkontrolle die Auswertung von Gleichung 8.51:

$$96.05\,\text{MPa} \;=\; \tfrac{1}{2}\left(121.05 - (-71.05)\right)\text{MPa} \quad \checkmark$$

Der Betrag der maximalen Schubspannung hätte alternativ auch direkt über Gleichung 8.50 berechnet werden können:

$$\tau_{\max} \;=\; \sqrt{\left(\frac{100\text{ MPa} - (-50\text{ MPa})}{2}\right)^2 + (60\text{ MPa})^2} \;=\; 96.05\text{ MPa}$$

8.4 Rotationssymmetrischer Spannungszustand

Der rotationssymmetrische Spannungszustand wird am Beispiel des dünnwandigen, zylindrischen Kessels behandelt. Dazu wird wie dargestellt das r-φ-z-Zylinderkoordinatensystem eingeführt, so dass die Spannungsmatrix folgende Einträge hat:

$$\boldsymbol{\sigma}'' \;=\; \begin{bmatrix} \sigma_r & \tau_{r\varphi} & \tau_{rz} \\ \tau_{r\varphi} & \sigma_\varphi & \tau_{\varphi z} \\ \tau_{rz} & \tau_{\varphi z} & \sigma_z \end{bmatrix} \tag{8.53}$$

Beispiel 8.4 Dünnwandiger, zylindrischer Kessel

Der dargestellte dünnwandige, zylindrische Kessel mit dem Radius r und der Wandstärke h ist durch den Innendruck p belastet. Der Kessel habe an beiden Enden je einen Deckel. Gesucht sind die Hauptspannungen sowie die maximale Schubspannung im Kessel.

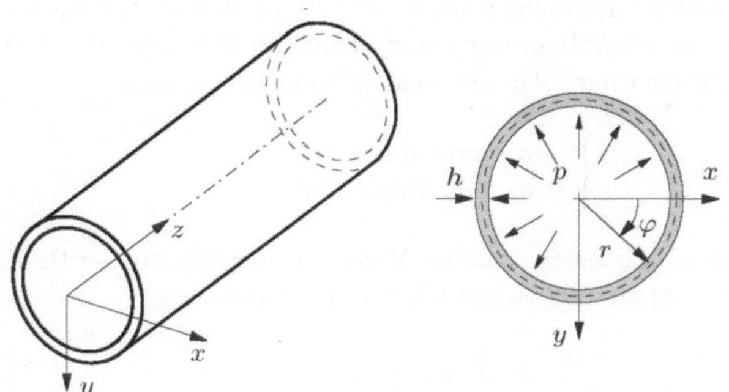

Lösung:

Zur Berechnung der durch den Innendruck verursachten Spannungen in z-Richtung (*Axial-* oder *Längsspannung*) wird ein Schnitt in der x-y-Ebene betrachtet. Über der gesamten Schnittfläche πr^2 herrscht der konstante Druck p, vgl. Abschnitt 5.2. Aufgrund der Dünnwandigkeit ($h \ll r$) kann die Längsspannung des Zylinders σ_z als konstant über die Wanddicke t verteilt angesehen werden. Das Kräftegleichgewicht in z-Richtung liefert mithin

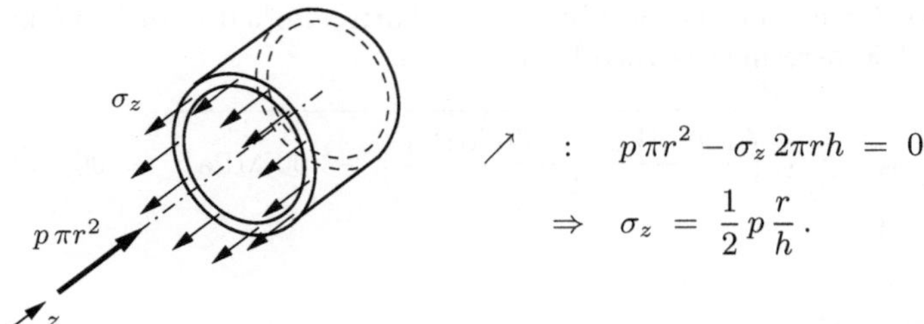

$$\nearrow \; : \quad p\,\pi r^2 - \sigma_z\,2\pi r h = 0$$

$$\Rightarrow \quad \sigma_z = \frac{1}{2}\,p\,\frac{r}{h}\,.$$

Zur Bestimmung der Spannung in Umfangsrichtung (*Umfangsspannung*) betrachtet man einen Schnitt durch den Zylinder in der x-z-Ebene der Länge $\Delta\ell$. Auch hier übt das Gas auf der gesamten (horizontalen) Schnittfläche $2r\Delta\ell$ den Druck p aus. Die Umfangsspannung σ_φ kann wieder über die Wanddicke h gleichförmig verteilt angenommen werden. Das Kräftegleichgewicht in y-Richtung liefert dann:

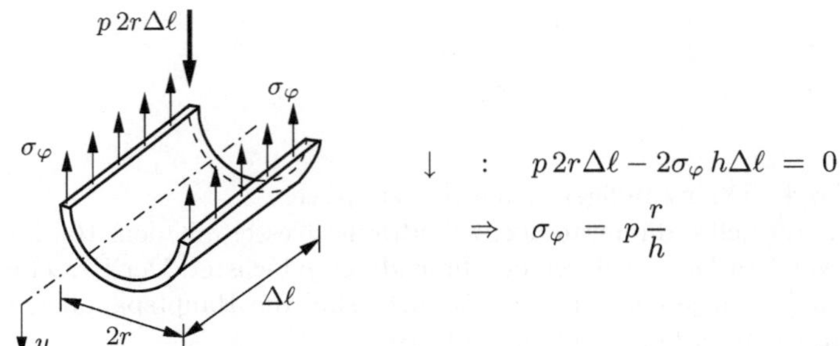

$$\downarrow \; : \quad p\,2r\Delta\ell - 2\sigma_\varphi\,h\Delta\ell = 0$$

$$\Rightarrow \quad \sigma_\varphi = p\,\frac{r}{h}$$

Die beiden Gleichungen für σ_z und σ_φ werden auch *Kesselformeln* genannt. Über die *Radialspannungen* σ_r kann im Rahmen dieser elementaren Betrachtungen nur folgende Aussage gemacht werden:

$$\sigma_r = \begin{cases} -p & \text{am Innenrand}\,, \\ \;\;0 & \text{am Außenrand}\,. \end{cases}$$

Damit ist das betragsmäßige Verhältnis von maximaler Radialspannung zur Umfangsspannung (wie auch zur Axialspannung)

$$\frac{|\sigma_r|}{|\sigma_\varphi|} = \frac{p}{p\,\frac{r}{h}} = \frac{h}{r} \ll 1 \quad \text{mit} \quad h \ll r\,,$$

was die Vernachlässigung der Radialspannung rechtfertigt: $\sigma_r \approx 0$. Aufgrund der Symmetrie des zylindrischen Kessels und der Belastung treten in obigen Schnitten keine Schubspannungen auf,

$$\tau_{r\varphi} = \tau_{\varphi z} = \tau_{zr} = 0,$$

so dass es sich bei σ_z, σ_φ und σ_r um Hauptspannungen handelt. Die Spannungsmatrix lautet damit

$$\boldsymbol{\sigma}'' = \begin{bmatrix} \sigma_r & 0 & 0 \\ 0 & \sigma_\varphi & 0 \\ 0 & 0 & \sigma_z \end{bmatrix}. \tag{8.54}$$

Bei der Bestimmung der maximalen Schubspannung ist zu beachten, dass die (betragsmäßig) kleinste und größte Hauptspannung in Gleichung 8.51 eingesetzt wird.

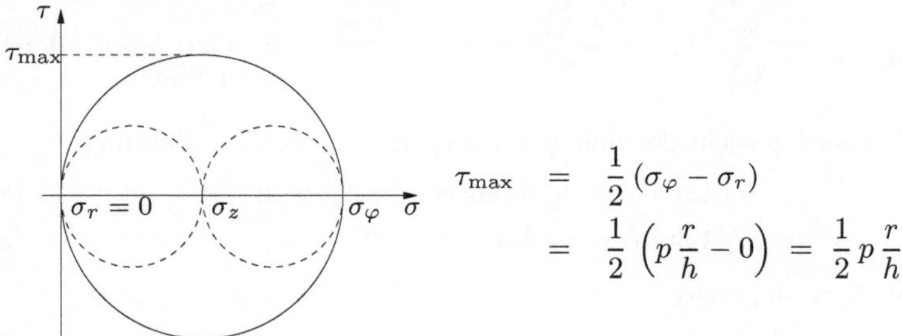

$$\tau_{\max} = \frac{1}{2}(\sigma_\varphi - \sigma_r) = \frac{1}{2}\left(p\,\frac{r}{h} - 0\right) = \frac{1}{2}\,p\,\frac{r}{h}$$

Wie auch der Spannungskreis zeigt, wirkt die maximale Schubspannung $\tau_{\max}$ in der r-φ-Ebene unter 45° zur φ-Achse. Die maximale Schubspannung in der z-r-Ebene erhält man hingegen durch Einsetzen von σ_z und σ_r in Gleichung 8.51.

8.5 Einachsiger Spannungszustand

Der einachsige Spannungszustand ist ein Sonderfall der ebenen Belastung und tritt vor allem bei Stäben auf, die ausführlich in Kapitel 11 behandelt werden. Aufgrund einer ausschließlich in Stablängsrichtung (x-Richtung) wirkenden Belastung treten auch nur Spannungen in dieser Richtung auf, die restlichen Spannungskomponenten sind null:

$$\sigma_y = \sigma_z = \tau_{xy} = \tau_{yz} = \tau_{zx} = 0 \tag{8.55}$$

Die Spannungsmatrix (Gleichung 8.16) hat damit als einzigen Eintrag σ_x.

$$\boldsymbol{\sigma} = \boldsymbol{\sigma}^T = \begin{bmatrix} \sigma_x \end{bmatrix} \tag{8.56}$$

Schräger Schnitt

Es ist jedoch auch ein Spannungszustand denkbar, bei dem der Schnitt nicht orthogonal zur Stabachse ist. Der Normalenvektor der Schnittfläche fällt dann nicht mit der Richtung der Stabachse zusammen, sondern bildet mit dieser den Winkel α, siehe Bild 8.13.

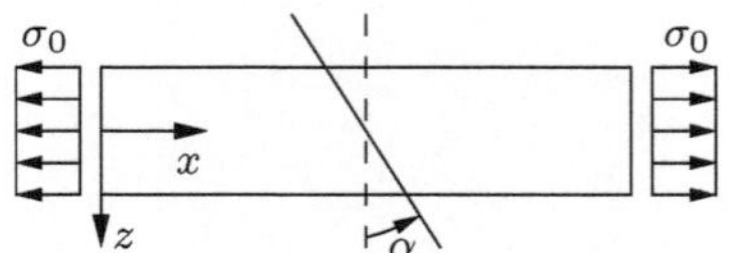

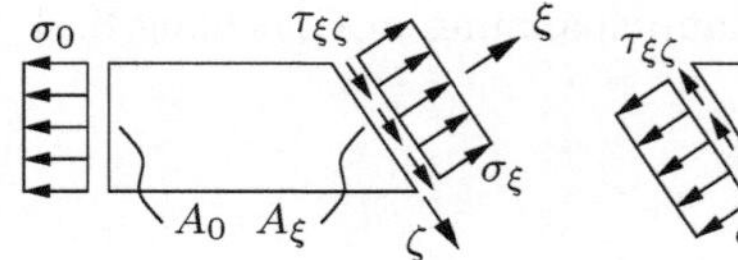

Bild 8.13
Schräger Schnitt durch einen Stab

Aus dem Gleichgewicht des linken Teilkörpers in x- bzw. z-Richtung

$$\rightarrow \;:\; \sigma_\xi A_\xi \cos\alpha + \tau_{\xi\zeta} A_\xi \sin\alpha - \sigma_0 A_0 \;=\; 0 \qquad (8.57)$$

$$\downarrow \;:\; \sigma_\xi A_\xi \sin\alpha - \tau_{\xi\zeta} A_\xi \cos\alpha \;=\; 0 \qquad (8.58)$$

folgt mit $A_\xi = A_0/\cos\alpha$

$$\sigma_\xi + \tau_{\xi\zeta}\tan\alpha \;=\; \sigma_0 \qquad (8.59)$$

$$\sigma_\xi \tan\alpha - \tau_{\xi\zeta} \;=\; 0 \qquad (8.60)$$

und daraus

$$\sigma_\xi \;=\; \frac{1}{1+\tan^2\alpha}\,\sigma_0 \;=\; \cos^2\alpha\,\sigma_0 \;=\; \tfrac{1}{2}\,(1+\cos 2\alpha)\,\sigma_0\,, \qquad (8.61)$$

$$\tau_{\xi\zeta} \;=\; \frac{\tan\alpha}{1+\tan^2\alpha}\,\sigma_0 \;=\; \sin\alpha\cos\alpha\,\sigma_0 \;=\; \tfrac{1}{2}\,\sin 2\alpha\,\sigma_0\,. \qquad (8.62)$$

Anmerkung: Da der schräg geschnittene Stab auch als besonders belastete Scheibe aufgefasst werden kann, folgen die Formeln auch unmittelbar aus den Gleichungen 8.25 und 8.27 für $\sigma_x = \sigma_0$ und $\sigma_y = \tau_{xy} = 0$, vgl. auch den Sonderfall des Spannungskreises in Bild 8.11 a.

Die Normalspannung σ_ξ wird maximal für $\alpha = 0$ wegen $\cos(0) = 1$, die zugehörige Schubspannung $\tau_{\xi\zeta}$ ist dort null.

$$\max\,\sigma_\xi \;=\; \sigma_\xi(0) \;=\; \sigma_x \;=\; \sigma_0 \qquad (8.63)$$

$$\tau_{\xi\zeta}(0) \;=\; \tau_{xy} \;=\; 0 \qquad (8.64)$$

Die Schubspannung $\tau_{\xi\zeta}$ wird maximal für $\sin(2\alpha) = 1$, also für $\alpha = 45°$, die zugehörige Normalspannung σ_ξ nimmt dort den gleichen Wert an.

$$\max\,\tau_{\xi\zeta} \;=\; \tau_{\xi\zeta}(45°) \;=\; \tfrac{1}{2}\,\sigma_0 \qquad (8.65)$$

$$\sigma_\xi(45°) \;=\; \tfrac{1}{2}\,\sigma_0 \qquad (8.66)$$

In Schnitten unter 45° zur Stabachse werden beim einachsigen Spannungszustand die Schubspannungen maximal. Dieser Umstand zeigt sich auch bei schubempfindlichen Materialien, die auf (einachsigen) Druck mit Rissen, die unter 45° gegen die Belastungsrichtung verlaufen, versagen.

Beispiel 8.5 Zugstab mit Schweißnaht

Zwei Zugstäbe mit der Querschnittsfläche A, die durch die Kraft F belastet werden, sind mit einer Stumpfnaht unter 30° aneinandergeschweißt. Gesucht sind die Schubspannungen in der Schweißnaht.

Lösung:

Mit $\sigma_0 = F/A$ beträgt die Schubspannung nach Gleichung 8.62

$$\tau_{\xi\zeta} = \frac{1}{2}\sin(2 \cdot 30^\circ)\,\frac{F}{A} = \frac{\sqrt{3}}{4}\,\frac{F}{A}\,.$$

8.6 Übungsaufgaben

Aufgabe 8.1 (Schwierigkeitsgrad 2)

Der Spannungszustand σ_x, σ_y und τ_{xy} einer Scheibe ist gegeben.

a) Bestimmen Sie die Normalspannung σ_ξ und die Schubspannung $\tau_{\xi\eta}$ für einen Schnitt unter dem Winkel $\varphi = 60^\circ$ zur x-Achse. Skizzieren Sie deren Richtungen.

b) Wie groß sind die Hauptnormalspannungen und in welchen Schnitten treten diese auf?

c) Wie groß ist die maximale Schubspannung in der Scheibenebene und in welchem Schnitt tritt diese auf?

d) Kontrollieren Sie Ihre Ergebnisse mit Hilfe des MOHRschen Spannungskreises.

Gegeben: $\sigma_x = -10$ MPa, $\sigma_y = 30$ MPa, $\tau_{xy} = -20$ MPa

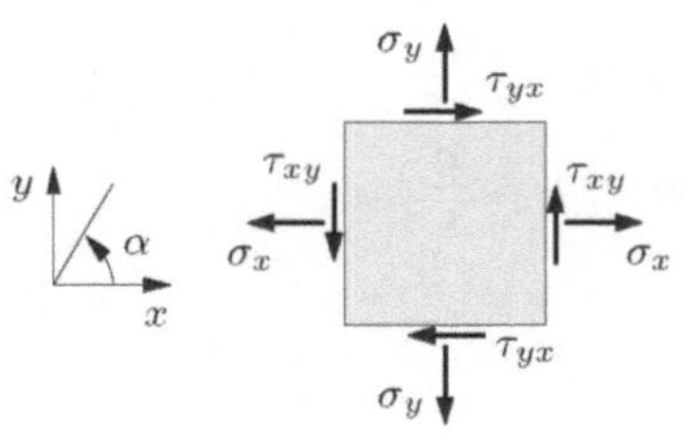

Lösung:

a) $\sigma_\xi = 2.68$ MPa
$\tau_{\xi\eta} = 27.32$ MPa

b) $\sigma_1 = 38.28$ MPa
$\sigma_2 = -18.28$ MPa
$\varphi_0 = 22.5^\circ$

c) $\tau_{\max} = 28.28$ MPa
$\varphi_0^* = 67.5^\circ$

Aufgabe 8.2 (Schwierigkeitsgrad 2)

Ein dreieckiges Knotenblech ist an einen horizontalen Träger angeschweißt und wird durch die Spannung σ_x belastet.

a) Bestimmen Sie die Spannung σ_y so, dass in der horizontalen Schweißnaht keine Schubspannungen auftreten.

b) Wie groß ist dann die Normalspannung σ_{N} in der Schweißnaht?

c) Überprüfen Sie Ihre Ergebnisse mit Hilfe des MOHRschen Spannungskreises.

d) Um was für einen Spannungszustand handelt es sich?

Gegeben: $\sigma_x = 50$ MPa, $\alpha = 60°$

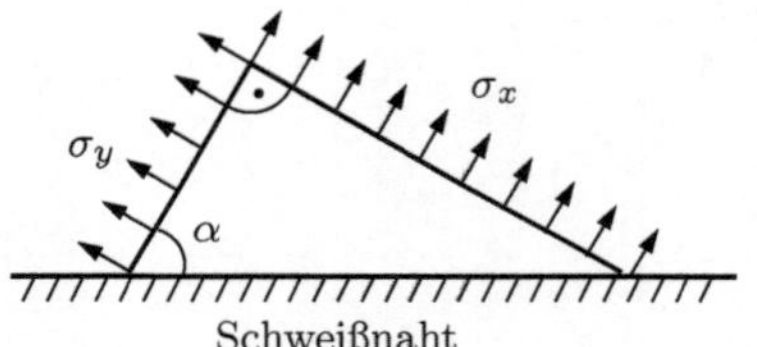

Lösung:

a) $\sigma_y = 50$ MPa
b) $\sigma_{\mathrm{N}} = 50$ MPa
d) hydrostat.

Aufgabe 8.3 (Schwierigkeitsgrad 1)

Ein zylindrischer, dünnwandiger Kessel mit der Wanddicke t und dem Radius r wird durch den Innendruck p_{i} belastet.

a) Wie groß darf der Innendruck werden, so dass die zulässige Schubspannung τ_{zul} im Kessel nicht überschritten wird?

b) Überprüfen Sie Ihr Ergebnis mit Hilfe des MOHRschen Spannungskreises.

Gegeben: r, $t \ll r$, ℓ, τ_{zul}

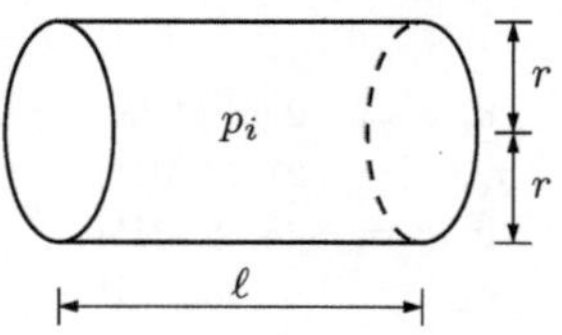

Lösung:

a) $p_{\mathrm{i}} \leq \dfrac{2t}{r}\,\tau_{\mathrm{zul}}$

Aufgabe 8.4 (Schwierigkeitsgrad 2)

Ein dünnwandiger, kugelförmiger Kessel mit dem Radius R und der Wandstärke h ist durch den Außendruck p belastet.

a) Wie groß ist die Umfangsspannung σ_φ?

b) Zeichnen Sie den MOHRschen Kreis und bestimmen Sie die maximale Schubspannung $\tau_{\max}$ im Kessel.

Gegeben: R, h, p

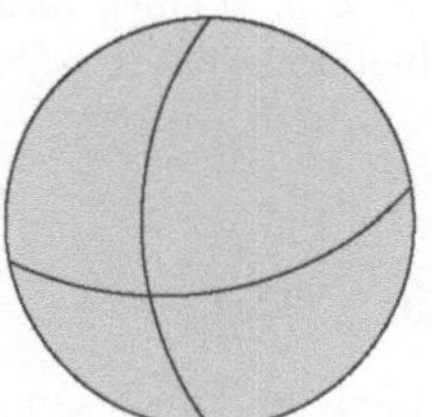

Lösung:

a) $\sigma_\varphi = \frac{1}{2} p \frac{R}{h}$

b) $\tau_{\max} = \frac{1}{4} p \frac{R}{h}$

Aufgabe 8.5 (Schwierigkeitsgrad 1)

Ein Balken, der in angegebener Weise in einer um den Winkel α geneigten Fläche geklebt ist, wird durch eine Zugspannung σ_0 belastet.

a) Unter welchem Winkel α wird die Schubspannung $\tau_{\xi\eta}$ maximal?

b) Wie groß ist unter diesem Winkel die Normalspannung?

c) Überprüfen Sie Ihre Ergebnisse mit Hilfe des MOHRschen Spannungskreises.

Gegeben: σ_0

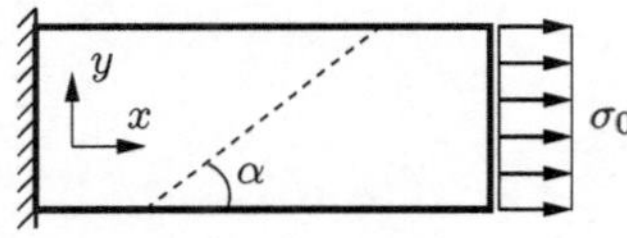

Lösung:

a) $\alpha = 45°$

b) $\sigma = \frac{\sigma_0}{2}$

9 Verzerrungszustand

Unter der Wirkung von Lasten erfahren die Punkte (x, y, z) eines verformbaren Körpers *Verschiebungen*, welche durch den Verschiebungsvektor $\boldsymbol{u}(x, y, z)$ mit den Komponenten $u(x, y, z)$, $v(x, y, z)$ bzw. $w(x, y, z)$ in x-, y- bzw. z-Richtung beschrieben werden.

$$\boldsymbol{u}(x,y,z) \quad = \quad u(x,y,z)\,\boldsymbol{e}_x + v(x,y,z)\,\boldsymbol{e}_y + w(x,y,z)\,\boldsymbol{e}_z \tag{9.1}$$

Diese Verschiebungen sind im allgemeinen für verschiedene Punkte eines Körpers unterschiedlich, so dass die Körperelemente *Verzerrungen* unterliegen, die in *Dehnungen* und *Gleitungen* unterteilt werden.

Die folgenden Betrachtungen und Herleitungen sind auf kleine Deformationen (geometrisch lineare Theorie) beschränkt.

9.1 Verschiebungsvektor und Verzerrungstensor

In Bild 9.1 ist ein Körper im undeformierten und deformierten Zustand dargestellt. Die *Verschiebungsvektoren* der beiden Punkte P_1 und P_2 lauten:

$$\boldsymbol{u}_1 \quad = \quad \boldsymbol{r}'_1 - \boldsymbol{r}_1 \tag{9.2}$$

$$\boldsymbol{u}_2 \quad = \quad \boldsymbol{r}'_2 - \boldsymbol{r}_2 \tag{9.3}$$

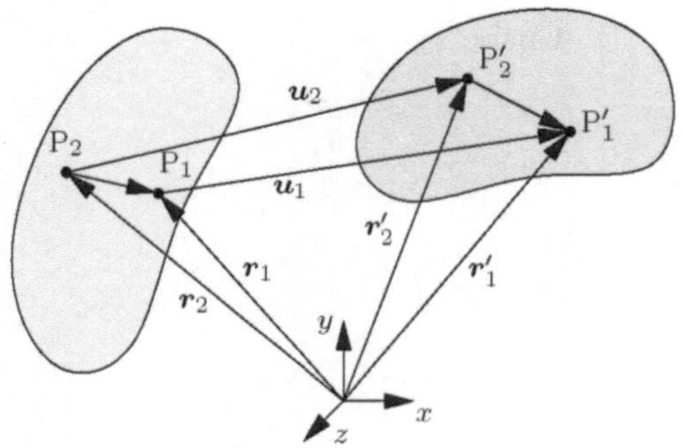

Bild 9.1
Körper im undeformierten und deformierten Zustand

Bereits in Abschnitt 7.2 wurde die *Dehnung* für einen Stab definiert als Verhältnis der Längenänderung zur Ausgangslänge eines infinitesimalen Stabelements. Für ein Körperelement gibt es folglich für jede Koordinatenrichtung eine Dehnung, siehe Bild 9.2, in der aus Gründen der Übersichtlichkeit nur die x-y-Ebene des rechteckigen Körperelementes dargestellt ist.

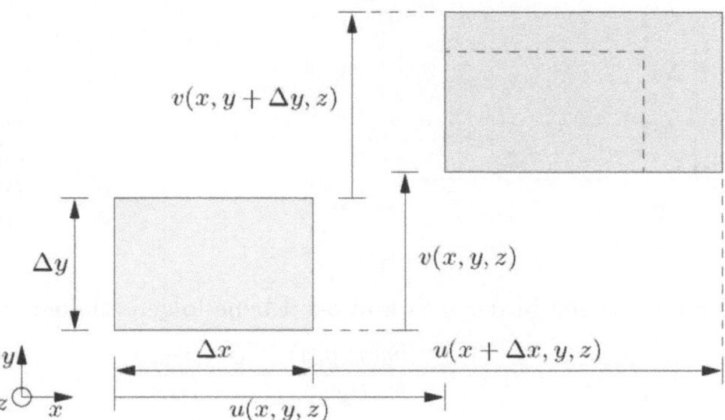

Bild 9.2
Dehnung eines Körperelementes

Die Dehnungen in x- und y-Richtung sowie analog in z-Richtung lauten

$$\varepsilon_{xx} = \lim_{\Delta x \to 0} \frac{u(x+\Delta x, y, z) - u(x,y,z)}{\Delta x} = \frac{\partial u(x,y,z)}{\partial x}, \tag{9.4}$$

$$\varepsilon_{yy} = \lim_{\Delta y \to 0} \frac{v(x, y+\Delta y, z) - v(x,y,z)}{\Delta y} = \frac{\partial v(x,y,z)}{\partial y}, \tag{9.5}$$

$$\varepsilon_{zz} = \lim_{\Delta z \to 0} \frac{w(x, y, z+\Delta z) - w(x,y,z)}{\Delta z} = \frac{\partial w(x,y,z)}{\partial z}, \tag{9.6}$$

wobei beispielsweise $\partial/\partial x$ wieder die *partielle Ableitung* nach x bedeutet, vgl. Gleichung 8.8.

Die *Gleitung* ist die Abweichung vom rechten Winkel des Körperelementes und damit ein Maß für die Winkeländerung oder *Winkelverzerrung*. In Bild 9.3 ist die Gleitung eines Körperelementes dargestellt. Die *Gleitwinkel* (in der dargestellten x-y-Ebene) sind

$$\gamma_1 = \lim_{\Delta x \to 0} \frac{v(x+\Delta x, y, z) - v(x,y,z)}{\Delta x} = \frac{\partial v(x,y,z)}{\partial x}, \tag{9.7}$$

$$\gamma_1 = \lim_{\Delta y \to 0} \frac{u(x, y+\Delta y, z) - u(x,y,z)}{\Delta y} = \frac{\partial u(x,y,z)}{\partial y}. \tag{9.8}$$

Als Gleitung in der x-y-Ebene ist die Summe dieser beiden Gleitwinkel definiert:

$$\gamma_{xy} = \gamma_1 + \gamma_2 = \frac{\partial v(x,y,z)}{\partial x} + \frac{\partial u(x,y,z)}{\partial y} \tag{9.9}$$

Durch Austauschen von x mit y und u mit v erkennt man

$$\gamma_{xy} = \gamma_{yx}\,. \tag{9.10}$$

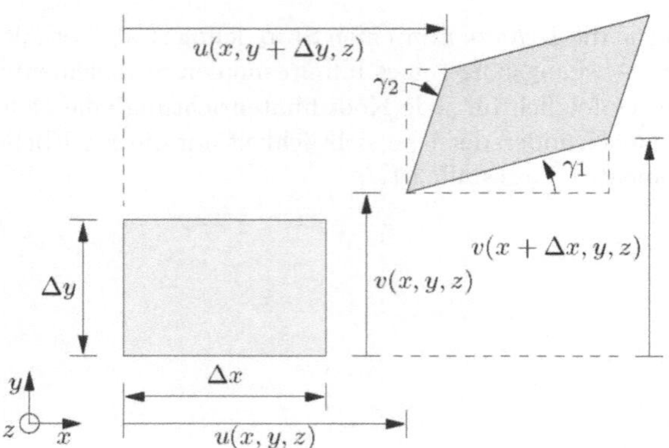

Bild 9.3 Gleitung (Winkelverzerrung) eines Körperelementes

Die Gleitungen in der y-z- und z-x-Ebene folgen analog:

$$\gamma_{yz} = \gamma_{zy} = \frac{\partial w(x,y,z)}{\partial y} + \frac{\partial v(x,y,z)}{\partial z} \tag{9.11}$$

$$\gamma_{zx} = \gamma_{xz} = \frac{\partial u(x,y,z)}{\partial z} + \frac{\partial w(x,y,z)}{\partial x} \tag{9.12}$$

Analog zum Spannungstensor (Gleichung 8.16) kann auch ein *Verzerrungstensor* definiert werden, dessen Komponenten die Dehnungen ε_{ii} und die *halben* Winkelverzerrungen, die sogenannten *Schubverzerrungen* ε_{ij} (für $i \neq j$), sind:

$$\varepsilon_{ij} = \frac{\gamma_{ij}}{2} \tag{9.13}$$

Die (symmetrische) Komponentenmatrix für den Verzerrungstensors des räumlichen Verzerrungszustandes lautet daher

$$\boldsymbol{\varepsilon} = \begin{bmatrix} \varepsilon_{xx} & \varepsilon_{xy} & \varepsilon_{xz} \\ \varepsilon_{xy} & \varepsilon_{yy} & \varepsilon_{yz} \\ \varepsilon_{xz} & \varepsilon_{yz} & \varepsilon_{zz} \end{bmatrix} = \begin{bmatrix} \varepsilon_{xx} & \frac{1}{2}\gamma_{xy} & \frac{1}{2}\gamma_{xz} \\ \frac{1}{2}\gamma_{xy} & \varepsilon_{yy} & \frac{1}{2}\gamma_{yz} \\ \frac{1}{2}\gamma_{xz} & \frac{1}{2}\gamma_{zy} & \varepsilon_{zz} \end{bmatrix} . \tag{9.14}$$

Für die Komponenten der Verzerrungsmatrix gilt damit einheitlich (auch für $i = j$)

$$\varepsilon_{ij} = \frac{1}{2}\left(\frac{\partial u_i}{\partial x_j} + \frac{\partial u_j}{\partial x_i}\right) . \tag{9.15}$$

Da die Verschiebungen u_i und die Verzerrungen ε_{ij} die Geometrie der Verformung beschreiben, werden sie als *kinematische Größen* bezeichnet.

In der technischen Praxis werden analog zu den Spannungen i. d. R. die folgenden Bezeichnungsweisen für die Verzerrungen bevorzugt.

$$\varepsilon_x \mathrel{\hat{=}} \varepsilon_{xx} \qquad \varepsilon_y \mathrel{\hat{=}} \varepsilon_{yy} \qquad \varepsilon_z \mathrel{\hat{=}} \varepsilon_{zz} \tag{9.16}$$

$$\gamma_{xy} \mathrel{\hat{=}} 2\,\varepsilon_{xy} \qquad \gamma_{yz} \mathrel{\hat{=}} 2\,\varepsilon_{yz} \qquad \gamma_{zx} \mathrel{\hat{=}} 2\,\varepsilon_{zx} \tag{9.17}$$

9.2 Ebener Verzerrungszustand

Beim zweiachsigen oder ebenen Verzerrungszustand ist die Verzerrung in eine Richtung behindert, und daher sind die Verzerrungskomponenten in diese Richtung null:

$$\varepsilon_z = \gamma_{xz} = \gamma_{yz} = 0 \tag{9.18}$$

Die Verzerrungsmatrix hat damit nur noch vier Einträge, wie die Spannungsmatrix beim ebenen Spannungszustand (Gleichung 8.18).

$$\boldsymbol{\varepsilon} = \begin{bmatrix} \varepsilon_x & \gamma_{xy} \\ \gamma_{xy} & \varepsilon_y \end{bmatrix} \tag{9.19}$$

Der ebene Verzerrungszustand findet vor allem dort Anwendung, wo durch eine große Ausdehnung des betrachteten Gebiets in eine Richtung eine Dehnungsbehinderung in diese Richtung angenommen werden kann, wie beispielsweise bei der Berechnung von Tunneln.

Anmerkung: Die für den ebenen Spannungszustand gezeigten Eigenschaften der Spannungsmatrix aus Abschnitt 8.3 können entsprechend auf die Verzerrungsmatrix übertragen werden (Transformation der Verzerrungskomponenten bei Drehung des Koordinatensystems, Hauptdehnungen).

9.3 Rotationssymmetrischer Verzerrungszustand

Analog zur Umfangsspannung σ_φ (siehe Beispiel 8.4) ist auch eine Umfangsdehnung ε_φ definiert. Mit der Umfangsfunktion $U(r)$ und der Aufweitung u in r-Richtung gilt nach Bild 9.4, in der die Aufweitung eines dünnwandigen, zylinderförmigen Kessels in der x-y-Ebene dargestellt ist:

$$\varepsilon_\varphi = \frac{U(r+\Delta r) - U(r)}{U(r)} = \frac{2\pi(r+u) - 2\pi r}{2\pi r} = \frac{u}{r} \tag{9.20}$$

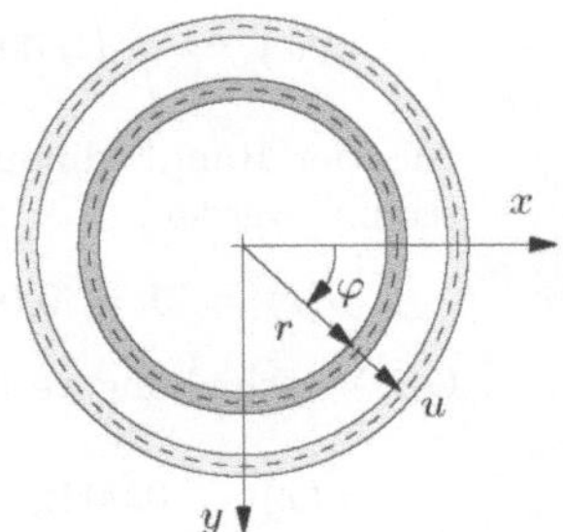

Bild 9.4
Definition der Umfangsdehnung

9.4 Einachsiger Verzerrungszustand

Beim einachsigen Verzerrungszustand sind die Verzerrungen in zwei Richtungen behindert und daher die Verzerrungskomponenten in diese Richtungen null:

$$\varepsilon_y = \varepsilon_z = \gamma_{xy} = \gamma_{yz} = \gamma_{zx} = 0 \qquad (9.21)$$

Die Verzerrungsmatrix (Gleichung 9.14) hat damit als einzigen Eintrag ε_x.

$$\boldsymbol{\varepsilon} = \left[\varepsilon_x \right] \qquad (9.22)$$

Für den eindimensionalen Fall wurde die Dehnung ε_x bereits in Gleichung 7.4 definiert. Ist der Verschiebungsverlauf $u(x)$ bekannt, so lässt sich die Dehnung $\varepsilon_x(x)$ durch Differenzieren ermitteln. Bei bekanntem Dehnungsverlauf $\varepsilon_x(x)$ kann die Verschiebung $u(x)$ durch Integration berechnet werden.

$$u(x) = \int \varepsilon_x(x)\,\mathrm{d}x + C \qquad (9.23)$$

Die Integrationskonstante C lässt sich aus einer Randbedingung für die Verschiebung u bestimmen. Bei *konstanter* Dehnung ε über die Länge ℓ folgt daraus mit der Längenänderung $\Delta\ell = u(x = \ell) - u(x = 0)$

$$\varepsilon = \frac{\Delta\ell}{\ell}\,. \qquad (9.24)$$

Bei einer Verlängerung (Streckung) ($\Delta\ell > 0$) ist die Dehnung positiv, bei einer Verkürzung (Stauchung) ($\Delta\ell < 0$) negativ.

Beispiel 9.1 Einachsiger Spannungszustand

Gesucht ist der Verschiebungsverlauf $u(x)$ für den dargestellten Stab der Länge ℓ, bei dem die Dehnungsfunktion $\varepsilon_x(x)$ bekannt ist.

Lösung:

Aus Gleichung 9.23 folgt

$$u(x) = \int \left(0.002 + \frac{x}{100\,\ell}\right) \mathrm{d}x = 0.002\,x + \frac{x^2}{200\,\ell} + C\,.$$

Aus der Randbedingung $u(\ell) = 0$ kann die Integrationskonstante C bestimmt werden:

$$u(\ell) = 0 = 0.002\,\ell + 0.005\,\ell + C \quad \Rightarrow \quad C = -0.007\,\ell$$

Der Verschiebungsverlauf des Stabes lautet damit:

$$u(x) = 0.002\,x + \frac{x^2}{100\,\ell} - 0.007\,\ell$$

9.5 Übungsaufgaben

Aufgabe 9.1 (Schwierigkeitsgrad 1)

Bei einem verformten dünnwandigen, zylinderförmigen Kessel mit dem Ausgangsradius r wird der Durchmesser D gemessen.

Wie groß ist die Umfangsdehnung ε_φ?

Gegeben: $r = 10$ cm, $D = 20.02$ cm

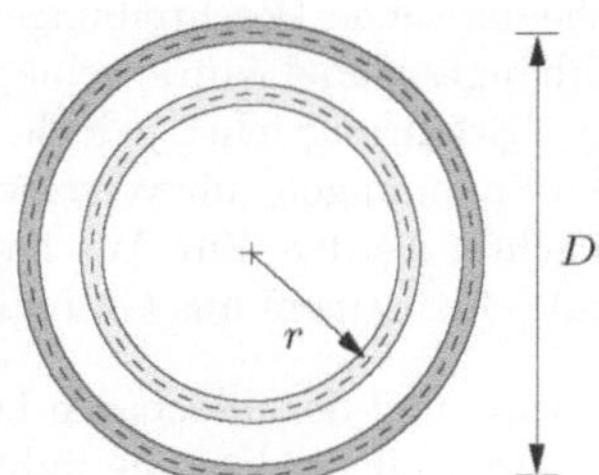

Lösung:

$$\varepsilon_\varphi = 0.001$$

Aufgabe 9.2 (Schwierigkeitsgrad 1)

Für den dargestellten Stab der Länge ℓ ist der Verschiebungsverlauf $u(x)$ bekannt.

Bestimmen Sie den Dehnungsverlauf $\varepsilon_x(x)$.

Gegeben: ℓ, $u(x) = \frac{1}{50\,\ell}(\ell - x)x$

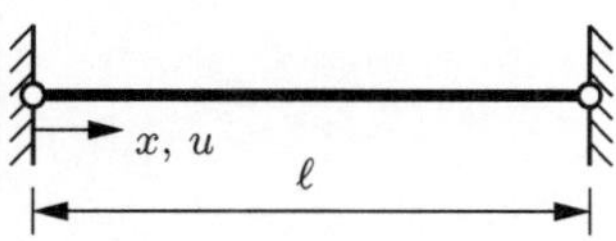

Lösung:

$$\varepsilon_x(x) = \frac{1}{50} - \frac{1}{25}\frac{x}{\ell}$$

10 Materialgleichungen

Die in den Kapiteln 8 und 9 hergeleiteten mathematischen Beschreibungen für Spannungen und Verformungen gelten stoffunabhängig, dabei wurde keine Festlegung auf ein spezielles Material getroffen. Die Erfahrung lehrt jedoch, dass bei gleicher Krafteinwirkung (und somit gleichen Spannungen) für verschiedene Werkstoffe unterschiedliche Verformungen beobachtet werden. Zur Anschauung stelle man sich einen Zugstab aus Stahl im Vergleich zu einem aus Gummi vor.

Der Zusammenhang zwischen der äußeren Belastung und der messbaren Deformation wird über mathematische Beziehungen hergestellt, welche die individuellen Materialeigenschaften beschreiben, die sogenannten *Material-* oder *Stoffgleichungen*. Um dabei eine von der spezifischen Bauteilgeometrie unabhängige Beschreibung zu erreichen, müssen somit werkstoffbezogene Relationen zwischen Spannungen und Verzerrungen formuliert werden. Die Materialgleichungen werden durch experimentelle Untersuchungen gewonnen, siehe Abschnitt 10.1. Eine solche Untersuchung stellt der in Bild 10.1 abgebildete Zugversuch dar.

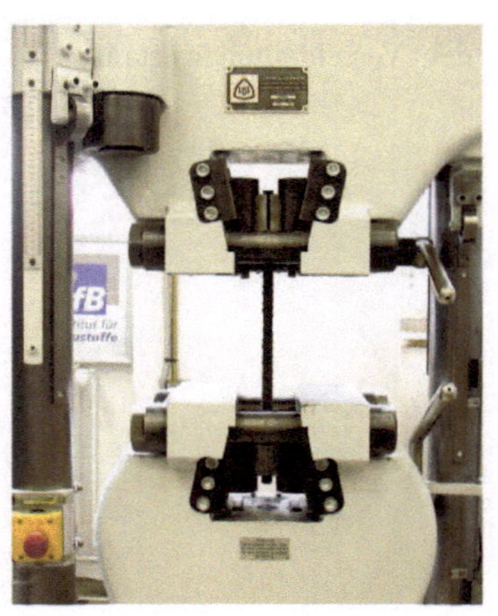

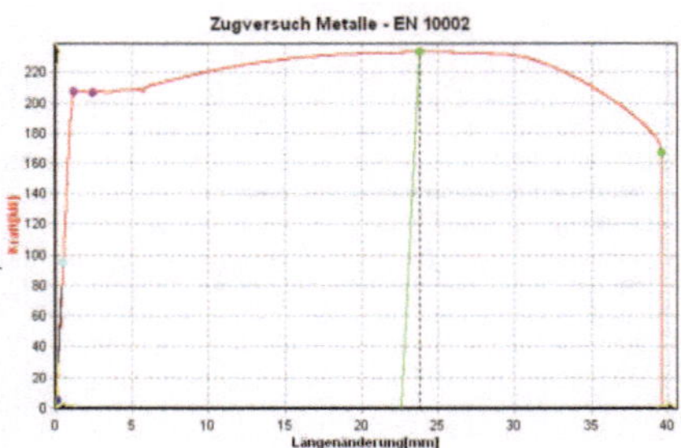

Bild 10.1 Zugversuch mit einem in die Prüfmaschine eingespannten Probestab mit zugehörigem Kraft-Verschiebungs-Diagramm

10.1 Materialverhalten im Versuch

10.1.1 Zugversuch

Beim in Bild 10.1 abgebildeten Zugversuch wird der in die Prüfmaschine eingebaute Probestab aus Stahl bis zum Versagen gedehnt. Aus der Kraft F, die die Maschine auf den Stab ausübt, und aus der gemessenen Längenänderung $\Delta\ell$ (siehe Diagramm in Bild 10.1), werden die Normalspannung $\sigma = F/A$ und die Dehnung $\varepsilon = \Delta\ell/\ell$ berechnet und im *Spannungs-Dehnungs-Diagramm* angetragen, das in Bild 10.2 qualitativ dargestellt ist.

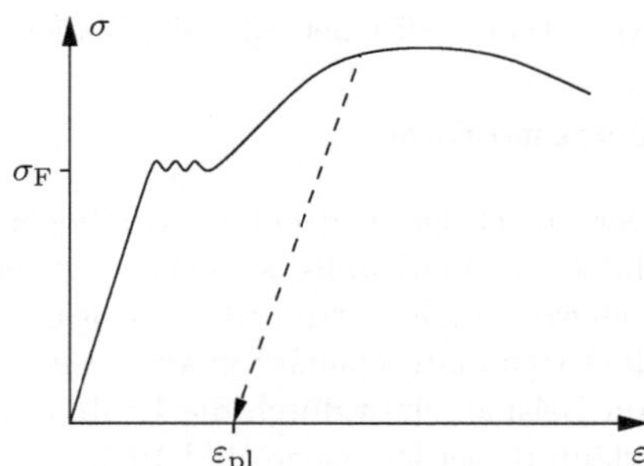

Bild 10.2
Spannungs-Dehnungs-Diagramm für einen Stahlzugversuch

Im Bereich kleiner Dehnungen erkennt man den linearen Zusammenhang zwischen Spannung und Dehnung, der bis zur sogenannten *Fließgrenze* σ_F gilt. Beim Erreichen der Fließgrenze nimmt die Dehnung bei gleichbleibender Spannung zu: Der Stahl beginnt zu *fließen*. Der anschließende Bereich, in dem die Kurve wieder ansteigt, wird *Verfestigungsbereich* genannt: Der Stahl kann bis zum Bruch eine weitere Belastung aufnehmen.

Bei der vollständigen Entlastung des Stabes vor Erreichen der Fließgrenze ($\sigma < \sigma_F$), nimmt der Stab wieder seine Ausgangslänge an. Die Dehnung geht also auf null zurück, so dass Be- und Entlastungskurve identisch sind. Dies wird (linear) *elastisches* Materialverhalten genannt. Entlastet man den Stab hingegen erst nach Überschreiten der Fließgrenze, so geht die Dehnung nicht auf null zurück, sondern die Entlastungskurve verläuft parallel zum linear elastischen Bereich, so dass die sogenannte *plastische* Dehnung ε_{pl} zurückbleibt, siehe Bild 10.2. Dieses Materialverhalten wird *plastisch* genannt.

Bei kleinen Formänderungen liefern die Experimente für viele Werkstoffe einen linearen Zusammenhang zwischen Spannung und Verzerrung

$$\sigma \sim \varepsilon \quad \Rightarrow \quad \sigma = E\,\varepsilon \tag{10.1}$$

mit der Proportionalitätskonstanten E. Diese linear elastische Materialgleichung, bei der die Formänderungen nach der Entlastung wieder zurückgehen, wird nach ROBERT HOOKE (1635 – 1703) auch das *Hookesche Gesetz* („ut tensio sic vis“) oder *Elastizitätsgesetz* genannt. Dennoch handelt es sich nicht um ein allgemeingültiges Gesetz, sondern nur um eine Materialgleichung für linear elastisches Verhalten.

> **Anmerkung:** Für alle kristallinen Werkstoffe und viele molekulare Festkörper kann dieser Zusammenhang auch aus der atomaren Bindung abgeleitet werden.

Im Folgenden werden nur *elastische* Werkstoffe betrachtet, die dem HOOKEschen Gesetz genügen. Zusätzlich wird die Annahme getroffen, dass die Werkstoffe für die zwei- und dreiachsigen Spannungs- und Verzerrungszustände *homogen* und *isotrop* sind. Ein homogener Werkstoff weist überall die gleichen Eigenschaften auf, beim isotropen Werkstoff sind diese Eigenschaften zusätzlich in allen Richtungen gleich. Während beispielsweise Stahl weitestgehend isotrop ist, verhält sich Holz, dessen Eigenschaften abhängig von der Faserrichtung sind, anisotrop. Anhaltswerte für den Elastizitätsmodul E sind Tabelle 10.1 zu entnehmen.

Querkontraktion

Der einachsige Zugversuch gibt nicht nur Auskunft über den Elastizitätsmodul E des Werkstoffs, sondern zeigt auch noch folgendes Phänomen: Außer der Längsdehnung ε_x tritt eine Verformung des Körpers normal zu Längsachse auf, die sogenannte *Querkontraktion* (negative Querdehnung). Dieses Verhalten soll am Beispiel eines durch die Kraft F in x-Richtung gezogenen, geraden Stabes erläutert werden, siehe Bild 10.3.

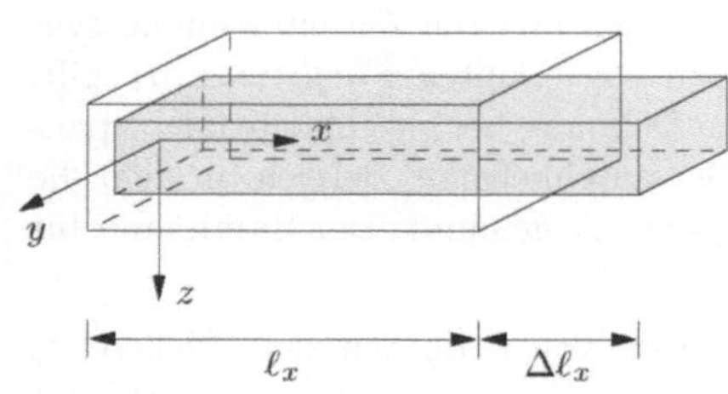

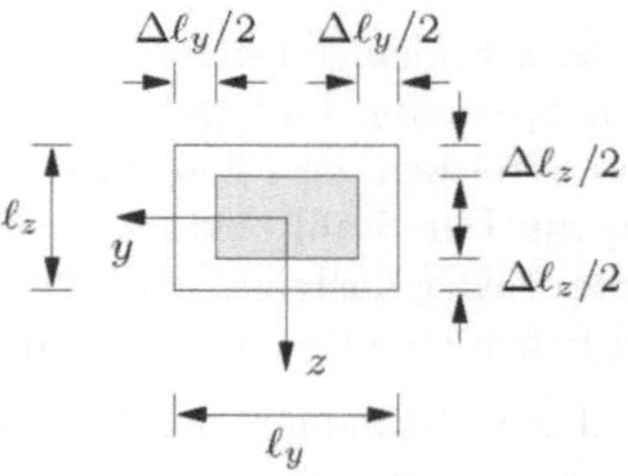

Bild 10.3 Querkontraktion beim geraden Stab

Mit Einführung der *Querkontraktionszahl* ν als negatives Verhältnis der Quer- zur Längsdehnung

$$\nu_y = -\frac{\varepsilon_y}{\varepsilon_x} \quad \text{bzw.} \quad \nu_z = -\frac{\varepsilon_z}{\varepsilon_x} \tag{10.2}$$

zeigt der Versuch

$$\varepsilon_x = \frac{\Delta\ell_x}{\ell_x} = \frac{\sigma_x}{E}, \tag{10.3}$$

$$\varepsilon_y = \frac{\Delta\ell_y}{\ell_y} = -\nu_y\varepsilon_x, \tag{10.4}$$

$$\varepsilon_z = \frac{\Delta\ell_z}{\ell_z} = -\nu_z\varepsilon_x. \tag{10.5}$$

Aufgrund der Isotropie gilt

$$\nu = \nu_y = \nu_z \,. \tag{10.6}$$

Die dimensionslose Größe ν heißt auch *Querdehnzahl*, ihr Kehrwert $1/\nu$ wird nach SIMÉON DENIS POISSON (1781 – 1840) auch als *Poissonsche Konstante* bezeichnet. Anhaltswerte für ν sind für Stahl 0.3 und für Beton 0.2, siehe Tabelle 10.1.

10.1.2 Torsionsversuch

Zur Erzeugung eines reinen Schubspannungszustandes ist ein Torsionsversuch eines dünnwandigen Hohlzylinders nach Bild 10.4 geeignet (zur Torsion siehe Abschnitt 13.3).

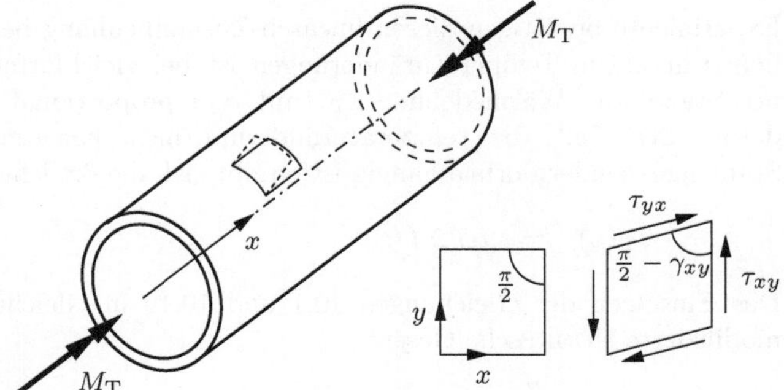

Bild 10.4
Torsionsversuch

Dabei stellt man (innerhalb des Proportionalitätsbereiches, $\gamma \ll 1$) folgenden Zusammenhang zwischen den Schubspannungen τ und den Gleitungen γ fest (HOOKEsches Gesetz für Schub):

$$\tau_{xy} = G\,\gamma_{xy} \tag{10.7}$$

beziehungsweise für die anderen Koordinatenrichtungen

$$\tau_{yz} = G\,\gamma_{yz} \quad \text{und} \quad \tau_{zx} = G\,\gamma_{zx} \,. \tag{10.8}$$

Der Materialparameter G wird als *Schubmodul* (oder auch *Gleitmodul*) bezeichnet, mit der Dimension Kraft pro Fläche: $[G] = [F/\ell^2] = \mathrm{Pa} = \mathrm{N/m^2}$. Stahl beispielsweise hat einen Schubmodul von 81 GPa, siehe Abschnitt 10.3.

10.1.3 Wärmedehnung

Ein weiteres Phänomen ist, dass sich die meisten Stoffe bei Temperaturerhöhung ausdehnen. Dies ist das makroskopisch sichtbare Ergebnis der Tatsache, dass atomare Verbände bei höherer Temperatur einen größeren Abstand zwischen den einzelnen Atomen einnehmen. Zu der durch mechanische Beanspruchung hervorgerufenen Dehnung addiert sich somit die Wärmedehnung. Das verallgemeinerte HOOKEsche Gesetz für einen linear elastischen Festkörper nimmt damit die Form

$$\varepsilon = \varepsilon_\sigma + \varepsilon_T \tag{10.9}$$

an, wobei für den Temperaturanteil ε_T das lineare Wärmeausdehnungsgesetz

$$\varepsilon_T = \alpha_T \Delta T \tag{10.10}$$

angenommen wird. Dabei ist ΔT die Temperaturänderung und α_T der *Wärmeausdehnungskoeffizient*, eine weitere Werkstoffkonstante mit der Dimension des Kehrwertes der Temperatur: $[\alpha_T] = [1/T] = 1/\text{K}$. Anhaltswerte für α_T können für verschiedene Materialien aus Tabelle 10.1 entnommen werden.

Experimente bestätigen diesen linearen Zusammenhang bei gängigen Materialien: Für kleine Temperaturänderungen ist bei gleichförmiger Erwärmung eines Stabes die Wärmedehung ε_T (mit α_T) proportional zur Temperaturänderung ΔT. Falls die Temperaturänderung nicht konstant über die gesamte Stablänge, sondern ortsabhängig ist, ergibt sich die örtliche Dehnung zu

$$\varepsilon_T(x) = \alpha_T \Delta T(x)\,. \tag{10.11}$$

Das Einsetzen der Gleichungen 10.1 und 10.10 in Gleichung 10.9 liefert das modifizierte HOOKEsche Gesetz

$$\varepsilon = \frac{\sigma}{E} + \alpha_T \Delta T \tag{10.12}$$

beziehungsweise

$$\sigma = E\,(\varepsilon - \alpha_T \Delta T)\,. \tag{10.13}$$

In diesem Zusammenhang ist es jedoch wichtig zu Kenntnis zu nehmen, dass Wärmedehnung weder mit Gleitungen verbunden ist noch Spannungen im Werkstoff hervorruft, solange diese nicht durch äußere Zwänge (geometrische Randbedingungen) behindert wird. Für die Auslegung von Konstruktionen im Ingenieurbereich ist gerade der zweite Aspekt von besonderer Bedeutung: Kann sich ein Festkörper, der veränderlichen Temperaturen ausgesetzt ist, aufgrund seiner Lagerung nicht unbehindert ausdehnen, treten Zwänge auf, die wiederum mechanische Spannungen im Material verursachen, vgl. Beispiel 10.1.

Beispiel 10.1 Wärmedehnung

Eisenbahnschienen werden i. d. R. an ihren Längsstößen miteinander verschweisst, so dass ihre Längsdehnung behindert ist. Geht man davon aus, dass der Einbau bei 20° erfolgt, so tritt bei einer angenommenen Maximaltemperatur im Sommer von 60° eine Temperaturdifferenz von

$\Delta T = 40$ K auf. Zu untersuchen ist die Lagerkraft ΔF, die beim dargestellten Schienenstoß vom Gleisbett aufgrund der Temperaturänderung aufzunehmen ist. Die Querschnittsflächen der Stahlschienen sind links $A_{\text{l}} = 69.48\ \text{cm}^2$ und rechts $A_{\text{r}} = 52.16\ \text{cm}^2$.

Lösung:
Bei Vernachlässigung der Querdehnung ($\nu = 0$) gilt nach Gleichung 10.13 mit behinderter Längsdehnung ($\varepsilon = 0$) für die Längsspannung in den Schienen

$$\begin{aligned}\sigma &= -E\,\alpha_T \Delta T \\ &= -2.1 \cdot 10^5\ \text{MPa} \cdot 1.2 \cdot 10^{-5}\ 1/\text{K} \cdot 40\ \text{K} = -100.8\ \text{MPa}\,.\end{aligned}$$

Damit folgt für die Längs(druck)kräfte in den Schienen

$$\begin{aligned}F_{\text{l}} &= -\sigma A_{\text{l}} = 100.8\ \text{MPa} \cdot 69.48\ \text{cm}^2 = 700.4\ \text{kN}\,, \\ F_{\text{r}} &= -\sigma A_{\text{r}} = 100.8\ \text{MPa} \cdot 52.16\ \text{cm}^2 = 525.8\ \text{kN}\,.\end{aligned}$$

Das Kräftegleichgewicht liefert die Lagerkraft ΔF

$$\begin{aligned}\leftarrow\ &:\ \Delta F + F_{\text{r}} - F_{\text{l}} = 0 \\ &\Rightarrow\ \Delta F = F_{\text{l}} - F_{\text{r}} = 700.4\ \text{kN} - 525.8\ \text{kN} = 174.6\ \text{kN}\,.\end{aligned}$$

Werkstoff	E / MPa	ν	α_T / 1/K
Stahl	$2.1 \cdot 10^5$	0.3	$1.2 \cdot 10^{-5}$
Gußeisen	$(0.8 \ldots 1.2) \cdot 10^5$	0.25	$0.9 \cdot 10^{-5}$
Aluminium	$0.7 \cdot 10^5$	0.34	$2.4 \cdot 10^{-5}$
Beton	$(2.6 \ldots 4.5) \cdot 10^4$	0.2	$1.0 \cdot 10^{-5}$
Holz*	$(0.8 \ldots 1.3) \cdot 10^4$	$0.02 \ldots 0.06$	$(2.5 \ldots 5.0) \cdot 10^{-6}$
Glas	$(0.55 \ldots 0.65) \cdot 10^5$	$0.2 \ldots 0.3$	$(0.8 \ldots 1.0) \cdot 10^{-5}$

*Holz ist ein anisotroper Werkstoff, dessen Kennwerte zudem in Abhängigkeit der Holzart stark schwanken. Die angegebenen Werte gelten für Zug in Faserrichtung.

Tabelle 10.1 Werkstoffkennwerte

10.2 Verallgemeinertes Hookesches Gesetz

10.2.1 Dreiachsiger Spannungs- und Verzerrungszustand

Eine Verallgemeinerung der Versuchsergebnisse aus Abschnitt 10.1 auf den dreiachsigen Spannungszustand liefert unter Berücksichtigung des Temperatureinflusses folgende Abhängigkeiten zwischen Verzerrungen ε bzw. γ und Spannungen σ bzw. τ:

$$\varepsilon_x = \frac{1}{E}\left[\sigma_x - \nu(\sigma_y + \sigma_z)\right] + \alpha_T \Delta T \tag{10.14}$$

$$\varepsilon_y = \frac{1}{E}\left[\sigma_y - \nu(\sigma_x + \sigma_z)\right] + \alpha_T \Delta T \tag{10.15}$$

$$\varepsilon_z = \frac{1}{E}\left[\sigma_z - \nu(\sigma_x + \sigma_y)\right] + \alpha_T \Delta T \tag{10.16}$$

$$\gamma_{xy} = \frac{1}{G}\tau_{xy} \tag{10.17}$$

$$\gamma_{yz} = \frac{1}{G}\tau_{yz} \tag{10.18}$$

$$\gamma_{zx} = \frac{1}{G}\tau_{zx} \tag{10.19}$$

Ordnet man die sechs Verzerrungsgrößen und die sechs Spannungsgrößen in einen Vektor ein, so liefert dies folgende Matrizendarstellung für das verallgemeinerte HOOKEsche Gesetz:

$$\begin{bmatrix} \varepsilon_x \\ \varepsilon_y \\ \varepsilon_z \\ \gamma_{xy} \\ \gamma_{yz} \\ \gamma_{zx} \end{bmatrix} = \begin{bmatrix} \frac{1}{E} & -\frac{\nu}{E} & -\frac{\nu}{E} & 0 & 0 & 0 \\ -\frac{\nu}{E} & \frac{1}{E} & -\frac{\nu}{E} & 0 & 0 & 0 \\ -\frac{\nu}{E} & -\frac{\nu}{E} & \frac{1}{E} & 0 & 0 & 0 \\ 0 & 0 & 0 & \frac{1}{G} & 0 & 0 \\ 0 & 0 & 0 & 0 & \frac{1}{G} & 0 \\ 0 & 0 & 0 & 0 & 0 & \frac{1}{G} \end{bmatrix} \begin{bmatrix} \sigma_x \\ \sigma_y \\ \sigma_z \\ \tau_{xy} \\ \tau_{yz} \\ \tau_{zx} \end{bmatrix} + \begin{bmatrix} \alpha_T\Delta T & \alpha_T\Delta T & \alpha_T\Delta T & 0 & 0 & 0 \end{bmatrix}^{\mathrm{T}} \tag{10.20}$$

In inverser Darstellung (d. h. aufgelöst nach den Spannungen) lauten die Beziehungen:

$$\sigma_x = \frac{E}{(1+\nu)(1-2\nu)}\left[(1-\nu)\varepsilon_x + \nu(\varepsilon_y + \varepsilon_z) - (1+\nu)\,\alpha_T\Delta T\right] \tag{10.21}$$

$$\sigma_y = \frac{E}{(1+\nu)(1-2\nu)}\left[(1-\nu)\varepsilon_y + \nu(\varepsilon_z + \varepsilon_x) - (1+\nu)\,\alpha_T\Delta T\right] \tag{10.22}$$

$$\sigma_z = \frac{E}{(1+\nu)(1-2\nu)}\left[(1-\nu)\varepsilon_z + \nu(\varepsilon_x + \varepsilon_y) - (1+\nu)\,\alpha_T\Delta T\right] \tag{10.23}$$

$$\tau_{xy} = G\,\gamma_{xy} \tag{10.24}$$

$$\tau_{yz} = G\,\gamma_{yz} \tag{10.25}$$

$$\tau_{zx} = G\,\gamma_{zx} \tag{10.26}$$

Aus diesen Gleichungen für den dreiachsigen Spannungszustand lassen sich auch leicht diejenigen für den ebenen Spannungszustand und für den ebenen Verzerrungszustand bestimmen.

10.2.2 Ebener Spannungszustand

Für den ebenen Spannungszustand (siehe auch Abschnitt 8.3) mit $\sigma_z = \tau_{zx} = \tau_{zy} = 0$ liefern die Gleichungen 10.14 bis 10.19 folgende Verzerrungs-Spannungs-Relation:

$$\varepsilon_x = \frac{1}{E}(\sigma_x - \nu\sigma_y) + \alpha_T \Delta T \tag{10.27}$$

$$\varepsilon_y = \frac{1}{E}(\sigma_y - \nu\sigma_x) + \alpha_T \Delta T \tag{10.28}$$

$$\varepsilon_z = -\frac{\nu}{E}(\sigma_x + \sigma_y) + \alpha_T \Delta T \tag{10.29}$$

$$\gamma_{xy} = \frac{1}{G}\tau_{xy} \tag{10.30}$$

$$\gamma_{yz} = \gamma_{zx} = 0 \tag{10.31}$$

Aufgelöst nach den vier verbleibenden Spannungskomponenten folgt daraus:

$$\sigma_x = \frac{E}{1-\nu^2}\left[\varepsilon_x + \nu\varepsilon_y - (1+\nu)\,\alpha_T \Delta T\right] \tag{10.32}$$

$$\sigma_y = \frac{E}{1-\nu^2}\left[\varepsilon_y + \nu\varepsilon_x - (1+\nu)\,\alpha_T \Delta T\right] \tag{10.33}$$

$$\tau_{xy} = G\,\gamma_{xy}\,. \tag{10.34}$$

Anmerkung: Der ebene Spannungszustand (ohne Temperaturbelastung) bewirkt auch Dehnungen in der unbelasteten z-Richtung für $\nu \neq 0$.

Beispiel 10.2 Ebener Spannungszustand

Für eine an allen Rändern festgehaltene Scheibe (mit den Materialparametern E, ν und α_T) sind die Spannungen σ_x und σ_y infolge einer Abkühlung von $\Delta T = -20$ K für den ebenen Spannungszustand gesucht.

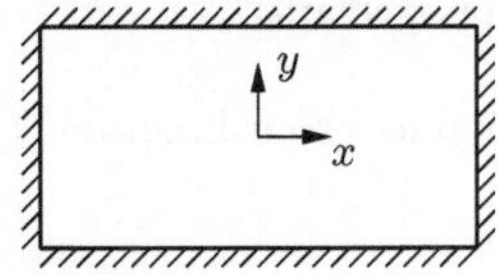

$$E = 2.1 \cdot 10^5 \text{ MPa}$$
$$\nu = 0.3$$
$$\alpha_T = 1.2 \cdot 10^{-5}\ \text{K}^{-1}$$

Lösung:

Da die Ränder unverschieblich festgehalten sind ($u_{\text{Rand}} = v_{\text{Rand}} = 0$), folgt aus der Kinematik $\varepsilon_x = \varepsilon_y = 0$. Die Gleichungen 10.32 und 10.33 liefern

$$\sigma_x = \sigma_y = -\frac{E}{1-\nu}\,\alpha_T \Delta T = -\frac{2.1 \cdot 10^5 \text{ MPa}}{1-0.3}\,1.2 \cdot 10^{-5} \cdot (-20) = 72 \text{ MPa}\,.$$

10.2.3 Ebener Verzerrungszustand

Für den ebenen Verzerrungszustand (siehe auch Abschnitt 9.2) mit $\varepsilon_z = \varepsilon_{xz} = \gamma_{zy} = 0$ folgt unmittelbar aus dem verallgemeinerten HOOKEschen Gesetz:

$$\varepsilon_x = \frac{1}{E}\left[\sigma_x - \nu(\sigma_y + \sigma_z)\right] + \alpha_T \Delta T \tag{10.35}$$

$$\varepsilon_y = \frac{1}{E}\left[\sigma_y - \nu(\sigma_x + \sigma_z)\right] + \alpha_T \Delta T \tag{10.36}$$

$$\gamma_{xy} = \frac{1}{G}\tau_{xy} \tag{10.37}$$

Die inverse Darstellung lautet dann:

$$\sigma_x = \tfrac{E}{(1+\nu)(1-2\nu)}\left[(1-\nu)\varepsilon_x + \nu\varepsilon_y - (1+\nu)\,\alpha_T \Delta T\right] \tag{10.38}$$

$$\sigma_y = \tfrac{E}{(1+\nu)(1-2\nu)}\left[(1-\nu)\varepsilon_y + \nu\varepsilon_x - (1+\nu)\,\alpha_T \Delta T\right] \tag{10.39}$$

$$\sigma_z = \tfrac{E}{(1+\nu)(1-2\nu)}\left[\nu(\varepsilon_x + \varepsilon_y) - (1+\nu)\,\alpha_T \Delta T\right] \tag{10.40}$$

$$\tau_{xy} = G\,\gamma_{xy} \tag{10.41}$$

$$\tau_{yz} = \tau_{zx} = 0 \tag{10.42}$$

Anmerkung: Der ebene Verzerrungszustand (ohne Temperaturbelastung) bewirkt auch Spannungen in der dehnungsbehinderten z-Richtung für $\nu \neq 0$.

Beispiel 10.3 Ebener Verzerrungszustand
Gesucht sind die Spannungen σ_x, σ_y und σ_z für die Scheibe aus Beispiel 10.2 für den ebenen Verzerrungszustand.

Lösung:
Die Gleichungen 10.38 bis 10.40 liefern mit $\varepsilon_x = \varepsilon_y = 0$

$$\sigma_x = \sigma_y = \sigma_z = -\frac{E}{1-2\nu}\,\alpha_T \Delta T = -\frac{2.1\cdot 10^5\ \text{MPa}}{1-2\cdot 0.3}\,1.2\cdot 10^{-5}\cdot(-20) = 126\ \text{MPa}\,.$$

10.2.4 Rotationssymmetrischer Spannungszustand

Die Verzerrungs-Spannungs-Relationen in Zylinderkoordinanten (siehe Abschnitt 8.4) lauten:

$$\varepsilon_r = \frac{1}{E}\left[\sigma_r - \nu(\sigma_\varphi + \sigma_z)\right] + \alpha_T \Delta T \tag{10.43}$$

$$\varepsilon_\varphi = \frac{1}{E}\left[\sigma_\varphi - \nu(\sigma_r + \sigma_z)\right] + \alpha_T \Delta T \tag{10.44}$$

$$\varepsilon_z = \frac{1}{E}\left[\sigma_z - \nu(\sigma_r + \sigma_\varphi)\right] + \alpha_T \Delta T \tag{10.45}$$

$$\gamma_{rz} = \frac{1}{G}\tau_{rz} \tag{10.46}$$

$$\gamma_{r\varphi} = \gamma_{\varphi z} = 0 \tag{10.47}$$

Beispiel 10.4 Rotationssymmetrischer Spannungszustand
Der dünnwandige, zylindrische Kessel aus Beispiel 8.4 mit $E/p = 20\,000$, $\nu = 0.3$, $\alpha_T = 1.2 \cdot 10^{-5}$ 1/K und $r/h = 100$ wird zusätzlich zur Belastung durch den Innendruck p um 100 K erwärmt. Gesucht ist die Umfangsdehnung ε_φ sowie die radiale Aufweitung u des Kessels für $r = 20$ cm.

Lösung:
Mit den Ergebnissen für die Spannungen σ_r, σ_φ und σ_z aus Beispiel 8.4 liefert Gleichung 10.44 die Umfangsdehnung

$$\varepsilon_\varphi = \frac{1}{20\,000\,p}\left[100\,p - 0.3 \cdot (0 + 50\,p)\right] + 1.2 \cdot 10^{-5} \cdot 100 \qquad (10.48)$$

$$= -0.00425 + 0.0012 = -0.00545\,. \qquad (10.49)$$

Mit Gleichung 9.20 folgt die radiale Aufweitung

$$u = \varepsilon_\varphi\, r = -0.00545 \cdot 20 \text{ cm} = 1.09 \text{ mm}\,. \qquad (10.50)$$

10.3 Beziehungen zwischen den Materialkonstanten

Mit Hilfe von Bild 10.5, das eine quadratische Scheibe der Kantenlänge ℓ und der Dicke h zeigt, kann eine Beziehung zwischen den Elastizitätskonstanten E, G und ν hergeleitet werden. Die Scheibe sei durch die Zug- und Druckspannung $\sigma_x = \sigma_0$ und $\sigma_y = -\sigma_0$ zweiachsig beansprucht ($\tau_{xy} = 0$).

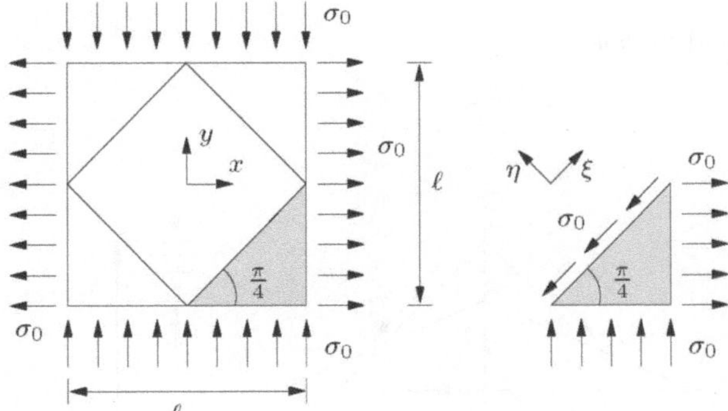

Bild 10.5 Scheibe mit Zug-/Druckspannung

In einem schrägen Schnitt unter dem Winkel $\pi/4$ gegen die x-Achse treten nach den Transformationsgleichungen 8.26 und 8.27 die Spannungen

$$\sigma_\eta = 0 \qquad (10.51)$$

$$\tau_{\xi\eta} = -\sigma_0 \qquad (10.52)$$

auf. Die Dehnung ε_y erhält man nach dem HOOKEschen Gesetz für den ebenen Spannungszustand (Gleichung 10.28).

$$\varepsilon_y = \frac{1}{E}\left(-\sigma_0 - \nu\sigma_0\right) = -\frac{1+\nu}{E}\,\sigma_0 \tag{10.53}$$

Für die Dehnung ε_x folgt aus Gleichung 10.27

$$\varepsilon_x = \frac{1}{E}\left(\sigma_0 + \nu\sigma_0\right) = \frac{1+\nu}{E}\,\sigma_0 = -\varepsilon_y \tag{10.54}$$

und damit wegen $\varepsilon_x = \text{konst.}$

$$\Delta\ell_x = -\Delta\ell_y\,. \tag{10.55}$$

Mit der trigonometrischen Beziehung

$$\frac{1+\tan(\gamma/2)}{1-\tan(\gamma/2)} = \tan\left(\frac{\pi}{4}+\frac{\gamma}{2}\right) \tag{10.56}$$

und der aus dem deformierten Scheibenelement in Bild 10.6 ablesbaren geometrischen Beziehung

$$\tan\left(\frac{\pi}{4}+\frac{\gamma}{2}\right) = \frac{\ell/2+\Delta\ell/2}{\ell/2-\Delta\ell/2} = \frac{1+\Delta\ell/\ell}{1-\Delta\ell/\ell} = \frac{1+\varepsilon_y}{1-\varepsilon_y} \tag{10.57}$$

ergibt sich mit $\tan(\gamma/2) \approx \gamma/2$ für kleine Winkel $\gamma/2$

$$\frac{1+\gamma/2}{1-\gamma/2} = \frac{1+\varepsilon_y}{1-\varepsilon_y} \tag{10.58}$$

und daraus

$$\gamma = 2\,\varepsilon_y\,. \tag{10.59}$$

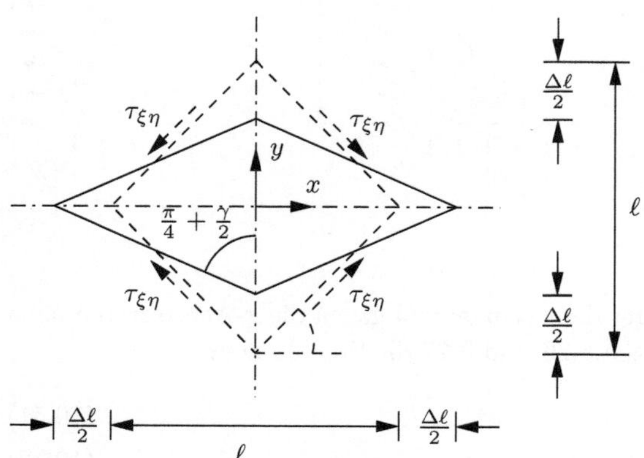

Bild 10.6
Deformierte Scheibe mit Zug-/Druckspannung

Zusammen mit den Gleichungen 10.52 und 10.53 folgt

$$\gamma = -\frac{2\,(1+\nu)}{E}\,\sigma_0\,, \tag{10.60}$$

und daraus mit Gleichung 10.7 der Zusammenhang

$$G = \frac{E}{2\,(1+\nu)}\,. \tag{10.61}$$

Gleichung 10.61 gilt, sofern elastische Isotropie vorliegt. Damit wird der lineare elastische, isotrope und homogene Werkstoff durch nur zwei unabhängige Stoffkonstansten beschrieben, was von GABRIEL LAMÉ (1795 – 1870) Mitte des 19. Jahrhunderts zuerst erkannt wurde.

Tabelle 10.1 gibt die Werkstoffkennwerte E, ν und α_T wichtiger technischer Werkstoffe an, die sich entsprechenden Normen entnehmen lassen. Mit Gleichung 10.61 kann der Schubmodul berechnet werden. Für Stahl ergibt sich beispielsweise

$$G_{\text{Stahl}} = \frac{2.1\cdot 10^5}{2\cdot(1+0.3)} = 0.81\cdot 10^5\ \text{MPa}\,. \tag{10.62}$$

10.4 Übungsaufgaben

Aufgabe 10.1 (Schwierigkeitsgrad 2)

Ein dünner Flachstahl (Breite b, Dicke t, Wärmeausdehnungskoeffizient α_T) ist zwischen zwei Lagern fest eingespannt. Dabei wirkt eine Auflagerkraft F. Der Flachstahl kann sich nun erwärmen. Es ist davon auszugehen, dass der Stahl bei einer Überschreitung der aufnehmbaren Schubspannung τ_{zul} versagt.

Um welche Temperatur ΔT darf der Stahl maximal erwärmt werden?

Gegeben: ℓ, b, t, F, E, τ_{zul}, α_T

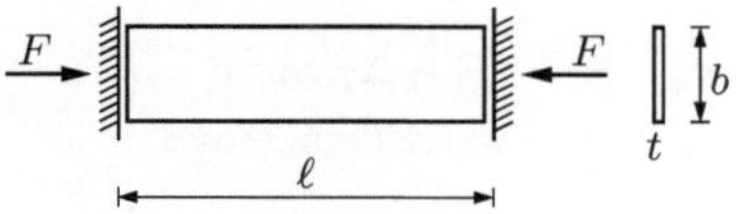

F F b t ℓ

Lösung:

$$\Delta T \le \frac{2\tau_{\text{zul}} - F/bt}{E\alpha_T}$$

Aufgabe 10.2 (Schwierigkeitsgrad 1)

Ein rechteckiger Körper (Breite b, Höhe h) ist an drei Seiten durch Wände eingespannt, wobei der Kontakt zwischen Körper und Wänden reibungsfrei ist. Der Körper wird durch eine Streckenlast p belastet und um ΔT erwärmt.

Berechnen Sie Spannungen und Dehnungen im Körper. Dabei ist von einem ebenen Spannungszustand auszugehen.

Gegeben: b, h, p, E, ν, α_T, ΔT

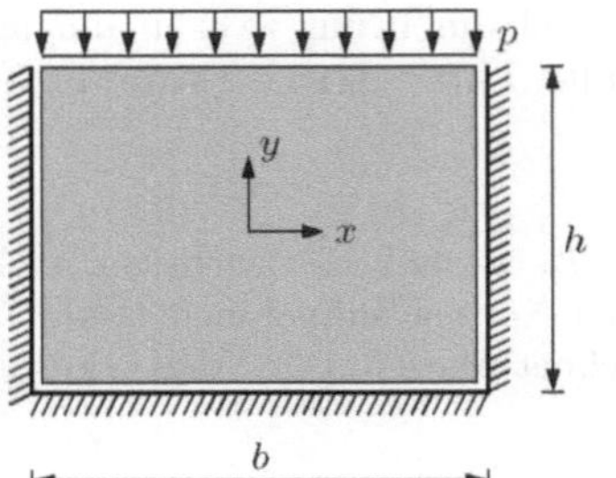

Lösung:

$$\sigma_x = -E\alpha_T\Delta T - \nu p$$

$$\varepsilon_y = -\frac{1-\nu^2}{E}p + (1+\nu)\alpha_T\Delta T$$

$$\varepsilon_z = \frac{\nu(1+\nu)}{E}p + (1+\nu)\alpha_T\Delta T$$

Aufgabe 10.3 (Schwierigkeitsgrad 1)

Eine quadratische Scheibe mit der Wärmeausdehnungszahl α_T wird spannungs- und spielfrei zwischen zwei starren Widerlagern A und B eingelegt und dann um ΔT erwärmt. Zwischen den Widerlagern und der Scheibe sei keinerlei Reibung vorhanden.

Welche Spannungen treten im Schnitt C – C auf?

Gegeben: α_T, E, ν, ℓ, β, ΔT

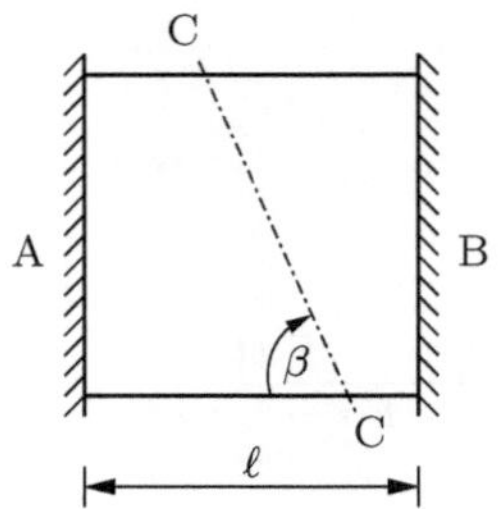

Lösung:

$$\sigma_\eta = -E\alpha_T\Delta_T\sin^2\beta$$

$$|\tau_{\xi\eta}| = E\alpha_T\Delta T\sin\beta\cos\beta$$

Aufgabe 10.4 (Schwierigkeitsgrad 2)

Ein zylindrisches, dünnwandiges Rohr steht unter einem Innendruck p und wird gleichzeitig um ΔT erwärmt.
a) Wie groß sind die Spannungen im Rohrmantel?
b) Um welchen Betrag Δr weitet sich das Rohr auf?
Die beiden Endquerschnitte des Rohres sind in Achsrichtung unverschieblich gelagert, die Berührflächen seien ideal glatt. Aufgrund der derart behinderten Längsdehnung treten auch in Achsrichtung Spannungen auf.
Gegeben: ℓ, r, $t \ll r$, p, ΔT, α, ν, E

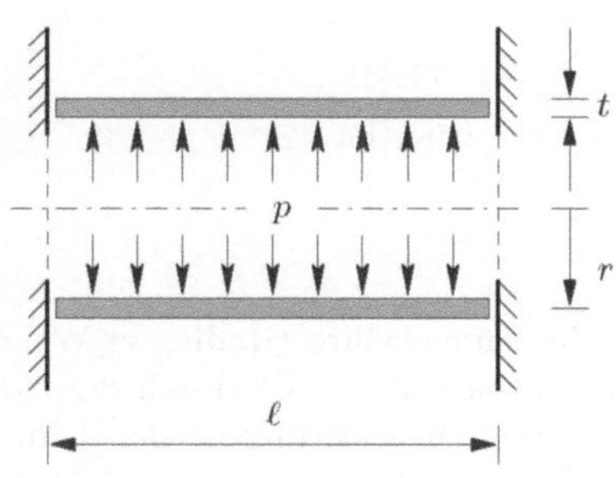

Lösung:

a) $\sigma_\varphi = p\dfrac{r}{t}$

$\sigma_z = \nu\sigma_\varphi - E\alpha_T\Delta T$

b) $\Delta r = (1-\nu^2)\,p\dfrac{r^2}{Et} + (1+\nu)\,r\alpha_T\Delta T$

Aufgabe 10.5 (Schwierigkeitsgrad 3)

Zwei Scheiben aus unterschiedlichen Materialien sind reibungsfrei in einer Aussparung der Breite 2ℓ gelagert und durch die Linienlast p belastet.
a) Berechnen Sie, bei welcher Last $p = p^*$ die Scheiben die Aussparung gerade ausfüllen.
b) Bestimmen Sie die Spannungen für $p > p^*$ und skizzieren Sie den Verlauf $\sigma_x(p)$.

Gegeben: E_1, E_2, ν_1, ν_2, a, ℓ

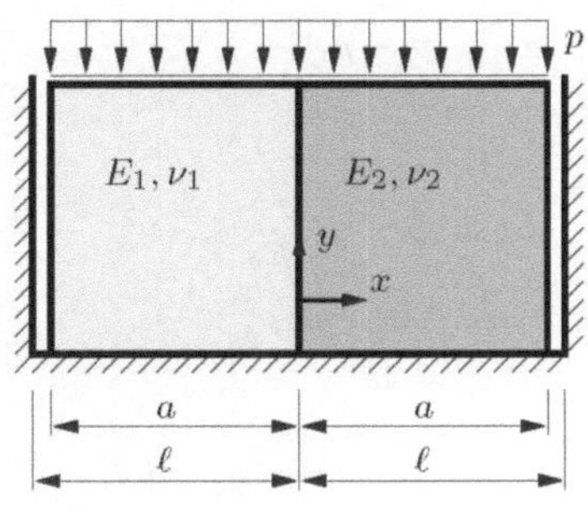

Lösung:

a) $p^* = \dfrac{2\,(\ell/a - 1)\,E_1E_2}{\nu_1E_2 + \nu_2E_1}$

b) $\sigma_x(p) = \dfrac{2\left(\frac{\ell}{a} - 1\right)E_1E_2}{E_1+E_2} - \dfrac{(E_2\nu_1 + E_1\nu_2)\,p}{E_1+E_2}$

Aufgabe 10.6 (Schwierigkeitsgrad 3)

Auf einem dünnwandigen, kugelförmigen Stahlkessel (Radius R, Wandstärke h, Materialparameter E und ν), der durch den Außendruck p_a beansprucht wird, wird mit Hilfe eines Dehnungsmessstreifens die Umfangsdehnung ε_φ gemessen.

Bestimmen Sie die Umfangsspannung σ_φ und den Außendruck p_a.

Gegeben: $R = 2$ m, $h = 8$ mm, $E = 2.1 \cdot 10^5$ MPa^2, $\nu = 0.3$, $\varepsilon_\varphi = -0.00025$

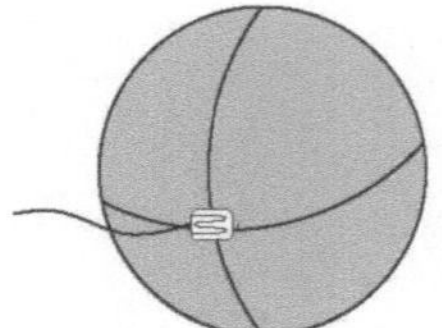

Lösung:

$$\begin{aligned}\sigma_\varphi &= -75 \text{ MPa}\\ p_\mathrm{a} &= 0.6 \text{ MPa}\end{aligned}$$

Aufgabe 10.7 (Schwierigkeitsgrad 2)

Eine dünnwandige, halbkreisförmige elastische Tunnelröhre (Radius r, Wanddicke $s \ll r$, Elastizitätsmodul E, Querkontraktionszahl ν) ist durch den Außendruck p_a und den Innendruck p_i belastet. In Längsrichtung ist der Tunnel unverschieblich (ebener Verzerrungszustand mit $\varepsilon_z = 0$).

a) Wie groß sind die Normalspannungen σ_φ und σ_z infolge der gegebenen Drucklasten ($p_\mathrm{a} > p_\mathrm{i}$)? In welchem Verhältnis steht dazu die Normalspannung σ_r?

b) Welche Radienänderung Δr tritt dann auf?

c) Skizzieren Sie den MOHR'schen Spannungskreis und bestimmen Sie die größte Schubspannung τ_max. Unter welcher Schnittrichtung tritt diese auf?

Gegeben: E, ν, r, $s \ll r$, p_i, $p_\mathrm{a} > p_\mathrm{i}$

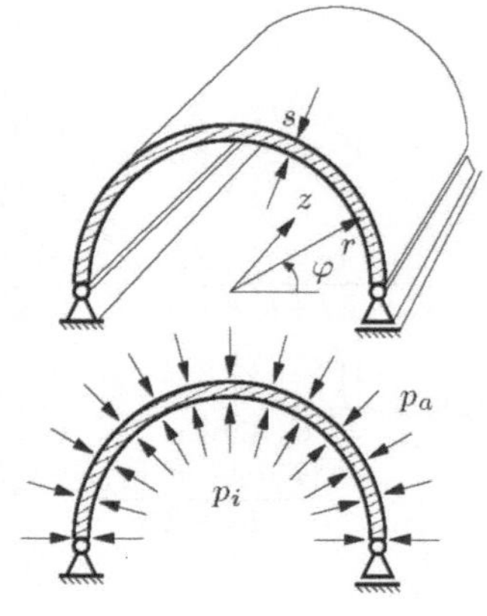

Lösung:

a) $\sigma_\varphi = (p_\mathrm{i} - p_\mathrm{a})\dfrac{r}{s}$

$\sigma_z = \nu\sigma_\varphi$

$\sigma_r \approx 0$

b) $\Delta r = (p_\mathrm{i} - p_\mathrm{a})\dfrac{r^2}{Es}(1 - \nu^2)$

c) $\tau_\mathrm{max} = (p_\mathrm{a} - p_\mathrm{i})\dfrac{r}{2s}$

$\alpha^*_{\tau,r\varphi} = 45°$

11 Beanspruchung von Stäben

Dieses Kapitel behandelt das einfachste Bauteil – den geraden Stab, der bereits einführend in Abschnitt 7.2 vorgestellt wurde. Ein Beispiel für Stäbe sind die in Bild 11.1 abgebildeten Stützen.

Bild 11.1
18,2 Meter hohe Stützen in der Messehalle 27, Messegelände Hannover

Stäbe sind durch die nachfolgend genannten Eigenschaften gekennzeichnet:

- Die Querschnittsabmessungen (bei einem Rechteckquerschnitt Breite b, Höhe h) sind sehr viel kleiner als ihre Länge ℓ, vgl. Bild 11.2.
- Die Stabachse ist gerade, d. h. die Flächenschwerpunkte (siehe Abschnitt 5.1.1) aller Stabquerschnitte liegen auf einer Geraden.
- Die Beanspruchung soll nur in der Längsrichtung des Stabes (i. d. R. die x-Achse) auf Zug oder Druck (einachsiger Beanspruchungszustand) erfolgen.

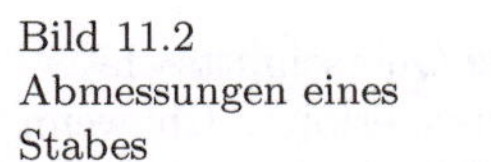

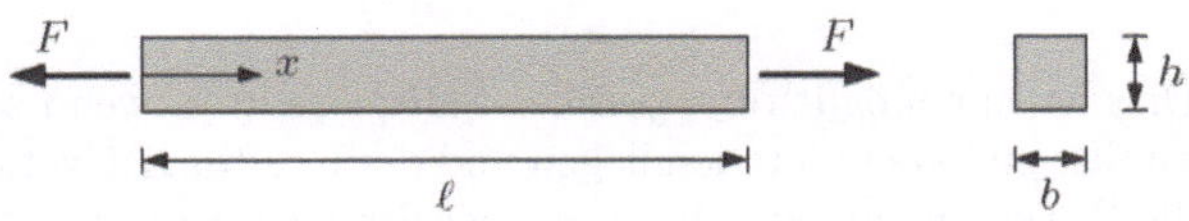

Bild 11.2
Abmessungen eines Stabes

Die Berechnung der Spannungen und Verschiebungen von Stäben erfordert vereinfachende Annahmen (Hypothesen) über das Verformungsverhalten der Stabquerschnitte. Die *Verformungshypothese* für den axial gezogenen oder gedrückten Stab besagt, dass alle Stabfasern im Querschnitt die gleiche Dehnung oder Stauchung erfahren.

11.1 Spannungen

11.1.1 Spannungsverteilung im geraden Stab

Der in Bild 11.3 dargestellte gerade Stab mit der Querschnittsfläche $A(x)$ ist an seinen Enden durch die Kräfte F_1 und F_2 sowie durch die über die Stablänge verteilte Streckenlast $n(x)$ belastet. Diese äußere Belastung erzeugt in einem zur Stabachse senkrechten Schnitt I–I (Normal-)Spannungen σ_x, die senkrecht zur Schnittfläche stehen, siehe auch Kapitel 8.

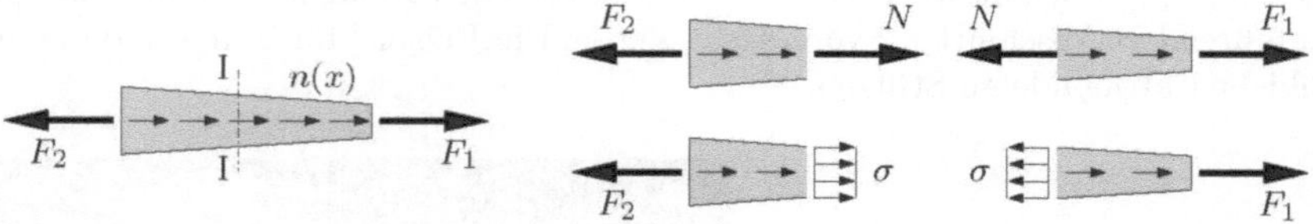

Bild 11.3 Gleichgewicht und Spannungen eines Stabes

Da diese Spannungsverteilung den Schnittgrößen (siehe Kapitel 6) äquivalent ist, gilt allgemein für die Normalkraft

$$N(x) = \int_A \sigma_x(x, y, z)\,\mathrm{d}A \tag{11.1}$$

bzw. invers für die Normalspannung

$$\sigma_x(x, y, z) = \frac{\mathrm{d}N(x)}{\mathrm{d}A(x)} \,. \tag{11.2}$$

Für homogene Stäbe und mit der oben beschriebenen Annahme gleichmäßiger Dehnungen beim Zug- oder Druckstab und vereinfacht sich Gleichung 11.2, und es ergibt sich in hinreichendem Abstand von der Krafteinleitungsstelle (siehe Bild 11.4) eine gleichmäßige Verteilung der Normalspannung über alle Querschnitte:

$$\sigma_x(x, y, z) = \sigma_x(x) = \frac{N(x)}{A(x)} \tag{11.3}$$

Dies ist nur möglich bei *gerader Stabachse*, d. h. wenn alle Querschnittsschwerpunkte auf einer Geraden liegen und der Kraftangriff zentrisch erfolgt, d. h. wenn die Wirkungslinie von $N(x)$ mit der Stabachse zusammenfällt. Ist dies nicht der Fall, liegt keine reine Zug- bzw. Druckbeanspruchung vor, es tritt zusätzlich Biegung auf, die in Kapitel 12 behandelt wird.

Für den Fall einer positiven Normalkraft N (Zugstab) ist auch die Spannung σ_x positiv (Zugspannung), bei einer negativen Normalkraft (Druckstab) ist sie negativ (Druckspannung).

11.1.2 De Saint Venantsches Prinzip

Die Störung der gleichmäßigen Spannungsverteilung in der Nähe einer konzentrierten Krafteinleitung kann in einer Entfernung von der Größe der Querschnittsabmessung h als praktisch abgeklungen angesehen werden. Diesen aus der Elliptizität der Differentialgleichungen einer dreidimensionalen Analyse herrührenden Befund nennt man nach ADHÉMAR BARRÉ DE SAINT VENANT (1797 – 1886) *De Saint Venantsches Prinzip.*

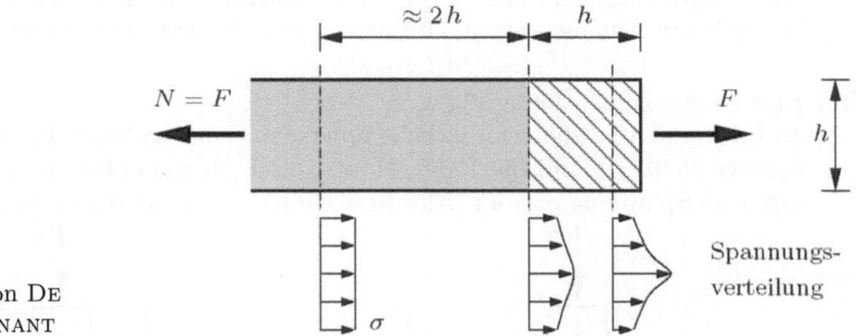

Bild 11.4
Prinzip von DE SAINT VENANT

Nicht nur Krafteinleitungen, sondern auch beispielsweise Kerben oder Löcher führen zu einer ungleichförmigen Spannungsverteilung mit Spannungsspitzen, siehe Bild 11.5.

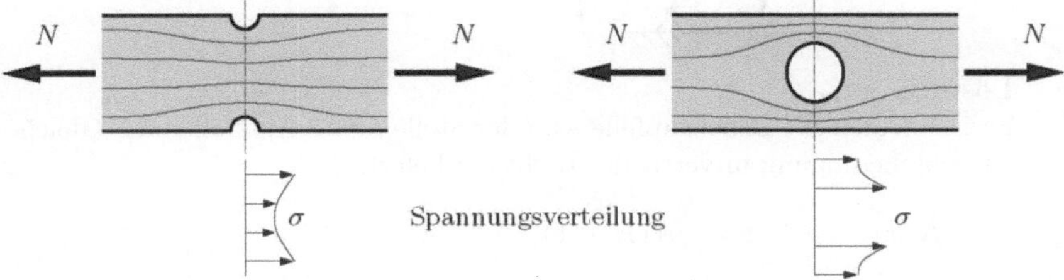

Bild 11.5 Ungleichförmige Spannungsverteilung bei Kerben und Löchern

11.1.3 Dimensionierung von Bauteilen

In der Ingenieurpraxis ist es erforderlich, die Abmessungen von Bauteilen so zu wählen, dass eine zulässige (maximale) Spannung nicht überschritten wird. Die heute üblichen *Spannungsnachweise* arbeiten allerdings mit mehreren Beiwerten, so dass eine zulässige Spannung nicht mehr verwendet wird. Das Prinzip ist jedoch ähnlich.

$$|\sigma_{x,\max}| = \max\left|\frac{N(x)}{A(x)}\right| \leq \sigma_{\text{zul}} \qquad (11.4)$$

Bei bekannter Schnittkraft $N(x)$ lässt sich daraus die erforderliche Querschnittsfläche $A(x)$ berechnen. Diese Aufgabe nennt man *Dimensionierung* oder *Bemessung*.

$$A_{\text{erf}}(x) = \frac{|N(x)|}{\sigma_{\text{zul}}} \tag{11.5}$$

Anmerkung: Die zulässige (maximale) Spannung ist ein Materialparameter und wird aus Versuchen bestimmt. Bei einigen Werkstoffen (z. B. Beton) sind die zulässigen Spannungen für Zug und Druck verschieden. Außerdem können auf Druck beanspruchte Bauteile auch durch Knicken (siehe Kapitel 16) versagen.

Beispiel 11.1 Dimensionierung
Zu bestimmen ist die erforderliche Querschnittsfläche $A(x)$ des durch sein Eigengewicht γA und die Kraft F belasteten Brückenpfeilers, so dass die zulässige Spannung σ_{zul} an jeder Stelle x nicht überschritten wird.

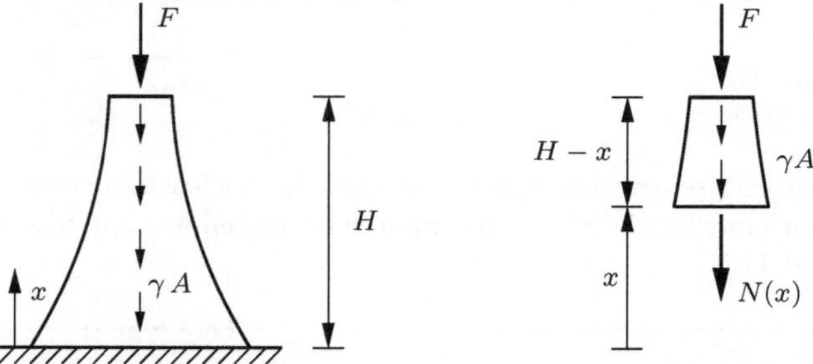

Lösung:
Freischneiden des Brückenpfeilers an der Stelle x und Aufstellen der Gleichgewichtsbedingung in vertikaler Richtung liefert

$$N(x) = -F - \gamma A\,(H - x).$$

Mit Gleichung 11.4 folgt daraus die erforderliche Querschnittsfläche $A_{\text{erf}}(x)$.

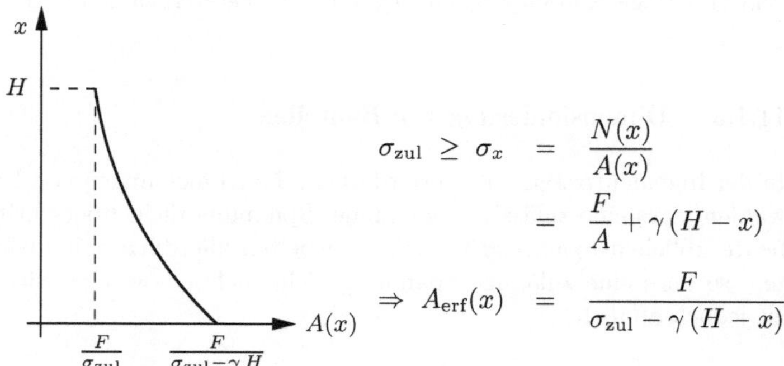

$$\sigma_{\text{zul}} \geq \sigma_x = \frac{N(x)}{A(x)} = \frac{F}{A} + \gamma\,(H - x)$$

$$\Rightarrow A_{\text{erf}}(x) = \frac{F}{\sigma_{\text{zul}} - \gamma\,(H - x)}$$

11.2 Gleichgewichtsbedingungen

In Bild 11.6 ist ein infinitesimales Element des Stabes aus Bild 11.3 gezeigt. Die Gleichgewichtsbedingung in Stabrichtung am herausgeschnittenen Element der infinitesimalen Länge $\mathrm{d}x$ liefert eine Differentialbeziehung zwischen der Schnittkraft N und der Belastung n.

$$\rightarrow \quad : \quad N(x) + \mathrm{d}N(x) - N(x) + n(x)\,\mathrm{d}x \;=\; 0 \tag{11.6}$$

$$\Rightarrow \quad -n(x) \;=\; \frac{\mathrm{d}N(x)}{\mathrm{d}x} \;=\; N' \tag{11.7}$$

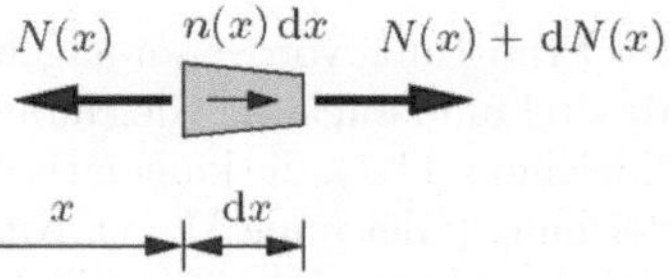

Bild 11.6
Infinitesimales Stabelement

Die Integration dieser Differentialgleichung 1. Ordnung liefert

$$N(x) \;=\; -\int n(x)\,\mathrm{d}x + C_N\,, \tag{11.8}$$

die Integrationskonstante C_N lässt sich bei statisch bestimmten Systemen aus einer Randbedingung für die Schnittkraft N bestimmen.

11.3 Kinematische Beziehung

Die kinematische Beziehung für Stäbe, d. h. die Verknüpfung von Verschiebung und Dehnung, wurde bereits in den Abschnitten 7.2 und 9.4 behandelt. Die Differentialgleichung 1. Ordnung lautet nach Gleichung 7.4

$$\varepsilon_x(x) \;=\; \frac{\mathrm{d}u}{\mathrm{d}x}\,. \tag{11.9}$$

Mit Gleichung 11.9 lässt sich die Dehnung $\varepsilon_x(x)$ durch Differenzieren ermitteln, wenn die Verschiebung $u(x)$ bekannt ist. Bei bekanntem Dehnungsverlauf $\varepsilon_x(x)$ kann die Verschiebung $u(x)$ durch Integration berechnet werden.

$$u(x) \;=\; \int \varepsilon_x(x)\,\mathrm{d}x + C_u \tag{11.10}$$

Auch hier lässt sich die Integrationskonstante C_u aus einer Randbedingung für die Verschiebung u bestimmen.

11.4 Materialgleichung

Die linear elastische Materialgleichung, die den Zusammenhang zwischen der Dehnung und der Spannung beschreibt, wurde in Kapitel 10 behandelt und lautet unter Berücksichtigung der Wärmedehnung nach Gleichung 10.12

$$\varepsilon_x = \frac{\sigma_x}{E} + \alpha_T \Delta T \,. \tag{11.11}$$

11.5 Differentialgleichung der Stabdehnung

Zur Ermittlung von Spannungen, Verzerrungen und Verschiebungen stehen mithin drei fundamentale Gleichungen zur Verfügung: die Gleichgewichtsbedingung (Gleichung 11.7), die kinematische Beziehung (Gleichung 11.9) und die Materialgleichung (Gleichung 11.11). Aus den beiden Differentialgleichungen 1. Ordnung und der Materialgleichung lässt sich nun mit Hilfe der Äquivalenz der Spannungen und Schnittgrößen eine Differentialgleichung 2. Ordnung für den Stab herleiten.

Setzt man das HOOKEsche Gesetz in der Form aus Gleichung 11.11 in Gleichungen 11.3 (Spannungsdefinition) und 11.9 (kinematische Beziehung) ein, folgt

$$\varepsilon = \frac{\mathrm{d}u}{\mathrm{d}x} = \frac{\sigma_x}{E} + \alpha_T \Delta T = \frac{N}{EA} + \alpha_T \Delta T \tag{11.12}$$

$$\Rightarrow \quad N = EA\left(\frac{\mathrm{d}u}{\mathrm{d}x} - \alpha_T \Delta T\right) . \tag{11.13}$$

Mit der abkürzenden Schreibweise $\frac{\mathrm{d}}{\mathrm{d}x} = (\dots)'$ gilt

$$N = EA\,u' - EA\,\alpha_T \Delta T \tag{11.14}$$

bzw.

$$u' = \frac{N}{EA} + \alpha_T \Delta T \,. \tag{11.15}$$

Zusammen mit Gleichung 11.7 (Gleichgewichtsbedingung) folgt

$$\frac{\mathrm{d}N}{\mathrm{d}x} = N' = (EA\,u')' - (EA\,\alpha_T \Delta T)' = -n(x) \,, \tag{11.16}$$

$$(EA\,u')' = (EA\,\alpha_T \Delta T)' - n(x) \,. \tag{11.17}$$

Der Faktor EA wird dabei auch *Dehnsteifigkeit* genannt. Für den Sonderfall $EA =$ konst. und $\Delta T =$ konst. gilt dann

$$u'' = -\frac{n(x)}{EA} \,. \tag{11.18}$$

Falls keine Streckenlast vorhanden ($n = 0$) und damit die Normalkraft gemäß Gleichung 11.8 konstant ist, erhält man die Verschiebung u an einer beliebigen Stelle $\bar{x}$ eines Stabes durch Integration von Gleichung 11.15

$$\int_0^{\bar{x}} \frac{\mathrm{d}u}{\mathrm{d}x}\,\mathrm{d}x = \int_0^{\bar{x}} \left(\frac{N}{EA} + \alpha_T \Delta T\right) \mathrm{d}x \tag{11.19}$$

$$\Rightarrow \quad u(\bar{x}) = \int_0^{\bar{x}} \left(\frac{N}{EA} + \alpha_T \Delta T\right) \mathrm{d}x + u(0)\,. \tag{11.20}$$

Die *Verlängerung* $\Delta\ell$ des Stabes folgt dann aus der Differenz der Verschiebungen an den Stabenden ($\bar{x} = 0$ und $\bar{x} = \ell$) zu

$$\Delta\ell = u(\bar{x} = \ell) - u(\bar{x} = 0) = \int_0^{\ell} \left(\frac{N}{EA} + \alpha_T \Delta T\right) \mathrm{d}x\,. \tag{11.21}$$

Wenn neben der Normalkraft auch die Dehnsteifigkeit EA konstant ist und keine Temperaturveränderung im Stab vorliegt, gilt für die Längenänderung

$$\Delta\ell = \frac{N\,\ell}{EA} \tag{11.22}$$

bzw. für die Normalkraft

$$N = \Delta\ell\,\frac{EA}{\ell} = \Delta\ell\,c\,, \tag{11.23}$$

wobei c die Ersatzfedersteifigkeit für den Stab ist, vgl. Abschnitt 16.1.

11.6 Einzelstäbe und Stabsysteme

Die Beanspruchung von Stäben soll nun anhand von drei Beispielen verdeutlicht werden. Beispiel 11.2 behandelt einen statisch unbestimmt gelagerten Einzelstab, während der Einzelstab aus Beispiel 11.3 statisch bestimmt gelagert ist. Beispiel 11.4 beschäftigt sich mit einem (statisch unbestimmten) Stabsystem. Statisch bestimmte Stabsysteme wurden als Fachwerke bereits in Kapitel 4 untersucht.

Beispiel 11.2 Temperaturbeanspruchung

Der dargestellte Stab (Länge ℓ, Dehnsteifigkeit EA, Wärmeausdehnungskoeffizient α_T) ist beidseitig gelenkig gelagert. Im Ausgangszustand ist der Stab spannungsfrei. Gesucht ist die Verschiebung $u(x)$, die sich aufgrund einer dreieckförmigen Temperaturbelastung mit der maximalen Temperaturdifferenz ΔT_B am rechten Auflager einstellt.

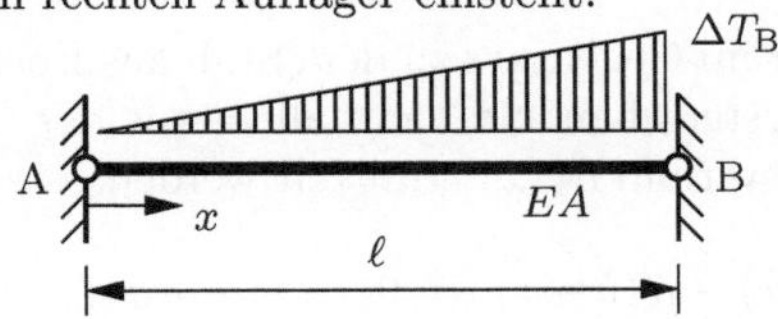

Lösung:
Da der Stab statisch unbestimmt gelagert ist, ist es nicht möglich, die Stabkräfte direkt aus der Gleichgewichtsbedingung in Stabrichtung zu bestimmen. Da aber keine äußeren Kräfte auf den Stab einwirken, ist die Normalkraft N im Stab unabhängig von x und damit konstant. Mit der Temperaturverteilung

$$\Delta T(x) \;=\; \Delta T_{\mathrm{B}}\,\frac{x}{\ell}$$

folgt aus Gleichung 11.20 und der Verschiebungsrandbedingung für das linke Auflager $u(0) = 0$

$$u(x) \;=\; \int_0^x \left(\frac{N}{EA} + \alpha_T \Delta T_{\mathrm{B}}\,\frac{\bar{x}}{\ell}\right) \mathrm{d}\bar{x} \;=\; \frac{N}{EA}\,x + \frac{1}{2}\,\alpha_T \Delta T_{\mathrm{B}}\,\frac{x^2}{\ell}\,.$$

Die noch unbekannte Normalkraft N bestimmt sich mit Hilfe der Randbedingung für das rechte Auflager

$$u(x=\ell) \overset{!}{=} 0 \quad\Rightarrow\quad \frac{N\ell}{EA} + \frac{1}{2}\,\alpha_T \Delta T_{\mathrm{B}}\,\ell \;=\; 0$$

$$\Rightarrow\quad N \;=\; -\frac{1}{2}\,\alpha_T \Delta T_{\mathrm{B}}\,EA\,.$$

Damit folgt für den gesuchten Verschiebungsverlauf

$$u(x) \;=\; \frac{1}{2}\,\alpha_T \Delta T_{\mathrm{B}}\,\ell \left[\left(\frac{x}{\ell}\right)^2 - \frac{x}{\ell}\right].$$

Beispiel 11.3 Temperaturbeanspruchung mit Eigengewicht
Der dargestellte Stab der Länge ℓ mit konstanter Dehnsteifigkeit EA ist durch sein Eigengewicht $n = g\,\varrho\,A$ und eine gleichmäßige Temperaturänderung $\Delta T =$ konst. beansprucht. Gesucht ist die Verschiebungsfunktion $u(x)$ sowie die Längenänderung $\Delta\ell$.

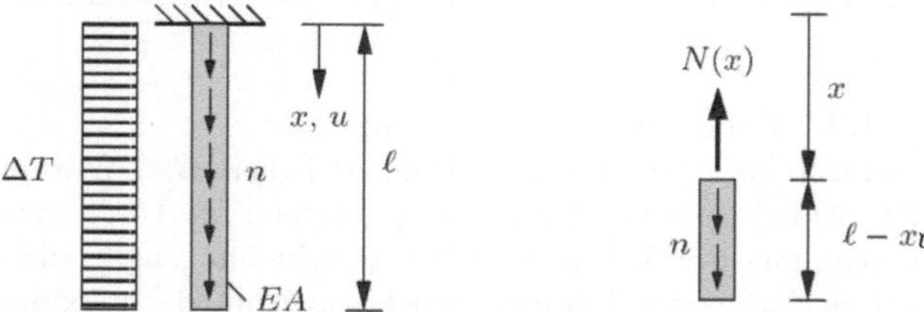

Lösung:
Da es sich hier im Gegensatz zu dem Stab aus Beispiel 11.2 um ein statisch bestimmtes System handelt, kann allein aus der Gleichgewichtsbedingung der Spannungsverlauf $\sigma_x(x)$ ermittelt werden.

$$\uparrow: \quad N(x) - n\,(\ell - x) \;=\; 0 \qquad\Rightarrow\quad \sigma_x(x) \;=\; \frac{n}{A}\,(\ell - x)$$

Damit folgt für die Dehnung aus Gleichung 11.11

$$\varepsilon(x) = \frac{n}{EA}(\ell - x) + \alpha_T \Delta T$$

und für die Verschiebung aus Gleichung 11.10 mit der geometrischen Randbedingung $u(0) = 0$

$$\begin{aligned} u(x) &= \int_0^x \left(\frac{n}{EA}(\ell - \bar{x}) + \alpha_T \Delta T \right) \mathrm{d}\bar{x} + 0 \\ &= -\frac{n}{2\,EA}\, x^2 + \left(\frac{n\,\ell}{EA} + \alpha_T \Delta T \right) x \,. \end{aligned}$$

Die Verschiebungsfunktion kann auch direkt über die zweifache Integration der Differentialgleichung 11.18 bestimmt werden.

$$\begin{aligned} EA\,u'' &= -n \\ EA\,u' &= -n\,x + C_1 \\ EA\,u &= -\frac{1}{2}\,n\,x^2 + C_1 x + C_2 \end{aligned}$$

C_1 und C_2 sind die Integrationskonstanten der Differentialgleichung 2. Ordnung, die aus den Randbedingungen zu ermitteln sind. Aus der geometrischen Randbedingung $u(0) = 0$ folgt direkt

$$C_2 = 0 \,.$$

Die statische Randbedingung $N(\ell) = 0$ führt unter Berücksichtigung von Gleichung 11.11 auf

$$\varepsilon(\ell) = \alpha_T \Delta T \,.$$

Dies mit $\varepsilon = u'$ in die einfach integrierte Differentialgleichung 11.18 eingesetzt ergibt

$$EA\,\alpha_T \Delta T = -n\,\ell + C_1 \qquad \Rightarrow \qquad C_1 = n\,\ell + EA\,\alpha_T \Delta T \,.$$

Damit folgt insgesamt für den Verschiebungsverlauf

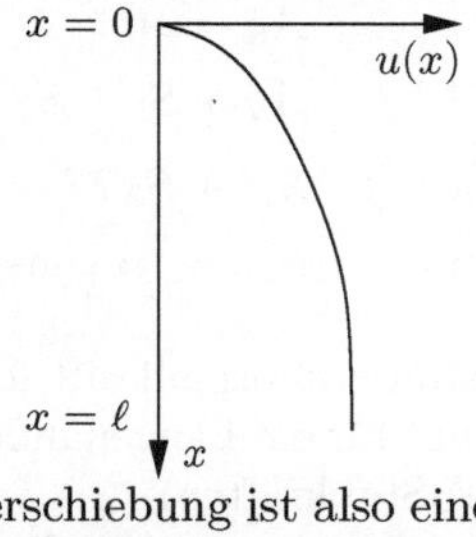

$$\begin{aligned} u(x) &= -\frac{n}{2\,EA}\, x^2 \\ &\quad + \left(\frac{n\,\ell}{EA} + \alpha_T \Delta T \right) x \,. \end{aligned}$$

Die Verschiebung ist also eine quadratische Funktion des Ortes x. Die Längenänderung $\Delta\ell$ berechnet sich aus der Verschiebungsdifferenz

$$\begin{aligned} \Delta\ell &= u(x = \ell) - u(x = 0) \\ &= -\frac{n\,\ell^2}{2\,EA} + \frac{n\,\ell^2}{EA} + \alpha_T \Delta T\,\ell = \frac{n\,\ell^2}{2\,EA} + \alpha_T \Delta T\,\ell \,. \end{aligned}$$

Anmerkung: Für EA = konst. und ΔT = konst. folgt aus Gleichung 11.15 $N \sim u'$. Im Verschiebungsdiagramm $u(x)$ ist die Steigung bei $x = 0$ am größten. Daher muss die Normalkraft am Auflager ebenfalls maximal sein.

$$N_{\max} = N(0) = n\ell \quad \checkmark$$

Beispiel 11.4 Balken mit statisch unbestimmter Lagerung

Ein starrer Balken ist an zwei Stäben mit der (konstanten) Dehnsteifigkeit EA aufgehängt und an seinem Ende durch die Kraft F belastet. Gesucht sind die Spannungen σ_1 und σ_2 in den Stäben und die Absenkung des Lastangriffspunktes.

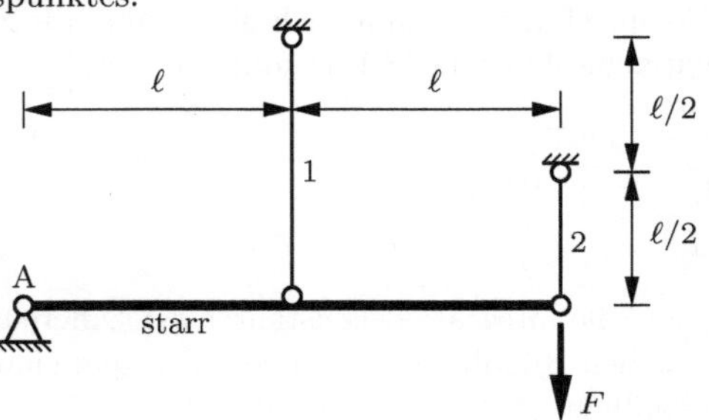

Lösung:

Die Untersuchung der statischen Bestimmtheit mit Hilfe der Abzählformel (Gleichung 3.16) ergibt

$$f = 3n - a - z = 3 \cdot 3 - 4 - 6 = -1\,.$$

Nach dem notwendigen Abzählkriterium handelt es sich somit um ein (einfach) statisch unbestimmtes System. Freischneiden des starren Balkens und Auswertung der Gleichgewichtsbedingungen liefert

$$\begin{aligned} \rightarrow: &\quad A_{\mathrm{H}} = 0 \\ \uparrow: &\quad A_{\mathrm{V}} + S_1 + S_2 - F = 0 \\ \overset{\curvearrowleft}{\mathrm{A}}: &\quad S_1 \ell + S_2\, 2\ell - F\, 2\ell = 0 \\ \text{mit} &\quad S_1,\ S_2 = \text{konst.} \end{aligned}$$

Für den hier vorliegenden Sonderfall konstanter Normalkraft folgt aus der Stoffgleichung die Gleichung 11.22 und damit für die Längenänderungen (in Abhängigkeit von den (noch unbekannten) Stabkräften)

$$\Delta\ell_1 = \frac{S_1\,\ell_1}{EA} = \frac{S_1\,\ell}{EA}\,, \quad \Delta\ell_2 = \frac{S_2\,\ell_2}{EA} = \frac{S_2\,\ell}{2\,EA}\,.$$

Da der Balken starr ist, folgt aus der Geometrie der Verformung (z. B. mit Hilfe des Strahlensatzes)

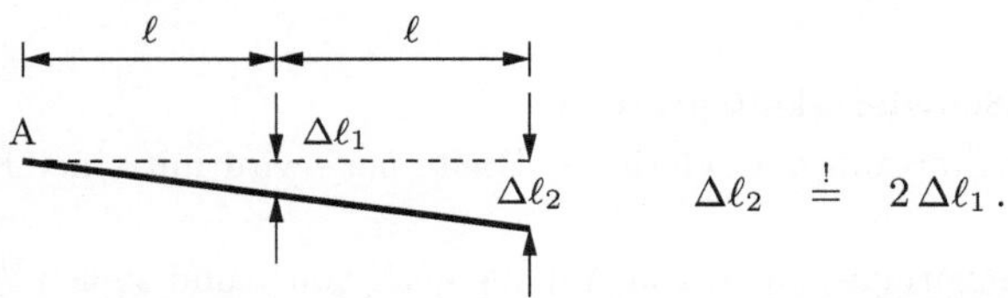

$$\Delta\ell_2 \stackrel{!}{=} 2\,\Delta\ell_1\,.$$

Setzt man in diese Beziehung die bereits ermittelten Längenänderungen ein, so folgt

$$\frac{S_2\,\ell}{2\,EA} = 2\,\frac{S_1\,\ell}{EA} \qquad \Rightarrow \quad S_2 = 4\,S_1\,.$$

Mit dem Momentengleichgewicht ist dann

$$S_1 + 8\,S_1 - 2\,F = 0 \qquad \Rightarrow \quad S_1 = \frac{2}{9}\,F \qquad \Rightarrow \quad S_2 = \frac{8}{9}\,F\,.$$

Die Spannungen in den Stäben berechnen sich nach Gleichung 11.3,

$$\sigma_1 = \frac{S_1}{A} = \frac{2}{9}\,\frac{F}{A}\,, \qquad \sigma_2 = \frac{S_2}{A} = \frac{8}{9}\,\frac{F}{A}\,,$$

woraus abschließend die Verschiebung des Lastangriffspunktes folgt.

$$v_F = \Delta\ell_2 = \frac{S_2\,\ell}{2\,EA} = \frac{4}{9}\,\frac{F\,\ell}{EA}$$

11.7 Übungsaufgaben

Aufgabe 11.1 (Schwierigkeitsgrad 2)

Der skizzierte, beidseitig gelagerte Stab ist im Ausgangszustand spannungsfrei. Anschließend wird der Balken einer dreieckförmigen Temperaturbelastung mit der maximalen Temperatur T_0 am rechten Auflager ausgesetzt.

a) Wie groß darf T_0 höchstens werden, wenn die Normalspannung im Balken die zulässige Druckspannung σ_{zul} nicht überschreiten soll?

b) Wie groß sind dann die horizontalen Auflagerkräfte A_{H} und B_{H}?

Gegeben: ℓ, E, A, α_T, σ_{zul}, $T_0 > 0$

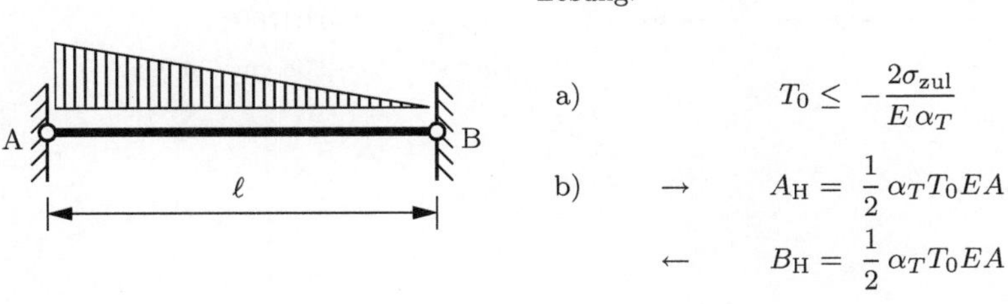

Lösung:

a) $T_0 \leq -\dfrac{2\sigma_{\mathrm{zul}}}{E\,\alpha_T}$

b) $\rightarrow \quad A_{\mathrm{H}} = \dfrac{1}{2}\,\alpha_T T_0 EA$

$\leftarrow \quad B_{\mathrm{H}} = \dfrac{1}{2}\,\alpha_T T_0 EA$

Aufgabe 11.2 (Schwierigkeitsgrad 1)

Am dargestellten Stab mit veränderlicher Breite $b(x)$ wird mit einer Kraft F gezogen.

Berechnen Sie die Normalspannung in Abhängigkeit von x und stellen Sie diese grafisch dar.

Gegeben: $F = 160$ kN, $h = 5$ cm, $\ell = 40$ cm, $b(x) = 8\text{ cm} - 0.15\,x$

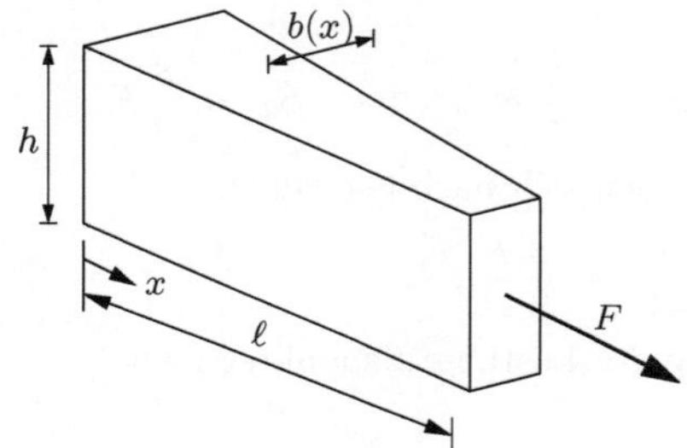

Lösung:

$$\sigma_x(x = 0) = 40 \text{ MPa}$$
$$\sigma_x(x = 40\text{ cm}) = 160 \text{ MPa}$$

Aufgabe 11.3 (Schwierigkeitsgrad 1)

Ein aus zwei Teilen zusammengesetzter Stab wird durch eine Kraft F belastet.

Bestimmen Sie die Spannungen in den beiden Stabteilen. Berechnen und skizzieren Sie den Verschiebungsverlauf.

Gegeben: $\ell_1 = \ell_2 = 50$ cm, $A_1 = 10\text{ cm}^2$, $EA_1 = 2.1 \cdot 10^8$ N, $EA_2 = \frac{1}{2}\,EA_1$, $F = 10$ kN

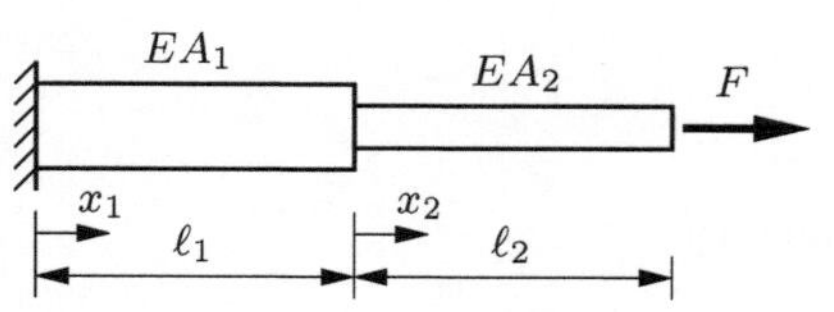

Lösung:

$$\sigma_1 = 10 \text{ MPa}$$
$$\sigma_2 = 20 \text{ MPa}$$
$$u(x_1) = 0.0476\,x_1$$
$$u(x_2) = 2.38\text{ cm} + 0.0952\,x_2$$

Aufgabe 11.4 (Schwierigkeitsgrad 2)

Ein starres Brett ist wie dargestellt an zwei Drahtseilen (E, A, α_T) aufgehängt. Auf das Brett wirkt eine Kraft F.

a) Berechnen Sie die Verschiebung des Bretts an den Aufhängepunkten A und B.

b) Um welche Temperatur ΔT muss das rechte Seil erwärmt werden, damit das Brett wieder waagerecht hängt?

Gegeben: a, F, E, A, α_T

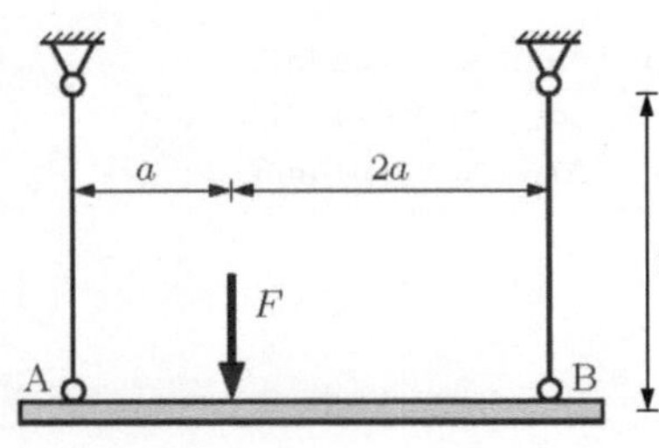

Lösung:

a) $\downarrow \quad u_A = \dfrac{4}{3}\dfrac{Fa}{EA}$

$\downarrow \quad u_B = \dfrac{2}{3}\dfrac{Fa}{EA}$

b) $\Delta T = \dfrac{F}{3EA\alpha_T}$

Aufgabe 11.5 (Schwierigkeitsgrad 2)

Ein Stahlzylinder (Querschnitt A_{St}, Elastizitätsmodul E_{St}) und ein kupferner Mantel (Querschnitt A_{Cu}, Elastizitätsmodul E_{Cu}) werden durch eine Kraft F zwischen zwei starren Blöcken gepresst.

Welche Dehnungen und welche Spannungen entstehen jeweils in dem Stahlzylinder und dem Kupfermantel?

Gegeben: $A_{St} = 450 \text{ cm}^2$, $E_{St} = 2.2 \cdot 10^5$ MPa, $A_{Cu} = 300 \text{ cm}^2$,
$E_{Cu} = 1.1 \cdot 10^5$ MPa, $F = 600$ kN

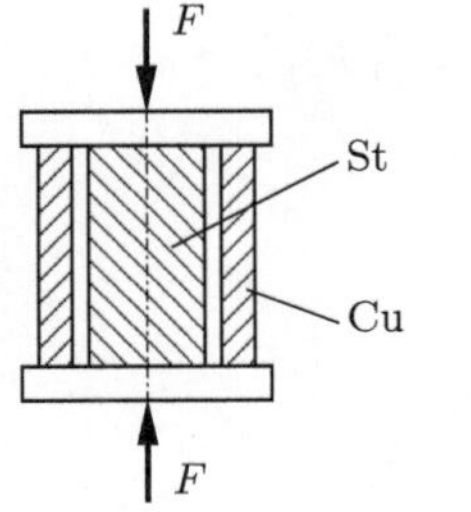

Lösung:

$\sigma_{Cu} = -5 \text{ MPa}$

$\sigma_{St} = -10 \text{ MPa}$

$\varepsilon = -4.55 \cdot 10^{-5}$

Aufgabe 11.6 (Schwierigkeitsgrad 2)

Ein zusammengesetzter, homogener Stab ist an seinen Enden eingespannt. Der linke Teil wird nun um die Temperatur $\Delta T = 30$ K erwärmt.

a) Welche Spannungen treten in den beiden Stabteilen auf?

b) Wie groß ist die Verschiebung an der Fügestelle?

Gegeben: $\ell_1 = 40$ cm, $\ell_2 = 60$ cm, $A_1 = 10$ cm^2, $A_2 = 30$ cm^2, $\alpha_T = 1 \cdot 10^{-5}$ K^{-1}, $E = 2.1 \cdot 10^5$ MPa

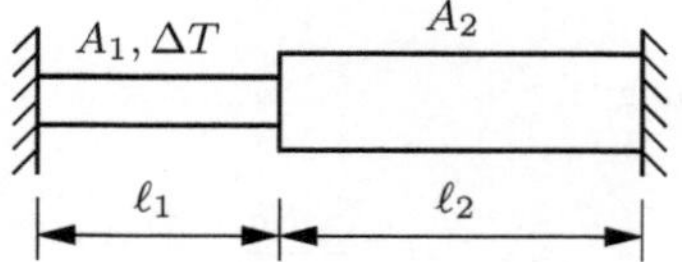

Lösung:

a) $\sigma_1 = -42$ MPa

$\sigma_2 = -14$ MPa

b) $\Delta\ell_1 = 0.04$ mm

Aufgabe 11.7 (Schwierigkeitsgrad 2)

Das dargestellte System besteht aus zwei Stützen (1 und 2) mit der Dehnsteifigkeit EA und dem starren Balken (3).

Bestimmen Sie die vertikale Auflagerreaktion A_V. Ist das System statisch bestimmt?

Gegeben: a, EA, F

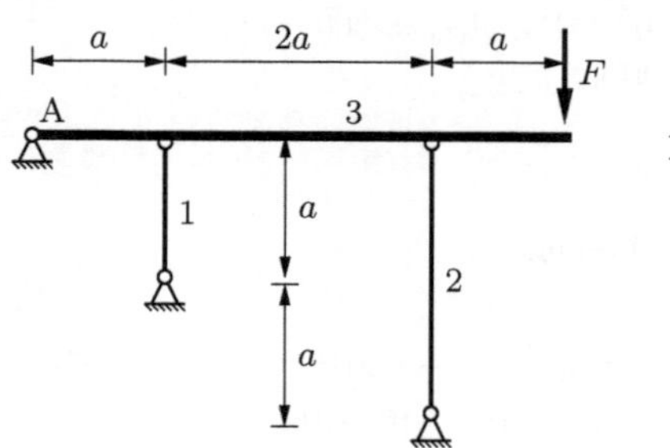

Lösung:

$\downarrow\ A_V = \frac{9}{11} F$

$f = -1$

12 Biegung gerader Balken

Dieses Kapitel beschäftigt sich mit der Biegung von Balken. Balken sind wie Stäbe eindimensional modellierte Tragstrukturen, da ihre Breite und Höhe sehr viel kleiner sind als ihre Länge (siehe auch Kapitel 11). Balken unterscheiden sich von Stäben in ihrer Belastung. Stäbe werden nur in Längsrichtung, Balken auch senkrecht zur Längsachse belastet. Dadurch wirken in Stäben nur Normalkräfte, wohingegen in Balken Momente und Querkräfte als Schnittgrößen auftreten.

Die Balkentheorie ist ein elementarer Teil der Mechanik. Im Bauwesen hat sie eine herausragende Bedeutung, da Balken zu den grundlegenden Tragstrukturen gehören. Vor allem im Stahl- und Holzbau werden fast ausschließlich Balkenstrukturen verwendet, im Massivbau erfolgt die Bemessung oft überschlägig mit einfachen Stab- oder Balkenmodellen. Auch im Maschinenbau treten häufig balkenartige Strukturen auf, sie dominieren besonders im Nutzfahrzeugbau. Die hier vorgestellte Biegetheorie ermöglicht eine erste Abschätzung der Beanspruchung und Verformung solcher Systeme.

Bild 12.1
Holzbalken als Deckenkonstruktion

Bild 12.2
Durchbiegung eines Balkens unter Belastung

12.1 Ebene Biegung

Ebene Biegung liegt dann vor, wenn der Balken bei Biegung innerhalb einer Ebene verbleibt. Dies ist der Fall, wenn die Belastung und Lagerung nur in dieser Ebene erfolgt, die zudem von der Balkenachse und einer *Hauptachse* des Querschnitts (siehe A.3.3), beispielsweise einer Symmetrieachse bei symmetrischen Balken, aufgespannt wird. Ein so belasteter Balken ist in Bild 12.3 skizziert.

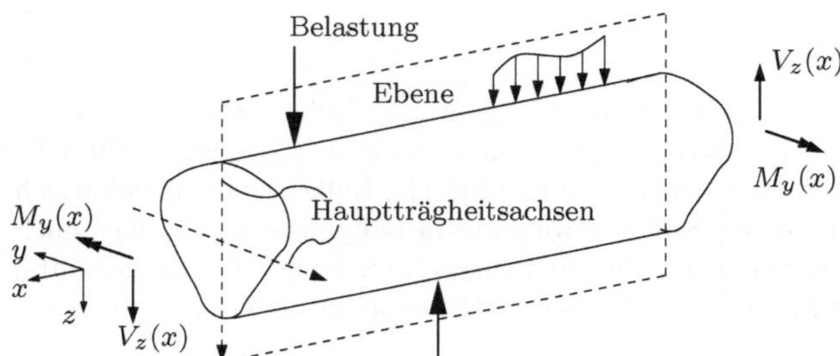

Bild 12.3 Belastung und Schnittgrößen bei ebener Biegung

Das Koordinatensystem wird so gewählt, dass die Ebene durch x- und z-Achse aufgespannt wird. Die x-Achse entspricht dabei der *Balkenachse*. Wie bereits in Abschnitt 6.1.1 diskutiert, treten im Balken dann als Schnittgrößen ein Moment M_y und eine Querkraft V_z auf. Aus Gründen der Übersichtlichkeit wird in diesem Kapitel davon ausgegangen, dass die Normalkraft N null ist. Das Verhalten bei Normalkraft wurde bereits in Kapitel 11 diskutiert, die Behandlung gleichzeitiger Biege- und Zug/Druck-Beanspruchung folgt in Kapitel 14.

Bei ebener Biegung liegt ein ebener Spannungszustand (siehe Abschnitt 10.2.2) vor. In diesem Kapitel werden lediglich die Normalspannungen σ_x betrachtet, eine Diskussion der Schubspannungen τ_{xz} folgt in Kapitel 13.

12.1.1 Differentialgleichung der Biegelinie

Kinematik

Die hier dargestellte Theorie der Biegung geht auf Jacob Bernoulli (1654 – 1705) zurück. Sie beruht auf einfachen kinematischen Annahmen, die als *Bernoulli-Hypothese* bekannt sind.

Die erste Annahme ist das *Ebenbleiben der Querschnitte* bei einer Verformung. Die Querschnitte erfahren folglich lediglich eine Verschiebung w und eine Verdrehung um den Winkel ψ, wie in in Bild 12.4 skizziert ist. Mit diesen beiden Werten lässt sich die Verschiebung eines beliebigen Punktes P auf dem Querschnitt beschreiben. Dabei wird davon ausgegangen, dass die Verdrehung des Querschnitts klein ist, also

$$\psi \ll 1 \qquad \Rightarrow \quad \sin\psi \approx \psi, \quad \cos\psi \approx 1. \tag{12.1}$$

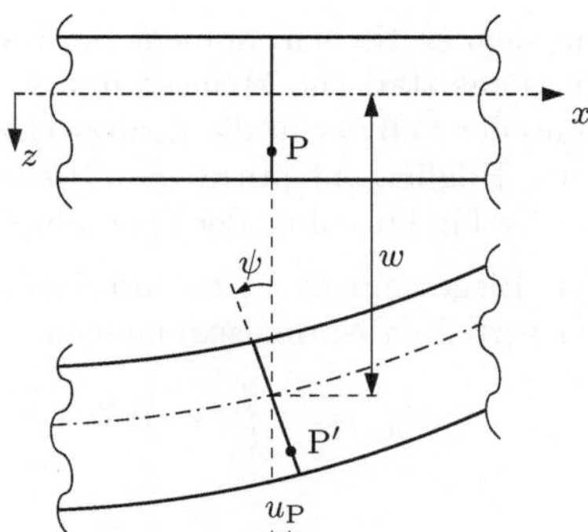

Bild 12.4
Kinematik des Balkens

Für die Verschiebung u_P des Punktes P in x-Richtung folgt demnach

$$u_P \;=\; \sin\psi\, z \;\approx\; \psi\, z\,. \tag{12.2}$$

Mit der Definition aus Abschnitt 9.1 erhält man die Dehnung in x-Richtung

$$\varepsilon_x \;=\; \frac{\partial u}{\partial x} \;=\; \psi'\, z\,. \tag{12.3}$$

Nach BERNOULLI bleiben die Querschnitte nicht nur eben, sondern stehen auch stets senkrecht zur Balkenachse. Damit ist die Verdrehung des Querschnitts

$$\psi \;=\; -w'\,, \tag{12.4}$$

also

$$\varepsilon_x \;=\; -w''\, z\,. \tag{12.5}$$

Materialgleichung

Für den Balken wird ein isotropes und homogenes Material vorausgesetzt, für das das HOOKEsche Gesetz nach Gleichung 10.1 gilt. Der Zusammenhang zwischen Spannung und Dehnung lautet folglich

$$\sigma_x \;=\; E\,\varepsilon_x\,.$$

Äquivalenz der Spannungen und Schnittgrößen

Die Normalkraft ist nach Gleichung 11.1 äquivalent zum Integral der Normalspannungen, sie soll hier null sein. Dann folgt mit Kinematik und Materialgleichung

$$\begin{aligned} N \;&=\; \int_A \sigma_x \,\mathrm{d}A \;=\; \int_A E\,\varepsilon_x \,\mathrm{d}A \;=\; -\int_A E\,w''\,z\,\mathrm{d}A \\ &=\; -E\,w'' \int_A z\,\mathrm{d}A \;=\; -E\,w'' S_y \;\stackrel{!}{=}\; 0 \end{aligned} \tag{12.6}$$

mit dem statischen Moment S_y. Da E und w'' im allgemeinen nicht null sind, muss das statische Moment null werden. Dies ist nach Abschnitt A.3.2 genau dann der Fall, wenn die Bezugsachse durch den Schwerpunkt des Querschnitts geht. Folglich entspricht die *Balkenachse* der so genannten *Schwerachse*, d. h. der Verbindungslinie der Querschnittsschwerpunkte.

Das Biegemoment ist entsprechend das Integral der infinitesimalen Momente der verteilten Normalspannungen

$$M_y = \int_A z\,\sigma_x\,\mathrm{d}A\,. \tag{12.7}$$

Gleichgewicht

Die Gleichgewichtsbeziehungen für den Balken sind bereits aus Kapitel 6 bekannt. Für Moment und Querkraft gilt (nach Gleichung 6.6 und 6.7)

$$M_y' = V_z$$

und

$$V_z' = -q_z\,.$$

Differentialgleichung

Aus den Gleichungen

$$\begin{aligned} \varepsilon_x &= -w''\,z && \text{(Kinematik)},\\ \sigma_x &= E\,\varepsilon_x && \text{(Materialgleichung)},\\ M_y &= \int_A z\,\sigma_x\,\mathrm{d}A && \text{(Äquivalenz Spannungen – Moment)},\\ M_y'' &= -q_z && \text{(Gleichgewicht)} \end{aligned}$$

folgt

$$M_y = \int_A z\,\sigma_x\,\mathrm{d}A = \int_A z\,E\,\varepsilon_x\,\mathrm{d}A = -E\,w''\int_A z^2\,\mathrm{d}A. \tag{12.8}$$

Mit der Definition des *Flächenträgheitsmoments* I_y aus Gleichung A.17 erhält man

$$M_y = -EI_y\,w'' \tag{12.9}$$

und schließlich die *Differentialgleichung der Biegelinie*

$$\Big(EI_y\,w''\Big)'' = q_z(x)\,. \tag{12.10}$$

Das Produkt EI_y wird als *Biegesteifigkeit* bezeichnet.

12.1.2 Verformung

Der Verlauf der Verschiebungsfunktion $w(x)$ heißt *Biegelinie*. Mit der Biegelinie ist die Verformung des Balkens eindeutig festgelegt. Dies folgt direkt aus der Kinematik, insbesondere aus der BERNOULLI-Hypothese, siehe dazu auch Bild 12.4. Die Differentialgleichung der Biegelinie 12.10 kann direkt zur Berechnung der Biegelinie verwendet werden. Meist ist die Biegesteifigkeit EI_y eines Balkens konstant über seine Länge. Durch Integration der Differentialgleichung erhält man dann die Schnittgrößen

$$EI_y\, w^{IV}(x) = q_z(x), \tag{12.11}$$

$$EI_y\, w'''(x) = -V_z(x), \tag{12.12}$$

$$EI_y\, w''(x) = -M_y(x), \tag{12.13}$$

und die Verformungsgrößen

$$\begin{aligned} w''(x) &= \text{Krümmung},\\ w'(x) &= \text{Verdrehung},\\ w(x) &= \text{Verschiebung}. \end{aligned}$$

Ist also die Streckenlast $q(x)$ bekannt, kann daraus nicht nur die Biegelinie, sondern auch die Schnittgrößen bestimmt werden. Dieses Verfahren ist unabhängig von der statischen Bestimmtheit (siehe Abschnitt 3.4), so dass es sich insbesondere für statisch unbestimmte Systeme anbietet, siehe Beispiel 12.2.

Bei Problemen mit Unstetigkeiten in den Ableitungen der Biegelinie (vgl. Abschnitt 6.1), wenn also Einzellasten oder Lager in Feldmitte vorhanden sind, muss der Balken in mehrere Bereiche aufgeteilt werden. An einem Gelenk ist die Verdrehung unstetig, siehe Beispiel 12.4. Die Integration der Biegelinie erfolgt in diesen Fällen bereichsweise.

Die bei der Integration auftretenden Konstanten werden aus den *Randbedingungen* und *Übergangsbedingungen* bestimmt. Eine Übersicht über mögliche Rand- und Übergangsbedingungen ist in Tabelle B.1 auf Seite 487 gegeben.

Alternativ zur vierfachen Integration kann zunächst die Momentenlinie mit Hilfe des Schnittprinzips (vgl. Abschnitt 3.3) aus Gleichgewichtsbetrachtungen ermittelt und anschließend die Biegelinie durch zweimalige Integration aus Gleichung 12.13 bestimmt werden, siehe Beispiel 12.1.

Beispiel 12.1 Integration der Biegelinie
Der dargestellte Balken mit der Biegesteifigkeit EI_y und der Länge ℓ wird durch eine lineare Streckenlast $q_z(x)$ belastet. Gesucht ist der Verlauf der Biegelinie sowie die maximale Durchbiegung des Balkens.

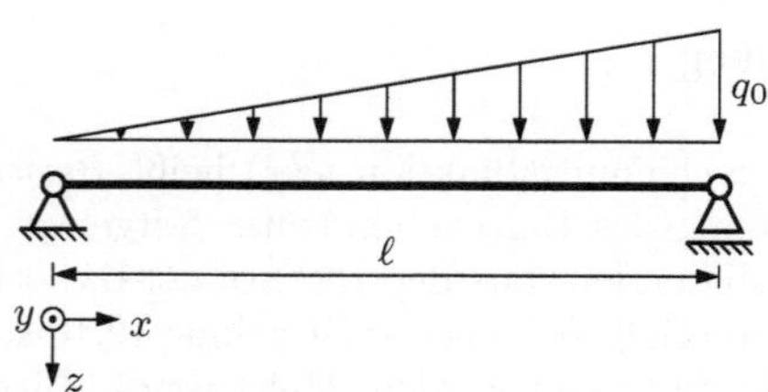

Lösung mit vierfacher Integration:
Das Koordinatensystem wird so eingeführt, dass die x-Achse der Balkenachse entspricht und die z-Achse der Lastrichtung.
Um die Aufgabe zu lösen, wird zunächst die Funktion der Streckenlast aufgestellt, ihr linearer Verlauf wird durch

$$q_z(x) = \frac{q_0}{\ell}\,x$$

beschrieben. Die Biegelinie kann nun durch Integration der Differentialgleichung der Biegelinie ermittelt werden:

$$\begin{aligned}
EI_y\,w^{IV} &= \quad q_z = q_0\,\frac{x}{\ell} \\
EI_y\,w''' &= -V_z = \frac{q_0\ell}{2}\left(\frac{x}{\ell}\right)^2 + C_1 \\
EI_y\,w'' &= -M_y = \frac{q_0\ell^2}{6}\left(\frac{x}{\ell}\right)^3 + C_1x + C_2 \\
EI_y\,w' &= \frac{q_0\ell^3}{24}\left(\frac{x}{\ell}\right)^4 + \frac{1}{2}C_1x^2 + C_2x + C_3 \\
EI_y\,w &= \frac{q_0\ell^4}{120}\left(\frac{x}{\ell}\right)^5 + \frac{1}{6}C_1x^3 + \frac{1}{2}C_2x^2 + C_3x + C_4
\end{aligned}$$

Die Integrationskonstanten werden aus den Randbedingungen bestimmt. Dies kann beispielsweise mit Hilfe von Tabelle B.1 geschehen.
Für den abgebildeten Balken gelten folgende Randbedingungen:

- Verschiebung am linken Auflager ist null:

$$w(x=0) = 0 \quad \Rightarrow \quad C_4 = 0$$

- Moment am linken Auflager ist null (Gelenk):

$$M_y(x=0) = 0 \quad \Rightarrow \quad C_2 = 0$$

- Moment am rechten Auflager ist null (Gelenk):

$$\begin{aligned}
M_y(x=\ell) = 0 \quad &\Rightarrow \quad \frac{q_0\ell^2}{6} + C_1\ell = 0 \\
&\Rightarrow \quad C_1 = -\frac{q_0\ell}{6}
\end{aligned}$$

- Verschiebung am rechten Auflager ist null:

$$w(x=\ell) = 0 \quad \Rightarrow \quad \frac{q_0\ell^4}{120} - \frac{q_0\ell}{36}\,\ell^3 + C_3\ell = 0$$

$$\Rightarrow \quad C_3 = \frac{1}{36}\,q_0\ell^3 - \frac{1}{120}\,q_0\ell^3 = \frac{7}{360}\,q_0\ell^3$$

Wie hier zu erkennen ist, ist es in der Regel sinnvoll, bei der Berechnung der Integrationskonstanten zunächst die Randbedingungen an der Stelle $x=0$ zu verwenden. Durch eine geschickte Reihenfolge bei der Auswertung der Randbedingungen kann vermieden werden, dass große Gleichungssysteme gelöst werden müssen.
Für die Gleichung der Biegelinie gilt schließlich

$$w(x) = \frac{q_0\ell^4}{EI_y}\left[\frac{1}{120}\left(\frac{x}{\ell}\right)^5 - \frac{1}{36}\left(\frac{x}{\ell}\right)^3 + \frac{7}{360}\left(\frac{x}{\ell}\right)\right].$$

Eine Zusammenstellung der Biegelinien für Einfeldbalken befindet sich in Tabelle B.2 auf Seite 488.
Um die maximale Durchbiegung zu bestimmen, wird zunächst der Ort x berechnet, an dem diese auftritt. Dies entspricht einer einfachen Kurvendiskussion. Da die maximale Durchbiegung nicht an den Auflagern auftritt, muss für ein Maximum die erste Ableitung der Biegelinie verschwinden,

$$w'(x) = \frac{q_0\ell^3}{EI_y}\left[\frac{1}{24}\left(\frac{x}{\ell}\right)^4 - \frac{1}{12}\left(\frac{x}{\ell}\right)^2 + \frac{7}{360}\right] \stackrel{!}{=} 0.$$

Dies führt auf vier verschiedene Lösungen

$$x = \pm\sqrt{1 \pm \sqrt{\frac{8}{15}}}\,\ell.$$

Die gesuchte Lösung ist diejenige, die zwischen 0 und ℓ liegt, sie lautet

$$x^* = \sqrt{1 - \sqrt{\frac{8}{15}}}\,\ell \approx 0.5193\,\ell.$$

Damit ist die maximale Durchbiegung

$$w_{\max} = w(x^*) = 0.00652\,\frac{q_0\ell^4}{EI_y}.$$

Lösung mit Maple:
Mit derselben Vorgehensweise wie bei der Handrechnung lässt sich diese Aufgabe auch mit MAPLE lösen. Zunächst werden die Funktion der Streckenlast

```
> q(x) := q0/l*x:
```

und die Differentialgleichung der Biegelinie

```
> bde := EIy * diff(w(x),x$4) = q(x);
```

$$bde := EIy\,(\frac{\partial^4}{\partial x^4}\,\mathrm{w}(x)) = \frac{q0\,x}{\ell}$$

eingegeben. Zur Lösung werden außerdem die Randbedingungen benötigt, also

```
> bc := w(0)=0,(D@@2)(w)(0)=0, w(l) = 0, (D@@2)(w)(l) = 0;
```

mit deren Hilfe dann das Differentialgleichungssystem lösbar ist. Mit dem Integrationsbefehl

```
> solution := dsolve({bde,bc},w(x));
```

folgt

$$solution := \mathrm{w}(x) = \frac{1}{120}\,\frac{q0\,x^5}{\ell\,EIy} - \frac{1}{36}\,\frac{q0\,\ell\,x^3}{EIy} + \frac{\frac{7}{360}\,q0\,\ell^3\,x}{EIy}\,.$$

Der Ort der maximalen Durchbiegung wird durch Nullsetzen der ersten Ableitung berechnet,

```
> zeros := solve(\{diff(rhs(solution),x)=0\},x);
```

$$zeros := \{x = \frac{1}{15}\,\sqrt{225 + 30\,\sqrt{30}}\,\ell\}\ ,\ \{x = -\frac{1}{15}\,\sqrt{225 + 30\,\sqrt{30}}\,\ell\},$$
$$\{x = \frac{1}{15}\,\sqrt{225 - 30\,\sqrt{30}}\,\ell\}\ ,\ \{x = -\frac{1}{15}\,\sqrt{225 - 30\,\sqrt{30}}\,\ell\}\,.$$

Von den vier Lösungen ist die dritte mit $x \approx 0.519\,\ell$ die einzige, die zwischen 0 und ℓ liegt. Der Wert der maximalen Durchbiegung lautet damit

```
> evalf(subs(zeros[3],rhs(solution)));
```

$$.006522184223\,\frac{q0\,\ell^4}{EI}\,.$$

Lösung mit Hilfe der Momentenlinie:

Zur Aufstellung der Momentenlinie wird zunächst eine Lagerreaktion bestimmt. Die Resultierende der Streckenlast liegt bei $x = \frac{2}{3}\ell$ und hat die Größe $\frac{q_0\ell}{2}$. Damit erhält man folgendes Freikörperbild zur Berechnung der Lagerreaktionen:

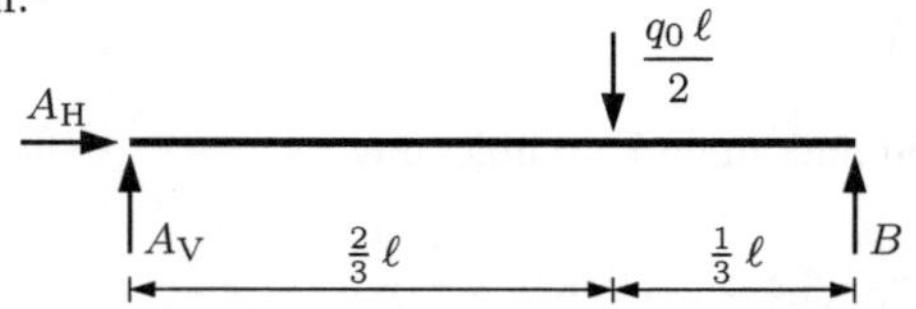

Die Lagerreaktion A_{V} folgt direkt aus dem Momentengleichgewicht um das rechte Auflager,

$$\overset{\frown}{\mathrm{B}}\ :\quad A_{\mathrm{V}}\,\ell - \frac{q_0\ell}{2}\,\frac{1}{3}\ell = 0 \quad\Rightarrow\quad A_{\mathrm{V}} = \frac{q_0\ell}{6}.$$

Nun kann die Momentenlinie mit Hilfe eines Schnitts an einer beliebigen Stelle x bestimmt werden.

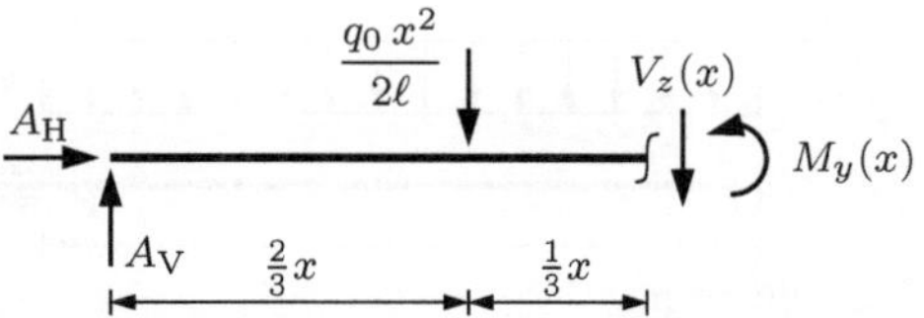

Aus dem Momentengleichgewicht an der Stelle x folgt

$$\overset{\frown}{x} \; : \quad M_y(x) + \frac{q_0\,x^2}{2\ell}\,\frac{x}{3} - \frac{q_0\,\ell}{6}\,x = 0$$

$$\Rightarrow \quad M_y(x) = q_0\ell^2\left[-\frac{1}{6}\left(\frac{x}{\ell}\right)^3 + \frac{1}{6}\left(\frac{x}{\ell}\right)\right].$$

Die Integration der Momentenlinie liefert nun die Biegelinie

$$\begin{aligned} EI_y\,w''(x) &= -M_y = q_0\ell^2\left[\;\frac{1}{6}\left(\frac{x}{\ell}\right)^3 - \frac{1}{6}\left(\frac{x}{\ell}\right)\;\right] \\ EI_y\,w'(x) &= q_0\ell^3\left[\;\frac{1}{24}\left(\frac{x}{\ell}\right)^4 - \frac{1}{12}\left(\frac{x}{\ell}\right)^2\right] + C_1 \\ EI_y\,w(x) &= q_0\ell^4\left[\;\frac{1}{120}\left(\frac{x}{\ell}\right)^5 - \frac{1}{36}\left(\frac{x}{\ell}\right)^3\right] + C_1\,x + C_2\,. \end{aligned}$$

Da die Kräfterandbedingungen bereits zur Aufstellung des Gleichgewichts verwendet wurden, stehen zur Berechnung der Integrationskonstanten nur noch die kinematischen Randbedingungen zur Verfügung:

- Verschiebung am linken Auflager ist null:

$$w(x=0) = 0 \quad \Rightarrow \quad C_2 = 0$$

- Verschiebung am rechten Auflager ist null:

$$w(x=\ell) = 0 \quad \Rightarrow \quad q_0\ell^4\left[\frac{1}{120} - \frac{1}{36}\right] + C_1\ell = 0$$

$$\Rightarrow \quad C_1 = \frac{7}{360}\,q_0\ell^3$$

Die Biegelinie lautet also

$$w(x) = \frac{q_0\ell^4}{EI_y}\left[\frac{1}{120}\left(\frac{x}{\ell}\right)^5 - \frac{1}{36}\left(\frac{x}{\ell}\right)^3 + \frac{7}{360}\left(\frac{x}{\ell}\right)\right].$$

Beispiel 12.2 Biegelinie eines statisch unbestimmten Systems
Ein statisch unbestimmt gelagerter Balken (Biegesteifigkeit EI_y) wird durch eine konstante Streckenlast q_0 belastet.

Gesucht sind die Auflagerreaktionen an beiden Enden.

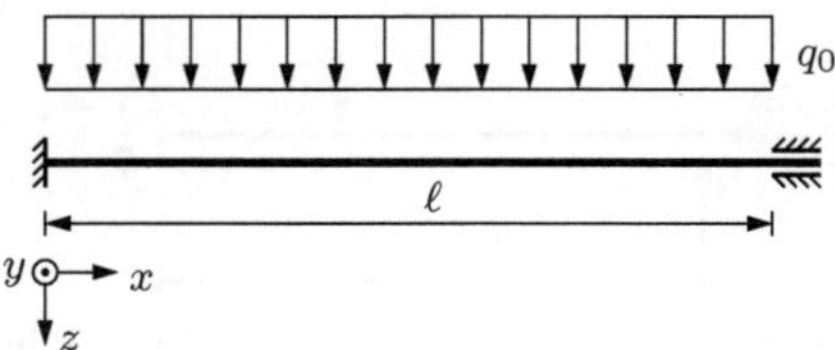

Lösung:
Zur Lösung wird das übliche Koordinatensystem verwendet. Ausgehend von dem Verlauf der Streckenlast kann die Biegelinie durch Integration berechnet werden,

$$
\begin{aligned}
EI_y\, w^{IV} &= \quad q_z = q_0 \\
EI_y\, w''' &= -V_z = q_0\ell\left(\frac{x}{\ell}\right) + C_1 \\
EI_y\, w'' &= -M_y = \frac{q_0\ell^2}{2}\left(\frac{x}{\ell}\right)^2 + C_1 x + C_2 \\
EI_y\, w' &= \frac{q_0\ell^3}{6}\left(\frac{x}{\ell}\right)^3 + \frac{1}{2}C_1 x^2 + C_2 x + C_3 \\
EI_y\, w &= \frac{q_0\ell^4}{24}\left(\frac{x}{\ell}\right)^4 + \frac{1}{6}C_1 x^3 + \frac{1}{2}C_2 x^2 + C_3 x + C_4 .
\end{aligned}
$$

Mit den Randbedingungen lassen sich die Integrationskonstanten bestimmen. Durch die Einspannungen an beiden Enden des Balkens werden jeweils Verschiebung und Verdrehung verhindert, also

$$
\begin{aligned}
w\,(x=0) = 0 \quad &\Rightarrow \quad C_4 = 0 \\
w'(x=0) = 0 \quad &\Rightarrow \quad C_3 = 0 \\
w\,(x=\ell) = 0 \quad &\Rightarrow \quad \tfrac{1}{24}\, q_0\ell^4 + \tfrac{1}{6}\,\ell^3\, C_1 + \tfrac{1}{2}\,\ell^2\, C_2 = 0 \\
w'(x=\ell) = 0 \quad &\Rightarrow \quad \tfrac{1}{6}\, q_0\ell^3 + \tfrac{1}{2}\,\ell^2\, C_1 + \ell\, C_2 = 0
\end{aligned}
$$

Die letzten beiden Gleichungen liefern

$$
C_1 = -\frac{q_0\ell}{2} \qquad \text{und} \qquad C_2 = \frac{q_0\ell^2}{12},
$$

und damit die Biegelinie

$$
w = \frac{q_0\ell^4}{EI_y}\left[\frac{1}{24}\left(\frac{x}{\ell}\right)^4 - \frac{1}{12}\left(\frac{x}{\ell}\right)^3 + \frac{1}{24}\left(\frac{x}{\ell}\right)^2\right].
$$

Zur Bestimmung der Auflagerreaktionen werden die Verläufe der Schnittgrößen benötigt, also die zweite und dritte Ableitung der Biegelinie,

$$
\begin{aligned}
M_y(x) &= -EI_y w''(x) = -\tfrac{1}{2}\, q_0\, x^2 + \tfrac{1}{2}\, q_0 \ell\, x - \tfrac{1}{12} q_0 \ell^2 \\
V_z(x) &= -EI_y w'''(x) = -q_0 x + \tfrac{1}{2}\, q_0 \ell\,,
\end{aligned}
$$

woraus sich die Auflagerreaktionen berechnen lassen. Die Normalkraft ist im ganzen Balken null, wie leicht mit Hilfe des Kräftegleichgewichts in horizontaler Richtung überprüfbar ist. Daher sind auch die horizontalen Auflagerreaktionen null. Das Vorzeichen der Auflagerreaktionen wird durch Gleichgewicht am Auflager ermittelt:

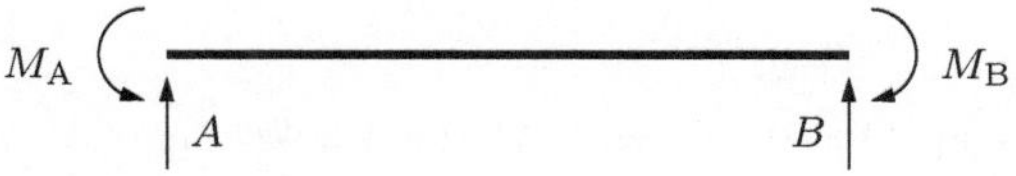

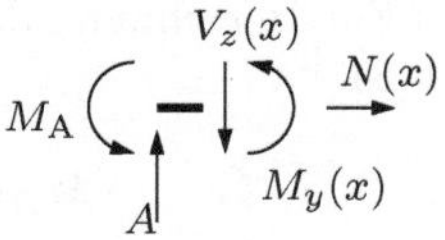

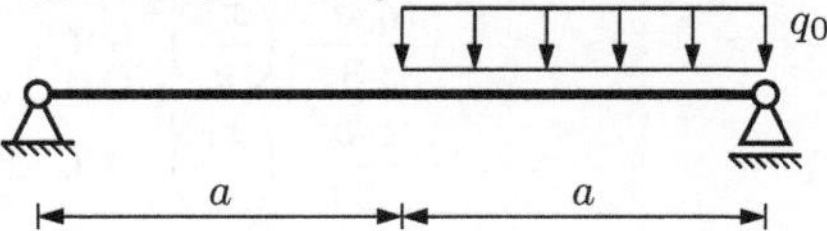

$$
\begin{aligned}
M_A &= -M_y(x=0) = \frac{q_0\ell^2}{12}, & A &= V_z(x=0) = \frac{q_0\ell}{2},\\
M_B &= -M_y(x=\ell) = \frac{q_0\ell^2}{12}, & B &= -V_z(x=\ell) = \frac{q_0\ell}{2}.
\end{aligned}
$$

Beispiel 12.3 Biegelinie bei unstetiger Belastung

Gesucht ist die Biegelinie für den dargestellten Balken auf zwei Stützen, der in seiner rechten Hälfte durch eine Streckenlast q_0 belastet ist. Gegeben sind zudem die Biegesteifigkeit EI_y sowie die Länge a.

Lösung:

Die Streckenlast ist bei dieser Problemstellung nicht stetig, daher muss der Träger in zwei Bereiche 1 und 2 aufgeteilt werden.

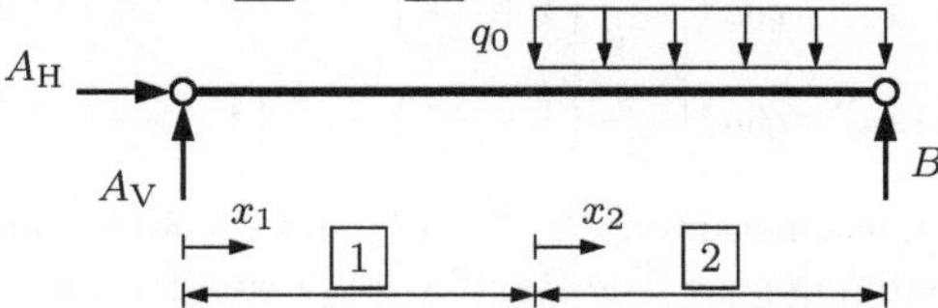

In jedem Bereich wird ein eigenes Koordinatensystem eingeführt. Benötigt werden zunächst die Momentenverläufe. Das Momentengleichgewicht um A liefert die Auflagerreaktion bei B

$$\overset{\curvearrowright}{A} : \quad q_0 a \cdot \frac{3}{2} a - B \cdot 2a = 0 \quad \Rightarrow \quad B = \frac{3}{4} q_0 a,$$

mit dem Kräftegleichgewicht in vertikaler Richtung folgt

$$\uparrow : \quad A + B - q_0 a = 0 \quad \Rightarrow \quad A = \frac{1}{4} q_0 a.$$

Die Schnittgrößenverläufe lassen sich durch einen Schnitt in jedem Bereich ermitteln.

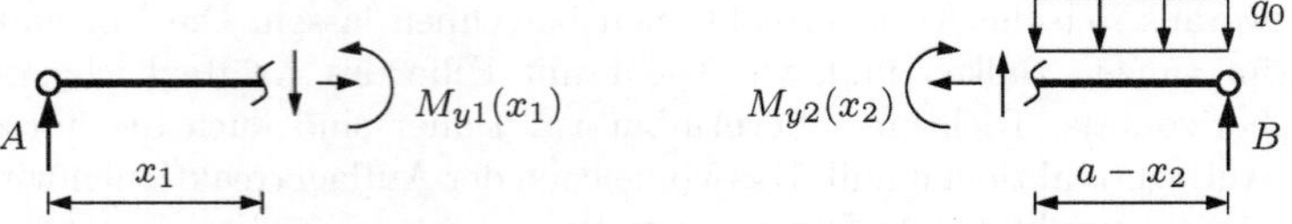

Zur Berechnung der Biegelinie genügt der Momentenverlauf. In Bereich 1 ist

$$\widehat{x_1} \quad : \quad M_{y1}(x_1) - x_1 \cdot A = 0 \qquad \Rightarrow \quad M_{y1}(x_1) = \tfrac{q_0 a}{4} x_1$$

und in Bereich 2

$$\begin{aligned} \widehat{x_2} \quad &: \quad -M_{y2}(x_2) - q_0 \frac{a - x_2}{2}(a - x_2) + B \cdot (a - x_2) = 0 \\ \Rightarrow \quad & M_{y2}(x_2) = -\frac{q_0}{2}(a - x_2)^2 + \tfrac{3}{4} q_0 a (a - x_2)\,. \end{aligned}$$

Aus den Momentenlinien kann nun für jeden Bereich die Biegelinie durch Integration ermittelt werden.

$$\begin{aligned} EI_y w_1''(x_1) &= -M_{y1}(x_1) = -\frac{q_0 a^2}{4}\left(\frac{x_1}{a}\right) \\ EI_y w_1'(x_1) &= \qquad -\frac{q_0 a^3}{8}\left(\frac{x_1}{a}\right)^2 + C_1 \\ EI_y w_1(x_1) &= \qquad -\frac{q_0 a^4}{24}\left(\frac{x_1}{a}\right)^3 + C_1 x_1 + C_2 \end{aligned}$$

$$\begin{aligned} EI_y w_2''(x_2) &= q_0 a^2 \left[\left(1 - \frac{x_2}{a}\right)^2 - \frac{3}{4}\left(1 - \frac{x_2}{a}\right) \right] \\ EI_y w_2'(x_2) &= q_0 a^3 \left[-\frac{1}{6}\left(1 - \frac{x_2}{a}\right)^3 + \frac{3}{8}\left(1 - \frac{x_2}{a}\right)^2 \right] + C_3 \\ EI_y w_2(x_2) &= q_0 a^4 \left[\frac{1}{24}\left(1 - \frac{x_2}{a}\right)^4 - \frac{1}{8}\left(1 - \frac{x_2}{a}\right)^3 \right] + C_3 x_2 + C_4 \end{aligned}$$

Die Integrationskonstanten C_1, C_2, C_3 und C_4 folgen aus den Rand- und Übergangsbedingungen. Die Randbedingungen lauten

$$\begin{aligned} w_1(x_1 = 0) &= 0 : \qquad 0 + 0 + C_2 = 0 \quad \Rightarrow C_2 = 0\,, \\ w_2(x_2 = a) &= 0 : 0 - 0 + C_3 a + C_4 = 0 \quad \Rightarrow C_4 = -C_3 a\,, \end{aligned}$$

und die Übergangsbedingungen

$$\begin{aligned} w_1(x_1 = a) &= w_2(x_2 = 0) : \\ &\Rightarrow -\frac{q_0 a^4}{24} + C_1 a = q_0 a^4 \left[\frac{1}{24} - \frac{1}{8}\right] + C_4\,, \\ w_1'(x_1 = a) &= w_2'(x_2 = 0) : \\ &\Rightarrow -\frac{q_0 a^3}{8} + C_1 = q_0 a^3 \left[-\frac{1}{6} + \frac{3}{8}\right] + C_3\,. \end{aligned}$$

Aus den Gleichungen lassen sich die Integrationskonstanten durch Einsetzen bestimmen,

$$C_1 = \frac{7}{48}\, q_0 a^3, \qquad C_2 = 0, \qquad C_3 = -\frac{3}{16}\, q_0 a^3, \qquad C_4 = \frac{3}{16} q_0 a^4 \,,$$

womit man schließlich die Biegelinien erhält.

$$w_1(x_1) = \frac{q_0 a^4}{EI_y}\left[-\frac{1}{24}\left(\frac{x_1}{a}\right)^3 + \frac{7}{48}\left(\frac{x_1}{a}\right)\right]$$

$$w_2(x_2) = \frac{q_0 a^4}{EI_y}\left[\frac{1}{24}\left(1-\frac{x_2}{a}\right)^4 - \frac{1}{8}\left(1-\frac{x_2}{a}\right)^3 - \frac{3}{16}\left(\frac{x_2}{a}\right) + \frac{3}{16}\right]$$

Bereits bei diesem elementaren Beispiel wird deutlich, dass die Berechnung der Biegelinie mehrfeldriger Träger sehr aufwändig werden kann. Obgleich die Lösung der Differentialgleichung abschnittsweise als bekannt vorausgesetzt werden kann, müssen die individuellen Rand- und Übergangsbedingungen ausgewertet werden. Zwar kann der manuelle Rechenaufwand (Lösung eines linearen Gleichungssystems) wiederum automatisiert werden. Dennoch bietet es sich in solchen Fällen an, gleich auf ein universelles Berechnungswerkzeug, wie z. B. die Finite Element Methode (siehe Abschnitt 15.7) zurückzugreifen.

Beispiel 12.4 Biegelinie für System mit Gelenk
Das unten abgebildete System wird durch ein Endmoment belastet. Gesucht ist die Biegelinie und die Relativverdrehung am Gelenk bei B.

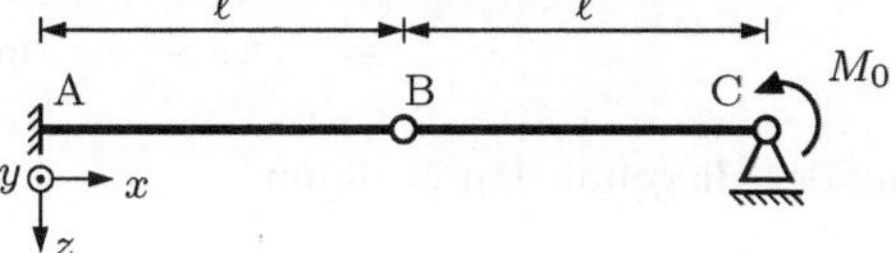

Lösung:
Zur Lösung des Problems wird für das statisch bestimmte System zunächst die Momentenlinie, damit die Biegelinie und schließlich die Verdrehung ermittelt.
Da keine Streckenlast vorhanden ist, also $q_z = 0$, verläuft das Biegemoment M_y linear. Am rechten Auflager muss es dem äußeren Moment M_0 entsprechen, am Gelenk B null sein. Dies führt zu folgendem Momentenverlauf:

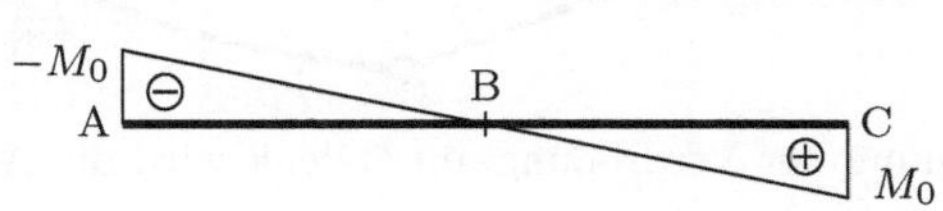

Also ist

$$M_y(x) \;=\; M_0\left[\frac{x}{\ell} - 1\right].$$

Im Gegensatz zum Momentenverlauf tritt bei der Biegelinie am Gelenk eine Unstetigkeit auf. Daher muss sie getrennt für die Abschnitte AB und BC berechnet werden, dabei wird in beiden Abschnitten dasselbe oben angegebene Koordinatensystem verwendet. Für Abschnitt AB gilt

$$\begin{aligned}
EI_y\, w''_{\mathrm{AB}} &= -M_y(x) = M_0\left[-\left(\frac{x}{\ell}\right) + 1\right] \\
EI_y\, w'_{\mathrm{AB}} &= M_0\ell\left[-\frac{1}{2}\left(\frac{x}{\ell}\right)^2 + \left(\frac{x}{\ell}\right)\right] + C_1 \\
EI_y\, w_{\mathrm{AB}} &= M_0\ell^2\left[-\frac{1}{6}\left(\frac{x}{\ell}\right)^3 + \frac{1}{2}\left(\frac{x}{\ell}\right)^2\right] + C_1 x + C_2\,,
\end{aligned}$$

entsprechend erhält man für Abschnitt BC

$$EI_y\, w_{\mathrm{BC}} = M_0\ell^2\left[-\frac{1}{6}\left(\frac{x}{\ell}\right)^3 + \frac{1}{2}\left(\frac{x}{\ell}\right)^2\right] + C_3 x + C_4\,.$$

Mit den Rand- und Übergangsbedingungen folgen die Integrationskonstanten

$$\begin{aligned}
w_{\mathrm{AB}}(x=0) = 0 \quad &\Rightarrow \quad C_2 = 0 \\
w'_{\mathrm{AB}}(x=0) = 0 \quad &\Rightarrow \quad C_1 = 0 \\
w_{\mathrm{AB}}(x=\ell) = w_{\mathrm{BC}}(x=\ell) \quad &\Rightarrow \quad M_0\ell^2\cdot\frac{1}{3} = M_0\ell^2\cdot\frac{1}{3} + C_3\ell + C_4 \\
w_{\mathrm{BC}}(x=2\ell) = 0 \quad &\Rightarrow \quad M_0\ell^2\cdot\frac{2}{3} + C_3\cdot 2\ell + C_4 = 0 \\
&\Rightarrow \quad C_3 = -\frac{2}{3}M_0\ell\,, \quad C_4 = \frac{2}{3}M_0\ell^2\,.
\end{aligned}$$

Die Gleichung der Biegelinie lautet damit

$$w(x) = \begin{cases} \dfrac{M_0\ell^2}{EI_y}\left[-\dfrac{1}{6}\left(\dfrac{x}{\ell}\right)^3 + \dfrac{1}{2}\left(\dfrac{x}{\ell}\right)^2\right], & 0 \le x \le \ell \\ \dfrac{M_0\ell^2}{EI_y}\left[-\dfrac{1}{6}\left(\dfrac{x}{\ell}\right)^3 + \dfrac{1}{2}\left(\dfrac{x}{\ell}\right)^2 - \dfrac{2}{3}\left(\dfrac{x}{\ell}\right) + \dfrac{2}{3}\right], & \ell \le x \le 2\ell\,. \end{cases}$$

Die Biegelinie sieht folgendermaßen aus:

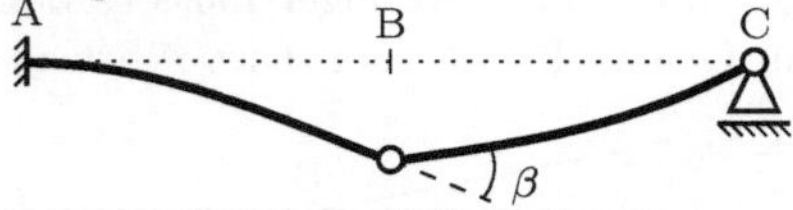

Zur Berechnung der Verdrehung am Gelenk wird die Ableitung der Biegelinie benötigt. Sie lautet

$$w'(x) = \begin{cases} \dfrac{M_0\ell}{EI_y}\left[-\dfrac{1}{2}\left(\dfrac{x}{\ell}\right)^2 + \left(\dfrac{x}{\ell}\right)\right], & 0 \le x \le \ell\,, \\ \dfrac{M_0\ell}{EI_y}\left[-\dfrac{1}{2}\left(\dfrac{x}{\ell}\right)^2 + \left(\dfrac{x}{\ell}\right) - \dfrac{2}{3}\right], & \ell \le x \le 2\ell\,. \end{cases}$$

Die Relativverdrehung, also der Winkel β, lässt sich aus der Differenz der Verdrehungen ermitteln. Es gilt

$$\tan\beta \;=\; w'_{\mathrm{BC}}(x=\ell) - w'_{\mathrm{AB}}(x=\ell) \;=\; -\frac{2}{3}\frac{M_0\ell}{EI_y}\,.$$

12.1.3 Spannungen

Aus der Kinematik (Gleichung 12.5) und dem Hookeschen Gesetz (Gleichung 10.1) folgt die Spannungsverteilung

$$\sigma_x \;=\; E\,\varepsilon_x \;=\; -E\,w''\,z\,, \tag{12.14}$$

bzw. mit der Differentialgleichung 12.9

$$\sigma_x \;=\; \frac{M_y}{I_y}\,z\,. \tag{12.15}$$

Die Spannung ist also allgemein von z und über w'' bzw. M_y von x abhängig. Innerhalb eines Querschnitts liegt demnach bei ebener Biegung ein über die Balkenhöhe linearer Spannungsverlauf vor, wie in Bild 12.5 skizziert ist.

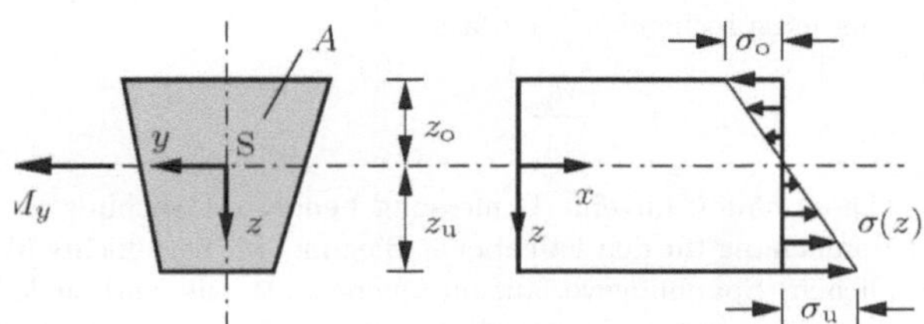

Bild 12.5 Spannungsverteilung im Balken bei Belastung durch ein Biegemoment

Die Spannungen in Höhe der Balkenachse sind null. Daher entspricht bei reiner Biegung die Balkenachse der *neutralen Faser*, also der Linie, auf der die Spannungen verschwinden. Die maximalen Normalspannungen treten an der Ober- und Unterseite des Balkens auf. Um die Tragfähigkeit des Materials möglichst optimal zu nutzen, wurde daher die bei Stahlprofilen übliche Querschnittsform des *Doppel-T-Trägers* oder *I-Trägers* entwickelt, die in Bild 12.6 dargestellt ist. Die Querschnittsformen sind genormt (z. B. DIN 1025), die Querschnittswerte stehen in Tabellenwerken[1] zur Verfügung. Der Großteil der Querschnittsfläche ist in den Stegen angeordnet, die nur durch einen dünnen Flansch verbunden sind, der die Querkraft (siehe Abschnitt 13.2) aufnehmen muss.

Zusätzlich zu den Normalspannungen σ_x treten bei Biegung meist auch Schubspannungen τ_{xz} auf, die im Zusammenhang mit der Querkraft V_z stehen. Diese werden in Abschnitt 13.2 diskutiert.

[1] K.-J. Schneider (Hrsg.), *Bautabellen für Ingenieure*, Werner Verlag
R. Wendehorst, *Bautechnische Zahlentafeln*, Teubner/Beuth Verlag

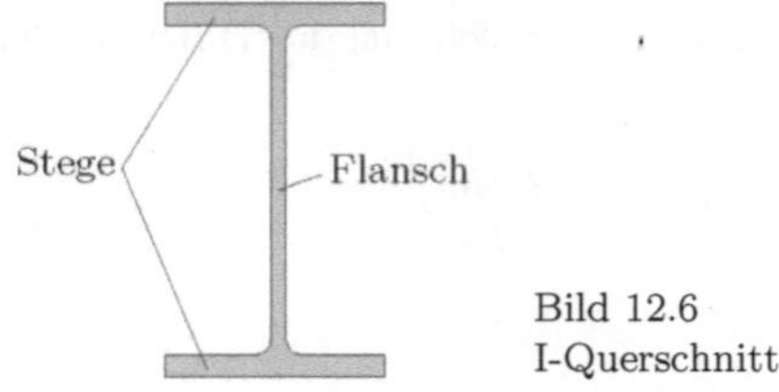

Bild 12.6
I-Querschnitt

Ist außer einem Biegemoment M_y auch eine Normalkraft N vorhanden, führt dies auf eine veränderte Verteilung der Normalspannung σ_x, wie in Kapitel 14 erläutert wird.

Anmerkung: In der Praxis wird häufig die betragsmäßig größte Biegenormalspannung im Querschnitt $\sigma_{\max}$ gesucht. Mit der Defintion des *Widerstandsmomentes* gegen Biegung

$$W_y = \frac{I_y}{|z_{\max}|} \tag{12.16}$$

mit dem maximalen Randfaserabstand

$$z_{\max} = \max(z_o, z_u) \tag{12.17}$$

von der y-Achse (siehe Bild 12.5) folgt für die maximale Biegenormalspannung an der entsprechenden Randfaser

$$\sigma_{\max} = \frac{|M_y|}{W_y}\,. \tag{12.18}$$

Diese häufig für eine Bemessung benutzte Gleichung ist jedoch eine starke Vereinfachung für den Fall ebener Biegung. Sie sagt nichts über den (linear veränderlichen) Spannungsverlauf im Querschnitt aus, enthält keine Vorzeichendefinition und lässt sich nicht bei allgemeineren Beanspruchungsfällen anwenden, wie z. B. bei der Überlagerung von Zug-/Druck- und Biegebeanspruchung.

Beispiel 12.5 Spannungen infolge ebener Biegung

Für den Balken aus Beispiel 12.1 soll die maximale Normalspannung ermittelt werden. Der Balken hat den rechts abgebildeten Rechteckquerschnitt.

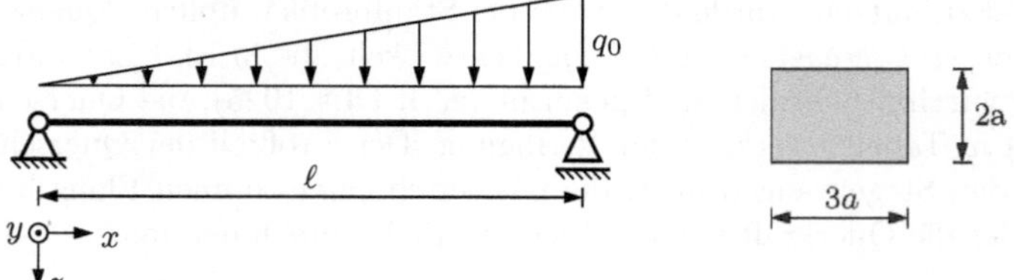

Lösung:

Die größten Normalspannungen treten bei über die Länge konstantem Querschnitt dort auf, wo das Moment maximal wird. Da das Moment an den Auflagern null ist, nimmt die Momentenfunktion $M_y(x)$ ihren maximalen

Wert dort an, wo ihre Ableitung, also $V_z(x) = M'_y(x)$, null wird. Mit dem bekannten Querkraftverlauf folgt aus

$$V_z(x) = q_0\ell\left[\left(\frac{x}{\ell}\right)^2 + 1\right] = 0$$

der Ort des maximalen Moments

$$x^* = \frac{\ell}{\sqrt{3}}\,.$$

Das maximale Moment ist entsprechend

$$M_{\max} = M_y(x^*) = q_0\ell^2\left[-\frac{1}{6}\left(\frac{x^*}{\ell}\right)^3 + \frac{1}{6}\left(\frac{x^*}{\ell}\right)\right] = \frac{q_0\ell}{9\sqrt{3}}\,.$$

Zur Berechnung der Spannungen wird das Flächenträgheitsmoment des Querschnitts benötigt. Tabelle B.5 auf Seite 491 ist zu entnehmen, dass für den Rechteckquerschnitt mit Breite b und Höhe h

$$I_y = \frac{b\,h^3}{12} = \frac{3a\,(2a)^3}{12} = 2a^4$$

ist. Damit gilt für die Normalspannungen nach Gleichung 12.15

$$\sigma_x = \frac{M_y}{I_y}\,z = \frac{q_0\ell^2}{9\sqrt{3}\cdot 2a^4}\,z = \frac{q_0\ell^2}{18\sqrt{3}\,a^4}\,z\,.$$

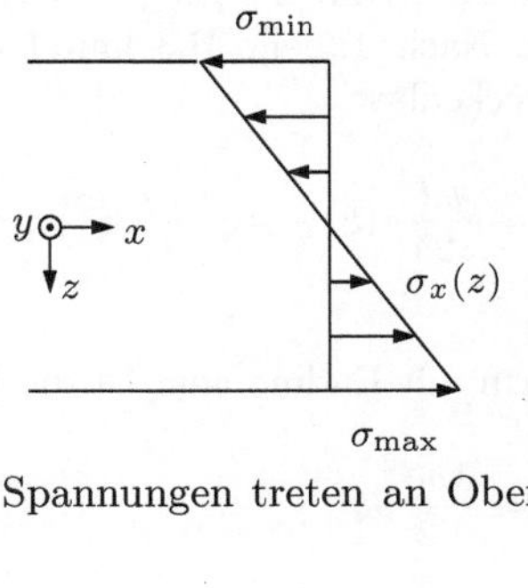

Maximale und miminale Spannungen treten an Ober- und Unterseite des Balkens auf:

$$\sigma_{\max} = \sigma_x(z=a) = \frac{q_0\ell^2}{18\sqrt{3}\,a^3}\,,$$

$$\sigma_{\min} = \sigma_x(z=-a) = -\frac{q_0\ell^2}{18\sqrt{3}\,a^3}$$

12.1.4 Superposition

Bei der Differentialgleichung der Biegelinie (Gleichung 12.10) handelt es sich um eine lineare Differentialgleichung. Dies erlaubt die Anwendung des *Superpositionsprinzips*: Wirken verschiedene Lasten $q_z(x)$ gleichzeitig auf ein System, so entspricht die Biegelinie $w(x)$ der Summe der Biegelinien, die bei den einzelnen Lasten auftreten.

Das Superpositionsprinzip ist dabei nicht auf Belastung durch Streckenlasten beschränkt, sondern gilt auch bei Belastung durch Kräfte und Momente. Auch kann nicht nur die Biegelinie selbst, sondern auch ihre Ableitungen, also Momenten- und Querkraftverlauf durch Superposition ermittelt werden.

Das Superpositionsprinzip erlaubt eine vereinfachte Berechnung der Biegelinie mit Hilfe von Tabellen, die häufig auftretende Belastungen für gängige Systeme enthalten (siehe Tabellen B.2 und B.3). Beispiel 12.7 und Beispiel 12.6 demonstrieren die Anwendung. Eine über die ebene Biegung hinaus mögliche Anwendung der Superposition wird in Kapitel 14 erläutert.

Beispiel 12.6 Anwendung der Biegelinientafel

Ein Kragarm erfährt eine Belastung durch eine Streckenlast sowie ein Endmoment. Gesucht ist die Biegelinie.

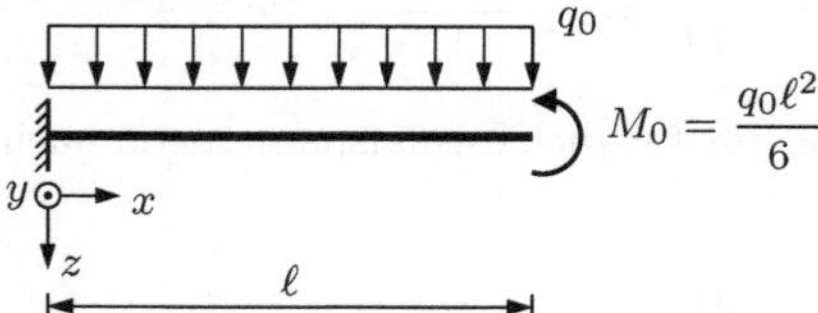

Lösung:

Die Biegelinie kann mit Hilfe der Biegelinientafeln getrennt für beide Lasten ermittelt werden. Nach Tabelle B.3 lautet die Biegelinie $w_q(x)$ für einen Kragarm mit Streckenlast

$$EI_y w_q(x) = \frac{q_0\ell^4}{24}\left(\xi^4 - 4\,\xi^3 + 6\,\xi^2\right) ,$$

wobei $\xi = x/\ell$ ist.

Für einen Kragarm mit Endmoment ist die Biegelinie $w_M(x)$

$$EI_y w_M(x) = \frac{M_0\ell^2}{2}\xi^2$$

mit

$$M_0 = -\frac{q_0\ell^2}{6} .$$

Das negative Vorzeichen rührt daher, dass das Moment in der Biegelinientafel entgegengesetzt angesetzt wurde.

Insgesamt lautet die Biegelinie

$$\begin{aligned}
w(x) &= w_q(x) && + \quad w_M(x) \\
&= \frac{q_0 \ell^4}{24\,EI_y}\left(\xi^4 - 4\,\xi^3 + 6\,\xi^2\right) && + \quad \frac{M_0 \ell^2}{2\,EI_y}\xi^2 \\
&= \frac{q_0 \ell^4}{24\,EI_y}\left(\xi^4 - 4\,\xi^3 + 6\,\xi^2\right) && - \quad \frac{q_0 \ell^4}{12 EI_y}\xi^2 \\
&= \frac{q_0 \ell^4}{EI_y}\left[\frac{1}{24}\left(\frac{x}{\ell}\right)^4 - \frac{1}{6}\left(\frac{x}{\ell}\right)^3 + \frac{1}{6}\left(\frac{x}{\ell}\right)^2\right].
\end{aligned}$$

Dies lässt sich auch grafisch veranschaulichen:

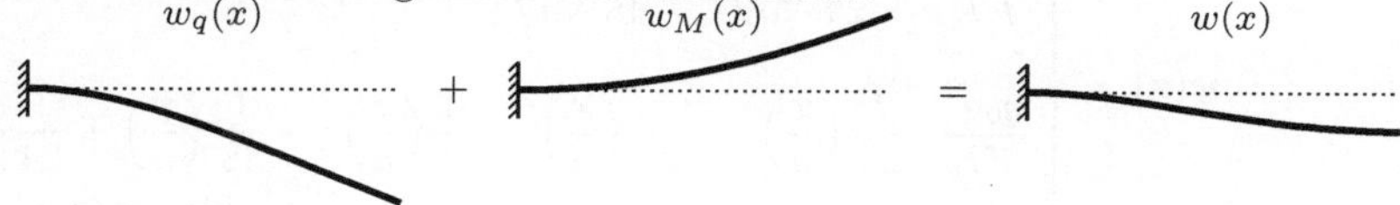

Beispiel 12.7 Anwendung der Biegelinientafel
Die Biegelinie des abgebildeten Systems soll mit Hilfe der Biegelinientafeln ermittelt werden (vgl. Beispiel 12.3).

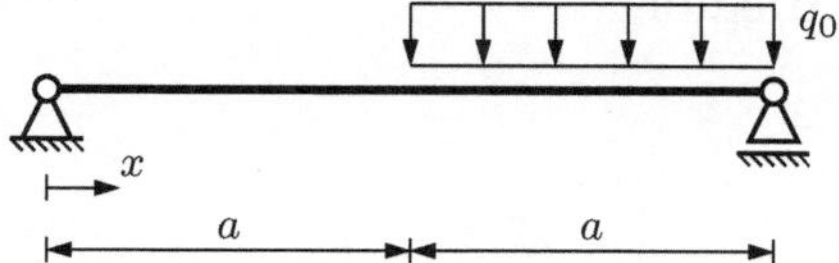

Lösung:
Die Biegelinientafel mit den passenden Auflagern ist in Tabelle B.2 gegeben. Da diese jedoch nur den Fall einer konstanten Streckenlast auf der linken Seite enthält, muss das System umgedreht werden:

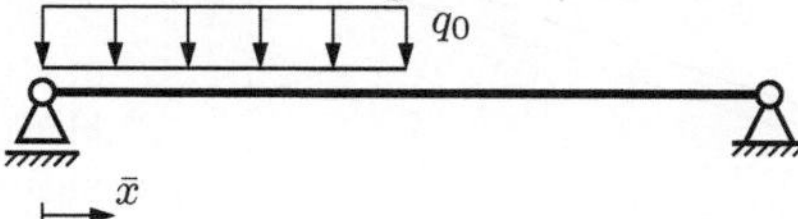

Nun kann die Biegelinie für das umgedrehte System aus der Tafel entnommen werden. Es ist

$$w(\bar{x}) = \begin{cases} \dfrac{q_0 \ell^4}{24 EI_y}\left[\xi^4 - 2\left(1-\beta^2\right)\xi^3 + \left(1-\beta^2\right)^2 \xi\right] & \text{für} \quad \bar{x} \leq a \\[2ex] \dfrac{q_0 \ell^4}{24 EI_y}\left[\xi^4 - 2\left(1-\beta^2\right)\xi^3 + \left(1-\beta^2\right)^2 \xi - (\xi - \alpha)^4\right] & \\ & \text{für} \quad \bar{x} \geq a \end{cases}$$

mit

$$\ell = 2a, \qquad \alpha = \frac{a}{\ell} = \frac{1}{2}, \qquad \beta = \frac{b}{\ell} = \frac{1}{2}, \qquad \xi = \frac{\bar{x}}{\ell} = \frac{\bar{x}}{2\,a},$$

also

$$w(\bar{x}) = \begin{cases} \dfrac{q_0 a^4}{EI_y}\left[\dfrac{1}{24}\left(\dfrac{\bar{x}}{a}\right)^4 - \dfrac{1}{8}\left(\dfrac{\bar{x}}{a}\right)^3 + \dfrac{3}{16}\left(\dfrac{\bar{x}}{a}\right)\right] & \text{für} \quad \bar{x} \le a \\ \dfrac{q_0 a^4}{EI_y}\left[\dfrac{1}{24}\left(\dfrac{\bar{x}}{a}\right)^4 - \dfrac{1}{4}\left(\dfrac{\bar{x}}{a}\right)^3 + \dfrac{3}{16}\left(\dfrac{\bar{x}}{a}\right) - \dfrac{1}{24}\left(\dfrac{\bar{x}}{a} - 1\right)^4\right] & \\ & \text{für} \quad \bar{x} \ge a \end{cases}$$

Durch Einsetzen der ursprünglichen Koordinate $x = 2a - \bar{x}$ und Zusammenfassen von Termen gleicher Potenzen folgt schließlich

$$w(x) = \begin{cases} \dfrac{q_0 a^4}{EI_y}\left[-\dfrac{1}{24}\left(\dfrac{x}{a}\right)^3 + \dfrac{7}{48}\left(\dfrac{x}{a}\right)\right] & \text{für} \quad x \le a \\ \dfrac{q_0 a^4}{EI_y}\left[\dfrac{1}{24}\left(\dfrac{x}{a}\right)^4 - \dfrac{5}{24}\left(\dfrac{x}{a}\right)^2 + \dfrac{1}{4}\left(\dfrac{x}{a}\right)^2 - \dfrac{1}{48}\left(\dfrac{x}{a}\right) + \dfrac{1}{24}\right] & \\ & \text{für} \quad x \ge a\,, \end{cases}$$

was dem Ergebnis aus Beispiel 12.3 entspricht.

12.2 Schiefe Biegung

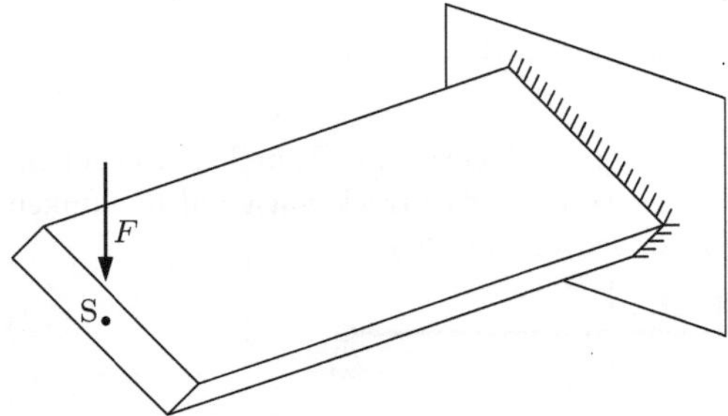

Bild 12.7
Schiefe Biegung

Liegen Belastung und/oder Verformung eines Balkens nicht in einer Ebene, so spricht man von *schiefer Biegung.* Die Einschränkungen, die für die ebene Biegung in Abschnitt 12.1 gemacht wurden, gelten hier nicht, d. h.

- die Belastung kann nun beliebig sein, so dass resultierende Biegemomente in beliebiger Richtung auftreten,
- der Querschnitt muss nicht symmetrisch oder in einer bestimmten Richtung orientiert sein.

Der in Bild 12.7 dargestellte Balken wird nicht in Richtung der Hauptachsen belastet, so dass eine Verformung aus der Lastebene heraus erfolgt. Von praktischer Bedeutung ist die schiefe Biegung insbesondere bei unsymmetrischen Profilquerschnitten, wie z. B. C- oder L-Walzprofilen.

12.2.1 Differentialgleichung der Biegelinie

Kinematik

Die Biegung des Balkens kann ohne Einschränkung in Biegung innerhalb der x-z-Ebene und der x-y-Ebene aufgeteilt werden. Der Querschnitt wird also wie

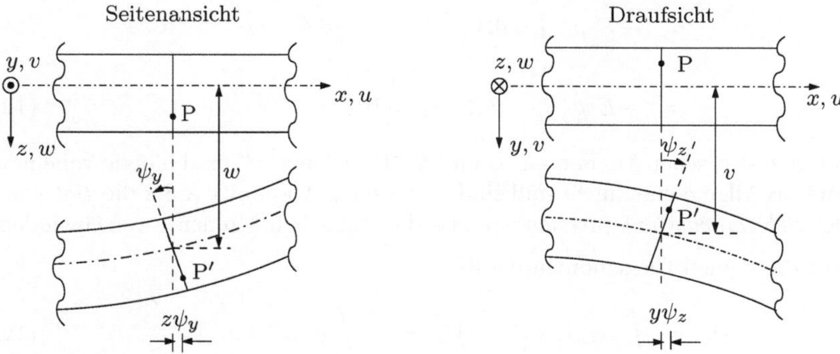

Bild 12.8 Kinematik der schiefen Biegung

in Bild 12.8 um einen Winkel ψ_y um die y-Achse und gleichzeitig um einen Winkel ψ_z um die z-Achse verdreht.

Dabei bleiben nach der BERNOULLI-Hypothese die Querschnitte eben. Damit gilt für die die Verschiebung eines beliebigen Punktes P auf dem Querschnitt

$$u_{\mathrm{P}} = z\,\psi_y - y\,\psi_z\,. \tag{12.19}$$

Damit ist die Dehnung

$$\varepsilon_x = \frac{\partial u}{\partial x} = \psi_y'\,z - \psi_z'\,y\,. \tag{12.20}$$

Wie bei ebener Biegung bleiben die Querschnitte senkrecht zur Balkenachse, so dass

$$\psi_y = -w', \qquad \psi_z = v', \tag{12.21}$$

womit endgültig folgt

$$\varepsilon_x = -(w''\,z + v''\,y)\,. \tag{12.22}$$

Materialgleichung

Es soll ein homogenes und isotropes Material vorliegen, es gilt das HOOKEsche Gesetz nach Gleichung 10.1:

$$\sigma_x = E\,\varepsilon_x\,. \tag{12.23}$$

Äquivalenz der Spannungen und Schnittgrößen

Die Normalkraft ist nach Gleichung 11.1

$$\begin{aligned} N &= \int_A \sigma_x \,\mathrm{d}A = \int_A E\,\varepsilon_x \,\mathrm{d}A = -\int_A E\,(w''\,z + v''\,y)\,\mathrm{d}A \\ &= -E\,w'' \int_A z\,\mathrm{d}A - E\,v'' \int_A y\,\mathrm{d}A \\ &= -E\,w'' S_y - E\,v'' S_z \stackrel{!}{=} 0 \end{aligned} \tag{12.24}$$

mit den statischen Momenten S_y und S_z. Da w'' und v'' unabhängig voneinander und im Allgemeinen nicht null sind, muss nach Abschnitt A.3.2 die *Balkenachse* der *Schwerachse* entsprechen, so dass die statischen Momente verschwinden.

Für die beiden Biegemomente gilt

$$M_y = \int_A z\,\sigma_x \,\mathrm{d}A\,, \qquad M_z = -\int_A y\,\sigma_y \,\mathrm{d}A\,. \tag{12.25}$$

Das negative Vorzeichen bei M_z folgt aus der unterschiedlichen Lage der Achsen. Dies kann man in Bild 12.8 erkennen, wenn man die Lage der y-Achse in der Seitenansicht mit der Lage der z-Achse in der Draufsicht vergleicht.

Gleichgewicht

Entsprechend

$$M_y'' = q_z \tag{12.26}$$

gilt für das Moment in z-Richtung wegen der anderen Lage der Koordinatenachsen

$$M_z'' = -q_y\,. \tag{12.27}$$

Differentialgleichung

Aus Kinematik, Materialgleichung und Äquivalenz der Spannungen und Schnittgrößen folgen die Zusammenhänge

$$M_y = -E\Big(w'' \int_A z^2 \,\mathrm{d}A + v'' \int_A yz \,\mathrm{d}A\Big)\,, \tag{12.28}$$

$$M_z = E\Big(w'' \int_A yz \,\mathrm{d}A + v'' \int_A y^2 \,\mathrm{d}A\Big)\,. \tag{12.29}$$

Mit den Gleichgewichtsbeziehungen und den Definitionen der Flächenträgheitsmomente (Gleichungen A.17 und A.18) führt dies auf die *Differentialgleichungen der schiefen Biegung*

$$E\Big(I_y\ w'' + I_{yz}v''\Big)'' = q_z\,, \tag{12.30}$$

$$E\Big(I_{yz}w'' + I_z\ v''\Big)'' = q_y\,. \tag{12.31}$$

12.2.2 Verformung

Im Gegensatz zur ebenen Biegung handelt es sich bei den Differentialgleichungen der schiefen Biegung um zwei gekoppelte Differentialgleichungen. Es ist daher vorteilhaft, zunächst die Verläufe der Momente M_y und M_z zu bestimmen. Die Biegelinien können dann mit Hilfe der entkoppelten Differentialgleichungen

$$E\big(I_yI_z - I_{yz}^2\big)\, w'' = -M_yI_z + M_zI_{yz}\,, \tag{12.32}$$

$$E\big(I_yI_z - I_{yz}^2\big)\ v'' = -M_yI_{yz} + M_zI_y \tag{12.33}$$

berechnet werden, die man mit den Gleichgewichtsgleichungen 12.26 und 12.27 aus den Differentialgleichungen der schiefen Biegung erhält.

Die Berechnung der Biegelinie kann alternativ im Hauptachsensystem Y-Z (siehe A.3.3) durchgeführt werden. In diesem Fall ist das Deviationsmoment I_{YZ} null, daraus folgen die vereinfachten Gleichungen

$$E\,I_Y\,w'' = -M_Y\,, \tag{12.34}$$

$$E\,I_Z\,v'' = M_Z\,. \tag{12.35}$$

Beispiel 12.8 Schiefe Biegung

Ein Kragarm mit der Länge $\ell = 0.5$ m, Elastizitätsmodul $E = 210$ GPa und dem unten abgebildeten L-Querschnitt mit $I_y = 33.33\ \mathrm{cm}^4$, $I_z = 20.83\ \mathrm{cm}^4$ und $I_{yz} = 15\ \mathrm{cm}^4$ (vgl. auch Beispiel A.7) wird durch eine Kraft $F = 2$ kN in z-Richtung belastet. In y-Richtung liegt keine Belastung vor. Gesucht ist die Verschiebung des Balkens am freien Ende.

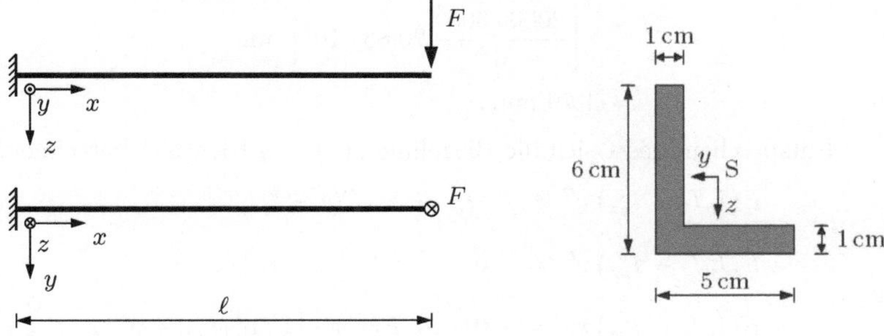

Lösung:
Zur Berechnung der Endverschiebung wird zunächst die Biegelinie mit Hilfe der Differentialgleichungen der schiefen Biegung (Gleichung 12.32 und 12.33) bestimmt. Dazu benötigt man die Momentenverläufe, die mit Hilfe eines Schnittes an der Stelle x berechnet werden können.

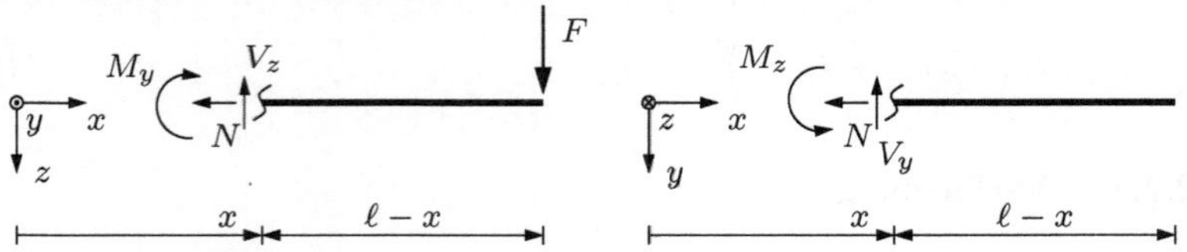

Dies führt auf

$$M_y(x) = F(x-\ell), \qquad M_z(x) = 0.$$

Nun erfolgt das Einsetzen dieser Momentenverläufe in die Differentialgleichungen 12.32 und 12.33, die wiederum integriert werden. Zunächst geschieht dies für die Differentialgleichung für die Verschiebung w in z-Richtung,

$$\begin{aligned}
E(I_yI_z - I_{yz}^2)\,w'' &= -F(x-\ell)I_z + 0\cdot I_{yz}\,,\\
E(I_yI_z - I_{yz}^2)\,w' &= -F(\tfrac{1}{2}x^2 - \ell x)I_z - 0 + C_1\,,\\
E(I_yI_z - I_{yz}^2)\,w &= -F(\tfrac{1}{6}x^3 - \tfrac{1}{2}\ell x^2)I_z + 0 + C_1x + C_2\,.
\end{aligned}$$

Auswerten der Randbedingungen an der Einspannung führt auf

$$\begin{aligned}
w(x=0) &= 0: \quad 0 + C_2 = 0 \quad \Rightarrow \quad C_2 = 0\,,\\
w'(x=0) &= 0: \quad 0 + C_1 = 0 \quad \Rightarrow \quad C_1 = 0\,,
\end{aligned}$$

damit beträgt die Endverschiebung in z-Richtung

$$\begin{aligned}
w(x=\ell) &= \frac{1}{E(I_yI_z - I_{yz}^2)}\left[-F\left(\frac{1}{6}\,\ell^3 - \tfrac{1}{2}\,\ell\cdot\ell^2\right)I_z\right]\\
&= \frac{1}{E(I_yI_z - I_{yz}^2)}\left[\frac{F\ell^3}{3}\,I_z\right]\\
&= \frac{1}{210\cdot 10^3(33.33\cdot 20.83 - 15^2)\cdot 10^8}\\
&\quad \cdot\left[\frac{2000\cdot 500^3}{3}\,20.83\cdot 10^4\right]\ \text{mm}\\
&= 1.76\ \text{mm}\,.
\end{aligned}$$

Entsprechend lässt sich die Biegelinie $v(x)$ in y-Richtung berechnen.

$$\begin{aligned}
E(I_yI_z - I_{yz}^2)\,v'' &= 0\cdot I_y - F(x-\ell)I_{yz}\\
E(I_yI_z - I_{yz}^2)\,v' &= 0 - F(\tfrac{1}{2}\,x - \ell x)I_{yz} + C_3\\
E(I_yI_z - I_{yz}^2)\,v &= 0 - F(\tfrac{1}{6}\,x - \tfrac{1}{2}\,\ell x^2)I_{yz} + C_3x + C_4
\end{aligned}$$

Mit den Randbedingungen an der Einspannung folgt

$$v(x=0) \;=\; 0: \quad 0 + C_4 = 0 \qquad \Rightarrow \quad C_4 = 0\,,$$

$$v'(x=0) \;=\; 0: \quad 0 + C_3 = 0 \qquad \Rightarrow \quad C_3 = 0\,,$$

und damit die Endverschiebung in y-Richtung

$$\begin{aligned} v(x=\ell) &= \frac{1}{E(I_y I_z - I_{yz}^2)} \left[-F \left(\frac{1}{6}\ell^3 - \frac{1}{2}\ell \cdot \ell^2 \right) I_{yz} \right] \\ &= \frac{1}{E(I_y I_z - I_{yz}^2)} \left[\frac{F\ell^3}{3} I_{yz} \right] \\ &= \frac{1}{210 \cdot 10^3 (33.33 \cdot 20.83 - 15^2) \cdot 10^8} \\ &\quad \cdot \left[\frac{2000 \cdot 500^3}{3} 15 \cdot 10^4 \right] \text{mm} \;=\; 1.27\,\text{mm}\,. \end{aligned}$$

Die Gesamtverschiebung beträgt

$$f \;=\; |\boldsymbol{u}| \;=\; \sqrt{v^2 + w^2} \;=\; \sqrt{1.27^2 + 1.76^2}\,\text{mm} \;=\; 2.17\,\text{mm}\,.$$

Obwohl die Belastung ausschließlich in z-Richtung erfolgt, tritt auch eine Verschiebung in y-Richtung auf. Dieses Phänomen tritt generell bei Belastungen auf, die nicht in Richtung der Hauptachsen erfolgen. Die Verschiebungen sind nachfolgend skizziert.

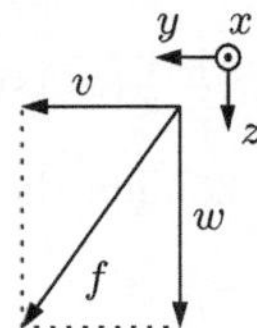

Beispiel 12.9 Schiefe Biegung mit Hauptachsentransformation

Beispiel 12.8 soll nun mit Hilfe einer Hauptachsentransformation berechnet werden. Dabei ist die Lage der Hauptachsen mit dem Winkel $\varphi_1^* = 33.69°$ gegeben. Die Hauptträgheitsmomente sind $I_Y = 43.33\,\text{cm}^4$ und $I_Z = 10.83\,\text{cm}^4$ (siehe auch Beispiel A.7).

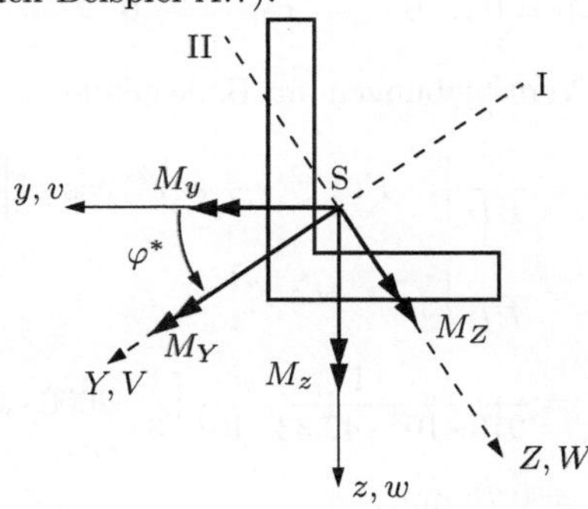

Lösung:
Zunächst müssen die Biegemomente in das Hauptachsensystem Y-Z transformiert werden.
Die Transformationsgleichungen lauten (vgl. auch Gleichung A.3)

$$\begin{aligned} M_Y &= M_y \cos\varphi_1^* + M_z \sin\varphi_1^*\,, \\ M_Z &= -M_y \sin\varphi_1^* + M_z \cos\varphi_1^*\,, \end{aligned}$$

es gilt also

$$\begin{aligned} M_Y &= F(x-\ell)\cos\varphi_1^* + 0\cdot\sin\varphi_1^*\,, \\ M_Z &= -F(x-\ell)\sin\varphi_1^* + 0\cdot\cos\varphi_1^*\,. \end{aligned}$$

Mit den Gleichungen 12.34 und 12.35 folgt

$$\begin{aligned} EI_Y\,W'' &= -M_Y = -F(x-\ell)\cos\varphi_1^*\,, \\ EI_Z\,V'' &= M_Z = -F(x-\ell)\sin\varphi_1^*\,, \end{aligned}$$

woraus sich die Biegelinien $\nu(x)$ und $\omega(x)$ im Hauptachsensystem durch Integration berechnen lassen.

$$\begin{aligned} EI_Y\,W &= -F(\tfrac{1}{6}\,x^3 - \tfrac{1}{2}\,\ell x^2)\cos\varphi_1^* + C_1 x + C_2 \\ EI_Z\,V &= -F(\tfrac{1}{6}\,x^3 - \tfrac{1}{2}\,\ell x^2)\sin\varphi_1^* + C_3 x + C_4 \end{aligned}$$

Aus den Randbedingungen können die Integrationskonstanten bestimmt werden,

$$\begin{aligned} W(x=0)=0:&\quad 0 + C_2 = 0 \quad\Rightarrow\quad C_2 = 0\,, \\ W'(x=0)=0:&\quad 0 + C_1 = 0 \quad\Rightarrow\quad C_1 = 0\,, \\ V(x=0)=0:&\quad 0 + C_4 = 0 \quad\Rightarrow\quad C_4 = 0\,, \\ V'(x=0)=0:&\quad 0 + C_3 = 0 \quad\Rightarrow\quad C_3 = 0\,. \end{aligned}$$

Dies liefert die Verschiebungen am Balkenende

$$\begin{aligned} W(x=\ell) &= \frac{1}{EI_I}\Big[-F(\tfrac{1}{6}\,\ell^3 - \tfrac{1}{2}\,\ell\cdot\ell^2)\cos\varphi_1^*\Big] \\ &= \frac{1}{EI_I}\Big[\tfrac{1}{3}\,F\ell^3\cos\varphi_1^*\Big] \\ &= \frac{1}{210\cdot 10^3\cdot 43.33\cdot 10^4}\Big[\frac{1}{3}\cdot 2000\cdot 500^3\cos 33.69^\circ\Big]\ \text{mm} \\ &= 0.76\ \text{mm}\,, \end{aligned}$$

$$
\begin{aligned}
V(x=\ell) &= \frac{1}{EI_{II}}\left[-F(\tfrac{1}{6}\,\ell^3 - \tfrac{1}{2}\,\ell\cdot\ell^2)\sin\varphi_1^*\right] \\
&= \frac{1}{EI_{II}}\left[\tfrac{1}{3}\,F\ell^3\sin\varphi_1^*\right] \\
&= \frac{1}{210\cdot 10^3\cdot 10.83\cdot 10^4}\left[\frac{1}{3}\cdot 2000\cdot 500^3\sin 33.69^\circ\right]\ \text{mm} \\
&= 2.03\ \text{mm}\,,
\end{aligned}
$$

mit der Gesamtverschiebung

$$f \;=\; \sqrt{W^2+V^2} \;=\; \sqrt{0.76^2+2.03^2}\ \text{mm} \;=\; 2.17\ \text{mm}\,.$$

Die Verschiebung kann wie folgt skizziert werden. Zum Vergleich ist nochmals das Ergebnis aus Beispiel 12.8 dargestellt. Beide Rechenwege führen auf dieselbe Gesamtverschiebung f.

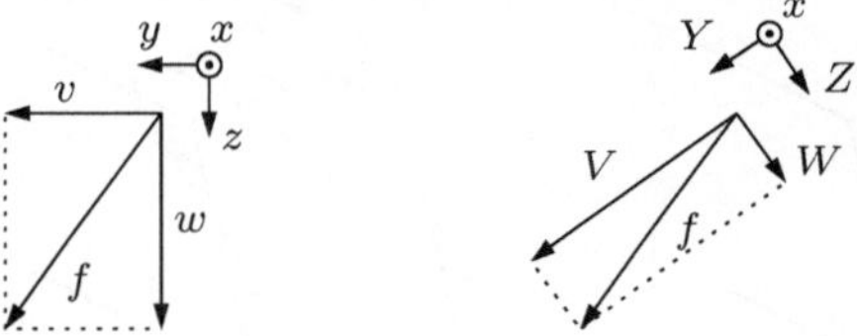

12.2.3 Spannungen

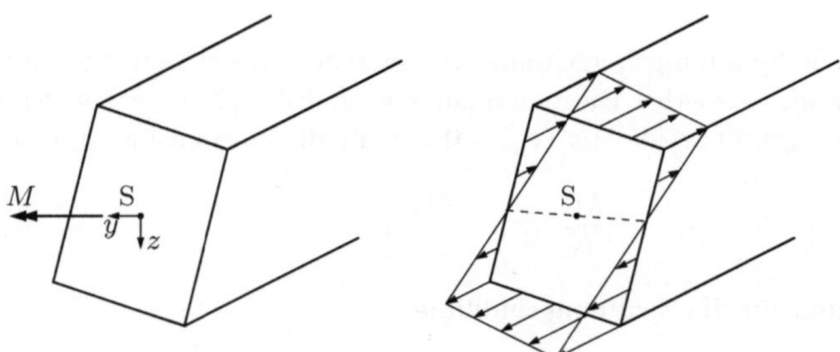

Bild 12.9 Spannungen infolge schiefer Biegung

Aus Materialgleichung (Gleichung 12.23) und Kinematik (Gleichung 12.22) folgt die Normalspannungsverteilung

$$\sigma_x \;=\; E\,\varepsilon_x \;=\; -E\big(w''\,z \,+\, v''\,y\big) \tag{12.36}$$

bzw. mit den Differentialgleichungen 12.32 und 12.33

$$\sigma_x \;=\; \frac{1}{I_yI_z - I_{yz}^2}\Big[(M_yI_z - M_zI_{yz})\,z \;-\; (M_zI_y - M_yI_{yz})\,y\Big]\,. \tag{12.37}$$

Die Normalspannung hängt also linear von y und z ab. In Bild 12.9 ist exemplarisch eine solche Spannungsverteilung skizziert. Die Gleichung der *Spannungsnulllinie*, die auch *neutrale Faser* genannt wird, erhält man durch Nullsetzen von Gleichung 12.37,

$$z = \frac{M_z I_y - M_y I_{yz}}{M_y I_z - M_z I_{yz}} \, y \, . \tag{12.38}$$

Die Richtung der Spannungsnulllinie stimmt im Allgemeinen nicht mit der Richtung des resultierenden Moment überein.

Aufgrund der linearen Verteilung der Spannungen treten die maximalen und minimalen Spannungen in den Querschnittspunkten auf, die am weitesten von der Spannungsnulllinie entfernt sind.

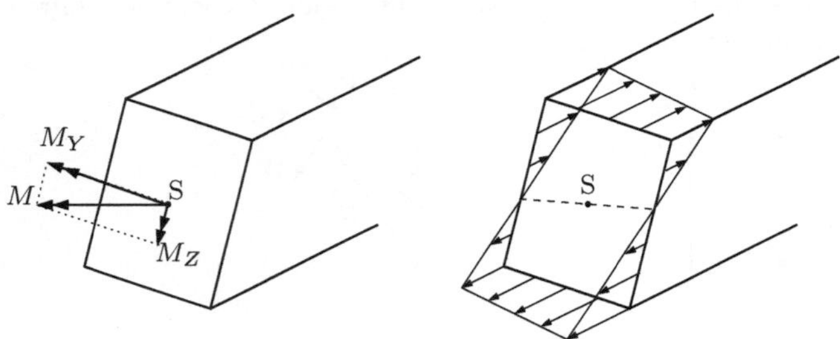

Bild 12.10 Spannungen mit Hauptachsen

Die Spannungsberechnung vereinfacht sich bei Berechnung im Hauptachsensystem, wozu das Biegemoment wie in Bild 12.10 in Richtung der Hauptachsen aufgeteilt wird. Mit $I_{YZ} = 0$ gilt für die Normalspannungen

$$\sigma_x = \frac{M_Y}{I_Y} Z - \frac{M_Z}{I_Z} Y \, , \tag{12.39}$$

und für die Spannungsnulllinie

$$Z = \frac{M_Z \, I_Y}{M_Y \, I_Z} Y \, . \tag{12.40}$$

Beispiel 12.10 Spannungen infolge schiefer Biegung

Für den Kragarm aus Beispiel 12.8 sollen nun die Lage der Spannungsnulllinie an der Einspannung sowie die maximale und minimale Normalspannung bestimmt werden.

Lösung:

Der Verlauf der Spannungsnullinie an der Einspannung, d. h. für $x = 0$, lässt sich mit Gleichung 12.38 ermitteln. Die Momente an der Einspannung sind

$$\begin{aligned} M_y(x=0) &= F(0-\ell) = -2\cdot 0.5 = -1\text{ kNm}\,, \\ M_z(x=0) &= 0\,, \end{aligned}$$

und es folgt für die Gleichung der Spannungsnullinie:

$$z = \frac{M_z I_y - M_y I_{yz}}{M_y I_z - M_z I_{yz}}\, y = \frac{0\cdot 33.33 + 100\cdot 15}{-100\cdot 20.83 - 0\cdot 15}\, y = -0.720\, y$$

mit dem zugehörigen Winkel

$$\tan\varphi_0 = \frac{z}{y} = -0.720 \qquad \Rightarrow \qquad \varphi_0 = 144.2^\circ\,.$$

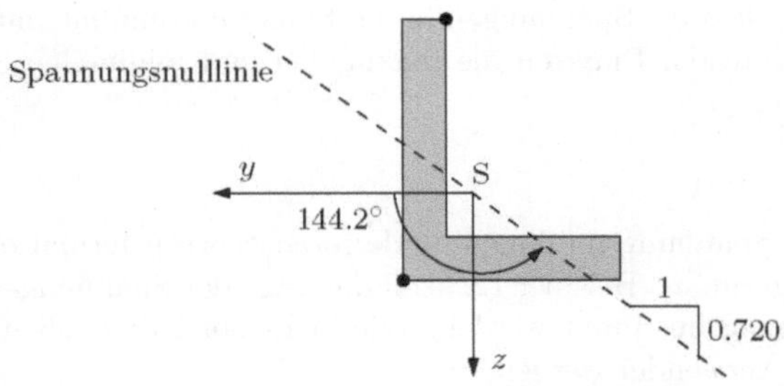

Die maximalen bzw. minimalen Spannungen treten an den Punkten des Querschnitts auf, die am weitesten von der Spannungsnulllinie entfernt sind. Obiger Skizze ist nun entnehmbar, dass dies an der linken unteren Ecke und oben rechts der Fall ist. Nach Gleichung 12.37 gilt also für $y = 15$ mm und $z = 20$ mm

$$\begin{aligned} \sigma_{\min} &= \frac{1}{I_y I_z - I_{yz}^2}\Big[(M_y I_z - M_z I_{yz})\, z \;-\; (M_z I_y - M_y I_{yz})\, y\Big] \\ &= \frac{1}{(33.33\cdot 20.83 - 15^2)\cdot 10^8} \\ &\quad\cdot \Big[(-10^6\cdot 20.83\cdot 10^4 - 0)\cdot 20 - (0 + 10^6\cdot 15\cdot 10^4)\cdot 15\Big]\text{ MPa} \\ &= -136.7\text{ MPa} \end{aligned}$$

und für $y = 5$ mm und $z = -40$ mm

$$\begin{aligned} \sigma_{\max} &= \frac{1}{I_y I_z - I_{yz}^2}\Big[(M_y I_z - M_z I_{yz})\, z \;-\; (M_z I_y - M_y I_{yz})\, y\Big] \\ &= \frac{1}{(33.33\cdot 20.83 - 15^2)\cdot 10^8} \\ &\quad\cdot \Big[(-10^6\cdot 20.83\cdot 10^4 - 0)\cdot(-40) - (0 + 10^6\cdot 15\cdot 10^4)\cdot 5\Big]\text{ MPa} \\ &= 161.6\text{ MPa}\,. \end{aligned}$$

Die Spannungsverteilung sieht folgendermaßen aus:

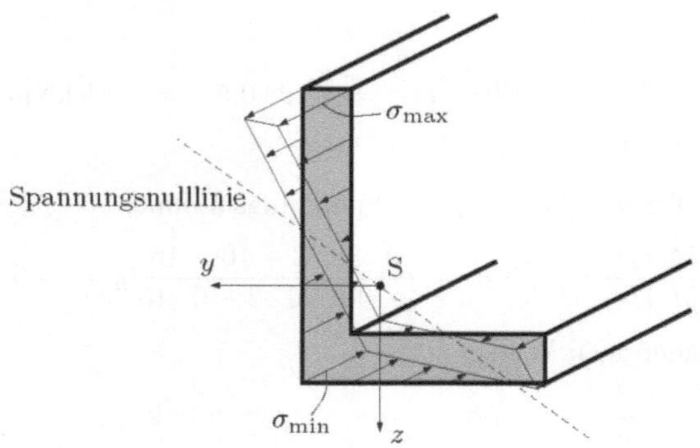

Man erkennt, dass die Spannungen in der Spannungsnulllinie null sind und an den entferntesten Punkten die maximalen und minimalen Spannungswerte auftreten.

Beispiel 12.11 Spannungsnulllinie mit Hauptachsentransformation
Für den Kragarm aus Beispiel 12.8 soll die Lage der Spannungsnulllinie an der Einspannung bestimmt werden. Wie in Beispiel 12.9 sollen hierzu die Hauptachsen verwendet werden.

Lösung:
Die Spannungsnulllinie ist mit Gleichung 12.40 gegeben. Im um den Winkel $\varphi_1^* = 33.69°$ gedrehten Hauptachsensystem sind die Einspannmomente

$$M_Y(x=0) = -F\ell\cos\varphi_1^* = -2\cdot 0.5\cos 33.69° = -0.832 \text{ kNm}\,,$$

$$M_Z(x=0) = F\ell\sin\varphi_1^* = 2\cdot 0.5\sin 33.69° = 0.555 \text{ kNm}\,.$$

Damit gilt für die Gleichung der Spannungsnulllinie

$$Z = \frac{M_Z\,I_Y}{M_Y\,I_Z}\,Y = \frac{0.555\cdot 43.33}{-0.832\cdot 10.83}\,Y = -2.67\,Y$$

mit dem zugehörigen Winkel

$$\tan\varphi_0 = -2.67 \qquad \Rightarrow \qquad \varphi_0 = 110.5°\,.$$

Zusammen mit dem Winkel φ_1^* folgt ein Gesamtwinkel von

$$\bar{\varphi}_0 = \varphi_0 + \varphi_1^* = 110.5° + 33.69° = 144.2°\,,$$

was mit dem Ergebnis aus Beispiel 12.10 übereinstimmt.

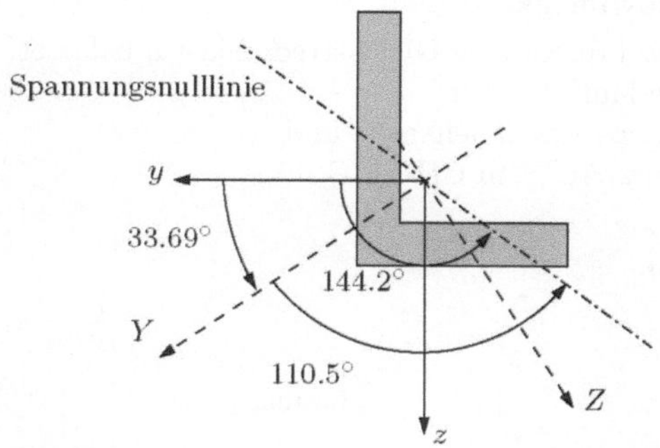

12.3 Übungsaufgaben

Aufgabe 12.1 (Schwierigkeitsgrad 1)
Bestimmen Sie die Biegelinie $w(x)$ des dargestellten Systems.
Gegeben: ℓ, EI_y, F, $M_0 = F\ell$

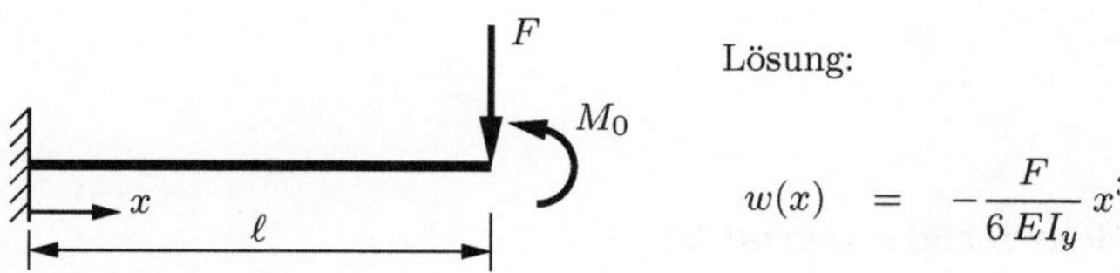

Lösung:

$$w(x) = -\frac{F}{6\,EI_y}\,x^3$$

Aufgabe 12.2 (Schwierigkeitsgrad 2)

Ein Gerberträger wird durch eine Gleichstreckenlast q belastet. Bestimmen Sie
a) den Momentenverlauf,
b) die Verschiebung w_G des Gelenkes G und
c) die Winkeldifferenz $\Delta\varphi_G$ am Gelenk G.

Gegeben: EI_y, a, q

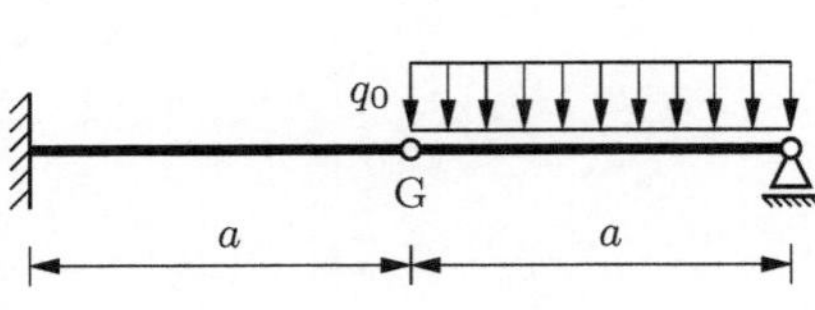

Lösung:

$$\begin{aligned} \text{a)} \quad M(x=0) &= -\frac{1}{2}q_0a^2 \\ M(x=a) &= 0 \\ \text{b)} \quad w_G &= \frac{q_0a^4}{6\,EI_y} \\ \text{c)} \quad |\Delta\varphi_G| &= \frac{3}{8}\frac{q_0a^3}{EI_y} \end{aligned}$$

Aufgabe 12.3 (Schwierigkeitsgrad 2)

Wie groß muss das Moment M_0 gewählt werden, damit die gegenseitige Verdrehung am Gelenk G verschwindet?

Gegeben: a, EI_y, q_0, $M_1(x_1) = -M_0 - \frac{5}{2}q_0a^2 + \frac{3}{2}q_0ax_1$,
$M_2(x_2) = -\frac{1}{2}q_0x_2^2 + \frac{3}{2}q_0ax_2 - q_0a^2$, $M_3(x_3) = -\frac{1}{2}q_0x_3^2 + \frac{1}{2}q_0ax_3$

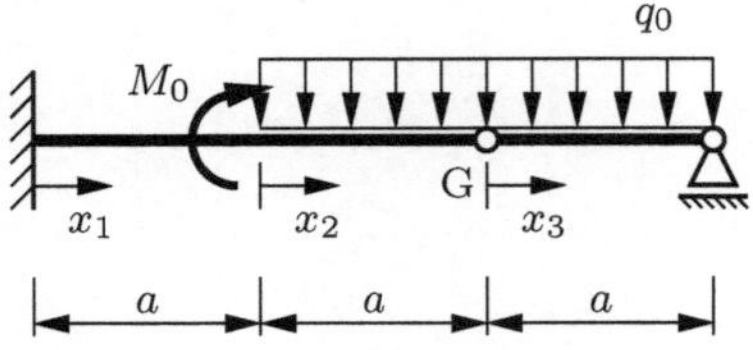

Lösung:

$$M_0 = -\frac{31}{15}q_0a^2$$

Aufgabe 12.4 (Schwierigkeitsgrad 3)

Das skizzierte System besteht aus zwei Balken mit der Biegesteifigkeit EI_y, die im Punkt G gelenkig verbunden sind. Das Gelenk ist zusätzlich durch einen Stab der Länge a und der Dehnsteifigkeit EA abgestützt.
Im unbelasteten Zustand ist das System spannungsfrei.
a) Welche Kraft wirkt im vertikalen Stab, wenn das System durch die skizzierte Streckenlast belastet wird?
b) Wie groß ist dann die Absenkung des Gelenkes?
Verwenden Sie die Biegelinientafel und schneiden Sie das Gelenk sorgfältig frei.

Gegeben: a, EI_y, $EA = \dfrac{EI_y}{a^2}$, q_0

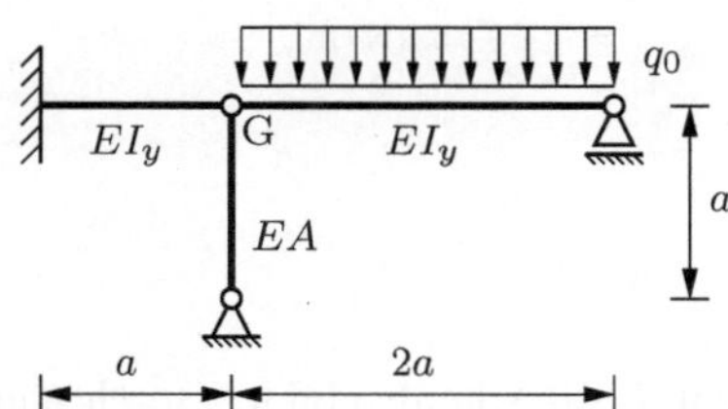

Lösung:

a) $N_3 = -\dfrac{q_0 a}{4}$

b) $w_G = \dfrac{q_0 a^4}{4EI_y}$

Aufgabe 12.5 (Schwierigkeitsgrad 2)

Für den skizzierten Zweifeldträger mit der Biegesteifigkeit EI_y sind die Lagerreaktionen und die Absenkung an der Stelle D zu bestimmen.

Gegeben: a, EI_y, q_0

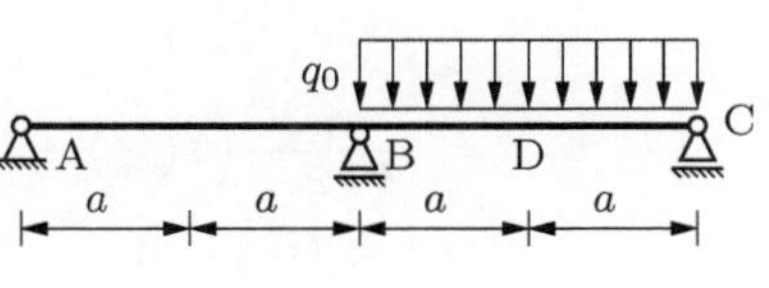

Lösung:

$$A = -\frac{1}{8} q_0 a$$

$$B = \frac{5}{4} q_0 a$$

$$C = \frac{7}{8} q_0 a$$

$$w_D = \frac{7}{48EI_y} q_0 a^4$$

Aufgabe 12.6 (Schwierigkeitsgrad 2)

Ermitteln Sie für das angegebene System die maximalen Biegenormalspannungen, und stellen Sie den Spannungsverlauf grafisch dar.
Werden die zulässigen Spannungen eingehalten? Wie groß ist die maximal aufnehmbare Streckenlast $q_{\max}$?

Gegeben: $\ell = 4$ m, $q = 35$ kN/m, Profil: IPE 300 mit $E = 210$ GPa, $I_y = 8360$ cm^4, $h = 300$ mm, $\sigma_{\text{zul}} = 218$ MPa

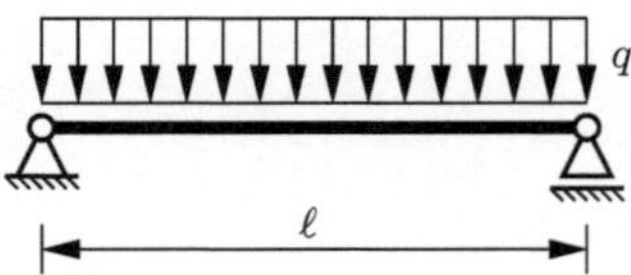

Lösung:

$$\sigma_{\max} = 125.6 \text{ MPa}$$
$$q_{\max} = 60.75 \text{ kN/m}$$

Aufgabe 12.7 (Schwierigkeitsgrad 3)

Ein Balken mit dem Flächenträgheitsmoment I_y ist wie abgebildet durch eine Streckenlast belastet.

a) Bestimmen Sie die Funktion der Biegelinie des Balkens.
b) Skizzieren Sie qualitativ die Biegelinie; ausgezeichnete Werte sind anzugeben.
c) Wie groß ist die größte Zugspannung in dem Balken und wo tritt sie auf?

Gegeben: a, I_y, E, q_0

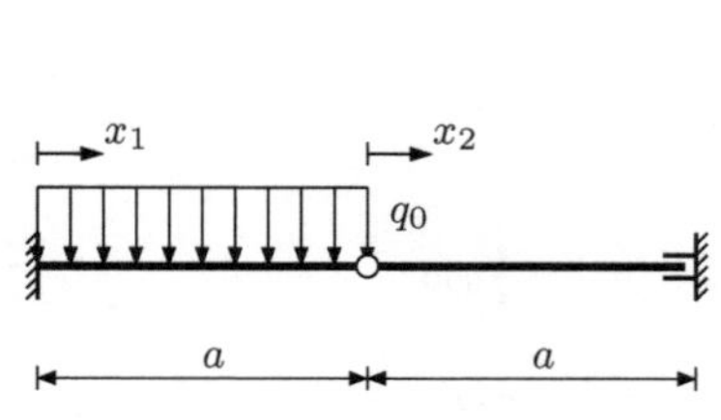

Lösung:

a) $$w_{\text{l}} = \frac{q_0 a^4}{96\, EI_y}\left(4\left(\tfrac{x_1}{a}\right)^4 - 13\left(\tfrac{x_1}{a}\right)^3 + 15\left(\tfrac{x_1}{a}\right)^2\right)$$

$$w_{\text{r}} = \frac{q_0 a^4}{96\, EI_y}\left(3\left(\tfrac{x_2}{a}\right)^3 - 9\left(\tfrac{x_2}{a}\right) + 6\right)$$

c) $$\sigma_{\max} = \sigma(x = 0, z_{\max}) = \frac{5 q_0 a^2}{16 I_y} z_{\max}$$

Aufgabe 12.8 (Schwierigkeitsgrad 3)

Gesucht ist die Normalspannungsverteilung des dargestellten Systems

a) ohne Berücksichtigung des Eigengewichtes,

b) mit Berücksichtigung des Eigengewichtes.

Gegeben: b, h, ℓ, ϱ, g, F

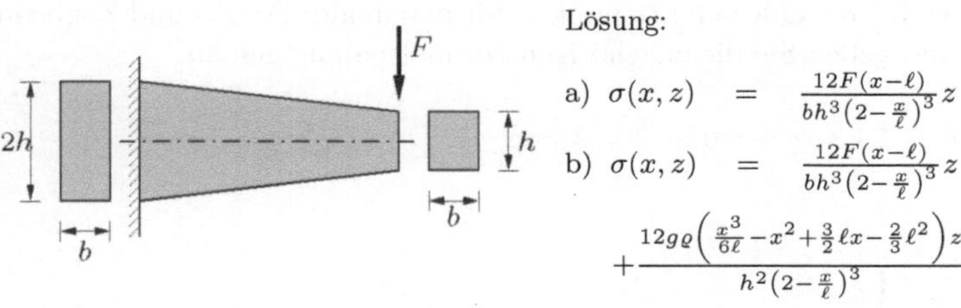

Aufgabe 12.9 (Schwierigkeitsgrad 2)

Der dargestellte, aus zwei Holzbalken zusammengesetzte Querschnitt wird durch die Schnittmomente M_y und M_z belastet.

Ermitteln Sie

a) die Hauptachsen,

b) die Lage der Spannungsnulllinie sowie

c) die minimale und maximale Spannung im Querschnitt und

d) skizzieren Sie die Spannungsverteilung.

Gegeben: $E = 10$ GPa, $M_y = 30$ kNm, $M_z = -100$ kNm

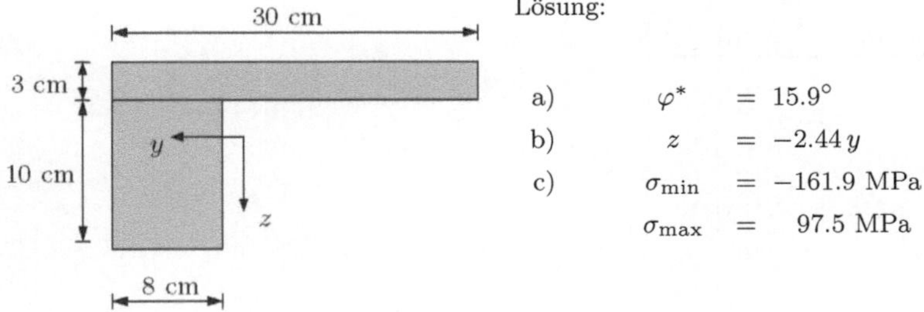

Aufgabe 12.10 (Schwierigkeitsgrad 2)

Ein Balken aus dünnwandigem Leichtbauprofil konstanter Blechdicke t wird durch eine Einzellast F gemäß Skizze belastet. Die Lagerung in der x-z-Ebene und in der x-y-Ebene ist beidseitig gelenkig.

a) Bestimmen Sie die Lage der Hauptträgheitsachsen und die Hauptträgheitsmomente.

b) Ermitteln Sie die Lage der neutralen Faser, und tragen Sie diese maßstäblich in die unten dargestellte Skizze ein.

c) Bestimmen Sie die Querschnittspunkte mit maximaler Druck- und Zugbeanspruchung, und geben Sie die zugehörigen Normalspannungen an.

Gegeben: $F = 5$ kN, $\ell = 6.0$ m, $t = 3$ mm

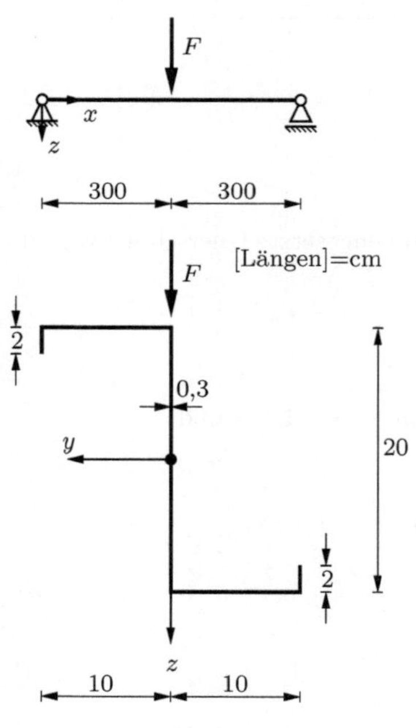

Lösung:

a) $\alpha_0 = 27.3°$

$I_Y = 1109\ \text{cm}^4$

$I_Z = 109\ \text{cm}^4$

b) $Z = -5.26\,Y$

c) $Y = -4.6$ cm

$Z = -8.9$ cm

$|\sigma_{\max}| = 199$ MPa

13 Schubbeanspruchung

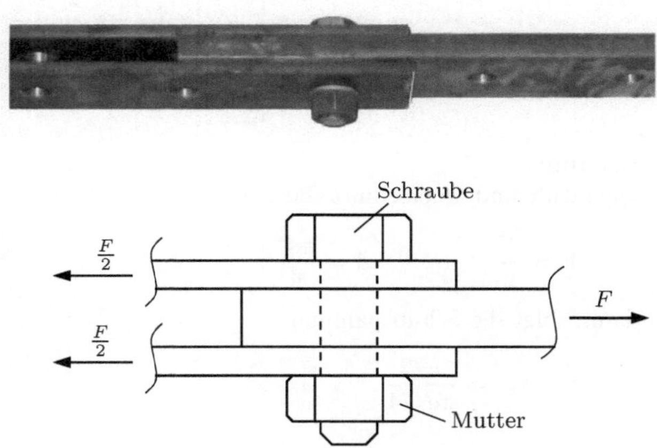

Bild 13.1 Schrauben unter Schubbeanspruchung

Viele Bauteile werden vorwiegend durch Schubspannungen beansprucht. Typisches Beispiel für eine Schubbeanspruchung sind Schrauben, wie in Bild 13.1, sowie Niete und Nägel.

In balkenartigen Strukturen können Schubspannungen z. B. infolge von Querkräften auftreten, was in Abschnitt 13.2 diskutiert wird. Abschnitt 13.3 beinhaltet eine andere typische Ursache einer Schubbeanspruchung, die Torsion. Eine gleichzeitige Beanspruchung durch Querkraft, Torsion, Zug/Druck und Biegung wird in Kapitel 14 diskutiert.

13.1 Reine Scherung

Reine Scherung tritt auf, wenn entgegengesetzte Querkräfte auf einer kurzen Länge auf einen Stab einwirken. Dieses ist die typische Beanspruchung von Nieten, ggf. aber auch bei Schrauben.

Bezüglich der Schubspannungsverteilung in der Querschnittsfläche treffen wir die Annahme, dass diese näherungsweise konstant sind,

$$\tau_{xz} = \frac{V_z}{A} . \tag{13.1}$$

Beispiel 13.1 Scherbeanspruchung einer Nietverbindung

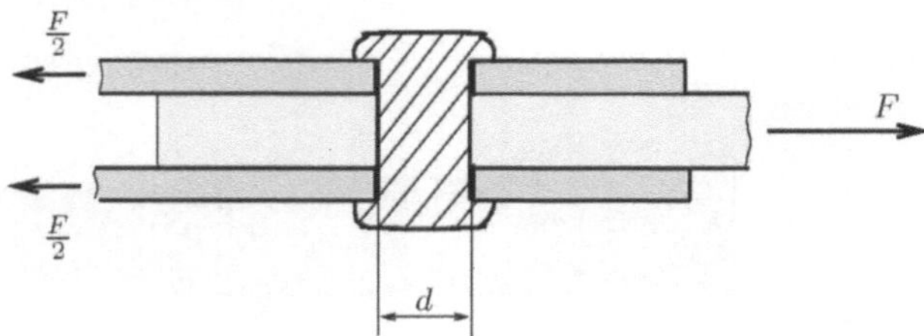

Lösung:
Querkraft und Querschnittsfläche sind

$$V = \frac{F}{2} , \qquad A = \frac{\pi d^2}{4} ,$$

damit folgt die Schubspannung

$$\tau = \tau_{xz} = \frac{F/2}{\pi d^2/4} .$$

13.2 Schubspannungen infolge Querkraft

In diesem Abschnitt werden die Zusammenhänge zwischen der Querkraft V_z und den damit verbundenen Schubspannungen hergeleitet. Dabei wird davon ausgegangen, dass die z-Achse eine Hauptachse des Querschnitts ist (beispielsweise eine Symmetrieachse, siehe dazu auch A.3.3). Die nachfolgenden Überlegungen gelten nur für diesen Fall.

Schubspannungen infolge Querkraft verdienen besondere Aufmerksamkeit bei Trägern, die bezüglich der Biegebeanspruchung optimiert sind, z. B. Doppel-T-Träger (großes Flächenträgheitsmoment bei kleiner Gesamtfläche), aber auch bei Verbundträgern, siehe Abschnitt 14.5.2 und Beispiel 14.8.

13.2.1 Vollquerschnitte

Um die Zusammenhänge zwischen Querkräften und den daraus resultierenden Schubspannungen zu ermitteln, betrachten wir den in Bild 13.2 abgebildeten Balken. Ohne an dieser Stelle nach den äußeren Belastungen zu fragen, sei angenommen, dass lediglich die Schnittgrößen $M_y(x)$ und $V_z(x)$ auftreten.

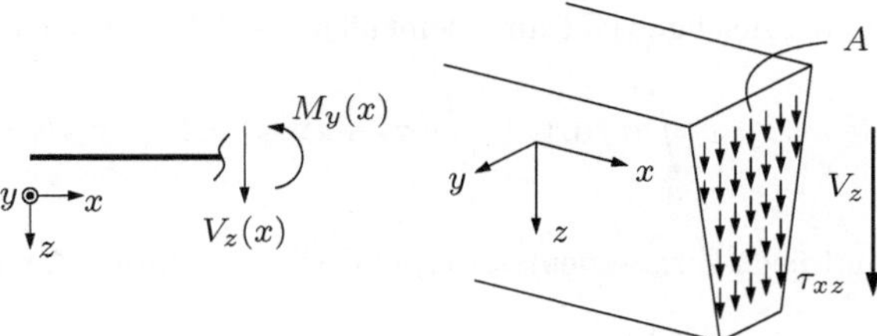

Bild 13.2 Schubspannungen im Balken

Anmerkung: Wenn keine unmittelbaren äußeren Lasten vorhanden sind, verlaufen die Schubspannungen an den Rändern stets parallel zum Rand, da keine zugeordneten Schubspannungen vorhanden sind (vergl. Abschnitt 8.2). Die Schubspannungsverteilung muss der Querkraft V_z statisch äquivalent sein, demzufolge müssen sich die y-Komponenten, die bei beliebig geformten Querschnittsgeometrien auftreten, gegenseitig aufheben und werden darum an dieser Stelle nicht weiter betrachtet.

Die Querkraft V_z ist äquivalent zu den zugehörigen Schubspannungen. Man erhält also V_z durch Integration der Schubspannungen τ_{xz} über die Querschnittsfläche.

$$V_z = \int_A \tau_{xz} \, \mathrm{d}A\,. \tag{13.2}$$

Bild 13.3 zeigt ein Element des Querschnitts mit der Länge Δx und der Teilfläche $\bar{A}(z)$. Das Element reicht dabei von einer festen Koordinate z bis zur Unterkante. Beim Freischneiden des Elements treten auf der Oberfläche Schubspannungen und Normalspannungen auf.

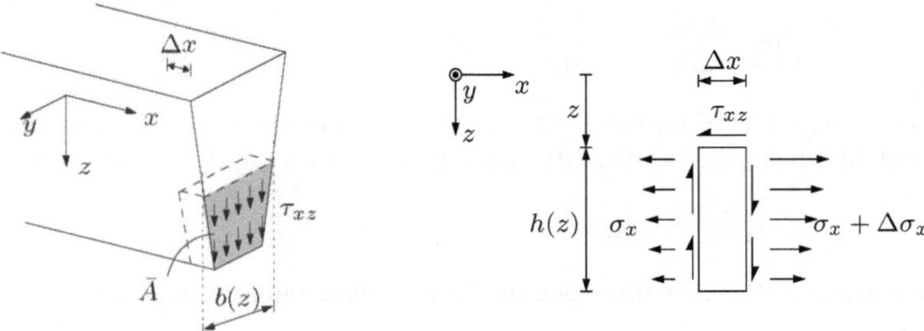

Bild 13.3 Schubspannungen an einem Element des Balkens

Die Spannungen an der Unterseite des Balkens sind null, da in dem betrachteten Bereich keine äußere Belastung vorhanden ist.

Wegen der Gleichheit der zugeordneten Schubspannungen (Gleichung 8.15) entsprechen die vertikalen Schubspannungen τ_{xz} in jedem Punkt den horizontalen Schubspannungen τ_{zx}.

Kräftegleichgewicht am Element in x-Richtung liefert

$$-\int_{\bar{A}} \sigma_x \,\mathrm{d}A + \int_{\bar{A}} (\sigma_x + \Delta\sigma_x)\,\mathrm{d}A - \tau_{zx} b(z)\Delta x = 0\,, \tag{13.3}$$

und nach Zusammenfassung und Division durch Δx folgt

$$\int_{\bar{A}} \frac{\Delta\sigma_x}{\Delta x}\,\mathrm{d}A - \tau_{zx} b(z) = 0\,. \tag{13.4}$$

Mit dem nach Gleichung 12.15 bekannten Verlauf der Normalspannungen in einem Träger mit Schnittmoment M_y

$$\sigma_x = \frac{M_y}{I_y}\,z \tag{13.5}$$

gilt auch für die Spannungsänderung

$$\Delta\sigma_x = \frac{\Delta M_y}{I_y}\,z\,. \tag{13.6}$$

Dies führt schließlich auf

$$\int_{\bar{A}} \frac{\Delta M_y}{\Delta x\, I_y}\,z\,\mathrm{d}A = \frac{\Delta M_y}{\Delta x}\frac{1}{I_y}\int_{\bar{A}} z\,\mathrm{d}A = \tau_{zx} b(z) \tag{13.7}$$

Nach Gleichung 6.7 gilt der Zusammenhang

$$\lim_{\Delta x \to 0} \frac{\Delta M_y}{\Delta x} = \frac{\mathrm{d}M_y}{\mathrm{d}x} = V_z\,.$$

Das Integral in Gleichung 13.7 beschreibt das statische Moment $\bar{S}_y$ der in Bild 13.3 betrachteten Schnittfläche $\bar{A}$. Mit Gleichung A.8 erhält man

$$V_z\, I_y\, \bar{S}_y = \tau_{zx} b(z)\,, \tag{13.8}$$

also sind die Schubspannungen in einem Balken infolge Querkraft

$$\tau_{xz} = \frac{V_z\, \bar{S}_y(z)}{I_y\, b(z)}\,. \tag{13.9}$$

Zur Berechnung der Schubspannung bietet es sich an das statische Moment mit

$$\bar{S}_y = \bar{A}\,\bar{z}_S \tag{13.10}$$

zu berechnen (vgl. auch Gleichung A.11), wobei $\bar{A}$ die betrachtete Teilfläche ist und $\bar{z}_S$ die z-Koordinate ihres Schwerpunkts, wie in Bild 13.4 skizziert.

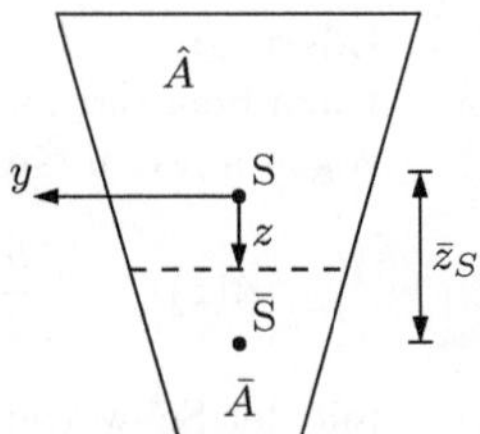

Bild 13.4
Berechnung des statischen Momentes einer Teilfläche

In der Herleitung des Schubspannungsverlaufs wurde hier die untere Teilfläche $\bar{A}$ betrachtet, daher wird auch das statische Moment $\bar{S}_y$ dieser Teilfläche verwendet. Das statische Moment $\hat{S}_y(z)$ der Teilfläche $\hat{A}$ oberhalb von z unterscheidet sich von $\bar{S}_y(z)$ aber lediglich im Vorzeichen. Nach Abschnitt A.3.2 gilt für das bezüglich des Ursprungs des Flächenschwerpunkts definierte statische Moment des Gesamtquerschnitts

$$S_y = \int\limits_{z_{\min}}^{z_{\max}} \tilde{z}\,\mathrm{d}A = \int\limits_{z_{\min}}^{z} \tilde{z}\,\mathrm{d}A + \int\limits_{z}^{z_{\max}} \tilde{z}\,\mathrm{d}A = 0\,, \tag{13.11}$$

damit gilt für das statische Moment der unteren Teilfläche

$$\bar{S}_y(z) = \int\limits_{z}^{z_{\max}} \tilde{z}\,\mathrm{d}A = -\int\limits_{z_{\min}}^{z} \tilde{z}\,\mathrm{d}A = -\hat{S}_y(z)\,. \tag{13.12}$$

Damit erhält man

$$\tau_{xz} = -\frac{V_z \hat{S}_y(z)}{I_y b(z)}\,. \tag{13.13}$$

Um das negative Vorzeichen zu vermeiden wird im Folgenden jedoch stets die untere Teilfläche betrachtet und Gleichung 13.9 verwendet.

Beispiel 13.2 Schubspannungen infolge Querkraft im Rechteckquerschnitt
Für den unten abgebildeten Rechteckquerschnitt soll die Schubspannungsverteilung $\tau_{xz}(x, z)$ infolge einer Querkraft V_z ermittelt werden.

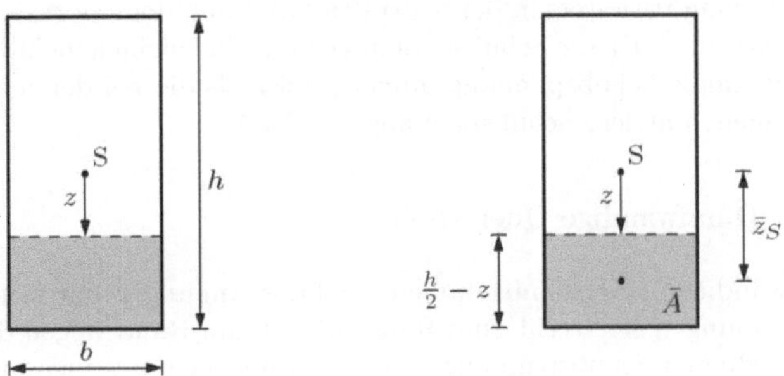

Lösung:
Dazu benötigt man zunächst das statische Moment der Teilfläche $\bar{A}(z)$ bezogen auf den Gesamtschwerpunkt S. Die Teilfläche ist

$$\bar{A}(z) = \left(\frac{h}{2} - z\right) b$$

mit der Schwerpunktskoordinate

$$\bar{z}_S(z) = z + \frac{1}{2}\left(\frac{h}{2} - z\right) = \frac{1}{2}\left(\frac{h}{2} + z\right).$$

Nach Gleichung 13.10 ist damit das statische Moment der Teilfläche

$$\begin{aligned} \bar{S}_y(z) &= \bar{A}(z)\,\bar{z}_S(z) \\ &= \left(\frac{h}{2} - z\right) b \frac{1}{2}\left(\frac{h}{2} + z\right) \\ &= \frac{b}{2}\left(\frac{h^2}{4} - z^2\right). \end{aligned}$$

Mit dem Flächenträgheitsmoment $I_y = bh^3/12$ aus Tabelle B.5 erhält man nach Gleichung 13.9 die Schubspannungsverteilung

$$\tau_{xz}(z) = \frac{V_z\,\bar{S}_y(z)}{I_y\,b(z)} = \frac{V_z \frac{b}{2}\left(\frac{h^2}{4} - z^2\right)}{\frac{bh^3}{12}\,b} = V_z \frac{6}{bh^3}\left(\frac{h^2}{4} - z^2\right).$$

Es liegt also eine parabelförmige Schubspannungsverteilung vor, mit der maximalen Schubspannung bei $z = 0$

$$\tau_{\max} = \tau_{xz}(z=0) = V_z \frac{6}{bh^3}\left(\frac{h^2}{4} - 0\right) = \frac{3}{2}\frac{V_z}{bh} = \frac{3}{2}\frac{V_z}{A} = \frac{3}{2}\bar{\tau}.$$

Wie dem vorangegangenen Beispiel zu entnehmen ist, bestimmt die Geometrie der Querschnittsfläche den funktionalen Verlauf der Schubspannungen infolge Querkraft. Einige Beispiels sind in Tabelle 13.1 zusammengestellt. Die maximale Schubspannung tritt stets in der neutralen Faser auf, denn dort ist das statische Moment maximal. Da die Schubspannungen im Allgemeinen nicht konstant sind, ist die maximale Schubspannung immer größer als die bei der reinen Scherung angenommene mittlere Schubspannung $\bar{\tau} = V/A$.

13.2.2 Dünnwandige Querschnitte

In dünnwandigen Querschnitten treten Schubspannungen nur randparallel auf. Schubspannungen senkrecht zum Rand müssen am Rand wegen der Gleichheit der zugeordneten Schubspannungen null sein und nehmen auch im Querschnitt

Profil	$\frac{\tau_{\max}}{\bar{\tau}} = \frac{\tau_{\max}}{V/A}$	Schubspannungs-verteilung
Rechteck	$\frac{3}{2}$	
Kreis	$\frac{4}{3}$	
Kreisring	2	

Tabelle 13.1 Schubspannungsverläufe einiger Querschnitte

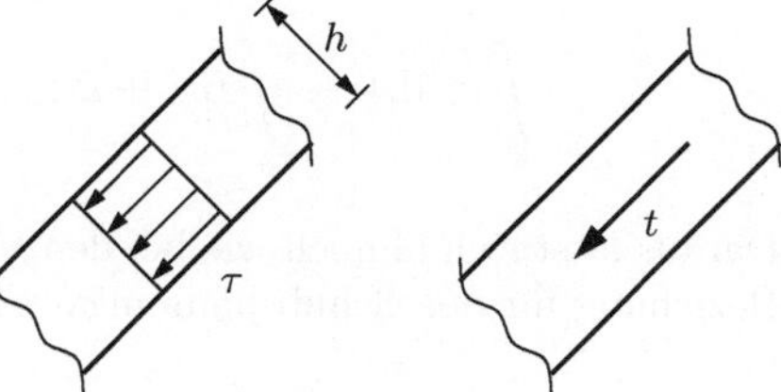

Bild 13.5
Schubspannungsverteilung und Schubfluss im dünnwandigen Querschnitt

wegen der geringen Dicke h nur vernachlässigbare Werte an. Wegen der kleinen Querschnittsdicke nehmen wir eine über die Querschnittsdicke konstante Schubspannungsverteilung an, wie in Bild 13.5 skizziert.

Die parallelen Schubspannungen lassen sich zusammenfassen zum ebenfalls randparallel verlaufenden *Schubfluss*

$$t = \int \tau \, \mathrm{d}h = \tau h . \tag{13.14}$$

Ähnlich wie bei Vollquerschnitten hängt die Schubspannungsverteilung bei dünnwandigen Querschnitten mit der Normalspannungsverteilung zusammen. Bild 13.6 zeigt einen Schnitt durch einen Balken mit dünnwandigem Querschnitt.

Entlang des Profils wird eine *Profilkoordinate* s eingeführt. Entlang dieser Koordinate tritt der Schubfluss $t_{xs}(s)$ auf.

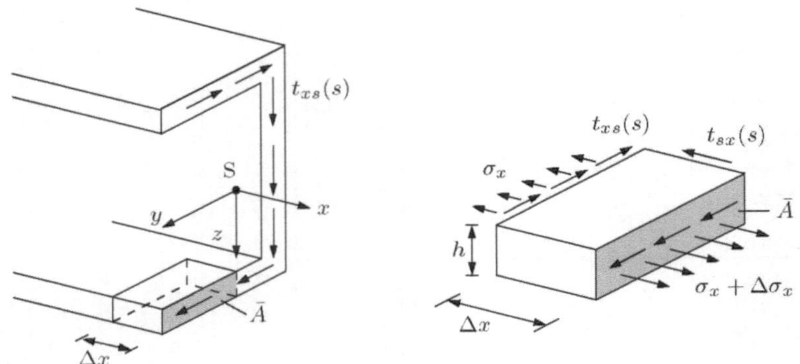

Bild 13.6 Schubfluss an einem Element eines dünnwandigen Balkens

Schneidet man nun ein Element der kleinen Länge Δx mit der Fläche $\bar{A}(s)$ heraus, so tritt entsprechend der Gleichheit der zugeordneten Schubspannungen derselbe Schubfluss in x-Richtung auf. An der freien Oberfläche des Elements sind Schubspannung und damit der Schubfluss null, da keine äußere Kraft angreift. Gleichgewicht in x-Richtung führt auf

$$-\int_{\bar{A}} \sigma_x \, \mathrm{d}A + \int_{\bar{A}} (\sigma_x + \Delta\sigma_x) \, \mathrm{d}A - t_{sx}(s)\Delta x = 0 . \tag{13.15}$$

Daraus lässt sich ähnlich wie bei den Vollquerschnitten in Abschnitt 13.2.1 eine Beziehung für den Schubspannungsverlauf herleiten. Mit $\Delta x \to 0$ erhält man

$$\begin{aligned} t_{xs}(x,s) &= t_{sx}(x,s) = \int_{\bar{A}} \frac{\Delta\sigma_x}{\Delta x} \, \mathrm{d}A = \int_{\bar{A}} \frac{\Delta M_y}{\Delta x \, I_y} z \, \mathrm{d}A \\ &= \frac{\Delta M_y}{\Delta x \, I_y} \int_{\bar{A}} z \, \mathrm{d}A = \frac{V_z}{I_y} \int_{\bar{A}} z \, \mathrm{d}A \end{aligned} \tag{13.16}$$

also ist der Schubfluss im dünnwandigen Querschnitt

$$t_{sx}(s) = \frac{V_z \bar{S}_y(s)}{I_y} , \tag{13.17}$$

und die Schubspannungsverteilung

$$\tau_{xs}(s) = \tau_{sx}(s) = \frac{V_z \bar{S}_y(s)}{I_y \, h(s)} . \tag{13.18}$$

Das statische Moment $\bar{S}_y(s)$ der Teilfläche $\bar{A}(s)$ bezüglich des Schwerpunkts S lässt sich auch durch Integration entlang des Querschnitts, also über die Profilkoordinate s berechnen:

$$\bar{S}_y(s) = \int_{\bar{A}} z(s)\,\mathrm{d}A = \int_{s}^{s_{\max}} h(s)z(s)\,\mathrm{d}s = -\int_{0}^{s} h(s)z(s)\,\mathrm{d}s \qquad (13.19)$$

Eine Hilfe zur Bestimmung des statischen Moments ist die grafische Veranschaulichung der Integration, die in Beispiel 13.3 gezeigt wird.

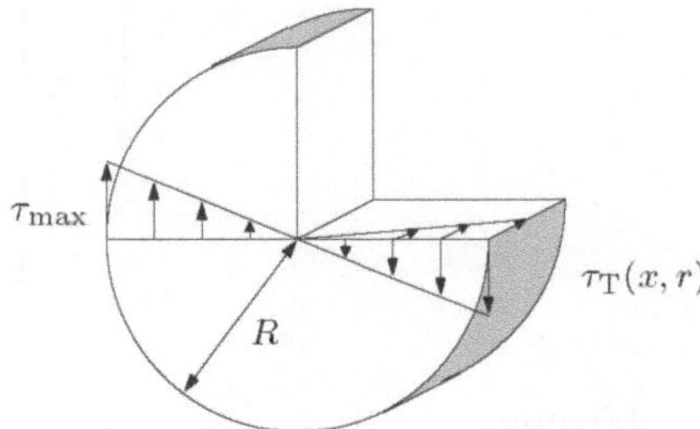

Bild 13.7
Profil-Koordinaten für dünnwandige Querschnitte

Die Profilkoordinate kann prinzipiell beliebig gewählt werden. Mögliche Verläufe sind in Bild 13.7 gegeben. Sinnvoll ist es, die Koordinate so einzuführen, dass sie dem erwarteten Verlauf des Schubflusses entspricht, also an freien Enden beginnt oder endet. Bei symmetrischen Profilen kann das Profil auch entlang der Symmetrieachse geteilt und zwei getrennte Koordinaten verwendet werden, wie in Bild 13.7 rechts.

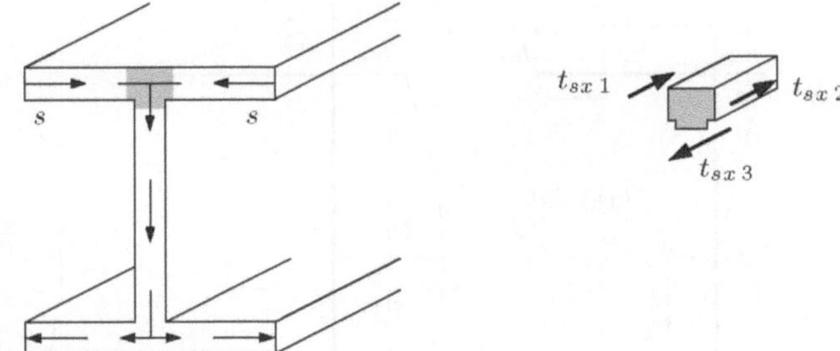

Bild 13.8
Profil-Koordinaten für verzweigten Querschnitt

Bei verzweigten Profilen müssen mehrere s-Koordinaten eingeführt werden. An den Kreuzungspunkten, wo mehrere Koordinaten zusammentreffen, muss das Gleichgewicht unter den Schubflüssen erfüllt sein. In Bild 13.8 ist der grau unterlegte Kreuzungspunkt herausgeschnitten. Hier muss die Summe der beiden Schubflüsse $t_{sx\,1}$ und $t_{sx\,2}$ gleich dem Schubfluss $t_{sx\,3}$ sein.

Beispiel 13.3 Schubspannungen infolge Querkraft in dünnwandigem Querschnitt

Gegeben ist das dargestellte dünnwandige U-Profil mit der Wanddicke $h \ll a$. Gesucht ist die Schubspannungsverteilung im Querschnitt infolge einer Querkraft V_z.

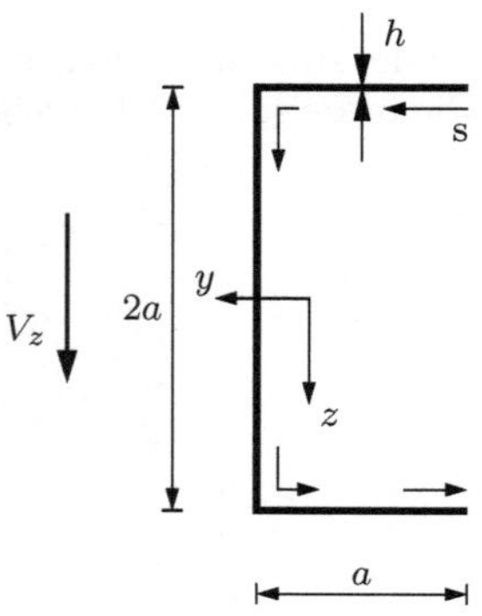

Lösung:

Für die Berechnung der Schubspannungsverteilung wird das Flächenträgheitsmoment I_y benötigt. Dieses ist für den zusammengesetzten Querschnitt (siehe Gleichung A.34)

$$I_y = \frac{h(2a)^3}{12} + 2\,\frac{ah^3}{12} + 2\,a^2\,ah = \frac{1}{6}ah^3 + \frac{8}{3}ha^3 \approx \frac{8}{3}ha^3\,,$$

wobei der Term $\frac{1}{6}ah^3$ wegen $h \ll a$ vernachlässigt werden kann. Die Bestimmung des statischen Momentes erfolgt nach Gleichung 13.19. Die Integration soll dabei grafisch veranschaulicht werden.

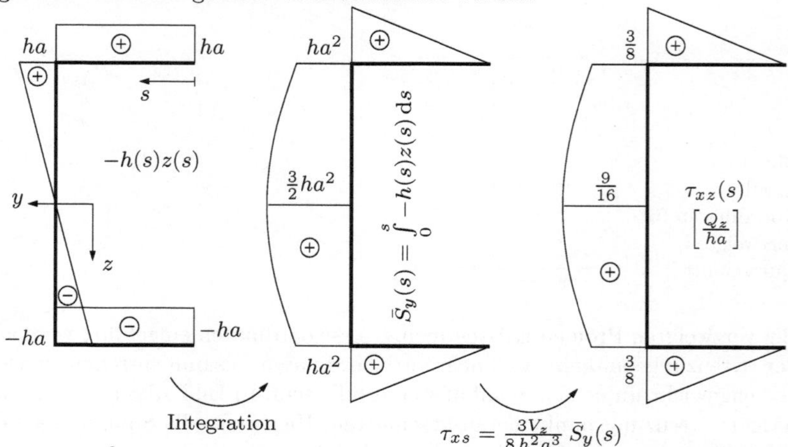

Um $\bar{S}_y = \int\limits_0^s -h(s)z(s)\,\mathrm{d}s$ zu berechnen trägt man, wie oben links abgebildet, zunächst den Verlauf der zu integrierenden Funktion $-h(s)z(s)$ über dem Querschnitt auf. Am oberen Rand ist z. B. $z = -a$, also $-h(s)z(s) = ha$.

Man beginnt mit der Integration bei $s = 0$, also an der rechten oberen Ecke des Querschnitts. An Querschnittsenden ist das Integral definitionsgemäß immer null. Von dort addiert man die Flächen unter der Funktion auf. Bei $s = a$ an der linken oberen Ecke erhält man daher den Wert $ha \cdot a = ha^2$, der Verlauf ist linear bei konstanter Funktion $-h(s)z(s)$. Entsprechend folgt der Wert $\frac{3}{2}ha^2$ bei $s = 2a$ mit einem parabelförmigen Verlauf. Aus der Symmetrie des Querschnitts folgt ein symmetrischer Verlauf von $\bar{S}_y(s)$.
Mit diesem Funktionsverlauf für das statische Moment $\bar{S}_y(s)$ lässt sich nun einfach der Verlauf der Schubspannungen bestimmen. Mit Gleichung 13.18 erhält man

$$\tau_{xs}(s) = \frac{V_z\,\bar{S}_y(s)}{I_y\,h(s)} = \frac{V_z}{\frac{8}{3}\,ta^3\,h}\bar{S}_y(s) = \frac{3\,V_z}{8\,h^2a^3}\,\bar{S}_y(s)\,.$$

Der Verlauf des statischen Moments $\bar{S}_y(s)$ ist also nur mit einem konstanten Vorfaktor zu multiplizieren. Daraus folgt der oben rechts abgebildete Schubspannungsverlauf $\tau_{xs}(s)$.

13.3 Torsion prismatischer Stäbe

Ein Torsionsmoment $M_\mathrm{T} = M_x$ verursacht ebenfalls Schubspannungen im Querschnitt. Im Rahmen dieses Lehrbuches wird lediglich die grundlegende SAINT-VENANTsche Torsion behandelt. D. h. es wird davon ausgegangen, dass sich die Querschnitte aus ihrer Ebene in x-Richtung bewegen können. Dies nennt man auch *Verwölbung* (siehe auch Seite 229). Für verwölbungsbehinderte Torsion wird hier auf die weiterführende Literatur verwiesen.

Nachfolgend wird die Torsion von Stäben mit Kreisquerschnitten (Abschnitt 13.3.1), dünnwandigen geschlossenen (13.3.2) und dünnwandigen offenen (13.3.3) Querschnitten diskutiert. Für darüber hinaus gehende Fragestellungen wird auf die entsprechende Fachliteratur[1] verwiesen.

13.3.1 Torsion von Kreisquerschnitten

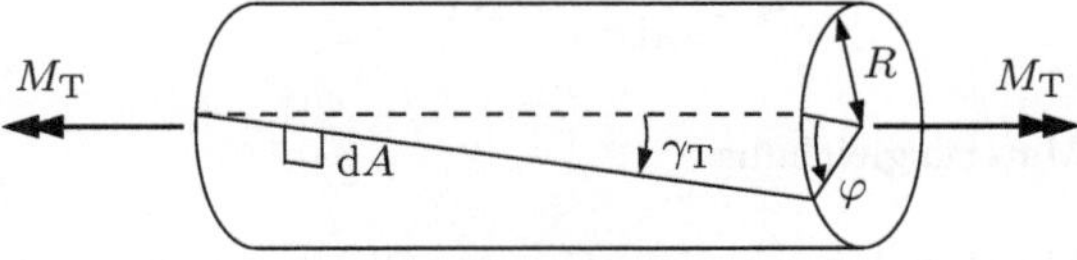

Bild 13.9
Torsion eines Stabes mit Kreisquerschnitt

[1]Wunderlich, Kiener, *Statik der Stabtragwerke*, Teubner Verlag

Kinematik

Bild 13.9 zeigt einen Stab mit Kreisquerschnitt unter reiner Torsionsbelastung durch ein Torsionsmoment M_{T}. Wegen der Rotationssymmetrie von System und Belastung gelten die folgenden geometrischen Bedingungen:

- Die Querschnitte bleiben eben, es treten keine Verwölbungen auf, also keine Verschiebungen in x-Richtung.
- Die Querschnitte sind *formtreu*, d. h. sie verdrehen sich um einen Winkel $\varphi(x)$ und verformen sich dabei nicht.
- Die Gleitung γ_{T} ist auf der gesamten Zylinderoberfläche gleich.

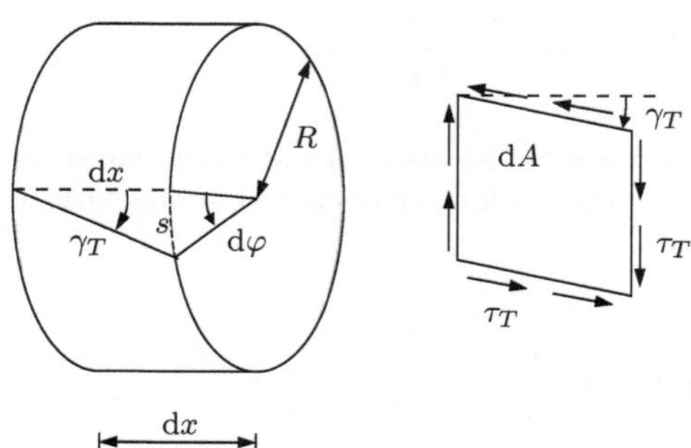

Bild 13.10
Torsion am Stabelement der Länge dx

Schneidet man aus dem Stab mit Radius R einen Abschnitt der Länge dx heraus, wie in Bild 13.10 dargestellt, so sind die beiden Endquerschnitte um den Winkel dφ gegeneinander verdreht. Für den Kreisbogen s erhält man

$$s = R\,\mathrm{d}\varphi = \mathrm{d}x\,\gamma_{\mathrm{T}}\,. \qquad (13.20)$$

Analog zur Dehnung ε als Maß für die Verformung bei der Stabdehnung wird bei der Torsion die *Drillung* ϑ als Ableitung der Verdrehung nach der Länge definiert,

$$\vartheta = \varphi' = \frac{\mathrm{d}\varphi}{\mathrm{d}x}\,. \qquad (13.21)$$

Damit ist die Gleitung aus Gleichung 13.20

$$\gamma_{\mathrm{T}} = R\,\frac{\mathrm{d}\varphi}{\mathrm{d}x} = R\,\vartheta\,. \qquad (13.22)$$

Materialgleichung

Mit dem HOOKEschen Gesetz (Gleichung 10.7) gilt für die Schubspannungen

$$\tau = G\,\gamma\,. \qquad (13.23)$$

Äquivalenz der Spannungen und Schnittgrößen

Das Torsionsmoment entspricht dem Integral der Produkte aus Schubspannungen und jeweiligem Radius r über die Fläche

$$M_\mathrm{T}(x) = \int_A \tau(x,r)\, r\, \mathrm{d}A\,. \tag{13.24}$$

Gleichgewicht

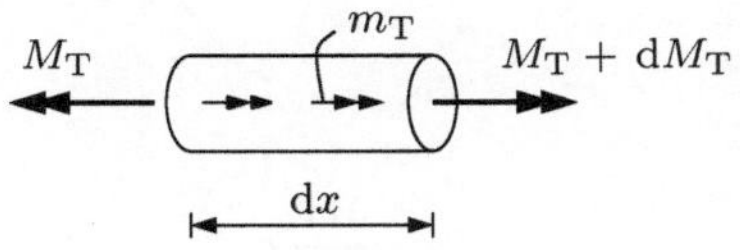

Bild 13.11
Stab mit Streckentorsionsmoment

Betrachtet man das in Bild 13.11 abgebildete Stabelement mit einem Streckentorsionsmoment m_T, so folgt aus dem Gleichgewicht in x-Richtung

$$\mathrm{d}M_\mathrm{T} + m_\mathrm{T}\,\mathrm{d}x = 0 \qquad \Rightarrow \qquad \frac{\mathrm{d}M_\mathrm{T}}{\mathrm{d}x} = -m_\mathrm{T}\,. \tag{13.25}$$

Differentialgleichung

Aus Äquivalenz der Spannungen und Schnittgrößen, Kinematik und Materialgleichung erhält man zunächst

$$M_\mathrm{T}(x) = \int_A G\,\gamma_\mathrm{T}\, r\,\mathrm{d}A = G\vartheta \int_A r^2\,\mathrm{d}A = G\vartheta I_\mathrm{T} \tag{13.26}$$

mit dem *Torsionsträgheitsmoment* I_T, das bei Kreisquerschnitten dem polaren Flächenträgheitsmoment

$$I_\mathrm{p} = \int_A r^2\,\mathrm{d}A = \frac{\pi R^4}{2}$$

nach Gleichung A.19 entspricht. Das Differenzieren nach x und und das anschließende Einsetzen in die Gleichgewichtsbedingung 13.25 führt auf

$$(GI_\mathrm{T}\vartheta(x))' = M_\mathrm{T}' = -m_\mathrm{T}\,, \tag{13.27}$$

oder mit Gleichung 13.21

$$(GI_\mathrm{T}\varphi')' = -m_\mathrm{T}\,. \tag{13.28}$$

Gleichung 13.28 ist die *Differentialgleichung der Torsionsverformung*. Das Produkt GI_T wird als *Torsionssteifigkeit* bezeichnet.

Spannungen

Aus Gleichung 13.23 und 13.26 folgt die Schubspannungsverteilung

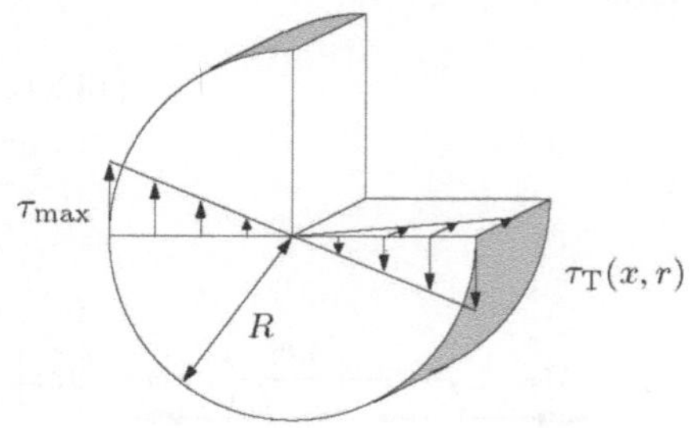

Bild 13.12
Schubspannungsverteilung im Kreisquerschnitt

$$\tau_T = \frac{M_T}{I_p} r , \tag{13.29}$$

die in Bild 13.12 skizziert ist. Die maximale Schubspannung tritt am Rand des Querschnitts auf. Sie ist

$$\tau_{\max} = \frac{M_T}{I_p} R . \tag{13.30}$$

Zur Berechnung der maximalen Schubspannung wird das *Torsionswiderstandsmoment* für den Kreisquerschnitt

$$W_T = \frac{I_p}{R} \tag{13.31}$$

eingeführt. Damit ist die maximale Schubspannung

$$\tau_{\max} = \frac{M_T}{W_T} . \tag{13.32}$$

Torsion von Rohrquerschnitten

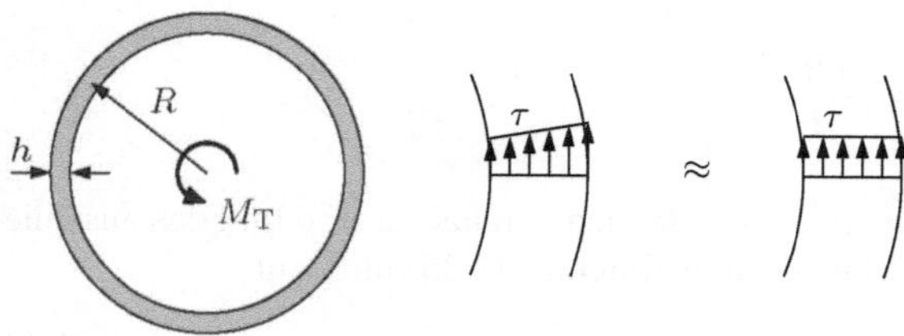

Bild 13.13
Torsion im Rohrquerschnitt

Die in Abschnitt 13.3.1 hergeleiteten Gleichungen gelten nicht nur für Kreisquerschnitte, sondern auch für Kreisringe, also Rohrquerschnitte. Anders als beim Vollkreis ist bei einem Rohrquerschnitt allerdings das polare Trägheitsmoment

$$I_p = \int_A r^2 \, \mathrm{d}A \approx 2\pi R^3 h \tag{13.33}$$

mit der Wanddicke $h \ll R$. Wegen der geringen Wanddicke ist die Änderung der Schubspannung über die Wanddicke vernachlässigbar, es kann also von einem konstanten Verlauf ausgegangen werden, wie in Bild 13.13 skizziert ist.

13.3.2 Torsion dünnwandiger geschlossener Profile

Kinematik

Nun soll die Torsion eines beliebigen dünnwandigen geschlossenen Querschnitts untersucht werden. Wie auch bei den Schubspannungen infolge Querkraft können die Schubspannungen infolge Torsion in dünnwandigen Querschnitten über die Profildicke h zum Schubfluss t zusammengefasst werden. Analog Gleichung 13.14 gilt

$$t = \tau h . \tag{13.34}$$

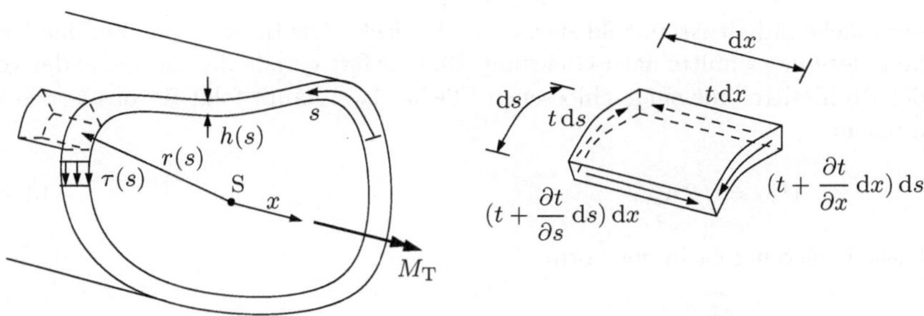

Bild 13.14 Dünnwandiges geschlossenes Profil

In Bild 13.14 wird ein dünnwandiges geschlossenes Profil mit einem herausgeschnittenen Element gezeigt. An diesem greifen die entsprechenden freigeschnittenen Schubflüsse an. Gleichgewicht in x-Richtung führt auf

$$(t + \frac{\partial t}{\partial s}\,\mathrm{d}s)\,\mathrm{d}x - t\,\mathrm{d}x = 0 \qquad \Rightarrow \qquad \frac{\partial t}{\partial s} = 0\,, \tag{13.35}$$

also ist demzufolge in einem beliebigen dünnwandigen Querschnitt der Schubfluss

$$t(s) = t = \text{konst.} \tag{13.36}$$

Für das zugehörige Torsionsmoment folgt aus der Äquivalenzbedingung 13.24

$$M_{\mathrm{T}} = \oint_U r_\perp(s) t\,\mathrm{d}s = t \oint_U r_\perp(s)\,\mathrm{d}s \tag{13.37}$$

mit dem über s konstanten Schubfluss und dem Hebelarm $r_\perp(s)$ bezüglich des Schwerpunkts S wie in Bild 13.15. Das Ringintegral stellt ein Integral entlang einer geschlossenen Kurve dar. Integriert wird hier entlang der Profilmittellinie, d. h. über den Umfang U.

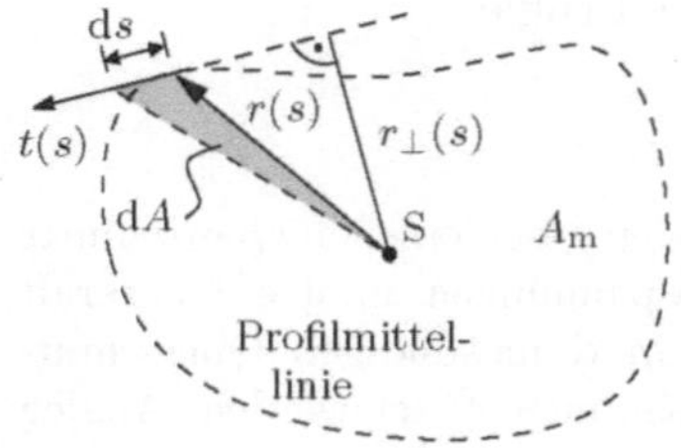

Bild 13.15
Dünnwandiges geschlossenes Profil

Dabei ist

$$\mathrm{d}A = \frac{1}{2} r_\perp \,\mathrm{d}s\,. \tag{13.38}$$

der Flächeninhalt des in Bild skizzierten Dreiecks. Die Integration über den Umfang des Querschnitts nach Gleichung 13.37 liefert gerade das Doppelte der von der Profilmittellinie eingeschlossenen Fläche A_m. Damit folgt für das Torsionsmoment

$$M_\mathrm{T} = t\, 2A_\mathrm{m}\,. \tag{13.39}$$

Diese Gleichung ist in der Form

$$t = \frac{M_\mathrm{T}}{2A_\mathrm{m}} \qquad \Rightarrow \qquad \tau = \frac{M_\mathrm{T}}{2A_\mathrm{m}h(s)} \tag{13.40}$$

als *1. Bredtsche Formel* bekannt; nach Rudolf Bredt (1842–1900). Die maximale Schubspannung tritt an der Stelle der geringsten Wandstärke $h(s) = h_\mathrm{min}$ auf. Mit

$$\tau_\mathrm{max} = \frac{M_\mathrm{T}}{W_\mathrm{T}} \quad \Rightarrow \quad W_\mathrm{T} = 2A_\mathrm{m}h_\mathrm{min} \tag{13.41}$$

wird darum das Torsionswiderstandsmoment W_T definiert.

Drillung

Durch das angreifende Torsionsmoment wird der Querschnitt verdreht. Die Drillung folgt aus der Schubverformung der Querschnittselemente. In Bild 13.16 ist ein verformtes Element des Querschnitts skizziert. Die Gleitung ist

$$\gamma_{xs} = \frac{\partial u}{\partial s} + \frac{\partial u_s}{\partial x}\,. \tag{13.42}$$

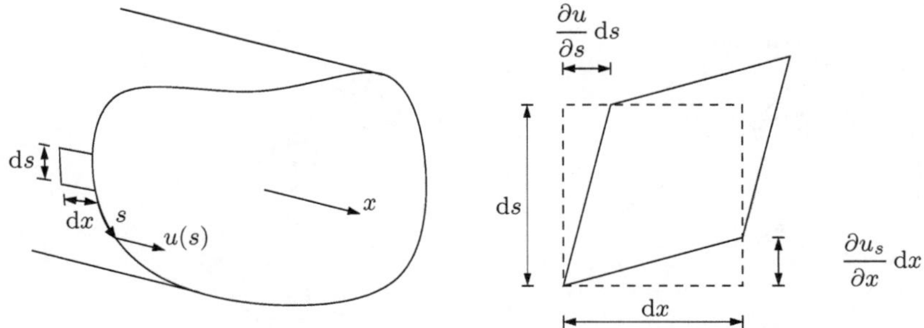

Bild 13.16 Schubverformung eines dünnwandigen geschlossenen Profils

Bei einem geschlossenen Querschnitt muss die Verschiebung $u(s)$ nach einem Umlauf entlang s über den Umfang wieder den gleichen Wert haben. Daher ist

$$\oint\limits_U \frac{\partial u}{\partial s}\,\mathrm{d}s \;=\; 0\,. \tag{13.43}$$

Mit Gleichung 13.42 erhält man

$$\oint\limits_U \gamma\,\mathrm{d}s \;-\; \oint\limits_U \frac{\partial u_s}{\partial x}\,\mathrm{d}s \;=\; 0\,. \tag{13.44}$$

Anders als bei der Torsion von Kreisquerschnitten in Abschnitt 13.3.1 wird hier eine Verwölbung des Querschnittes explizit zugelassen, die nicht behindert werden darf. Der Querschnitt soll jedoch in der y-z-Ebene formtreu bleiben, d. h. die Projektion des Querschnitts auf diese Ebene darf sich lediglich verdrehen, aber nicht ihre Form ändern. Dies bedeutet, dass sich alle Punkte des Querschnitts in der y-z-Ebene um einen Punkt S drehen, sie können also lediglich eine Verschiebung

$$\mathrm{d}u_\varphi \;=\; r\,\mathrm{d}\varphi\,. \tag{13.45}$$

erfahren, die einer Kreisbewegung um S entspricht, also senkrecht auf den Radius r steht. Diese Situation ist in Bild 13.17 links skizziert.

Die Verschiebung eines Punktes $\mathrm{d}u_\varphi$ lässt sich dann wie in Bild 13.17 rechts in zwei Anteile aufspalten. Dabei ist $\mathrm{d}u_s$ der Anteil in Richtung der Profil-Koordinate s, der für die Verformung der Flächenelemente eine Rolle spielt, $\mathrm{d}u_\perp$ ist senkrecht zur Tangente an den Querschnitt. Aus der Ähnlichkeit der grau hinterlegten Dreiecke erhält man den Zusammenhang

$$\frac{\mathrm{d}u_s}{\mathrm{d}u_\varphi} \;=\; \frac{r_\perp}{r} \tag{13.46}$$

und zusammen mit Gleichung 13.45

$$\mathrm{d}u_s \;=\; \frac{r_\perp}{r}\,r\,\mathrm{d}\varphi \;=\; r_\perp\,\mathrm{d}\varphi\,. \tag{13.47}$$

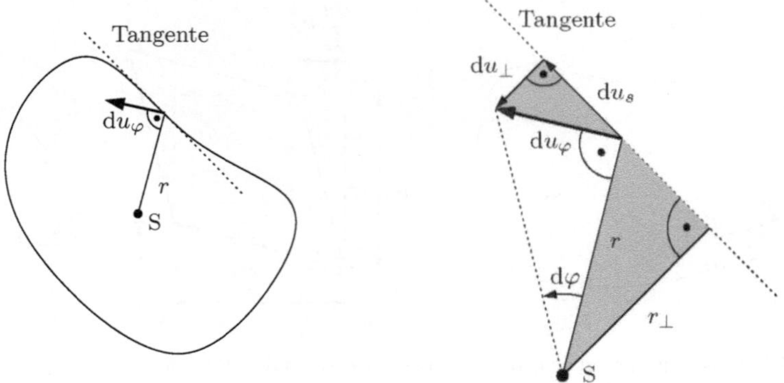

Bild 13.17 Kinematik der Torsion eines dünnwandigen geschlossenen Querschnitts

Setzt man diese Beziehung in Gleichung 13.44 ein, so erhält man zusammen mit dem HOOKEschen Gesetz für die Gleitung (Gleichung 10.7)

$$\oint_U \frac{\tau}{G}\,\mathrm{d}s = \oint_U r_\perp \frac{\mathrm{d}\varphi}{\mathrm{d}x}\,\mathrm{d}s = \vartheta \oint_U r_\perp\,\mathrm{d}s\,, \tag{13.48}$$

wobei das Integral der doppelten Querschnittsfläche entspricht, also

$$\oint_U \frac{\tau}{G}\,\mathrm{d}s = \vartheta\, 2A_\mathrm{m}\,. \tag{13.49}$$

Damit ist die Drillung

$$\begin{aligned} \vartheta &= \frac{1}{G\,2A_\mathrm{m}} \oint_U \tau\,\mathrm{d}s = \frac{1}{G\,2A_\mathrm{m}} \oint_U \frac{t}{h(s)}\,\mathrm{d}s \\ &= \frac{t}{G\,2A_\mathrm{m}} \oint_U \frac{1}{h(s)}\,\mathrm{d}s\,. \end{aligned} \tag{13.50}$$

Unter Verwendung der 1. BREDTschen Formel (Gleichung 13.40) erhält man schliesslich die *2. Bredtsche Formel*

$$\vartheta = \frac{M_\mathrm{T}}{G\,4A_\mathrm{m}^2} \oint_U \frac{1}{h(s)}\,\mathrm{d}s = \frac{M_\mathrm{T}}{GI_\mathrm{T}}\,, \tag{13.51}$$

die einen Zusammenhang zwischen der Drillung und dem Torsionsmoment liefert. Dabei ist mit

$$I_\mathrm{T} = \frac{4A_\mathrm{m}^2}{\displaystyle\oint_U \frac{1}{h(s)}\,\mathrm{d}s}\,. \tag{13.52}$$

das Torsionsträgheitsmoment definiert. Im Fall einer konstanten Dicke $h(s) = h_0$ ist das Torsionsträgheitsmoment

$$I_\mathrm{T} = \frac{4A_\mathrm{m}^2 h_0}{U}, \tag{13.53}$$

wobei U der Umfang der Profilmittellinie ist.

Verwölbung

Wie oben vorausgesetzt ist bei der Torsion nur eine Verformung innerhalb der y-z-Ebene ausgeschlossen. Es treten jedoch Verschiebungen u_x auf, die nicht über den Querschnitt konstant sind. Dieser Effekt wird als *Verwölbung* des Querschnitts bezeichnet.

Für die Gleitung gilt mit nach dem HOOKEschen Gesetz

$$\gamma_{xs} = \frac{\partial u_x}{\partial s} + \frac{\partial u_s}{\partial x} = \frac{\tau_{xs}}{G} = \frac{M_\mathrm{T}}{2\,GA_\mathrm{m}h(s)}, \tag{13.54}$$

dabei ist

$$\frac{\partial u_s}{\partial x} = \frac{r_\perp\,\partial\varphi}{\partial x} = r_\perp\,\vartheta\,. \tag{13.55}$$

Daraus erhält man mit Gleichung 13.47 die Ableitung der Verschiebung u_x in x-Richtung nach s

$$\frac{\partial u_x}{\partial s} = \frac{M_\mathrm{T}}{2GA_\mathrm{m}h(s)} - r_\perp\vartheta\,. \tag{13.56}$$

Integration liefert

$$u_x(s) = \int\left(\frac{M_\mathrm{T}}{2GA_\mathrm{m}h(s)} - r_\perp\vartheta\right)\mathrm{d}s + C\,. \tag{13.57}$$

Anmerkung: Eine Verwölbung kann nur dann auftreten, wenn sie nicht durch Randbedingungen verhindert wird. Beispielsweise kann sich ein voll eingespannter Querschnitt nicht verwölben, was auch die Verwölbung benachbarter Querschnitte einschränkt. In solchen Fällen treten durch die Torsion hervorgerufene Längsspannungen σ_x auf, sogenannte Wölbspannungen. Durch die Behinderung der Verwölbung wird zudem die Torsionssteifigkeit erhöht. Das Verhalten bei behinderter Verwölbung wird als *Wölbkrafttorsion* bezeichnet, die in diesem Buch nicht behandelt wird.

Beispiel 13.4 Schubspannungen infolge Torsion im dünnwandigen geschlossenen Rechteckquerschnitt

Gegeben ist der abgebildete dünnwandige Rechteckquerschnitt der Länge ℓ mit konstanter Wanddicke h, der durch ein Torsionsmoment M_T beansprucht wird. Die Verwölbung des Stabes ist an der Einspannung nicht behindert.

Gesucht ist der Drehwinkel am Ende des Stabs und die Verwölbung des Querschnitts.

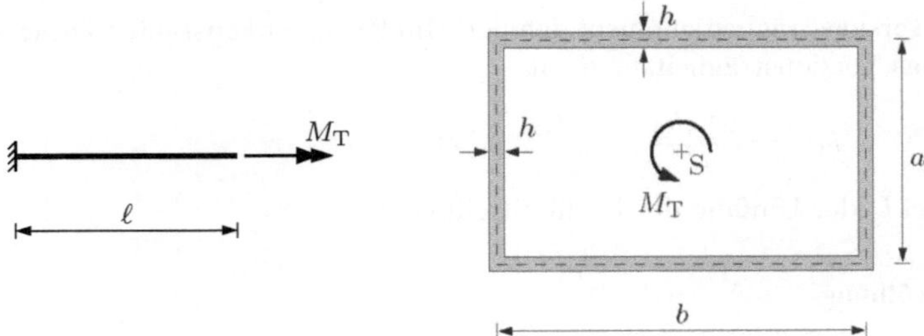

Lösung:
Da die Wanddicke h konstant ist, kann die Torsionssteifigkeit nach Gleichung 13.53 berechnet werden.

$$I_T = \frac{4(ab)^2\,h}{2(a+b)} = \frac{2(ab)^2 h}{a+b}$$

Damit ist die Drillung nach Gleichung 13.51

$$\vartheta = \frac{M_T}{GI_T} = \frac{M_T(a+b)}{2G(ab)^2 h}\,.$$

Die Endverdrehung wird durch Integration der Drillung über die Stablänge berechnet.

$$\varphi = \int_0^{\ell} \vartheta\,\mathrm{d}x = \frac{M_T(a+b)}{2G(ab)^2 h}\,\ell$$

Die Verwölbung folgt aus Gleichung 13.57. Dazu benötigt man den Abstand $r_\perp$, der für die senkrechten Seiten jeweils $b/2$ und für die horizontalen $a/2$ beträgt. Als Ausgangspunkt für die Integration über den Umfang wird der unten markierte Punkt in der Seitenmitte zwischen A und D gewählt.

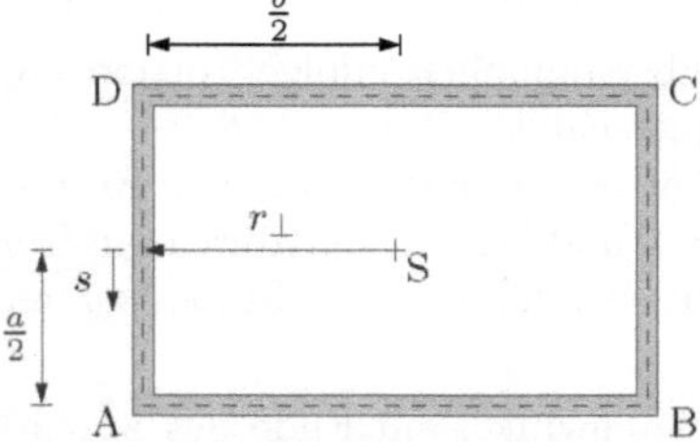

Integriert man über die Profil-Koordinate s bis zur linken unteren Ecke A so erhält man

$$\begin{aligned}
u_{\mathrm{A}} &= \int_0^{\frac{a}{2}} \left(\frac{M_{\mathrm{T}}}{2\,G A_{\mathrm{m}} h(s)} - r_{\perp}\vartheta \right) \mathrm{d}s \,+\, C \\
&= \int_0^{\frac{a}{2}} \left(\frac{M_{\mathrm{T}}}{2\,Gabh} - \frac{b}{2}\,\frac{M_{\mathrm{T}}(a+b)}{2\,G(ab)^2 h} \right) \mathrm{d}s \,+\, C \\
&= \frac{M_{\mathrm{T}}}{2\,Gabh} \left(1 - \frac{a+b}{2a} \right) \int_0^{\frac{a}{2}} \mathrm{d}s \,+\, C \\
&= \frac{M_{\mathrm{T}}}{4\,Ga^2bh}\,(a-b)\,\Big[s \Big]_0^{\frac{a}{2}} \,+\, C \\
&= \frac{M_{\mathrm{T}}}{4\,Ga^2bh}\,(a-b)\,\frac{a}{2} \,+\, C \,=\, \frac{M_{\mathrm{T}}}{8\,Gabh}(a-b) \,+\, C\,.
\end{aligned}$$

Die Verwölbung am Punkt B erhält man indem man am unteren Rand entlang weiter integriert.

$$\begin{aligned}
u_{\mathrm{B}} &= u_{\mathrm{A}} + \int_0^{b} \frac{M_{\mathrm{T}}}{2Gabh} - \frac{a}{2}\,\frac{M_{\mathrm{T}}(a+b)}{2G(ab)^2 h}\,\mathrm{d}s \\
&= \frac{M_{\mathrm{T}}}{8Gabh}(a-b) \,+\, C \,-\, \frac{M_{\mathrm{T}}}{4Gabh}(a-b) \\
&= -\frac{M_{\mathrm{T}}}{8Gabh}(a-b) \,+\, C
\end{aligned}$$

Entsprechend ist

$$\begin{aligned}
u_{\mathrm{C}} &= \frac{M_{\mathrm{T}}}{8\,Gabh}(a-b) \,+\, C\,, \\
u_{\mathrm{D}} &= -\frac{M_{\mathrm{T}}}{8\,Gabh}(a-b) \,+\, C\,.
\end{aligned}$$

Die Integrationskonstante C lässt sich dadurch bestimmen, dass davon ausgegangen wird, dass sich der Querschnittsschwerpunkt nicht in x-Richtung verschiebt, da keine Normalkraft vorhanden ist. Dies entspricht der Forderung, dass das Integral der Verschiebungen u null ist. Dies ist hier genau dann der Fall, wenn $C = 0$ ist. Damit erhält man folgenden, wegen der konstanten Integranden linearen Verlauf der Verschiebung u.

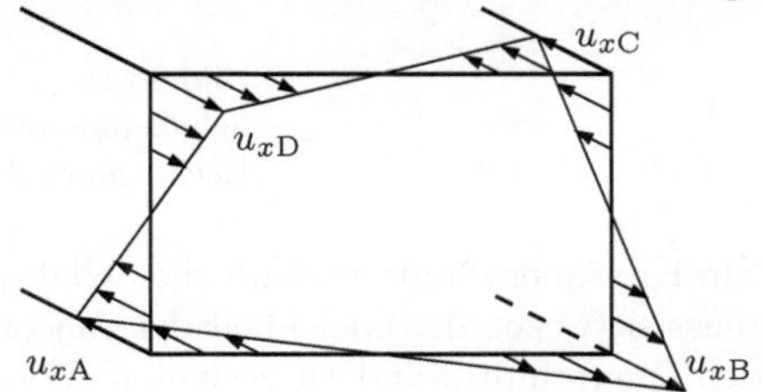

Anmerkung: Für $a = b$, also für quadratische Querschnitte ist die Verwölbung null. Quadratische dünnwandige Querschnitte verwölben sich also bei Torsionsbeanspruchung nicht, sondern bleiben eben.

13.3.3 Torsion dünnwandiger offener Profile

Torsion schmaler Rechteckstreifen

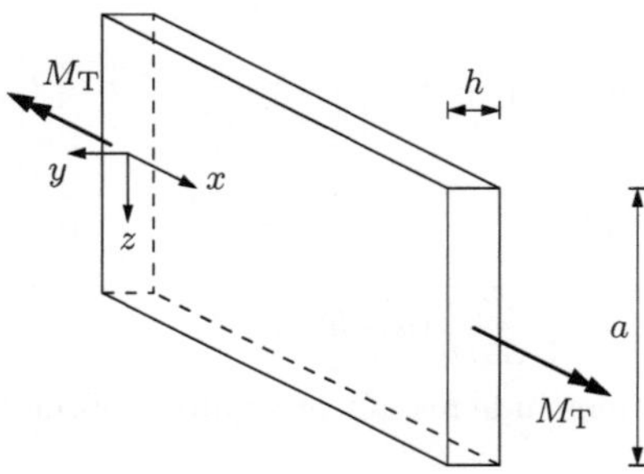

Bild 13.18
Schmales Rechteckprofil

Ähnlich zur Torsion eines zylindrischen Stabes soll nun das Verhalten eines dünnwandigen Rechteckstreifens bei Torsionsbeanspruchung untersucht werden. Wieder soll vorausgesetzt werden, dass

- die Querschnitte formtreu sind,
- die Verwölbung nicht behindert ist,
- die Schubspannungen linear über die Dicke h verteilt sind (siehe Bild 13.19),
- die Breite des Streifens ist sehr viel kleiner als seine Höhe a ist, d. h.

$$h \ll a\,. \tag{13.58}$$

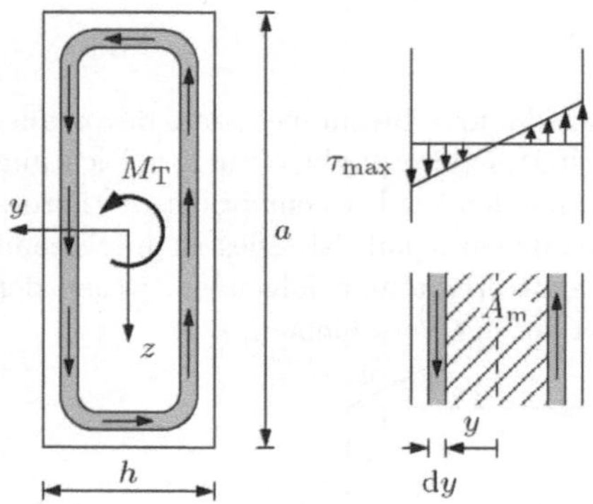

Bild 13.19
Schubspannungsverteilung im Rechteckprofil

Anders als bei dem Kreisquerschnitt verläuft die Schubspannung nicht kreisförmig. Allerdings muss sie wegen der Gleichheit der zugeordneten Schubspannungen parallel zu den Querschnittsrändern verlaufen. Wie beim Kreisquerschnitt sind sie in der Profilmitte null und erreichen den maximalen Wert am Rand. Eine solche Verteilung ist in Bild 13.19 rechts abgebildet.

Das Profil kann nun, wie in Bild 13.19 dargestellt, in infinitesimal kleine Streifen mit gleicher Schubspannung τ zerlegt werden, die jeweils einen geschlossenen dünnwandigen Querschnitt mit der Wanddicke $\mathrm{d}y$ darstellen. Das Verhalten des Rechteckquerschnitts unter Torsion folgt dann aus der Summe der Streifen.

Es wird also nun ein sich durch das Rechteck ziehender Streifen der infinitesimalen Breite $\mathrm{d}y$ betrachtet. Die Schubspannung im Streifen folgt aus der linearen Spannungsverteilung mit der maximalen Ordinate $\tau_{\max}$. Die lineare Schubspannungsverteilung in Bild 13.19 wird beschrieben durch

$$\tau_{xz}(y) = \frac{\tau_{\max}}{\frac{h}{2}}\,y = \frac{2\,\tau_{\max}}{h}\,y\,. \tag{13.59}$$

Die Schubspannung $\tau(y)$, die in dem Streifen als konstant angenommen wird, hängt über die 1. BREDTsche Formel (Gleichung 13.40) mit dem Torsionsmoment eines Streifens $\hat{M}_{\mathrm{T}}$ zusammen.

$$\tau = \frac{\hat{M}_{\mathrm{T}}}{2A_{\mathrm{m}}\,\mathrm{d}y} \qquad \Rightarrow \qquad \hat{M}_{\mathrm{T}} = \tau\,2A_{\mathrm{m}}\,\mathrm{d}y \tag{13.60}$$

Wegen $h \ll a$ ist die Fläche eines Rechteckstreifens

$$A_{\mathrm{m}} \approx 2ay\,. \tag{13.61}$$

Mit Gleichung 13.59 ist das Torsionsmoment eines Streifens

$$\hat{M}_{\mathrm{T}} = \tau 4ay\,\mathrm{d}y = \frac{8\tau_{\max}}{h}ay^2\,\mathrm{d}y \tag{13.62}$$

Das resultierende Torsionsmoment des gesamten Rechtecks erhält man durch Integration über die Streifen

$$M_{\mathrm{T}} = \int\limits_0^{\frac{h}{2}} \frac{8\tau_{\max}}{h}ay^2\,\mathrm{d}y = \frac{8\tau_{\max}}{h}a\int\limits_0^{\frac{h}{2}} y^2\,\mathrm{d}y = \frac{1}{3}\,\tau_{\max}ah^2\,. \tag{13.63}$$

Die maximale Schubspannung lässt sich also berechnen mit

$$\tau_{\max} = \frac{M_{\mathrm{T}}}{\frac{ah^2}{3}} = \frac{M_{\mathrm{T}}}{W_{\mathrm{T}}}. \tag{13.64}$$

Damit ist das Torsionswiderstandsmoment

$$W_{\mathrm{T}} = \frac{1}{3}\,ah^2\,. \tag{13.65}$$

Das Torsionsträgheitsmoment lässt sich aus den Torsionsträgheitsmomenten der einzelnen Streifen bestimmen. Für einen Streifen gilt entsprechend der *2. Bredtschen Formel* (Gleichung 13.51)

$$\hat{I}_{\mathrm{T}} = \frac{4A_{\mathrm{m}}^2}{\oint\limits_{\hat{U}} \frac{1}{\mathrm{d}y}\,\mathrm{d}s} = \frac{4A_{\mathrm{m}}^2}{\oint\limits_{\hat{U}} \mathrm{d}s}\,\mathrm{d}y\,, \tag{13.66}$$

wobei wegen $y < h \ll a$ der Umfang $\hat{U}$ des Streifens

$$\hat{U} = \oint\limits_{\hat{U}} \mathrm{d}s = 2(a - 2(h-y)) + 4y \approx 2a \tag{13.67}$$

ist. Damit erhält man mit der Schubfläche nach Gleichung 13.61 durch Integration von Gleichung 13.66 das Torsionsträgheitsmoment des gesamten Rechtecks

$$I_{\mathrm{T}} = \int\limits_0^{\frac{h}{2}} \frac{4(2ay)^2}{2a}\,\mathrm{d}y = 8a\int\limits_0^{\frac{h}{2}} y^2\,\mathrm{d}y = \frac{1}{3}ah^3\,. \tag{13.68}$$

Torsion allgemeiner offener dünnwandiger Profile

Die Gleichungen, die für den schmalen Rechteckstreifen gelten, können näherungsweise auf allgemeine dünnwandige offene Profile mit konstanter Dicke h übertragen werden. Es liegt auch hier eine lineare Verteilung der Schubspannungen über den Querschnitt vor. Es ist jedoch zu beachten, dass die Höhe a des Rechteckstreifens durch die Länge $\bar{a}$ der Profilmittellinie zu ersetzen ist. Bild 13.20 zeigt ein allgemeines dünnwandiges offenes Profil mit der gestrichelten Mittellinie und der entsprechenden Schubspannungsverteilung.

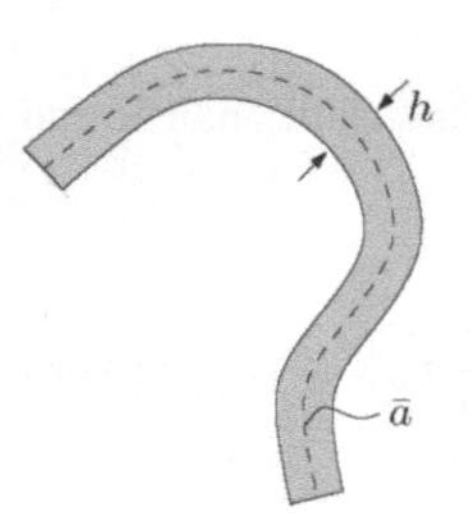

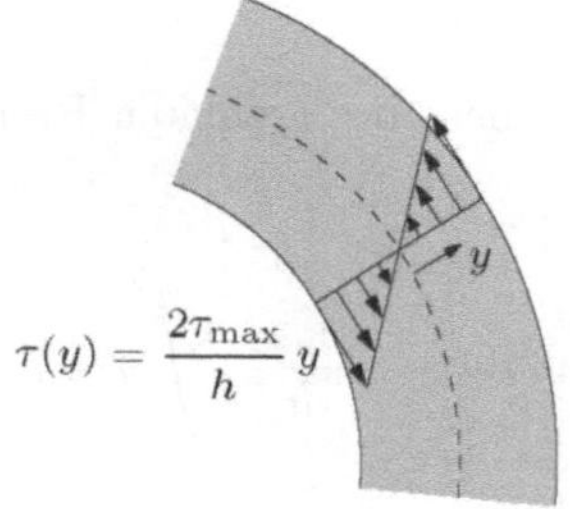

Bild 13.20
Torsion eines dünnwandigen offenen Profils

Für dünnwandige offene Profile ist demnach das Torsionswiderstandsmoment

$$W_{\mathrm{T}} = \frac{1}{3}\bar{a}h^2 \tag{13.69}$$

und das Torsionsträgheitsmoment

$$I_{\mathrm{T}} = \frac{1}{3}\bar{a}h^3\,. \tag{13.70}$$

Profil	$\Delta\varphi = \int\limits_0^{\ell} \frac{M_x(x)}{GI_T(x)}\,dx$	Schubspannung	
		Verteilung	maximale
R, h	$I_T = I_p = 2\pi R^3 h$	$\tau(x,r) = \frac{M_x(x)}{I_T(x)} r$	$\frac{M_{x(\max)}}{2\pi R^2 h}$
s, h, A_m	$I_T = \frac{4A_m^2}{\oint \frac{ds}{h(s)}}$	$\tau_m(x,s) = \frac{M_x(x)}{2A_m h(s)}$	$\frac{M_{x(\max)}}{2A_m h_{\min}}$
s, h	$I_T = \frac{1}{3}\int\limits_0^{s_0} h(s)^3\,ds$	$\tau_{\text{Rand}}(x,s) = \frac{M_x(x)}{I_T} h(s)$	$\frac{M_{x(\max)}}{I_T} h_{\max}$

Tabelle 13.2 Zusammenfassung der wichtigsten Formeln zur Torsion

Zusammengesetzte Querschnitte

In der Ingenieurpraxis finden häufig Profile Verwendung, die idealisiert als Zusammenfügung von dünnwandigen Teilquerschnitten angesehen werden können (z. B. Doppel-T-Träger), wobei die Querschnittsteile oft auch unterschiedliche Wanddicken h haben. Man geht wieder davon aus, dass die Querschnitte formtreu sind, also in der y-z-Ebene ihre Form beibehalten. Daraus folgt, dass die Drillung ϑ für alle Querschnittsteile (Index i) gleich ist, also

$$\vartheta = \vartheta_i = \frac{M_{Ti}}{GI_{Ti}} = \frac{M_T}{GI_T}. \tag{13.71}$$

Das Torsionsmoment verteilt sich dabei auf die einzelnen Querschnittsteile, d. h.

$$M_T = \sum_i M_{Ti} \tag{13.72}$$

und mit Gleichung 13.71 folgt das *Torsionsträgheitsmoment* des Gesamtquerschnitts

$$I_T = \sum_i I_{Ti}. \tag{13.73}$$

Gleichung 13.73 gilt allerdings nur unter der Voraussetzung, dass keine Schubspannungen zwischen den einzelnen Querschnittsteilen übertragen werden, also

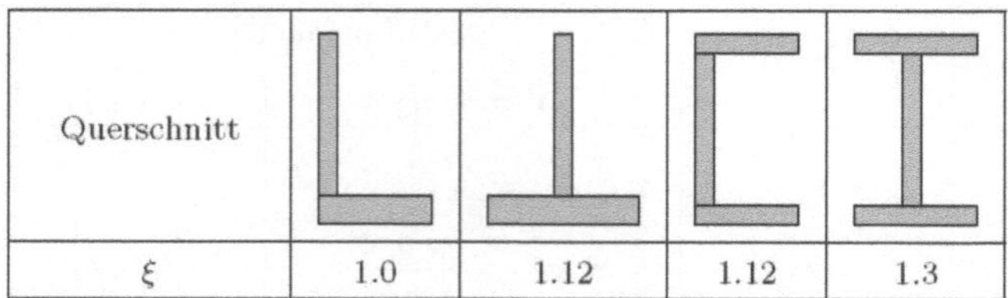

Querschnitt	L	⊥	[	I
ξ	1.0	1.12	1.12	1.3

Tabelle 13.3 Korrekturfaktoren für zusammengesetzte Querschnitte

dass die Verwölbung der Teile nicht behindert wird. Dies ist aber bei schubstarr verbundenen Querschnittsteilen der Fall. Durch die Behinderung der Verwölbung wird das Torsionsträgheitsmoment größer.

In der Literatur[2] werden daher oft Korrekturfaktoren wie in Tabelle 13.3 angegeben. Mit

$$I_{\mathrm{T}} = \xi \sum_i I_{\mathrm{T}i} \tag{13.74}$$

lässt sich dann eine Näherungslösung berechnen, die allerdings nur für gängige Querschnittsabmessungen gilt. Genaue Werte lassen sich nur auf der Basis einer Potentialtheorie der Torsion bestimmen[3].

Die maximalen Schubspannungen in den einzelnen Querschnittsteilen können mit Hilfe von Gleichung 13.64 berechnet werden.

$$\tau_{\max i} = \frac{M_{T\,i}}{W_{T\,i}} \tag{13.75}$$

Zusammen mit Gleichung 13.71, dem Torsionsträgheitsmoment nach Gleichung 13.68 und dem Widerstandsmoment nach Gleichung 13.65 erhält man

$$\tau_{\max i} = \frac{M_{\mathrm{T}}\, I_{T\,i}}{I_{\mathrm{T}}\, W_{T\,i}} = \frac{M_{\mathrm{T}}}{I_{\mathrm{T}}} \frac{\frac{1}{3} a_i h_i^3}{\frac{1}{3} a_i h_i^2} = \frac{M_{\mathrm{T}}}{I_{\mathrm{T}}}\, h_i\,. \tag{13.76}$$

Die maximale Schubspannung im Gesamtquerschnitt tritt also im Gegensatz zu geschlossenen Profilen an der Stelle mit dem maximalen h_i auf. Daher ist das Torsionswiderstandsmoment für zusammengesetzte dünnwandige Querschnitte

$$W_{\mathrm{T}} = \frac{M_{\mathrm{T}}}{\tau_{\max}} = \frac{I_{\mathrm{T}}}{h_{\max}}\,. \tag{13.77}$$

[2]K.-J. Schneider (Hrsg.), *Bautabellen für Ingenieure*, Werner Verlag
R. Wendehorst, *Bautechnische Zahlentafeln*, Teubner/Beuth Verlag

[3]Wagner, W., Sauer, R., Gruttmann, F., *Tafeln der Torsionskenngrößen von Walzprofilen unter Verwendung von FE-Diskretisierungen*, Stahlbau 68 (1999), 102-111

Beispiel 13.5 Verformung und Schubspannungen infolge Torsion

Gegeben ist ein eingespannter Stab der Länge ℓ, der durch ein Torsionsmoment M_T belastet wird. Es kann ein geschlossener Rohrquerschnitt oder ein geschlitzter Querschnitt mit denselben Abmessungen verwendet werden. Gesucht ist das Verhältnis der maximalen Schubspannungen sowie der Verdrehungen am Ende der beiden Querschnitte. Dabei ist davon auszugehen, dass eine Verwölbung nicht behindert wird und die Wanddicke h sehr viel kleiner als der Radius R ist.

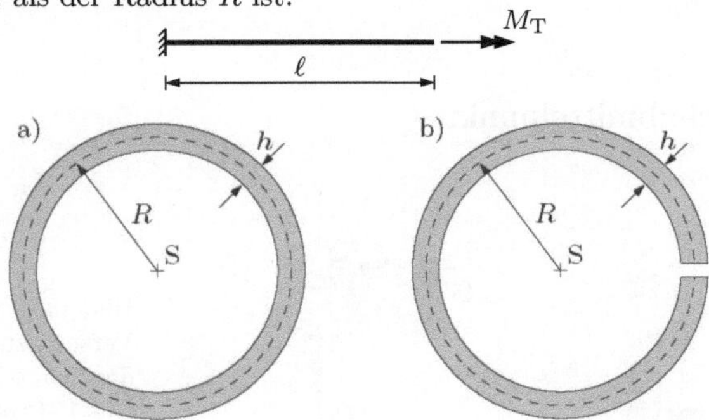

Lösung:

Zur Ermittlung der maximalen Schubspannung wird das Torsionswiderstandsmoment benötigt. Dieses kann nach Gleichung 13.41 für den geschlossenen dünnwandigen und nach Gleichung 13.69 für den geschlitzten Querschnitt berechnet werden.

$$W_\mathrm{T}^{a)} = 2A_\mathrm{m}h_\mathrm{min} = 2\pi R^2 h \qquad W_\mathrm{T}^{b)} = \frac{1}{3}\,\bar{a}h^2 = \frac{1}{3}\,2\pi R h^2$$

$$\tau_\mathrm{max}^{a)} = \frac{M_\mathrm{T}}{W_\mathrm{T}^{a)}} = \frac{M_\mathrm{T}}{2\pi R^2 h} \qquad \tau_\mathrm{max}^{b)} = \frac{M_\mathrm{T}}{W_\mathrm{T}^{b)}} = \frac{3M_\mathrm{T}}{2\pi R h^2}$$

Die Endverdrehung erhält man durch Integration der Drillung ϑ über die Stablänge. Da das Torsionsmoment und damit die Drillung konstant ist, ist die Endverdrehung φ_e mit Gleichung 13.51

$$\varphi_e = \int_0^\ell \vartheta\,\mathrm{d}x = \vartheta\ell = \frac{M_\mathrm{T}}{GI_\mathrm{T}}\,\ell\,.$$

Mit den Torsionsträgheitsmomenten nach Gleichung 13.53 und Gleichung 13.70 folgt schließlich

$$I_\mathrm{T}^{a)} = \frac{4A_\mathrm{m}^2 h}{U} = \frac{4(\pi R^2)^2 h}{2\pi R} = 2\pi R^3 h\,,$$

$$I_\mathrm{T}^{b)} = \frac{1}{3}\,\bar{a}h^3 = \frac{1}{3}\,2\pi R h^3 = \frac{2}{3}\pi R h^3\,,$$

$$\varphi_\mathrm{e}^{a)} = \frac{M_\mathrm{T}}{GI_\mathrm{T}^{a)}}\ell = \frac{M_\mathrm{T}\ell}{G2\pi R^3 h}\,. \qquad \varphi_\mathrm{e}^{b)} = \frac{M_\mathrm{T}}{GI_\mathrm{T}^{b)}}\ell = \frac{3M_\mathrm{T}\ell}{G2\pi R h^3}\,.$$

Ein Vergleich der maximalen Schubspannungen und der Endverdrehungen führt auf

$$\frac{\tau_{\max}^{a)}}{\tau_{\max}^{b)}} = \frac{1}{3}\frac{h}{R}, \qquad \frac{\varphi_e^{a)}}{\varphi_e^{b)}} = \frac{1}{3}\left(\frac{h}{R}\right)^2 .$$

Da vorausgesetzt wurde, dass $h \ll R$ ist, sind sowohl die größten Schubspannungen als auch die Endverdrehungen im Fall a) sehr viel kleiner als im Fall b).

13.4 Schubmittelpunkt

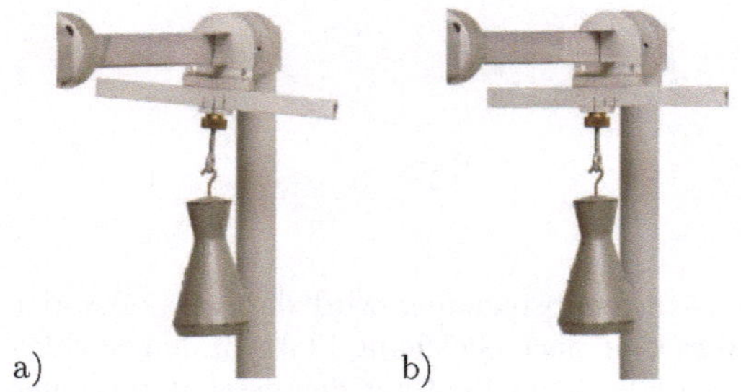

Bild 13.21
Versuch zur Bestimmung des Schubmittelpunkts: Das U-Profil ist vorne eingespannt und wird am hinteren Ende a) im Schwerpunkt und b) im Schubmittelpunkt belastet.

Der *Schubmittelpunkt* ist der Punkt, durch den die Wirkungslinie der Querkraft V_z gehen muss, damit der Querschnitt keine Torsion erfährt, sich also nicht verdreht. Bei vielen Querschnitten sind Schubmittelpunkt und Schwerpunkt zwei verschiedene Punkte, wie im folgenden gezeigt wird.

Bei gegebener Verteilung der Schubspannungen bzw. des Schubflusses in einem Querschnitt können die äquivalenten Schnittgrößen, also Querkraft und Torsionsmoment aus der Äquivalenz von Spannungen und Schnittgrößen eindeutig bestimmt werden.

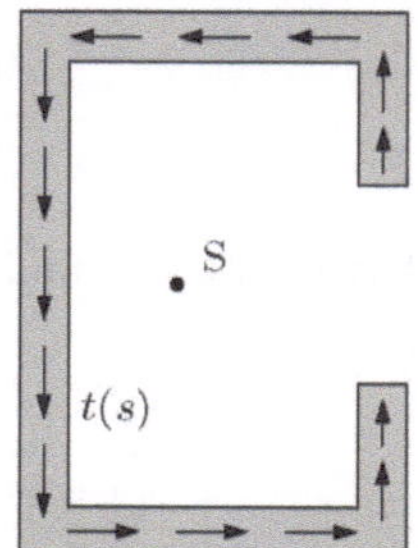

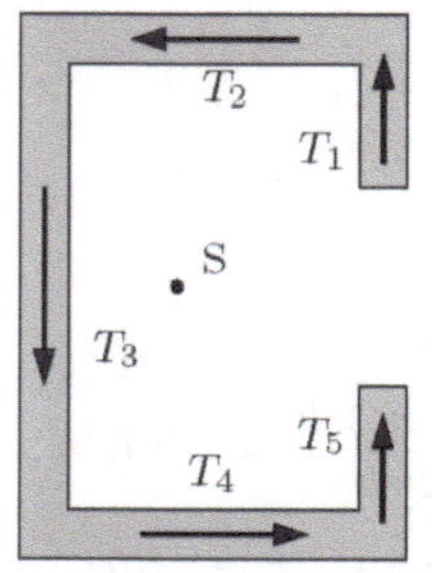

Bild 13.22
Teilschubkräfte in einem dünnwandigen Querschnitt

Die in Bild 13.22 skizzierte Verteilung des Schubflusses $t(s)$ ist äquivalent zu einer Querkraft V_z. Für jeden Querschnittsteil kann man den Schubfluss zu einer resultierenden Teilschubkraft T_i zusammenfassen, also

$$T_i = \int_{(\ell_i)} t(s)\,\mathrm{d}s = \int_{(\ell_i)} \frac{V_z \bar{S}_y(s)}{I_y}\,\mathrm{d}s = \frac{V_z}{I_y} \int_{(\ell_i)} \bar{S}_y(s)\,\mathrm{d}s \tag{13.78}$$

mit dem Schubfluss nach Gleichung 13.17.

Wie bereits erwähnt, ist die Querkraft die Resultierende der Schubspannungen, also auch der Teilschubkräfte. Wie man in Bild 13.22 leicht erkennen kann, gibt es aber bezüglich des Schwerpunktes S auch ein resultierendes Torsionsmoment

$$M_\mathrm{T} = \sum_i T_i r_i = \sum_i \frac{V_z}{I_y} \int_{(\ell_i)} \bar{S}_y(s)\,\mathrm{d}s\; r_i = \frac{V_z}{I_y} \int_{(s)} \bar{S}_y(s) r_i\,\mathrm{d}s \tag{13.79}$$

mit den Hebelarmen r_i der Teilschubkräfte bezüglich des Schwerpunktes. Die in Bild 13.22 gegebene Schubspannungsverteilung entspricht also den Schnittgrößen V_z und M_T in Bild 13.23.

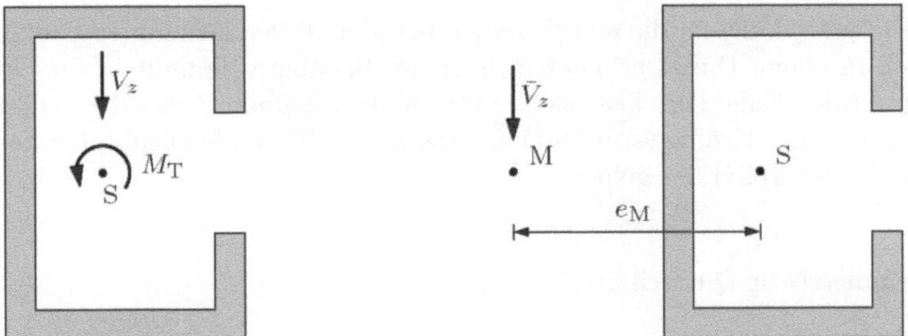

Bild 13.23 Versetzungsmoment und Schubmittelpunkt

Das hier auftretende Torsionsmoment M_T kann auch als *Versetzungsmoment* der Kraft V_z aufgefasst werden (siehe Abschnitt 2.2.3). Dann gilt

$$M_\mathrm{T} = V_z\, e_\mathrm{M}\,, \tag{13.80}$$

wobei e_M der Verschiebung der Wirkungslinie entspricht. Beachtet man den Drehsinn des Moments, so entsprechen Kraft und Moment einer um e_M nach links verschobenen Kraft $\bar{V}_z$, wie in Bild 13.23 rechts skizziert ist. Der Schubmittelpunkt muss also auf der Wirkungslinie der Kraft $\bar{V}_z$ liegen, dann verursacht die Kraft $\bar{V}_z$ keine Torsion des Querschnitts.

Die Entfernung e_M des Schubmittelpunktes M vom Schwerpunkt S erhält man aus Gleichung 13.80 unter Verwendung von Gleichung 13.79,

$$e_\mathrm{M} = \frac{M_\mathrm{T}}{V_z} = \frac{1}{I_y} \int_{(s)} \bar{S}_y(s) r_i\,\mathrm{d}s\,. \tag{13.81}$$

Da die Lage des Schubmittelpunktes nach Gleichung 13.81 lediglich mit Hilfe von geometrischen Querschnittswerten berechenbar ist, handelt es sich bei dem Schubmittelpunkt um eine geometrische Eigenschaft des Querschnitts, die nicht von Lasten oder Schnittgrößen abhängt.

Wenn ein dünnwandiger Querschnitt durch Kräfte belastet wird, deren Wirkungslinien nicht durch den Schubmittelpunkt gehen, so tritt Torsion auf. Eine in diesem Fall vorliegende gleichzeitige Beanspruchung durch Querkraft und Torsionsmoment wird in Kapitel 14 diskutiert.

Bestimmung des Schubmittelpunktes mit Hilfe geometrischer Überlegungen

Sternförmige Querschnitte

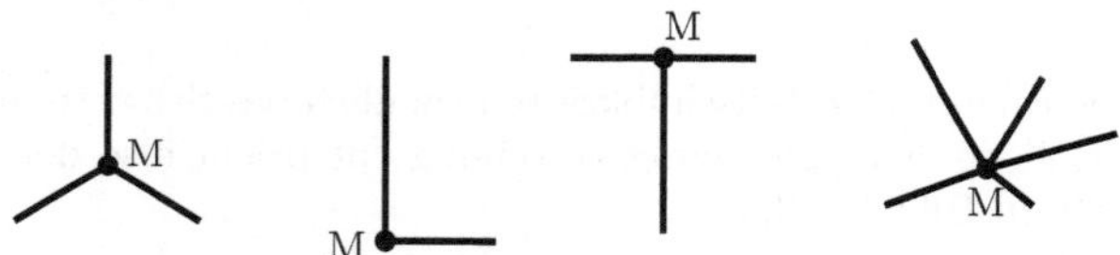

Bei Querschnitten, die aus einzelnen geraden Teilen zusammengesetzt sind, die sich in einem Punkt schneiden, liegt der Schubmittelpunkt in diesem Schnittpunkt der Teile. Dies lässt sich leicht damit begründen, dass die Teilschubkräfte ein zentrales Kräftesystem bilden, dessen Resultierende auch durch den Schnittpunkt der Teilkräfte geht.

Symmetrische Querschnitte

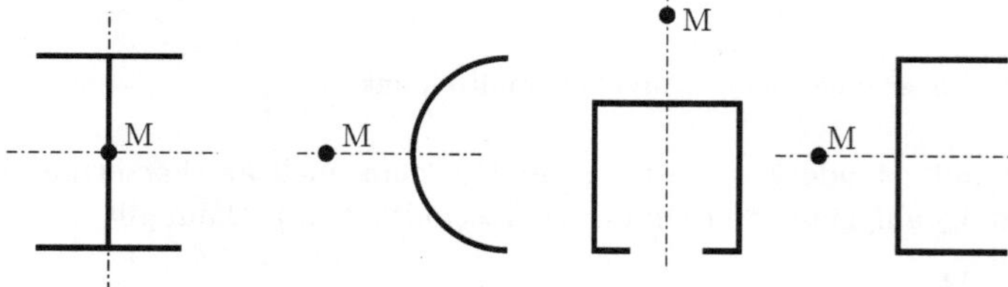

Da aus der Symmetrie eines Systems auch eine symmetrische Anordnung der Teilschubkräfte folgt, muss der Schubmittelpunkt stets auf der Symmetrieachse liegen. Bei doppelt symmetrischen Querschnitten liegt demnach der Schubmittelpunkt im Schnittpunkt der Symmetrieachsen, d. h. er fällt mit dem Schwerpunkt zusammen.

Beispiel 13.6 Schubmittelpunkt

Gesucht ist der Schubmittelpunkt des unten abgebildeten U-Profils.

Lösung:

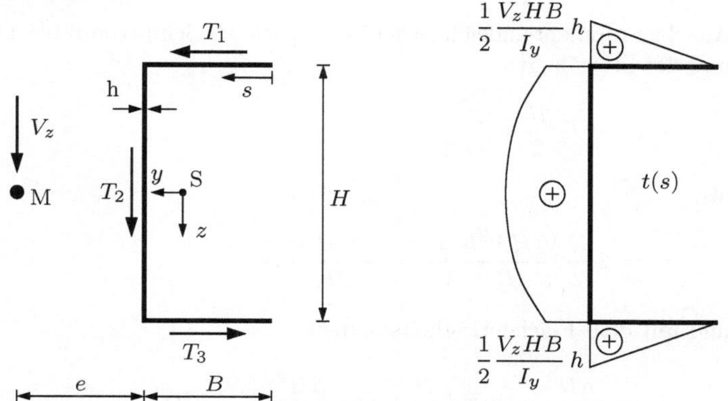

Die Berechnung des Schubspannungsverlaufs soll hier nicht nach Gleichung 13.81 durchgeführt werden. Stattdessen werden die Teilschubkräfte direkt betrachtet.
Zunächst wird dazu der Verlauf von $\bar{S}_y(s)$ in den Flanschen ermittelt. Nach Gleichung 13.19 ist

$$\bar{S}_y(s) = \int_{\bar{A}(s)} z(s)\,\mathrm{d}A = -\int_0^s h(s)z(s)\,\mathrm{d}s\,. \tag{13.82}$$

Da in den Stegen $z(s)$ konstant ist, erhält man einen linearen Verlauf von $\bar{S}_y$, wobei bei $s = 0$ $\bar{S}_y = 0$ sein muss. An der linken oberen Ecke ist demnach

$$\bar{S}_y = -\int_0^B -\frac{H}{2}h\,\mathrm{d}s = \frac{Hh}{2}B\,. \tag{13.83}$$

Damit erhält man nach Gleichung 13.17 den Schubfluss an der Ecke

$$t = \frac{V_z\bar{S}_y}{I_y} = \frac{V_zHBh}{2I_y}\,. \tag{13.84}$$

Die Teilschubkraft entspricht der Fläche unter dem Schubflussverlauf

$$T_1 = \frac{1}{2}\frac{V_zHBh}{2I_y}B = \frac{V_zHB^2h}{4I_y} \tag{13.85}$$

Aus Symmetriegründen erhält man für den unteren Flansch die gleiche Teilschubkraft. Die Schubkraft im Steg muss der äußeren Belastung V_z entsprechen, da die anderen Schubkräfte keine Komponenten in z-Richtung haben, also

$$T_2 = V_z\,. \tag{13.86}$$

Aus dem Momentengleichgewicht bezüglich des Schnittpunktes der y-Achse und des Stegs folgt

$$V_z e = T_1 \frac{H}{2} + T_3 \frac{H}{2}, \tag{13.87}$$

also

$$e = 2 \frac{H}{2} \frac{V_z H B^2 h}{4 I_y} \frac{1}{V_z} = \frac{H^2 B^2 h}{4 I_y}, \tag{13.88}$$

und mit dem Flächenträgheitsmoment

$$I_y \approx \frac{hH^3}{12} + 2hB \left(\frac{H}{2}\right)^2 = \frac{hH^2}{12}(H + 6B) \tag{13.89}$$

folgt

$$e = \frac{H^2 B^2 h}{4} \frac{12}{hH^2(H + 6B)} = \frac{3B^2}{H + 6B}. \tag{13.90}$$

13.5 Übungsaufgaben

Aufgabe 13.1 (Schwierigkeitsgrad 2)
Ermitteln Sie für den Vollkreisquerschnitt den Schubspannungsverlauf $\tau_{xz}(z)$ infolge der Querkraft V_z.
Gegeben: r, V_z

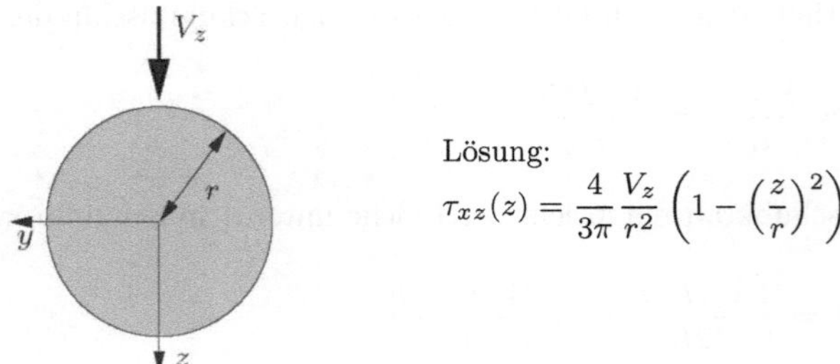

Lösung:
$\tau_{xz}(z) = \frac{4}{3\pi} \frac{V_z}{r^2} \left(1 - \left(\frac{z}{r}\right)^2\right)$

Aufgabe 13.2 (Schwierigkeitsgrad 1)

Bestimmen Sie für den durch die Querkraft V_z belasteten Dreieckquerschnitt die Schubspannungsverteilung $\tau(z)$.

Gegeben: a, h, V_z

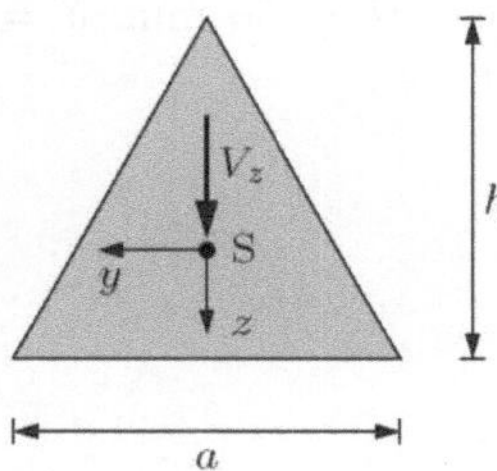

Lösung:

$$\tau_{xz}(z) = \frac{4}{3}\frac{V_z}{ah}\,\frac{4-27\left(\frac{z}{h}\right)^2-27\left(\frac{z}{h}\right)^3}{3\frac{z}{h}+2}$$

Aufgabe 13.3 (Schwierigkeitsgrad 1)

Bestimmen Sie den Schubspannungsverlauf infolge der Querkraft V_z des skizzierten dünnwandiges Profils.

Gegeben: a, $t \ll a$, V_z

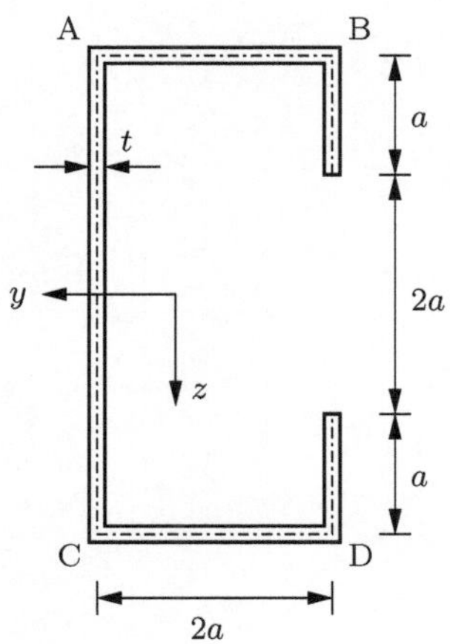

Lösung:

$$\tau_B = \tau_D = \frac{3}{52}\frac{V_z}{at}$$

$$\tau_A = \tau_C = \frac{11}{52}\frac{V_z}{at}$$

$$\tau_{\max} = \frac{15}{52}\frac{V_z}{at}$$

Aufgabe 13.4 (Schwierigkeitsgrad 2)

Der dargestellte Einfeldträger der Länge ℓ ist durch die Kraft F belastet und besteht aus einem Stahlprofil, das mit Hilfe von Bolzen mit einer massiven Stahlplatte der Breite B und Höhe H verbunden ist. Die Bolzen sind zweireihig mit dem Abstand d in Trägerlängsrichtung angeordnet.

Wie groß ist die Kraft F_{B}, die ein Bolzen übertragen muss?

Gegeben: $\ell = 5$ m, $F = 300$ kN, $B = 250$ mm, $H = 50$ mm, $d = 50$ cm, $h = 300$ mm, $b = 150$ mm, $t = 10$ mm

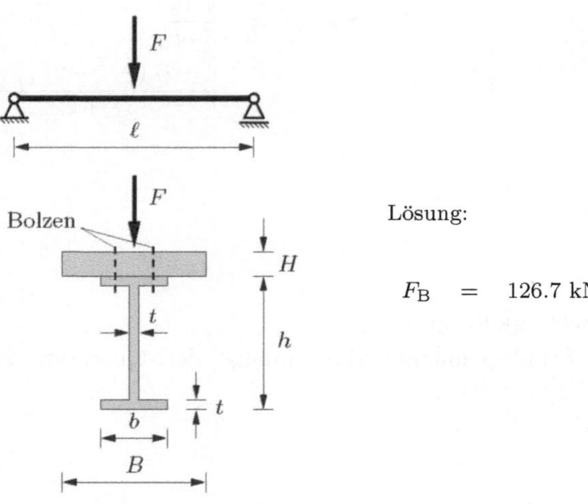

Lösung:

$F_{\mathrm{B}} = 126.7$ kN

Aufgabe 13.5 (Schwierigkeitsgrad 1)

Der abgebildete Träger ist fest eingespannt und wird durch ein Torsionsmoment M_T belastet.

Bestimmen Sie
a) das Torsionsträgheitsmoment,
b) die Drillung,
c) die Verdrehung φ am belasteten Ende,
d) die maximalen Schubspannungen infolge Torsion.

Gegeben: Abmessungen nach Skizze, $G = 10^5$ MPa, $M_\mathrm{T} = 10$ kNm

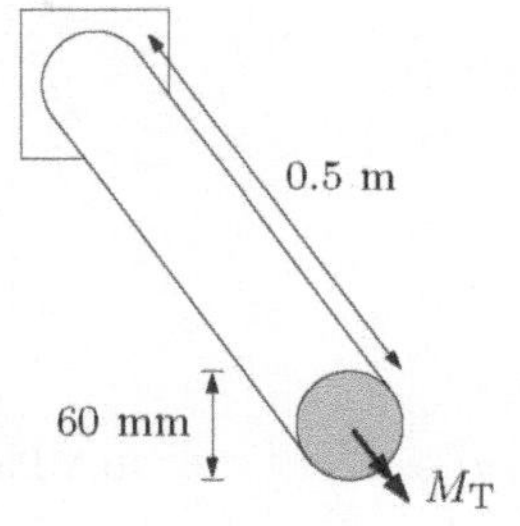

Lösung:

a) $I_\mathrm{T} = 1.27 \cdot 10^6\ \mathrm{mm}^4$
b) $\vartheta = 0.0787\ \mathrm{m}^{-1}$
c) $\varphi = 2.26°$
d) $\tau_\mathrm{max} = 236$ MPa

Aufgabe 13.6 (Schwierigkeitsgrad 2)

Die abgebildeten Welle mit zwei verschiedenen Querschnitten ist an beiden Enden fest eingespannt und wird in der Mitte durch ein Torsionsmoment M_T belastet.

Bestimmen Sie
a) die Verdrehung am Angriffspunkt des Moments,
b) die Einspannmomente an beiden Enden.

Gegeben: $G = 10^5$ MPa, $M_\mathrm{T} = 2$ kNm, $d_1 = 20$ mm, $d_2 = 30$ mm, $\ell = 0.3$ m

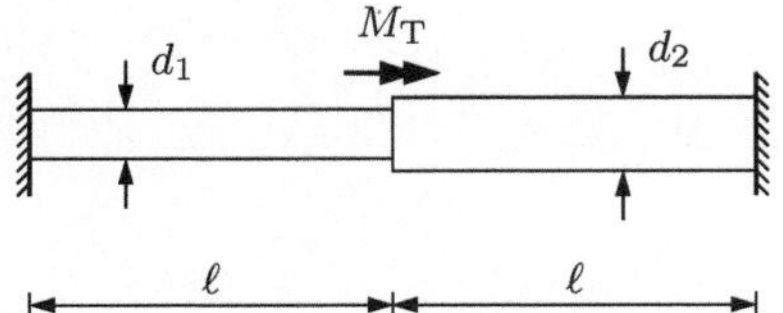

Lösung:

a) $\varphi = 3.61°$

b) $M_\mathrm{T,\,links} = 0.33$ kNm
$M_\mathrm{T,\,rechts} = -1.67$ kNm

Aufgabe 13.7 (Schwierigkeitsgrad 2)

Ein Kragträger mit **dünnwandigem** Stahlprofil und fest verbundenem Schild wird mit der Einzellast F_y belastet. Das Eigengewicht der Konstruktion ist nicht zu berücksichtigen. Durch konstruktive Maßnahmen wird gewährleistet, daß der Querschnitt formtreu bleibt.

Es sollen folgende Werte nahe der Einspannstelle berechnet werden:

a) Die Schubspannungsverteilung infolge Querkraft.

b) Die Schubspannungsverteilung infolge Torsion.

c) Die Normalspannungsverteilung infolge Biegung.

Bemerkung: Die Exzentrizität e_z der Wirkungslinie von F_y bezieht sich auf den Schwerpunkt S des Querschnittes.

Gegeben: $F_y = 1,5$ kN, $\ell = 10$ m, $e_z = 20$ cm, $h = 4$ mm, $a = 6$ cm, $\xi = 1,0$

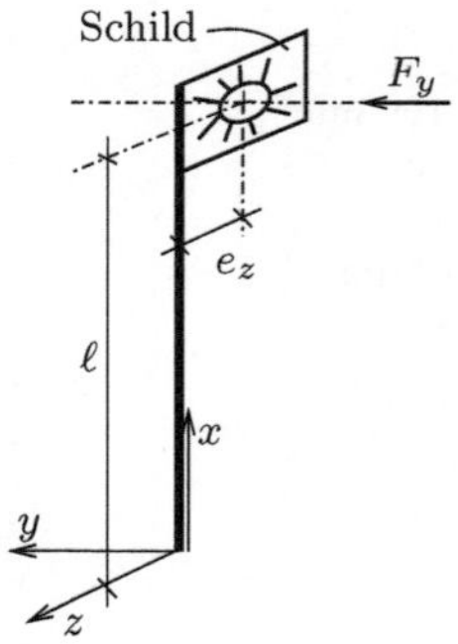

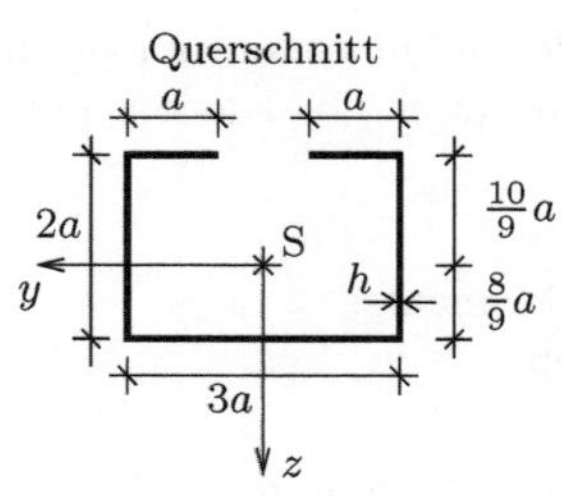

Lösung:

a)
$$\begin{aligned}
\tau(\tfrac{a}{2}, -\tfrac{10}{9}a) &= 0 \text{ MPa}\\
\tau(\tfrac{3}{2}a, -\tfrac{10}{9}a) &= -0.466 \text{ MPa}\\
\tau(\tfrac{3}{2}a, \tfrac{8}{9}a) &= -1.86 \text{ MPa}\\
\tau(0, \tfrac{8}{9}a) &= -2.39 \text{ MPa}
\end{aligned}$$

b) linear über Dicke mit

$$\tau_{\max} = 170.8 \text{ MPa}$$

c)
$$\sigma_x = -12.9\,y \text{ MPa/cm}$$

Aufgabe 13.8 (Schwierigkeitsgrad 2)

Bestimmen Sie die Lage des Schubmittelpunkts des abgebildeten Profils.

Gegeben: $h_F = 5$ mm, $h_S = 3$ mm, $B = 40$ mm, $H = 100$ mm

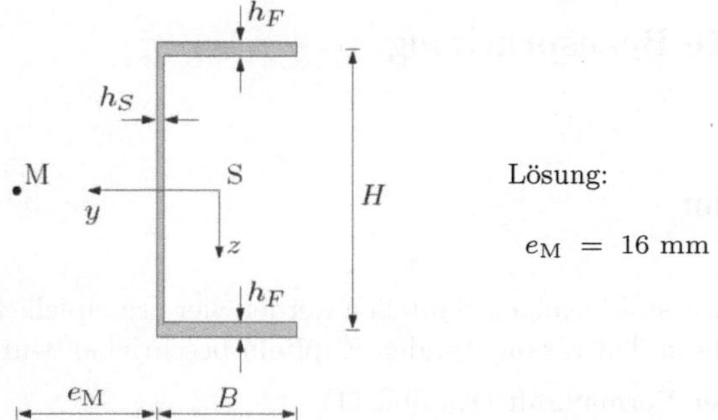

Lösung:

$$e_{\mathrm{M}} = 16 \text{ mm}$$

Aufgabe 13.9 (Schwierigkeitsgrad 2)

Gegeben ist der skizzierte dünnwandige Querschnitt.

a) Berechnen Sie den Verlauf der Schubspannungen infolge einer Querkraft V_z.

b) Bestimmen Sie die Lage des Schubmittelpunktes.

Gegeben: B, $h \ll B$, V_z

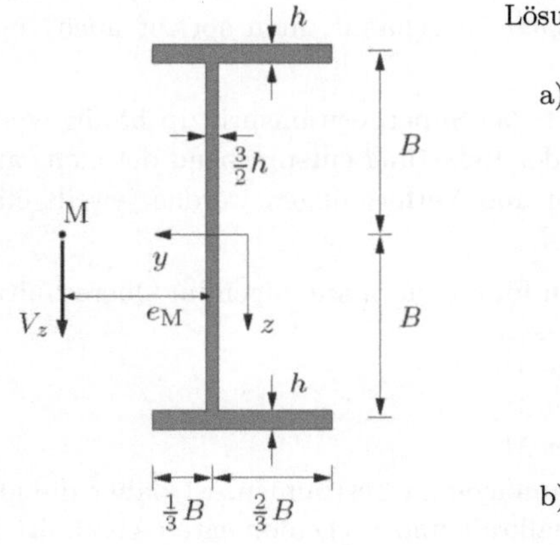

Lösung:

a) $$\tau_{\mathrm{l}}(\tfrac{1}{15}B, \pm B) = \frac{1}{9}\frac{V_z}{Bh}$$

$$\tau_{\mathrm{r}}(\tfrac{1}{15}B, \pm B) = \frac{2}{9}\frac{V_z}{Bh}$$

$$\tau_{\mathrm{u}}(\tfrac{1}{15}B, \pm B) = \frac{2}{9}\frac{V_z}{Bh}$$

$$\tau_{\max}(\tfrac{1}{15}B, 0) = \frac{7}{18}\frac{V_z}{Bh}$$

b) $$e_{\mathrm{M}} = \frac{1}{9}B$$

14 Kombinierte Beanspruchung

14.1 Superposition

Bei der Beanspruchung von stabförmigen Bauteilen werden vier prinzipielle Fälle unterschieden, die bereits in den vorangehenden Kapiteln beschrieben wurden:

- Zug/Druck infolge einer Normalkraft (Kapitel 11)
- Biegung infolge eines Biegemoments (Kapitel 12).
- Schubbeanspruchung infolge Querkraft (Abschnitt 13.2).
- Schubbeanspruchung durch ein Torsionsmoment (Abschnitt 13.3).

Dabei treten Biegenormalspannungen und Querkraftschubspannungen wegen der Zusammenhänge zwischen Biegemomenten und Querkräften

$$M'_y = V_z\,, \qquad M'_z = -V_y \tag{14.1}$$

in den meisten Fällen gleichzeitig auf (vgl. Abschnitt 6.1).

Eine Übersicht der Gleichungen und Größen bei verschiedenen Beanspruchungen ist in Tabelle 14.1 gegeben. Bei allen aufgeführten Gleichungen handelt es sich um lineare Differentialgleichungen. Daher können verschiedene Lösungen der Gleichungen addiert werden um Lösungen für kombinierte Beanspruchungen zu erhalten. Dies wird *Superpositionsprinzip* genannt, man spricht auch von der *Überlagerung* der Ergebnisse.

In der technischen Mechanik findet das Superpositionsprinzip häufig Verwendung. Es erfolgt eine Unterteilung der Belastung entsprechend der elementaren Beanspruchungsfälle. Schnittgrößen und Verformungen werden jeweils einzeln ermittelt und schließlich addiert.

Die verschiedenen Beanspruchungen führen zu Spannungen im Querschnitt, die sich den Schnittgrößen zuordnen lassen:

σ_x Normalkraft N, Biegemomente M_y, M_z
τ_{xy} Querkraft V_y, Torsionsmoment M_T
τ_{xz} Querkraft V_z, Torsionsmoment M_T

Um die jeweiligen maximalen Spannungen zu bestimmen, ist daher die gleichzeitige Beanspruchung durch Normalkraft und Biegemomente (Abschnitt 14.2) sowie durch Querkraft und Torsion (Abschnitt 14.3) von Interesse. Das gleichzeitige Auftreten von Normal- und Schubspannungen wird in Abschnitt 14.4 diskutiert.

	Zug/Druck	Biegung	Torsion
Differentialgleichung	$(EAu')' = -n$	$(EI_y w'')'' = -q$	$(GI_T \varphi')' = -m_T$
Steifigkeit	EA	EI_y	GI_T
Verformung	Dehnung $\varepsilon = u' = \frac{N}{EA}$	Krümmung $-w'' = \frac{M_y}{EI_y}$	Drillung $\vartheta = \varphi' = \frac{M_T}{GI_T}$
Spannungen	$\sigma_x = \frac{N}{A}$	$\sigma_x = \frac{M_y}{I_y} z$	$\tau_{x\varphi} = \frac{M_T}{I_p} r$ für Kreisquerschnitt
Flächenmoment	$A = \int_A \mathrm{d}A$	$I_y = \int_A z^2 \, \mathrm{d}A$	$I_T = I_p = \int_A r^2 \, \mathrm{d}A$ für Kreisquerschnitt

Tabelle 14.1 Analogie von Zug/Druck, Biegung und Torsion

14.2 Beanspruchung durch Biegung und Normalkraft

Wird der Querschnitt eines Balkens bei ebener Biegung infolge des Biegemomentes M_y zusätzlich durch eine Normalkraft N beansprucht, so entspricht die Normalspannungsverteilung der Summe der Spannungen aus beiden Belastungen. Mit den Normalspannungen $\sigma_x(N)$ infolge Normalkraft aus Gleichung 11.2 und den Normalspannungen $\sigma_x(M_y)$ infolge Biegemoment nach Gleichung 12.15 ist

$$\sigma_x = \sigma_x(N) + \sigma_x(M_y) = \frac{N}{A} + \frac{M_y}{I_y} z . \tag{14.2}$$

Aus der Summe der linearen Verteilung bei Biegung und der über den Querschnitt konstanten Spannung bei Normalkraft folgt ein linearer Verlauf der Normalspannung σ_x. Dieser Zusammenhang ist in Bild 14.1 skizziert.

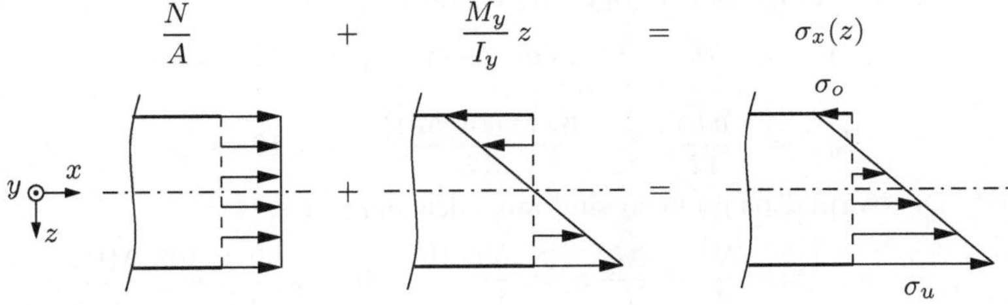

Bild 14.1 Überlagerung der Normalspannungen aus Normalkraft und Biegemoment

Durch die Normalkraft liegt die Spannungsnulllinie nicht bei $z = 0$, sondern verschiebt sich nach oben oder unten. Sie bleibt aber parallel zur y-Achse. Durch Nullsetzten von Gleichung 14.2 erhält man die z-Koordinate der Spannungsnulllinie

$$z = -\frac{N\,I_y}{M_y\,A}\,. \tag{14.3}$$

Liegt der damit berechnete Wert von z nicht innerhalb des Balkens, so haben die Normalspannungen überall dasselbe Vorzeichen, eine Spannungsnulllinie existiert dann nicht.

Die Spannungen bei schiefer Biegung und Normalkraft erhält man ebenfalls durch Überlagerung. Mit der Spannung $\sigma_x(M_y, M_z)$ nach Gleichung 12.37 ist

$$\begin{aligned} \sigma_x &= \sigma_x(N) + \sigma_x(M_y, M_z) \\ &= \frac{N}{A} + \frac{1}{I_y I_z - I_{yz}^2}\Big[(M_y I_z - M_z I_{yz})\,z - (M_z I_y - M_y I_{yz})\,y\Big]\,. \end{aligned} \tag{14.4}$$

Daraus erhält man den Verlauf der Spannungsnulllinie

$$z = \frac{M_z I_y - M_y I_{yz}}{M_y I_z - M_z I_{yz}}\,y - \frac{I_y I_z - I_{yz}^2}{M_y I_z - M_z I_{yz}}\,\frac{N}{A}\,. \tag{14.5}$$

Beispiel 14.1 Ebene Biegung mit Normalkraft

Der unten abgebildete Rechteckquerschnitt wird durch ein Biegemoment $M_y = 0.8$ kNm und eine Normalkraft $N = 60$ kN belastet. Gesucht ist die betragsmäßig maximale Normalspannung und die Lage der Spannungsnulllinie.

M_y N $h = 4$ cm $b = 3$ cm

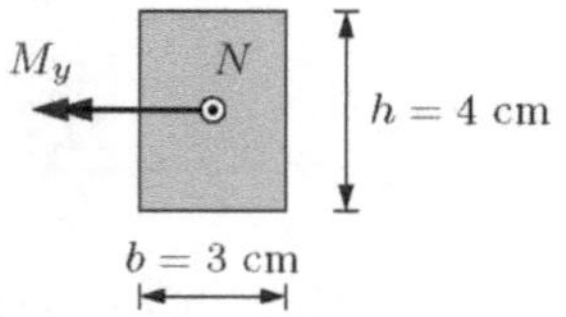

Lösung:

Zur Berechnung der Spannungen werden Querschnittsfläche und Flächenträgheitsmoment benötigt. Diese sind

$$\begin{aligned} A &= b\,h = 3\text{ cm}\cdot 4\text{ cm} = 12\text{ cm}^2\,, \\ I_y &= \frac{bh^3}{12} = \frac{3\text{ cm}\cdot(4\text{ cm})^3}{12} = 16\text{ cm}^4\,. \end{aligned}$$

Die Normalspannungen sind mit Gleichung 14.2

$$\begin{aligned} \sigma_x &= \frac{N}{A} + \frac{M_y}{I_y}\,z = \frac{60\cdot 10^3}{12\cdot 10^2}\text{ MPa} + \frac{0.8\cdot 10^6}{16\cdot 10^4}\,\frac{\text{MPa}}{\text{mm}}\,z \\ &= 50\text{ MPa} + 5\,\frac{\text{MPa}}{\text{mm}}\,z\,. \end{aligned}$$

Die maximalen und minimalen Normalspannungen treten stets am oberen oder unteren Rand auf. Es ist

$$\begin{aligned} \text{oben: } \sigma_x(z=-2\text{ cm}) &= 50\text{ MPa} + 5\cdot(-20)\text{ MPa} = -50\text{ MPa} \\ \text{unten: } \sigma_x(z=2\text{ cm}) &= 50\text{ MPa} + 5\cdot 20\text{ MPa} = 150\text{ MPa}. \end{aligned}$$

Die betragsmäßig größte Spannung ist also $\sigma_x = 150$ MPa am unteren Rand. Mit Gleichung 14.3 erhält man die Lage der Spannungsnulllinie

$$z = -\frac{N\,I_y}{M_y\,A} = -\frac{60\cdot 10^3 \cdot 16\cdot 10^4}{0.8\cdot 10^6 \cdot 12\cdot 10^2} = -10\text{ mm}.$$

Die Spannungsnulllinie liegt also 1 cm über der Balkenachse.

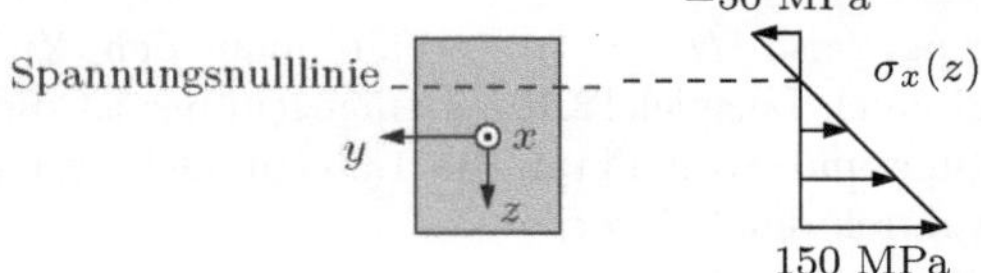

Beispiel 14.2 Schiefe Biegung mit Normalkraft

Der abgebildete Balken mit L-Profil wird durch eine Kraft F auf Biegung beansprucht und erfährt – anders als in Beispiel 12.8 und 12.10 – gleichzeitig eine Zugkraft F_2. Gesucht sind minimale und maximale Normalspannungen sowie die Lage der Spannungsnulllinie.

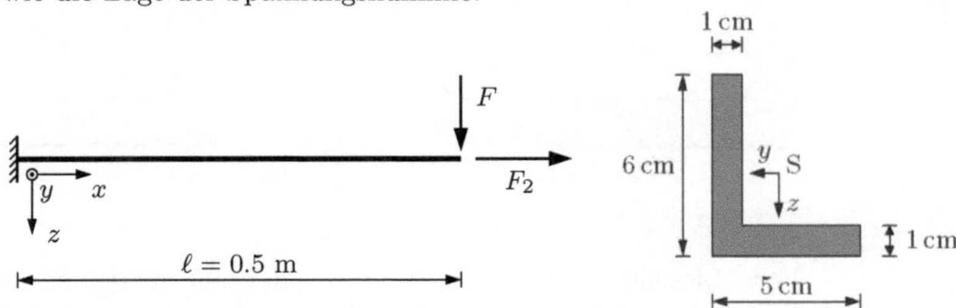

Gegeben: $E = 210$ GPa, $A = 10$ cm^2,
$I_y = 33.33$ cm^4, $I_z = 20.83$ cm^4, $I_{yz} = 15$ cm^4
$F = 2$ kN, $F_2 = 60$ kN

Lösung:

In Beispiel 12.10 wurden bereits die minimale und maximale Spannungen bei reiner Biegung berechnet. Bei gleichzeitiger Beanspruchung durch eine Normalkraft müssen die Spannungen infolge Normalkraft addiert werden. Diese sind

$$\sigma_x(N) = \frac{N}{A} = \frac{60\cdot 10^3\text{ N}}{10\cdot 10^{-4}\text{ m}^2} = 60\text{ MPa},$$

damit sind bei Biegung mit Normalkraft

$$\begin{aligned} \sigma_{\min} &= -136.7\text{ MPa} + 60\text{ MPa} = -76.7\text{ MPa}, \\ \sigma_{\max} &= 161.6\text{ MPa} + 60\text{ MPa} = 221.6\text{ MPa}. \end{aligned}$$

Der Verlauf der Spannungsnulllinie ist durch Gleichung 14.5 gegeben. An der Einspannung sind die Biegemomente

$$M_y = -2\,\text{kN} \cdot 0.5\,\text{m} = -1.0\,\text{kNm}\,, \qquad M_z = 0\,.$$

Damit erhält man

$$\begin{aligned} z &= \frac{M_z I_y - M_y I_{yz}}{M_y I_z - M_z I_{yz}}\, y - \frac{I_y I_z - I_{yz}^2}{M_y I_z - M_z I_{yz}}\, \frac{N}{A} \\ &= \frac{0 + 1.0 \cdot 15.0}{-1.0 \cdot 20.83 - 0}\, y - \frac{33.33 \cdot 20.83 - 15^2}{-1.0 \cdot 20.83 - 0} \cdot \frac{10^{-8}}{10^3} \cdot \frac{60 \cdot 10^3}{10 \cdot 10^{-4}}\,\text{m} \\ &= -0.720\,y + 0.0135\,\text{m} = -0.720\,y + 1.35\,\text{cm}\,. \end{aligned}$$

Für reine Biegung, also $N = 0$, erhält man den Zusammenhang $z = -0.720\,y$ (vgl. auch Beispiel 12.10). Demgegenüber ist die Spannungsnulllinie bei Biegung und Normalkraft um 1.35 cm nach unten verschoben, sie verläuft nicht durch den Schwerpunkt.

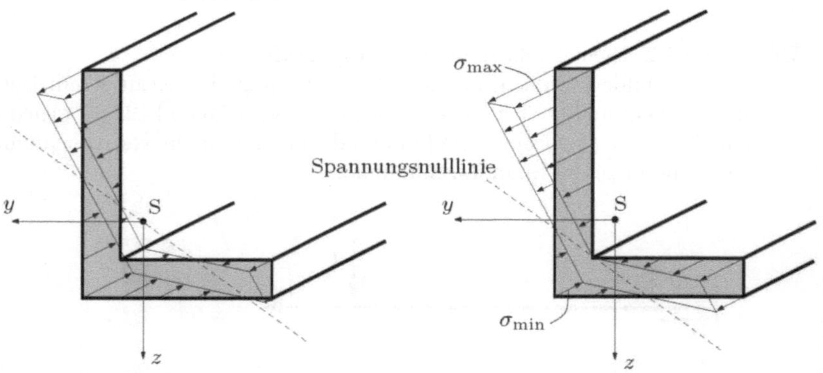

14.3 Beanspruchung durch Querkraft und Torsion

Vollquerschnitt

Der Stab mit Vollkreisquerschnitt in Bild 14.2 wird sowohl durch eine Querkraft V_z, als auch durch ein Torsionsmoment M_T beansprucht. Die entsprechenden Schubspannungsverteilungen sind auf der rechten Seite skizziert.

Die Schubspannungen infolge Querkraft verlaufen im Vollquerschnitt in guter Näherung in Richtung der z-Achse, wohingegen die Schubspannungen infolge Torsion kreisförmig verlaufen. Dies führt im Punkt A zu einer Addition der Schubspannungen, im Punkt B zu einer Subtraktion. In Punkt C wirken nur Schubspannungen infolge Torsion, $\tau(V_z)$ ist dort null.

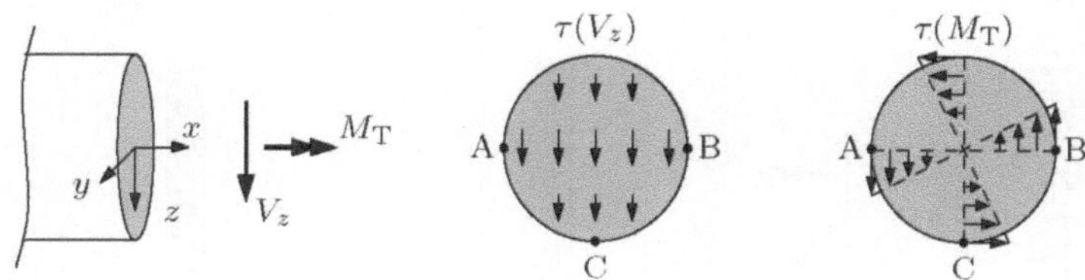

Bild 14.2 Schubspannungen infolge Querkraft und Torsion in einem Vollkreisquerschnitt

Im Allgemeinen müssen die Schubspannungen vektoriell addiert werden.

Dünnwandiger geschlossener Querschnitt

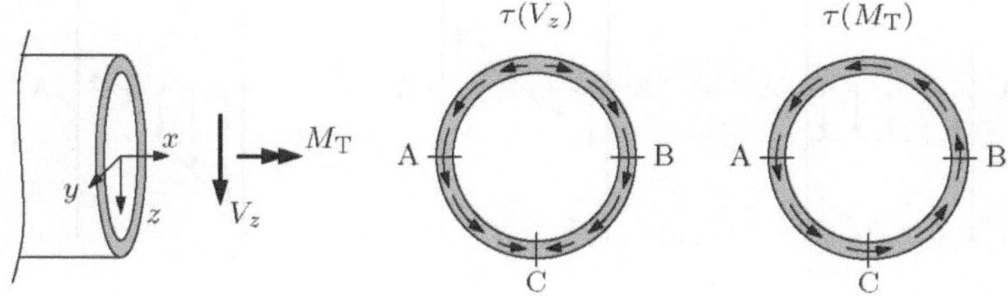

Bild 14.3 Schubspannungen infolge Querkraft und Torsion in einem dünnwandigen geschlossenen Querschnitt

Ähnlich wie bei dem Vollquerschnitt, sind die Richtungen der Schubspannungen infolge Querkraft und Torsion vom Ort abhängig. Die Verteilung in einem Rohrquerschnitt ist exemplarisch in Bild 14.3 angegeben. Die Schubspannungen verlaufen in dünnwandigen Querschnitten konstant über die Querschnittsdicke, so dass bei der Superposition der Schubspannungen nur das Vorzeichen beachtet werden muss.

Dünnwandiger offener Querschnitt

Bei dünnwandigen offenen Querschnitten unterscheiden sich die Schubspannungsverteilungen infolge Querkraft deutlich von denen infolge Torsion. Dies ist exemplarisch in Bild 14.4 für einen L-Querschnitt dargestellt.

Die Schubspannungen im Schnitt A-A sind nochmals deutlich in Bild 14.5 skizziert. Die Schubspannungen $\tau(V_z)$ infolge Querkraft sind konstant über die Dicke verteilt. Die Schubspannungen $\tau(M_T)$ hingegen verlaufen linear über die Dicke, wobei die Schubspannungen am Rand maximal sind und in der Mitte null. Die Schubspannung, die bei gleichzeitiger Beanspruchung durch V_z und M_T auftritt ist als Summe einer konstanten und einer linearen Funktion ebenfalls linear. Der genau Verlauf hängt von der Geometrie und Größe der Schnittgrößen ab.

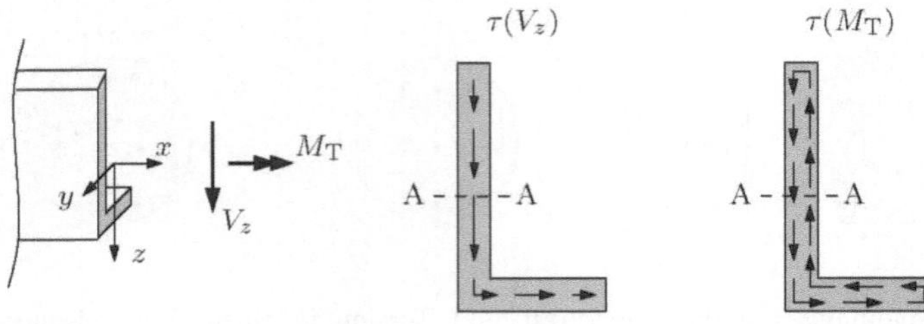

Bild 14.4 Schubspannungen infolge Querkraft und Torsion in einem dünnwandigen offenen Querschnitt

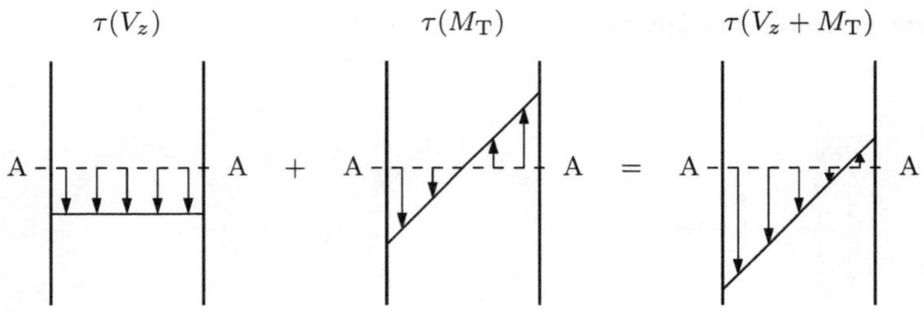

Bild 14.5 Schubspannungen im Schnitt A-A des L-Profils

Beispiel 14.3 Dünnwandiger geschlossener Querschnitt mit Querkraft und Torsion

Der unten skizzierte Kragarm mit dünnwandigem Rechteckquerschnitt wird durch eine exzentrische Kraft F belastet.

Gesucht ist die Schubspannungsverteilung im Querschnitt infolge Querkraft und Torsion.

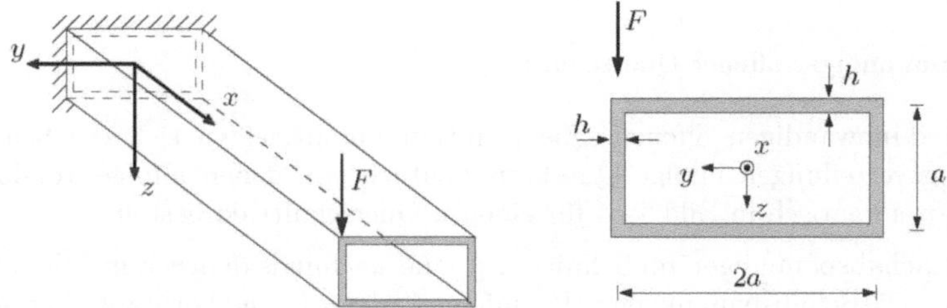

Lösung:

Durch die Kraft F liegt im Balken eine konstante Querkraft $V_z = F$ vor. Das statische Moment wird mit dem grafischen Verfahren aus Abschnitt 13.2.2 ermittelt:

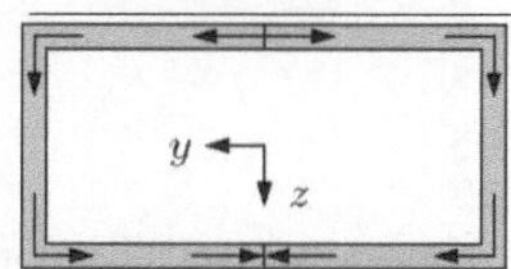

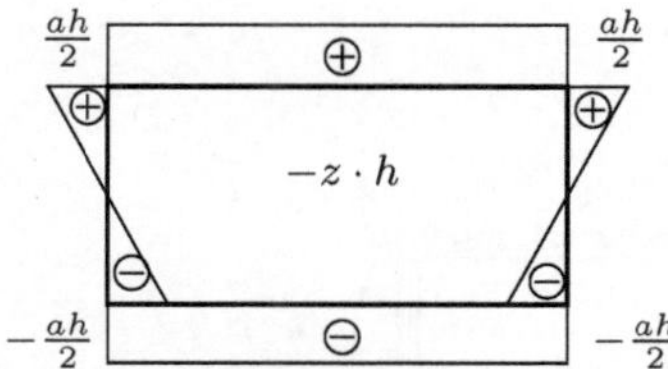

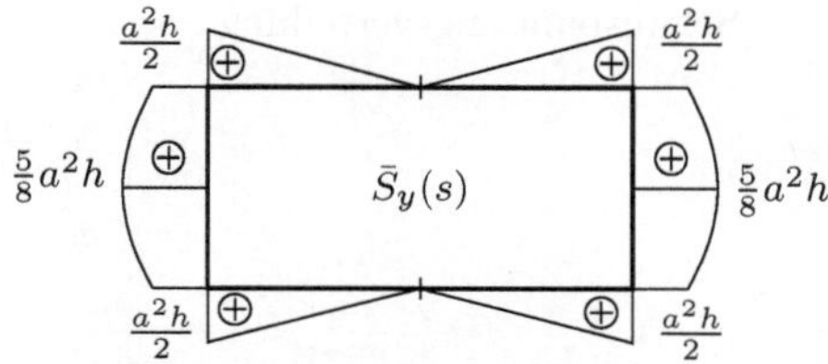

Das Flächenträgheitsmoment für den dünnwandigen Querschnitt ist

$$I_y = 2\frac{a^3 h}{12} + 2 \cdot 2a\, h \left(\frac{a}{2}\right)^2 = \frac{7}{6}a^3 h\,.$$

Die Schubspannung infolge Querkraft ist mit Gleichung 13.18

$$\tau_{xs}(s) = \frac{V_z \bar{S}_y(s)}{I_y\, h(s)}\,,$$

an den Eckpunkten erhält man also

$$\tau_{xs} = \frac{F\,\frac{1}{2}a^2\, h}{\frac{7}{6}a^3\, h\, h} = \frac{3}{7}\frac{F}{ah}$$

und an den Seitenmitten

$$\tau_{xs} = \frac{F\,\frac{5}{8}a^2\, h}{\frac{7}{6}a^3\, h\, h} = \frac{15}{28}\frac{F}{ah}\,.$$

Die Schubspannungen verlaufen in Richtung der s-Koordinate, über die Querschnittsdicke sind sie konstant.

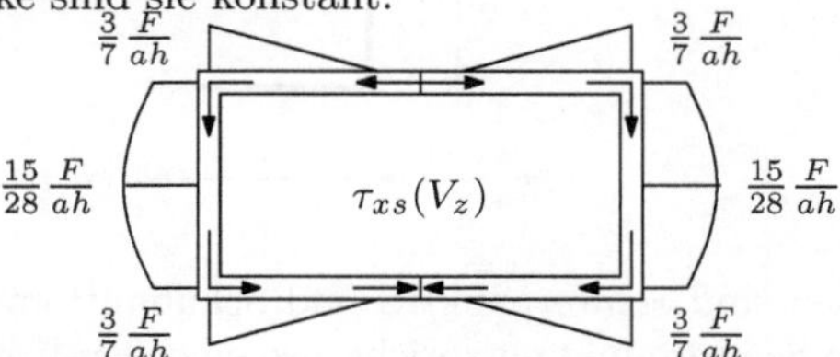

Die exzentrische Kraft F verursacht ein Torsionsmoment $M_{\mathrm{T}} = F\,a$. Dadurch treten im Querschnitt konstante Schubspannungen auf. Mit der von der Profilmittellinie eingeschlossenen Fläche $A_{\mathrm{m}} = 2a^2$ sind die Schubspannungen infolge Torsion nach Gleichung 13.40

$$\tau = \frac{M_{\mathrm{T}}}{2A_{\mathrm{m}}h(s)} = \frac{F\,a}{2 \cdot 2a^2\, h} = \frac{F}{4\,ah}$$

Die Schubspannungen verlaufen in Richtung des Torsionsmoments.

Bei der Überlagerung der Spannungen infolge Querkraft und Torsion muss das Vorzeichen der Spannungen berücksichtigt werden. Man erhält folgende Schubspannungsverteilung:

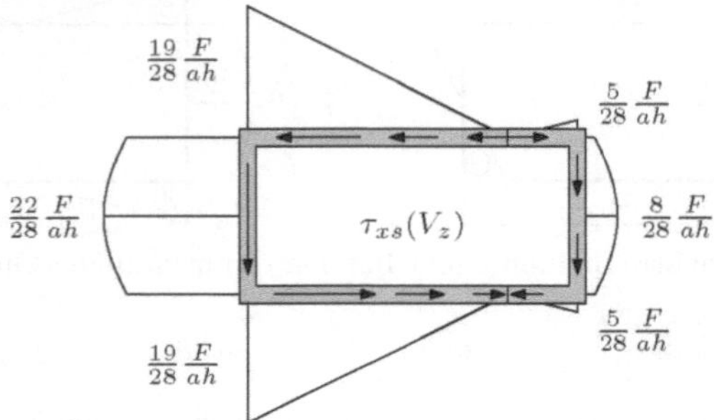

Beispiel 14.4 Querkraft und Torsion im dünnwandigen offenen Querschnitt
Das unten abgebildete U-Profil wird durch eine Querkraft V_z im Schwerpunkt belastet. Gesucht ist die resultierende Schubspannungsverteilung infolge Querkraft und Torsion an der Stelle $z = 0$.

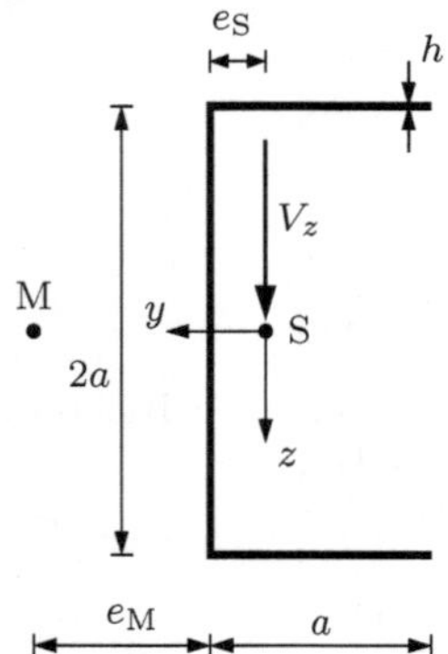

Lösung:
Bei U-Profilen sind Schwerpunkt S und Schubmittelpunkt M verschieden. Die Kraft im Schwerpunkt entspricht also einer Kraft im Schubmittelpunkt und einem Torsionsmoment. Die Lage des Schubmittelpunktes wurde bereits in Beispiel 13.6 für allgemeine U-Profile berechnet. Mit den hier gegebenen Querschnittsabmessungen erhält man

$$e_M = \frac{3a^2}{2a + 6a} = \frac{3}{8}a\,.$$

Das auftretende Torsionsmoment ist das Produkt aus Querkraft und Abstand zum Schubmittelpunkt. Wie sich leicht berechnen lässt, liegt der

Schwerpunkt $a/4$ vom Steg entfernt. Damit ist das Torsionsmoment

$$M_\mathrm{T} \;=\; -V_z(e_\mathrm{M} + e_\mathrm{S}) \;=\; -V_z\left(\frac{3}{8}\,a + \frac{1}{4}\,a\right) \;=\; -\frac{5}{8}\,V_z a\,.$$

Bezogen auf den Schubmittelpunkt erhält man folgende Belastung:

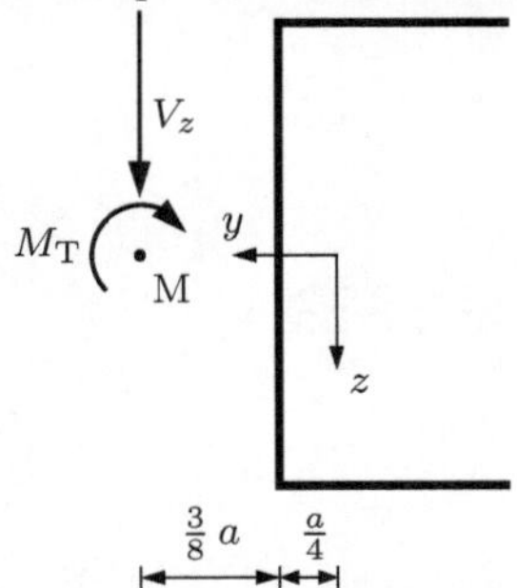

Die Schubspannungen infolge der Querkraft V_z wurden bereits in Beispiel 13.3 berechnet. Die Querkraft ist bei $z = 0$ äquivalent zu einer über den Querschnitt konstante Schubspannung

$$\tau_{xz}(z=0) \;=\; \frac{9}{16}\,\frac{V_z}{ha}\,.$$

Für dünnwandige offene Querschnitte, die aus mehreren rechteckigen Teilen zusammengesetzt sind, ist das Torsionsträgheitsmoment nach Gleichung 13.74

$$I_\mathrm{T} \;=\; \xi \sum_i I_{\mathrm{T}i}\,.$$

Aus Tabelle 13.3 kann man den Korrekturfaktor $\xi = 1.12$ entnehmen. Für die einzelnen Querschnittsteile ist das Torsionsträgheitsmoment $I_\mathrm{T} = \frac{1}{3}ah^3$ nach Gleichung 13.68, also

$$I_\mathrm{T} \;=\; 1.12\left(2\cdot\frac{1}{3}ah^3 + \frac{1}{3}\cdot 2ah^3\right) \;=\; 1.49\,ah^3\,.$$

Daraus folgt nach Gleichung 13.76 die maximale Schubspannung an der Stelle $z = 0$

$$\tau_\mathrm{max} \;=\; \frac{M_\mathrm{T}}{I_\mathrm{T}}\,h \;=\; \frac{\frac{5}{8}V_z\,a}{1.49\,ah^3}\,h \;=\; 0.42\,\frac{V_z}{h^2}\,.$$

Man erhält den unten abgebildeten, für dünnwandige offene Profile typischen linearen Verlauf der Schubspannungen infolge Torsion. Zusammen mit dem konstanten Verlauf der Schubspannungen infolge Querkraft erhält man den unten abgebildeten linearen Schubspannungsverlauf an der Stelle $z = 0$.

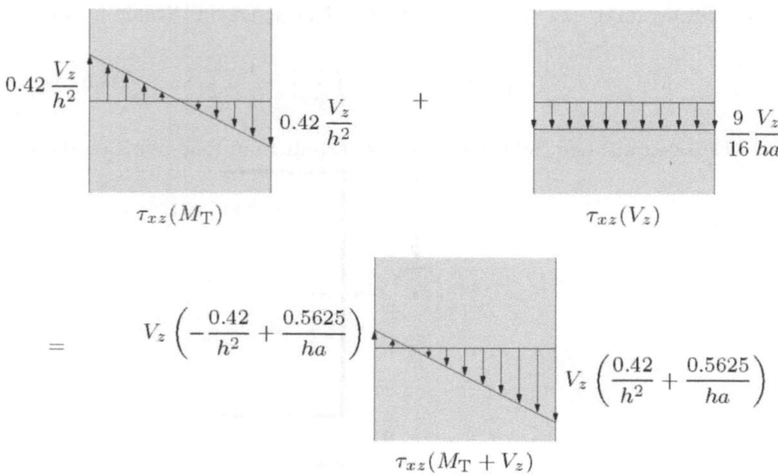

14.4 Spannungszustand bei kombinierter Beanspruchung

In der Ingenieurpraxis werden Bauteile oft durch eine Kombination verschiedener Schnittgrößen beansprucht, die zu verschiedenen Spannungen führen. Diese Beanspruchungen können im Allgemeinen nicht unabhängig voneinander betrachtet werden. Das Zusammenwirken verschiedener Spannungen wurde schon bei der Betrachtung der Spannungszustände in Kapitel 8 diskutiert. Um verschiedenartige Beanspruchungen zu kombinieren und zu vergleichen werden in Kapitel 17 *Vergleichsspannungen* eingeführt. Um also die Tragfähigkeit eines Bauteils abschätzen zu können müssen alle Spannungen berücksichtigt werden. Es wird folgendermaßen vorgegangen:

- Bestimmung der Schnittgrößen
- Berechnung der äquivalenten Spannungen
- Überprüfung des vorliegenden Spannungszustands an kritischen Punkten

Oft müssen die Dimensionen eines Bauteils so gewählt werden, dass zulässige Spannungen nicht überschritten werden. Dies wird als *Bemessung* bezeichnet und in Beispiel 14.5 demonstriert.

Beispiel 14.5 Bemessung

Das unten abgebildete System soll bemessen werden. D. h. für Kragträger und Stiel sollen geeignete Profile gefunden werden, so dass die zulässige Normalspannung σ_zul nicht überschritten wird. Es stehen Träger der HE-A-Reihe zur Verfügung. Das Eigengewicht der Konstruktion ist zu vernachlässigen.

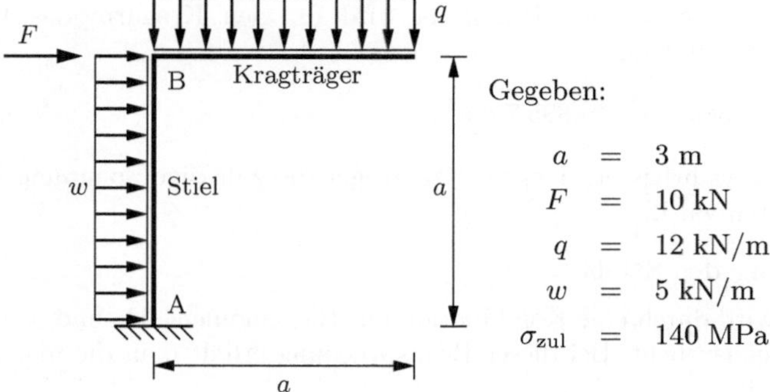

Gegeben:

$$
\begin{aligned}
a &= 3\text{ m}\\
F &= 10\text{ kN}\\
q &= 12\text{ kN/m}\\
w &= 5\text{ kN/m}\\
\sigma_{\text{zul}} &= 140\text{ MPa}
\end{aligned}
$$

Träger der HE-A-Reihe (Auszug aus Profiltafel):

Profil	h [cm]	A [cm^2]	I_y [cm^4]	W_y [cm^3]
HE 180 A	171	45.3	2510	294
HE 200 A	190	53.8	3690	389
HE 220 A	210	64.3	5410	515
HE 240 A	230	76.8	7760	675
HE 260 A	250	86.8	10450	836
HE 280 A	270	97.3	13670	1010
HE 300 A	290	112.0	18260	1260

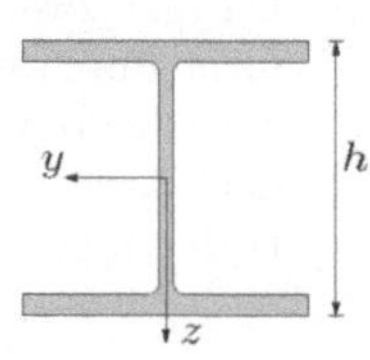

Lösung:

Die Bestimmung der Zustandslinien (siehe Kapitel 6) liefert für dieses System als Orte der maximalen Schnittgrößen und damit als maßgebende Stellen für die Bemessung Punkt B für den Kragträger und Punkt A für den Stiel mit

$$
\begin{aligned}
\text{Kragträger:}\qquad N_{\text{B}} &= 0\,, \quad M_{\text{B}} = -54\text{ kNm}\,,\\
\text{Stiel:}\qquad N_{\text{A}} &= -36\text{ kN}\,, \quad M_{\text{A}} = -106.5\text{ kNm}\,.
\end{aligned}
$$

Bemessung des Kragträgers

Nach Gleichung 12.18 kann die maximale Spannung infolge Biegung mit Hilfe des Widerstandsmoments W_y berechnet werden. Dieses ist

$$\sigma_{\text{max}} = \frac{|M_y|}{W_y}\,,$$

woraus sich bei bekanntem M_y das erforderliche Widerstandsmoment berechnen lässt. Aus der Bedingung, dass die zulässige Spannung nicht überschritten werden soll, also

$$\sigma_{\text{max}} \leq \sigma_{\text{zul}}$$

folgt die Bedingung

$$W \geq \frac{|M_y|}{\sigma_{\text{max}}} = \frac{5400\text{ kNcm}}{140\text{ MPa}} = 385.7\text{ cm}^3\,.$$

Aus der oben gegebenen Profiltafel wird für den Kragarm das Profil HE 200 A gewählt mit

$$W_y = 389\ \text{cm}^3 \geq 385.7\ \text{cm}^3 .$$

Damit ist gewährleistet, dass im Kragträger die zulässige Spannung nicht überschritten wird.

Bemessung des Stiels

Der Stiel wird durch eine Kombination aus Biegemoment M_y und Normalkraft N beansprucht. Bei dieser Beanspruchung erhält man die maximale Spannung aus

$$\sigma_{\text{max}} = \max\left|\frac{N_{\text{A}}}{A} \pm \frac{M_{\text{A}}}{I_y}\, z_{\text{max}}\right|$$

Da hier zwei Unbekannte A und I_y berechnet werden müssen, kann dies nicht durch einfaches Umstellen der Gleichung erfolgen. Stattdessen wird zunächst davon ausgegangen, dass die Spannungen infolge Normalkraft vernachlässigt werden können. Damit erhält man wie bei dem Kragträger die Bedingung

$$W \geq \frac{|M_y|}{\sigma_{\text{max}}} = \frac{10650\ \text{kNcm}}{140\ \text{MPa}} = 760.7\ \text{cm}^3 .$$

Aus der Profiltafel wird nun vorläufig für den Stiel das Profil HE 260 A gewählt mit

$$W_y = 836\ \text{cm}^3 \geq 760.7\ \text{cm}^3 , \quad A = 86.8\ \text{cm}^2 ,$$
$$I_y = 10450\ \text{cm}^4 , \quad z_{\text{max}} = \pm\frac{h}{2} = \pm 12.5\ \text{cm}$$

Da die maximale Spannung entweder an der Ober- oder Unterseite auftreten kann, wird untersucht, ob dort die zulässige Spannung eingehalten wird. Mit $z = \pm\frac{h}{2}$ erhält man aus Gleichung 14.2

$$\sigma_x = \frac{N}{A} + \frac{M_y}{I_y} z = \frac{-36\ \text{kN}}{86.8\ \text{cm}^2} + \frac{-10650\ \text{kNcm}}{10450\ \text{cm}^4} \cdot (\pm 12.5\ \text{cm}) ,$$

also

$$\sigma_{x,\text{oben}} = 123.24\ \text{MPa} ,$$
$$\sigma_{x,\text{unten}} = -131.54\ \text{MPa} .$$

Da die zulässige Spannung auch auf der stärker beanspruchten, unteren Profilseite nicht überschritten wird, kann das Profil HE 260 A endgültig gewählt werden. Im Fall, dass die zulässigen Spannungen nicht eingehalten werden, muss ein größeres Profil gewählt und erneut die Spannungen überprüft werden.

Anmerkung: Im Rahmen einer vollständigen Bemessung müsste auch ein Schub- und Vergleichsspannungsnachweis durchgeführt werden, vgl. Beispiele 14.6 und 17.1. Da die Schubspannung in diesem Beispiel keinen Einfluss auf die Profilwahl hat, soll hier darauf verzichtet werden.

Beispiel 14.6 Spannungsberechnung bei kombinierter Beanspruchung
Der abgebildete Kragarm mit dünnwandigem Rechteckquerschnitt wird durch eine exzentrische Kraft F belastet. Dadurch wird dieser auf Biegung und Torsion beansprucht. Der Spannungszustand am markierten Punkt A an der Einspannung soll näher untersucht werden.

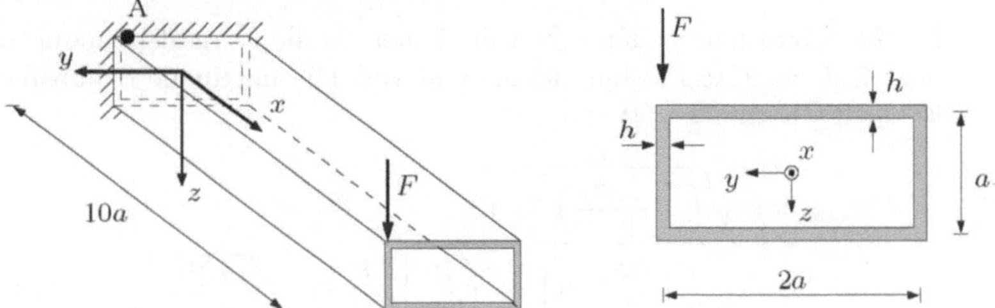

Lösung:
An der Einspannung treten die Schnittgrößen M_y, V_z und M_T auf. Die Schubspannungen infolge V_z und M_T wurden bereits in Beispiel 14.3 berechnet.

$$\tau_{xy} = \frac{19}{28}\frac{F}{ah}$$

Außerdem treten an der Einspannung Normalspannungen infolge Biegung auf. Das Flächenträgheitsmoment ist

$$I_y = 2\frac{a^3\,h}{12} + 2\cdot 2a\,h\left(\frac{a}{2}\right)^2 = \frac{7}{6}a^3h\,,$$

damit sind die Normalspannungen im Punkt A nach Gleichung 12.15

$$\sigma_x = \frac{M_y}{I_y}z = \frac{F\,10a}{\frac{7}{6}a^3\,h} = \frac{60}{7}\frac{F}{ah}\,.$$

Der nun vorliegende Spannungszustand lässt sich an einem Flächenelement und im MOHRschen Spannungskreis (vgl. Abschnitt 8.3.2) darstellen:

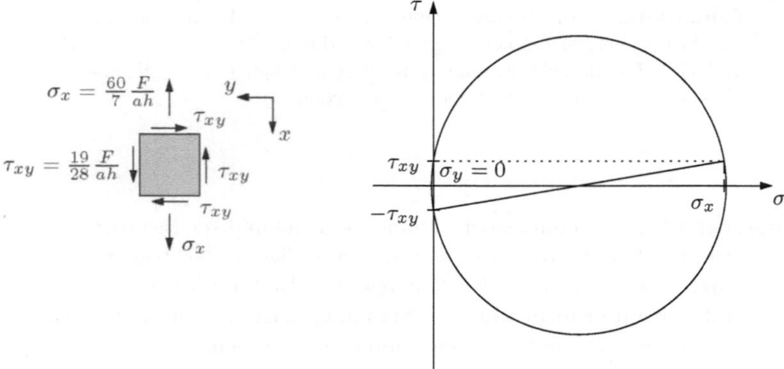

Da die Schubspannungen sehr viel kleiner als die Normalspannungen sind, liegt fast ein Hauptspannungszustand vor. Die maximale Schubspannung ist nach Gleichung 8.50

$$\begin{aligned}\tau_{\max} &= \sqrt{\left(\frac{\sigma_x - \sigma_y}{2}\right)^2 + \tau_{xy}^2} \\ &= \sqrt{\frac{1}{4}\left(\frac{60}{7} - 0\right)^2 + \left(\frac{19}{28}\right)^2}\,\frac{F}{ah} = \frac{\sqrt{14761}}{28}\frac{F}{ah} \approx 4.34\frac{F}{ah}\,.\end{aligned}$$

14.5 Verbundquerschnitte

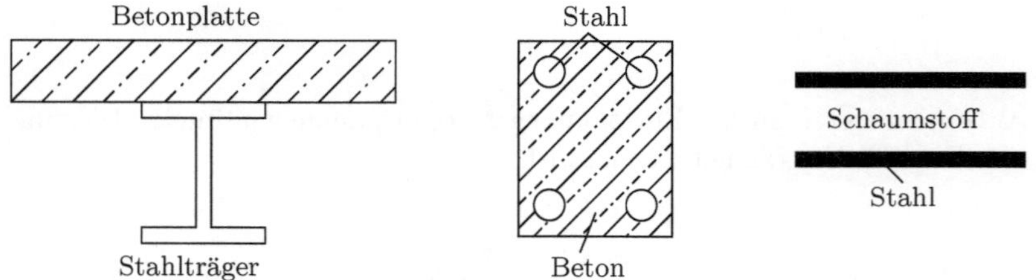

Bild 14.6 Verbundquerschnitte

Verbundquerschnitte sind aus verschiedenen Materialien zusammengesetzte Querschnitte. Das Verhalten des Bauteils resultiert aus dem Zusammenwirken der Materialien. Beispiele für Verbundquerschnitte sind

- Verbundbau (Beispielsweise bei Brücken werden oft Stahlträger mit Betonfahrbahnen als Verbundträger verwendet, Bild 14.6 links),
- Stahlbetonbau (Jeder Stahlbetonquerschnitt trägt durch das Zusammenwirken von Beton und Stahl, Bild 14.6 Mitte),

- Sandwich-Elemente, die aus zwei steifen Lagen und einer leichten Zwischenschicht bestehen (Bild 14.6 rechts),
- Komposit-Materialien, z. B. faserverstärkte Kunststoffe,
- Holzbau (Verwendung verschiedener Holzarten).

Bei Verbundquerschnitten ist der Elastizitätsmodul nicht konstant über die Querschnittsfläche. Er ändert sich sprunghaft, dort wo die verschiedenen Materialien aufeinander treffen. Der Elastizitätsmodul ist also eine Funktion

$$E = E(y, z) . \tag{14.6}$$

Eine gemeinsame Verformung soll aber dennoch vorliegen, d. h. benachbarte Punkte in verschiedenen Materialien sollen dieselbe Verschiebung u erfahren,

$$u_1(x, y, z) = u_2(x, y, z) , \tag{14.7}$$

wobei die Indizes für unterschiedliche Materialien stehen. Damit müssen auch die Ableitungen der Verschiebungen, also die Dehnungen an den Übergängen zwischen zwei Materialien gleich sein,

$$\varepsilon_1(x, y, z) = \varepsilon_2(x, y, z) . \tag{14.8}$$

Dieser Zusammenhang wird als *Verbundbedingung* bezeichnet.

14.5.1 Ebene Biegung mit Normalkraft

Ein Verbundquerschnitt wird durch ein Biegemoment M_y sowie eine Normalkraft N beansprucht. Es soll dabei vorausgesetzt werden, dass die z-Achse eine Symmetrieachse des Querschnitts ist. Damit ebene Biegung vorliegt (vgl. Abschnitt 12.1), müssen wir hier voraussetzen, dass nicht nur die Querschnittsgeometrie, sondern auch die Materialverteilung bezüglich der z-Achse symmetrisch ist. Bei vielen typischen Verbundquerschnitten ist der Elastizitätsmodul lediglich in z-Richtung veränderlich, bei Stahlbetonträgern (siehe Bild 14.6) sind jedoch einzelne Stahlstäbe im Beton angeordnet, so dass hier allgemein von $E(y, z)$ ausgegangen wird.

Kinematik

Durch die Beanspruchung verschiebt sich ein Querschnitt in x- und z-Richtung und verdreht sich. Auch hier soll die BERNOULLI-Hypothese gelten, also der Querschnitt eben und senkrecht zur Balkenachse bleiben. Damit ist die Verschiebung eines Punktes P

$$u_{\mathrm{P}} = u - w' z . \tag{14.9}$$

Die Dehnung in x-Richtung in P ist damit

$$\varepsilon_x = \frac{\partial u_{\mathrm{P}}}{\partial x} = u' - w'' z . \tag{14.10}$$

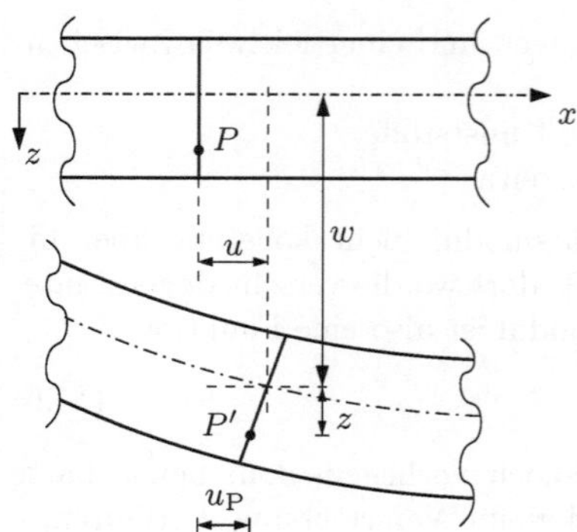

Bild 14.7
Kinematik bei Biegung und Zug

Materialgleichung

Es wird davon ausgegangen, dass für jedes Material das HOOKEsche Gesetz gelten soll, also

$$\sigma_x = E(y,z)\,\varepsilon_x\,. \tag{14.11}$$

Äquivalenz der Spannungen und Schnittgrößen

Die Normalkraft ist äquivalent zum Integral der Normalspannungen σ_x über den Querschnitt,

$$N = \int_A \sigma_x \,\mathrm{d}A = \int_A E(y,z)\,\varepsilon_x \,\mathrm{d}A = \int_A E(y,z)\Big(u' - w''\,z\Big)\,\mathrm{d}A\,. \tag{14.12}$$

Die Verschiebungen u und w der Balkenachse sind nur von x abhängig, also

$$N = u' \int_A E(y,z)\,\mathrm{d}A \;-\; w'' \int_A E(y,z)\,z\,\mathrm{d}A\,. \tag{14.13}$$

Die Normalkraft hängt nicht von der Krümmung w'' der Balkenachse ab. Daher muss das zweite Integral verschwinden. Bei homogenen Balken führt dies auf die Definition der Schwerachse als Balkenachse. Entsprechend wird für Verbundquerschnitte der sogenannte *ideelle Schwerpunkt* eingeführt. Da der Elastizitätsmodul in jedem Material konstant ist, kann das Integral als Summe über die Materialien geschrieben werden,

$$\int_A E(y,z)\,z\,\mathrm{d}A = \sum_i E_i \int_{A_i} z\,\mathrm{d}A = \sum_i E_i S_{y\,i}\,. \tag{14.14}$$

Dieses Produkt aus Elastizitätsmoduln und statischen Momenten verschwindet genau dann, wenn die Balkenachse bei

$$\widetilde{z}_S = \frac{\sum_i E_i S_{y\,i}}{\sum_i E_i A_i} = \frac{\sum_i E_i A_i z_{S\,i}}{\sum_i E_i A_i} \tag{14.15}$$

liegt, ähnlich wie das statische Moment bezüglich des Schwerpunkts, siehe Abschnitt A.3.2. Im Folgenden wird davon ausgegangen, dass dies der Fall ist, also die Balkenachse durch den ideellen Schwerpunkt geht.

Die Normalkraft im Verbundquerschnitt ist

$$N = u' \int_A E(y,z)\,\mathrm{d}A = u' \sum_i E_i A_i = u'\widetilde{EA} \tag{14.16}$$

mit der *ideellen Dehnsteifigkeit*

$$\widetilde{EA} = \sum_i E_i A_i\,. \tag{14.17}$$

Das Biegemoment ist

$$\begin{aligned} M_y &= \int_A \sigma_x\, z\,\mathrm{d}A \\ &= \int_A E(y,z)\Big(u'(x) - w''(x)\,z\Big) z\,\mathrm{d}A \\ &= u' \int_A E(y,z)\,z\,\mathrm{d}A \;-\; w'' \int_A E(y,z)\,z^2\,\mathrm{d}A\,, \end{aligned} \tag{14.18}$$

wobei das erste Integral wie oben gefordert null ist. Man erhält schließlich

$$M_y = -w''\widetilde{EI}_y\,. \tag{14.19}$$

Die *ideelle Biegesteifigkeit* ist definiert durch

$$\widetilde{EI}_y = \int_A E(y,z)\,z^2\,\mathrm{d}A = \sum_i E_i I_{y\,i}\,. \tag{14.20}$$

Gleichgewicht

Da bei den Herleitungen der Gleichgewichtsbedingungen in Abschnitt 6.1 keine Annahmen über das Material des Querschnitts gemacht wurden, gilt auch bei Verbundquerschnitten

$$N' = -n\,, \tag{14.21}$$

$$M_y'' = -q_z\,. \tag{14.22}$$

Differentialgleichung

Aus Kinematik, Materialgleichung, Äquivalenz der Spannungen und Schnittgrößen sowie Gleichgewicht folgen die *Differentialgleichung der Stabdehnung*

$$\widetilde{EA}\,u'' = -n \tag{14.23}$$

und die *Differentialgleichung der ebenen Biegung*

$$(\widetilde{EI}_y w'')'' = q_z \tag{14.24}$$

für Verbundquerschnitte. Diese entsprechen den Gleichungen für homogene Querschnitte, Gleichung 11.18 und 12.10, wobei Dehnsteifigkeit EA und Biegesteifigkeit EI_y durch die entsprechenden ideellen Größen ersetzt werden.

14.5.2 Spannungen in Verbundquerschnitten

Normalspannungen bei reiner Biegung

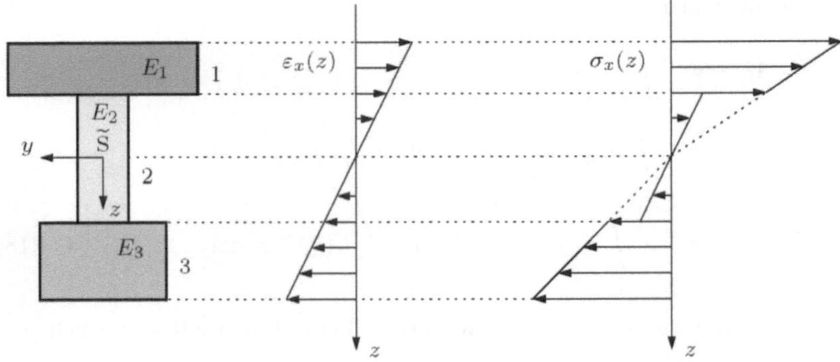

Bild 14.8 Normalspannungen im Verbundbalken ($E_1 = 3E_2, E_3 = 2E_2$) bei reiner Biegung

Bei reiner Biegung ist $u' = 0$, daher erhält man aus Gleichung 14.10 und Gleichung 14.19 die Dehnung

$$\varepsilon_x(z) = -w''\,z = \frac{M_y}{\widetilde{EI}_y}\,z \tag{14.25}$$

und damit die Normalspannungsverteilung

$$\sigma_x(y,z) = -E(y,z)w''\,z = E(y,z)\frac{M_y}{\widetilde{EI}_y}\,z\,. \tag{14.26}$$

Es liegt wie bei homogenen Balken ein linearer Dehnungsverlauf vor, wobei die Dehnung im ideellen Schwerpunkt null ist. Da jedoch der Elastizitätsmodul nicht über den Querschnitt konstant ist, folgt daraus kein linearer Spannungsverlauf. Stattdessen erhält man abschnittsweise lineare Spannungen. In Bild 14.8 ist die Spannungsverteilung für einen Verbundbalken skizziert, der aus drei Teilen mit jeweils konstantem Elastizitätsmodul besteht. Die Normalspannungen sind innerhalb der Querschnittsteile linear. Aus den unterschiedlichen Elastizitätsmoduln resultieren unterschiedliche Steigungen der Spannungskurve. Außerdem sind die Spannungen proportional zu den Dehnungen, weshalb die Geraden der Spannungsverläufe stets durch den Ursprung (= ideeller Schwerpunkt $\widetilde{\mathrm{S}}$) gehen.

Spannungen bei Beanspruchung durch Normalkraft

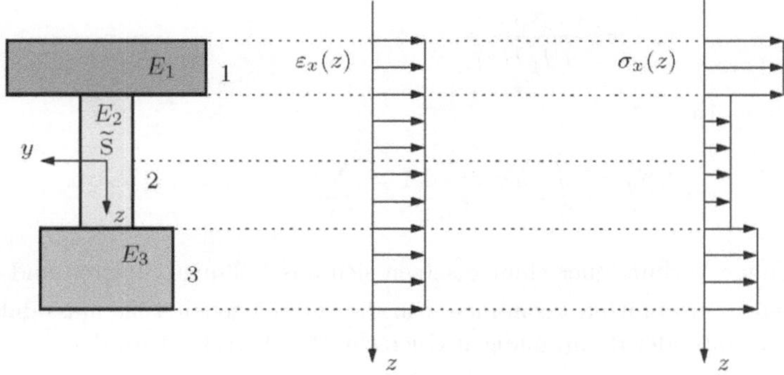

Bild 14.9 Spannungen im Verbundbalken ($E_1 = 3E_2, E_3 = 2E_2$) bei Beanspruchung durch Normalkraft

Bei Beanspruchung durch Normalkraft ist die Dehnung mit Gleichung 14.16

$$\varepsilon_x = u' = \frac{N}{\widetilde{EA}}, \tag{14.27}$$

also die Normalspannung

$$\sigma_x = E(y,z)\frac{N}{\widetilde{EA}}. \tag{14.28}$$

Man erhält also einen konstanten Dehnungsverlauf. Auch hier folgt daraus aufgrund des variierenden Elastizitätsmoduls ein lediglich abschnittsweiser konstanter Spannungsverlauf. In Bild 14.9 sind Dehnungs- und Normalspannungsverteilung für den Querschnitt aus Bild 14.8 dargestellt.

Normalspannungen bei kombinierter Beanspruchung

Die Normalspannungen bei kombinierter Beanspruchung erhält man durch Superposition der Spannungen für Biegung und Normalkraft,

$$\sigma_x = E(y,z)\left(\frac{M_y}{\widetilde{EI}_y} z + \frac{N}{\widetilde{EA}}\right) . \tag{14.29}$$

Schubspannungen infolge Querkraft

Die Schubspannungsberechnung in Verbundträgern erfolgt wie bei homogenen Querschnitten. Entsprechend Gleichung 13.9 gilt bei Vollquerschnitten

$$\tau_{xz} = \frac{V_z\, \widetilde{E\bar{S}}_y(z)}{\widetilde{EI}_y\, b(z)} . \tag{14.30}$$

Dabei ist

$$\widetilde{E\bar{S}}_y = \int_{\bar{A}} E(y,z)\, z \,\mathrm{d}A = \sum_i E_i \bar{A}_i z_{\mathrm{S}\,i} . \tag{14.31}$$

Einige Verbundquerschnitte setzen sich aus Vollquerschnitten und dünnwandigen Querschnitten zusammen. Für die verschiedenen Teile muss daher $\widetilde{E\bar{S}}_y$ wie bei Voll- oder dünnwandigen Querschnitten berechnet werden.

Von besonderer Bedeutung sind die Schubspannungen, die an den Verbundfugen auftreten. Sind sie zu groß, so lösen sich die Querschnittsteile voneinander. Damit ist die Verbundbedingung (Gleichung 14.8) verletzt und die gemeinsame Tragwirkung aller Querschnittsteile nicht mehr gegeben. Um den Verbund sicherzustellen werden daher oft spezielle Maßnahmen ergriffen, wie beispielsweise Dübel, die Schubspannungen zwischen Stahl und Beton aufnehmen, siehe Beispiel 14.8.

14.5.3 Berechnung über das Verhältnis der Elastizitätsmoduln

Für die Berechnung von Verbundquerschnitten kann auch das Verhältnis der Elastizitätsmoduln der Materialien verwendet werden. Dazu wird ein Material als Referenzmaterial gewählt, dessen Elastizitätsmodul als Referenz-Elastizitätsmodul E_{R} dient. Jedem Material wird dann eine Verhältniszahl

$$n_i = \frac{E_i}{E_{\mathrm{R}}} \tag{14.32}$$

zugeordnet. Dieses Verfahren ist im Verbundbau üblich, dort wird Beton als Referenzmaterial verwendet und n_i als *Reduktionszahl* bezeichnet. Mit Hilfe der

Verhältniszahlen lassen sich die Querschnittswerte berechnen. Die Lage des ideellen Schwerpunkts ist

$$\widetilde{z}_S = \frac{\sum_i n_i A_i z_{S\,i}}{\sum_i n_i A_i}, \tag{14.33}$$

die ideelle Dehnsteifigkeit

$$\widetilde{EA} = E_\mathrm{R} \sum_i n_i A_i \tag{14.34}$$

und die ideelle Biegesteifigkeit

$$\widetilde{EI} = E_\mathrm{R} \sum_i n_i I_{y\,i}\,. \tag{14.35}$$

Bei der Spannungsberechnung dient die Spannung im Referenzmaterial als Referenzspannung σ_R. Bei kombinierter Beanspruchung ist

$$\sigma_\mathrm{R} = E_\mathrm{R} \left(\frac{M_y}{\widetilde{EI}_y} z + \frac{N}{\widetilde{EA}} \right), \tag{14.36}$$

womit die Spannung in jedem Material aus der einfachen Beziehung

$$\sigma_i = n_i\, \sigma_\mathrm{R} \tag{14.37}$$

folgt.

Beispiel 14.7 Dehnungen und Normalspannungen im Verbundträger

Ein Verbundträger der Länge $\ell = 4$ m wird durch eine konstante Streckenlast $q_0 = 20$ kN/m sowie eine zentrische (Druck-)Normalkraft $F = 200$ kN belastet. Der obere Teil des Trägers besteht aus Beton ($E_\mathrm{B} = 30$ GPa), der untere ist ein HE 240 A – Walzprofil ($A_\mathrm{S} = 76.8$ cm^2, $I_\mathrm{S} = 7760$ cm^4) aus Stahl ($E_\mathrm{S} = 210$ GPa).

Gesucht sind Dehnungen und Spannungen infolge Normalkraft und Biegung in der Feldmitte.

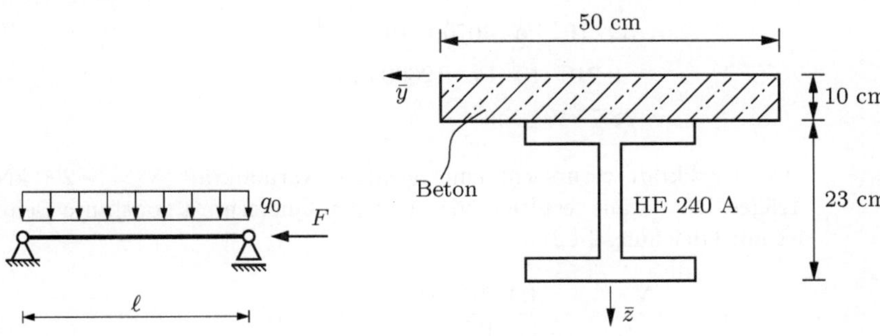

Lösung:
Zunächst werden die ideellen Querschnittswerte berechnet. Um die Lage des ideellen Schwerpunkts zu berechnen werden die Elastizitätsmoduln, Flächen und die Koordinaten der einzelnen Teilschwerpunkte benötigt. Sie sind

$$\begin{aligned} E_{\mathrm{B}} &= 30\ \mathrm{GPa}\,, & A_{\mathrm{B}} &= 10\ \mathrm{cm}\cdot 50\ \mathrm{cm} = 500\ \mathrm{cm}^2\,, \\ E_{\mathrm{S}} &= 210\ \mathrm{GPa}\,, & A_{\mathrm{S}} &= 76.8\ \mathrm{cm}^2\,, \end{aligned}$$

$$\begin{aligned} \bar{z}_{\mathrm{S\,B}} &= 5\ \mathrm{cm}\,, \\ \bar{z}_{\mathrm{S\,S}} &= 10\ \mathrm{cm} + \frac{23\ \mathrm{cm}}{2} = 21.5\ \mathrm{cm}\,. \end{aligned}$$

Die Lage des ideellen Schwerpunkts ist nach Gleichung 14.15

$$\widetilde{z}_{\mathrm{S}} = \frac{\sum_i E_i A_i z_{S\,i}}{\sum_i E_i A_i} = \frac{30\cdot 500\cdot 5 + 210\cdot 76.8\cdot 21.5}{30\cdot 500 + 210\cdot 76.8}\ \mathrm{cm} = 13.55\ \mathrm{cm}\,,$$

und mit Gleichung 14.17 erhält man die ideelle Dehnsteifigkeit

$$\begin{aligned} \widetilde{EA} &= \sum_i E_i A_i \\ &= 20\cdot 10^9\ \mathrm{Pa}\cdot 500\cdot 10^{-4}\ \mathrm{m}^2 + 210\cdot 10^9\ \mathrm{Pa}\cdot 76.8\cdot 10^{-4}\ \mathrm{m}^2 \\ &= 3.11\cdot 10^9\ \mathrm{N} = 3.11\ \mathrm{GN}\,. \end{aligned}$$

Um die ideelle Biegesteifigkeit zu ermitteln, werden zunächst die Flächenträgheitsmomente bezüglich des ideellen Schwerpunkts berechnet,

$$\begin{aligned} I_{y\,\mathrm{B}} &= \frac{(50\ \mathrm{cm})\cdot(10\ \mathrm{cm})^3}{12} + (13.55\ \mathrm{cm} - 5\ \mathrm{cm})^2\cdot 50\ \mathrm{cm}\cdot 10\ \mathrm{cm} \\ &= 40700\ \mathrm{cm}^4\,, \\ I_{y\,\mathrm{S}} &= 7760\ \mathrm{cm}^4 + (21.5\ \mathrm{cm} - 13.55\ \mathrm{cm})^2\cdot 76.8\ \mathrm{cm}^2 \\ &= 12600\ \mathrm{cm}^4\,. \end{aligned}$$

Damit ist die ideelle Biegesteifigkeit nach Gleichung 14.20

$$\begin{aligned} \widetilde{EI}_y &= \sum_i E_i I_{y\,i} \\ &= 30\cdot 10^9\ \mathrm{Pa}\cdot 40700\cdot 10^{-8}\ \mathrm{m}^4 \\ &\quad + 210\cdot 10^9\ \mathrm{Pa}\cdot 12600\cdot 10^{-8}\ \mathrm{m}^4 \\ &= 38.7\cdot 10^6\ \mathrm{Nm}^2 \end{aligned}$$

Die Druckkraft verursacht eine negative Normalkraft $N = -200\ \mathrm{kN}$ im Träger. Die daraus resultierende, über den Querschnitt konstante Dehnung ist mit Gleichung 14.27

$$\varepsilon_x = \frac{N}{\widetilde{EA}} = \frac{-200\cdot 10^3\ \mathrm{N}}{3.11\cdot 10^9\ \mathrm{N}} = -64.3\cdot 10^{-6}\,.$$

Daraus lassen sich die Spannungen direkt mit dem HOOKEschen Gesetz bestimmen, also

$$\begin{aligned} \sigma_{x\,\mathrm{B}} &= E_\mathrm{B}\,\varepsilon_x = 30 \cdot 10^9\ \mathrm{Pa} \cdot (-64.3) \cdot 10^{-6} = -1.93\ \mathrm{MPa}\,, \\ \sigma_{x\,\mathrm{S}} &= E_\mathrm{S}\,\varepsilon_x = 210 \cdot 10^9\ \mathrm{Pa} \cdot (-64.3) \cdot 10^{-6} = -13.5\ \mathrm{MPa}\,. \end{aligned}$$

Alternativ können die Spannungen auch mit Hilfe von Gleichung 14.28 bestimmt werden. Die Spannungen infolge Normalkraft sind also in jedem Material konstant, während die Dehnungen im gesamten Querschnitt gleich sind:

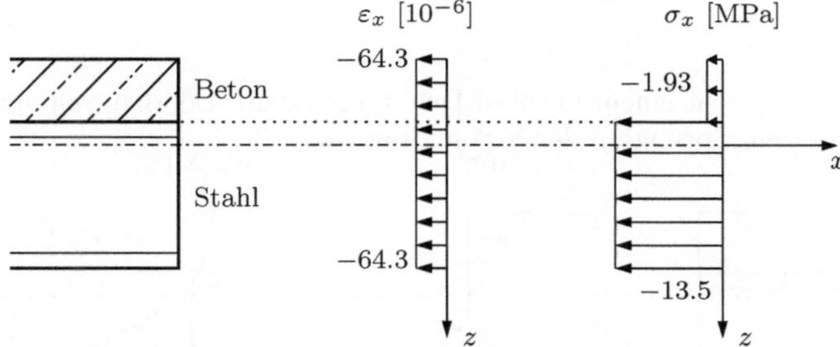

Zwischen Stahl und Beton ist der typische Spannungssprung zu erkennen. In der Feldmitte ist das Biegemoment

$$M_y = \frac{q_0\,\ell^2}{8} = \frac{20 \cdot 4^2}{8}\ \mathrm{kNm} = 40\ \mathrm{kNm}\,.$$

Die Dehnungen infolge Biegung erhält man mit Gleichung 14.25.

$$\varepsilon_x(z) = \frac{M_y}{\widetilde{EI}_y}\,z = \frac{40 \cdot 10^3\ \mathrm{Nm}}{38.7 \cdot 10^6\ \mathrm{Nm}^2}\,z = 1.034 \cdot 10^{-3}\ \mathrm{m}^{-1}\,z$$

Interessant sind insbesondere die Dehnungen an Ober- und Unterseite, sowie an der Verbundfuge:

$$\begin{aligned} &\text{Oben } (z = -13.55\ \mathrm{cm}): \\ &\quad \varepsilon_x = 1.034 \cdot 10^{-3}\ \mathrm{m}^{-1} \cdot (-0.1355)\ \mathrm{m} = -140.1 \cdot 10^{-6} \\ &\text{Verbundfuge } (z = -3.55\ \mathrm{cm}): \\ &\quad \varepsilon_x = 1.034 \cdot 10^{-3}\ \mathrm{m}^{-1} \cdot (-0.0355)\ \mathrm{m} = -36.7 \cdot 10^{-6} \\ &\text{Unten } (z = 19.45\ \mathrm{cm}): \\ &\quad \varepsilon_x = 1.034 \cdot 10^{-3}\ \mathrm{m}^{-1} \cdot 0.1945\ \mathrm{m} = 201.0 \cdot 10^{-6} \end{aligned}$$

Damit erhält man die Spannungen:

$$
\begin{array}{lcll}
\multicolumn{4}{l}{\text{Oben } (z = -13.55\text{ cm}):} \\
\sigma_{x\,\mathrm{B}} &=& 30 \cdot 10^9 \cdot (-140.1) \cdot 10^{-6} &= -4.20\text{ MPa} \\
\multicolumn{4}{l}{\text{Verbundfuge } (z = -3.55\text{ cm}):} \\
\sigma_{x\,\mathrm{B}} &=& 30 \cdot 10^9 \cdot (-36.7) \cdot 10^{-6} &= -1.10\text{ MPa} \\
\sigma_{x\,\mathrm{S}} &=& 210 \cdot 10^9 \cdot (-36.7) \cdot 10^{-6} &= -7.71\text{ MPa} \\
\multicolumn{4}{l}{\text{Unten } (z = 19.45\text{ cm}):} \\
\sigma_{x\,\mathrm{S}} &=& 210 \cdot 10^9 \cdot 201.0 \cdot 10^{-6} &= 42.2\text{ MPa}
\end{array}
$$

Dies enspricht einem linearen Dehnungsverlauf. Bei den Spannungen tritt wieder ein Sprung an der Verbundfuge auf.

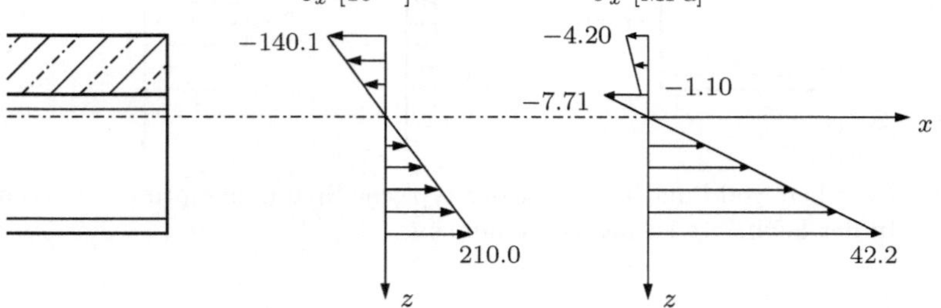

Dehnungen und Spannung bei Beanspruchung durch Druck und Biegung entsprechen nach dem Superpositionsprinzip den Summen der oben errechneten Ergebnisse:

$$
\begin{array}{lcll}
\multicolumn{4}{l}{\text{Oben } (z = -13.55\text{ cm}):} \\
\varepsilon_x &=& -64.3 \cdot 10^{-6} - 140.1 \cdot 10^{-6} &= -204.4 \cdot 10^{-6} \\
\sigma_{x\,\mathrm{B}} &=& -1.93\text{ MPa} - 4.20\text{ MPa} &= -6.13\text{ MPa} \\
\multicolumn{4}{l}{\text{Verbundfuge } (z = -3.55\text{ cm}):} \\
\varepsilon_x &=& -64.3 \cdot 10^{-6} - 36.7 \cdot 10^{-6} &= -101.0 \cdot 10^{-6} \\
\sigma_{x\,\mathrm{B}} &=& -1.93\text{ MPa} - 1.10\text{ MPa} &= -3.03\text{ MPa} \\
\sigma_{x\,\mathrm{S}} &=& -13.5\text{ MPa} - 7.71\text{ MPa} &= -21.2\text{ MPa} \\
\multicolumn{4}{l}{\text{Unten } (z = 19.45\text{ cm}):} \\
\varepsilon_x &=& -64.3 \cdot 10^{-6} + 201.0 \cdot 10^{-6} &= 136.7 \cdot 10^{-6} \\
\sigma_{x\,\mathrm{S}} &=& -13.5\text{ MPa} + 42.2\text{ MPa} &= 28.7\text{ MPa}
\end{array}
$$

Dies entspricht folgendem Verlauf der Dehnungen und Spannungen:

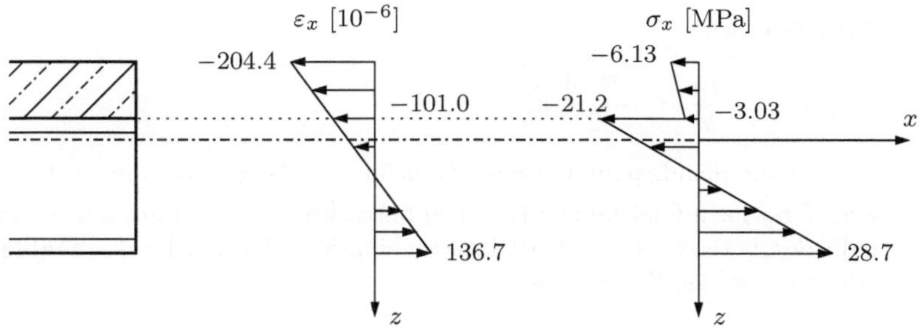

Beispiel 14.8 Schubspannungen im Verbundträger

Der abgebildete Verbundträger mit $\ell = 4$ m aus Beispiel 14.7 wird durch eine Streckenlast $q_0 = 20$ kN/m belastet. Der obere Teil des Trägers besteht aus Beton ($E_\text{B} = 3\,000$ kN/cm^2), der untere ist ein HE 240 A-Walzprofil ($I_{y\text{S}} = 7760$ cm^4, $A = 76.8$ cm^2) aus Stahl ($E_\text{S} = 21\,000$ kN/cm^2). Um eine schubfeste Verbindung zwischen beiden Querschnittsteilen sicherzustellen sind auf dem HE-A-Träger Dübel (spezielle Stahlbolzen) mit dem Längsabstand 10 cm aufgeschweißt.

Gesucht ist die maximal von einem Dübel aufzunehmende Schubkraft F_D.

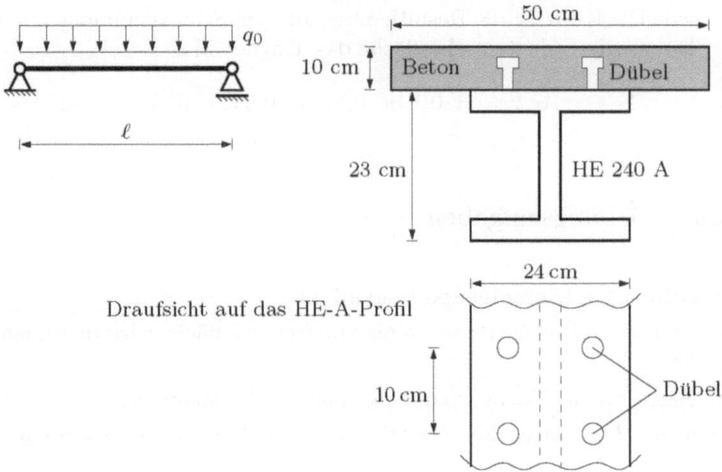

Lösung:

Einige Querschnittwerte, wie die Lage des ideellen Schwerpunkts 13.55 cm unterhalb der Oberkante und die ideelle Biegesteifigkeit $\widetilde{EI}_y = 38.7 \cdot 10^6$ Nm^2 sind bereits aus Beispiel 14.7 bekannt. Die aufzunehmenden Dübelkräfte ensprechen den horizontalen Schubspannungen im Querschnitt an der Fuge zwischen Beton und Stahl. Da die Schubspannungen von der Querkraft abhängen, treten die maximalen Schubspannungen an den Stellen mit maximaler Querkraft auf. Hier also unmittelbar an den

Auflagern, wo

$$V_z = \frac{q_0 \ell}{2} = \frac{20 \cdot 4}{2}\,\text{kN} = 40\,\text{kN}$$

ist. Um die Schubspannung nach Gleichung 14.30 zu bestimmen, benötigt man $\widetilde{E\bar{S}}_y$ nach Gleichung 14.31. Die betrachtete Querschnittsfläche unterhalb der betrachteten z-Koordinate entspricht der Fläche des Stahlquerschnitts. Mit der Summenformel ist

$$\begin{aligned}\widetilde{E\bar{S}}_y(z) = \sum_i E_i \bar{A}_i z_{\mathrm{S}\,i} &= 210\,\text{GPa} \cdot 76.8\,\text{cm}^2 \cdot (21.5 - 13.55)\,\text{cm} \\ &= 128\,000\,\text{GPa}\,\text{cm}^3 = 128\,\text{MPa}\,\text{m}^3\,.\end{aligned}$$

Die Breite $b(z) = 24$ cm ist die Breite des HE-A-Trägers. Damit erhält man

$$\begin{aligned}\tau_{zx} = \tau_{xz} = \frac{V_z\,\widetilde{E\bar{S}}_y(z)}{\widetilde{EI}_y\,b(z)} &= \frac{40 \cdot 10^3\,\text{N} \cdot 128\,\text{MPa}\,\text{m}^3}{38.7 \cdot 10^6\,\text{Nm}^2 \cdot 0.24\,\text{m}} \\ &= 0.551\,\text{MPa}\,.\end{aligned}$$

Man geht davon aus, dass sich die Schubspannungen gleichmäßig auf die Dübel verteilen, also dass jeder Dübel die gleiche Schubkraft aufzunehmen hat. Die Kraft ist die Resultierende aus den Schubspannungen in der einem Dübel zugeordneten Oberfläche des Trägers, also

$$F_{\mathrm{D}} = A_{\mathrm{D}}\,\tau_{zx} = 0.1\,\text{m} \cdot 0.12\,\text{m} \cdot 0.551 \cdot 10^6\,\text{Pa} = 6612\,\text{N}\,.$$

14.6 Übungsaufgaben

Aufgabe 14.1 (Schwierigkeitsgrad 1)

Ein Kragarm mit einer rechteckigen Querschnittsfläche wird durch eine Kraft F belastet.

Berechnen Sie die Normalspannungen an der Einspannung.

Gegeben: $F = 120\sqrt{2}$ kN, $\alpha = 45°$, $a = 32$ cm, $b = 6$ cm, $h = 8$ cm

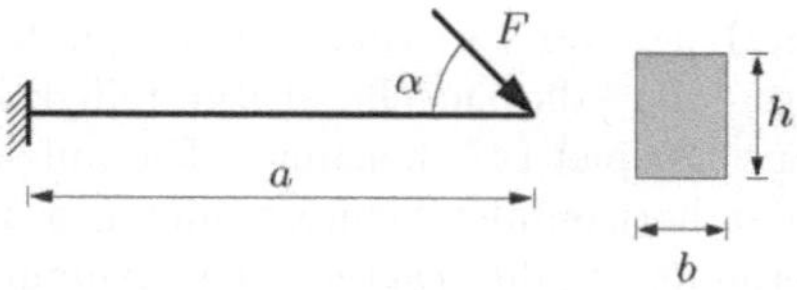

Lösung:

$$\sigma_x^{\text{oben}} = 62.5\,\text{MPa}$$
$$\sigma_x^{\text{unten}} = -57.5\,\text{MPa}$$

Aufgabe 14.2 (Schwierigkeitsgrad 2)

Der dargestellte Plattenbalken wird durch ein Moment M_y und eine Normalkraft N belastet.

Berechnen und skizzieren Sie die Normalspannungsverteilung im Querschnitt.

Gegeben: $M_y = 40$ kNm, $N = 1000$ kN

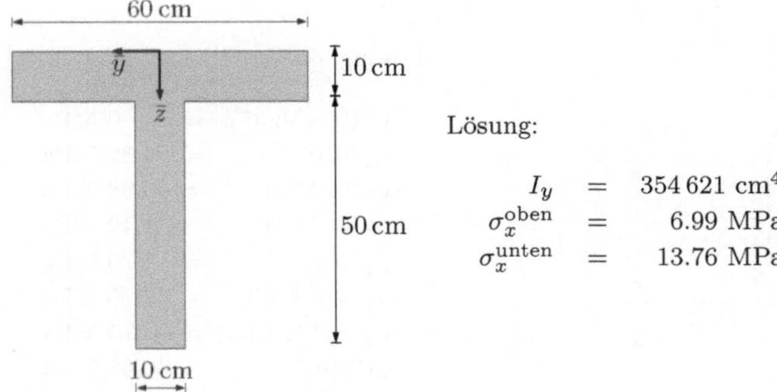

Lösung:

$$
\begin{aligned}
I_y &= 354\,621\ \text{cm}^4 \\
\sigma_x^{\text{oben}} &= 6.99\ \text{MPa} \\
\sigma_x^{\text{unten}} &= 13.76\ \text{MPa}
\end{aligned}
$$

Aufgabe 14.3 (Schwierigkeitsgrad 2)

Berechnen Sie den Spannungsverlauf des dargestellten Systems mit einem T-Querschnitt (Lage a) und stellen Sie ihn grafisch dar.

Was ändert sich im Fall b? In welcher Lage würden Sie den Träger einbauen?

Gegeben: $h = 110$ mm, $b = 100$ mm, $t = s = 10$ mm, $\ell = 2$ m, $M = 10$ kNm, $F = 200$ kN

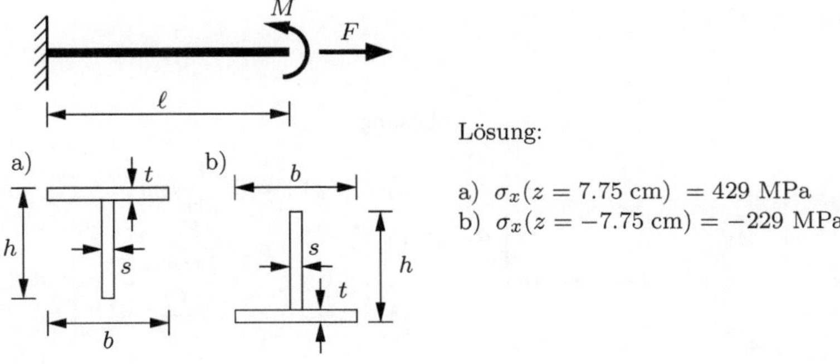

Lösung:

a) $\sigma_x(z = 7.75\ \text{cm}) = 429$ MPa

b) $\sigma_x(z = -7.75\ \text{cm}) = -229$ MPa

Aufgabe 14.4 (Schwierigkeitsgrad 3)

Gegeben ist ein dünnwandiger Kragträger mit einer schrägen Einzellast F. Berechnen Sie die Schubspannungen infolge Querkräfte V_y, V_z und Torsion, und skizzieren Sie die Spannungsverläufe. An welcher Stelle des Querschnitts treten die maximalen Schubspannungen auf?

Gegeben: $a = 20$ cm, $t_1 = 1.5$ cm, $t_2 = 2.0$ cm, $F = 10\sqrt{2}$ kN, Profilbeiwert $\xi = 1.12$

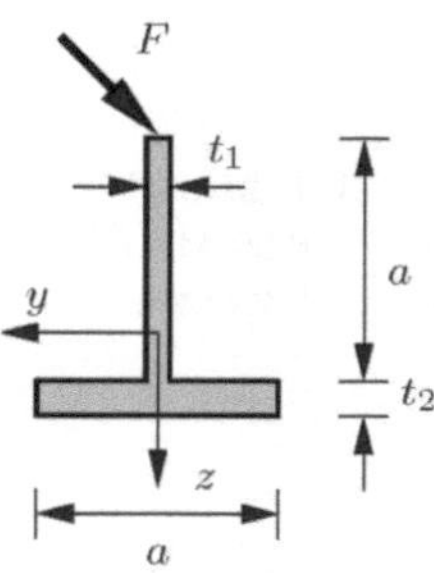

Lösung:

$$
\begin{aligned}
\tau_{Vz}(0,-16.37) &= 0 \text{ MPa}\\
\tau_{Vz}(0,0) &= -4.32 \text{ MPa}\\
\tau_{Vz}(0,3.63) &= -3.98 \text{ MPa}\\
\tau_{Vz}(0,4.63) &= -1.49 \text{ MPa}\\
\tau_{Vy}(0,0) &= 0 \text{ MPa}\\
\tau_{Vy}(0.1,4,63) &= 3.75 \text{ MPa}\\
\tau_{Vy}(-0.1,4,63) &= -3.75 \text{ MPa}\\
\tau_{\mathrm{T}}(0,0) &= 36.65 \text{ MPa}\\
\tau_{\mathrm{T}}(\pm 5,4.63) &= 48.73 \text{ MPa}\\
\tau_{\max}(0,4.63) &= 50.99 \text{ MPa}
\end{aligned}
$$

Aufgabe 14.5 (Schwierigkeitsgrad 2)

Ein eingespanntes Rohr wird durch eine exzentrische Kraft F belastet.

a) Berechnen Sie den Schubspannungsverlauf infolge Querkraft.

b) Berechnen Sie den Schubspannungsverlauf infolge Torsion.

c) Berechnen Sie die maximale Schubspannung $\tau_{x\varphi}$.

d) Berechnen Sie die Absenkung des Lastangriffspunktes.

e) Berechnen Sie die maximalen Schubspannungen am Punkt ($x = 0$, $y = 0$, $z = -r$) an der Einspannung.

Gegeben: F, ℓ, $h \ll r$

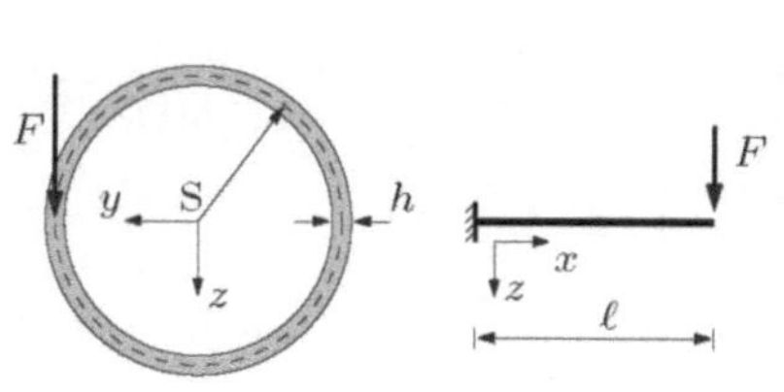

Lösung:

$$
\begin{aligned}
&\text{a)} & \tau(\varphi) &= \frac{F}{\pi r h}\sin\varphi\\
&\text{b)} & \tau &= \frac{F}{2\pi r h}\\
&\text{c)} & \tau_{\max} &= \frac{3}{2}\frac{F}{\pi r h}\\
&\text{d)} & f &= \frac{F\ell}{\pi r h}\left[\frac{\ell^2}{3Er^2} + \frac{1}{2G}\right]\\
&\text{e)} & \tau_{\max} &= \frac{F}{2\pi r h}\sqrt{\frac{\ell^2}{r^2} + 1}
\end{aligned}
$$

Aufgabe 14.6 (Schwierigkeitsgrad 3)

Gegeben sei ein Kragbalken der Länge ℓ mit dem skizzierten dünnwandigen Querschnitt, der am Ende exzentrisch durch die Einzellast F belastet ist.

Geben Sie getrennt den qualitativen Verlauf der Schubspannungen infolge Querkraft und Torsion an, berechnen Sie die resultierenden Schubspannungen im Schnitt A—A

a) für den geschlossenen Querschnitt und

b) für den geschlitzten Querschnitt,

und skizzieren Sie den Verlauf.

Berechnen Sie außerdem jeweils die Verschiebung des Lastangriffpunktes infolge Biegung und Torsion.

Gegeben: $\ell = 3$ m, $F = 35$ kN, $E = 210$ GPa, $G = 81$ GPa,
$I_y = 32000$ cm^4

a) geschlossener Querschnitt

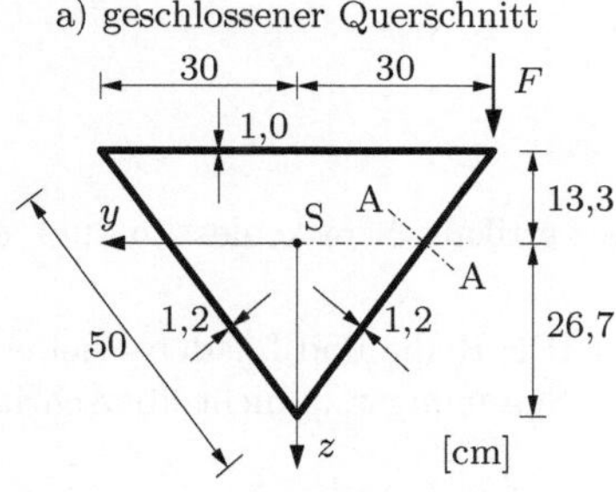

b) geschlitzter Querschnitt

Abmessungen wie in a)

Lösung:

a)

$$
\begin{aligned}
\tau_V^{\text{oben}}(30,-13.3) &= 4.38 \text{ MPa}\\
\tau_V^{\text{unten}}(30,-13.3) &= 3.65 \text{ MPa}\\
\tau_{V\,\max}(A-A) &= 4.86 \text{ MPa}\\
\tau_{\mathrm{T}}(0,-13.3) &= 4.375 \text{ MPa}\\
\tau_{\mathrm{T}}(A-A) &= 3.65 \text{ MPa}\\
\tau_{\max}(A-A) &= 8.51 \text{ MPa}\\
w_{\mathrm{B}} &= 0.469 \text{ cm}\\
w_{\mathrm{T}} &= 0.029 \text{ cm}
\end{aligned}
$$

b)

$$
\begin{aligned}
\tau_{\mathrm{T}}(\pm 1,-13.3) &= 135.31 \text{ MPa}\\
\tau_{\mathrm{T}}(A-A) &= 162.37 \text{ MPa}\\
\tau_{\max}(A-A) &= 167.23 \text{ MPa}\\
w_{\mathrm{T}} &= 15.0 \text{ cm}
\end{aligned}
$$

Aufgabe 14.7 (Schwierigkeitsgrad 2)

Bemessen Sie das gegebene System für

a) ein IPE-Profil,

b) einen Vollkreisquerschnitt.

Gegeben: $F = 20$ kN, $q = 23.5$ kN/m, $\ell = 3.5$ m, $\sigma_{\text{zul}} = 160$ MPa

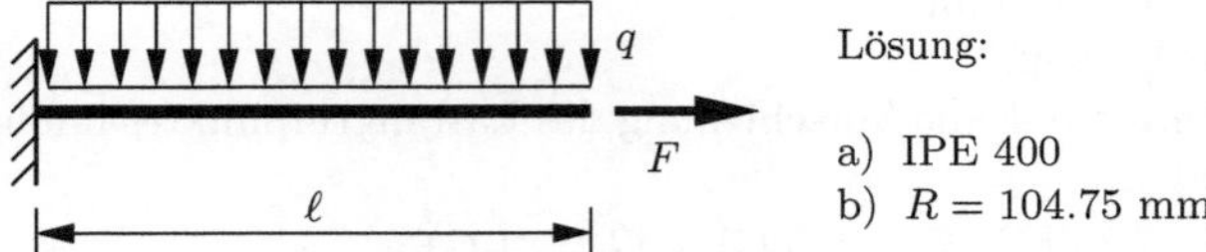

Aufgabe 14.8 (Schwierigkeitsgrad 2)

Das dargestellte System wird durch eine vertikale Streckenlast q und eine Windlast w belastet.

Wählen Sie für den Riegel einen Träger der IPE-Reihe und für den Stiel einen Träger der HE-A-Reihe, so dass die zulässige Spannung σ_{zul} nicht überschritten wird.

Gegeben: $q = 12$ kN/m, $w = 5$ kN/m, $a = 3$ m, $\sigma_{\text{zul}} = 150$ MPa

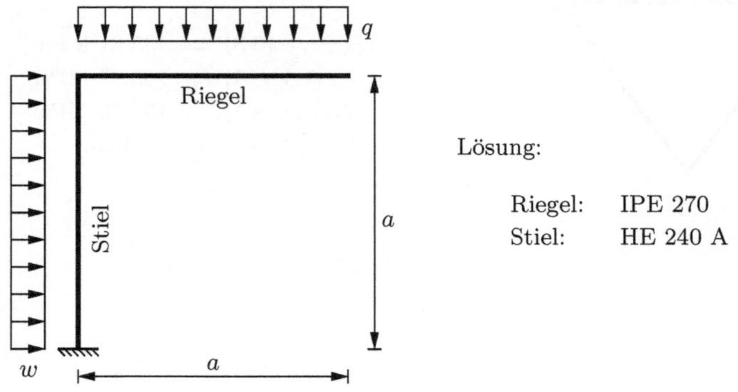

Aufgabe 14.9 (Schwierigkeitsgrad 2)

Berechnen Sie den Verlauf der Biegenormalspannungen $\sigma(z)$ für den dargestellten Verbundquerschnitt. Der Balken ist durch ein Biegemoment M_y und eine Normalkraft N belastet.

Gegeben: $a = 30$ cm, $b = 20$ cm, $c = 2$ cm, $E_\mathrm{S} = 210$ GPa,
$E_\mathrm{H} = 10$ GPa, $M_y = 80$ kNm, $N = 400$ kN

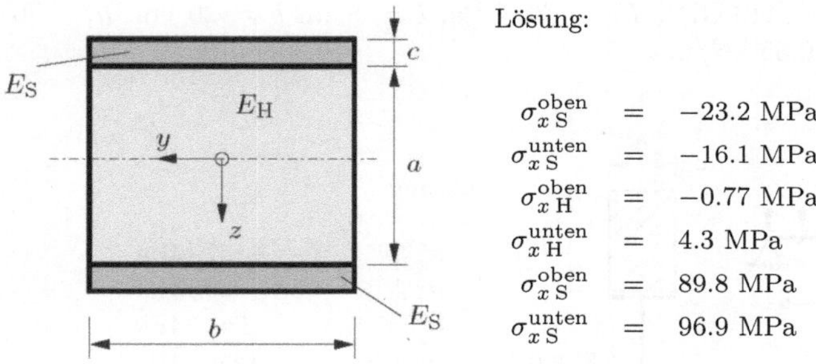

Lösung:

$$\sigma_{x\,\mathrm{S}}^{\mathrm{oben}} = -23.2 \text{ MPa}$$
$$\sigma_{x\,\mathrm{S}}^{\mathrm{unten}} = -16.1 \text{ MPa}$$
$$\sigma_{x\,\mathrm{H}}^{\mathrm{oben}} = -0.77 \text{ MPa}$$
$$\sigma_{x\,\mathrm{H}}^{\mathrm{unten}} = 4.3 \text{ MPa}$$
$$\sigma_{x\,\mathrm{S}}^{\mathrm{oben}} = 89.8 \text{ MPa}$$
$$\sigma_{x\,\mathrm{S}}^{\mathrm{unten}} = 96.9 \text{ MPa}$$

Aufgabe 14.10 (Schwierigkeitsgrad 2)

Der dargestellte Verbundquerschnitt besteht aus den Materialien Stahl (St) und Beton (B) und ist durch ein Biegemoment M_y belastet.

a) Bestimmen Sie die Länge b, so daß im Beton nur Druckspannungen und im Stahl nur Zugspannungen auftreten.

b) Skizzieren Sie qualitativ die Spannungsverteilung im Schnitt A – A. Geben Sie ausgezeichnete Werte an.

Gegeben: E_B, $E_\mathrm{St} = 7E_\mathrm{B}$, a, M_y

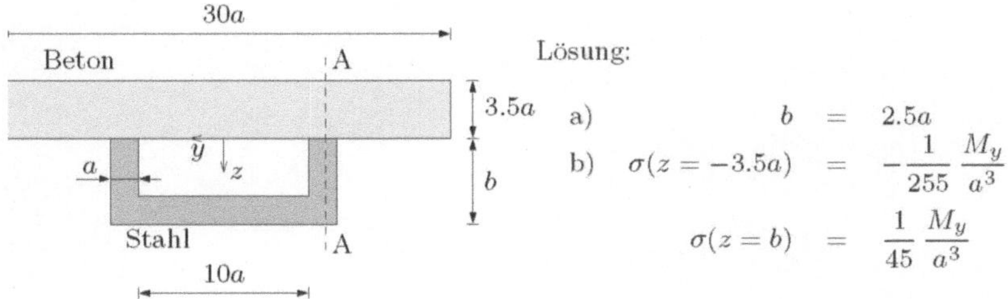

Lösung:

a) $b = 2.5a$

b) $\sigma(z = -3.5a) = -\dfrac{1}{255}\dfrac{M_y}{a^3}$

$\sigma(z = b) = \dfrac{1}{45}\dfrac{M_y}{a^3}$

Aufgabe 14.11 (Schwierigkeitsgrad 2)

Gegeben sei der skizzierte Verbundträger aus einem Stahlprofil IPE 400 ($A_{\mathrm{S}} = 84.5\ \mathrm{cm}^2$, $I_{y\,\mathrm{S}} = 23130\ \mathrm{cm}^4$, $h = 400\ \mathrm{mm}$) und einem aufliegenden, schubfest verbundenen Betonbalken der Höhe h und der Breite b.

Berechnen Sie an der Stelle des maximalen Moments die Normalspannungen in den Randfasern der Einzelquerschnitte, und stellen Sie das Ergebnis grafisch dar.

Gegeben: $E_{\mathrm{S}} = 210$ GPa, $E_{\mathrm{B}} = 35$ GPa, $\ell = 8$ m, $b = 20$ cm, $h = 30$ cm, $q = 0.35$ kN/m

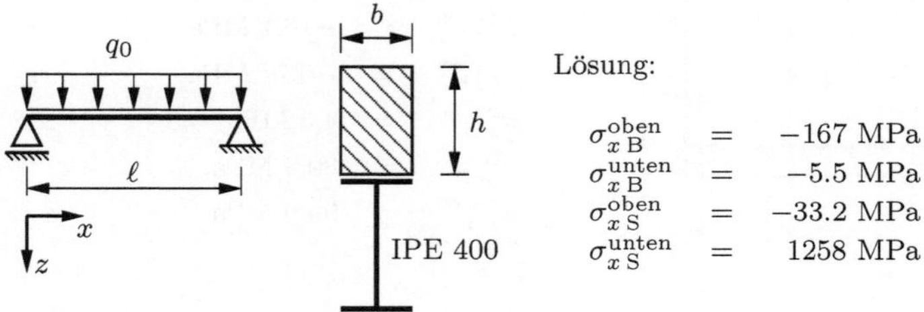

Lösung:

$$\sigma_{x\,\mathrm{B}}^{\mathrm{oben}} = -167\ \mathrm{MPa}$$
$$\sigma_{x\,\mathrm{B}}^{\mathrm{unten}} = -5.5\ \mathrm{MPa}$$
$$\sigma_{x\,\mathrm{S}}^{\mathrm{oben}} = -33.2\ \mathrm{MPa}$$
$$\sigma_{x\,\mathrm{S}}^{\mathrm{unten}} = 1258\ \mathrm{MPa}$$

15 Energiemethoden

Bild 15.1
Crashsimulation des Frontalaufpralls eines PKW. Mit freundlicher Genehmigung der DaimlerChrysler AG, Sindelfingen, 2005

15.1 Arbeitssatz der Mechanik

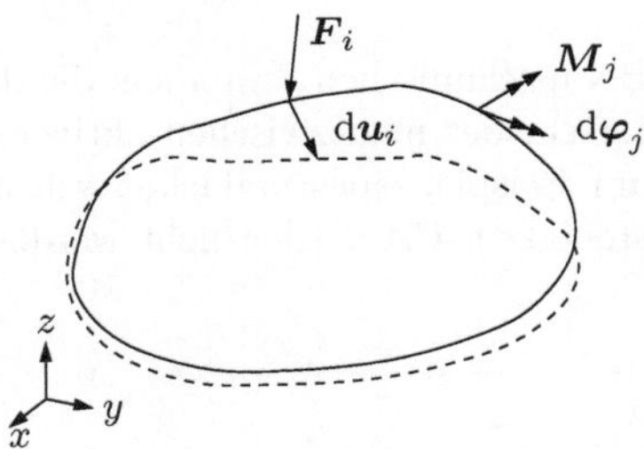

Bild 15.2
Definition der differenziellen mechanischen Arbeit

Äußere Kräfte und Momente leisten an einem deformierbaren Körper *mechanische Arbeit*. Diese Arbeit hängt von der Größe und Richtung der Lasten und den Verschiebungen der Lastangriffspunkte ab. Die differenzielle mechanische Arbeit ist allgemein definiert über

$$\mathrm{d}W = \sum_{i=1}^{n} \boldsymbol{F}_i \cdot \mathrm{d}\boldsymbol{u}_i + \sum_{j=1}^{m} \boldsymbol{M}_j \cdot \mathrm{d}\boldsymbol{\varphi}_j \,. \tag{15.1}$$

Die mechanische Arbeit wird in eine Änderung der *potentiellen Energie* $\mathrm{d}U$, der *kinetischen Energie* $\mathrm{d}T$ und der *dissipativen Energie* $\mathrm{d}D$ umgewandelt.

$$\mathrm{d}W = \mathrm{d}U + \mathrm{d}T + \mathrm{d}D \tag{15.2}$$

Die potentielle Energie ist für die elastische Formänderung des Körpers verantwortlich. Deshalb heißt sie auch *Formänderungsenergie*. Dissipative Energie in Form von Wärme entsteht nur bei nicht umkehrbaren (irreversiblen) Vorgängen, wie zum Beispiel inelastischem Materialverhalten. In der Elastostatik treten keine irreversiblen Vorgänge auf, so dass die dissipative Energie verschwindet ($\mathrm{d}D = 0$). Der Rest der mechanischen Arbeit wird in kinetische Energie umgewandelt. Die Kinetik wird ausführlich in Teil III behandelt. Im Fall der Statik ändert sich die kinetische Energie nicht ($\mathrm{d}T = 0$), so dass sich der Arbeitssatz in der Elastostatik zu

$$\mathrm{d}W = \mathrm{d}U \tag{15.3}$$

vereinfacht. $\mathrm{d}W$ wird in diesem Fall *differenzielle Formänderungsarbeit* und $\mathrm{d}U$ *differenzielle Formänderungsenergie* genannt. In der Statik starrer Körper verändert sich auch die Formänderungsenergie nicht ($\mathrm{d}U = 0$), da sich der betrachtete Körper nicht deformiert. Der Arbeitssatz reduziert sich in diesem Fall zu

$$\mathrm{d}W = 0\,. \tag{15.4}$$

15.2 Aktive und passive Formänderungsarbeit

Bei mechanischen Systemen, die durch mehrere äußere Lasten belastet sind unterscheidet man zwischen aktiver und passiver Formänderungsarbeit. Dies soll am Beispiel eines einfachen schrittweise belasteten Zugstabes mit der Dehnsteifigkeit EA verdeutlicht werden. Zunächst wird der Stab mit der Kraft F_1

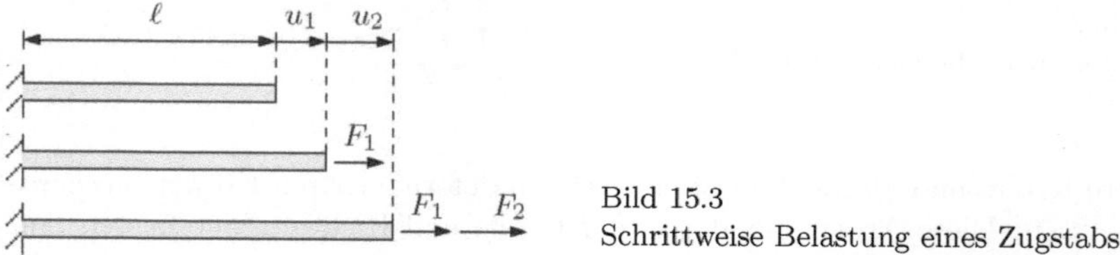

Bild 15.3
Schrittweise Belastung eines Zugstabs

belastet. Entsprechend Gleichung 15.22 ist die Formänderungsarbeit in diesem Fall

$$W_{11} = \int_0^{u_1} F_1\,\mathrm{d}u = \frac{1}{2} F_1\, u_1\,. \tag{15.5}$$

Der Index 11 besagt, dass die Formänderungsarbeit hier durch die Kraft F_1, die die Verschiebung u_1 erfährt, hervorgerufen wird. Wird jetzt der Stab zusätzlich durch eine zweite Kraft F_2 belastet, die die zusätzliche Verschiebung u_2 bewirkt, erhält man für die dadurch verursachte Formänderungsarbeit

$$W_{22} = \int_0^{u_2} F_2 \,\mathrm{d}u = \frac{1}{2} F_2 \, u_2 \,. \tag{15.6}$$

Da die Kraft F_2 zusätzlich zur Kraft F_1 aufgebracht wird, leisten sowohl F_2 als auch F_1 Arbeit entlang des Weges u_2. Die gesamte Formänderungsarbeit ergibt sich damit aus

$$\begin{aligned} W_{\text{ges}} &= \int_0^{u_1} F_1 \,\mathrm{d}u + \int_{u_1}^{u_1+u_2} (F_1 + F_2) \,\mathrm{d}u \\ &= \int_0^{u_1} \frac{EA}{\ell} u \,\mathrm{d}u + \int_{u_1}^{u_1+u_2} \frac{EA}{\ell} u \,\mathrm{d}u = \int_0^{u_1+u_2} \frac{EA}{\ell} u \,\mathrm{d}u \\ &= \frac{EA}{2\ell} (u_1 + u_2)^2 = \frac{EA}{2\ell} (u_1^2 + 2 u_1 u_2 + u_2^2) \\ &= \frac{1}{2} F_1 \, u_1 + F_1 u_2 + \frac{1}{2} F_2 \, u_2 \end{aligned} \tag{15.7}$$

wobei

$$W_{12} = F_1 u_2 = F_2 u_1 = W_{21} \tag{15.8}$$

passive Formänderungsarbeit genannt wird, während man W_{11} und W_{22} als aktive Formänderungsarbeit bezeichnet. Bild 15.4 zeigt das entsprechende Kraft-Verschiebungs-Diagramm.

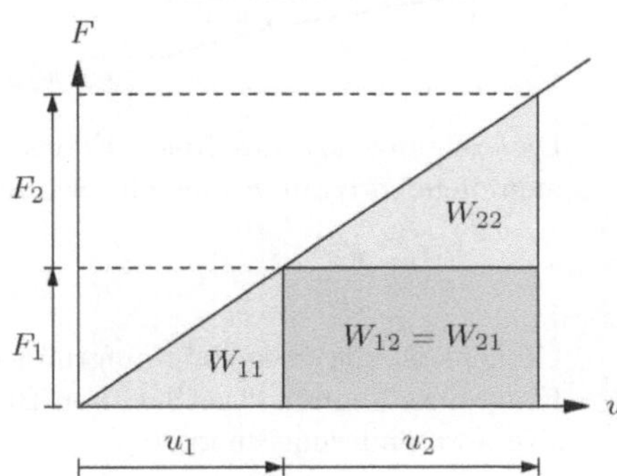

Bild 15.4
Aktive und passive Formänderungsarbeit im Kraft-Verschiebungsdiagramm

Allgemein kann man für die aktive Formänderungsarbeit

$$W_{kk} = \int \boldsymbol{F}_k \cdot \mathrm{d}\boldsymbol{u}_k + \int \boldsymbol{M}_k \cdot \mathrm{d}\boldsymbol{\varphi}_k \tag{15.9}$$

und für die passive Formänderungsarbeit

$$W_{ij} = \int \boldsymbol{F}_i \cdot \mathrm{d}\boldsymbol{u}_j + \int \boldsymbol{M}_i \cdot \mathrm{d}\boldsymbol{\varphi}_j \tag{15.10}$$

schreiben. Für linear elastische Materialien lässt sich feststellen, dass

$$W_{ij} = W_{ji} \qquad (\textit{Satz von Betti}) \tag{15.11}$$

gilt. Wenn man die Verschiebungen u_j durch die sie verursachenden Kräfte F_i teilt, dann erhält man die sogenannten *Einflusszahlen*.

$$\alpha_{ji} = \frac{u_j}{F_i} \tag{15.12}$$

Aus dem Satz von BETTI (1823 – 1892) folgt sofort

$$\alpha_{ji} = \alpha_{ij} \qquad (\textit{Satz von Maxwell})\,. \tag{15.13}$$

Beispiel 15.1 Satz von BETTI

Als Beispiel für eine Anwendung des Satzes von BETTI bzw. des Satzes von MAXWELL (1831 – 1879) betrachten wir den Kragarm mit der Biegesteifigkeit EI.

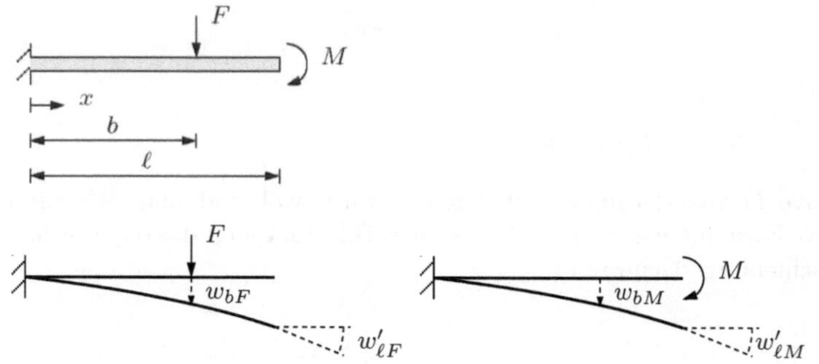

Die Neigung $w'_{\ell F}$ des freien Endes, die sich infolge einer am Ort $x = b$ angreifenden Kraft F einstellt, sei bekannt durch

$$w'_{\ell F} = \frac{Fb^2}{2EI}\,.$$

Gesucht ist die Biegelinie aufgrund des Momentes M, das am Ende des Kragarmes angreift. Der Satz von BETTI liefert eine Aussage über die passive Formänderungsenergie

$$W_{\ell F} = M w'_{\ell F} = F w_{bM} = W_{bM}\,.$$

Diese Gleichung kann man nun nach w_{bM} auflösen.

$$w_{bM} = \frac{M}{F} w'_{\ell F} = M \frac{b^2}{2EI} = M \alpha_{\ell F}$$

$\alpha_{\ell F} = \frac{b^2}{2EI}$ ist hier die Einflusszahl. Hält man nun den Kraftangriffspunkt b variabel, dann folgt für die durch die Momentenlast verursachte Biegelinie

$$w(x) = \frac{M}{2EI} x^2 \,.$$

15.3 Formänderungsenergie

Die Formänderungsenergie ist die in einem Körper aufgrund seiner Deformation gespeicherte potentielle Energie. Sie lässt sich durch die Arbeit, die die Spannungen an einem Körper verrichten, darstellen.

$$\begin{aligned} U \;=\; & \int\limits_V \left(\int\limits_0^{\varepsilon_x} \sigma_x \, \mathrm{d}\varepsilon_x + \int\limits_0^{\varepsilon_y} \sigma_y \, \mathrm{d}\varepsilon_y + \int\limits_0^{\varepsilon_z} \sigma_z \, \mathrm{d}\varepsilon_z \right. \\ & \left. +2 \int\limits_0^{\varepsilon_{xy}} \tau_{xy} \, \mathrm{d}\varepsilon_{xy} + 2 \int\limits_0^{\varepsilon_{yz}} \tau_{yz} \, \mathrm{d}\varepsilon_{yz} + 2 \int\limits_0^{\varepsilon_{xz}} \tau_{xz} \, \mathrm{d}\varepsilon_{xz} \right) \mathrm{d}V \end{aligned} \quad (15.14)$$

Bei linear elastischem Materialverhalten vereinfacht sich diese Gleichung zu

$$\begin{aligned} U \;=\; & \frac{1}{2} \int\limits_V (\sigma_x \varepsilon_x + \sigma_y \varepsilon_y + \sigma_z \varepsilon_z \\ & +2\,\tau_{xy}\varepsilon_{xy} + 2\,\tau_{yz}\varepsilon_{yz} + 2\,\tau_{xz}\varepsilon_{xz}) \, \mathrm{d}V \,. \end{aligned} \quad (15.15)$$

Für spezielle Bauteile, wie z. B. Stäbe oder Balken ergeben sich weitere Vereinfachungen.

15.3.1 Formänderungsenergie im Zugstab

Zur Berechnung der Formänderungsenergie in einem linear elastischen Zugstab mit der Dehnsteifigkeit EA betrachten wir das in Bild 15.5 dargestellte Stabelement. In dem Stabelement verschwinden alle Spannungen bis auf σ_x. Das Stabelement verlängert sich aufgrund der eingeprägten Kraft $N = \sigma_x A$ um $\Delta u = \varepsilon_x \Delta x$. Das HOOKE'sche Gesetz liefert einen Zusammenhang zwischen der Kraft N und der Verschiebung Δu.

$$N = EA \frac{\Delta u}{\Delta x} \quad (15.16)$$

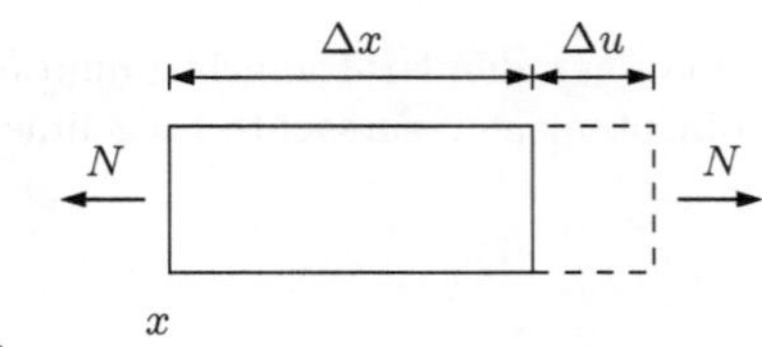

Bild 15.5
Belastung eines Stabelementes

Nach Gleichung 15.1 ergibt sich durch Integration für die mechanische Arbeit ΔW, die N an dem Element leistet

$$\Delta W = \int\limits_0^{\Delta u} N \, \mathrm{d}(\Delta \bar{u}) = \int\limits_0^{\Delta u} EA \frac{\Delta \bar{u}}{\Delta x} \, \mathrm{d}(\Delta \bar{u}) \,. \tag{15.17}$$

Mit Gleichung 15.3 folgt für die Formänderungsenergie dieses Elementes

$$\Delta U = \Delta W = \frac{1}{2} EA \frac{\Delta u^2}{\Delta x} = \frac{N^2}{2EA} \Delta x \,. \tag{15.18}$$

Um die gesamte Formänderungsenergie des Zugstabes zu erhalten, muss noch über die Länge ℓ des Stabes integriert werden.

$$U = \frac{1}{2} \int\limits_0^{\ell} \frac{N^2(x)}{EA(x)} \, \mathrm{d}x \tag{15.19}$$

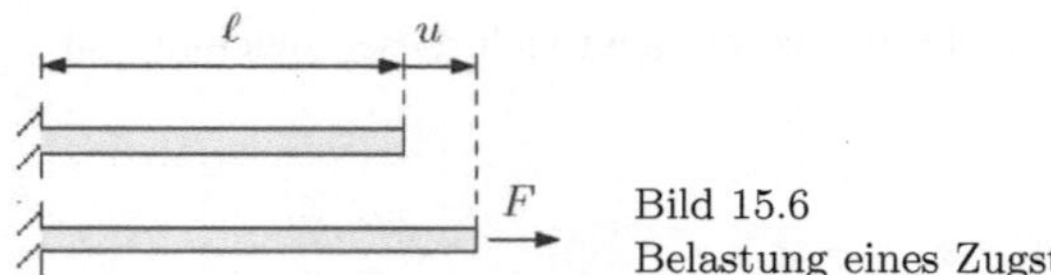

Bild 15.6
Belastung eines Zugstabs

Als Beispiel wird ein einfacher Zugstab unter Einzellast betrachtet. Das Stabende, an dem die Kraft F angreift verschiebt sich um u. Die Normalkraft ist in dem Stab konstant $N = F$. Das HOOKE'sche Gesetz liefert den Zusammenhang zwischen der Normalkraft und der Verschiebung

$$N = EA \frac{u}{\ell} \,. \tag{15.20}$$

Die Formänderungsenergie ergibt sich entweder aus Gleichung 15.19 oder direkt aus dem Arbeitssatz und Gleichung 15.1

$$U = \frac{1}{2} \int\limits_0^{\ell} \frac{N^2}{EA} \, \mathrm{d}x = \frac{F^2 \ell}{2EA} = \frac{1}{2} F \, u \tag{15.21}$$

bzw.

$$U = W = \int\limits_0^{u} F \, \mathrm{d}\bar{u} = \int\limits_0^{u} \frac{EA}{\ell} \bar{u} \, \mathrm{d}\bar{u} = \frac{EA}{2\ell} u^2 = \frac{1}{2} F \, u \,. \tag{15.22}$$

15.3.2 Formänderungsenergie im Balken

Genauso wie beim Zugstab kann man auch beim Balken unter Biegemomentbelastung die Formänderungsenergie am infinitesimalen Balkenelement herleiten. Unter reiner Momentenbelastung wirken im Balkenelement nur Normalspan-

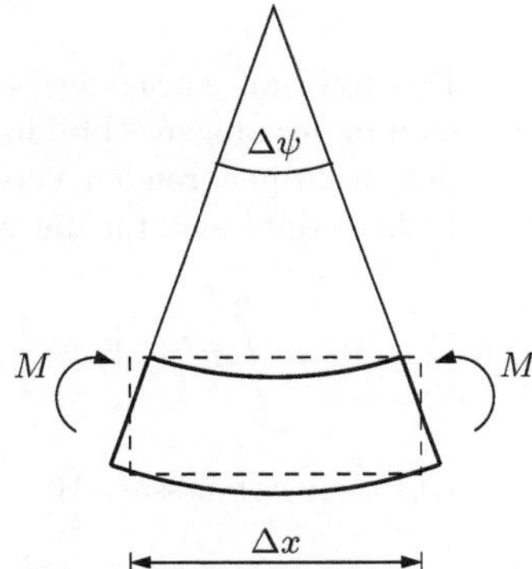

Bild 15.7
Balkenelement

nungen σ_x entlang der Balkenachse. Das Balkenelement krümmt sich unter dem Moment M in dem Winkel $\Delta\psi$, wobei die Balkentheorie mit $\psi = -w'$ und Gleichung 12.9 für das Balkenelement

$$M = EI\frac{\Delta\psi}{\Delta x} \tag{15.23}$$

liefert. Daraus ergibt sich für die an dem Element geleistete Arbeit

$$\Delta W = \int_0^{\Delta\psi} M \, \mathrm{d}(\Delta\psi) = \int_0^{\Delta\psi} EI\frac{\Delta\psi}{\Delta x} \, \mathrm{d}(\Delta\psi)\,, \tag{15.24}$$

woraus über den Arbeitssatz für die Formänderungsenergie

$$\Delta U = \Delta W = \frac{1}{2}EI\frac{\Delta\psi^2}{\Delta x} = \frac{1}{2}\frac{M^2(x)}{EI(x)}\Delta x \tag{15.25}$$

folgt. Durch Integration über die gesamte Balkenlänge ℓ erhält man schließlich die gesamte Formänderungsenergie.

$$U = \int_0^{\ell} \frac{1}{2}\frac{M^2(x)}{EI(x)} \, \mathrm{d}x \tag{15.26}$$

Beispiel 15.2 Winkel unter Einzellast

Als Beispiel für die Formänderungsenergie im Balken betrachten wir einen dehnstarren Winkel unter Einzellast. Gesucht ist die Verschiebung des Lastangriffspunktes.

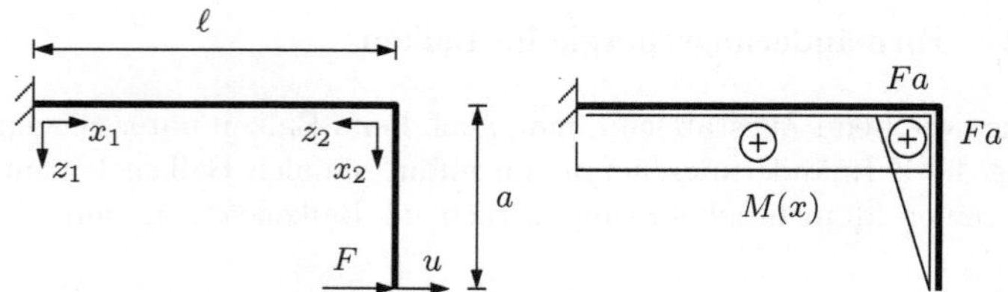

Das System, sowie die Momentenlinie $M(x)$ für die gegebene Belastung sind in der obigen Abbildung dargestellt. Zwischen der äußeren Last F und der zu ihr gehörenden Verschiebung u besteht ein linearer Zusammenhang. Daher ergibt sich für die von F geleistete Arbeit

$$W = \int_0^u F(\bar{u})\,\mathrm{d}\bar{u} = \frac{1}{2} F u\,.$$

Aus dem Arbeitssatz $W = U$ folgt dann

$$\begin{aligned}
\frac{1}{2} F u &= \frac{1}{2} \int_L \frac{M^2}{EI}\,\mathrm{d}x \\
&= \frac{1}{2} \int_0^{\ell} \frac{(Fa)^2}{EI}\,\mathrm{d}x_1 + \frac{1}{2} \int_0^{a} \frac{(F(a - x_2))^2}{EI}\,\mathrm{d}x_2 \\
&= \frac{F^2 a^3}{2EI} \left(\frac{\ell}{a} + \frac{1}{3} \right)
\end{aligned}$$

$$\Rightarrow \qquad u = \frac{F a^3}{EI} \left(\frac{\ell}{a} + \frac{1}{3} \right).$$

Beispiel 15.3 Balken unter Einzelmoment

Ein weiteres Beispiel ist der abgebildete Balken unter Einzelmomentbelastung. Gesucht ist die Verdrehung des Lastangriffspunktes.

Lösung:

Der Arbeitssatz liefert in Zusammenhang mit Gleichung 15.26

$$\frac{1}{2} M_0 \varphi = \frac{1}{2} \int_0^{\ell} \frac{M^2(x)}{EI}\,\mathrm{d}x\,,$$

woraus für die Verdrehung des Lastangriffspunktes folgt

$$\begin{aligned}\varphi &= \frac{M_0}{EI}\int_0^\ell \left(1 - 2\frac{x}{\ell} + \frac{x^2}{\ell^2}\right) \mathrm{d}x \\ &= \frac{M_0}{EI}\left(x - \frac{x^2}{\ell} + \frac{x^3}{3\ell^2}\right)\Bigg|_0^\ell = \frac{M_0 \ell}{3EI}.\end{aligned}$$

15.3.3 Formänderungsenergie durch Querkraftschub

Die Schubspannungen, die durch Querkräfte im Balken entstehen, wurden in Abschnitt 13.2 hergeleitet.

$$\tau_{xz} = \frac{V_y S_y(z)}{I_y b(z)} \tag{15.27}$$

Das HOOKE'sche Materialgesetz liefert für die Schubspannungen

$$\tau_{xz} = 2G\varepsilon_{xz}\,. \tag{15.28}$$

Mit Gleichung 15.15 ergibt sich für die Formänderungsenergie

$$\begin{aligned}U &= \int_V \int 2\tau_{xz}\,\mathrm{d}\varepsilon_{xz}\,\mathrm{d}V = \int_V \int 4G\varepsilon_{xz}\,\mathrm{d}\varepsilon_{xz}\,\mathrm{d}V = \int_V 2G\varepsilon_{xz}^2\,\mathrm{d}V \\ &= \int_V \frac{V_y^2 S_y^2(z)}{2GI_y^2 b^2(z)}\,\mathrm{d}V\,.\end{aligned} \tag{15.29}$$

Mit $\mathrm{d}V = b(z)\,\mathrm{d}z\,\mathrm{d}x$ kann man dieses Integral noch umformen in

$$U = \frac{1}{2}\int_0^\ell \frac{V_y^2}{GA} \underbrace{\left(\frac{A}{I_y^2}\int_{z_{\min}}^{z_{\max}} \frac{S_y^2(z)}{b(z)}\,\mathrm{d}z\right)}_{\kappa} \mathrm{d}x\,, \tag{15.30}$$

wobei κ *Schubflächenfaktor* genannt wird. Ersetzt man jetzt noch

$$A_{V_y} = \frac{A}{\kappa}\,, \tag{15.31}$$

dann erhält man schließlich für die Formänderungsenergie

$$U = \frac{1}{2}\int_0^\ell \frac{V_y^2}{GA_{V_y}}\,\mathrm{d}x\,. \tag{15.32}$$

15.3.4 Formänderungsenergie durch Torsion

Die Torsion prismatischer Stäbe wurde in Abschnitt 13.3 behandelt. Die Torsionsschubspannung ist demnach

$$\tau_{x\varphi} = \frac{M_x}{I_\mathrm{p}} r\,, \tag{15.33}$$

und die entsprechende Dehnung ist

$$\varepsilon_{x\varphi} = \frac{M_x}{2GI_\mathrm{p}} r\,. \tag{15.34}$$

Für die Formänderungsenergie erhält man mit Gleichung 15.15

$$\begin{aligned} U &= \int_V \int 2\tau_{x\varphi}\,\mathrm{d}\varepsilon_{x\varphi}\,\mathrm{d}V = \int_V \int 4G\varepsilon_{x\varphi}\,\mathrm{d}\varepsilon_{x\varphi}\,\mathrm{d}V \\ &= \int_V 2G\varepsilon_{x\varphi}^2\,\mathrm{d}V = \frac{1}{2}\int_V \frac{M_x^2}{GI_\mathrm{p}^2} r^2\,\mathrm{d}V = \frac{1}{2}\int_0^\ell \frac{M_x^2}{GI_\mathrm{p}^2} \underbrace{\int_A r^2\,\mathrm{d}A}_{I_\mathrm{p}}\,\mathrm{d}x \\ &= \frac{1}{2}\int_0^\ell \frac{M_x^2(x)}{GI_\mathrm{p}(x)}\,\mathrm{d}x\,. \end{aligned} \tag{15.35}$$

15.4 Prinzip der virtuellen Arbeit

Im mechanischen Gleichgewichtszustand nimmt jeder Körper den Zustand der minimalen Energie ein. Definieren wir nun mit

$$\Pi = U - W \tag{15.36}$$

das elastische *Gesamtpotential* eines mechanischen Systems, so muss Π stets ein Minimum, bzw. im Falle einer indifferenten Gleichgewichtslage einen stationären Wert, annehmen. Den mechanischen Gleichgewichtszustand können wir also alternativ mittels der so genannten *Variation*

$$\delta\Pi = \delta(U - W) = 0 \tag{15.37}$$

des elastischen Gesamtpotentials untersuchen.

Beispiel 15.4 Feder – Masse – System im Erdschwerefeld
Gesucht ist die Gleichgewichtslage des skizzierten Systems mit der Federsteifigkeit c und der Masse m im Erdschwerefeld.

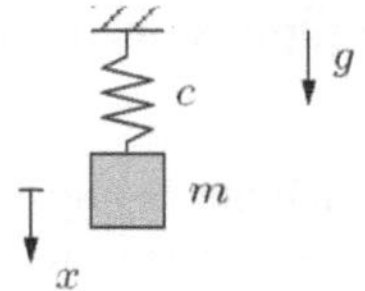

Lösung:
Für die innere Energie der ausgelenkten Feder gilt $U = \frac{1}{2}cx^2$. Die Arbeit der an diesem System verrichteten äußeren Kräfte ist $W = mgx$ (hier fehlt der Faktor $\frac{1}{2}$, weil die Last permanent präsent ist). Damit folgt für das elastische Gesamtpotential

$$\Pi = \frac{1}{2}cx^2 - mgx\,.$$

Die Variation ist nun eine rein mathematische Operation der Form

$$\delta\Pi = \frac{\partial\Pi}{\partial x}\delta x = 0\,,$$

wobei δx in diesem Beispiel eine virtuelle Verschiebung darstellt, die als kleine Abweichung des Verschiebungszustandes von der Gleichgewichtslösung interpretiert werden kann.
In diesem Beispiel folgt also

$$\delta\Pi = (cx - mg)\,\delta x = 0\,.$$

Da bezüglich der virtuellen Verschiebung bislang keine problemspezifischen Annahmen getroffen wurden, muss diese Aussage für beliebige Variationen gelten. Die obige Gleichung kann im Allgemeinen nur erfüllt sein, wenn der Ausdruck in den Klammern verschwindet. Das Ergebnis lautet somit erwartungsgemäß

$$x = \frac{mg}{c}\,.$$

Wie in diesem einfachen Beispiel demonstriert wird, ist eine Variation formal mathematisch durch einfache Differentiation zu berechnen.

Der Begriff der Variation ist jedoch etwas komplizierter, wie in den nachfolgenden Abschnitten gezeigt werden wird. Im Allgemeinen ist eine virtuelle Verschiebung nicht beliebig, da kinematische Bindungen existieren und ggf. geometrisch nichtlineare Zusammenhänge (z. B. über trigenometrische Beziehungen) bestehen. Ferner können, wie z. B. bei der Balkenbiegung oder Torsion, auch Drehwinkel als primäre Variablen aufteten, deren Variation gefragt ist. Als Sammelbegriff für die Variation der kinematischen Größen wurde darum die Verallgemeinerung *virtuelle Verrückungen* eingeführt.

Für die virtuellen Verrückungen gelten die folgenden Regeln:

- Sie erfüllen die kinematischen Randbedingungen,
- sie sind (im Falle der nichtlinearen Kinematik) infinitesimal klein
- und ansonsten beliebig.

15.5 Prinzip der virtuellen Verrückungen

Verändert man z. B. die Verschiebungen und Verdrehungen infinitesimal, dann folgt aus dem Prinzip der virtuellen Arbeit das Prinzip der virtuellen Verrückungen. In der Statik starrer Körper ($\delta U \equiv 0$) folgt damit

$$\delta W = \sum_i \boldsymbol{F}_i \cdot \delta \boldsymbol{u}_i + \sum_j \boldsymbol{M}_j \cdot \delta \boldsymbol{\varphi}_j = 0\,. \qquad (15.38)$$

Hier ist $\delta \boldsymbol{u}_i$ die virtuelle Verschiebung des Punktes, an dem die Kraft $\boldsymbol{F}_i$ angreift, und $\delta \boldsymbol{\varphi}_i$ ist die virtuelle Verdrehung des Punktes an dem das Moment $\boldsymbol{M}_i$ angreift. Gleichung 15.38 kann man z. B. dazu benutzen, um einzelne Auflagerkräfte zu berechnen ohne alle Auflagerreaktionen und Gelenkkräfte freizuschneiden.

Beispiel 15.5 Prinzip der virtuellen Verrückung
Als Beispiel betrachten wir einen Träger, der durch die Kraft F belastet wird. Gesucht ist die Auflagerkraft B_v.

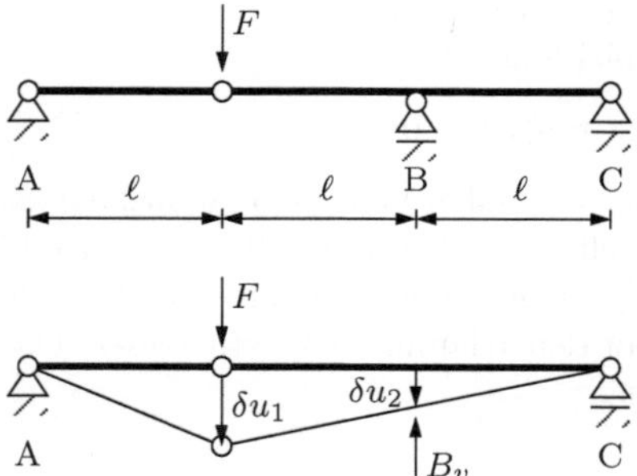

Unter Verwendung des Prinzips der virtuellen Verrückungen muss hierzu nur das zu berechnende Auflager freigeschnitten werden. Lenkt man den Träger virtuell aus seiner Gleichgewichtslage aus, dann leisten die Kräfte F und B_v die virtuellen Arbeiten δW_F bzw. δW_{B_v}.

$$\delta W_F = F \delta u_1 \qquad \delta W_{B_v} = -B_v \delta u_2$$

Die gesamte virtuelle Arbeit ist damit

$$\begin{aligned} \delta W &= \delta W_F + \delta W_{B_v} \\ &= F \delta u_1 - B_v \delta u_2\,. \end{aligned}$$

Zwischen δu_1 und δu_2 gibt es wegen des starr angenommenen Balkens den kinematischen Zusammenhang

$$\delta u_2 = \frac{1}{2} \delta u_1\,,$$

woraus für die virtuelle Arbeit

$$\delta W = F\delta u_1 - \frac{1}{2}B_v\delta u_1 = (F - \frac{1}{2}B_v)\delta u_1$$

gilt. Im Gleichgewichtszustand folgt aus $\delta W = 0$ schließlich

$$\left(F - \frac{1}{2}B_v\right)\delta u_1 = 0 \qquad \Rightarrow \qquad B_v = 2F\,.$$

In der Statik elastisch deformierbarer Körper muss im Prinzip der virtuellen Arbeit die Formänderungsenergie berücksichtigt werden. Für einen allgemeinen linear elastischen Körper ist die virtuelle Formänderungsenergie

$$\delta U = \int\limits_V \sum_{i=1}^{3}\sum_{j=1}^{3} \sigma_{ij}\delta\varepsilon_{ij}\,\mathrm{d}V\,. \tag{15.39}$$

Auch hier gilt, dass die virtuelle Formänderungsenergie der durch die äußeren Lasten geleisteten virtuellen Formänderungsarbeit entsprechen muss

$$\delta W = \delta U\,. \tag{15.40}$$

Im Gegensatz zur Statik starrer Körper sind die virtuellen Verschiebungen und die dazu korrespondierenden virtuellen Dehnungen im Allgemeinen a priori nicht bekannt. Deshalb lässt sich in der Elastostatik das Prinzip der virtuellen Verrückungen in der Regel nicht unmittelbar anwenden. Man kann hier das Prinzip der virtuellen Verrückungen aber heranziehen, um numerische Näherungsverfahren, wie z. B. die Methode der Finiten Elemente (siehe Abschnitt 15.7) zu entwickeln.

15.6 Prinzip der virtuellen Kräfte

In analoger Weise, wie sich mit dem Prinzip der virtuellen Verrückungen Kräfte berechnen lassen, kann man mit Hilfe des Prinzips der virtuellen Kräfte Deformationen berechnen. Variiert man im Prinzip der virtuellen Arbeit die Kräfte und Momente infinitesimal, erhält man die virtuelle Formänderungsarbeit in der Form

$$\delta W = \sum_i \delta \boldsymbol{F}_i \cdot \boldsymbol{u}_i + \sum_j \delta \boldsymbol{M}_j \cdot \boldsymbol{\varphi}_j\,. \tag{15.41}$$

Die virtuellen Kräfte $\delta\boldsymbol{F}_i$ und $\delta\boldsymbol{M}_i$ verursachen im Körper einen virtuellen Spannungszustand $\delta\boldsymbol{\sigma}(\boldsymbol{x})$. Diese virtuellen Spannungen bewirken zusammen mit den realen Verzerrungen $\boldsymbol{\varepsilon}(\boldsymbol{x})$ im Körper, hervorgerufen durch die realen Kräfte $\boldsymbol{F}_j$ und $\boldsymbol{M}_j$, eine virtuelle passive Formänderungsenergie. Aus dieser virtuellen passiven Formänderungsenergie wiederum lässt sich über den Arbeitssatz die reale Deformation $\boldsymbol{u}$ am Angriffspunkt der virtuellen Kraft $\delta \boldsymbol{F}$ berechnen.

$$\underbrace{\delta \boldsymbol{F} \cdot \boldsymbol{u}}_{\delta W} - \underbrace{\int\limits_V \sum_{i=1}^{3} \sum_{j=1}^{3} \delta\sigma_{ij}\varepsilon_{ij}\,\mathrm{d}V}_{\delta U} = 0 \qquad (15.42)$$

Beispiel 15.6 Prinzip der virtuellen Kräfte

Als Beispiel betrachten wir einen einfachen Zugstab unter der Einzellast F.

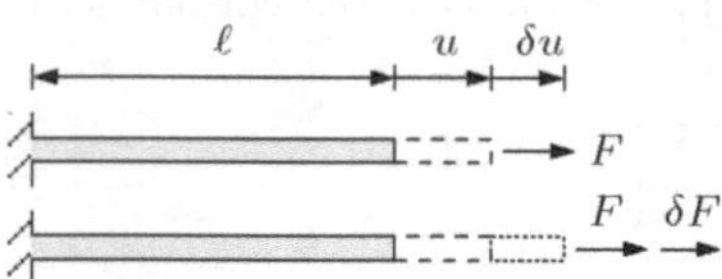

Für die Spannung σ und die Dehnung ε unter der Last F gilt

$$\sigma(x) = \frac{N(x)}{A(x)} \qquad \varepsilon(x) = \frac{N(x)}{EA(x)}\,,$$

wobei $N = F$ die Normalkraft und EA die Dehnsteifigkeit ist. Entsprechend ruft die überlagerte virtuelle Kraft δF die virtuelle Spannung

$$\delta\sigma(x) = \frac{\delta N(x)}{A(x)} = \frac{\delta F}{A}$$

hervor. Damit folgt aus dem Prinzip der virtuellen Arbeit für die virtuelle passive Formänderungsenergie

$$\delta F u = \int\limits_V \delta\sigma\,\varepsilon\,\mathrm{d}V = \int\limits_V \frac{\delta N(x)}{A(x)}\frac{N(x)}{EA(x)}\,\mathrm{d}V = \int\limits_0^\ell \frac{N\delta F}{EA}\,\mathrm{d}x$$

bzw.

$$\delta F\left(u - \int\limits_0^\ell \frac{N}{EA}\,\mathrm{d}x\right) = 0\,.$$

Für ein frei wählbares δF folgt für die Verschiebung u am Angriffspunkt der virtuellen Kraft δF

$$u = \int\limits_0^\ell \frac{N}{EA}\,\mathrm{d}x = \frac{F\ell}{EA}\,.$$

Beispiel 15.7 Statisch unbestimmt gelagerter Balken

Als weiteres Beispiel soll der dargestellte statisch unbestimmt gelagerte Balken untersucht werden.

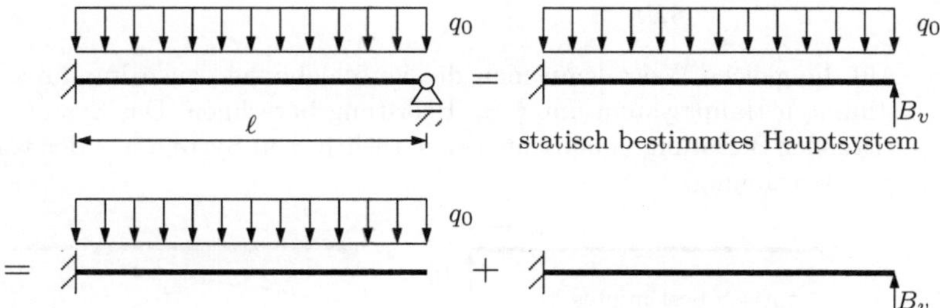

Mit Hilfe des Prinzips der virtuellen Kräfte kann man auf einfache Weise die Auflagerreaktionen bestimmen. Hierzu spaltet man das eigentliche Problem in mehrere zu superponierende statisch bestimmte Teilprobleme auf. Für jedes der Teilsysteme kann man mit Hilfe des Prinzips der virtuellen Kräfte die Verschiebung am Balkenende berechnen. Die superponierte Lösung der Teilsysteme muss letztlich die kinematischen Randbedingungen des Ausgangssystems erfüllen, das heißt, die superponierte Verschiebung am Balkenende muss verschwinden. Zunächst wird für das statisch bestimmte Hauptsystem unter q_0 Belastung die Verschiebung am Balkenende ausgerechnet. Mit der virtuellen Kraft δB_v folgt

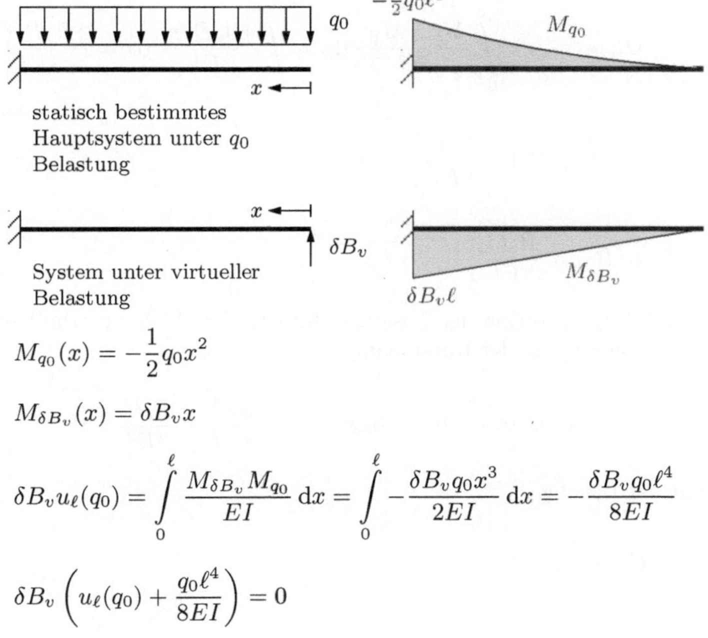

$$M_{q_0}(x) = -\frac{1}{2} q_0 x^2$$

$$M_{\delta B_v}(x) = \delta B_v x$$

$$\delta B_v u_\ell(q_0) = \int_0^\ell \frac{M_{\delta B_v} M_{q_0}}{EI}\,\mathrm{d}x = \int_0^\ell -\frac{\delta B_v q_0 x^3}{2EI}\,\mathrm{d}x = -\frac{\delta B_v q_0 \ell^4}{8EI}$$

$$\delta B_v \left(u_\ell(q_0) + \frac{q_0 \ell^4}{8EI} \right) = 0$$

Die Integrale können mit Hilfe der Integraltafeln (Anhang B) bestimmt werden. Für beliebige δB_v folgt daraus

$$u_\ell(q_0) = -\frac{q_0 \ell^4}{8EI}\,.$$

Auf die gleiche Weise kann man die Verschiebungen auch im statisch bestimmten Hauptsystem unter B_v Belastung berechnen. Das System unter virtueller Belastung entspricht hier natürlich dem System aus der vorherigen Berechnung.

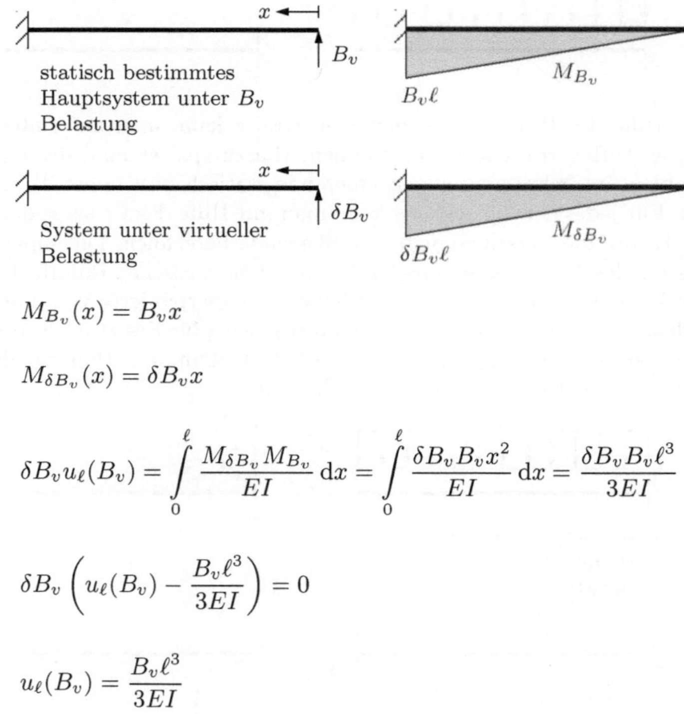

$$M_{B_v}(x) = B_v x$$

$$M_{\delta B_v}(x) = \delta B_v x$$

$$\delta B_v u_\ell(B_v) = \int\limits_0^\ell \frac{M_{\delta B_v} M_{B_v}}{EI}\,\mathrm{d}x = \int\limits_0^\ell \frac{\delta B_v B_v x^2}{EI}\,\mathrm{d}x = \frac{\delta B_v B_v \ell^3}{3EI}$$

$$\delta B_v \left(u_\ell(B_v) - \frac{B_v \ell^3}{3EI} \right) = 0$$

$$u_\ell(B_v) = \frac{B_v \ell^3}{3EI}$$

Durch Superposition der Lösungen für die Verschiebung erhält man unter Berücksichtigung der Randbedingungen

$$u_\ell(q_0) + u_\ell(B_v) = 0 \qquad \text{bzw.} \qquad -\frac{q_0 \ell^4}{8EI} + \frac{B_v \ell^3}{3EI} = 0$$

mit der Lösung

$$B_v = \frac{3}{8} q_0 \ell\,.$$

15.7 Einführung in die Finite Element Methode

Viele Strukturen in der Mechanik lassen sich nicht mehr oder nur mit sehr hohem Aufwand analytisch berechnen. In solchen Fällen kann man numerische Methoden, wie z. B. die Finite Elemente Methode (FEM) unter Verwendung von Computern zur Lösung mechanischer Aufgaben heranziehen. In der Regel stellen solche Methoden Näherungsverfahren dar, das heißt, die Lösung wird nur approximiert. Hierzu wird die Geometrie der zu berechnenden Struktur in einzelne Elemente unterteilt (diskretisiert) und die Lösung in jedem Element interpoliert. Über die Verbindungen (Knoten) der einzelnen Elemente hängen die Elemente voneinander ab. In der Regel ist es so, dass je feiner man die zu berechnende Struktur diskretisiert, desto höher wird der Rechenaufwand, desto genauer wird aber auch die analytische Lösung durch die numerische Lösung approximiert. Ausgangspunkt der Finite Elemente Methode ist häufig das Prinzip der virtuellen Verrückungen (siehe Abschnitt 15.5).

Lineares Stabelement

Als Beispiel betrachten wir einen Stabelement unter rein mechanischer Belastung in Richtung der Stabachse.

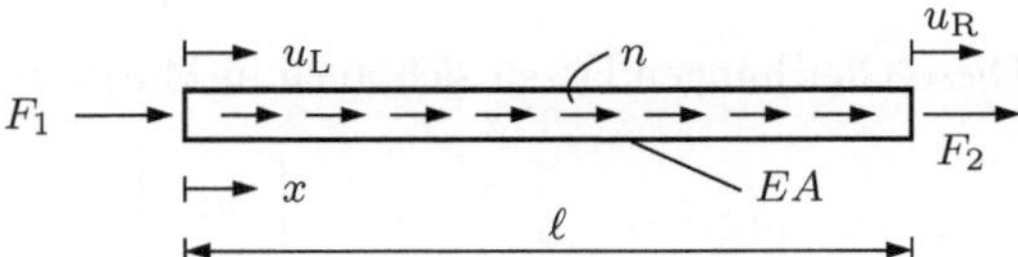

Bild 15.8
Finites Stabelement

F_1 und F_2 sind dabei Einzellasten (Knotenlasten) an den Enden des Stabelementes, n ist die Streckenlast im Stab, u_L und u_R sind die Verschiebungen an den Stabenden und EA ist die Dehnsteifigkeit des Stabelementes. Das Prinzip der virtuellen Verrückungen $\delta(U - W) = 0$ lautet hier

$$\underbrace{\int_0^\ell \sigma_x \delta\varepsilon_x A \,\mathrm{d}x}_{\delta U} \underbrace{- \int_0^\ell n\delta u A \,\mathrm{d}x - F_1 \delta u_L - F_2 \delta u_R}_{-\delta W} = 0 \tag{15.43}$$

Die Gleichungen für die Kinematik und das Stoffgesetz sind

$$\varepsilon_x = \frac{\mathrm{d}u}{\mathrm{d}x}, \qquad \sigma_x = E\varepsilon_x \,. \tag{15.44}$$

Damit wird aus dem Prinzip der virtuellen Verrückungen

$$\int_0^\ell E \frac{\mathrm{d}u}{\mathrm{d}x} \delta \frac{\mathrm{d}u}{\mathrm{d}x} A \,\mathrm{d}x - \int_0^\ell n\delta u A \,\mathrm{d}x - F_1 \delta u_L - F_2 \delta u_R = 0 \,. \tag{15.45}$$

In der FEM wird nun für das Verschiebungsfeld in jedem Element ein Näherungsansatz gemacht. Eine lineare Ansatzfunktion ist in Bild 15.9 dargestellt.

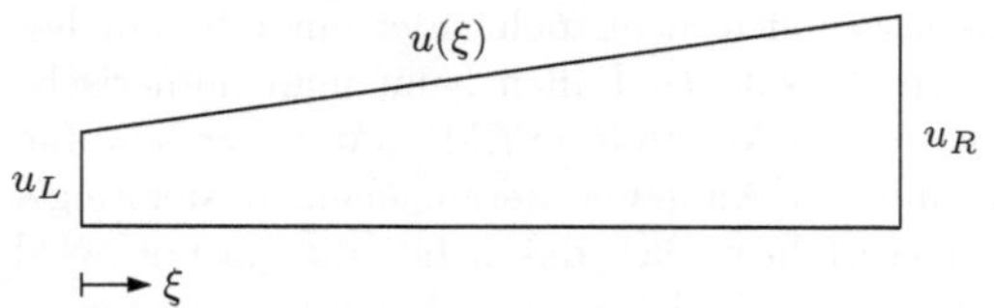

Bild 15.9
Lineare Ansatzfunktion

$$u(\xi) = (1-\xi)u_{\mathrm{L}} + \xi u_{\mathrm{R}} \qquad \text{mit} \qquad \xi = \frac{x}{\ell} \tag{15.46}$$

Damit lässt sich sowohl das virtuelle Verschiebungsfeld als auch das Dehnungsfeld und das virtuelle Dehnungsfeld in Abhängigkeit der Verschiebungen bzw. virtuellen Verschiebungen an den Stabenden darstellen.

$$\delta u(\xi) = (1-\xi)\delta u_{\mathrm{L}} + \xi \delta u_{\mathrm{R}} \tag{15.47}$$

$$\varepsilon_x = \frac{\mathrm{d}u}{\mathrm{d}x} = -\frac{1}{\ell}u_{\mathrm{L}} + \frac{1}{\ell}u_{\mathrm{R}} \tag{15.48}$$

$$\delta\varepsilon_x = \delta\frac{\mathrm{d}u}{\mathrm{d}x} = -\frac{1}{\ell}\delta u_{\mathrm{L}} + \frac{1}{\ell}\delta u_{\mathrm{R}} \tag{15.49}$$

Diese Gleichungen lassen sich auch in Matrizendarstellung schreiben.

$$u(\xi) = \begin{bmatrix} 1-\xi \\ \xi \end{bmatrix}^T \begin{bmatrix} u_{\mathrm{L}} \\ u_{\mathrm{R}} \end{bmatrix} \tag{15.50}$$

$$\delta u(\xi) = \begin{bmatrix} 1-\xi \\ \xi \end{bmatrix}^T \begin{bmatrix} \delta u_{\mathrm{L}} \\ \delta u_{\mathrm{R}} \end{bmatrix} = \begin{bmatrix} \delta u_{\mathrm{L}} \\ \delta u_{\mathrm{R}} \end{bmatrix}^T \begin{bmatrix} 1-\xi \\ \xi \end{bmatrix} \tag{15.51}$$

$$\varepsilon_x = \frac{1}{\ell}\begin{bmatrix} -1 \\ 1 \end{bmatrix}^T \begin{bmatrix} u_{\mathrm{L}} \\ u_{\mathrm{R}} \end{bmatrix} \tag{15.52}$$

$$\delta\varepsilon_x = \frac{1}{\ell}\begin{bmatrix} -1 \\ 1 \end{bmatrix}^T \begin{bmatrix} \delta u_{\mathrm{L}} \\ \delta u_{\mathrm{R}} \end{bmatrix} = \begin{bmatrix} \delta u_{\mathrm{L}} \\ \delta u_{\mathrm{R}} \end{bmatrix}^T \begin{bmatrix} -1 \\ 1 \end{bmatrix}\frac{1}{\ell} \tag{15.53}$$

Diese Größen kann man jetzt in das Prinzip der virtuellen Verrückungen (Gleichung 15.45) einsetzen.

$$\begin{aligned} &\int_0^1 \begin{bmatrix} \delta u_{\mathrm{L}} \\ \delta u_{\mathrm{R}} \end{bmatrix}^T \begin{bmatrix} -1 \\ 1 \end{bmatrix} \frac{E}{\ell^2} \begin{bmatrix} -1 \\ 1 \end{bmatrix}^T \begin{bmatrix} u_{\mathrm{L}} \\ u_{\mathrm{R}} \end{bmatrix} A\ell\,\mathrm{d}\xi \\ &- \int_0^1 \begin{bmatrix} \delta u_{\mathrm{L}} \\ \delta u_{\mathrm{R}} \end{bmatrix}^T \begin{bmatrix} 1-\xi \\ \xi \end{bmatrix} nA\ell\,\mathrm{d}\xi - \begin{bmatrix} \delta u_{\mathrm{L}} \\ \delta u_{\mathrm{R}} \end{bmatrix}^T \begin{bmatrix} F_1 \\ F_2 \end{bmatrix} = 0 \end{aligned} \tag{15.54}$$

Aus dieser Gleichung kann man jetzt die virtuellen Verschiebungen ausklammern

$$\begin{bmatrix} \delta u_{\mathrm{L}} \\ \delta u_{\mathrm{R}} \end{bmatrix}^T \left(\int_0^1 \begin{bmatrix} 1 & -1 \\ -1 & 1 \end{bmatrix} \frac{EA}{\ell} \mathrm{d}\xi \begin{bmatrix} u_{\mathrm{L}} \\ u_{\mathrm{R}} \end{bmatrix} - \int_0^1 \begin{bmatrix} 1-\xi \\ \xi \end{bmatrix} nA\ell \,\mathrm{d}\xi - \begin{bmatrix} F_1 \\ F_2 \end{bmatrix} \right) = 0, \quad (15.55)$$

woraus sich für unbestimmte δu_{L} und δu_{R} sofort ergibt

$$\int_0^1 \begin{bmatrix} 1 & -1 \\ -1 & 1 \end{bmatrix} \frac{EA}{\ell} \mathrm{d}\xi \begin{bmatrix} u_{\mathrm{L}} \\ u_{\mathrm{R}} \end{bmatrix} \quad (15.56)$$

$$- \int_0^1 \begin{bmatrix} 1-\xi \\ \xi \end{bmatrix} nA\ell \,\mathrm{d}\xi - \begin{bmatrix} F_1 \\ F_2 \end{bmatrix} = \begin{bmatrix} 0 \\ 0 \end{bmatrix}. \quad (15.57)$$

Für konstante Materialeigenschaften und eine konstante Streckenlast folgt

$$\underbrace{\begin{bmatrix} 1 & -1 \\ -1 & 1 \end{bmatrix} \frac{EA}{\ell}}_{\mathbf{K}_e} \underbrace{\begin{bmatrix} u_{\mathrm{L}} \\ u_{\mathrm{R}} \end{bmatrix}}_{\mathbf{u}} \underbrace{- \begin{bmatrix} 1 \\ 1 \end{bmatrix} \frac{nA\ell}{2} - \begin{bmatrix} F_1 \\ F_2 \end{bmatrix}}_{\mathbf{P}} = \begin{bmatrix} 0 \\ 0 \end{bmatrix}. \quad (15.58)$$

$\mathbf{K}_e$ ist hierbei die Elementsteifigkeitsmatrix, $\mathbf{u}$ der Vektor der Knotenverschiebungen der Elementknoten und $\mathbf{P}$ der Lastvektor. In der Regel wird man eine Geometrie mit mehr als einem Element diskretisieren. Die Abhängigkeiten zwischen den Elementen kommen über die gemeinsam genutzten Knoten zustande. Im sogenannten Assemblierungsschritt werden die vielen kleinen Gleichungssysteme für jedes einzelne Element zu einem großen Gleichungssystem für das Gesamtproblem zusammengesetzt.

In Bild 15.10 wird schematisch der Assemblierungsschritt dargestellt. Hier sind

$$N_{\mathrm{L}}^{(\mathrm{I})} = N_{\mathrm{R}}^{(\mathrm{I})} = \frac{nA\ell^{(\mathrm{I})}}{2} \quad (15.59)$$

$$N_{\mathrm{L}}^{(\mathrm{II})} = N_{\mathrm{R}}^{(\mathrm{II})} = \frac{nA\ell^{(\mathrm{II})}}{2} \quad (15.60)$$

$$N_{\mathrm{L}}^{(\mathrm{III})} = N_{\mathrm{R}}^{(\mathrm{III})} = \frac{nA\ell^{(\mathrm{III})}}{2} \quad (15.61)$$

die aus der Streckenlast n resultierenden Anteile der Knotenlasten. Für die Assemblierung ist es notwendig, alle vorhandenen Knoten und Elemente zu numerieren. Da einige Knoten mehreren Elementen zugeordnet sein können, gibt es die Bedingungen, dass natürlich die Knotenverschiebungen dieser Knoten in

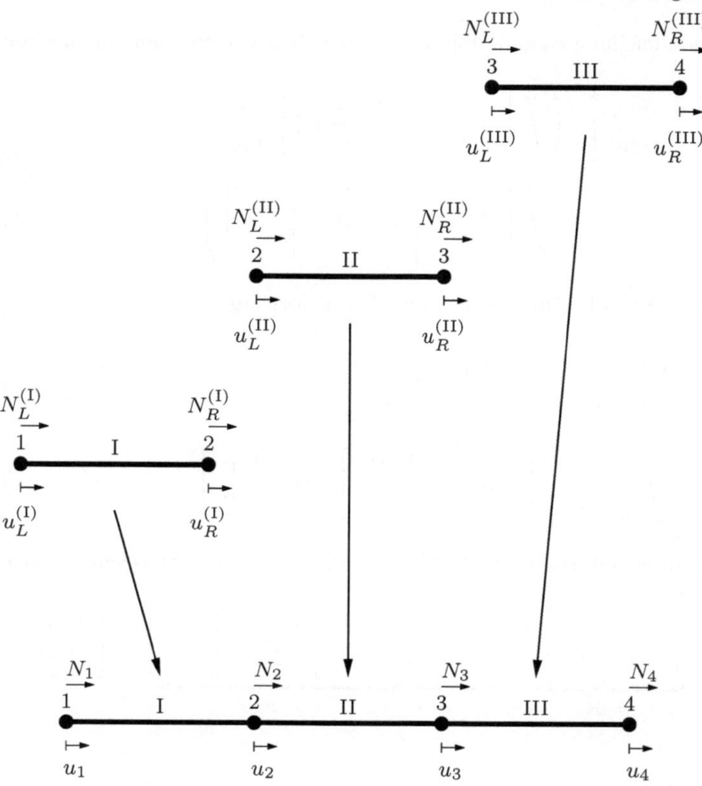

Bild 15.10 Assemblierung

den entsprechenden Elementen jeweils gleich sein müssen. Entsprechend der Assemblierung, dargestellt in Bild 15.10 bedeutet das

$$u_1 = u_{\mathrm{L}}^{(\mathrm{I})} \tag{15.62}$$

$$u_2 = u_{\mathrm{R}}^{(\mathrm{I})} = u_{\mathrm{L}}^{(\mathrm{II})} \tag{15.63}$$

$$u_3 = u_{\mathrm{R}}^{(\mathrm{II})} = u_{\mathrm{L}}^{(\mathrm{III})} \tag{15.64}$$

$$u_4 = u_{\mathrm{R}}^{(\mathrm{III})} . \tag{15.65}$$

Wenn man jetzt für jedes Element die Finite Element Gleichungen aufstellt, und anschließend alle Gleichungen addiert, dann addieren sich die Elementsteifigkeiten der Knoten, die zu mehreren Elementen gehören. Außerdem addieren sich die einzelnen aus den Streckenlasten berechneten Knotenlasten und die vorgegebenen Einzellasten an den Knoten zu den Gesamtknotenlasten.

$$N_1 = N_{\mathrm{L}}^{(\mathrm{I})} + F_1 \tag{15.66}$$

$$N_2 = N_{\mathrm{R}}^{(\mathrm{I})} + N_{\mathrm{L}}^{(\mathrm{II})} + F_2 \tag{15.67}$$

$$N_3 = N_{\mathrm{R}}^{(\mathrm{II})} + N_{\mathrm{L}}^{(\mathrm{III})} + F_3 \tag{15.68}$$

$$N_4 = N_{\mathrm{R}}^{(\mathrm{III})} + F_4 \tag{15.69}$$

Insgesamt ergibt sich durch die Abhängigkeiten zwischen den Elementen ein großes Gleichungssystem, mit der in Bild 15.11 zu erkennenden Struktur bei der sich verschiedene Elementsteifigkeiten additiv überlagern.

$$\begin{bmatrix} \frac{EA}{\ell^{(\mathrm{I})}} & -\frac{EA}{\ell^{(\mathrm{I})}} & 0 & 0 \\ -\frac{EA}{\ell^{(\mathrm{I})}} & \frac{EA}{\ell^{(\mathrm{I})}} + \frac{EA}{\ell^{(\mathrm{II})}} & -\frac{EA}{\ell^{(\mathrm{II})}} & 0 \\ 0 & -\frac{EA}{\ell^{(\mathrm{II})}} & \frac{EA}{\ell^{(\mathrm{II})}} + \frac{EA}{\ell^{(\mathrm{III})}} & -\frac{EA}{\ell^{(\mathrm{III})}} \\ 0 & 0 & -\frac{EA}{\ell^{(\mathrm{III})}} & \frac{EA}{\ell^{(\mathrm{III})}} \end{bmatrix} \begin{bmatrix} u_1 \\ u_2 \\ u_3 \\ u_4 \end{bmatrix} = \begin{bmatrix} \frac{nA\ell^{(\mathrm{I})}}{2} + F_1 \\ \frac{nA(\ell^{(\mathrm{I})}+\ell^{(\mathrm{II})})}{2} + F_2 \\ \frac{nA(\ell^{(\mathrm{II})}+\ell^{(\mathrm{III})})}{2} + F_3 \\ \frac{nA\ell^{(\mathrm{III})}}{2} + F_4 \end{bmatrix}$$

Bild 15.11 Struktur des Gleichungssystems

Damit das Finite Element Problem auch lösbar wird, müssen noch Verschiebungsrandbedingungen berücksichtigt werden. Hält man z. B. Knoten 1 fest, dann ist seine Verschiebung $u_1 = 0$. Genauso gilt dann für die virtuelle Verschiebung des ersten Knotens $\delta u_1 = 0$. Setzt man nun diese beiden Bedingungen in das Gleichungssystem ein, dann kann man feststellen, dass in diesem Fall die erste Spalte der Steifigkeitsmatrix keinen Beitrag zu dem Gleichungssystem liefert. Außerdem wird auch die erste Zeile der Steifigkeitsmatrix sowie der rechten Seite überflüssig. Nachdem alle Knotenverschiebungen berechnet sind, kann man die erste Zeile der Steifigkeitsmatrix benutzen, um die Auflagerreaktionen zu bestimmen, indem man sie mit dem Verschiebungsvektor multipliziert. Man kann hier also zum Lösen des Gleichungssystems die erste Spalte sowie die erste Zeile der Steifigkeitsmatrix und der rechten Seite löschen und erhält

$$\begin{bmatrix} \frac{EA}{\ell^{(\mathrm{I})}} + \frac{EA}{\ell^{(\mathrm{II})}} & -\frac{EA}{\ell^{(\mathrm{II})}} & 0 \\ -\frac{EA}{\ell^{(\mathrm{II})}} & \frac{EA}{\ell^{(\mathrm{II})}} + \frac{EA}{\ell^{(\mathrm{III})}} & -\frac{EA}{\ell^{(\mathrm{III})}} \\ 0 & -\frac{EA}{\ell^{(\mathrm{III})}} & \frac{EA}{\ell^{(\mathrm{III})}} \end{bmatrix} \begin{bmatrix} u_2 \\ u_3 \\ u_4 \end{bmatrix} = \begin{bmatrix} \frac{nA(\ell^{(\mathrm{I})}+\ell^{(\mathrm{II})})}{2} + F_2 \\ \frac{nA(\ell^{(\mathrm{II})}+\ell^{(\mathrm{III})})}{2} + F_3 \\ \frac{nA\ell^{(\mathrm{III})}}{2} + F_4 \end{bmatrix}.$$

Durch Lösen dieses Gleichungssystems erhält man die noch unbekannten Knotenverschiebungen u_2, u_3 und u_4. Die Spannungen bzw. Schnittgrößen kann man anschließend in jedem Element berechnen. Zunächst berechnet man die Dehnungen gemäß Gleichung 15.48. Setzt man diesen Wert für ε_x wieder in das Stoffgesetz (Gleichung 15.44) ein, so ergeben sich die Spannungen σ_x. Und durch multiplizieren mit der Querschnittsfläche A bekommt man letztlich die

Normalkraft N im Element.

$$N^{(i)} = \frac{EA}{\ell^{(i)}}(u_{\mathrm{L}}^{(i)} - u_{\mathrm{R}}^{(i)}) \tag{15.70}$$

Auf ähnliche Art und Weise kann man auch entsprechende Elemente für Balken, oder zwei- und dreidimensionale Strukturen entwickeln.

Beispiel 15.8 Stabelement

Als Beispiel betrachten wir einen Stab bestehend aus zwei Bereichen mit jeweils unterschiedlicher Länge und Zugsteifigkeit. Gesucht ist die Gesamtsteifigkeitsmatrix dieses Problems, wenn man für jeden Anteil ein finites Element ansetzt.

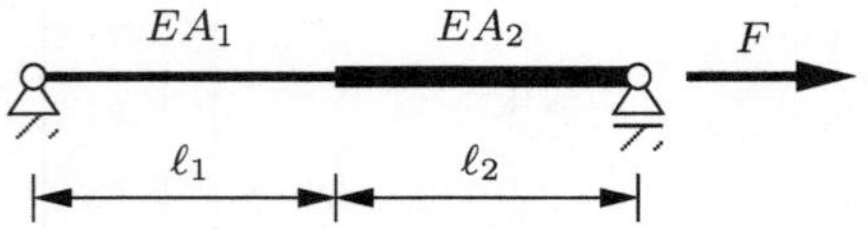

EA_1 EA_2 F

ℓ_1 ℓ_2

Die gewählte Diskretisierung ist

1 I 2 II 3 F

Daraus folgt für die Steifigkeitsmatrix des ersten Elementes

$$\boldsymbol{K}_{e1} = \begin{bmatrix} \frac{EA_1}{\ell_1} & -\frac{EA_1}{\ell_1} \\ -\frac{EA_1}{\ell_1} & \frac{EA_1}{\ell_1} \end{bmatrix}$$

und für die des zweiten Elementes

$$\boldsymbol{K}_{e2} = \begin{bmatrix} \frac{EA_2}{\ell_2} & -\frac{EA_2}{\ell_2} \\ -\frac{EA_2}{\ell_2} & \frac{EA_2}{\ell_2} \end{bmatrix}$$

Assembliert ergibt sich daraus die Gesamtsteifigkeitsmatrix

$$\boldsymbol{K} = \begin{bmatrix} \frac{EA_1}{\ell_1} & -\frac{EA_1}{\ell_1} & 0 \\ -\frac{EA_1}{\ell_1} & \frac{EA_1}{\ell_1} + \frac{EA_2}{\ell_2} & -\frac{EA_2}{\ell_2} \\ 0 & -\frac{EA_2}{\ell_2} & \frac{EA_2}{\ell_2} \end{bmatrix}.$$

Da keines der Stabelemente durch eine Streckenlast belastet ist, und nur an Knoten 3 die Einzellast F angreift, erhält man für die rechte Seite des Gleichungssystems

$$\boldsymbol{P} = \begin{bmatrix} 0 \\ 0 \\ F \end{bmatrix}.$$

Die Verschiebung des ersten Knotens verschwindet aufgrund der Lagerung. Damit kann die erste Zeile und die erste Spalte des Gleichungssystems gestrichen werden, und das noch verbleibende zu lösende Gleichungssystem ist

$$\begin{bmatrix} \frac{EA_1}{\ell_1}+\frac{EA_2}{\ell_2} & -\frac{EA_2}{\ell_2} \\ -\frac{EA_2}{\ell_2} & \frac{EA_2}{\ell_2} \end{bmatrix} \begin{bmatrix} u_2 \\ u_3 \end{bmatrix} = \begin{bmatrix} 0 \\ F \end{bmatrix}.$$

MAPLE liefert für die Lösung dieses Gleichungssystems

```
> with(linalg):
> K:=matrix([[EA1/l1+EA2/l2,-EA2/l2],[-EA2/l2,EA2/l2]]):
> P:=vector([0,F]):
> u:=linsolve(K,P);
```

$$u := \left[\frac{\ell_1 F}{EA_\ell}, \frac{F(EA_1\ell_2+EA_2\ell_1)}{EA_1 EA_2}\right].$$

Das bedeutet, dass sich Knoten 2 um

$$u_2 = \frac{F\ell_1}{EA_\ell}$$

und Knoten 3 um

$$u_3 = \frac{F(EA_1\ell_2+EA_2\ell_1)}{EA_1 EA_2}$$

verschiebt. Diese Lösung stimmt mit der analytischen Lösung überein.

15.8 Übungsaufgaben

Aufgabe 15.1 (Schwierigkeitsgrad 1)

Gegeben ist der dargestellte, durch ein Moment und eine Streckenlast belastete Träger.

Berechnen Sie mit dem Prinzip der virtuellen Verrückungen
a) die Kraft im Auflager B und
b) das Einspannmoment bei A.

Gegeben: q_0, ℓ, $M_0 = q_0\ell^2$

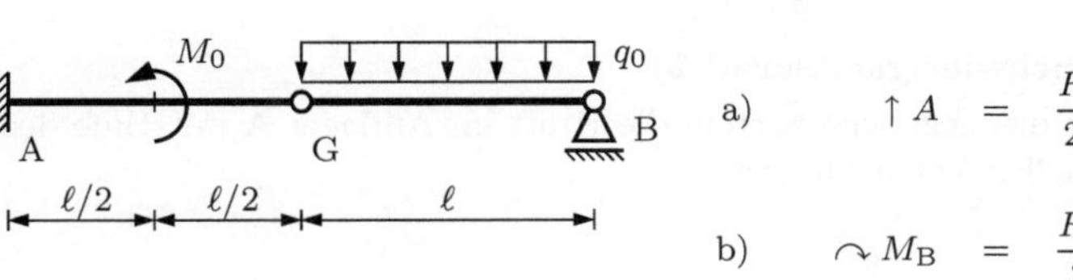

Lösung:

a) $\uparrow A = \frac{F}{2}$

b) $\curvearrowright M_B = \frac{F\ell}{2}$

Aufgabe 15.2 (Schwierigkeitsgrad 2)

Berechnen Sie für das dargestellte System die Größe des Biegemoments bei A.

Gegeben: F, a

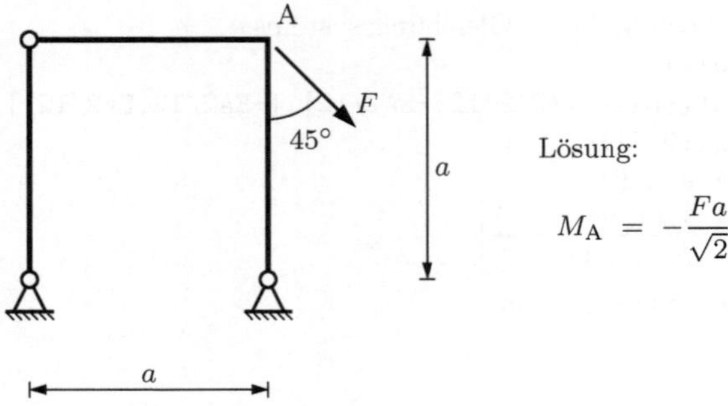

Lösung:

$$M_{\mathrm{A}} = -\frac{Fa}{\sqrt{2}}$$

Aufgabe 15.3 (Schwierigkeitsgrad 2)

Berechnen Sie die Auflagerkraft bei A, sowie das Einspannmoment bei B infolge der gegebenen Belastung.

Gegeben: F, ℓ, $M_0 = F\ell$

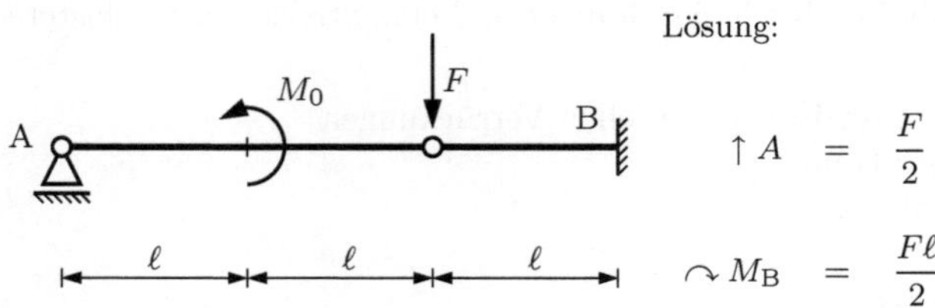

Lösung:

$$\uparrow A = \frac{F}{2}$$

$$\curvearrowright M_{\mathrm{B}} = \frac{F\ell}{2}$$

Aufgabe 15.4 (Schwierigkeitsgrad 2)

Berechnen Sie für das gegebene System die Kraft im Auflager A mit Hilfe des Prinzips der virtuellen Verrückungen.

Gegeben: q_0, a

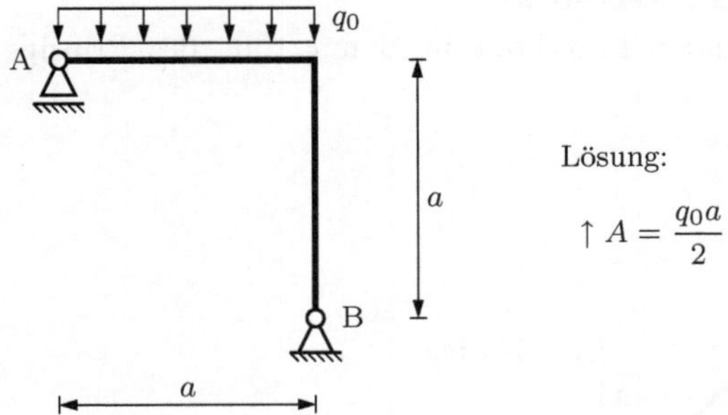

Lösung:

$$\uparrow A = \frac{q_0 a}{2}$$

Aufgabe 15.5 (Schwierigkeitsgrad 1)
Bestimmen Sie für das skizzierte Tragwerk die horizonatale Auflagerkraft in A mit Hilfe des Prinzips der virtuellen Verrückung.
Gegeben: ℓ, M

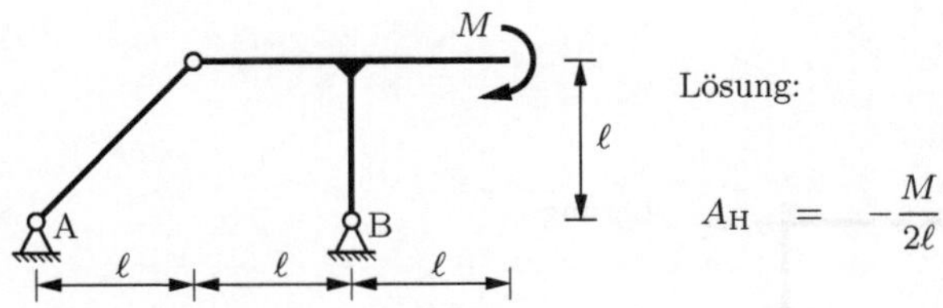

Lösung:

$$A_{\mathrm{H}} = -\frac{M}{2\ell}$$

Aufgabe 15.6 (Schwierigkeitsgrad 2)
Ermitteln Sie mit Hilfe des Prinzips der virtuellen Verrückung die Auflagerreaktion in C.
Gegeben: a, F_1, F_2, F_3

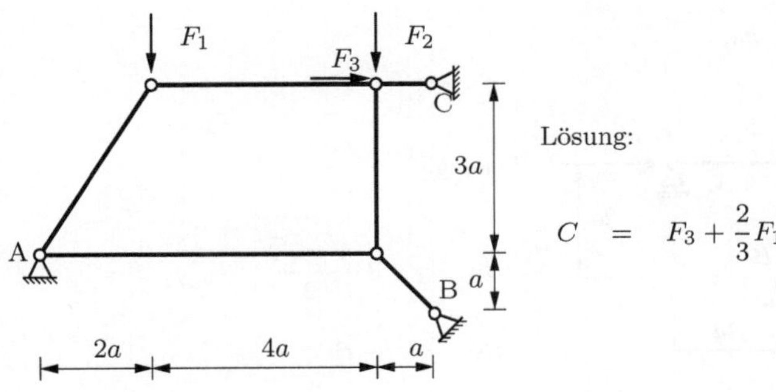

Lösung:

$$C = F_3 + \frac{2}{3} F_1$$

Aufgabe 15.7 (Schwierigkeitsgrad 2)

Bestimmen Sie die horizontale Lagerkraft in B mit Hilfe des Prinzips der virtuellen Verrückung.

Gegeben: $M = q_0 a^2$, q_0, a

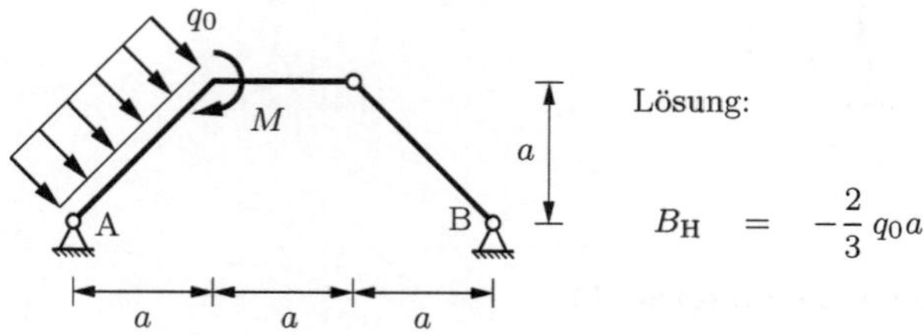

Lösung:

$$B_{\mathrm{H}} = -\frac{2}{3}\, q_0 a$$

Aufgabe 15.8 (Schwierigkeitsgrad 3)

Bestimmen Sie die Lagerreaktionen A_{H} und A_{V} mit Hilfe des Prinzips der virtuellen Verrückungen.

Gegeben: q_0, M, F, a

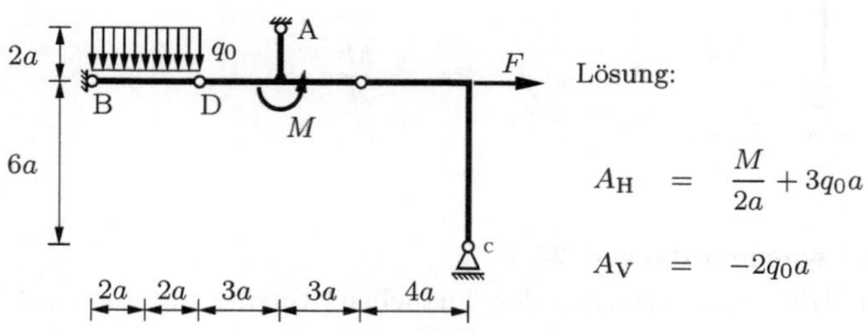

Lösung:

$$A_{\mathrm{H}} = \frac{M}{2a} + 3q_0 a$$

$$A_{\mathrm{V}} = -2q_0 a$$

Aufgabe 15.9 (Schwierigkeitsgrad 2)

Bestimmen Sie mit Hilfe des Prinzips der virtuellen Verrückung die Auflagerkräfte in B.

Gegeben: $M = q_0 a^2$, q_0, a

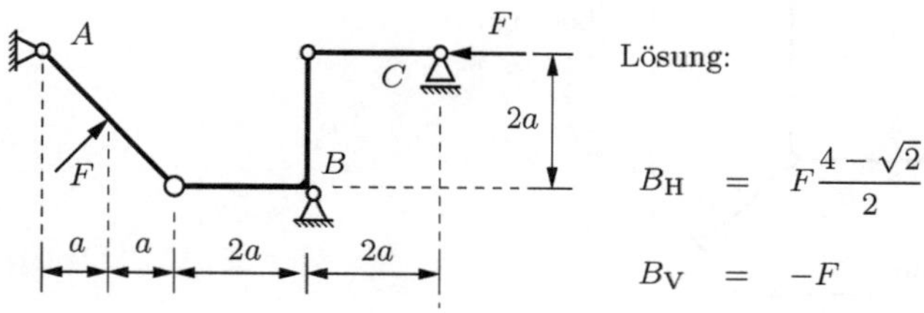

Lösung:

$$B_{\mathrm{H}} = F\,\frac{4-\sqrt{2}}{2}$$

$$B_{\mathrm{V}} = -F$$

Aufgabe 15.10 (Schwierigkeitsgrad 2)

Bestimmen Sie die vertikale Absenkung des Lastangriffspunktes des dargestellten Fachwerks.

Gegeben: EA, a, F

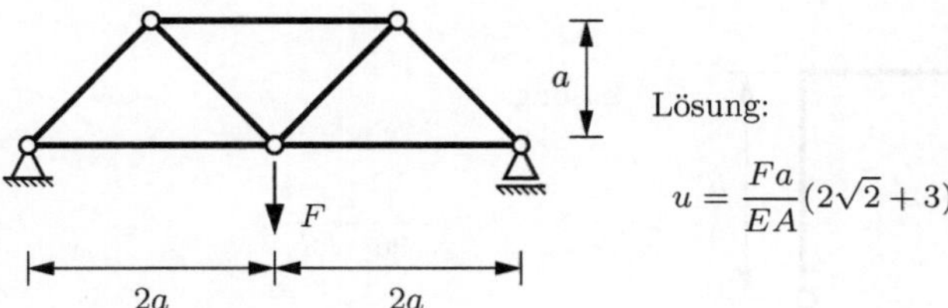

Lösung:

$$u = \frac{Fa}{EA}(2\sqrt{2} + 3)$$

Aufgabe 15.11 (Schwierigkeitsgrad 1)

Ein Brett mit dem dargestellten Querschnitt ist am Ende durch eine Kraft F belastet.

Wie groß ist die Absenkung des Lastangriffspunktes?

Gegeben: F, a, b, c, d, E

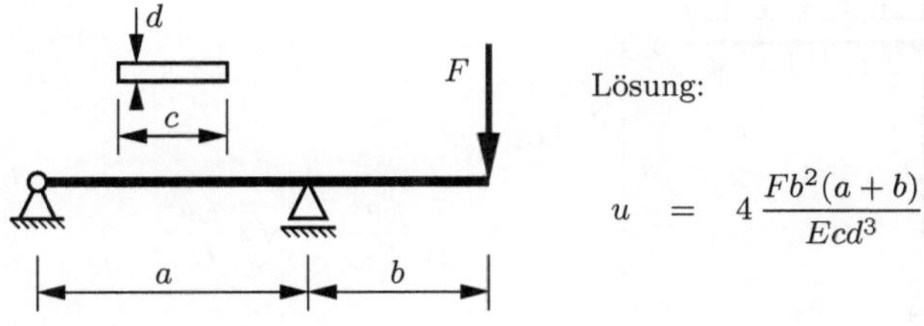

Lösung:

$$u = 4\,\frac{Fb^2(a+b)}{Ecd^3}$$

Aufgabe 15.12 (Schwierigkeitsgrad 2)

Ermitteln Sie am dargestellten System die vertikale Verschiebung des Gelenkpunktes G und die gegenseitige Verdrehung der Stabenden am Gelenkpunkt G mit Hife des Prinzips der virtuellen Kräfte.

Gegeben: EI, $EA \to \infty$, $GA \to \infty$, ℓ, h, w

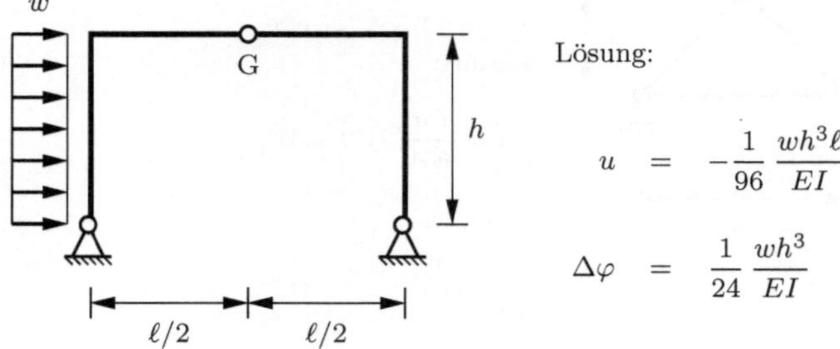

Lösung:

$$u = -\frac{1}{96}\,\frac{wh^3\ell}{EI}$$

$$\Delta\varphi = \frac{1}{24}\,\frac{wh^3}{EI}$$

Aufgabe 15.13 (Schwierigkeitsgrad 2)

Berechnen Sie die vertikale Absenkung des Punktes A infolge der Streckenlast q_0 mit Hilfe des Prinzips der virtuellen Kräfte.

Gegeben: q_0, a, EI, EA

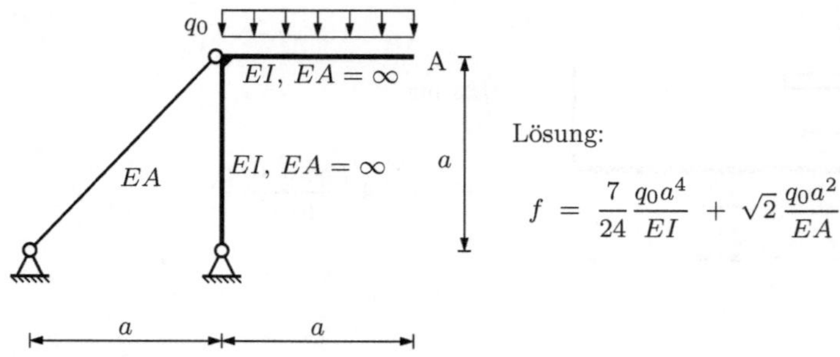

Lösung:

$$f = \frac{7}{24}\,\frac{q_0 a^4}{EI} + \sqrt{2}\,\frac{q_0 a^2}{EA}$$

Aufgabe 15.14 (Schwierigkeitsgrad 3)

Bestimmen Sie die Durchbiegung des Punktes G sowie die gegenseitige Verdrehung der Stäbe am Gelenk G für die folgenden Fälle. Dabei ist die Verformung infolge Querkraft zu vernachlässigen.

a) Am rechten Tragwerksteil greift in G ein Moment M_0 an.

b) Das System erfährt eine ungleichmäßige Temperaturänderung. Der obere Rand wird auf T_O abgekühlt, der untere Rand auf T_U aufgewärmt.

c) Das System erfährt eine Stützenabsenkung am Auflager A von v_A.

Gegeben: Querschnittshöhe $d = 40$ cm, $\alpha_T = 10^{-5}$ 1/K,
$EI_1 = 2\,EI_2 = EI_3 = 84000$ kNm^2, $\ell_1 = 2\,\ell_2 = 4/3\,\ell_3 = 12$ m,
$M_0 = 210$ kNm, $T_U = -T_O = 10$ °C, $v_A = 10$ cm

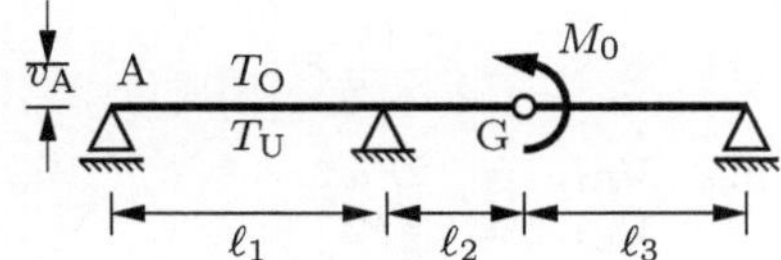

Lösung:

a) $u = 8$ cm
$\Delta\varphi = -0.0331$

b) $u = -2.7$ cm
$\Delta\varphi = 0.01125$

c) $u = -5$ cm
$\Delta\varphi = -0.0139$

Aufgabe 15.15 (Schwierigkeitsgrad 3)

Bestimmen Sie mit Hilfe des Satzes von BETTI die Biegelinie $w_M(x)$ infolge des Momentes M aus der bekannten Funktion für die Neigung $w'_{F(a)}(x = \ell)$ am rechten Auflager $(x = \ell)$ infolge einer Einzellast F an der Stelle a.

Gegeben: ℓ, M, EI, $w'_{F(a)}(x = \ell) = -\dfrac{F\ell^2}{6\,EI}\left[\left(\dfrac{a}{\ell}\right) - \left(\dfrac{a}{\ell}\right)^3\right]$

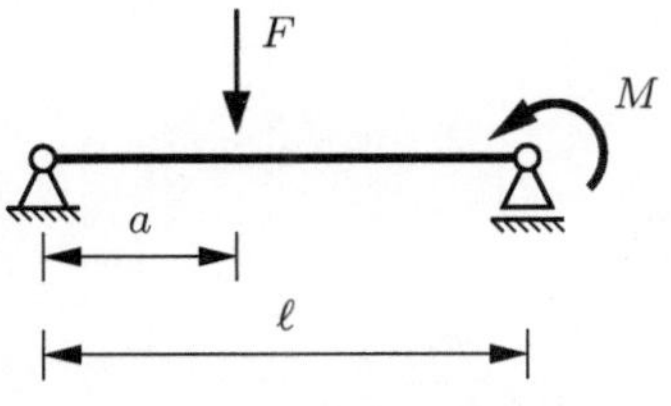

Lösung:

$$w_M(x) = \frac{M\ell^2}{6EI}\left[\left(\frac{a}{\ell}\right) - \left(\frac{a}{\ell}\right)^3\right]$$

Aufgabe 15.16 (Schwierigkeitsgrad 3)

Der dehnstarre Rahmen 1 mit der Biegesteifigkeit EI_1 mit biegesteifer Ecke bei B ist durch den Stab 2 mit der Dehnsteifigkeit EA_2 versteift worden.

a) Wie groß ist die Stabkraft?

b) In welchem Verhältnis verringert sich das Biegemoment bei B aufgrund der Versteifung durch den Stab 2?

Gegeben: $EI_1 = \dfrac{1}{3\sqrt{2}}\, a^2\, EA_2,\ EA_2,\ a,\ F$

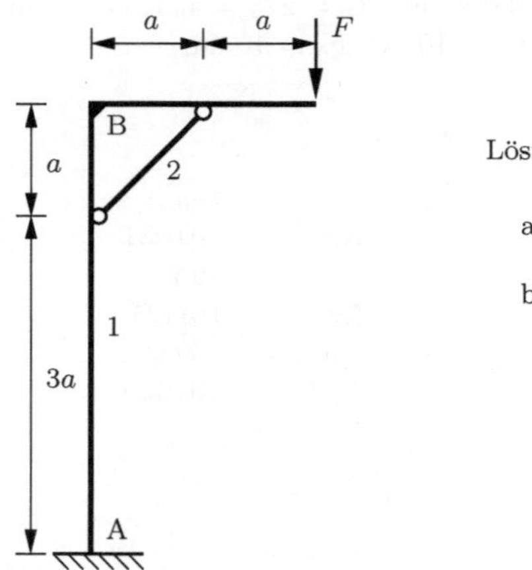

Lösung:

$$\text{a)} \quad S = \frac{11}{4\sqrt{2}} F$$

$$\text{b)} \quad M_{B1} = 2Fa$$

$$M_{B2} = \tfrac{5}{8} Fa$$

$$\frac{M_{B2}}{M_{B1}} = \frac{5}{16}$$

Aufgabe 15.17 (Schwierigkeitsgrad 2)

Das dargestellte statisch unbestimmt gelagerte Stabsystem besteht aus zwei unterschiedlichen Stäben und wird durch die Einzellast F belastet.

Bestimmen Sie mit Hilfe der Methode der Finiten Elemente die Verschiebung des Lastangriffspunktes

Gegeben: $EA_1,\ \ell_1,\ EA_2,\ \ell_2$

Lösung:

$$u = \frac{F\ell_1\ell_2}{EA_1\ell_2 + EA_2\ell_1}$$

16 Stabilitätsprobleme

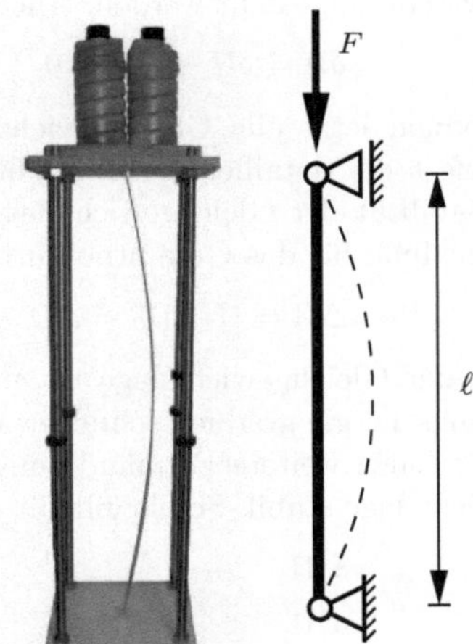

Bild 16.1
Ausgeknickter Stab (zweiter Euler-Fall)

Häufig kollabieren Strukturen nicht durch Materialversagen (Plastifizieren etc.), sondern durch strukturelle Instabilität. Als instabil bezeichnet man einen Zustand, in dem eine kleine Abweichung aus dem Gleichgewicht große Deformationsänderungen zur Folge hat.

Man unterscheidet drei Arten von Gleichgewicht: *stabil*, *indifferent* und *labil*.

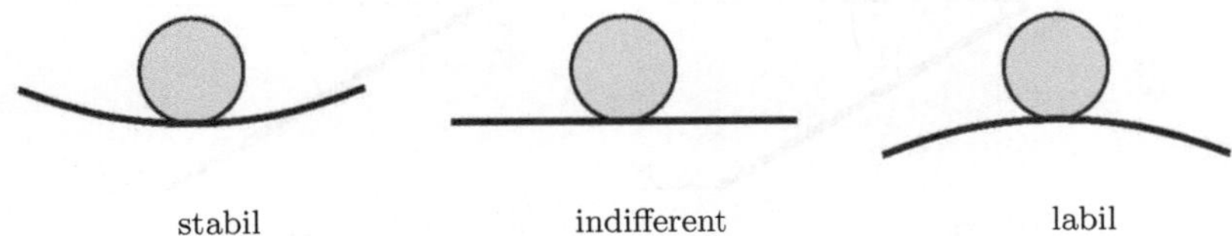

Bild 16.2 Stabiles, indifferentes und labiles Gleichgewicht

Für elastische Strukturen treten Instabilitäten erst bei Überschreitung einer bestimmten Last, der sogenannten *kritischen Last* auf.

16.1 Kritische Last elastischer Starrkörpersysteme

Bei Starrkörpersystemen kann man über die Gleichgewichtsbedingungen am infinitesimal ausgelenkten System die kritische Last berechnen (siehe Beispiel 16.1). Alternativ gelangt man auch über energetische Betrachtungen mit Hilfe des Gesamtpotentials zu Aussagen über die Gleichgewichtslagen. Das Gesamtpotential wurde bereits in Abschnitt 15.4 eingeführt,

$$\Pi = U - W\,.$$

Dieses Potential muss für das aus der unbelasteten Ausgangslage ausgelenkte System aufgestellt werden. Aus der Gleichgewichtsbedingung,

$$\delta\Pi = \delta U - \delta W = 0$$

können jetzt alle Gleichgewichtslagen des Systems berechnet werden. Ferner liefert die detailliertere Betrachtung des Gesamtpotentials Aussagen über die Stabilität der Gleichgewichtslagen. Dazu betrachten wir eine Taylorreihenentwicklung für das Gesamtpotential,

$$\Delta\Pi = \Pi - \Pi_0 = \Delta U - \Delta W = \delta\Pi + \delta^2\Pi + ... \tag{16.1}$$

In der Gleichgewichtslage ist $\delta\Pi = 0$. Wenn $\Delta\Pi > 0$, wächst die Formänderungsenergie graduell schneller als die Formänderungsarbeit. Das System ist in der Lage, weitere Formänderungsenergie aufzunehmen. Dann ist die Gleichgewichtslage stabil. Somit gilt für die Stabilität der Gleichgewichtslagen:

$$\delta^2\Pi > 0 \quad \rightarrow \quad \text{stabile Gleichgewichtslage,} \tag{16.2}$$

$$\delta^2\Pi < 0 \quad \rightarrow \quad \text{instabile Gleichgewichtslage.} \tag{16.3}$$

Für den Fall $\delta^2\Pi = 0$ sind höhere Ableitungen zu untersuchen.

Beispiel 16.1 Kritische Last elastischer Starrkörper

Ein Beispiel ist der dargestellte, über eine Drehfeder elastisch gelagerte Stab für den die kritische Last gesucht ist.

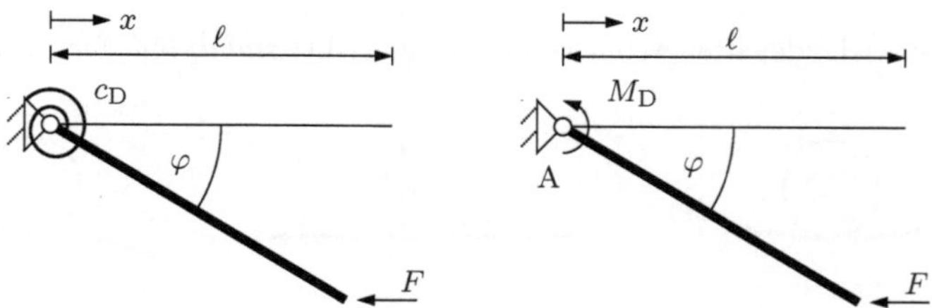

Lösung:

Die Gleichgewichtsbedingungen können hier auch ohne das Gesamtpotential aufzustellen mittels der NEWTONschen Axiome bestimmt werden. Das Momentengleichgewicht am ausgelenkten System ist

$$M_D = F\ell\sin(\varphi) \qquad \text{mit} \qquad M_D = c_D\varphi$$

$$c_D\varphi - F\ell\sin(\varphi) = 0$$

$$\Rightarrow \quad \frac{\varphi}{\sin(\varphi)} = \frac{F\ell}{c_D}$$

Im ausgelenkten Fall gilt

$$\frac{\varphi}{\sin(\varphi)} > 1\,.$$

Daher kann eine Auslenkung nur dann stattfinden, wenn auch

$$\frac{F\ell}{c_D} > 1 \qquad \text{oder} \qquad F > \frac{c_D}{\ell}\,.$$

Damit folgt für die kritische Last

$$F_{\text{krit}} = \frac{c_D}{\ell}\,.$$

Wird diese Last überschritten, dann wird die Gleichgewichtslage $\varphi = 0$ instabil, und die ausgelenkte Gleichgewichtslage mit

$$F = \frac{c_D\varphi}{\ell\sin(\varphi)}$$

wird zur stabilen Gleichgewichtslage. Wird die kritische Last unterschritten ($F < F_{\text{krit}}$), dann ist $\varphi = 0$ die einzige und stabile Gleichgewichtslage.

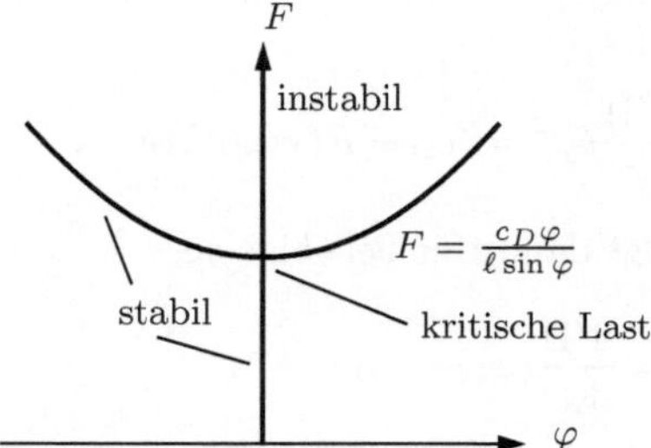

Sind nur die kritischen Lasten gesucht, genügt es, die linearisierte Gleichgewichtsbedingung zu betrachten. Mit $\cos\varphi \approx 1$ und $\sin\varphi \approx \varphi$ folgt hier

$$(c_D - F\ell)\varphi = 0\,.$$

Eine nichttriviale Lösung dieser Gleichung ($\varphi \neq 0$) liefert unmittelbar die kritische Last

$$F_{\text{krit}} = \frac{c_D}{\ell}\,.$$

Diese so genannte Theorie 2. Ordnung liefert allerdings keine Aussagen über das Lösungsverhalten nach Überschreiten der kritischen Last.

Um festzustellen, ob eine Gleichgewichtslage stabil, labil oder indifferent ist, wird nun das Gesamtpotential des Systems untersucht. In diesem Beispiel setzt sich das Gesamtpotential durch das Federpotential (Formänderungsenergie) und das Potential der Kraft F (äußere Arbeit) zusammen. Mit

$$U = \frac{1}{2} c_{\mathrm{D}} \varphi^2 \qquad \text{und} \qquad W = F\ell(1 - \cos(\varphi))$$

folgt

$$\Pi = \frac{1}{2} c_{\mathrm{D}} \varphi^2 + F\ell(\cos(\varphi) - 1)\,.$$

Die Gleichgewichtsbedingung (Gleichung 15.37) liefert

$$\delta\Pi = \frac{\mathrm{d}\Pi}{\mathrm{d}\varphi}\delta\varphi = (c_{\mathrm{D}}\varphi - F\ell\sin(\varphi))\,\delta\varphi = 0\,.$$

Diese Gleichung wird für beliebige $\delta\varphi$ für die beiden Winkel φ_1 und φ_2 mit

$$\varphi_1 = 0 \qquad \text{und} \qquad \frac{\varphi_2}{\sin(\varphi_2)} = \frac{F\ell}{c_{\mathrm{D}}}$$

erfüllt. Um nun herauszufinden, ob es sich um eine stabile Gleichgewichtslage handelt, ist zu untersuchen, ob der Extremalwert des Gesamtpotentials ein lokales Minimum oder Maximum ist. Im Fall eines lokalen Minimums ist die Gleichgewichtslage stabil. Bei einem lokalen Maximum ist sie instabil. Diese Eigenschaft wird durch die zweite Variation des Gesamtpotentials ausgedrückt,

$$\delta^2\Pi = \frac{\mathrm{d}^2\Pi}{\mathrm{d}\varphi^2}\delta\varphi^2 = (c_{\mathrm{D}} - F\ell\cos(\varphi))\,\delta\varphi^2\,.$$

Für $\varphi_1 = 0$ folgt damit für beliebige $\delta\varphi$

$$\Pi''(\varphi_1) = \frac{\mathrm{d}^2\Pi}{\mathrm{d}\varphi^2}(\varphi_1) = c_{\mathrm{D}} - F\ell\,.$$

Für $F < c_{\mathrm{D}}/\ell$ ist $\Pi''(\varphi_1) > 0$. Das bedeutet, dass Π hier ein lokales Minimum einnimmt, und damit die Gleichgewichtslage stabil ist. Für $F > c_{\mathrm{D}}/\ell$ ist $\Pi''(\varphi_1) < 0$ und das Gleichgewicht ist instabil. In der zweiten Gleichgewichtslage φ_2 gilt

$$\Pi''(\varphi_2) = \frac{\mathrm{d}^2\Pi}{\mathrm{d}\varphi^2}(\varphi_2) = c_{\mathrm{D}} - F\ell\cos(\varphi_2) = c_{\mathrm{D}}\left(1 - \frac{\varphi_2}{\tan(\varphi_2)}\right) > 0\,,$$

da

$$\frac{\varphi_2}{\tan(\varphi_2)} < 1\,.$$

Damit ist diese Gleichgewichtslage immer stabil.

Beispiel 16.2 System mit zwei Freiheitsgraden
Ein weiteres Beispiel ist das abgebildete System mit zwei Freiheitsgraden. Zu bestimmen sind die kritischen Knicklasten.

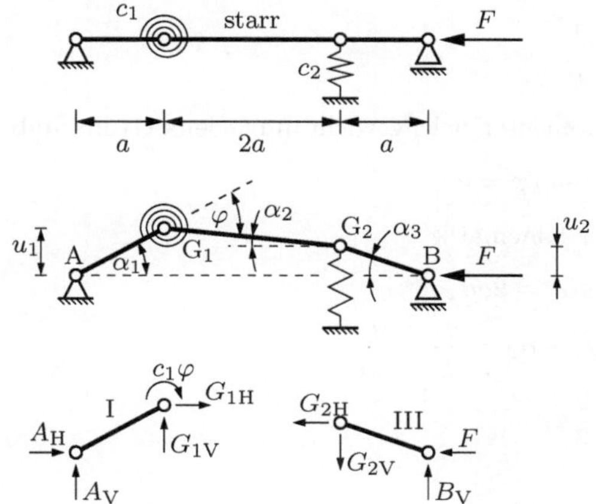

Lösung:
Das Freikörperbild in der ausgelenkten Lage ist oben skizziert. Bei diesem Beispiel sind nur die kritischen Lasten gefragt, es genügt somit nur die linearisierten Gleichgewichtsbedingungen zu betrachten. Aus dem globalen Momentengleichgewicht um Punkt A kann man die Auflagerkraft B_{V} bestimmen

$$B_{\mathrm{V}}\,4a - c_2 u_2\,3a = 0\,,$$

$$B_{\mathrm{V}} = \frac{3}{4} c_2 u_2\,.$$

Jetzt folgt aus dem Momentengleichgewicht um das Gelenk G_2 im Stab III

$$B_{\mathrm{V}}\,a - F\,u_2 = 0$$

oder

$$\left(\frac{3}{4} c_2 a - F\right) u_2 = 0\,.$$

Diese Gleichung hat die zwei Lösungen

$$\frac{3}{4} c_2 a - F = 0 \qquad \text{und} \qquad u_2 = 0\,.$$

Aus der ersten Lösung folgt sofort die erste kritische Last

$$F_{\mathrm{krit1}} = \frac{3}{4} c_2 a\,.$$

Aus der zweiten Lösung kann man die zweite kritische Last herleiten. Das Kräfte- und Momentengleichgewicht um Punkt B am Gesamtsystem liefert für $u_2 = 0$ die Auflagerkräfte in Punkt A

$$A_\mathrm{H} = F\,,$$

$$A_\mathrm{V} = 0\,.$$

Aus dem Momentengleichgewicht um Gelenk G_1 im Stab I erhält man dann

$$A_\mathrm{H} u_1 - c_1 \varphi = 0\,,$$

und mit der Kinematik

$$u_1 = a\alpha_1 = 2a\alpha_2\,,$$

$$\varphi = \alpha_1 + \alpha_2 = \frac{u_1}{a} + \frac{u_1}{2a}\,,$$

$$u_1 = \frac{2}{3} a\varphi\,,$$

folgt

$$\left(\frac{2}{3}Fa - c_1\right)\varphi = 0$$

mit der nichttrivialen Lösung

$$F_\mathrm{krit2} = \frac{3}{2}\frac{c_1}{a}\,.$$

Systemversagen tritt bei der kleinsten kritischen Last auf.

Ersatzfedersteifigkeiten

In vielen Fällen ist es zweckmäßig, für die Bestimmung der kritischen Last ein komplexes Stabsystem auf ein einfacheres Ersatzsystem zurückzuführen. Ziel dabei ist, die Stabilitätseigenschaften des Ersatzsystems so zu bestimmen, dass sie mit denen des Ausgangssystems übereinstimmen.

Beispiel 16.3 Ersatzfedersteifigkeit
Als Beispiel betrachten wir das links dargestellte Balkensystem, dessen Knicklast zu bestimmen ist. Dazu bilden wir das System in das rechts abgebildete einfache Ersatzsystem ab.

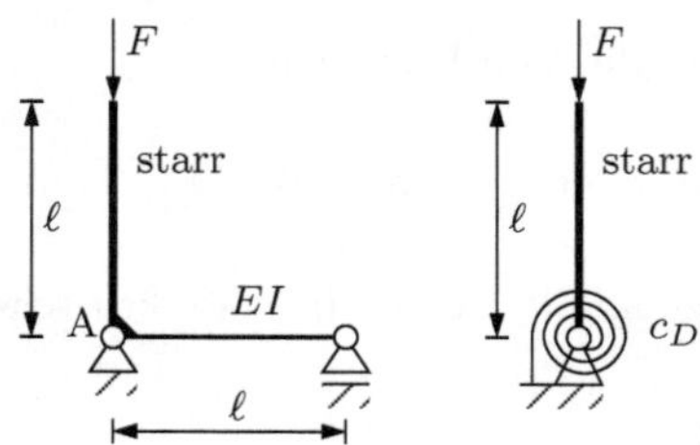

Die Steifigkeit c_D der Drehfeder muss so bestimmt werden, dass sich die Drehfeder unter einer Einzelmomentbelastung genauso verdreht wie der Balken im Lager A, wenn im Lager A das gleiche Einzelmoment angreift. Eine einfache Möglichkeit, diese Verdrehung des Balkens zu berechnen ist durch den Arbeitssatz gegeben (siehe Beispiel 15.3). Damit erhält man für die Verdrehung

$$\varphi = \frac{M_0 \ell}{3EI} \, .$$

Der Vergleich mit der Verdrehung der Drehfeder des Ersatzsystems unter dem gleichen Moment

$$\varphi = \frac{M_0}{c_\mathrm{D}}$$

ergibt schließlich die Federsteifigkeit

$$c_\mathrm{D} = \frac{3EI}{\ell} \, .$$

Die kritische Last ergibt sich folglich entsprechend Beispiel 16.1 zu

$$F_\mathrm{krit} = \frac{c_\mathrm{D}}{\ell} = \frac{3EI}{\ell^2} \, .$$

16.2 Knicken elastischer Stäbe

Bei elastischen Stäben treten Instabilitäten auf, wenn die Druckkraft entlang der Stabachse zu groß wird. Dieses Phänomen wurde zuerst von EULER untersucht. Deshalb werden elastische Stäbe, die unter zu großer Druckkraft ausknicken auch EULERsche Knickstäbe genannt. Je nach Geometrie und Randbedingungen können die kritischen Lasten variieren. Das qualitative Verschiebungsbild und auch die kritische Last kann man ermitteln, indem man die Gleichgewichtsbedingungen am ausgelenkten System aufstellt.

An dem infinitesimal kleinen Element (Bild 16.3) kann man jetzt das Kräftegleichgewicht aufstellen.

$$\begin{aligned}
\rightarrow \ \sum F_i \quad &: \quad -N\cos\left(\tfrac{\mathrm{d}\psi}{2}\right) + V\sin\left(\tfrac{\mathrm{d}\psi}{2}\right) + (N+\mathrm{d}N)\cos\left(\tfrac{\mathrm{d}\psi}{2}\right) \\
&\qquad +(V+\mathrm{d}V)\sin\left(\tfrac{\mathrm{d}\psi}{2}\right) = 0 \\
\downarrow \ \sum F_i \quad &: \quad -V\cos\left(\tfrac{\mathrm{d}\psi}{2}\right) - N\sin\left(\tfrac{\mathrm{d}\psi}{2}\right) + (V+\mathrm{d}V)\cos\left(\tfrac{\mathrm{d}\psi}{2}\right) \\
&\qquad -(N+\mathrm{d}N)\sin\left(\tfrac{\mathrm{d}\psi}{2}\right) = 0 \\
\curvearrowleft \ \sum M_i^{(C)} \quad &: \quad \mathrm{d}M - V\mathrm{d}x - \mathrm{d}V\tfrac{\mathrm{d}x}{2} = 0
\end{aligned}$$

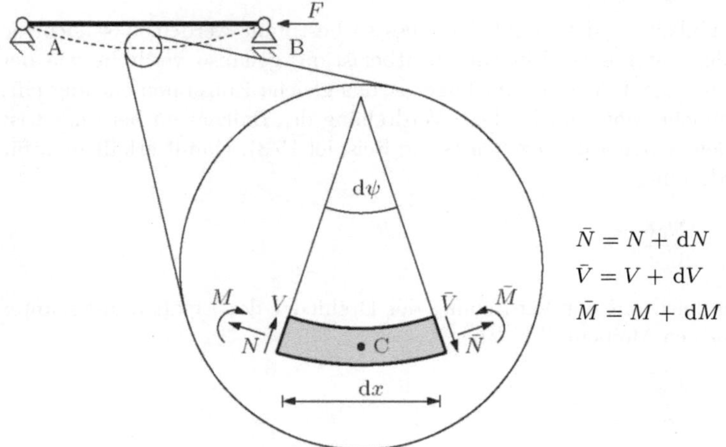

Bild 16.3 Innere Kräfte an einem infinitesimalen Element

Da der Winkel $\mathrm{d}\psi$ infinitesimal ist, kann man linearisieren.

$$\sin\left(\frac{\mathrm{d}\psi}{2}\right) \approx \frac{\mathrm{d}\psi}{2} \qquad \cos\left(\frac{\mathrm{d}\psi}{2}\right) \approx 1 \tag{16.4}$$

Außerdem können Terme, die von höherer Ordnung klein sind, weggelassen werden. Damit ergeben sich die Gleichgewichtsbedingungen am ausgelenkten System zu

$$\begin{aligned} \rightarrow \quad \sum F_i \quad &: \quad \mathrm{d}N + V\mathrm{d}\psi = 0 \\ \downarrow \quad \sum F_i \quad &: \quad \mathrm{d}V - N\mathrm{d}\psi = 0 \\ \curvearrowleft \quad \sum M_i^{(C)} \quad &: \quad \mathrm{d}M - V\mathrm{d}x = 0\,. \end{aligned} \tag{16.5}$$

Für kleine Deformationen gilt näherungsweise $N = \text{konst.} = -F$. Mit

$$M = EI\frac{\mathrm{d}\psi}{\mathrm{d}x} \qquad \text{und} \qquad \psi = -w' \tag{16.6}$$

folgt aus den Gleichgewichtsbedingungen

$$N = \frac{\mathrm{d}V}{\mathrm{d}\psi} = \frac{\mathrm{d}V}{\mathrm{d}x}\frac{\mathrm{d}x}{\mathrm{d}\psi} = -\frac{\mathrm{d}V}{\mathrm{d}x}\frac{1}{w''} = -F \tag{16.7}$$

$$V = \frac{\mathrm{d}M}{\mathrm{d}x} \tag{16.8}$$

$$\Rightarrow \frac{\mathrm{d}^2M}{\mathrm{d}x^2} = Fw'' \tag{16.9}$$

und daraus

$$(EIw'')'' + Fw'' = 0\,. \tag{16.10}$$

Für den Fall dass $EI =$ konst. lautet die Differentialgleichung der Stabknickung

$$w'''' + \lambda^2 w'' = 0 \qquad \text{mit} \qquad \lambda = \sqrt{\frac{F}{EI}}\,. \tag{16.11}$$

Die allgemeine Lösung dieser Differentialgleichung ist

$$w(x) = A\cos(\lambda x) + B\sin(\lambda x) + C\lambda x + D\,. \tag{16.12}$$

Die Konstante D beschreibt die translatorische Starrkörperbewegung in z - Richtung und der Term $C\lambda x$ die Starrkörperdrehung des Stabes um den Ursprung des Koordinatensystems. Die trigonometrischen Anteile hingegen beschreiben die Deformation des Stabes in der ausgelenkten Lage.

Ferner sei angemerkt, dass die Differentialgleichung 16.11 und somit die allgemeine Lösung 16.12 nur unter den oben genannten Lastannahmen gültig ist. Speziell bei räumlich veränderlichen Lasten ergeben sich andere problembeschreibende Differentialgleichungen.

Für den hier betrachteten Fall, dass die Knickgleichung 16.11 gültig ist, lassen sich aus den Randbedingungen die Konstanten A, B, C und D sowie die kritische Last bestimmen. Hierzu braucht man die Ableitungen von Gleichung 16.12.

$$w'(x) = -A\lambda\sin(\lambda x) + B\lambda\cos(\lambda x) + C\lambda \tag{16.13}$$

$$w''(x) = -A\lambda^2\cos(\lambda x) - B\lambda^2\sin(\lambda x) \tag{16.14}$$

$$w'''(x) = A\lambda^3\sin(\lambda x) - B\lambda^3\cos(\lambda x) \tag{16.15}$$

Beispiel 16.4 EULER Knickstab

Als Beispiel betrachten wir einen Kragarm, für den gilt

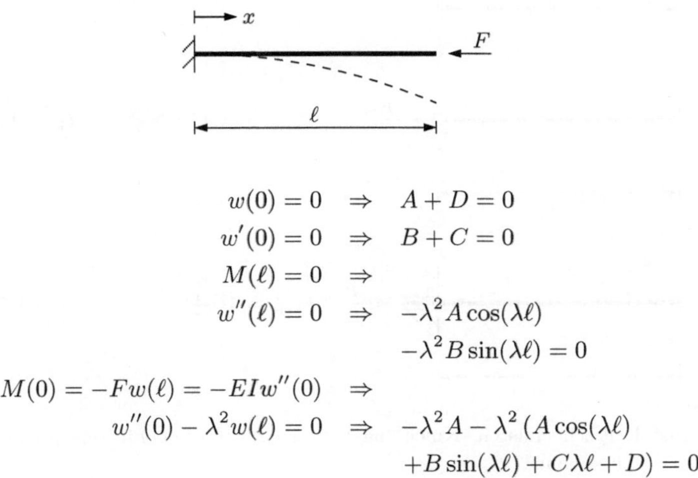

$$\begin{aligned}
w(0) = 0 \quad &\Rightarrow \quad A + D = 0 \\
w'(0) = 0 \quad &\Rightarrow \quad B + C = 0 \\
M(\ell) = 0 \quad &\Rightarrow \\
w''(\ell) = 0 \quad &\Rightarrow \quad -\lambda^2 A\cos(\lambda\ell) \\
&\qquad\;\; -\lambda^2 B\sin(\lambda\ell) = 0 \\
M(0) = -Fw(\ell) = -EIw''(0) \quad &\Rightarrow \\
w''(0) - \lambda^2 w(\ell) = 0 \quad &\Rightarrow \quad -\lambda^2 A - \lambda^2\left(A\cos(\lambda\ell)\right. \\
&\qquad\;\; \left.+B\sin(\lambda\ell) + C\lambda\ell + D\right) = 0
\end{aligned}$$

Aus diesen Gleichungen erhält man

$$\begin{aligned} A\cos(\lambda\ell) + B\sin(\lambda\ell) &= 0 \\ A\cos(\lambda\ell) + B\,(\sin(\lambda\ell) - \lambda\ell) &= 0 \end{aligned}$$

Außer der trivialen Lösung ($A = 0,\ B = 0$) hat dieses Gleichungssystem noch die Lösungen

$$\cos(\lambda\ell) = 0 \qquad \text{und} \qquad \lambda = 0.$$

$\lambda = 0$ ist die stabile Lösung bei unterkritischer Belastung. Für die Lösung $\cos(\lambda\ell) = 0$ ergibt sich sofort

$$\lambda\ell = n\pi - \frac{\pi}{2} \qquad n = 1, 2, 3, ...$$

und mit $\lambda = \sqrt{\frac{F}{EI}}$ folgt für die kleinste kritische Last ($n = 1$)

$$F_{\text{krit}} = \frac{1}{4}\pi^2\frac{EI}{\ell^2}.$$

1) $F_{\text{krit}} = \frac{\pi^2 EI}{4\ell^2}$ $\qquad \ell_k = 2\ell$

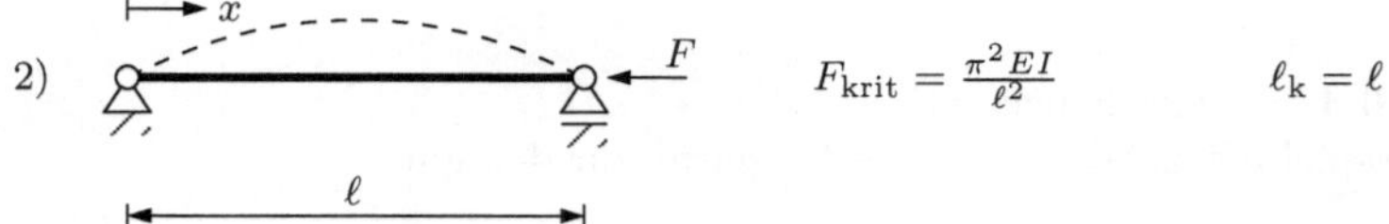

2) $F_{\text{krit}} = \frac{\pi^2 EI}{\ell^2}$ $\qquad \ell_k = \ell$

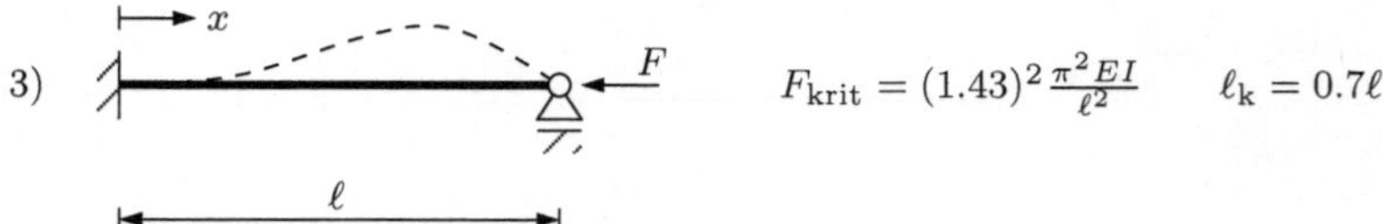

3) $F_{\text{krit}} = (1.43)^2\frac{\pi^2 EI}{\ell^2}$ $\qquad \ell_k = 0.7\ell$

4) $F_{\text{krit}} = 4\frac{\pi^2 EI}{\ell^2}$ $\qquad \ell_k = 0.5\ell$

Bild 16.4 Kritische Lasten, Knicklängen und Knickformen für verschiedene Randbedingungen

Eine Zusammenstellung der kritischen Lasten für die wichtigsten EULER-Fälle ist in Bild 16.4 gegeben. Analog zur kritischen Last lässt sich für den EULERschen Knickstab die Knicklänge ℓ_k einführen. Mit Hilfe der Knicklänge, die die halbe Wellenlänge der Knickform ist, kann man für die kritische Last schreiben

$$F_\mathrm{krit} = \pi^2 \frac{EI}{\ell_\mathrm{k}^2} \,. \tag{16.16}$$

Das bedeutet, unabhängig von den Randbedingungen stimmt die kritische Last zweier Knickstäbe gleicher Steifigkeit überein, wenn ihre Knicklängen übereinstimmen. Für die verschiedenen EULER-Fälle sind die Knicklängen in Bild 16.4 angegeben.

16.3 Übungsaufgaben

Aufgabe 16.1 (Schwierigkeitsgrad 1)

Bestimmen Sie für verschiedene Werte e das Last-Verformungsdiagramm des skizzierten Systems.

Gegeben: c_φ, ℓ, $e_1 = 0$, $e_2 = \frac{1}{10}\ell$, $e_3 = \frac{1}{100}\ell$

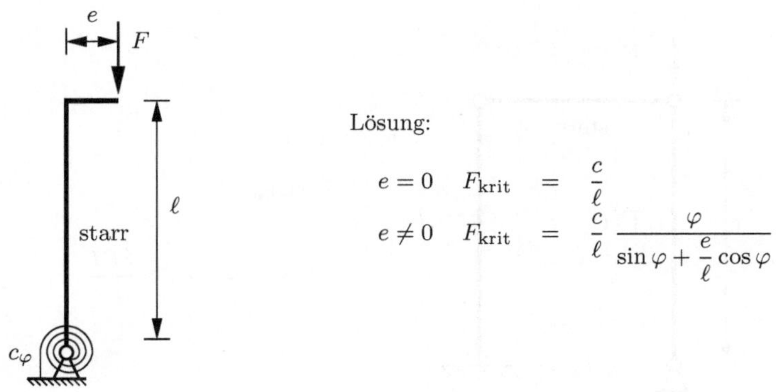

Aufgabe 16.2 (Schwierigkeitsgrad 2)

Bestimmen Sie die kritischen Lasten des dargestellten Starrkörpersystems und die zugehörigen Knickformen.

Gegeben: a, c_D

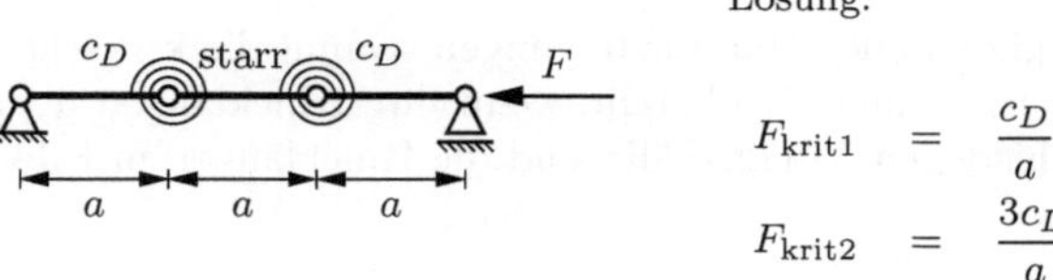

Lösung:

$$F_{\text{krit1}} = \frac{c_D}{a}$$

$$F_{\text{krit2}} = \frac{3c_D}{a}$$

Aufgabe 16.3 (Schwierigkeitsgrad 3)

Ein gelenkig gelagerter Stab 1 und ein eingespannter Stab 3 sind über einen starren Stab 2 gelenkig miteinander verbunden.

Bestimmen Sie die kritische Last des Systems.

Gegeben: a, ℓ, $EI_1 = EI_2 = EI$

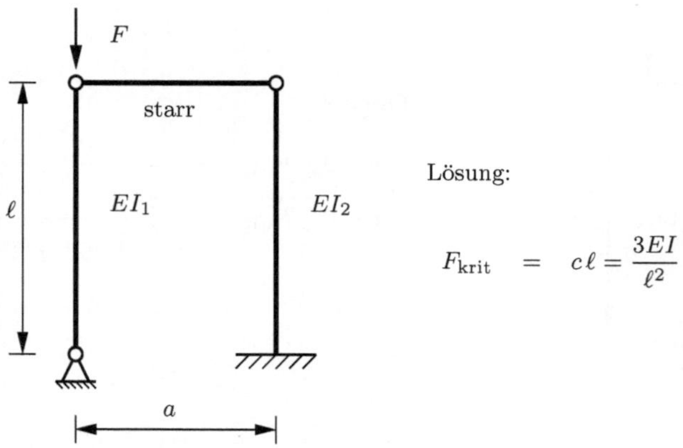

Lösung:

$$F_{\text{krit}} = c\ell = \frac{3EI}{\ell^2}$$

Aufgabe 16.4 (Schwierigkeitsgrad 2)

Bestimmen Sie die kritische Last des dargestellten Systems.

Gegeben: ℓ, c_1, c_2

Lösung:

$$F_{\text{krit}} = \frac{1}{2}\left(\frac{c_1}{\ell} + c_2\ell\right)$$

Aufgabe 16.5 (Schwierigkeitsgrad 2)

Das abgebildete System besteht aus zwei starren Balken, einem Balken mit der Biegesteifigkeit EI, einem Stab mit der Dehnsteifigkeit EA und einer Feder mit der Federsteifigkeit C.

a) Bestimmen Sie die Ersatzfedersteifigkeiten von (I) und (II).

b) Skizzieren Sie das ausgelenkte Ersatzsystem und tragen Sie die von Ihnen verwendeten Bezeichnungen ein.

c) Berechnen Sie die kritische Last des Ersatzsystems.

Gegeben: ℓ, EI, EA, C

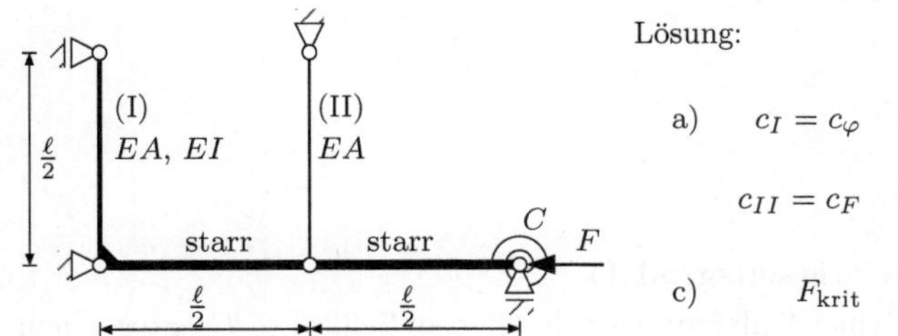

Lösung:

a) $c_I = c_\varphi = \dfrac{6EI}{\ell}$

$c_{II} = c_F = \dfrac{2EA}{\ell}$

c) $F_{\text{krit}} = \dfrac{6EI}{\ell^2} + \dfrac{c}{\ell} + \dfrac{EA}{2}$

Aufgabe 16.6 (Schwierigkeitsgrad 2)

Bestimmen Sie die kritische Streckenlast q_{krit} des dargestellten Systems.

Gegeben: a, EI, $EA = \infty$

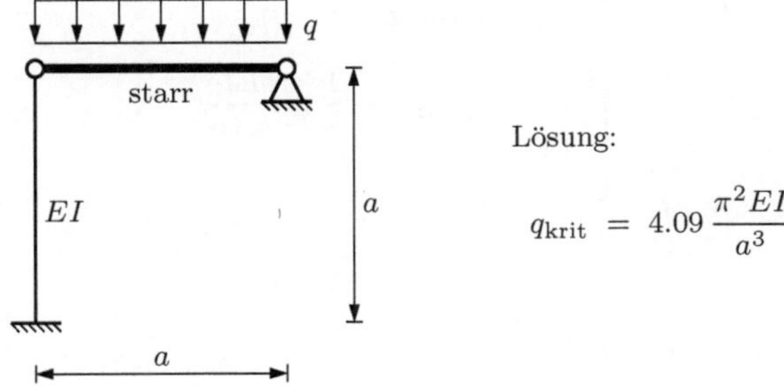

Lösung:

$$q_{\text{krit}} = 4.09\,\frac{\pi^2 EI}{a^3}$$

Aufgabe 16.7 (Schwierigkeitsgrad 2)

Das dargestellte System wird durch die Kraft F belastet.

Bestimmen Sie die kritische Last des Systems
a) als Starrkörpersystem, unter der Annahme, dass $EI_1 = EI$, $EI_2 = \infty$,
b) wenn nur das Ausknicken von Balken 2 berücksichtigt wird mit $EI_1 = \infty$, $EI_2 = EI$.

Gegeben: F, ℓ, EI

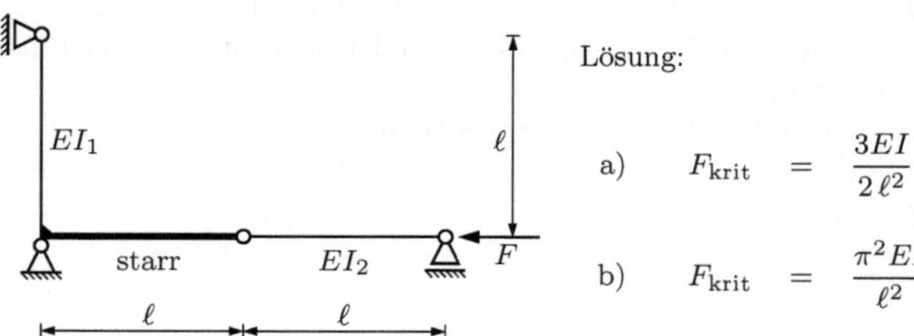

Lösung:

a) $F_{\text{krit}} = \dfrac{3EI}{2\,\ell^2}$

b) $F_{\text{krit}} = \dfrac{\pi^2 EI}{\ell^2}$

Aufgabe 16.8 (Schwierigkeitsgrad 1)

Der abgebildete Mast einer Seilbahn wird durch zwei Seilkräfte F unter einem Winkel α belastet. Dabei wird das Seil auf einer Rolle über den Mast geführt.

Bestimmen Sie die kritische Last F_{krit}, bei der der Mast ausknickt.

Gegeben: α, h, EI

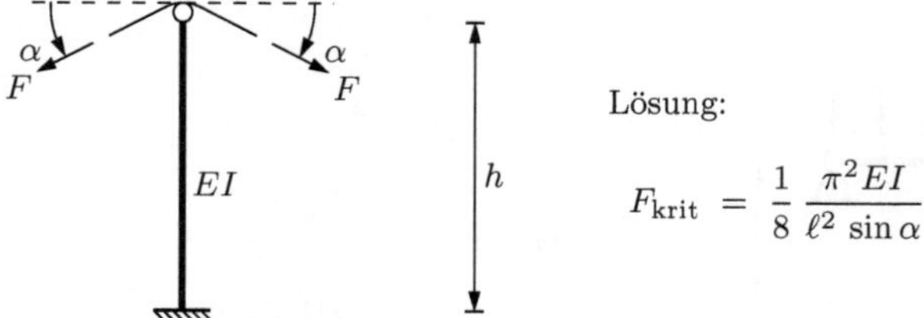

Lösung:

$$F_{\text{krit}} = \frac{1}{8}\,\frac{\pi^2 EI}{\ell^2 \sin\alpha}$$

Aufgabe 16.9 (Schwierigkeitsgrad 3)

Bestimmen Sie die kritische Last F_{krit} des dargestellten Systems.

Gegeben: a, $c = \dfrac{4\,EI}{a^3}$, EI, $EA \to \infty$

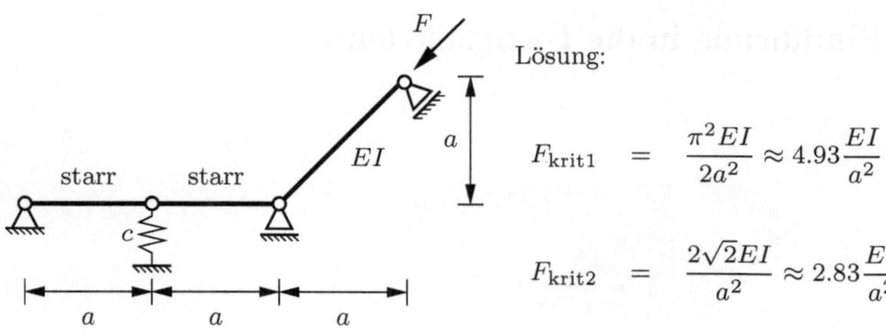

Lösung:

$$F_{\text{krit1}} = \frac{\pi^2 EI}{2a^2} \approx 4.93\frac{EI}{a^2}$$

$$F_{\text{krit2}} = \frac{2\sqrt{2}EI}{a^2} \approx 2.83\frac{EI}{a^2}$$

Aufgabe 16.10 (Schwierigkeitsgrad 3)

Das dargestellte System ist zunächst spannungsfrei. Die Seile 1 und 2 sind gewichtslos, biegeschlaff und dehnsteif. Der Stab 3 ist gewichtslos, dehnstarr und biegestarr. Die Stäbe 4 und 5 sind gewichtslos und biegesteif.
Bestimmen Sie die kritische Last.

Gegeben: $EA_1 = EA_2 = EA$, $EI_4 = EI_5 = EI$, ℓ, a, b

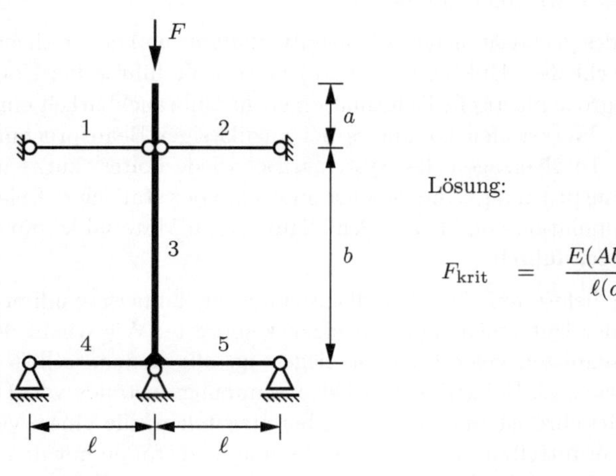

Lösung:

$$F_{\text{krit}} = \frac{E(Ab^2 + 6I)}{\ell(a+b)}$$

17 Einführung in die Festigkeitslehre

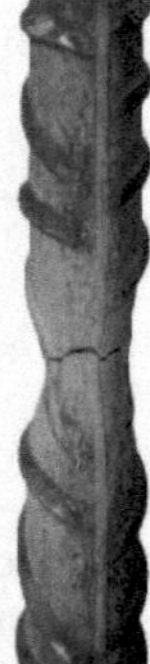
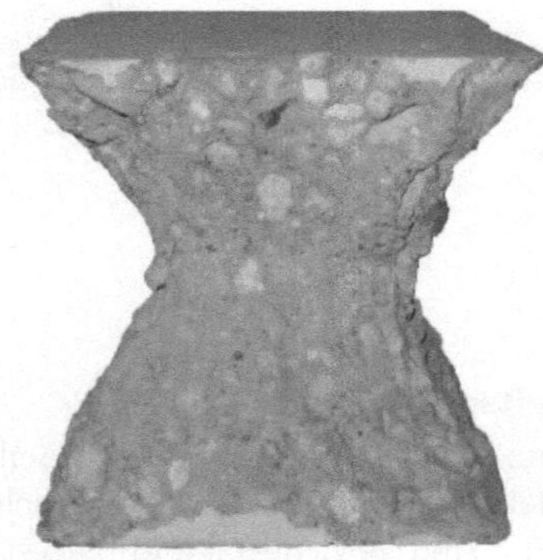

Bild 17.1
Werkstoffproben: Gerissener Stahlstab, Betonwürfel nach Druckversuch

Bereits in Kapitel 8 haben wir erfahren, dass die mechanischen Spannungen ein Maß für die Beanspruchung des Werkstoffs von Bauteilen und Strukturen sind. Aufgabe der Festigkeitslehre ist es nun, diese Spannungszustände im Hinblick auf die Haltbarkeit des Werkstoffs zu bewerten.

Dabei wird bezüglich des grundsätzlichen Werkstoffverhaltens und der zeitlichen Lasteinwirkung unterschieden. Duktile (formbare) Werkstoffe führen bei Überbeanspruchung durch große plastische Deformationen zur Unbrauchbarkeit einer Struktur. Bei spröden Werkstoffen kommt es bei unzulässiger Beanspruchung sogar zum spontanen Totalversagen des Systems. Bei wiederholter, kurzzeitiger (dynamischer) Beanspruchung kann es auch unterhalb der statischen Belastungsgrenze zur Akkumulation von kleinen Schädigungen im Material kommen, die auf Dauer zum Bruch führen.

Die Werkstoffprüfung liefert auf der Grundlage einfacher, zumeist eindimensionaler, experimenteller Untersuchungen Versagenskennwerte. Wie wir in den vorangegangenen Abschnitten gelernt haben, liegen im allgemeinen selbst in einfachen Bauteilen, wie z. B. Balken, mehrachsige Spannungszustände vor. Die Aufgabe der Festigkeitslehre ist nun, Kriterien bereitzustellen, die einen Vergleich der rechnerisch ermittelten mehrachsigen Spannungszustände mit den in einachsigen Experimenten ermittelten Belastbarkeitsgrenzen ermöglicht.

In diesem Abschnitt werden darum alternative Methoden zur Berechnung einachsiger *Vergleichsspannungen* vorgestellt. Dabei werden wir uns auf rein statische Lastannahmen beschränken, allerdings eine Bewertung der Hypothesen in Hinblick auf das grundsätzliche Werkstoffverhalten vornehmen.

Da der rechnerischen Lösung eine Modellbildung mit oftmals vereinfachten Annahmen (Geometrie, Lasten etc.) zugrunde liegt, andererseits die experimentellen Ergebnisse nur an Modellen bestimmt werden können, sind für die sichere Dimensionierung von Bauteilen gewisse Unsicherheitszuschläge (sogenannte *Sicherheitsbeiwerte*) zu berücksichten.

Nehmen wir also an, dass σ_B ein aus einem eindimensionalen Experiment gewonnener Spannungskennwert ist, bei dem der Werkstoff versagt, dann lässt sich mit dem Sicherheitsbeiwert γ ein zulässiger Spannungskennwert σ_zul definieren, der von der aus dem realen, unter Umständen mehrachsigen Spannungszustand ermittelten Vergleichsspannung σ_V nicht überschritten werden darf.

$$\sigma_\mathrm{V} \leq \sigma_\mathrm{zul} = \frac{\sigma_\mathrm{B}}{\gamma} \tag{17.1}$$

Grundsätzlich unterscheiden sich die Vergleichsspannungshypothesen in ihrer Anwendbarkeit auf Werkstoffe mit unterschiedlichen Versagensmechanismen. In diesem Kapitel werden die Vergleichsspannungshypothesen der größten Zugnormalspannung, der maximalen Schubspannung und der größten Gestaltänderungsenergie betrachtet und ihre Anwendbarkeit eingegrenzt.

17.1 Hypothese der größten Zugnormalspannung

Eine Beanspruchungshypothese, die bei statischer Belastung und extrem spöden Werkstoffen zu rechtfertigen ist, ist die der größten Zugnormalspannung. Hier entspricht die Vergleichsspannung $\sigma_\mathrm{V}^\mathrm{Z}$ der größten Hauptspannung (siehe Abschnitt 8.3.3).

$$\sigma_\mathrm{V}^\mathrm{Z} = \sigma_1 \,. \tag{17.2}$$

Für den ebenen Spannungszustand gilt nach Gleichung 8.40

$$\sigma_\mathrm{V}^\mathrm{Z} = \frac{\sigma_x + \sigma_y}{2} + \sqrt{\left(\frac{\sigma_x - \sigma_y}{2}\right)^2 + \tau_{xy}^2} \,. \tag{17.3}$$

17.2 Hypothese der maximalen Schubspannung

Die Hypothese der maximalen Schubspannung geht davon aus, dass für das Materialversagen die größte auftretende Schubspannung maßgebend ist.

$$\sigma_\mathrm{V}^\mathrm{S} = 2\,\tau_\mathrm{max} \tag{17.4}$$

Nach Bild 17.2 gilt für die maximale Schubspannung

$$\tau_{\max} = \tfrac{1}{2}\left(\sigma_1 - \sigma_3\right), \tag{17.5}$$

und damit folgt für die Vergleichsspannung

$$\sigma_V^S = \sigma_1 - \sigma_3\,. \tag{17.6}$$

Für ebene Spannungszustände ergibt sich mit den Gleichungen 8.40 und 8.41

$$\sigma_V^S = \sigma_1 - \sigma_2 = \sqrt{(\sigma_x - \sigma_y)^2 + 4\,\tau_{xy}^2} \tag{17.7}$$

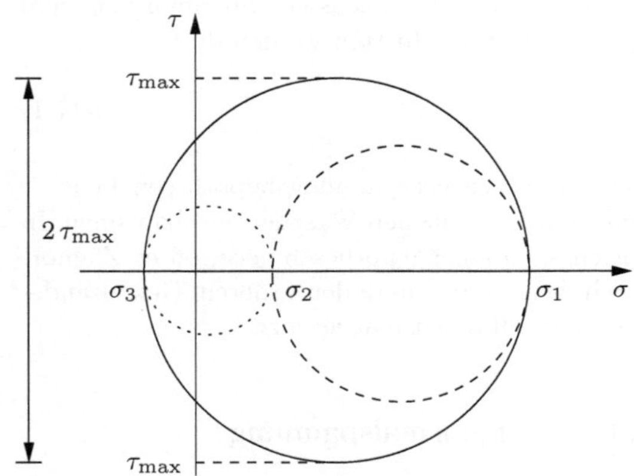

Bild 17.2
Maximale Schubspannung bei dreidimensionaler Beanspruchung

Diese Hypothese wird bei statischer Zug-/Druckbeanspruchungen duktiler und spröder Werkstoffe, bei denen Versagen durch Schubbruch eintritt, verwendet. Die Hypothese der maximalen Schubspannung geht auf TRESCA (1814 – 1885) zurück. Dementsprechend wird die Vergleichsspannung auch *Tresca-Vergleichsspannung* genannt.

17.3 Hypothese der größten Gestaltänderungsenergie

Die Werkstoffbeanspruchung wird nach der Hypothese der größten Gestaltänderungsenergie durch diejenige Energie beschrieben, die zur *Gestaltänderung* (bei konstantem Volumen) beiträgt. Die Gestaltänderungsenergie U^G ist dabei definiert als Differenz zwischen Formänderungsenergie U (siehe Abschnitt 15.3) und Volumenänderungsenergie U^V mit

$$U = \tfrac{1}{2}\left(\sigma_1\varepsilon_1 + \sigma_2\varepsilon_2 + \sigma_3\varepsilon_3\right) = U^G + U^V\,. \tag{17.8}$$

Mit der Volumendehnung

$$e = \varepsilon_1 + \varepsilon_2 + \varepsilon_3 \tag{17.9}$$

und der daraus resultierenden Volumenänderungsarbeit

$$U^{\mathrm{V}} = \tfrac{1}{2}\left(\sigma_1 \tfrac{1}{3} e + \sigma_2 \tfrac{1}{3} e + \sigma_3 \tfrac{1}{3} e\right) = \tfrac{1}{2} pe \qquad (17.10)$$

$$\text{mit} \qquad p = \tfrac{1}{3}(\sigma_1 + \sigma_2 + \sigma_3) \qquad (17.11)$$

folgt die Gestaltänderungsenergie

$$\begin{aligned} U^{\mathrm{G}} &= U - U^{\mathrm{V}} && (17.12)\\ &= \tfrac{1}{2}\left(\sigma_1(\varepsilon_1 - \tfrac{1}{3} e) + \sigma_2(\varepsilon_2 - \tfrac{1}{3} e) + \sigma_3(\varepsilon_3 - \tfrac{1}{3} e)\right) \\ &= \tfrac{1}{6}\big(\sigma_1(2\varepsilon_1 - \varepsilon_2 - \varepsilon_3) + \sigma_2(2\varepsilon_2 - \varepsilon_3 - \varepsilon_1) \\ &\quad + \sigma_3(2\varepsilon_3 - \varepsilon_1 - \varepsilon_2)\big) \\ &= \tfrac{1}{6}\big((\sigma_1 - \sigma_2)(\varepsilon_1 - \varepsilon_2) + (\sigma_2 - \sigma_3)(\varepsilon_2 - \varepsilon_3) \\ &\quad + (\sigma_3 - \sigma_1)(\varepsilon_3 - \varepsilon_1)\big)\,. && (17.13) \end{aligned}$$

Mit dem HOOKEschen Gesetz (siehe Abschnitt 10.2) erhält man

$$\begin{aligned} \varepsilon_1 - \varepsilon_2 &= \tfrac{1}{E}\left(\sigma_1 - \nu(\sigma_2 + \sigma_3)\right) - \tfrac{1}{E}\left(\sigma_1 - \nu(\sigma_3 + \sigma_1)\right) \\ &= \tfrac{1}{E}\left((\sigma_1 - \sigma_2) - \nu(\sigma_2 + \sigma_1)\right) \\ &= \tfrac{1+\nu}{E}(\sigma_1 - \sigma_2) && (17.14) \end{aligned}$$

Damit und mit den entsprechenden Permutationen der Indizes folgt aus Gleichung 17.13

$$U^{\mathrm{G}} = \frac{1+\nu}{6\,E}\left((\sigma_1 - \sigma_2)^2 + (\sigma_2 - \sigma_3)^2 + (\sigma_3 - \sigma_1)^2\right). \qquad (17.15)$$

Mit dem Vergleichswert aus dem einachsigen Zugversuch

$$U_0^{\mathrm{G}} = \frac{1+\nu}{6\,E}\, 2\,\sigma_0^2 \qquad (17.16)$$

erhält man

$$2\,\sigma_{\mathrm{V}}^2 = (\sigma_1 - \sigma_2)^2 + (\sigma_2 - \sigma_3)^2 + (\sigma_3 - \sigma_1)^2 \leq 2\,\sigma_0^2\,. \qquad (17.17)$$

Damit ist die Vergleichsspannung nach der Hypothese der größten Gestaltänderungsenergie

$$\sigma_{\mathrm{V}}^{\mathrm{G}} = \sqrt{\tfrac{1}{2}\left((\sigma_1 - \sigma_2)^2 + (\sigma_2 - \sigma_3)^2 + (\sigma_3 - \sigma_1)^2\right)}\,. \qquad (17.18)$$

Für ebene Spannungszustände folgt mit $\sigma_3 = 0$

$$\begin{aligned} \sigma_{\mathrm{V}}^{\mathrm{G}} &= \sqrt{\tfrac{1}{2}\left((\sigma_1 - \sigma_2)^2 + \sigma_2^2 + \sigma_1^2\right)} \\ &= \sqrt{\sigma_1^2 - \sigma_1\sigma_2 + \sigma_2^2}\,. && (17.19) \end{aligned}$$

Mit den Gleichungen 8.40 und 8.41 folgt weiter

$$\sigma_{\mathrm{V}}^{\mathrm{G}} = \sqrt{\sigma_x^2 + \sigma_y^2 - \sigma_x\sigma_y + 3\,\tau_{xy}^2}\,. \qquad (17.20)$$

Die Hypothese der maximalen Gestaltänderungsenergie geht auf HUBER (1872–1950), V. MISES (1883–1953) und HENCKY (1885–1951) zurück und wird oft als *von Mises-Vergleichsspannung* bezeichnet. Sie findet vor allem bei zähen Werkstoffen Verwendung.

Beispiel 17.1 Vergleichsspannungen für einen Balken unter kombinierter Beanspruchung
Für den Balken unter kombinierter Beanspruchung aus Beispiel 14.6 sind für den Punkt A die Vergleichsspannungen nach der Hypothese der größten Normalspannungen, der Hypothese der maximalen Schubspannung und der Hypothese der größten Gestaltänderungsenergie zu berechnen.

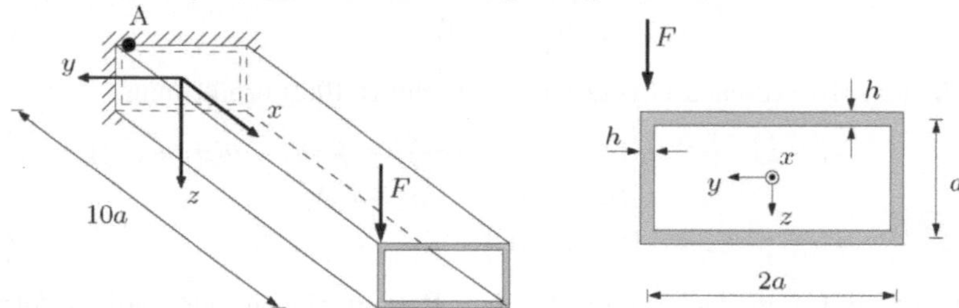

Lösung:
Es wird angenommen, dass in Punkt A ein ebener Spannungszustand vorherrscht. In Beispiel 14.6 ergab sich für die Spannungen

$$\sigma_x = \frac{60}{7}\frac{F}{ah}\,, \qquad \sigma_y = 0\,, \qquad \tau_{xy} = \frac{19}{28}\frac{F}{ah}\,.$$

Damit folgt nach Gleichung 17.3 für die Vergleichsspannung nach der Hypothese der größten Zugnormalspannung

$$\sigma_{\mathrm{V}}^{\mathrm{Z}} = 8.6248\frac{F}{ah}\,.$$

Entsprechend ergibt sich nach Gleichung 17.7 und Gleichung 17.20 die Vergleichsspannungen nach der Hypothese der maximalen Schubspannung und der Hypothese der größten Gestaltänderungsenergie

$$\sigma_{\mathrm{V}}^{\mathrm{S}} = 8.6782\frac{F}{ah}$$

$$\sigma_{\mathrm{V}}^{\mathrm{G}} = 8.6516\frac{F}{ah}\,.$$

17.4 Übungsaufgaben

Aufgabe 17.1 (Schwierigkeitsgrad 3)

Ein Stab (Elastizitätsmodul E, Gleitmodul G) mit dem skizzierten dünnwandigen Sternprofil (Dicke d) wird gleichzeitig durch ein Biegemoment M_y, eine Normalkraft N und ein Torsionsmoment M_x belastet.

a) Berechnen Sie alle für die Spannungsberechnung erforderlichen Querschnittsdaten.

b) Geben Sie die größte Normalspannung σ_x an. Wo tritt diese auf?

c) Wie groß ist die maximale Schubspannung infolge der Torsionsbelastung? Wie sind die Schubspannungen im Querschnitt verteilt?

d) Berechnen Sie die Vergleichsspannung nach der Hypothese der maximalen Schubspannung.

Gegeben: d, a, N, M_x, M_y

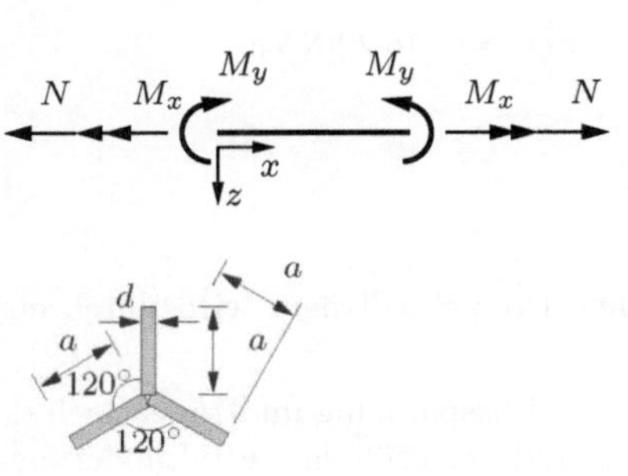

Lösung:

a) $y_S = z_S = 0$

$A = 3ad$

$I_z = \frac{1}{2} da^3$

$I_T = ad^3$

b) $\sigma_{x\,\max} = \sigma_x(x = a/2) = \dfrac{N}{3ad} + \dfrac{M_y}{a^2 d}$

c) $\tau_{\max} = \dfrac{M_x}{ad^2}$

d) $\sigma_V^S = \sigma_1 - \sigma_3$

Aufgabe 17.2 (Schwierigkeitsgrad 2)

In einer Hochbaukonstruktion ist ein Querträger IPE 400 gelenkig an einen Hauptträger IPE 500 anzuschließen. Aus konstruktiven Gründen ist jedoch der Querträger, der die Querkraft V überträgt, um das Maß e auszuklingen.

Führen Sie den Vergleichsspannungsnachweis (Hypothese der maximalen Schubspannung), und stellen Sie die Spannungsverläufe (Normal- und Schubspannung) qualitativ dar.

Gegeben: $V_z = 200$ kN, $e = 60$ mm, $f = 105$ mm, $\sigma_{\text{zul}} = 21.8$ kN/cm^2

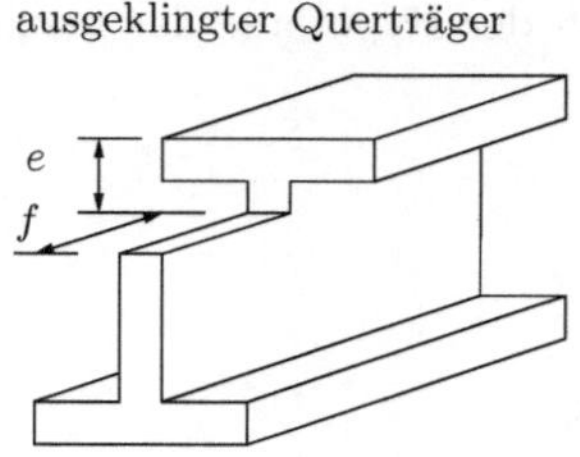

Lösung:

$$
\begin{aligned}
A &= 52.38 \text{ cm}^2 \\
z_S &= 9.97 \text{ cm} \\
I_y &= 6263 \text{ cm}^4 \\
\sigma_{\max} &= -8.11 \text{ kN/cm}^2 \\
\tau_{\max} &= 9.35 \text{ kN/cm}^2 \\
\sigma_V^S &= 16.2 \text{ kN/cm}^2
\end{aligned}
$$

Aufgabe 17.3 (Schwierigkeitsgrad 2)

Der abgebildete eingespannte dünnwandige Doppel-T-Träger wird durch eine Kraft F am Ende belastet.

Ermitteln Sie den maximalen Wert der Vergleichsspannung im Träger nach der Hypothese der maximalen Schubspannung und der größten Gestaltänderungsenergie.

Gegeben: a, h, F

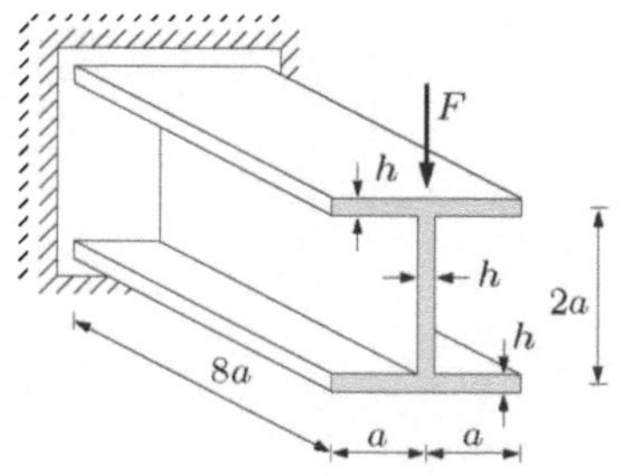

Lösung:

$$
\sigma_V^S = \frac{6}{7}\sqrt{5}\frac{F}{ah}
$$

$$
\sigma_V^G = \frac{3}{7}\sqrt{19}\frac{F}{ah}
$$

Aufgabe 17.4 (Schwierigkeitsgrad 1)

Ein Zylinder der Wandstärke h steht unter Innendruck p_i. Zusätzlich wird er durch ein Torsionsmoment M_T belastet.

a) Zeichnen Sie den MOHRschen Spannungskreis und ermitteln Sie die maximale Schubspannung.

b) Berechnen Sie die Vergleichsspannung nach der Hypothese der maximalen Schubspannung.

Gegeben: $\ell = 1$ m, $d = 40$ cm, $h = 5$ mm, $p_\mathrm{i} = 2$ MPa, $M_\mathrm{T} = 20$ kNm

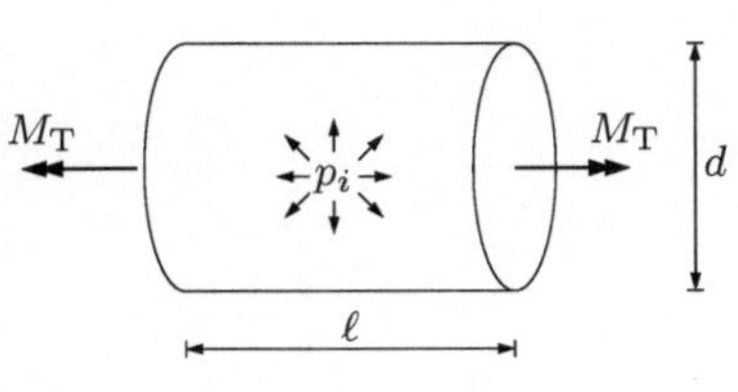

Lösung:

a) $\tau_\mathrm{max} = 40.0$ MPa

$\tau^{x\varphi}_\mathrm{max} = 25.6$ MPa

b) $\sigma^\mathrm{S}_\mathrm{V} = 51.1$ MPa

Teil III: Kinetik

18 Kinematik des Punktes

Bild 18.1
Achterbahn, Heide-Park Soltau GmbH

Die Position eines Punktes P, der sich auf einer Bahn $\mathcal{B}$ im Raum befindet, wird durch den *Ortsvektor* $\boldsymbol{r}(t)$ beschrieben. Im Falle einer Bewegung verändert sich die Lage des Punktes mit der Zeit. Die zeitliche Veränderung der Position längs einer Bahnkurve wird durch die *Geschwindigkeit* beschrieben.

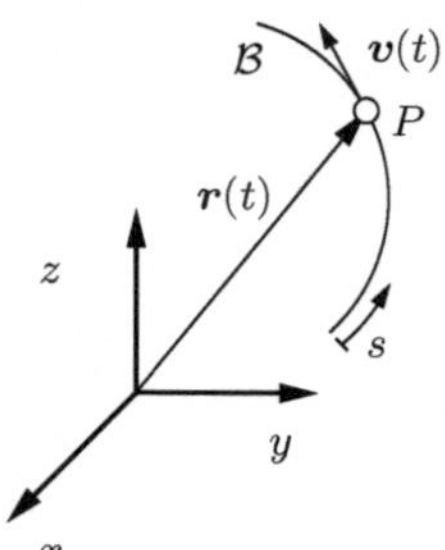

Bild 18.2
Position eines Punktes im EUKLIDischen Raum

Die Geschwindigkeit ist ein Vektor im EUKLIDischen Raum und als Zeitableitung des Ortsvektors definiert

$$\boldsymbol{v}(t) = \frac{\mathrm{d}\boldsymbol{r}}{\mathrm{d}t} = \dot{\boldsymbol{r}}(t) \quad . \tag{18.1}$$

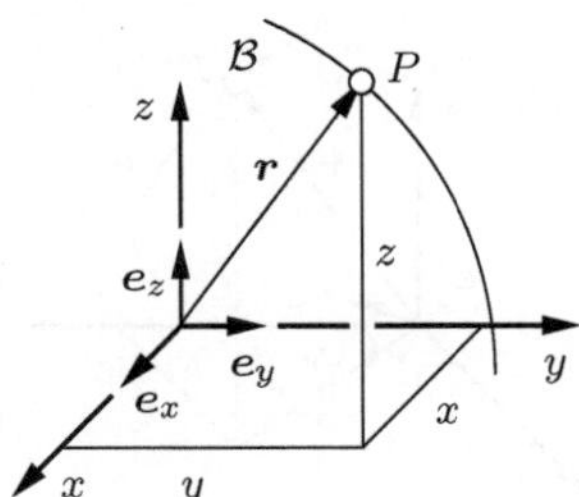

Bild 18.3
Kartesische Koordinaten

Für die Zeitableitung $\frac{\mathrm{d}(\bullet)}{\mathrm{d}t}$ wird hierbei die Schreibweise $(\dot{\bullet})$ verwendet. Der Geschwindigkeitsvektor ist immer tangential an die Bahnkurve $\mathcal{B}$ des Punktes P gerichtet. Die nochmalige zeitliche Ableitung führt zur *Beschleunigung*

$$\boldsymbol{a}(t) = \frac{\mathrm{d}\boldsymbol{v}}{\mathrm{d}t} = \dot{\boldsymbol{v}}(t) = \ddot{\boldsymbol{r}}(t) \quad . \tag{18.2}$$

Die Richtung des Beschleunigungsvektors ist im allgemeinen *nicht* tangential zur Bahnkurve.

18.1 Koordinatensysteme

Die Wahl eines passenden Koordinatensystems für die mathematische Beschreibung einer Aufgabenstellung im Rahmen der Mechanik hängt von dem Problem ab. Grundsätzlich können die Vektoren $\boldsymbol{r}$, $\boldsymbol{v}$ und $\boldsymbol{a}$ in verschiedenen Koordinatensystemen dargestellt werden. Nachfolgend werden einige Koordinatensysteme und die daraus resultierende Beschreibung von Geschwindigkeit und Beschleunigung vorgestellt.

a) *Kartesische Koordinaten* mit den Basisvektoren $\boldsymbol{e}_x$, $\boldsymbol{e}_y$ und $\boldsymbol{e}_z$:

Im Kartesischen Koordinatensystem (siehe Bild 18.3) ergibt sich für den Ortsvektor

$$\boldsymbol{r}(t) = x(t)\,\boldsymbol{e}_x + y(t)\,\boldsymbol{e}_y + z(t)\,\boldsymbol{e}_z\,. \tag{18.3}$$

Da die Basisvektoren mit der Zeit unveränderlich sind, gilt für die Geschwindigkeit und die Beschleunigung

$$\boldsymbol{v}(t) = \dot{x}(t)\,\boldsymbol{e}_x + \dot{y}(t)\,\boldsymbol{e}_y + \dot{z}(t)\,\boldsymbol{e}_z\,, \tag{18.4}$$

$$\boldsymbol{a}(t) = \ddot{x}(t)\,\boldsymbol{e}_x + \ddot{y}(t)\,\boldsymbol{e}_y + \ddot{z}(t)\,\boldsymbol{e}_z\,. \tag{18.5}$$

Der Betrag der Geschwindigkeit ist definiert durch

$$v = |\boldsymbol{v}| = \sqrt{\boldsymbol{v}\cdot\boldsymbol{v}} = \sqrt{\dot{x}^2(t) + \dot{y}^2(t) + \dot{z}^2(t)}\,. \tag{18.6}$$

b) *Zylinderkoordinaten* mit den Basisvektoren $\boldsymbol{e}_r$, $\boldsymbol{e}_\varphi$ und $\boldsymbol{e}_z$:

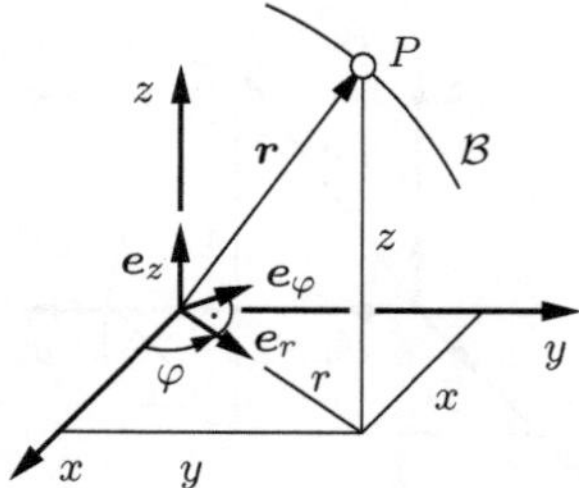

Bild 18.4
Zylinderkoordinaten

Der Ortsvektor im Zylinderkoordinatensystem (siehe Bild 18.4) ist durch

$$\boldsymbol{r}(t) = r(t)\,\boldsymbol{e}_r(t) + z(t)\,\boldsymbol{e}_z \tag{18.7}$$

gegeben. Hier hängen die Vektoren $\boldsymbol{e}_r$ und $\boldsymbol{e}_\varphi$ von der Zeit ab, da sich diese mit dem Punkt P mitbewegen. Es gilt der Zusammenhang zwischen kartesischen und Zylinderkoordinaten

$$\begin{bmatrix} \boldsymbol{e}_r(\varphi(t)) \\ \boldsymbol{e}_\varphi(\varphi(t)) \end{bmatrix} = \begin{bmatrix} \cos(\varphi(t)) & \sin(\varphi(t)) \\ -\sin(\varphi(t)) & \cos(\varphi(t)) \end{bmatrix} \begin{bmatrix} \boldsymbol{e}_x \\ \boldsymbol{e}_y \end{bmatrix}, \tag{18.8}$$

womit sich für die Zeitableitungen der Basisvektoren $\boldsymbol{e}_r(t)$ und $\boldsymbol{e}_\varphi(t)$ die folgenden Beziehungen ergeben.

$$\begin{aligned} \begin{bmatrix} \dot{\boldsymbol{e}}_r(\varphi(t)) \\ \dot{\boldsymbol{e}}_\varphi(\varphi(t)) \end{bmatrix} &= \dot{\varphi}(t) \begin{bmatrix} -\sin(\varphi(t)) & \cos(\varphi(t)) \\ -\cos(\varphi(t)) & -\sin(\varphi(t)) \end{bmatrix} \begin{bmatrix} \boldsymbol{e}_x \\ \boldsymbol{e}_y \end{bmatrix} \\ &= \dot{\varphi}(t) \begin{bmatrix} \boldsymbol{e}_\varphi(\varphi(t)) \\ -\boldsymbol{e}_r(\varphi(t)) \end{bmatrix} \end{aligned} \tag{18.9}$$

Damit erhält man für die Geschwindigkeit und die Beschleunigung

$$\boldsymbol{v}(t) = \dot{r}\,\boldsymbol{e}_r(t) + r\dot{\varphi}\,\boldsymbol{e}_\varphi(t) + \dot{z}\,\boldsymbol{e}_z \tag{18.10}$$

$$\boldsymbol{a}(t) = \left(\ddot{r} - r\dot{\varphi}^2\right)\boldsymbol{e}_r(t) + (r\ddot{\varphi} + 2\dot{r}\dot{\varphi})\,\boldsymbol{e}_\varphi(t) + \ddot{z}\,\boldsymbol{e}_z\,. \tag{18.11}$$

Die Umrechnung von kartesischen Koordinaten in Zylinderkoordinaten erfolgt durch

$$\begin{aligned} r(t) &= \sqrt{x^2(t) + y^2(t)}\ , \\ \varphi(t) &= \arctan\left(\frac{y(t)}{x(t)}\right). \end{aligned}$$

c) *Natürliche Koordinaten* mit den Basisvektoren $\boldsymbol{e}_t$, $\boldsymbol{e}_n$ und $\boldsymbol{e}_b$:

In der Darstellung mit natürlichen Koordinaten (siehe Bild 18.5) sind die Basisvektoren, die zusammen auch das *begleitende Dreibein* genannt werden, an den

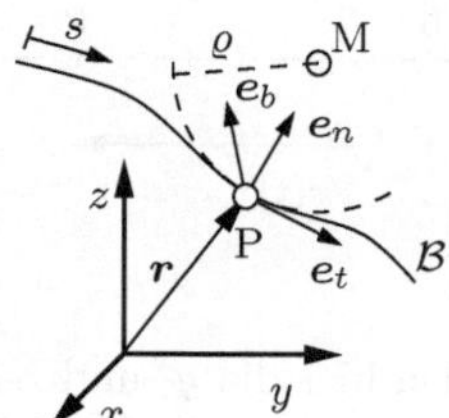

Bild 18.5
Natürliche Koordinaten

Punkt P auf der Bahnkurve $\mathcal{B}$ „angeheftet" und hängen direkt von der Bewegung ab. Der *Tangenteneinheitsvektor* $\boldsymbol{e}_t$, der *Hauptnormaleneinheitsvektor* $\boldsymbol{e}_n$ und der *Binormaleneinheitsvektor* $\boldsymbol{e}_b$ sind dabei folgendermaßen definiert:

$$\boldsymbol{e}_t(s(t)) = \frac{\mathrm{d}\boldsymbol{r}}{\mathrm{d}s} \tag{18.12}$$

$$\boldsymbol{e}_n(s(t)) = \varrho \frac{\mathrm{d}\boldsymbol{e}_t}{\mathrm{d}s} \tag{18.13}$$

$$\boldsymbol{e}_b(s(t)) = \boldsymbol{e}_t \times \boldsymbol{e}_n\,. \tag{18.14}$$

Mit ϱ wird der Krümmungsradius der Bahn $\mathcal{B}$ im Punkt P bezüglich des Krümmungsmittelpunktes M bezeichnet. Dabei ist s der Kurvenparameter der Bahn $\mathcal{B}$. Die Geschwindigkeit $\boldsymbol{v}$ und Beschleunigung $\boldsymbol{a}$ berechnen sich dann wie folgt

$$\boldsymbol{v}(t) = \frac{\mathrm{d}\boldsymbol{r}}{\mathrm{d}t} = \frac{\mathrm{d}\boldsymbol{r}}{\mathrm{d}s}\frac{\mathrm{d}s}{\mathrm{d}t} = \dot{s}(t)\,\boldsymbol{e}_t(s(t)) \tag{18.15}$$

$$\begin{aligned} \boldsymbol{a}(t) &= \frac{\mathrm{d}\boldsymbol{v}}{\mathrm{d}t} = \ddot{s}\,\boldsymbol{e}_t + \frac{\mathrm{d}\boldsymbol{e}_t}{\mathrm{d}s}\frac{\mathrm{d}s}{\mathrm{d}t}\dot{s} \\ &= \ddot{s}(t)\,\boldsymbol{e}_t(s(t)) + \frac{\dot{s}^2(t)}{\varrho}\,\boldsymbol{e}_n(s(t))\,, \end{aligned} \tag{18.16}$$

wobei die Komponenten $\dot{s}$ *Bahngeschwindigkeit*, $\ddot{s}$ *Bahnbeschleunigung* und $\frac{\dot{s}^2}{\varrho}$ *Normal*– oder *Zentripetalbeschleunigung* genannt werden.

18.2 Sonderfälle

Nachfolgend werden einige Sonderfälle von Bewegungen beschrieben, die häufig in der Mechanik des Massenpunktes vorkommen.

18.2.1 Geradlinige Bewegung

Für den Sonderfall der geradlinigen Bewegung gilt für den Ortsvektor

$$\boldsymbol{r} = x\,\boldsymbol{e}_x\,. \tag{18.17}$$

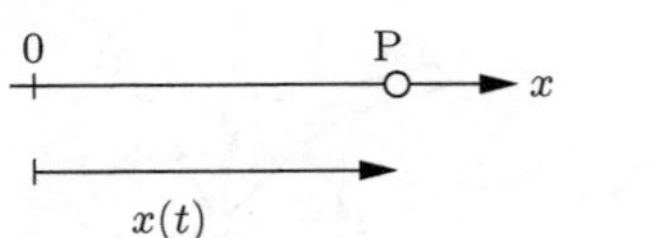

Bild 18.6
geradlinige Bewegung

Da hier die y- und z-Komponenten des Orts-, Geschwindigkeits- und Beschleunigungsvektors verschwinden, reicht es aus, jeweils nur die x–Komponente zu betrachten. In diesem Fall kann man der Einfachheit halber den Basisvektor $\boldsymbol{e}_x$ weglassen. Für die Geschwindigkeit $v(t)$ und die Beschleunigung $a(t)$ folgt

$$v = \frac{\mathrm{d}x}{\mathrm{d}t} = \dot{x}\,, \tag{18.18}$$

$$a = \frac{\mathrm{d}v}{\mathrm{d}t} = \dot{v} = \ddot{x}\,. \tag{18.19}$$

18.2.2 Ebene Bewegung in Polarkoordinaten

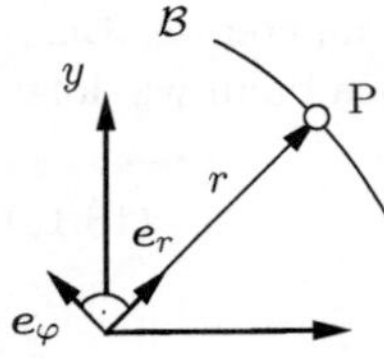

Bild 18.7
Ebene Bewegung in Polarkoordinaten

Für den Fall $z =$ konst. erhält man aus den Gleichungen der allgemeinen dreidimensionalen Bewegung in Zylinderkoordinaten

$$\boldsymbol{r} = r\,\boldsymbol{e}_r\,, \tag{18.20}$$

$$\begin{aligned} \boldsymbol{v} &= v_r\,\boldsymbol{e}_r + v_\varphi\,\boldsymbol{e}_\varphi \\ &= \dot{r}\,\boldsymbol{e}_r + r\dot{\varphi}\,\boldsymbol{e}_\varphi \\ &= \dot{r}\,\boldsymbol{e}_r + r\omega\,\boldsymbol{e}_\varphi\,, \end{aligned} \tag{18.21}$$

$$\begin{aligned} \boldsymbol{a} &= a_r\,\boldsymbol{e}_r + a_\varphi\,\boldsymbol{e}_\varphi \\ &= \left(\ddot{r} - r\dot{\varphi}^2\right)\boldsymbol{e}_r + (r\ddot{\varphi} + 2\dot{r}\dot{\varphi})\,\boldsymbol{e}_\varphi \\ &= \left(\ddot{r} - r\omega^2\right)\boldsymbol{e}_r + (r\dot{\omega} + 2\dot{r}\omega)\,\boldsymbol{e}_\varphi\,. \end{aligned} \tag{18.22}$$

Hierin ist mit $\omega = \dot{\varphi}$ die *Winkelgeschwindigkeit* definiert. Die Komponenten sind mit $v_r = \dot{r}$ *Radialgeschwindigkeit*, $v_\varphi = r\dot{\varphi} = r\omega$ *Zirkulargeschwindigkeit*, $a_r = \ddot{r} - r\dot{\varphi}^2 = \ddot{r} - r\omega^2$ *Radialbeschleunigung* und $a_\varphi = r\ddot{\varphi} + 2\dot{r}\dot{\varphi} = r\dot{\omega} + 2\dot{r}\omega$ *Zirkularbeschleunigung* bezeichnet.

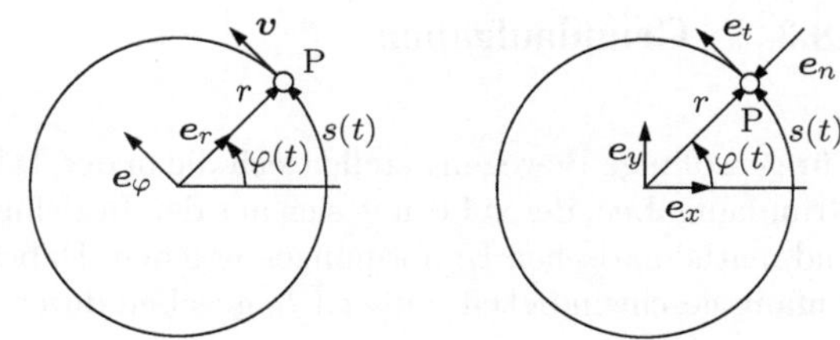

Bild 18.8
Kreisbewegung in Polarkoordinaten und natürlichen Koordinaten

18.2.3 Kreisbewegung

Für $r =$ konst. und $z =$ konst. liegt der Spezialfall einer Kreisbewegung in der x–y-Ebene vor (siehe Bild 18.8). Die kinematischen Größen in Polarkoordinaten vereinfachen sich dann zu

$$\boldsymbol{r}(t) = r\,\boldsymbol{e}_r(t)\,, \tag{18.23}$$

$$\begin{aligned} \boldsymbol{v}(t) &= r\dot{\varphi}(t)\,\boldsymbol{e}_\varphi(t) \\ &= r\omega(t)\,\boldsymbol{e}_\varphi(t)\,, \end{aligned} \tag{18.24}$$

$$\begin{aligned} \boldsymbol{a}(t) &= -r\dot{\varphi}^2(t)\,\boldsymbol{e}_r(t) + r\ddot{\varphi}(t)\,\boldsymbol{e}_\varphi(t) \\ &= -r\omega^2(t)\,\boldsymbol{e}_r(t) + r\dot{\omega}(t)\,\boldsymbol{e}_\varphi(t)\,. \end{aligned} \tag{18.25}$$

Man beachte, dass für den Spezialfall $\omega =$ konst. nur die Beschleunigung in radialer Richtung $a(t) = -r\omega^2$ auftritt.

Für die Kreisbewegung in natürlichen Koordinaten folgt mit $s(t) = r\varphi(t)$ und $\varrho = r$

$$\boldsymbol{r}(t) = r\,\boldsymbol{e}_r(s(t)) = r\left[\cos\left(\frac{s(t)}{r}\right)\boldsymbol{e}_x + \sin\left(\frac{s(t)}{r}\right)\boldsymbol{e}_y\right], \tag{18.26}$$

so dass

$$\boldsymbol{e}_t = \frac{\mathrm{d}\boldsymbol{r}}{\mathrm{d}s} = -\sin\left(\frac{s}{r}\right)\boldsymbol{e}_x + \cos\left(\frac{s}{r}\right)\boldsymbol{e}_y = \boldsymbol{e}_\varphi \tag{18.27}$$

und

$$\boldsymbol{e}_n = r\frac{\mathrm{d}\boldsymbol{e}_t}{\mathrm{d}s} = -\cos\left(\frac{s}{r}\right)\boldsymbol{e}_x - \sin\left(\frac{s}{r}\right)\boldsymbol{e}_y = -\boldsymbol{e}_r\,. \tag{18.28}$$

Es gilt jetzt

$$\boldsymbol{v}(t) = \frac{\mathrm{d}\boldsymbol{r}}{\mathrm{d}t} = \dot{s}(t)\,\boldsymbol{e}_t = r\dot{\varphi}(t)\,\boldsymbol{e}_t\,, \tag{18.29}$$

$$\boldsymbol{a}(t) = \ddot{s}(t)\,\boldsymbol{e}_t + \frac{\dot{s}^2(t)}{r}\,\boldsymbol{e}_n = r\ddot{\varphi}\,\boldsymbol{e}_t + r\dot{\varphi}^2(t)\,\boldsymbol{e}_n\,. \tag{18.30}$$

18.3 Grundaufgaben

Für geradlinige Bewegung stellen sich die in der Tabelle 18.1 zusammengefaßten Grundaufgaben, deren Lösung sich aus den Beziehungen des vorigen Abschnittes und mathematischen Umformungen ergeben. Dabei ist der Anfangsweg und die Anfangsgeschwindigkeit zur Zeit t_0 gegeben durch x_0 bzw. v_0.

Gegeben	Gesucht	
$x(t)$	$v(t) = \frac{\mathrm{d}x}{\mathrm{d}t}$	$a(t) = \frac{\mathrm{d}v}{\mathrm{d}t} = \frac{\mathrm{d}^2x}{\mathrm{d}t^2}$
$v(t)$	$x(t) = x_0 + \int_{t_0}^{t} v(\bar{t})\,\mathrm{d}\bar{t}$	$a(t) = \frac{\mathrm{d}v}{\mathrm{d}t}$
$a(t)$	$v(t) = v_0 + \int_{t_0}^{t} a(\bar{t})\,\mathrm{d}\bar{t}$	$x(t) = x_0 + \int_{t_0}^{t} v(\bar{t})\,\mathrm{d}\bar{t}$
$v(x)$	$a(x) = v\,\frac{\mathrm{d}v}{\mathrm{d}x} = \frac{1}{2}\,\frac{\mathrm{d}}{\mathrm{d}x}\,(v^2)$	$t(x) = t_0 + \int_{x_0}^{x} \frac{1}{v(\bar{x})}\,\mathrm{d}\bar{x}$
$a(x)$	$v(x) = \sqrt{v_0^2 + 2\int_{x_0}^{x} a(\bar{x})\,\mathrm{d}\bar{x}}$	$t(x) = t_0 + \int_{x_0}^{x} \frac{1}{v(\bar{x})}\,\mathrm{d}\bar{x}$
$a(v)$	$x(v) = x_0 + \int_{v_0}^{v} \frac{\bar{v}}{a(\bar{v})}\,\mathrm{d}\bar{v}$	$t(v) = t_0 + \int_{v_0}^{v} \frac{1}{a(\bar{v})}\,\mathrm{d}\bar{v}$

Tabelle 18.1 Grundaufgaben der Kinematik des Punktes

In manchen Fällen ist es notwendig, die Umkehrfunktion zu bilden, wenn z. B. $t(x)$ gegeben aber $x(t)$ gesucht ist.

Beispiel 18.1 Fahrzeugbewegung

Die Geschwindigkeit eines Testfahrzeuges wird an mehreren Orten gemessen. Daraus lässt sich ein Geschwindigkeitsverlauf in Abhängigkeit des Ortes $v(x) = v_0 + kx$ ermitteln. $v_0 = 20$ m/s ist hierbei die Geschwindigkeit am Beginn der Teststrecke ($t_0 = 0$ s, $x_0 = 0$ m). Die Konstante k hat einen Wert von $k = 0.1\ \mathrm{s}^{-1}$. Zu bestimmen ist die Strecke, die das Fahrzeug 5 s nach Beginn der Testfahrt zurückgelegt hat.

Lösung:
Für die Zeit t, die das Fahrzeug braucht, um die Strecke $s = x - x_0$ zurückzulegen erhält man mit

$$v(x) = \frac{\mathrm{d}x}{\mathrm{d}t} \qquad \Rightarrow \qquad \mathrm{d}t = \frac{\mathrm{d}x}{v(x)}$$

durch Integration in den Grenzen $x_0 = 0$ m bis x

$$t - t_0 = \int_{x_0}^{x} \frac{1}{v(\bar{x})}\, \mathrm{d}\bar{x} = \int_{0}^{x} \frac{1}{v_0 + k\bar{x}}\, \mathrm{d}\bar{x} = \frac{1}{k} \ln\left(1 + \frac{k}{v_0} x\right).$$

Mit $t_0 = 0$ s folgt für die Strecke s durch Auflösen nach x

$$s = x(t) = \frac{v_0}{k}\left(e^{kt} - 1\right) = 129.7 \text{ m}.$$

Lösung mit Maple:
Anstelle umfangreiche Integraltafeln nach Lösungen der auftretenden Integrale zu durchforsten, kann auch ein entsprechendes Computeralgebra-Programm, wie beispielsweise MAPLE, zur Hilfe herangezogen werden. Der Ausdruck für das Integral für $t(x)$ ist:

```
> Int(1/(v0+k*xquer),xquer=0..x);
```

$$\int_0^x \frac{1}{v0 + k\, xquer}\, dxquer$$

Die Auswertung dieses Ausdrucks ergibt:

```
> t(x):=value(%);
```

$$t(x) \quad := \quad \frac{\ln(v0 + kx) - \ln(v0)}{k}$$

Nun kann man diese Gleichung nach der Variablen x auflösen und schließlich das Ergebnis noch vereinfachen.

```
> x:=solve(t=t(x),x);
```

$$x \quad := \quad -\frac{v0\left(e^{(-tk)} - 1\right)}{e^{(-tk)} k}$$

```
> expand(%);
```

$$-\frac{v0}{k} + \frac{v0 e^{(tk)}}{k}$$

```
> factor(%);
```

$$\frac{v0\left(-1 + e^{(tk)}\right)}{k}$$

Beispiel 18.2

Für den Sonderfall der konstanten Beschleunigung $a = a_0$ skizziere man die Diagramme für Geschwindigkeit und Weg als Funktion der Zeit, wobei als Anfangsbedingung zur Zeit $t = t_0$ die Geschwindigkeit v_0 und der Weg x_0 betragen.

Lösung:

Gemäß Integration nach Zeile 3 der Tabelle Tabelle 18.1 ergibt sich eine explizite Darstellung der Geschwindigkeit und des Ortes in Abhängigkeit der Zeit.

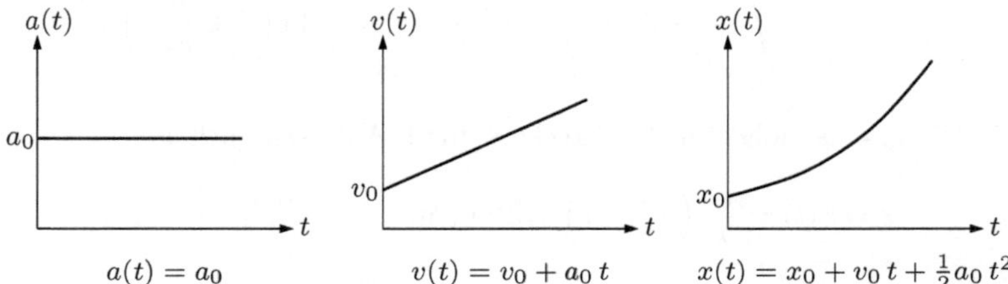

18.4 Übungsaufgaben

Aufgabe 18.1 (Schwierigkeitsgrad 2)

Der Kolben eines Dämpfers wird mit der Beschleunigung a in einen Zylinder gedrückt. Das im Zylinder eingeschlossene Öl kann durch die Öffnungen im Kolben entweichen. Die Anfangsgeschwindigkeit des Kolbens beträgt v_0.

Berechnen Sie die Geschwindigkeit v des Kolbens in Abhängigkeit von t, die Verschiebung x des Kolbens in Abhängigkeit von t und die Geschwindigkeit v in Abhängigkeit des Ortes x.

Gegeben: $a = -kv$, v_0, $x_0 = 0$

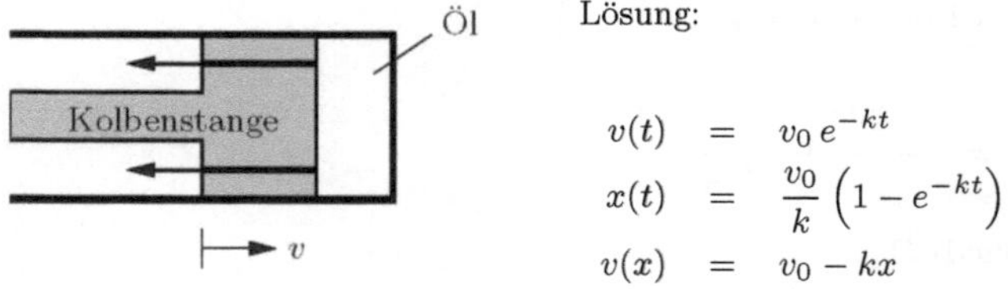

Lösung:

$$\begin{aligned} v(t) &= v_0\,e^{-kt} \\ x(t) &= \frac{v_0}{k}\left(1 - e^{-kt}\right) \\ v(x) &= v_0 - kx \end{aligned}$$

Aufgabe 18.2 (Schwierigkeitsgrad 2)

Zwei Fahrzeuge bewegen sich in die gleiche Richtung. Zur Zeit t_0 beträgt ihr Abstand L_0. Das Fahrzeug A beschleunigt konstant mit a_A, das Fahrzeug B mit a_B. Die Anfangsgeschwindigkeiten sind jeweils v_A bzw. v_B.

Zu welcher Zeit t_1 und an welchem Ort L_1 wird Fahrzeug B vom Fahrzeug A überholt? Wie groß sind die Geschwindigkeiten v_{A1} und v_{B1} zum Zeitpunkt t_1?

Gegeben: $t_0 = 0$, L_0, a_A, a_B, v_A, v_B

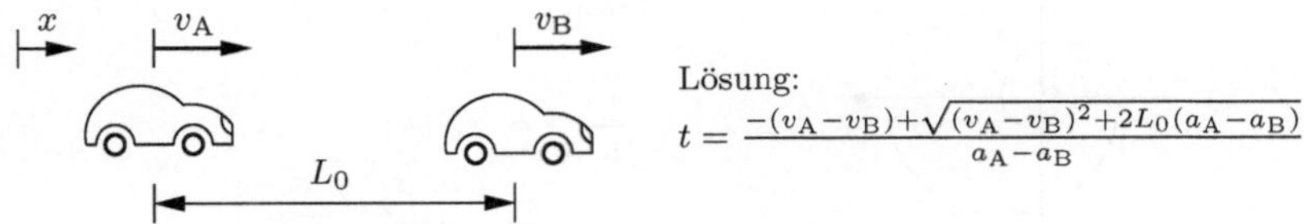

Lösung:

$$t = \frac{-(v_A - v_B) + \sqrt{(v_A - v_B)^2 + 2L_0(a_A - a_B)}}{a_A - a_B}$$

Aufgabe 18.3 (Schwierigkeitsgrad 1)

Ein Auto A fährt mit einer konstanten Geschwindigkeit v_A in östlicher Richtung. Zum Zeitpunkt, als Auto A die Kreuzung passiert, startet Auto B aus dem Stand (v_0) 35 m nördlich der Kreuzung und bewegt sich anschließend mit einer konstanten Beschleunigung von a_B in Richtung Süden.

Berechnen Sie den Ort, die Geschwindigkeit und die Beschleunigung des Fahrzeugs B relativ zu Fahrzeug A 5 Sekunden nachdem A die Kreuzung passiert hat.

Gegeben: $v_A = 36$ km/h, $v_0 = 0$, $a_B = 1.2$ m/s^2

Lösung:

$$\boldsymbol{x}_A - \boldsymbol{x}_B = \begin{bmatrix} 50 \\ -20 \end{bmatrix} \text{ m}$$

$$\boldsymbol{v}_A - \boldsymbol{v}_B = \begin{bmatrix} 10 \\ -6 \end{bmatrix} \text{ m/s}$$

$$\boldsymbol{a}_A - \boldsymbol{a}_B = \begin{bmatrix} 0 \\ -1.2 \end{bmatrix} \text{ m/s}^2$$

Aufgabe 18.4 (Schwierigkeitsgrad 3)

Ein Punkt bewegt sich entlang einer logarithmischen Spirale, die durch $r(\varphi)$ gegeben ist.

Wie groß ist das Verhältnis der Komponenten des Geschwindigkeitsvektors v_r/v_φ? Berechnen Sie die Winkelgeschwindigkeit $\dot{\varphi} = \dot{\varphi}(\varphi)$, so dass die radiale Komponente des Beschleunigungsvektors verschwindet.

Gegeben: $r(\varphi) = A\,e^{\lambda\varphi}$, $\varphi \geq 0$, $\dot{\varphi}(\varphi = 0) = \omega_0$

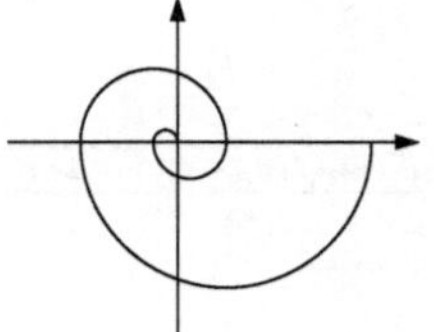

Lösung:

$$\frac{v_r}{v_\varphi} = \lambda$$

$$\dot{\varphi} = \omega_0\,e^{-\frac{\lambda^2-1}{\lambda}\varphi}$$

19 Kinetik des Massenpunktes

19.1 Newtonsche Bewegungsgleichungen

Die Bewegung eines Massenpunktes mit der Masse m, auf den die resultierende zeitabhängige Kraft $\boldsymbol{F}$ wirkt, wird beschrieben durch das *Newtonsche Grundgesetz*

$$\frac{\mathrm{d}(m\boldsymbol{v})}{\mathrm{d}t} = \frac{\mathrm{d}\boldsymbol{p}}{\mathrm{d}t} = \boldsymbol{F}(t)\,, \tag{19.1}$$

wobei $\boldsymbol{F}$ die Summe aller an dem Massenpunkt angreifenden Kräfte darstellt. Die Bewegungsgröße oder der *Impuls* $\boldsymbol{p}$ ist dabei definiert durch

$$\boldsymbol{p}(t) = m\boldsymbol{v}(t)\,. \tag{19.2}$$

Das heißt, durch eine Kraft wird die Änderung der Bewegungsgröße hervorgerufen.

Für eine konstante Masse vereinfacht sich Gleichung 19.1 zu

$$m\boldsymbol{a}(t) = \boldsymbol{F}(t)\,. \tag{19.3}$$

Man beachte, dass Gleichung 19.3 den Sonderfall der Statik $\boldsymbol{F} = \boldsymbol{0}$ einschließt.

Beispiel 19.1

Man bestimme Größe und Richtung der Beschleunigung $\boldsymbol{a}$, wenn auf den Massenpunkt mit der Masse m zwei Kräfte $\boldsymbol{F}_1 = F_{1x}\,\boldsymbol{e}_x + F_{1y}\,\boldsymbol{e}_y$ und $\boldsymbol{F}_2 = F_{2x}\,\boldsymbol{e}_x + F_{2y}\,\boldsymbol{e}_y$ wirken.

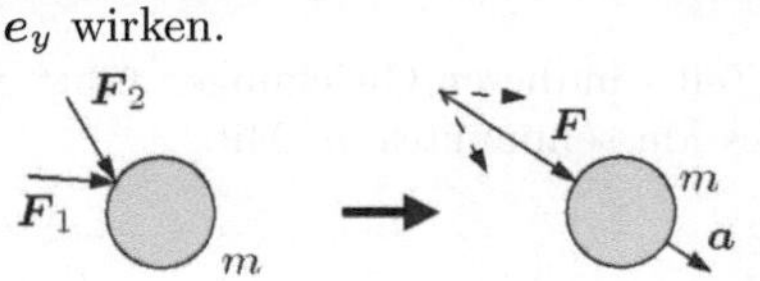

Lösung:

Die auf den Massenpunkt wirkende resultierende Kraft $\boldsymbol{F}$ ist

$$\boldsymbol{F} = (F_{1x} + F_{2x})\,\boldsymbol{e}_x + (F_{1y} + F_{2y})\,\boldsymbol{e}_y\,,$$

und mit dem NEWTONschen Grundgesetz (Gleichung 19.3) folgt damit für die Beschleunigung

$$\boldsymbol{a} = \left(\frac{F_{1x} + F_{2x}}{m}\right) \boldsymbol{e}_x + \left(\frac{F_{1y} + F_{2y}}{m}\right) \boldsymbol{e}_y \,.$$

19.2 Schiefer Wurf

Eine Anwendung des NEWTONschen Grundgesetzes (Gleichung 19.3) ist die Beschreibung der Bahn eines Massenpunktes im Erdschwerefeld, der mit einer Anfangsgeschwindigkeit am Punkt $(x_0,\, y_0)$ in Richtung α abgeworfen wird. Dieser Fall kann in der x–y-Ebene betrachtet werden, siehe Bild 19.1. Für die x- und y-Richtung kann dann jeweils das NEWTONsche Grundgesetz angeschrieben werden.

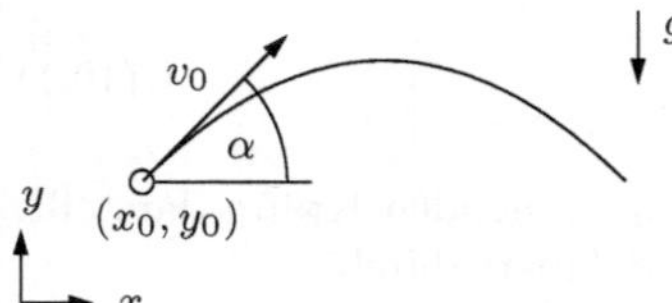

Bild 19.1
Schiefer Wurf eines Massenpunktes

$$m\ddot{x} = 0 \qquad \text{und} \qquad m\ddot{y} = -mg \tag{19.4}$$

Die Integration dieser Beziehungen liefert mit den Anfangsbedingungen $v_{x0} = v_0 \cos\alpha$, $v_{y0} = v_0 \sin\alpha$, x_0 und y_0

$$\dot{x} = v_{x0} \tag{19.5}$$

$$x(t) = v_0 \cos\alpha\, t + x_0 \tag{19.6}$$

und

$$\dot{y} = -g\, t + v_{y0} \tag{19.7}$$

$$y(t) = -\frac{g}{2}\, t^2 + v_0 \sin\alpha\, t + y_0 \,. \tag{19.8}$$

Die Elimination der Zeit t in diesen Gleichungen führt dann auf eine Gleichung für die Bahnkurve des Massenpunktes m. Mit

$$t = \frac{x - x_0}{v_0 \cos\alpha} \tag{19.9}$$

folgt aus der Beziehung für $y(t)$ die Bahnkurve $y(x)$

$$y(x) = -\frac{g}{2} \left(\frac{x - x_0}{v_0 \cos\alpha}\right)^2 + (x - x_0) \tan\alpha + y_0 \,. \tag{19.10}$$

Ausgehend von dieser Gleichung kann jetzt z. B. die maximale Wurfhöhe bestimmt werden. Die Ableitung $\frac{\mathrm{d}y}{\mathrm{d}x} = 0$ liefert

$$\frac{\mathrm{d}y}{\mathrm{d}x} = -g\,\frac{x - x_0}{v_0^2 \cos^2\alpha} + \tan\alpha = 0 \quad \Rightarrow \quad x - x_0 = \frac{v_0^2}{g}\sin\alpha\,\cos\alpha \tag{19.11}$$

und damit die maximale Wurfhöhe

$$y_{\max} = y_0 + \frac{v_0^2}{2g}\sin^2\alpha\,. \tag{19.12}$$

Man sieht leicht, dass der Grenzfall $\alpha = 0$, zu dem eine horizontale Tangente im Ursprung (x_0, y_0) gehört, richtig wiedergegeben wird.

19.3 Impulssatz

Die Integration von Gleichung 19.1 über die Zeit liefert den *Impulssatz*

$$\begin{aligned} \mathrm{d}(m\boldsymbol{v}) &= \boldsymbol{F}\,\mathrm{d}t \\ \Rightarrow\; m\boldsymbol{v} - m\boldsymbol{v}_0 &= \int_{t_0}^{t} \boldsymbol{F}\,\mathrm{d}\bar{t} \end{aligned} \tag{19.13}$$

Hier definiert $\int_{t_0}^{t} \boldsymbol{F}\,\mathrm{d}\bar{t} = \hat{\boldsymbol{F}}$ den *Kraftstoß*. Wenn keine Kräfte wirken ($\boldsymbol{F} = \boldsymbol{0}$), dann bleibt der Impuls erhalten.

$$\boldsymbol{p} = m\boldsymbol{v} = \text{konst.} \tag{19.14}$$

Beispiel 19.2

Ein Fußballspieler tritt gegen den Ball. Der durch den Tritt hervorgerufene Kraftstoß wird dabei in der Zeit von $T = 0.2$ s aufgebracht. Die maximale Kraft während des Stoßes beträgt $F_0 = 100$ N. Zu bestimmen ist die Geschwindigkeit, mit der der Ball wegfliegt, wenn man annimmt, dass der zeitliche Kraftverlauf sinusförmig ist und der Ball eine Masse von $m = 300$ g hat.

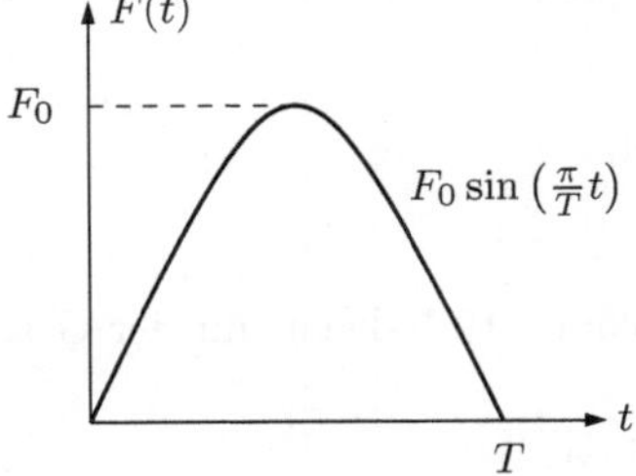

Lösung:
Aus Gleichung 19.13 folgt

$$v = \frac{1}{m}\int\limits_0^T F_0 \sin\left(\frac{\pi}{T}t\right)\,\mathrm{d}t = \frac{2F_0T}{m\pi} = 42.44\ \mathrm{m/s}$$

19.4 Arbeitssatz, Energiesatz

Die *Leistung* einer Kraft ist definiert als das Skalarprodukt von Kraft und Geschwindigkeit.

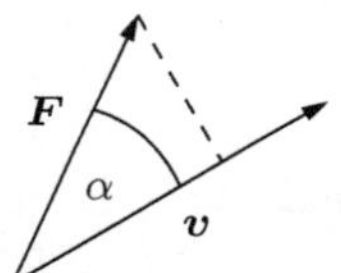

Bild 19.2
Leistung einer Kraft

$$\begin{aligned} P &= \boldsymbol{F}\cdot\boldsymbol{v} \\ &= |\boldsymbol{F}||\boldsymbol{v}|\cos(\alpha) \end{aligned} \tag{19.15}$$

Die Integration der Leistung über die Zeit liefert die Arbeit

$$W = \int\limits_{t_0}^{t_1} P\,\mathrm{d}t = \int\limits_{t_0}^{t_1} \boldsymbol{F}\cdot\boldsymbol{v}\,\mathrm{d}t\,, \tag{19.16}$$

und mit der Änderung des Ortsvektors

$$\mathrm{d}\boldsymbol{r} = \boldsymbol{v}\,\mathrm{d}t \tag{19.17}$$

folgt die Arbeit, die die Kraft längs des Weges $\boldsymbol{r}_0$ bis $\boldsymbol{r}_1$ verrichtet

$$W = \int\limits_{\boldsymbol{r}_0}^{\boldsymbol{r}_1} \boldsymbol{F}\cdot\mathrm{d}\boldsymbol{r}\,. \tag{19.18}$$

Multipliziert man Gleichung 19.1 skalar mit der Geschwindigkeit $\boldsymbol{v}$, dann folgt

$$m\frac{\mathrm{d}\boldsymbol{v}}{\mathrm{d}t}\cdot\boldsymbol{v} = \boldsymbol{F}\cdot\boldsymbol{v}\,. \tag{19.19}$$

Durch Integration erhält man

$$\int_{\boldsymbol{v}_0}^{\boldsymbol{v}_1} m\,\boldsymbol{v} \cdot \mathrm{d}\boldsymbol{v} = \int_{t_0}^{t_1} \boldsymbol{F} \cdot \boldsymbol{v}\,\mathrm{d}t\,. \tag{19.20}$$

Mit

$$\begin{aligned}\int \boldsymbol{v} \cdot \mathrm{d}\boldsymbol{v} &= \int v_x\,\mathrm{d}v_x + \int v_y\,\mathrm{d}v_y + \int v_z\,\mathrm{d}v_z \\ &= \frac{1}{2}\left(v_x^2\Big|_{v_{0x}}^{v_{1x}} + v_y^2\Big|_{v_{0y}}^{v_{1y}} + v_z^2\Big|_{v_{0z}}^{v_{1z}} \right) \\ &= \frac{1}{2}\left(v_1^2 - v_0^2\right) \end{aligned} \tag{19.21}$$

folgt der *Arbeitssatz* der Mechanik

$$\frac{mv_1^2}{2} - \frac{mv_0^2}{2} = \int_{\boldsymbol{r}_0}^{\boldsymbol{r}_1} \boldsymbol{F} \cdot \mathrm{d}\boldsymbol{r} \qquad \text{bzw.} \qquad T_1 - T_0 = W_{01}\,. \tag{19.22}$$

$T_1 = \frac{mv_1^2}{2}$ ist die *kinetische Energie* im Zustand 1, $T_0 = \frac{mv_0^2}{2}$ entsprechend die kinetische Energie im Zustand 0 und $W = \int_{\boldsymbol{r}_0}^{\boldsymbol{r}_1} \boldsymbol{F} \cdot \mathrm{d}\boldsymbol{r}$ die mechanische Arbeit, die von den an der Masse angreifenden Kräften zwischen Zustand 0 und 1 geleistet wird.

Für den Fall, dass die auf die Masse einwirkenden Kräfte *Potentialkräfte* oder auch *konservative Kräfte* sind, lassen sich die Kräfte als Gradient der potentiellen Energie U berechnen.

$$\boldsymbol{F} = -\mathrm{grad}\,U = -\left(\frac{\partial U}{\partial x}\,\boldsymbol{e}_x + \frac{\partial U}{\partial y}\,\boldsymbol{e}_y + \frac{\partial U}{\partial z}\,\boldsymbol{e}_z\right) \tag{19.23}$$

Nach Einsetzen in die rechte Seite von (Gleichung 19.22) folgt mit $\mathrm{d}\boldsymbol{r} = \boldsymbol{e}_x\,\mathrm{d}x + \boldsymbol{e}_y\,\mathrm{d}y + \boldsymbol{e}_z\,\mathrm{d}z$

$$W = \int_{\boldsymbol{r}_0}^{\boldsymbol{r}_1} \boldsymbol{F} \cdot \mathrm{d}\boldsymbol{r} = U_0 - U_1\,. \tag{19.24}$$

Damit kann die durch die Kraft $\boldsymbol{F}$ an der Masse geleistete Arbeit durch die Differenz der potentiellen Energien U_0 und U_1 angegeben werden.

Unter Verwendung des Arbeitssatzes (Gleichung 19.22) ergibt sich daraus der *Energiesatz*

$$T_1 + U_1 = T_0 + U_0 = \text{konst.}\,, \tag{19.25}$$

das heißt, dass für rein konservative Systeme die Summe aus kinetischer und potenzieller Energie zu jedem Zeitpunkt konstant ist.

19.5 Potentiale

In der Mechanik sind die folgenden Potentiale von Bedeutung.

Gravitationspotential allgemein

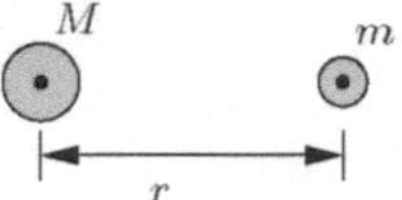

$$U = -f\frac{Mm}{r} \quad \Rightarrow \quad F = f\frac{Mm}{r^2}$$

mit der Gravitationskonstanten $f = 6.673 \cdot 10^{-11}\,\mathrm{m^3/(kg\,s^2)}$.

Gravitationspotential nahe der Erdoberfläche

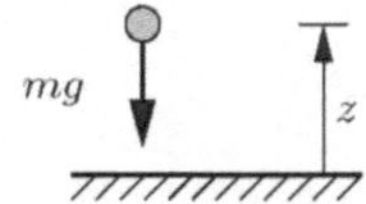

$$U = mgz \quad \Rightarrow \quad F = -mg$$

Federpotential

$$U = \frac{1}{2}cx^2 \quad \Rightarrow \quad N = -cx$$

$$\Rightarrow \quad F = cx$$

Beispiel 19.3 Massenpunkt auf schiefer Ebene

Ein Massenpunkt der Masse m gleitet unter seinem eigenen Gewicht reibungsfrei eine schiefe Ebene der Höhe h hinab und trifft am Ende auf eine Feder mit der Federsteifigkeit c. Mit welcher Geschwindigkeit v_1 trifft die Masse auf die Feder, und um welchen Federweg Δx wird sich die Feder maximal zusammendrücken?

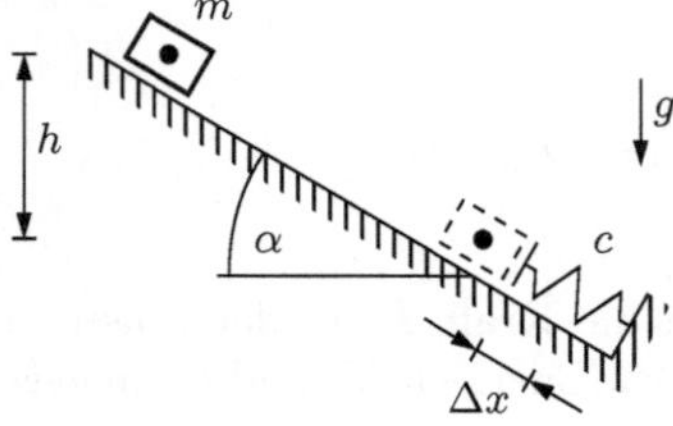

Lösung:

Wählen wir den Punkt beim Zusammentreffen von Masse und Feder als den Ursprung für die potentielle Lageenergie der Masse, dann ist die potentielle Energie der Masse am Anfang $U_0 = mgh$. Die kinetische Energie ist am Anfang $T_0 = 0$, da die Masse am Anfang ruht. Beim Zusammentreffen der Masse mit der Feder ist die potentielle Energie $U_1 = 0$ und die kinetische

Energie $T_1 = \frac{1}{2}mv_1^2$. Mit dem Energiesatz folgt daraus

$$mgh = \frac{1}{2}mv_1^2 \qquad \Rightarrow \qquad v_1 = \sqrt{2gh}\,.$$

Die potentielle Energie der Masse zu dem Zeitpunkt an dem die Feder maximal zusammengedrückt wird ist $U_2(\text{Masse}) = -mg\Delta x \sin\alpha$. Die in der Feder gespeicherte potentielle Energie ist dann $U_2(\text{Feder}) = \frac{1}{2}c\Delta x^2$. Im Punkt der maximalen Federauslenkung hat die Masse keine Geschwindigkeit, also auch keine kinetische Energie. Nun lässt sich aus dem Energiesatz die Größe Δx bestimmen.

$$mgh = -mg\,\Delta x\,\sin\alpha + \frac{1}{2}c\,\Delta x^2$$

$$\Rightarrow \qquad \Delta x = \frac{mg}{c}\sin\alpha + \sqrt{\frac{m^2g^2}{c^2}\sin^2\alpha + \frac{2mgh}{c}}$$

19.6 Gerader zentrischer Stoß

Stoßvorgänge treten auf, wenn zwei oder mehrere Massenpunkte zur gleichen Zeit aufeinandertreffen. Sie können unter Annahme einer sehr kurzen Stoßdauer und der Vernachlässigung einer Lageänderung während des Stoßes modelliert werden. Hier soll der Stoßvorgang zwischen zwei Massenpunkten genauer untersucht werden, wobei $\mathcal{N}$ die Richtung des Stoßes (Stoßnormalenrichtung) angibt. Um die Geschwindigkeiten der beiden Massen nach dem Stoß zu berechnen, unterteilt man den Stoßvorgang zeitlich in die *Kompressionsphase*, in der die Kraft auf die beiden am Stoß beteiligten Körper anwächst und die *Restitutionsphase*, in der die Kraft wieder abnimmt.

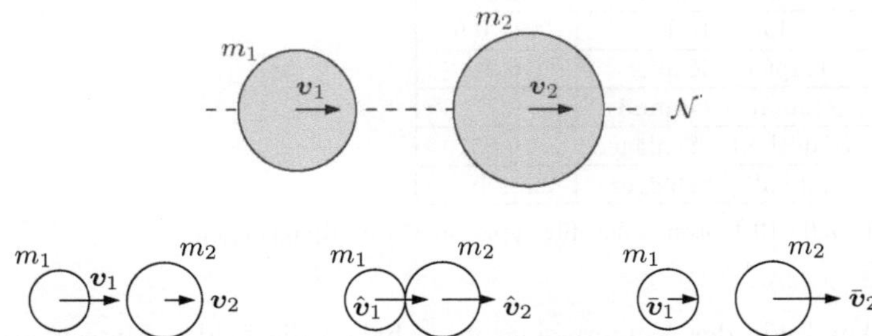

Bild 19.3 Gerader zentrischer Stoß

Für jede der beiden Phasen kann man für jeden der Massenpunkte den Impulssatz aufstellen.

Kompression

$$m_1\,(\hat{v}_1 - v_1) = -\hat{F}_\mathrm{K} \tag{19.26}$$

$$m_2\,(\hat{v}_2 - v_2) = \hat{F}_\mathrm{K} \tag{19.27}$$

Restitution

$$m_1\,(\bar{v}_1 - \hat{v}_1) = -\hat{F}_\mathrm{R} \tag{19.28}$$

$$m_2\,(\bar{v}_2 - \hat{v}_2) = \hat{F}_\mathrm{R} \tag{19.29}$$

Zwischen den Kraftstößen der Krompressionsphase ($\hat{F}_\mathrm{K}$) und der Restitutionsphase ($\hat{F}_\mathrm{R}$) in Stoßnormalenrichtung $\mathcal{N}$ kann man den Zusammenhang

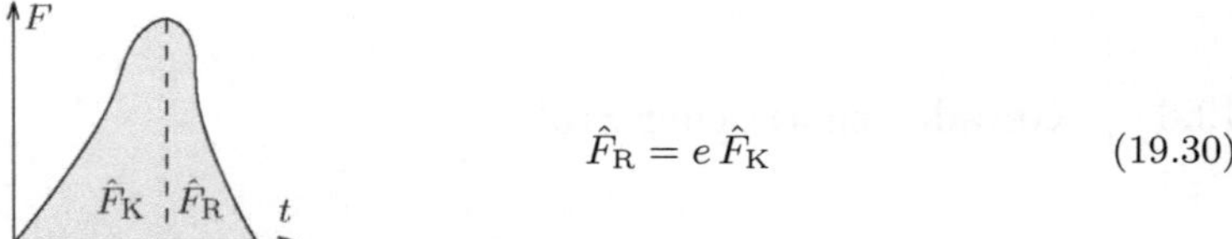

$$\hat{F}_\mathrm{R} = e\,\hat{F}_\mathrm{K} \tag{19.30}$$

annehmen, wobei e die *Stoßzahl* ist. Sie folgt aus experimentellen Beobachtungen und drückt aus, ob ein Stoß rein elastisch ($e = 1$), teilplastisch ($0 < e < 1$) oder voll plastisch ($e = 0$) ist. Die Stoßzahl hängt hauptsächlich von den Materialien der Stoßpartner ab. Stoßzahlen für typische Materialpaarungen sind in Tabelle 19.1 gegeben.

Materialpaarung	Stoßzahl
Stahl / Stahl	0.6 - 0.9
Glas / Glas	0.94
Holz / Holz	0.5 - 0.65
Kupfer / Kupfer	0.22
Gummi / Gummi	0.75
Tennisball / Schläger	0.85
Golfball / Schläger	max. 0.83

Tabelle 19.1 Stoßzahlen für typische Materialpaarungen

Am Ende der Kompressionsphase haben die beiden Massen m_1 und m_2 die gleichen Geschwindigkeiten in Stoßnormalenrichtung $\mathcal{N}$.

$$\hat{v}_1 = \hat{v}_2 = \hat{v} \tag{19.31}$$

Die Gleichungen 19.26 bis 19.31 sind sechs Gleichungen für die sechs Unbekannten $\hat{v}_1$, $\hat{v}_2$, $\hat{F}_\mathrm{K}$, $\hat{F}_\mathrm{R}$, $\bar{v}_1$ und $\bar{v}_2$. Eine Lösung erhält man z. B. mit MAPLE.

$$\begin{aligned}\hat{v} &= \frac{m_1 v_1 + m_2 v_2}{m_1 + m_2} && (19.32)\\ \bar{v}_1 &= \hat{v} - e\frac{m_2}{m_1 + m_2}(v_1 - v_2) && (19.33)\\ \bar{v}_2 &= \hat{v} + e\frac{m_1}{m_1 + m_2}(v_1 - v_2) && (19.34)\end{aligned}$$

Für die Stoßzahl e erhält man daraus sofort

$$e = -\frac{\bar{v}_1 - \bar{v}_2}{v_1 - v_2}\,. \tag{19.35}$$

Nun ist es mit der Kenntnis der Geschwindigkeiten vor und nach dem Stoß auch möglich, den *Energieverlust* während des Stoßes zu ermitteln.

$$\begin{aligned}\Delta T &= T - \bar{T}\\ &= \frac{1}{2}m_1 v_1^2 + \frac{1}{2}m_2 v_2^2 - \frac{1}{2}m_1\bar{v}_1^2 - \frac{1}{2}m_2\bar{v}_2^2\\ &= \frac{1}{2}\left(1 - e^2\right)\frac{m_1 m_2}{m_1 + m_2}(v_1 - v_2)^2 && (19.36)\end{aligned}$$

Sonderfälle

Beim *plastischen Stoß* „kleben" beide Stoßpartner nach dem Stoß zusammen und haben somit nach dem Stoß die gleiche Geschwindigkeit in Stoßnormalenrichtung. Damit kann man aus dem Impulssatz für das Gesamtsystem die Geschwindigkeit nach dem Stoß ermitteln.

$$\begin{aligned}m_1 v_1 + m_2 v_2 &= m_1\bar{v}_1 + m_2\bar{v}_2 = (m_1 + m_2)\bar{v} && (19.37)\\ &\Rightarrow \quad \bar{v} = \frac{m_1 v_1 + m_2 v_2}{m_1 + m_2} && (19.38)\end{aligned}$$

Diese Geschwindigkeit entspricht auch der nach maximaler Kompression erreichten Geschwindigkeit während der Stoßphase.

Beim *elastischen Stoß* tritt kein Energieverlust auf (vergleiche Gleichung 19.36 für $e = 1$). Daher kann man im Fall des rein elastischen Stoßes den Energiesatz benutzen. Zusammen mit dem Impulssatz für das Gesamtsystem folgen daraus die Geschwindigkeiten der beiden Stoßpartner nach dem Stoß.

$$m_1 v_1 + m_2 v_2 = m_1\bar{v}_1 + m_2\bar{v}_2 \tag{19.39}$$

$$\frac{1}{2}m_1 v_1^2 + \frac{1}{2}m_2 v_2^2 = \frac{1}{2}m_1\bar{v}_1^2 + \frac{1}{2}m_2\bar{v}_2^2 \tag{19.40}$$

$$\begin{aligned}\Rightarrow \bar{v}_1 &= \frac{m_1 v_1 - m_2 v_1 + 2 m_2 v_2}{m_1 + m_2} && (19.41)\\ \bar{v}_2 &= \frac{m_2 v_2 - m_1 v_2 + 2 m_1 v_1}{m_1 + m_2} && (19.42)\end{aligned}$$

19.7 Schiefer zentrischer Stoß

Beim schiefen zentrischen Stoß glatter Massenpunkte bewegen sich die Stoßpartner vor und nach dem Stoß nicht in dieselbe Richtung entlang der Stoßnormalen. Dennoch gelten in Richtung der Stoßnormalen die gleichen Gleichungen wie für den geraden zentrischen Stoß. Das heißt

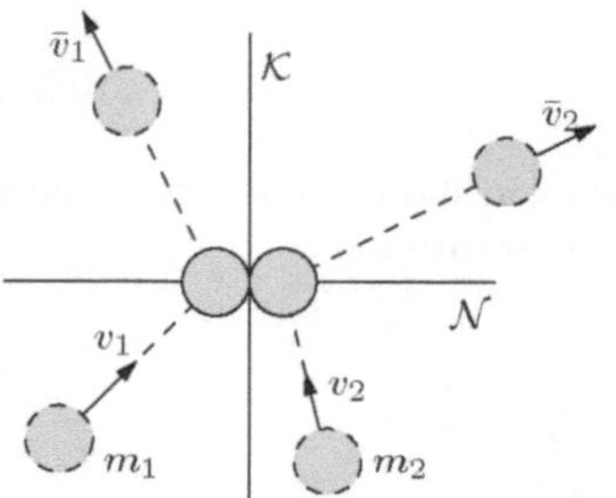

Bild 19.4
Schiefer zentrischer Stoß

$$\bar{v}_{1\mathcal{N}} = \frac{m_1 v_{1\mathcal{N}} + m_2 v_{2\mathcal{N}} - e\, m_2(v_{1\mathcal{N}} - v_{2\mathcal{N}})}{m_1 + m_2} \tag{19.43}$$

$$\bar{v}_{2\mathcal{N}} = \frac{m_1 v_{1\mathcal{N}} + m_2 v_{2\mathcal{N}} - e\, m_1(v_{2\mathcal{N}} - v_{1\mathcal{N}})}{m_1 + m_2} \tag{19.44}$$

Die Geschwindigkeitskomponenten in der Stoßebene $\mathcal{K}$ bleiben nach dem Impulssatz jeweils erhalten, da in dieser Ebene keine Stoßkräfte auf die Massen wirken.

$$\bar{v}_{1\mathcal{K}} = v_{1\mathcal{K}} \tag{19.45}$$

$$\bar{v}_{2\mathcal{K}} = v_{2\mathcal{K}} \tag{19.46}$$

Ebenso bleibt der Gesamtimpuls beider Körper unabhängig von der Art des Stoßes (elastisch, teilplastisch oder plastisch) konstant. Daraus erhält man allgemein für die Stoßzahl

$$e = -\frac{\bar{v}_{1\mathcal{N}} - \bar{v}_{2\mathcal{N}}}{v_{1\mathcal{N}} - v_{2\mathcal{N}}}\,. \tag{19.47}$$

19.8 Reibung: Haften und Gleiten

Wir betrachten einen als Massenpunkt idealisierten Körper K der Masse m, der auf einer horizontalen Ebene aufliegt. Nun lassen wir auf den Körper eine Kraft F in horizontaler Richtung wirken. Liegt diese Kraft unterhalb eines bestimmten

Grenzwertes $|F| \leq H_{\max}$, so wird der Körper K in Ruhe bleiben, d. h. er befindet sich im statischen Gleichgewicht. Man sagt, der Körper haftet auf der Ebene (Fall a). Bei Überschreitung des Grenzwertes $|F| > H_{\max}$ wird sich der Körper K in Bewegung setzen. Dies bezeichnet man als Gleiten auf der Ebene (Fall b).

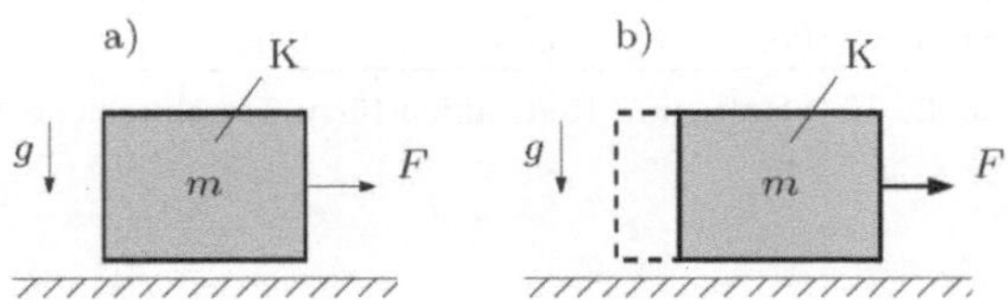

Bild 19.5
Haften und Gleiten eines Körpers

19.8.1 Haften

Zunächst soll der Fall $|F| \leq H_{\max}$ untersucht werden. Hierzu schneiden wir den Körper K vom Untergrund frei und tragen die an der Kontaktfläche wirkenden Schnittkräfte an.

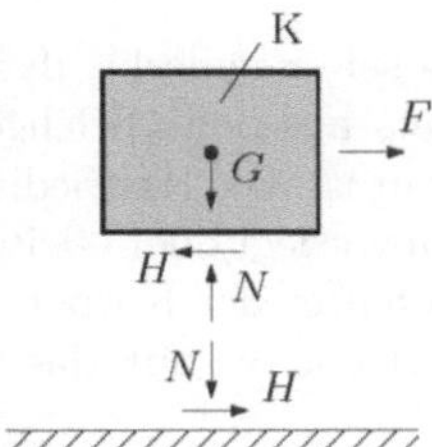

Bild 19.6
Haften eines Körpers

Auf den Körper K wirken in horizontaler Richtung die Kraft F und aus Gleichgewichtsgründen eine Haftkraft H an der Kontaktfläche, die den Körper in Ruhe hält. Das Kräftegleichgewicht in horizontal Richtung liefert somit

$$\rightarrow \quad : \quad H = F\,. \tag{19.48}$$

In vertikaler Richtung wirkt die Gewichtskraft $G = mg$ sowie die senkrecht auf der Kontaktfläche stehende Normalkraft N

$$\uparrow \quad : \quad N = mg\,. \tag{19.49}$$

Durch experimentelle Untersuchungen stellt man fest, dass der Körper K so lange in Ruhe bleibt, wie die Haftkraft H den Wert

$$H_{\max} = \mu_{\mathrm{H}}\, N \tag{19.50}$$

nicht überschreitet, wobei die *Haftzahl* μ_{H} von der Materialpaarung der Oberflächen der beiden Körper (hier: Körper K und Ebene) abhängt. Richtwerte für gängige Materialpaarungen sind in Tabelle 19.2 angegeben.

Materialpaarung	Haftzahl	Reibzahl
Stahl - Stahl	0.15 ... 0.2	0.1 ... 0.15
Holz - Metall	0.5 ... 0.65	0.2 ... 0.5
Holz - Holz	0.4 ... 0.65	0.2 ... 0.4
Stahl - Eis	0.03	0.015
Stahl - Teflon	0.06	0.04

Tabelle 19.2 Haft- und Reibzahlen für unterschiedliche Materialpaarungen

Die beschriebenen Beobachtungen führen auf die *Haftbedingung* mit der Ungleichung

$$|H| \leq H_{\max} = \mu_{\mathrm{H}} N . \tag{19.51}$$

Die maximal aufnehmbare Haftkraft $H_{\max}$ ist demnach unabhängig von der Größe der Kontaktfläche zwischen den Körpern. Die übertragbare Haftkraft hängt nur von der Haftzahl μ_{H} und der Normalkraft N ab.

Es sei angemerkt, dass im hier betrachteten Fall des Haftens die Haftkraft H stets aus den Gleichgewichtsbedingungen bestimmt wird und eine Reaktionskraft ist. Die Haftbedingung (Gleichung 19.51) liefert dann eine Aussage, ob Haften vorliegt oder Gleiten auftritt. Ist die Haftbedingung erfüllt, d.h. $|H| \leq \mu_{\mathrm{H}} N$, so haftet der Körper. Ist die Haftbedingung nicht erfüllt, also $|H| > \mu_{\mathrm{H}} N$, so tritt Gleiten auf, das im folgenden Abschnitt behandelt wird.

Beispiel 19.4 Quader auf schiefer Ebene

Ein Quader der Masse m liegt auf einer schiefen Ebene mit dem Neigungswinkel α. Die Haftzahl beträgt μ_{H}. Gesucht ist der maximale Neigungswinkel α, bei der der Quader nicht ins Gleiten kommt.

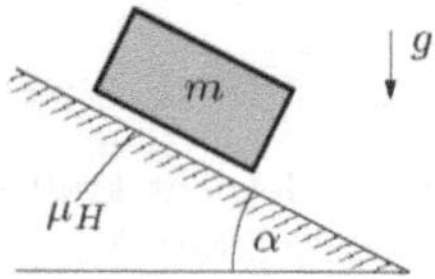

Lösung:

Durch Freischneiden erhält man die Normalkraft N und die erforderliche Haftkraft H zwischen Quader und Ebene.

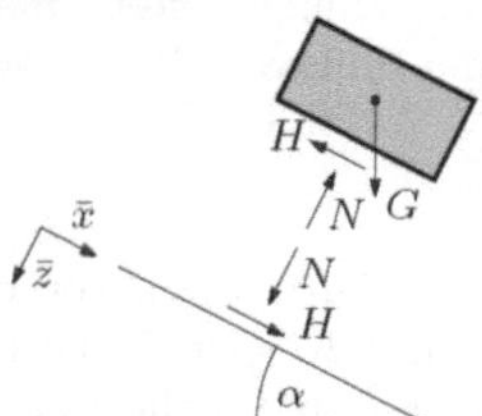

Das Gleichgewicht im der Neigung der Ebene angepassten Koordinatensystem $(\overline{x}, \overline{z})$ lautet

$$\begin{aligned} \nearrow &: \quad N = G\cos\alpha = mg\cos\alpha \\ \nwarrow &: \quad H = G\sin\alpha = mg\sin\alpha\,. \end{aligned}$$

Die Haftbedingung (Gleichung 19.51) liefert

$$|H| \leq \mu_{\mathrm{H}}\,N\,. \tag{19.52}$$

Da im Allgemeinen die Richtung der Haftkraft zunächst nicht bekannt ist, muss in der Haftbedingung der Betrag der Haftkraft angenommen werden. Für sinnvolle Neigungswinkel $0^\circ \leq \alpha \leq 90^\circ$ vereinfacht sich dies zu

$$\begin{aligned} mg\sin\alpha &\leq \mu_{\mathrm{H}}\,mg\cos\alpha \\ \frac{\sin\alpha}{\cos\alpha} &\leq \mu_{\mathrm{H}} \\ \tan\alpha &\leq \mu_{\mathrm{H}}\,. \end{aligned}$$

Der Neigungswinkel α der Ebene muss somit kleiner als $\alpha_{\max} = \arctan(\mu_{\mathrm{H}})$ sein, damit der Quader nicht ins Gleiten kommt.

19.8.2 Gleiten

Wir betrachten wieder einen auf einer Ebene liegenden Körper, an dem mit einer Kraft F gezogen wird. Nehmen wir nun an, dass die Last F soweit gesteigert wird, dass $F_{\max}$ überschritten wird.

$$F > F_{\max} = H_{\max} = \mu_{\mathrm{H}}\,N \tag{19.53}$$

Die Haftbedingung (Gleichung 19.51) ist dann nicht mehr erfüllt und der Körper nicht mehr im Gleichgewicht. Er fängt an zu gleiten.

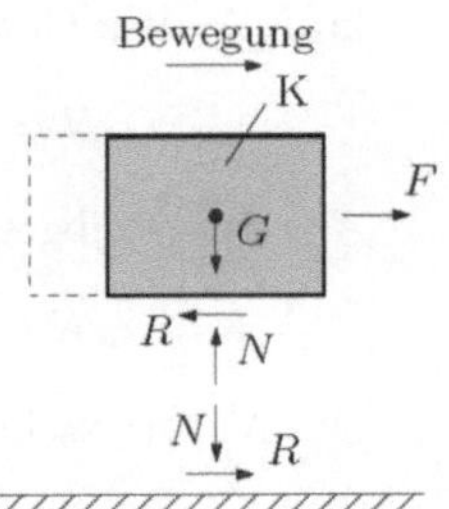

Bild 19.7
Gleiten eines Körpers

Man stellt nun anhand von Experimenten fest, dass auch beim Gleiten eine Widerstandskraft auf den Körper wirkt, die der Bewegungsrichtung entgegengesetzt ist. Wir nennen sie die Reibkraft R. Sie ist ebenfalls näherungsweise proportional zu der Normalkraft N. Den Proportionalitätsfaktor nennt man die Reibzahl μ_{R} und erhält so das Reibgesetz von COULOMB (1736 – 1806)

$$R = \mu_{\mathrm{R}} N \,. \tag{19.54}$$

Die Reibkraft R wird im Gegensatz zur Haftkraft nicht aus dem Gleichgewicht, sondern aus dem Reibgesetz (Gleichung 19.54) bestimmt.
Da der Körper K sich bewegt, gelten die statischen Gleichgewichtsbedingungen nicht mehr. Weil $F > R$ ist, wird der Körper beschleunigt. Es muss also das NEWTONsche Grundgesetz verwendet werden. Dies liefert

$$m\ddot{x} = F - R = F - \mu_{\mathrm{R}} N \,. \tag{19.55}$$

Beispiel 19.5 Vollbremsung eines PKW
Ein als Massenpunkt idealisierter PKW mit einer Masse von 1200 kg bewegt sich mit einer Geschwindigkeit von $v_0 = 100$ km/h entlang einer Geraden in der Ebene und muss plötzlich eine Vollbremsung machen. Es soll angenommen werden, dass die Reifen sofort blockieren. Das Auto kommt nach 35 m zum Stillstand. Zu bestimmen ist die Reibzahl μ_{R}, wenn man davon ausgeht, dass das COULOMBsche Reibgesetz gilt, und die Energie D, die bei der Vollbremsung in thermische Energie umgesetzt wird.

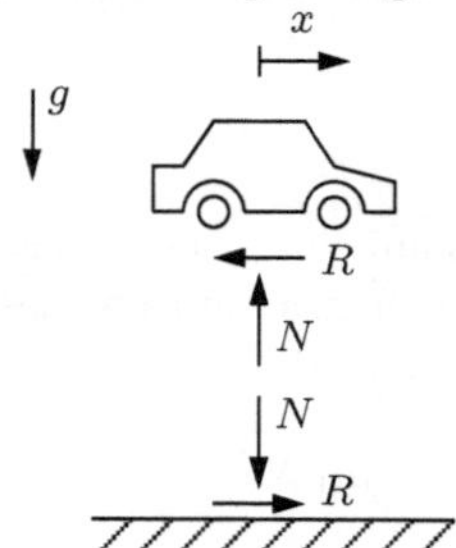

Lösung:
Aus dem Kräftegleichgewicht in vertikaler Richtung folgt, dass die Normalkraft N dem Gewicht des PKW $G = mg$ entspricht.

$$\uparrow \;:\quad N = mg$$

Aus dem Reibgesetz folgt für die Reibkraft R

$$R = \mu_{\mathrm{R}} N = \mu_{\mathrm{R}}\, mg \,.$$

Das NEWTONsche Grundgesetz in horizontaler Richtung liefert

$$\rightarrow \;:\quad m\ddot{x} = -R = -\mu_{\mathrm{R}}\, mg$$

oder

$$\ddot{x} = -\mu_{\mathrm{R}}\, g \,.$$

Durch Integration erhält man mit den Anfangsbedingungen $\dot{x}(t=0) = v_0$ und $x(t=0) = 0$ die Geschwindigkeit $\dot{x}$ und die zurückgelegte Strecke x.

$$\begin{aligned} \dot{x} &= v_0 - \mu_{\mathrm{R}}\, g\, t \\ x &= v_0\, t - \frac{1}{2}\mu_{\mathrm{R}}\, g\, t^2 \end{aligned}$$

Wenn das Auto zum Stillstand gekommen ist, dann verschwindet seine Geschwindigkeit. Daraus folgt für die Zeit, die das Auto braucht, um zum Stillstand zu kommen

$$t = \frac{v_0^2}{\mu_{\mathrm{R}}\, g}\,.$$

Durch Einsetzen ergibt sich für den zurückgelegten Weg

$$x_t = \frac{v_0^2}{2\mu_{\mathrm{R}}\, g} = 35\ \mathrm{m}\,.$$

Schließlich erhält man durch Auflösen nach μ_{R} die gesuchte Reibzahl

$$\mu_{\mathrm{R}} = \frac{v_0^2}{2g\, x_t} = 1.1236\,.$$

Die in Wärme umgesetzte Energie entspricht der kinetischen Energie, die das Fahrzeug vor der Vollbremsung hatte

$$D = T = \frac{1}{2}mv_0^2 = 462.963\ \mathrm{kJ}\,.$$

19.8.3 Seilhaften und -gleiten

Besonders große Haft- und Reibkräfte lassen sich mit Hilfe von Seilen erzeugen, die um Pfosten oder Poller geschlungen sind.

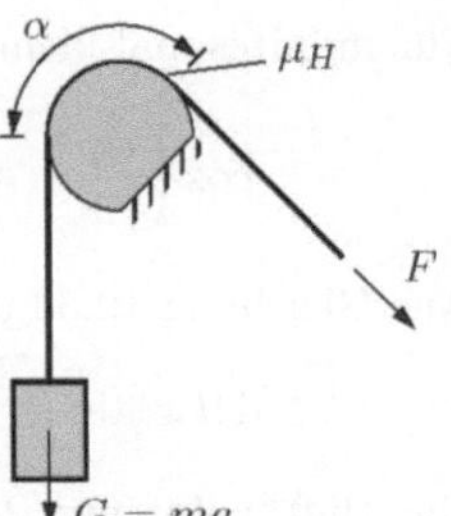

Bild 19.8
Seilhaften

Dieser Effekt ist anschaulich jedem bekannt. Wenn man z. B. ein Gewicht über ein Seil hält, das um einen zylinderförmigen Träger geschlungen ist, kann mit

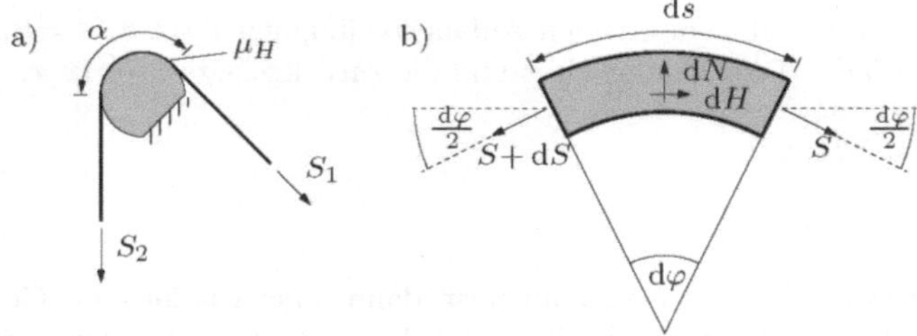

Bild 19.9 Seilhaften: Freikörperbild und infinitesimales Element

einer kleinen Kraft F ein großes Gewicht G gehalten werden. Die Haftzahl zwischen Seil und Träger wird auch hier mit μ_{H}, der Umschlingungswinkel des Seils mit α bezeichnet (siehe Bild 19.8). Zur Berechnung schneiden wir zunächst das Seil um den Träger frei und tragen die beiden Seilkräfte S_1 und S_2 an den Seilenden an.

Man erhält hieraus sofort

$$\begin{aligned} S_2 &= G = mg \\ S_1 &= F\,. \end{aligned}$$

Nun betrachten wir ein infinitesimales Element ds des um den Träger geschlungenen Seiles und tragen die Normalkraft dN sowie die Haftkraft dH an. Wenn wir zunächst voraussetzen, dass $S_2 > S_1$ ist, also $F < G$, so ergibt sich die Richtung der Haftkraft dH aus der Anschauung, dass die Haftkraft einer angestrebten Abwärtsbewegung des Gewichtes entgegenwirken muss.

Aus dem Kräftegleichgewicht erhält man

$$\uparrow \; : \; \mathrm{d}N = (S + \mathrm{d}S)\sin\left(\frac{\mathrm{d}\varphi}{2}\right) + S\sin\left(\frac{\mathrm{d}\varphi}{2}\right), \tag{19.56}$$

$$\rightarrow \; : \; \mathrm{d}H = (S + \mathrm{d}S)\cos\left(\frac{\mathrm{d}\varphi}{2}\right) - S\cos\left(\frac{\mathrm{d}\varphi}{2}\right). \tag{19.57}$$

Für infinitesimal kleine Winkel dφ gilt

$$\cos\left(\frac{\mathrm{d}\varphi}{2}\right) \approx 1\,, \qquad \sin\left(\frac{\mathrm{d}\varphi}{2}\right) \approx \frac{\mathrm{d}\varphi}{2}\,. \tag{19.58}$$

Aus Gleichung 19.56 und Gleichung 19.57 folgt damit

$$\mathrm{d}H = \mathrm{d}S\,, \qquad \mathrm{d}N = S\mathrm{d}\varphi\,. \tag{19.59}$$

Die Haftbedingung (Gleichung 19.51) liefert für den Grenzfall, bei dem ein Durchrutschen des Seils gerade noch nicht auftritt, die Ungleichung

$$\mathrm{d}H \leq \mathrm{d}H_{\max} = \mu_{\mathrm{H}}\,\mathrm{d}N\,. \tag{19.60}$$

Man erhält für diesen Grenzfall den Zusammenhang

$$\begin{aligned} \mathrm{d}H_{\max} &= \mu_{\mathrm{H}} S \,\mathrm{d}\varphi = \mathrm{d}S \\ \mu_{\mathrm{H}}\,\mathrm{d}\varphi &= \frac{\mathrm{d}S}{S}\,. \end{aligned} \tag{19.61}$$

Dieser differentielle Zusammenhang lässt sich über den Umschlingungswinkel α integrieren

$$\mu_{\mathrm{H}} \int_0^{\alpha} \mathrm{d}\varphi = \int_{S_1}^{S_2} \frac{1}{S}\,\mathrm{d}S\,. \tag{19.62}$$

Daraus folgt

$$\mu_{\mathrm{H}}\alpha = \ln \frac{S_2}{S_1} \tag{19.63}$$

oder durch auflösen nach S_2 die EULERsche (oder auch EYTELWEINsche) Seilreibungsgleichung

$$S_2 = S_1 e^{\mu_{\mathrm{H}}\alpha}\,. \tag{19.64}$$

Für den Fall, dass $F > G$ ist, also die Haftkraft einem Anheben des Gewichtes entgegen wirkt, müssen die Kräfte S_1 und S_2 in Gleichung 19.64 ausgetauscht werden und man erhält

$$S_1 = S_2 e^{\mu_{\mathrm{H}}\alpha}\,. \tag{19.65}$$

Wegen $e^{-\mu_{\mathrm{H}}\alpha} = \frac{1}{e^{\mu_{\mathrm{H}}\alpha}}$ kann man auch schreiben

$$S_2 = S_1 e^{-\mu_{\mathrm{H}}\alpha}\,. \tag{19.66}$$

Die Gleichungen 19.64 und 19.66 geben jeweils die Grenzen für die Seilkraft S_2 an, in denen das statische Gleichgewicht erfüllt ist, also die maximale Haftkraft nicht überschritten wird. Die vollständige Haftbedingung für Seilreibung lautet somit

$$S_1 e^{-\mu_{\mathrm{H}}\alpha} \leq S_2 \leq S_1 e^{\mu_{\mathrm{H}}\alpha}\,. \tag{19.67}$$

Beispiel 19.6 Seilreibung

Zu bestimmen sind die Grenzwerte der Masse m_2 des Körpers G_2, damit das System nicht ins Gleiten gerät und die Beschleunigung $\ddot{x}$ des Körpers G_1, wenn m_2 zu klein ist.

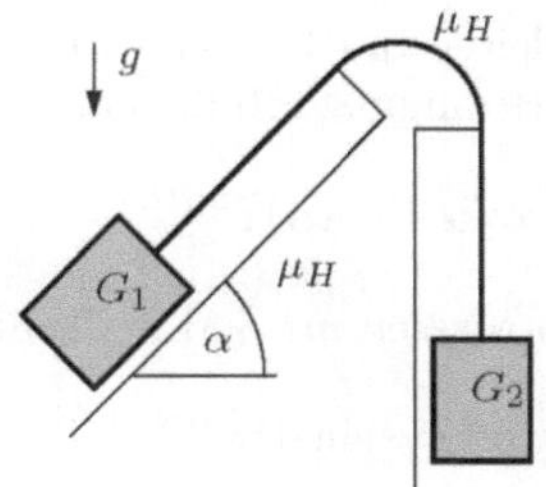

Lösung:

Bei dieser Aufgabe müssen zwei Grenzfälle untersucht werden. Im ersten Fall ist die Masse des Gewichtes G_2 so groß, dass sie das Gewicht G_1 die Ebene hinaufzieht. Im zweiten Fall rutscht G_1 die Ebene hinab.

Fall 1: Grenzfall vor Heraufrutschen von G_1

Die Haftkraft H_1 ist entgegen der angestrebten Bewegung, also nach links anzutragen und die Seilkraft S_2 muss größer S_1 sein. Man erhält durch Freischneiden das Freikörperbild mit drei Teilsystemen.

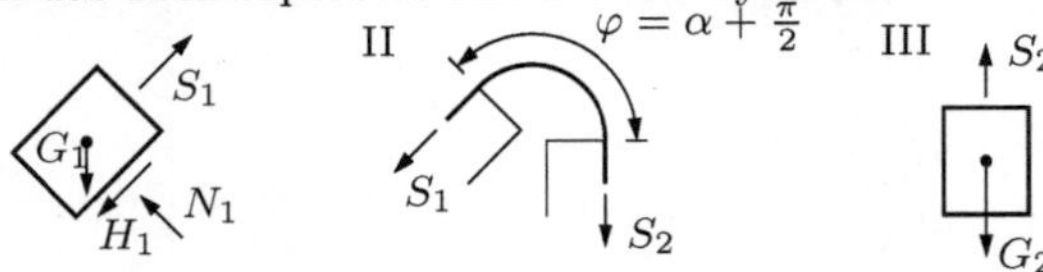

Für das Teilsystem I ergibt das Kräftegleichgewicht

$$\begin{aligned} \nearrow \; : \quad S_1 - H_1 - G_1 \sin\alpha &= 0 \\ \nwarrow \; : \quad N_1 - G_1 \cos\alpha &= 0 \end{aligned}$$

Für den betrachteten Fall der Grenzhaftung gilt

$$H_1 \leq \mu_{\mathrm{H}} N_1 \,,$$

und man erhält für die Seilkraft

$$S_1 \leq G_1 (\mu_{\mathrm{H}} \cos\alpha + \sin\alpha) \,.$$

Das Seilreibungsgesetz (Gleichung 19.64) liefert im Teilsystem II für $S_2 > S_1$ im Fall der Grenzhaftung den Zusammenhang

$$\begin{aligned} S_2 &\leq S_1 \, e^{\mu_{\mathrm{H}} \varphi} \\ &\leq S_1 \, e^{\mu_{\mathrm{H}} (\alpha + \frac{\pi}{2})} \\ &\leq G_1 (\mu_{\mathrm{H}} \cos\alpha + \sin\alpha) \, e^{\mu_{\mathrm{H}} (\alpha + \frac{\pi}{2})} \,. \end{aligned}$$

Aus dem Teilsystem III erhält man

$$S_2 = G_2 = m_2 g \,.$$

Damit ein Heraufgleiten des Gewichtes $G_1 = m_1 g$ vermieden wird, muss somit die folgende Bedingung erfüllt sein

$$G_2 \leq G_1 (\mu_{\mathrm{H}} \cos\alpha + \sin\alpha) \, e^{\mu_{\mathrm{H}} (\alpha + \frac{\pi}{2})} \,.$$

Ausgedrückt in den Massen m_1 und m_2 kann man auch schreiben

$$m_2 \leq m_1 (\mu_{\mathrm{H}} \cos\alpha + \sin\alpha) \, e^{\mu_{\mathrm{H}} (\alpha + \frac{\pi}{2})} \,.$$

Fall 2: Grenzfall vor Herabrutschen von G_1

Auch hier gilt, dass die Haftkraft H_1 der angestrebten Bewegung entgegen wirken muss. Im Freikörperbild für das Teilsystem I wirkt die Haftkraft H_1 daher nun nach rechts.

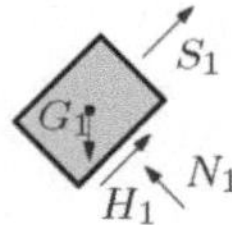

Man erhält durch analoges Vorgehen

$$S_1 \geq G_1 (\sin\alpha - \mu_{\mathrm{H}} \cos\alpha) .$$

Das Seilreibungsgesetz (Gleichung 19.66) lautet nun

$$\begin{aligned} S_2 &\geq S_1 e^{-\mu_{\mathrm{H}} \varphi} \\ &\geq S_1 e^{-\mu_{\mathrm{H}} (\alpha + \frac{\pi}{2})} \\ &\geq G_1 (\sin\alpha - \mu_{\mathrm{H}} \cos\alpha) e^{-\mu_{\mathrm{H}} (\alpha + \frac{\pi}{2})} . \end{aligned}$$

Um ein Abrutschen von G_1 zu verhindern, gilt somit die Bedingung

$$G_2 \geq G_1 (\sin\alpha - \mu_{\mathrm{H}} \cos\alpha) e^{-\mu_{\mathrm{H}} (\alpha + \frac{\pi}{2})}$$

oder

$$m_2 \geq m_1 (\sin\alpha - \mu_{\mathrm{H}} \cos\alpha) e^{-\mu_{\mathrm{H}} (\alpha + \frac{\pi}{2})} .$$

Damit sich das System im statischen Gleichgewicht befindet, gelten für m_2 somit die Grenzen

$$m_1 (\sin\alpha - \mu_{\mathrm{H}} \cos\alpha) e^{-\mu_{\mathrm{H}} (\alpha + \frac{\pi}{2})} \leq m_2 \leq m_1 (\sin\alpha + \mu_{\mathrm{H}} \cos\alpha) e^{\mu_{\mathrm{H}} (\alpha + \frac{\pi}{2})} .$$

Falls m_2 zu klein ist, setzt sich das System in Bewegung und m_1 wird herabrutschen. Die Gleichungen für das Kräftegleichgewicht werden ersetzt durch die NEWTONschen Bewegungsgleichungen und die Haftkraft H_1 wird ersetzt durch die Reibkraft R_1. Anstatt mit der Haftzahl μ_{H} rechnen wir jetzt mit der entsprechenden Reibzahl μ, die auch für die Seilreibung gilt. Für den Körper G_1 erhält man

$$\begin{aligned} m_1 \ddot{x} &= -R_1 - S_1 + G_1 \sin\alpha \\ 0 &= N_1 - G_1 \cos\alpha \\ R_1 &= \mu N_1 \end{aligned}$$

Entsprechend gilt für den Körper G_2

$$m_2 \ddot{x} = S_2 - G_2$$

Hinzu kommt noch der Zusammenhang zwischen den Seilkräften S_1 und S_2

$$S_2 = S_1 e^{-\mu \left(\alpha + \frac{\pi}{2}\right)}$$

Diese fünf Gleichungen kann man schließlich nach $\ddot{x}$ auflösen, und man erhält für die Beschleunigung

$$\ddot{x} = \frac{m_1 g \,(\sin\alpha - \mu\cos\alpha)\, e^{-\mu\left(\alpha+\frac{\pi}{2}\right)} - m_2 g}{m_2 + m_1\, e^{-\mu\left(\alpha+\frac{\pi}{2}\right)}} \,.$$

19.9 Übungsaufgaben

Aufgabe 19.1 (Schwierigkeitsgrad 1)
Ein Ball wird mit der Geschwindigkeit v_0 aus einem Fenster mit der Höhe h über dem Grund vertikal nach oben geworfen.

Bestimmen Sie die Geschwindigkeit des Balls als Funktion der Zeit, den Scheitelpunkt (höchster Punkt) und die dazu gehörige Zeit t_1, die Zeit t_2 zu der der Ball auf den Boden prallt und die dazugehörige Aufprallgeschwindigkeit v_2.
Gegeben: $v_0 = 10$ m/s, $g = 9.81$ m/s^2, $h = 20$ m

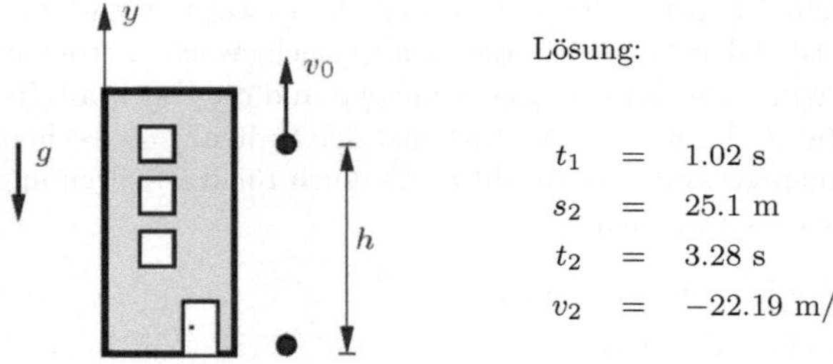

Lösung:

$$\begin{aligned} t_1 &= 1.02 \text{ s} \\ s_2 &= 25.1 \text{ m} \\ t_2 &= 3.28 \text{ s} \\ v_2 &= -22.19 \text{ m/s} \end{aligned}$$

Aufgabe 19.2 (Schwierigkeitsgrad 1)

Ein Ballon steigt mit der Geschwindigkeit v_0, als ein Sandsack abgeworfen wird. Die Abwurfhöhe beträgt h.

Wie lange dauert es, bis der Sandsack auf den Boden prallt? Wie groß ist die Aufprallgeschwindigkeit, und wie groß ist die Beschleunigung kurz vor dem Aufprall?

Gegeben: $v_0 = 2$ m/s, $h = 120$ m, $g = 9.81$ m/s^2

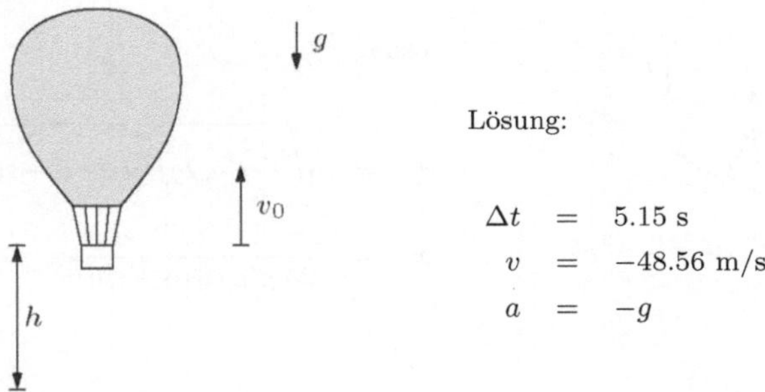

Aufgabe 19.3 (Schwierigkeitsgrad 1)

Ein Projektil wird vom Rand einer Klippe der Höhe h abgefeuert. Die Anfangsgeschwindigkeit ist v_0 und der Abschußwinkel beträgt $\alpha_0 = 30°$ (relativ zur Horizontalen). Reibung ist zu vernachlässigen.

Wie groß ist der horizontale Abstand des Punktes, an dem das Projektil die Wasseroberfläche berührt? Bestimmen Sie den Scheitelpunkt der Flugbahn und den maximalen Abstand von der Wasseroberfläche.

Gegeben: $h = 150$ m, $v_0 = 180$ m/s

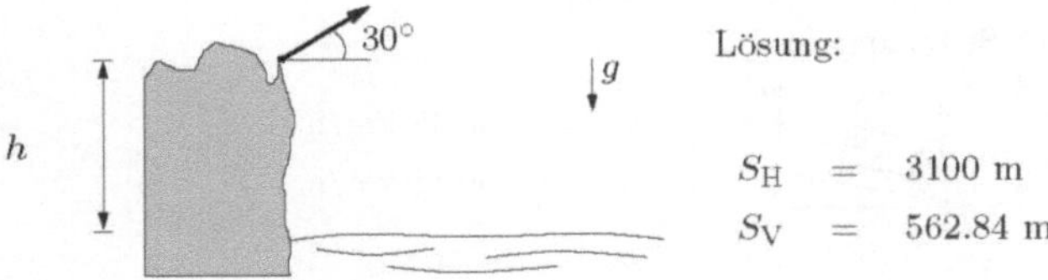

Aufgabe 19.4 (Schwierigkeitsgrad 2)

Eine Punktmasse liegt vor einer um f vorgespannten, masselosen Feder (Federkonstante c) auf einer schiefen Ebene. Zwischen der Punktmasse und der Ebene herrscht Reibung (Reibzahl μ). Nun wird die Feder losgelassen.

Wie groß ist die Geschwindigkeit der Punktmasse beim Verlassen der Feder? Wo bleibt die Masse liegen?

Gegeben: f, c, μ, g, α, m

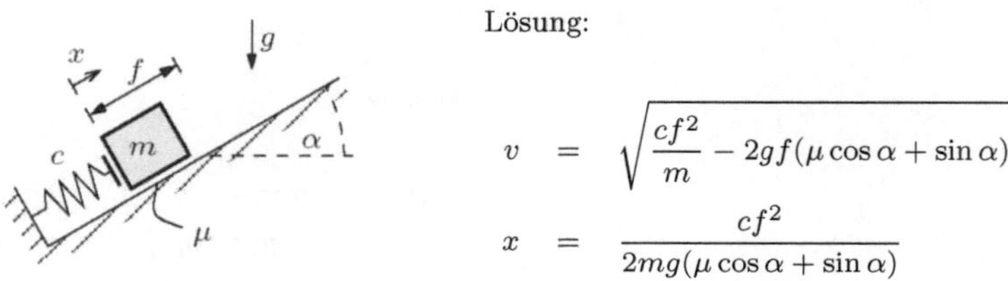

Lösung:

$$v = \sqrt{\frac{cf^2}{m} - 2gf(\mu\cos\alpha + \sin\alpha)}$$

$$x = \frac{cf^2}{2mg(\mu\cos\alpha + \sin\alpha)}$$

Aufgabe 19.5 (Schwierigkeitsgrad 2)

In der horizontalen Streckenführung einer Straße ist eine Kurve vom Radius r um den Winkel α überhöht. Die Haftzahl zwischen den Rädern eines Autos (Massenpunkt m) und der Straße beträgt μ_0.

a) Mit welcher konstanten Geschwindigkeit v_0 (in km/h) muß das Auto bei Glatteis (Haftzahl μ_G) die Kurve befahren, um nicht zu rutschen?

b) Mit welcher konstanten Geschwindigkeit v_1 (in km/h) darf das Auto bei trockener Straße (Haftzahl μ_T) höchstens fahren, ohne zu rutschen?

Gegeben: $\mu_G = 0$, $\mu_T = 0.9$, $r = 50$ m, $\alpha = 10°$

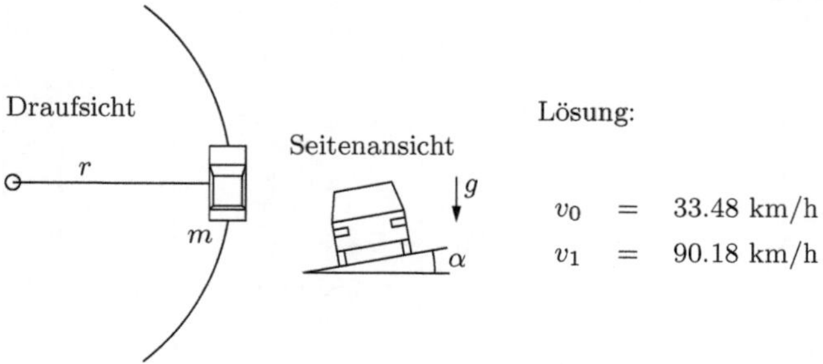

Lösung:

$$v_0 = 33.48 \text{ km/h}$$

$$v_1 = 90.18 \text{ km/h}$$

Aufgabe 19.6 (Schwierigkeitsgrad 2)

In einem Spielfeld wird die Kugel (Masse m) mit Hilfe einer vorgespannten Feder (Steifigkeit c), die in der skizzierten Ausgangslage um das Maß a zusammengedrückt ist, abgeschossen. Sie rutscht entlang der rauhen Strecke AB (Reibzahl μ, Länge ℓ). Anschließend bewegt sie sich entlang einer glatten Kreisbahn (Radius r) nach oben.

Wie groß darf ℓ höchstens sein, damit die Kugel Punkt C der Kreisbahn erreicht und nicht vorher herunterfällt?

Gegeben: m, c, a, μ, r

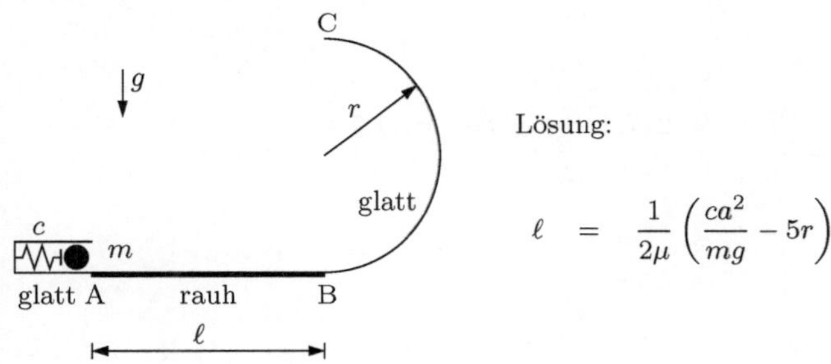

Aufgabe 19.7 (Schwierigkeitsgrad 2)

Gleichzeitig mit dem Beginn des freien Falls einer Birne B wirft ein Kind bei A einen Stein unter dem Winkel α_0 mit der Anfangsgeschwindigkeit v_0 ab.

a) Wie groß muß der Winkel α_0 sein, damit der Stein die Birne trifft?

b) Welche Anfangsgeschwindigkeit v_0 ist erforderlich, damit das Zusammentreffen gerade noch über dem Boden stattfindet?

Gegeben: α_0, v_0, h, b, ℓ, g, Hinweis: $\cos^2 \alpha = \frac{1}{\tan^2 \alpha + 1}$

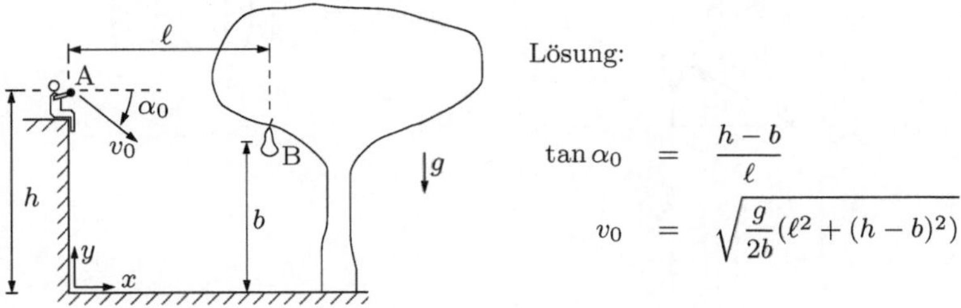

Aufgabe 19.8 (Schwierigkeitsgrad 2)

Ein Zug vom Gewicht G bewegt sich mit der Geschwindigkeit v_0 auf einer abfallenden Strecke mit dem Neigungswinkel α. In einem Augenblick der Gefahr beginnt der Lokomotivführer den Zug abzubremsen. Der Widerstand W infolge der Abbremsung und Reibung an den Achsen ist als konstant anzunehmen, der Luftwiderstand soll vernachlässigt werden.

Bestimmen Sie, in welcher Entfernung s_E und in welcher Zeit t_E nach Beginn der Abbremsung der Zug zum Stillstand kommt.

Gegeben: $v_0 = 72$ km/h, $\sin\alpha = 0.008$, $W = \dfrac{G}{10} = const.$

Lösung:

$$s_E = 217.4 \text{ m} \qquad t_E = 21.7 \text{ s}$$

Aufgabe 19.9 (Schwierigkeitsgrad 3)

Ein Wagen gleitet aus der Ruhelage A reibungsfrei eine schiefe Ebene herab, die im Punkt B in eine Kreisbahn mit dem Radius R übergeht.

An welcher Stelle C löst sich der Wagen von der Kreisbahn?

Gegeben: $a/R = 1/4$, g

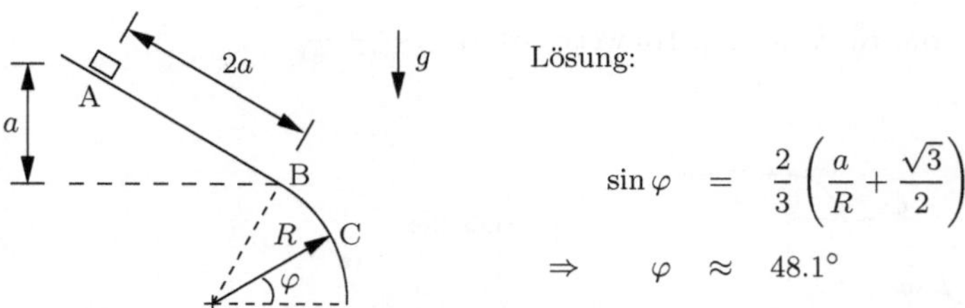

Lösung:

$$\sin\varphi = \frac{2}{3}\left(\frac{a}{R} + \frac{\sqrt{3}}{2}\right)$$

$$\Rightarrow \quad \varphi \approx 48.1^\circ$$

Aufgabe 19.10 (Schwierigkeitsgrad 3)

Ein Fadenpendel, bestehend aus einem masselosen Faden der Länge ℓ und einer Punktmasse m, wird aus der horizontalen Lage losgelassen. Der Faden hat eine begrenzte Tragfähigkeit $S_{\max}$.

Bestimmen Sie
a) die Winkelgeschwindigkeit als Funktion des Winkels $\dot{\varphi}(\varphi)$,
b) den Winkel φ_1, bei dem der Faden reißt und
c) den Ort x, an dem die Masse auf dem Boden auftrifft.

Gegeben: g, m, ℓ, $S_{\max} = \frac{3}{2}mg$

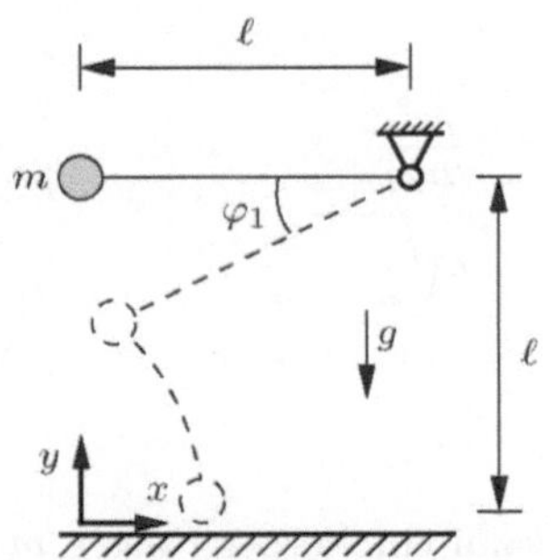

Lösung:

a) $\dot{\varphi} = \sqrt{2\frac{g}{\ell}\sin\varphi}$

b) $\varphi = 30°$

c) $x = \left(1 - \frac{3\sqrt{3} - \sqrt{7}}{4}\right)\ell \approx 0.3624\,\ell$

Aufgabe 19.11 (Schwierigkeitsgrad 2)

Vor einer um das Maß f zusammengedrückten Feder mit der Steifigkeit c liegt ein Massenpunkt m.
a) Wie groß ist seine Geschwindigkeit beim Lösen von der Feder?
b) Wie weit rutscht er die schiefe Ebene hinauf?
Auf der horizontalen Ebene wirkt die konstante Widerstandskraft W_1, auf der schiefen Ebene W_2. Die Umlenkung im Punkt A soll verlustlos erfolgen.
Gegeben: g, m, c, f, ℓ_1, $W_1 = \mu mg$, $\sin\alpha = \frac{1}{2}$, $W_2 = \frac{\sqrt{3}}{2}\,\mu mg$

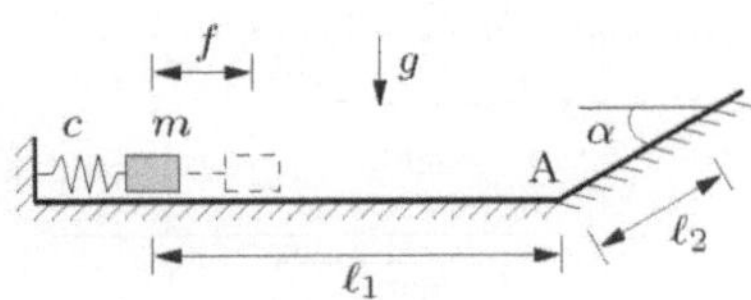

Lösung:

$$v = \sqrt{\frac{c}{m}f^2 - 2\mu mg f}$$

$$\ell_2 = \frac{1}{1+\sqrt{3}\,\mu}\left(\frac{cf^2}{mg} - 2\,\mu\,\ell_1\right)$$

Aufgabe 19.12 (Schwierigkeitsgrad 1)

Beim Spannen einer Federpistole wird die masselose Feder mit der Steifigkeit c um den Betrag a zusammengedrückt.

Bestimmen Sie mit Hilfe des Energiesatzes
a) die Steighöhe h des Geschosses (Masse m) und
b) die Geschwindigkeit v_0 des Geschosses beim Verlassen des Pistolenlaufs.

Gegeben: g, m, c, a

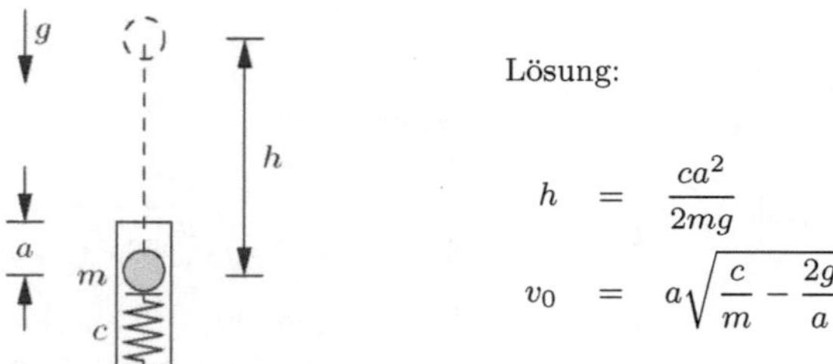

Lösung:

$$h = \frac{ca^2}{2mg}$$

$$v_0 = a\sqrt{\frac{c}{m} - \frac{2g}{a}}$$

Aufgabe 19.13 (Schwierigkeitsgrad 3)

Entlang der skizzierten gekrümmten Schiene kann ein Körper (Masse m) reibungsfrei gleiten. Außerdem ist er an einer masselosen Feder (Federkonstante c) befestigt, die im ungespannten Zustand die Länge a hat. Der Körper bewegt sich nur unter dem Einfluß der Schwere und der Federkraft aus seiner Anfangslage im Punkt A.

Welche Geschwindigkeit hat der Körper
a) im Punkt B und
b) im Punkt C?
c) Wie weit bewegt er sich über C hinaus?

Gegeben: g, m, c, a

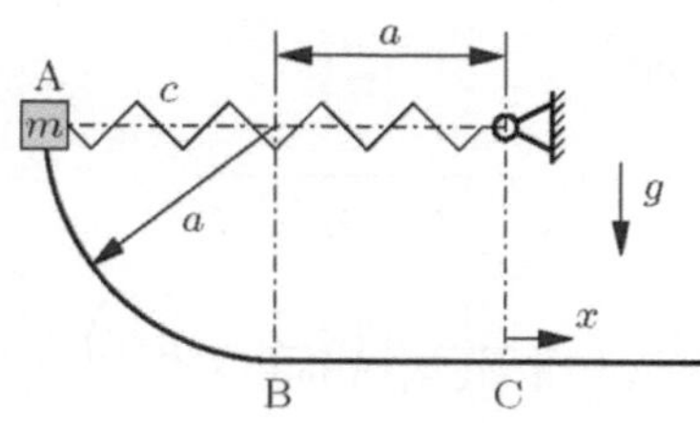

Lösung:

$$v_B = 2\,ga + 2(\sqrt{2} - 1)\,\frac{c}{m}a^2$$

$$v_C = \sqrt{\frac{c}{m}a^2 + 2ga}$$

$$x_{\max} = a\sqrt{\left(\sqrt{\frac{2mg}{ca} + 1} + 1\right)^2 - 1}$$

Aufgabe 19.14 (Schwierigkeitsgrad 2)

Vor einer um das Maß f zusammengedrückten und verriegelten masselosen Feder mit der Federkonstante c liegt ein Massenpunkt der Masse m.
a) Welchen Wert f_0 muss f mindestens haben, damit nach Entriegelung des Systems der Massenpunkt die schiefe Ebene verlässt?
b) In welchem Punkt der horizontalen Ebene E trifft der Massenpunkt m auf, wenn die Feder um das Maß $f_1 > f_0$ zusammengedrückt war?
Die Bewegung erfolgt reibungsfrei.
Gegeben: g, m, c, α, h

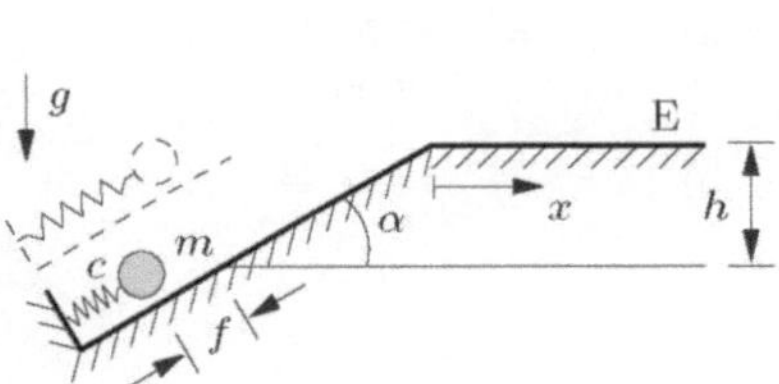

Lösung:

$$f_0 = \frac{mg\sin\alpha}{c} + \sqrt{\left(\frac{mg\sin\alpha}{c}\right)^2 + 2\,\frac{mgh}{c}}$$

$$x_E = \sin 2\alpha \left(\frac{cf_1^2}{mg} - 2\,(f_1 \sin\alpha + h)\right)$$

Aufgabe 19.15 (Schwierigkeitsgrad 2)

Ein Geschoss der Masse m_1 durchschlägt ein Brett der Masse m_2 im Schwerpunkt S. Die Auftreffgeschwindigkeit ist v_0, die Austrittsgeschwindigkeit v_1.
a) Wie groß ist die Geschwindigkeit v_B des Brettes nach dem Durchschuss?
b) Wie groß sind die kinetischen Energien von Brett und Geschoss nach dem Durchschuss, und welcher Anteil der Energie wurde dissipiert?

Gegeben: $g = 10\ \frac{\mathrm{m}}{\mathrm{s}^2}$, $m_1 = 0,05$ kg, $m_2 = 5$ kg, $v_0 = 600\ \frac{\mathrm{m}}{\mathrm{s}}$, $v_1 = 150\ \frac{\mathrm{m}}{\mathrm{s}}$

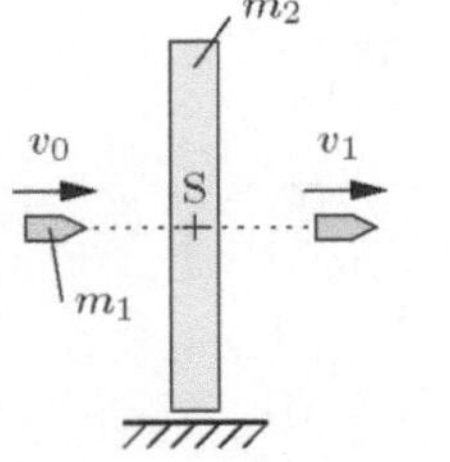

Lösung:

$$v_B = 4.5\ \frac{\mathrm{m}}{\mathrm{s}}$$

$$\frac{\Delta T}{T_0} = 93\ \%$$

Aufgabe 19.16 (Schwierigkeitsgrad)

Ein Güterwaggon rollt von einem Ablaufberg auf drei stehende zusammenhängende Waggons zu. Alle Wagen haben die Masse m. Bestimmen Sie die Geschwindigkeiten der Waggons nach dem Zusammenstoß,

1. wenn von einer Stoßzahl $e = 0.8$ ausgegangen wird,
2. wenn sich die Waggons nach dem Stoß gemeinsam weiter bewegen.

Die Bewegung erfolgt reibungsfrei.

Gegeben: $m = 20$ t, $h = 1$ m

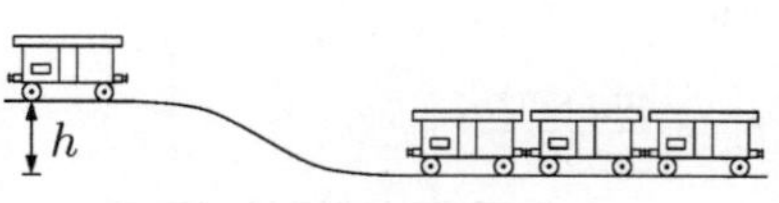

Lösung:

a) $v_1 = -1.55\ \frac{\text{m}}{\text{s}}$

$v_2 = 1.99\ \frac{\text{m}}{\text{s}}$

b) $v = 1.11\ \frac{\text{m}}{\text{s}}$

Aufgabe 19.17 (Schwierigkeitsgrad 3)

Eine Punktmasse m_1 stößt mit einer zweiten Punktmasse m_2 unter dem Winkel α zusammen (Stoßzahl e). v_1 und v_2 sind die Geschwindigkeiten der Punktmassen vor dem Stoß.

Ermitteln Sie Betrag und Richtung der Geschwindigkeiten der Punktmassen nach dem Stoß.

Reibung ist zu vernachlässigen.

Gegeben: $m_1 = m$, $m_2 = 3\,m$, $e = \frac{1}{2}$, $\alpha = 60°$, $v_1 = 2\,v$, $v_2 = v$

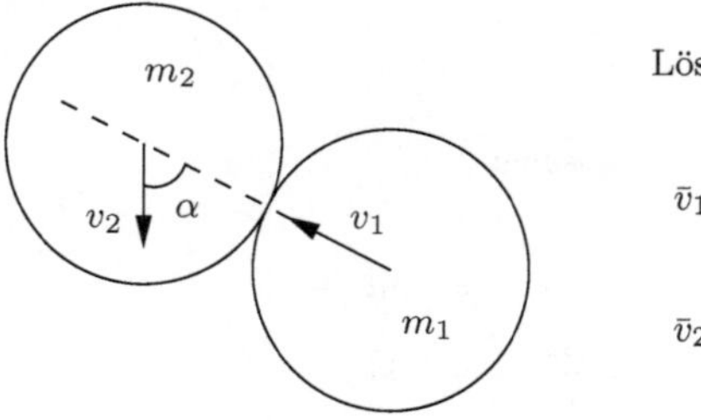

Lösung:

$$\bar{v}_1 = \frac{13}{16}\,v$$

$$\bar{v}_2 = \frac{\sqrt{241}}{16}\,v$$

Aufgabe 19.18 (Schwierigkeitsgrad 1)

Eine Person der Masse m möchte auf eine an eine Wand gelehnte Leiter steigen. Zwischen der Leiter und dem Boden bzw. der Wand herrscht Haftung (Haftkoeffizient μ_H).

Wie hoch kann die Person steigen, ohne dass die Leiter wegrutscht?

Gegeben: b, $h = 3b$, m, μ_H

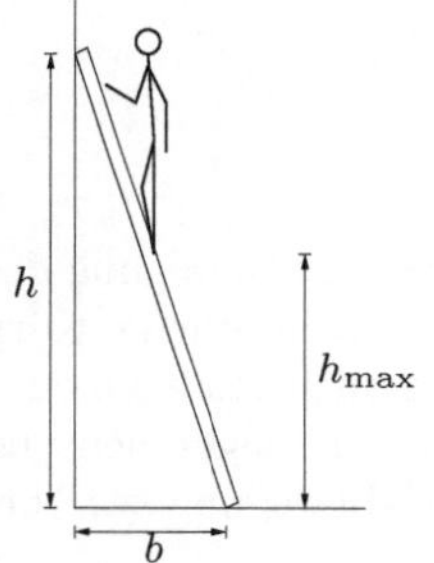

Lösung:

$$h_{max} = 3\,\frac{b - \mu_H h}{1 + \mu_H^2}$$

Aufgabe 19.19 (Schwierigkeitsgrad 2)

Ein Seil ist um zwei *feststehende* Walzen gelegt. Das eine Gewicht (Masse m_1) hängt frei an einem Seilende. Das zweite Gewicht (Masse m_2) am anderen Seilende liegt auf einer schiefen Ebene. Zwischen dem Seil und den beiden Walzen sowie zwischen dem Gewicht und der schiefen Ebene herrscht Reibung (Haftungskoeffizient μ_H).

a) Geben Sie den minimalen und den maximalen Wert für m_1 an, so dass das System in Ruhe bleibt.

b) Wo tritt jeweils die größte Zugkraft im Seil auf und welchen Wert hat sie?

Gegeben: $m_2 = 10$ kg, $\mu_H = 0.1$, $g = 10$ m/s^2, $\alpha = 30° \mathrel{\hat{=}} \frac{\pi}{6}$

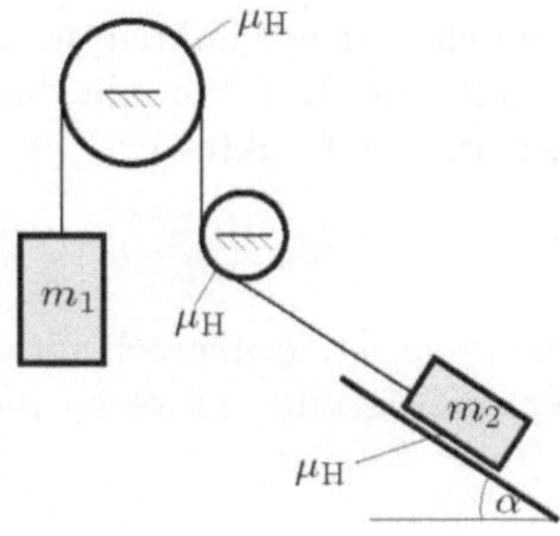

Lösung:

a) $2.719 \text{ kg} \leq m_1 \leq 8.918 \text{ kg}$

b) $S_{max} = S_2 = 41.34$ N
$S_{max} = S_1 = 89.18$ N

20 Bewegung des starren Körpers

20.1 Kinematik

Im Gegensatz zur Kinematik des Punktes muss bei der Bewegung des Starrkörpers seine Ausdehnung mit berücksichtigt werden. Ein starrer Körper erfährt im Allgemeinen nicht nur Translationen sondern auch Rotationen. Die Bewegung eines Punktes P eines starren Körpers lässt sich zusammensetzen aus der Bewegung eines anderen Punktes A und der Relativbewegung zwischen A und P.

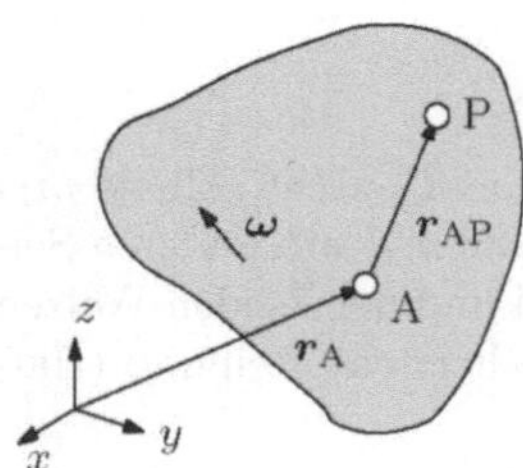

Bild 20.1
Bewegung eines starren Körpers

Das heißt, der Ortsvektor $\boldsymbol{r}_\text{P}$ und der Geschwindigkeitsvektor $\dot{\boldsymbol{r}}_\text{P}$ des Punktes P bestimmt sich aus

$$\boldsymbol{r}_\text{P} = \boldsymbol{r}_\text{A} + \boldsymbol{r}_\text{AP} \tag{20.1}$$

$$\dot{\boldsymbol{r}}_\text{P} = \dot{\boldsymbol{r}}_\text{A} + \dot{\boldsymbol{r}}_\text{AP} = \boldsymbol{v}_\text{P} \,. \tag{20.2}$$

Da bei einem starren Körper der Abstand zwischen den Punkten A und P konstant ist ($r = |\boldsymbol{r}_\text{AP}| = \text{konst.}$) kann $\dot{\boldsymbol{r}}_\text{AP}$ nur aus einer Rotation um Punkt A resultieren. Daraus folgt für die Geschwindigkeit $\boldsymbol{v}_\text{P}$ des Punktes P

$$\boldsymbol{v}_\text{P} = \boldsymbol{v}_\text{A} + \boldsymbol{\omega} \times \boldsymbol{r}_\text{AP} \,, \tag{20.3}$$

wobei $\boldsymbol{\omega}$ die Winkelgeschwindigkeit des Starrkörpers ist. Entsprechend erhält man durch eine weitere Zeitableitung des Geschwindigkeitsvektors $\boldsymbol{v}_\text{P}$ die Beschleunigung $\boldsymbol{a}_\text{P}$ des Punktes P

$$\boldsymbol{a}_\text{P} = \boldsymbol{a}_\text{A} + \dot{\boldsymbol{\omega}} \times \boldsymbol{r}_\text{AP} + \boldsymbol{\omega} \times \dot{\boldsymbol{r}}_\text{AP} \tag{20.4}$$

$$= \boldsymbol{a}_\text{A} + \dot{\boldsymbol{\omega}} \times \boldsymbol{r}_\text{AP} + \boldsymbol{\omega} \times (\boldsymbol{\omega} \times \boldsymbol{r}_\text{AP}) \,. \tag{20.5}$$

Jede Bewegung eines starren Körpers lässt sich als reine Drehbewegung um den *Momentanpol* (momentaner Geschwindigkeitspol) Π beschreiben (siehe Bild 20.2). Im Momentanpol ist die Geschwindigkeit $\boldsymbol{v}_{\Pi} = \mathbf{0}$. Der Momen-

Bild 20.2
Momentanpol einer Bewegung

tanpol muss nicht unbedingt im Körper selbst liegen und kann auch während der Bewegung seine Position verändern. Die Geschwindigkeit jedes Punktes des Starrkörpers ergibt sich mit Gleichung 20.3 zu

$$\boldsymbol{v}_{\mathrm{P}} = \boldsymbol{\omega} \times \boldsymbol{r}_{\Pi\mathrm{P}} \,. \tag{20.6}$$

Der Geschwindigkeitsvektor steht also immer senkrecht auf $\boldsymbol{r}_{\Pi\mathrm{P}}$. Entsprechend erhält man für die Beschleunigung

$$\begin{aligned} \boldsymbol{a}_{\mathrm{P}} &= \dot{\boldsymbol{\omega}} \times \boldsymbol{r}_{\Pi\mathrm{P}} + \boldsymbol{\omega} \times \dot{\boldsymbol{r}}_{\Pi\mathrm{P}} && (20.7) \\ &= \dot{\boldsymbol{\omega}} \times \boldsymbol{r}_{\Pi\mathrm{P}} + \boldsymbol{\omega} \times (\boldsymbol{\omega} \times \boldsymbol{r}_{\Pi\mathrm{P}}) \,. && (20.8) \end{aligned}$$

Hierbei wird $\boldsymbol{\omega} \times (\boldsymbol{\omega} \times \boldsymbol{r}_{\Pi\mathrm{P}})$ als *Zentrifugalbeschleunigung* bezeichnet.

Für die ebene Bewegung lässt sich die Kinematik des starren Körpers vereinfachen.

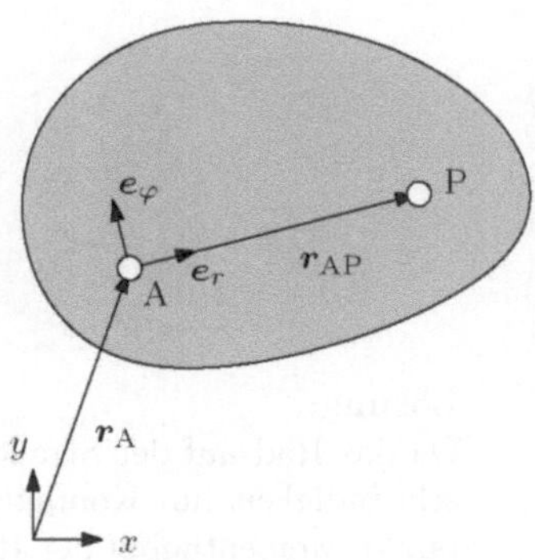

Bild 20.3
Ebene Bewegung eines starren Körpers

Der Ortsvektor des Punktes P ist hier

$$\begin{aligned} \boldsymbol{r}_{\mathrm{P}} &= \boldsymbol{r}_{\mathrm{A}} + \boldsymbol{r}_{\mathrm{AP}} && (20.9) \\ &= \boldsymbol{r}_{\mathrm{A}} + r\boldsymbol{e}_r \,, && (20.10) \end{aligned}$$

wobei r der Abstand zwischen Punkt A und P ist. Mit Gleichung 18.9 und der für den Starrkörper geltenden Bedingung $\dot{r} = 0$ folgt für die Geschwindigkeit und die Beschleunigung des Punktes P

$$\begin{aligned} \boldsymbol{v}_{\mathrm{P}} = \dot{\boldsymbol{r}}_{\mathrm{P}} &= \dot{\boldsymbol{r}}_{\mathrm{A}} + r\dot{\boldsymbol{e}}_r \\ &= \dot{\boldsymbol{r}}_{\mathrm{A}} + r\dot{\varphi}\boldsymbol{e}_\varphi \\ &= \dot{\boldsymbol{r}}_{\mathrm{A}} + r\omega\boldsymbol{e}_\varphi \end{aligned} \tag{20.11}$$

$$\begin{aligned} \boldsymbol{a}_{\mathrm{P}} = \ddot{\boldsymbol{r}}_{\mathrm{P}} &= \ddot{\boldsymbol{r}}_{\mathrm{A}} + r\ddot{\varphi}\boldsymbol{e}_\varphi + r\dot{\varphi}\dot{\boldsymbol{e}}_\varphi \\ &= \ddot{\boldsymbol{r}}_{\mathrm{A}} + r\ddot{\varphi}\boldsymbol{e}_\varphi - r\dot{\varphi}^2\boldsymbol{e}_r \\ &= \ddot{\boldsymbol{r}}_{\mathrm{A}} + r\dot{\omega}\boldsymbol{e}_\varphi - r\omega^2\boldsymbol{e}_r\,. \end{aligned} \tag{20.12}$$

Ist der Punkt A Momentanpol der ebenen Bewegung, dann ergibt sich

$$\boldsymbol{v}_{\mathrm{P}} = r\omega\boldsymbol{e}_\varphi \tag{20.13}$$

$$\boldsymbol{a}_{\mathrm{P}} = r\dot{\omega}\boldsymbol{e}_\varphi - r\omega^2\boldsymbol{e}_r\,. \tag{20.14}$$

Hierbei wird $r\dot{\omega}$ *Zirkularbeschleunigung* und $r\omega^2$ *Zentrifugalbeschleunigung* genannt.

Beispiel 20.1 Momentanpol

Das abgebildete Rad mit dem Radius r rollt auf einer ebenen Straße mit der Winkelgeschwindigkeit ω. Gesucht ist der Momentanpol Π, die Geschwindigkeit des Schwerpunktes v_{S} sowie die Geschwindigkeitsverteilung entlang der Vertikalen durch den Schwerpunkt.

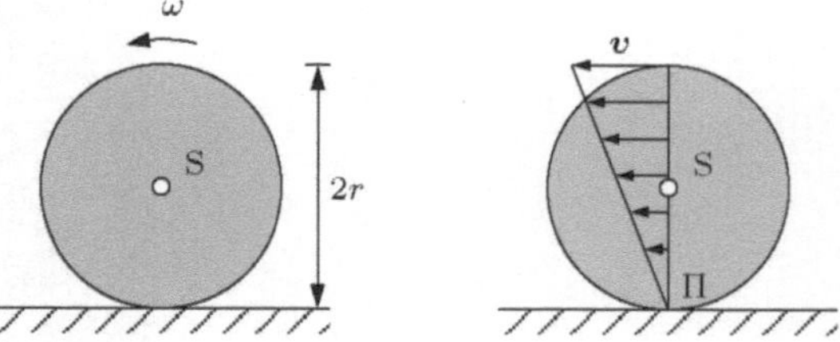

Lösung:

Da das Rad auf der Straße rollt und nicht gleitet, verschwindet seine Geschwindigkeit am Kontaktpunkt. Daraus folgt sofort, dass der Kontaktpunkt Momentanpol der Rollbewegung ist. Mit Gleichung 20.6 folgt dann die dargestellte Geschwindigkeitsverteilung im Rad, und die Schwerpunktsgeschwindigkeit wird

$$v_{\mathrm{S}} = \omega r\,.$$

20.2 Bewegungsgleichungen

Die Bewegungsgleichungen (Schwerpunktsatz, Momentensatz) beschreiben den Zusammenhang zwischen den äußeren Kräften bzw. Momenten und der Bewegung.

Schwerpunktsatz

Der *Impuls* $\boldsymbol{p}$ eines Starrkörpers ist definiert als

$$\boldsymbol{p} = \int_m \boldsymbol{v}_{\mathrm{P}}(x,y,z)\,\mathrm{d}m\,, \tag{20.15}$$

wobei hier das Integral über jeden Punkt P, der zu dem Körper gehört, gebildet wird. Mit Gleichung 20.3 und dem körperfesten Punkt A folgt daraus

$$\begin{aligned}\boldsymbol{p} &= \int_m (\boldsymbol{v}_{\mathrm{A}} + \boldsymbol{\omega} \times \boldsymbol{r}_{\mathrm{AP}})\,\mathrm{d}m \\ &= \int_m \boldsymbol{v}_{\mathrm{A}}\,\mathrm{d}m + \boldsymbol{\omega} \times \int_m \boldsymbol{r}_{\mathrm{AP}}\,\mathrm{d}m \\ &= m\boldsymbol{v}_{\mathrm{A}} + \boldsymbol{\omega} \times \int_m \boldsymbol{r}_{\mathrm{AP}}\,\mathrm{d}m\,.\end{aligned} \tag{20.16}$$

Wählt man für den Punkt A den Schwerpunkt S, dann verschwindet definitionsgemäß das statische Moment (siehe Abschnitt A.3.2), und der Impuls vereinfacht sich zu

$$\boldsymbol{p} = m\boldsymbol{v}_{\mathrm{S}}\,. \tag{20.17}$$

Für den starren Körper hat das NEWTONsche Grundgesetz (Schwerpunktsatz) die gleiche Form wie für den Massenpunkt, das heißt, dass die zeitliche Änderung des Impulses der Summe aller äußeren Kräfte entspricht

$$\frac{\mathrm{d}\boldsymbol{p}}{\mathrm{d}t} = \frac{\mathrm{d}(m\boldsymbol{v}_S)}{\mathrm{d}t} = \boldsymbol{F}\,. \tag{20.18}$$

Da sich bei einem starren Körper die Masse nicht verändert vereinfacht sich diese Gleichung noch zu

$$m\frac{\mathrm{d}\boldsymbol{v}_S}{\mathrm{d}t} = \boldsymbol{F}\,. \tag{20.19}$$

Momentensatz

Im Gegensatz zur Punktmasse tritt beim starren Körper noch eine Momentengleichung auf, die eine Beziehung zwischen den Winkelbeschleunigungen und den Momenten bezüglich eines Punktes A liefert. Für den Momentensatz ist es notwendig den Drehimpuls zu definieren. Bezüglich eines raumfesten Punktes O (siehe Bild 20.4) ist der Drehimpuls

$$\boldsymbol{L}^{(\mathrm{O})} = \int\limits_m \boldsymbol{r}_{\mathrm{P}} \times \boldsymbol{v}_{\mathrm{P}} \, \mathrm{d}m \,, \tag{20.20}$$

wobei P ein veränderlicher Punkt des Körpers ist. Mit der Darstellung der Orts-

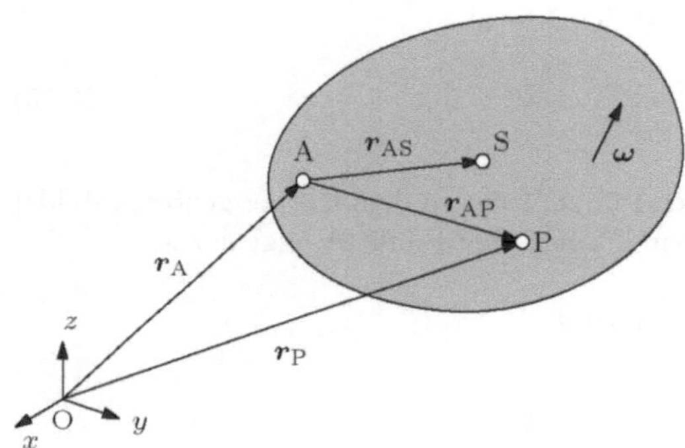

Bild 20.4
Drehimpuls eines starren Körpers

vektoren und der Geschwindigkeitsvektoren bezüglich eines körperfesten Punktes A (Gleichung 20.1 und 20.3) bekommt man für den Drehimpuls den Ausdruck

$$\boldsymbol{L}^{(\mathrm{O})} = \int\limits_m (\boldsymbol{r}_{\mathrm{A}} + \boldsymbol{r}_{\mathrm{AP}}) \times (\boldsymbol{v}_{\mathrm{A}} + \boldsymbol{\omega} \times \boldsymbol{r}_{\mathrm{AP}}) \, \mathrm{d}m \tag{20.21}$$

$$\begin{aligned} &= \int\limits_m \boldsymbol{r}_{\mathrm{A}} \times \boldsymbol{v}_{\mathrm{A}} \, \mathrm{d}m + \int\limits_m \boldsymbol{r}_{\mathrm{A}} \times (\boldsymbol{\omega} \times \boldsymbol{r}_{\mathrm{AP}}) \, \mathrm{d}m \\ &\quad + \int\limits_m \boldsymbol{r}_{\mathrm{AP}} \times \boldsymbol{v}_{\mathrm{A}} \, \mathrm{d}m + \int\limits_m \boldsymbol{r}_{\mathrm{AP}} \times (\boldsymbol{\omega} \times \boldsymbol{r}_{\mathrm{AP}}) \, \mathrm{d}m \end{aligned} \tag{20.22}$$

$$\begin{aligned} &= m \boldsymbol{r}_{\mathrm{A}} \times \boldsymbol{v}_{\mathrm{A}} + \boldsymbol{r}_{\mathrm{A}} \times \left(\boldsymbol{\omega} \times \int\limits_m \boldsymbol{r}_{\mathrm{AP}} \, \mathrm{d}m \right) \\ &\quad + \int\limits_m \boldsymbol{r}_{\mathrm{AP}} \, \mathrm{d}m \times \boldsymbol{v}_{\mathrm{A}} + \int\limits_m \boldsymbol{r}_{\mathrm{AP}} \times (\boldsymbol{\omega} \times \boldsymbol{r}_{\mathrm{AP}}) \, \mathrm{d}m \,. \end{aligned} \tag{20.23}$$

Mit der Definition des statischen Momentes (siehe Abschnitt A.3.2) folgt daraus

$$\begin{aligned} \boldsymbol{L}^{(\mathrm{O})} &= m \boldsymbol{r}_{\mathrm{A}} \times \boldsymbol{v}_{\mathrm{S}} + m \boldsymbol{r}_{\mathrm{AS}} \times \boldsymbol{v}_{\mathrm{A}} \\ &\quad + \int\limits_m (\boldsymbol{r}_{\mathrm{AP}} \cdot \boldsymbol{r}_{\mathrm{AP}}) \boldsymbol{\omega} - (\boldsymbol{r}_{\mathrm{AP}} \cdot \boldsymbol{\omega}) \boldsymbol{r}_{\mathrm{AP}} \, \mathrm{d}m \end{aligned} \tag{20.24}$$

Der Term im Integral kann noch weiter vereinfacht werden. Setzt man den Koordinatenursprung in den Punkt A, so ergibt sich für kartesische Koordinaten

$$\begin{aligned}
&\int_m (\boldsymbol{r}_{\mathrm{AP}} \cdot \boldsymbol{r}_{\mathrm{AP}})\boldsymbol{\omega} - (\boldsymbol{r}_{\mathrm{AP}} \cdot \boldsymbol{\omega})\boldsymbol{r}_{\mathrm{AP}}\, \mathrm{d}m \\
&= \int_m \begin{bmatrix} y^2+z^2 & -xy & -xz \\ -xy & x^2+z^2 & -yz \\ -xz & -yz & x^2+y^2 \end{bmatrix} \begin{bmatrix} \omega_x \\ \omega_y \\ \omega_z \end{bmatrix} \mathrm{d}m \qquad (20.25) \\
&= \boldsymbol{\Theta}^{(\mathrm{A})}\boldsymbol{\omega}\,. \qquad (20.26)
\end{aligned}$$

Dabei ist

$$\boldsymbol{\Theta}^{(\mathrm{A})} = \begin{bmatrix} \Theta_x & \Theta_{xy} & \Theta_{xz} \\ \Theta_{yx} & \Theta_y & \Theta_{yz} \\ \Theta_{zx} & \Theta_{zy} & \Theta_z \end{bmatrix} \qquad (20.27)$$

die Komponentenmatrix des sogenannten *Trägheitstensors* bezüglich des Punktes A genannt und hat die Komponenten

$$\left.\begin{aligned} \Theta_x &= \int (y^2+z^2)\, \mathrm{d}m \\ \Theta_y &= \int (z^2+x^2)\, \mathrm{d}m \\ \Theta_z &= \int (x^2+y^2)\, \mathrm{d}m \end{aligned}\right\} \text{Axiale Massenträgheitsmomente} \qquad (20.28)$$

und

$$\left.\begin{aligned} \Theta_{xy} &= \Theta_{yx} = -\int xy\, \mathrm{d}m \\ \Theta_{yz} &= \Theta_{zy} = -\int yz\, \mathrm{d}m \\ \Theta_{zx} &= \Theta_{xz} = -\int zx\, \mathrm{d}m \end{aligned}\right\} \text{Deviationsmomente} \qquad (20.29)$$

Für die Komponenten des Trägheitstensors gilt der Satz von STEINER.

$$\Theta_x^{(\mathrm{A})} = \Theta_x^{(\mathrm{S})} + m(y_{\mathrm{SA}}^2 + z_{\mathrm{SA}}^2) \qquad (20.30)$$

$$\Theta_y^{(\mathrm{A})} = \Theta_y^{(\mathrm{S})} + m(x_{\mathrm{SA}}^2 + z_{\mathrm{SA}}^2) \qquad (20.31)$$

$$\Theta_z^{(\mathrm{A})} = \Theta_z^{(\mathrm{S})} + m(x_{\mathrm{SA}}^2 + y_{\mathrm{SA}}^2) \qquad (20.32)$$

$$\Theta_{xy}^{(\mathrm{A})} = \Theta_{xy}^{(\mathrm{S})} - m(x_{\mathrm{SA}} y_{\mathrm{SA}}) \qquad (20.33)$$

$$\Theta_{yz}^{(\mathrm{A})} = \Theta_{yz}^{(\mathrm{S})} - m(y_{\mathrm{SA}} z_{\mathrm{SA}}) \qquad (20.34)$$

$$\Theta_{zx}^{(\mathrm{A})} = \Theta_{zx}^{(\mathrm{S})} - m(z_{\mathrm{SA}} x_{\mathrm{SA}}) \qquad (20.35)$$

In Tabelle B.6 sind die Massenträgheitsmomente einfacher Geometrien aufgeführt.

Mit dem Trägheitstensor vereinfacht sich der Drehimpuls bezüglich des beliebigen raumfesten Punktes O zu

$$\boldsymbol{L}^{(\mathrm{O})} = m\,\boldsymbol{r}_{\mathrm{A}} \times \boldsymbol{v}_{\mathrm{S}} + m\,\boldsymbol{r}_{\mathrm{AS}} \times \boldsymbol{v}_{\mathrm{A}} + \boldsymbol{\Theta}^{(\mathrm{A})} \cdot \boldsymbol{\omega}\,. \qquad (20.36)$$

Für den Drehimpuls bezüglich des beliebigen körperfesten Punktes A erhält man daraus mit $\boldsymbol{r}_\mathrm{A} = \mathbf{0}$

$$\boldsymbol{L}^{(\mathrm{A})} = m\,\boldsymbol{r}_\mathrm{AS} \times \boldsymbol{v}_\mathrm{A} + \boldsymbol{\Theta}^{(\mathrm{A})} \cdot \boldsymbol{\omega}\,. \tag{20.37}$$

Ist der Punkt A der Schwerpunkt S des Körpers, dann verschwindet der Vektor $\boldsymbol{r}_\mathrm{AS}$, und der Drehimpuls vereinfacht sich weiter zu

$$\boldsymbol{L}^{(\mathrm{S})} = \boldsymbol{\Theta}^{(\mathrm{S})} \cdot \boldsymbol{\omega}\,. \tag{20.38}$$

Entsprechend vereinfacht sich der Ausdruck für den Drehimpuls, wenn der Punkt A Fixpunkt F der Bewegung ist, also gleichzeitig raumfester und körperfester Punkt ist, denn für den Fixpunkt gilt sowohl $\boldsymbol{r}_\mathrm{F} = \mathbf{0}$ als auch $\boldsymbol{v}_\mathrm{F} = \mathbf{0}$ und damit

$$\boldsymbol{L}^{(\mathrm{F})} = \boldsymbol{\Theta}^{(\mathrm{F})} \cdot \boldsymbol{\omega}\,. \tag{20.39}$$

Der Momentensatz besagt nun, dass die auf einen starren Körper einwirkenden Momente eine zeitliche Änderung des Drehimpulses bewirken (EULERsches Axiom). Dieser Satz gilt für beliebige Punkte im Raum.

$$\frac{\mathrm{d}\boldsymbol{L}^{(\mathrm{O})}}{\mathrm{d}t} = \boldsymbol{M}^{(\mathrm{O})} \tag{20.40}$$

Hier ist $\boldsymbol{M}^{(\mathrm{O})}$ die Summe aller äußeren Momente bezüglich des Punktes O. Daraus ergibt sich für den Momentensatz um den körperfesten Punkt A

$$\frac{\mathrm{d}}{\mathrm{d}t}(m\,\boldsymbol{r}_\mathrm{AS} \times \boldsymbol{v}_\mathrm{A}) + \frac{\mathrm{d}}{\mathrm{d}t}(\boldsymbol{\Theta}^{(\mathrm{A})} \cdot \boldsymbol{\omega}) = \boldsymbol{M}^{(\mathrm{A})}\,. \tag{20.41}$$

Für den Spezialfall, dass der Punkt A der Schwerpunkt S ist ($\boldsymbol{r}_\mathrm{AS} = \mathbf{0}$), folgt

$$\frac{\mathrm{d}}{\mathrm{d}t}(\boldsymbol{\Theta}^{(\mathrm{S})} \cdot \boldsymbol{\omega}) = \boldsymbol{M}^{(\mathrm{S})}\,, \tag{20.42}$$

und für den Fall, dass der Punkt A Fixpunkt F der Bewegung des Körpers ist ($\boldsymbol{r}_\mathrm{F} = \mathbf{0}$, $\boldsymbol{v}_\mathrm{F} = \mathbf{0}$), lautet der Momentensatz

$$\frac{\mathrm{d}}{\mathrm{d}t}(\boldsymbol{\Theta}^{(\mathrm{F})} \cdot \boldsymbol{\omega}) = \boldsymbol{M}^{(\mathrm{F})}\,. \tag{20.43}$$

Für Bewegungen in der Ebene vereinfacht sich der Momentensatz, da hier die Rotationsachse immer die Achse senkrecht zur Ebene ist. Wenn man das Koordinatensystem in die Ebene legt (siehe Bild 20.3), dann lässt sich der Momentensatz zu einer skalaren Gleichung reduzieren. Mit der Komponentendarstellung für die Vektoren $\boldsymbol{r}_\mathrm{AS}$ und $\boldsymbol{v}_\mathrm{A}$

$$\boldsymbol{r}_\mathrm{AS} = \begin{bmatrix} r_{\mathrm{AS}x} \\ r_{\mathrm{AS}y} \end{bmatrix} \qquad \boldsymbol{v}_\mathrm{A} = \begin{bmatrix} v_{\mathrm{A}x} \\ v_{\mathrm{A}y} \end{bmatrix} \tag{20.44}$$

erhält man aus Gleichung 20.37 für den Drehimpuls um den körperfesten Punkt A in Richtung der Achse senkrecht zur Bewegungsebene

$$L^{(\mathrm{A})} = m(r_{\mathrm{AS}x} v_{\mathrm{A}y} - r_{\mathrm{AS}y} v_{\mathrm{A}x}) + \Theta_{\mathrm{A}} \omega \,, \tag{20.45}$$

wobei Θ_{A} dem axialen Massenträgheitsmoment Θ_z entspricht und ω die Winkelgeschwindigkeit um die Achse senkrecht zur Bewegungsebene ist. Damit vereinfacht sich der Momentensatz in der Ebene zu

$$\frac{\mathrm{d}}{\mathrm{d}t} \left(m(r_{\mathrm{AS}x} v_{\mathrm{A}y} - r_{\mathrm{AS}y} v_{\mathrm{A}x}) + \Theta_{\mathrm{A}} \omega \right) = M_{\mathrm{A}} \,. \tag{20.46}$$

Für den Fall, dass der Punkt A entweder der Schwerpunkt S oder Fixpunkt F der Bewegung ist, erhält man analog zu Gleichung 20.42 und 20.43

$$\frac{\mathrm{d}}{\mathrm{d}t} (\Theta_{\mathrm{S}} \omega) = M_{\mathrm{S}} \tag{20.47}$$

bzw.

$$\frac{\mathrm{d}}{\mathrm{d}t} (\Theta_{\mathrm{F}} \omega) = M_{\mathrm{F}} \,. \tag{20.48}$$

Beispiel 20.2 Momentensatz

Der abgebildete dünne Stab der Masse m und der Länge ℓ befindet sich im Erdschwerefeld und wird aus der ausgelenkten Lage ($\varphi = \varphi_0$) losgelassen. Gesucht ist die Winkelgeschwindigkeit ω zu dem Zeitpunkt des Durchgangs durch die vertikale Lage ($\varphi = 0$).

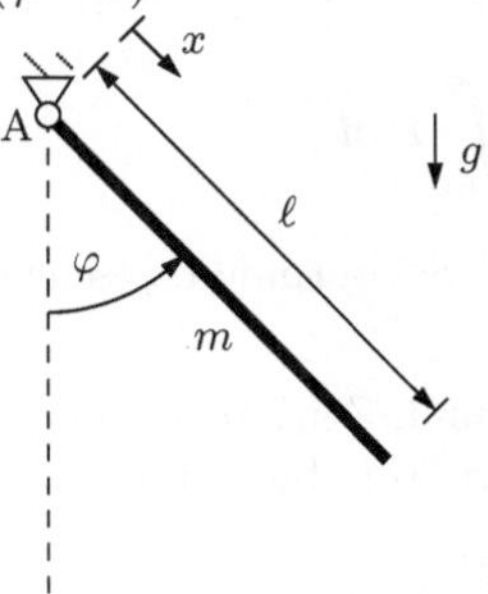

Lösung:

Der Punkt A ist Fixpunkt F der Bewegung. Wenn ϱ die Dichte und A die Querschnittsfläche des Stabes ist, dann berechnet sich das Massenträgheitsmoment um den Punkt A aus

$$\Theta_{\mathrm{A}} = \Theta_{\mathrm{F}} = \int_0^\ell x^2 \,\mathrm{d}m = \varrho A \int_0^\ell x^2 \,\mathrm{d}x = \frac{1}{3} \varrho A x^3 \Big|_0^\ell = \frac{1}{3} m \ell^2 \,.$$

Da das Massenträgheitsmoment konstant ist, folgt aus Gleichung 20.48

$$\Theta_{\mathrm{F}} \dot{\omega} = \Theta_{\mathrm{F}} \ddot{\varphi} = -\frac{1}{2} m g \ell \sin \varphi \,.$$

Aufgelöst nach $\ddot{\varphi}$ ergibt sich

$$\ddot{\varphi} = -\frac{3}{2}\frac{g}{\ell}\sin\varphi\,.$$

Mit $\ddot{\varphi} = \dot{\varphi}\frac{\mathrm{d}\dot{\varphi}}{\mathrm{d}\varphi}$ lässt sich diese Gleichung integrieren, und man erhält

$$\int\limits_0^{\omega} \dot{\varphi}\,\mathrm{d}\dot{\varphi} = \int\limits_{\varphi_0}^{0} -\frac{3}{2}\frac{g}{\ell}\sin\varphi\,\mathrm{d}\varphi$$

$$\frac{1}{2}\omega^2 = \frac{3}{2}\frac{g}{\ell}(1-\cos\varphi_0)\,,$$

mit der Lösung

$$\omega = -\sqrt{3\frac{g}{\ell}(1-\cos\varphi_0)}\,.$$

20.3 Impulssatz, Drehimpulssatz

Durch Integration des Schwerpunktsatzes über die Zeit erhält man den *Impulssatz* (vergleiche Kapitel 19)

$$m\boldsymbol{v}_\mathrm{S} - m\boldsymbol{v}_\mathrm{S0} = \int_{t_0}^{t} \boldsymbol{F}\,\mathrm{d}\bar{t}\,, \tag{20.49}$$

wobei hier $\boldsymbol{v}_\mathrm{S}$ und $\boldsymbol{v}_\mathrm{S0}$ die Schwerpunktsgeschwindigkeiten vor bzw. nach der Krafteinwirkung sind.

Entsprechend kann man durch Zeitintegration des Momentensatzes den *Drehimpulssatz*, der auch als *Drallsatz* bezeichnet wird, bekommen

$$\boldsymbol{L}^{(\mathrm{A})} - \boldsymbol{L}_0^{(\mathrm{A})} = \int_{t_0}^{t} \boldsymbol{M}^{(\mathrm{A})}\,\mathrm{d}\bar{t} \tag{20.50}$$

oder im Fall des Schwerpunktes S oder des Fixpunktes F als Referenzpunkt

$$\boldsymbol{\Theta}^{(\mathrm{S})}\left(\boldsymbol{\omega} - \boldsymbol{\omega}_0\right) = \int_{t_0}^{t} \boldsymbol{M}^{(\mathrm{S})}\,\mathrm{d}\bar{t} \tag{20.51}$$

bzw.

$$\boldsymbol{\Theta}^{(\mathrm{F})}\left(\boldsymbol{\omega} - \boldsymbol{\omega}_0\right) = \int_{t_0}^{t} \boldsymbol{M}^{(\mathrm{F})}\,\mathrm{d}\bar{t}\,. \tag{20.52}$$

20.4 Ebener Stoß

Beim ebenen Stoß unterscheidet man zwischen dem *geraden* und dem *schiefen* bzw. dem *zentrischen* und dem *exzentrischen* Stoß. Beim schiefen Stoß liegen im Gegensatz zum geraden Stoß die Richtungen der Geschwindigkeiten jeweils am Stoßpunkt der Körper nicht auf der Stoßnormalen. Beim exzentrischen Stoß liegen die Schwerpunkte der Stoßkörper anders als beim zentrischen Stoß nicht auf der Stoßnormalen. In jedem Fall gilt für jeden der Stoßpartner der Impulssatz und der Drehimpulssatz

$$m\boldsymbol{v}_{\mathrm{S}} - m\boldsymbol{v}_{\mathrm{S0}} = \hat{\boldsymbol{F}}\,, \tag{20.53}$$

$$\boldsymbol{\Theta}_{\mathrm{S}}\left(\boldsymbol{\omega} - \boldsymbol{\omega}_0\right) = \hat{\boldsymbol{M}}_{\mathrm{S}} \tag{20.54}$$

wobei hier $\hat{\boldsymbol{F}}$ der Kraftstoß und $\hat{\boldsymbol{M}}_{\mathrm{S}}$ der Momentenstoß ist. Im Fall eines *glatten* Stoßes wirkt der Kraftstoß immer in Richtung der Stoßnormalen. Wenn die Stoßpartner während des Stoßes aneinander *haften*, dann sind die Tangentialgeschwindigkeiten (Komponenten orthogonal zur Stoßnormalen) der Körper am Stoßpunkt nach dem Stoß gleich. Die Stoßzahl e, die ausdrückt, ob es sich um einen elastischen, teilplastischen oder vollplastischen Stoß handelt, ist definiert als

$$e = \frac{\hat{F}_{\mathrm{R}}}{\hat{F}_{\mathrm{K}}} = -\frac{v_1 - v_2}{v_1^0 - v_2^0}\,, \tag{20.55}$$

wobei $\hat{F}_{\mathrm{R}}$ und $\hat{F}_{\mathrm{K}}$ bzw. v_1, v_2, v_1^0 und v_2^0 jeweils die Komponenten des Kraftstoßes bzw. der Geschwindigkeiten im Berührpunkt in Stoßnormalenrichtung sind.

Beispiel 20.3 Ebener Stoß

Ein Massenpunkt der Masse m stößt in einem 45° Winkel mit der Geschwindigkeit v_0 elastisch gegen die glatte Oberfläche eines Rotors der Masse M und der Länge ℓ. Bestimmen Sie den Lagerkraftstoß im Lager des Rotors und die Winkelgeschwindigkeit des Rotors nach dem Stoß.

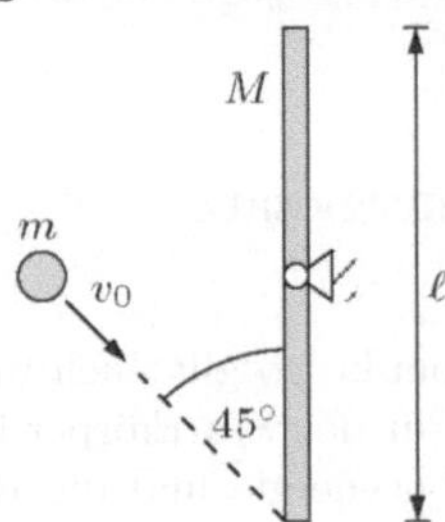

Lösung:

Um den Kraftstoß zwischen dem Massenpunkt und dem Rotor erkennbar zu machen, schneiden wir die beiden Körper während des Stoßes frei.

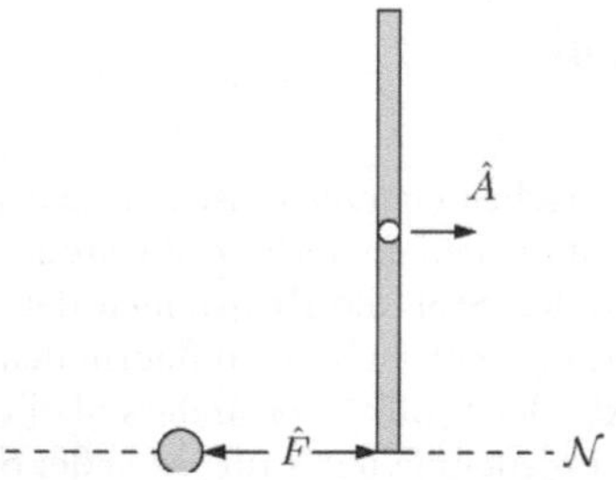

Nun können wir für den Massenpunkt den Impulssatz und für den Rotor den Impulssatz sowie den Drehimpulssatz um den Schwerpunkt aufstellen.

$$m(v_x - v_x^0) = -\hat{F}$$

$$0 = \hat{A} + \hat{F}$$

$$\Theta_A(\omega - \omega_0) = \hat{F}\frac{\ell}{2}$$

wobei $\Theta_A = \frac{M\ell^2}{12}$, $\omega_0 = 0$ und $v_x^0 = v_0\frac{\sqrt{2}}{2}$. Außerdem gilt noch die Stoßhypothese, hier für den rein elastischen Stoß

$$e = -\frac{v_x - \omega\frac{\ell}{2}}{v_x^0} = 1\,.$$

Fassen wir nun die Gleichungen für den Impulssatz, den Drehimpulssatz und die Stoßhypothese zusammen, dann erhalten wir für den Auflagerkraftstoß $\hat{A}$

$$\hat{A} = -\frac{\sqrt{2}mv_0}{1 + \frac{m\ell^2}{4\Theta_A}} = \frac{\frac{\sqrt{2}}{3}Mv_0}{1 + \frac{1}{3}\frac{M}{m}}$$

und für die Winkelgeschwindigkeit nach dem Stoß

$$\omega = \frac{\frac{\sqrt{2}}{2}mv_0\ell}{\Theta_A + m\frac{\ell^2}{4}} = \frac{2\sqrt{2}\frac{v_0}{\ell}}{1 + \frac{1}{3}\frac{M}{m}}\,.$$

20.5 Arbeitssatz, Energiesatz

Genau wie für den Massenpunkt, so gilt auch für den Starrkörper der Arbeitssatz bzw. der Energiesatz. Für den Starrkörper lässt sich die kinetische Energie aufspalten in die Translationsenergie und die Rotationsenergie. Die infinitesimale kinetische Energie $\mathrm{d}T$ jedes Massenelementes P des starren Körpers ist

$$\mathrm{d}T = \frac{1}{2}\boldsymbol{v}_\mathrm{P} \cdot \boldsymbol{v}_\mathrm{P}\,\mathrm{d}m\,. \tag{20.56}$$

Hierbei ist $\mathrm{d}m$ die infinitesimale Masse des Massenelementes und $\boldsymbol{v}_\mathrm{P}$ seine Geschwindigkeit. Die gesamte kinetische Energie des Körpers lässt sich als Integral der infinitesimalen Energien über den Körper ausdrücken

$$T = \int\limits_m \frac{1}{2} \boldsymbol{v}_\mathrm{P} \cdot \boldsymbol{v}_\mathrm{P} \, \mathrm{d}m \,. \tag{20.57}$$

Die Geschwindigkeit jedes Punktes P des Starrkörpers lässt sich wiederum ausdrücken als Summe aus der Geschwindigkeit eines körperfesten Punktes A und der Geschwindigkeit aus der Rotation um den Punkt A. Mit Gleichung 20.3 folgt daraus

$$\begin{aligned}
T &= \int\limits_m \frac{1}{2} \left(\boldsymbol{v}_\mathrm{A} + \boldsymbol{\omega} \times \boldsymbol{r}_\mathrm{AP} \right) \cdot \left(\boldsymbol{v}_\mathrm{A} + \boldsymbol{\omega} \times \boldsymbol{r}_\mathrm{AP} \right) \mathrm{d}m \\
&= \int\limits_m \frac{1}{2} \boldsymbol{v}_\mathrm{A} \cdot \boldsymbol{v}_\mathrm{A} \, \mathrm{d}m + \int\limits_m \boldsymbol{v}_\mathrm{A} \cdot \left(\boldsymbol{\omega} \times \boldsymbol{r}_\mathrm{AP} \right) \mathrm{d}m \\
&\quad + \int\limits_m \frac{1}{2} \left(\boldsymbol{\omega} \times \boldsymbol{r}_\mathrm{AP} \right) \cdot \left(\boldsymbol{\omega} \times \boldsymbol{r}_\mathrm{AP} \right) \mathrm{d}m \\
&= \frac{1}{2} m \boldsymbol{v}_\mathrm{A} \cdot \boldsymbol{v}_\mathrm{A} + \boldsymbol{v}_\mathrm{A} \cdot \left(\boldsymbol{\omega} \times \int\limits_m \boldsymbol{r}_\mathrm{AP} \, \mathrm{d}m \right) \\
&\quad + \int\limits_m \frac{1}{2} \left(\left(\boldsymbol{\omega} \cdot \boldsymbol{\omega} \right) \left(\boldsymbol{r}_\mathrm{AP} \cdot \boldsymbol{r}_\mathrm{AP} \right) - \left(\boldsymbol{\omega} \cdot \boldsymbol{r}_\mathrm{AP} \right)^2 \right) \mathrm{d}m \\
&= \frac{1}{2} m \boldsymbol{v}_\mathrm{A} \cdot \boldsymbol{v}_\mathrm{A} + m \boldsymbol{v}_\mathrm{A} \cdot \left(\boldsymbol{\omega} \times \boldsymbol{r}_\mathrm{AS} \right) + \frac{1}{2} \boldsymbol{\omega} \cdot \boldsymbol{\Theta}^{(\mathrm{A})} \cdot \boldsymbol{\omega}
\end{aligned} \tag{20.58}$$

$\boldsymbol{\Theta}^{(\mathrm{A})}$ ist entsprechend Gleichung 20.26 der Trägheitstensor des Körpers bezüglich des Punktes A. Ist der Punkt A Momentanpol Π der Bewegung, dann vereinfacht sich die kinetische Energie mit $\boldsymbol{v}_\mathrm{A} = \boldsymbol{v}_\Pi = \boldsymbol{0}$ zu

$$T = \frac{1}{2} \boldsymbol{\omega} \cdot \boldsymbol{\Theta}^{(\Pi)} \cdot \boldsymbol{\omega} \,. \tag{20.59}$$

Falls A der Schwerpunkt S ist, dann kann man Gleichung 20.58 mit $\boldsymbol{r}_\mathrm{AS} = \boldsymbol{0}$ ebenfalls vereinfachen

$$T = \frac{1}{2} m \boldsymbol{v}_\mathrm{S} \cdot \boldsymbol{v}_\mathrm{S} + \frac{1}{2} \boldsymbol{\omega} \cdot \boldsymbol{\Theta}^{(\mathrm{S})} \cdot \boldsymbol{\omega} \,. \tag{20.60}$$

In diesem Ausdruck wird der Unterschied zwischen dem reinen Translationsanteil und dem Rotationsanteil der kinetischen Energie deutlich.

$$T_\mathrm{trans} = \frac{1}{2} m \boldsymbol{v}_\mathrm{S} \cdot \boldsymbol{v}_\mathrm{S} \tag{20.61}$$

beschreibt die kinetische Energie durch die Translationsbewegung des Schwerpunktes des Körpers, und

$$T_\mathrm{rot} = \frac{1}{2} \boldsymbol{\omega} \cdot \boldsymbol{\Theta}^{(\mathrm{S})} \cdot \boldsymbol{\omega} \tag{20.62}$$

beschreibt entsprechend den Anteil aus der Rotation des Körpers um den Schwerpunkt.

Für die ebene Bewegung vereinfachen sich die entsprechenden Anteile zu

$$T = \underbrace{\frac{1}{2}mv_s^2}_{\text{Translation}} + \underbrace{\frac{1}{2}\Theta_s\omega^2}_{\text{Rotation}} . \tag{20.63}$$

Ebenso gilt für die gesamte kinetische Energie zufolge der Beschreibung der ebenen Bewegung als reine Rotation um den Momentanpol auch

$$T = \frac{1}{2}\Theta_\Pi\omega^2 . \tag{20.64}$$

Die mechanische Arbeit an einem Starrkörper, an dem die Kräfte $\boldsymbol{F}_i$ und die Momente $\boldsymbol{M}_j$ angreifen ist

$$W_{01} = \sum_{i=1}^{n} \int \boldsymbol{F}_i \cdot \mathrm{d}\boldsymbol{r}_i + \sum_{j=1}^{m} \int \boldsymbol{M}_j \cdot \mathrm{d}\boldsymbol{\varphi} . \tag{20.65}$$

Die Integrationsgrenzen sind hier durch den Zeitpunkt 0 und den Zeitpunkt 1 gegeben. $\mathrm{d}\boldsymbol{r}_i$ ist das Verschiebungsinkrement des Lastangriffspunktes der Kraft $\boldsymbol{F}_i$, und $\mathrm{d}\boldsymbol{\varphi}$ ist das Rotationswinkelinkrement des Starrkörpers.

Der *Arbeitssatz* besagt, dass die Änderung der kinetischen Energie eines Körpers der an ihm geleisteten mechanischen Arbeit entspricht

$$T_1 - T_0 = W_{01} . \tag{20.66}$$

Hierbei sind T_0 und T_1 jeweils die kinetischen Energien zum Zeitpunkt 0 bzw. 1 und W_{01} nach Gleichung 20.65 die gesamte durch äußere Kräfte und Momente am System geleistete Arbeit zwischen diesen beiden Zeitpunkten. Wenn man einen Teil der gesamten geleisteten Arbeit als Potential ausdrücken kann, das heißt, einige der eingeprägten Kräfte lassen sich entsprechend Gleichung 19.23 aus einem Potential ableiten, dann lässt sich der Arbeitssatz umschreiben

$$T_0 + U_0 + W_{01}^{nk} = T_1 + U_1 \tag{20.67}$$

wobei U_0 und U_1 die potentiellen Energien zum Zeitpunkt 0 bzw. 1 sind und W_{01}^{nk} die Arbeit durch nicht konservative Kräfte ist. Da in der Kinetik des starren Körpers keine Formänderungen auftreten können, sind die potentiellen Energien U_0 und U_1 nicht mit der Formänderungsenergie aus Kapitel 15 zu verwechseln.

Energiesatz (nur für konservative Kräfte)

Im Fall, dass nur konservative Kräfte auftreten, wird $W_{01}^{nk} = 0$, und wir erhalten den Energiesatz

$$T_0 + U_0 = T_1 + U_1 . \tag{20.68}$$

Beispiel 20.4 Rolle auf schräger Ebene
Eine Rolle mit der Masse m und dem Radius r rollt mit einer Anfangsgeschwindigkeit v_0 eine *schiefe Ebene* hinauf. Gesucht ist die Strecke s nach der die Rolle zum Stillstand kommt.

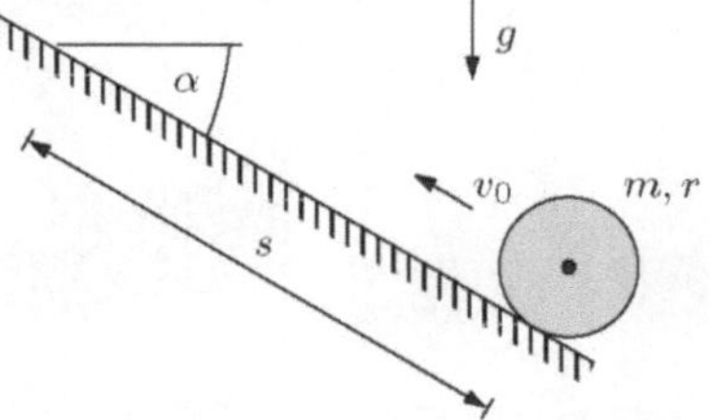

Lösung:
Wenn wir das Nullniveau der potentiellen Energie in die Ausgangslage der Rolle legen, dann ist die potentielle Energie zum Zeitpunkt des Stillstandes $U^1 = mgs \sin\alpha$. Die kinetische Energie in der Ausgangslage setzt sich zusammen aus der Translationsenergie $\frac{1}{2}mv_0^2$ und der Rotationsenergie $\frac{1}{2}\Theta_S\omega_0^2$, wobei aus der Kinematik des Rollens folgt, dass $\omega_0 = \frac{v_0}{r}$. Das Massenträgheitsmoment einer Rolle ist $\Theta_S = \frac{mr^2}{2}$. Damit folgt aus dem Energiesatz

$$mgs \sin\alpha = \frac{1}{2}mv_0^2 + \frac{1}{2}\Theta_S\omega_0^2$$

$$mgs \sin\alpha = \frac{1}{2}mv_0^2 + \frac{1}{4}mv_0^2$$

oder

$$s = \frac{4v_0^2}{3g \sin\alpha} .$$

20.6 Schnittgrößen in sich bewegenden Systemen

Infolge einer Bewegung treten neben den statischen Schnittgrößen (vgl. Teil I, Kapitel 6) auch kinetische Schnittgrößen auf, die aus den auftretenden Inertialkräften resultieren.

Häufig ist es notwendig, diese Anteile in sich bewegenden Systemen auszurechnen. Beispiele hierfür sind die Rotorblätter von Windenergieanlagen oder die Stäbe von Schaukeln, deren Kräfte sich dynamisch mit der Schaukelbewegung ändern. Aber auch bei der Sprengung eines Schornsteins ist es notwendig zu wissen, ob und ggf. wo dieser während der Kippbewegung durchbricht, siehe Bild 20.5 und vergleiche Beispiel 20.5.

Bild 20.5 Sprengung eines Schornsteines

Die kinetischen Anteile der Schnittgrößen lassen sich bestimmen, wenn neben der Bestimmung der Beschleunigungen am Gesamtsystem die Bewegungsgleichungen an einem beliebig abgeschnittenen Teilsystem formuliert werden.

Der Berechnungsablauf soll nun an einem Balken erläutert werden, der durch die äußeren Kräfte F_1 und F_2 sowie durch das äußere Moment M_1 belastet ist.

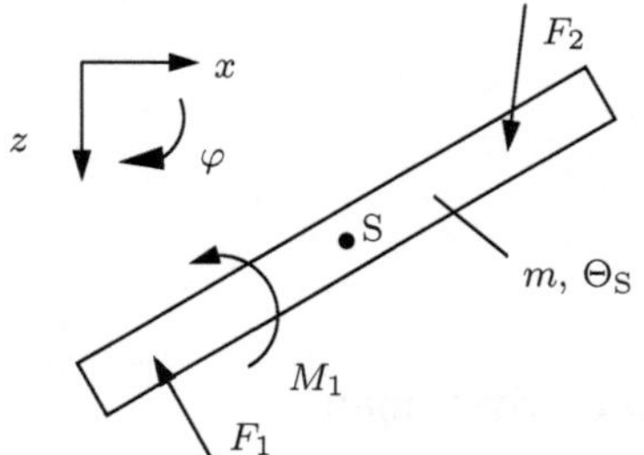

Bild 20.6
Dynamische Bewegung eines starren Balkens

1. Mit Hilfe der Bewegungsgleichungen (Gleichung 20.18 und Gleichung 20.40) können die Beschleunigungen des Gesamtsystems ($\ddot{x}_S$, $\ddot{z}_S$, $\ddot{\varphi}$) berechnet werden.

2. In einem zweiten Schritt können die Schnittgrößen aus den Bewegungsgleichungen am freigeschnittenen Teilsystem ermittelt werden. Schneidet man den Balken gedanklich auf, dann werden die Schnittgrößen sichtbar, und die Bewegungsgleichungen angewendet auf das Teilsystem mit dem Teilschwerpunkt S_T, der Teilmasse m_T sowie dem Massenträgheitsmoment Θ_{S_T} ergeben

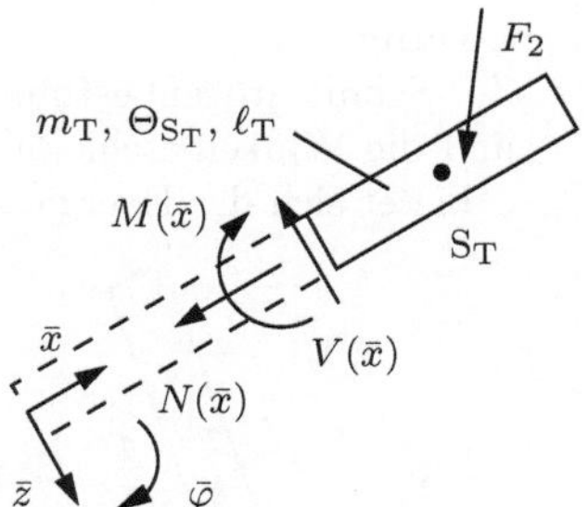

Bild 20.7
Schnittgrößen im dynamisch bewegten, starren Balken

$$-N(\bar{x}) - F_{2\bar{x}} = m_T\,\ddot{\bar{x}}_{S_T} \tag{20.69}$$

$$-V(\bar{x}) + F_{2\bar{z}} = m_T\,\ddot{\bar{z}}_{S_T} \tag{20.70}$$

$$M(\bar{x}) + M^{(S_T)} + V(\bar{x})\,\frac{\ell_T}{2} = \Theta_{S_T}\,\ddot{\bar{\varphi}}\,, \tag{20.71}$$

wobei $M^{(S_T)}$ die Summe der Momente aller am Teilsystem angreifenden äußeren Lasten ist.

3. Bestimmung der Beschleunigung des Teilsystems ($\ddot{\bar{x}}_{S_T}$ und $\ddot{\bar{z}}_{S_T}$) aus den Beschleunigungen des Gesamtsystems ($\ddot{x}_S$, $\ddot{z}_S$ und $\ddot{\varphi}$) über kinematische Beziehungen

Beispiel 20.5 Sprengung eines Schornsteins

Ein Schornstein der Höhe h mit konstanter Massenverteilung wird gesprengt und kippt danach um seinen Fußpunkt (vgl. Bild 20.5). Aufgrund der Abmessungsverhältnisse kann der Schornstein als Stab idealisiert werden.

Gesucht wird die Schnittgrößenverläufe $N(x)$, $V(x)$ und $M(x)$ in Abhängigkeit von x und φ. Ferner ist die Stelle des Schornsteins x_B, bei dem das maximal aufnehmbare Moment $M_B = \frac{1}{54}\,mgh$ überschritten wird, sowie der zugehörige Winkel φ_B zu bestimmen.

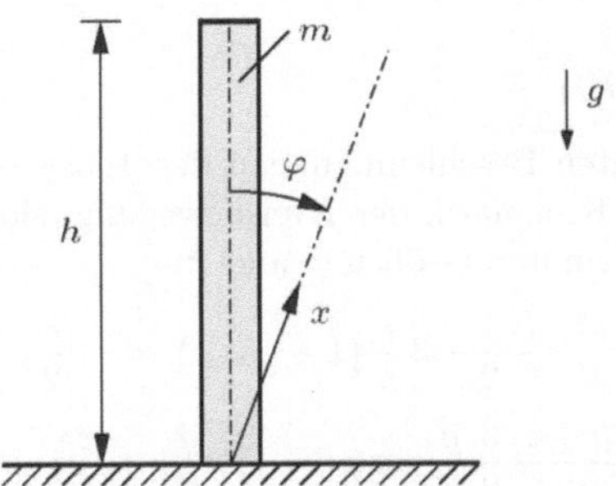

Lösung:
Zur Schnittgrößenbestimmung muss zunächst die Winkelgeschwindigkeit $\dot{\varphi}$ und die Winkelbeschleunigung $\ddot{\varphi}$ bestimmt werden. Zur Bestimmung von $\dot{\varphi}$ bietet sich der Energiesatz an, siehe Abschnitt 20.5.

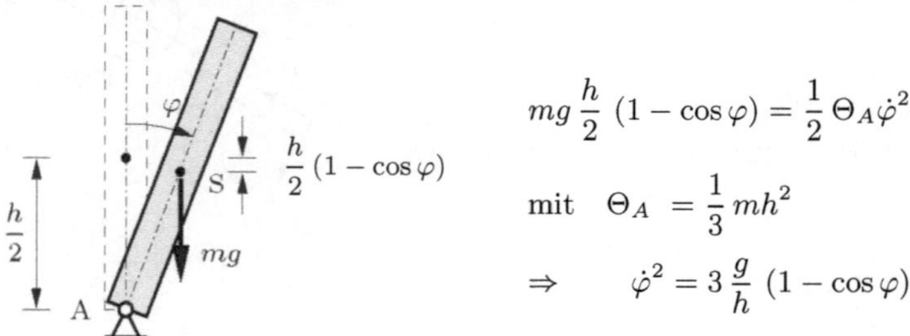

$$mg\,\frac{h}{2}\,(1-\cos\varphi) = \frac{1}{2}\,\Theta_A\dot{\varphi}^2$$

$$\text{mit}\quad \Theta_A = \frac{1}{3}\,mh^2$$

$$\Rightarrow\qquad \dot{\varphi}^2 = 3\,\frac{g}{h}\,(1-\cos\varphi)$$

Mit Hilfe der Grundaufgaben, siehe Abschnitt 18.3, kann nun die Winkelbeschleunigung $\ddot{\varphi}$ bestimmt werden. Aus Tabelle 18.1 folgt

$$\ddot{\varphi}(\varphi) \;=\; \frac{1}{2}\,\frac{\mathrm{d}}{\mathrm{d}\varphi}\,\dot{\varphi}^2 \;=\; \frac{3}{2}\,\frac{g}{h}\,\sin\varphi\,.$$

Ein alternativer Lösungsweg zur Bestimmung der Winkelbeschleunigung $\ddot{\varphi}$ wäre die Anwendung des Momentensatzes um den Fixpunkt A. Die Winkelgeschwindigkeit $\dot{\varphi}$ ließe sich dann durch Integration bestimmen.
Mit Hilfe des Freikörperbildes, in dem die gesuchten Schnittgrößen angetragen sind, können nun die Bewegungsgleichungen für das freigeschnittene Teilsystem aufgestellt werden.

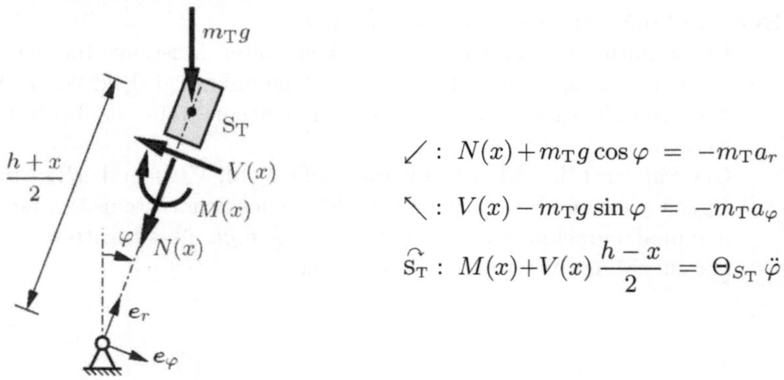

$$\swarrow:\; N(x)+m_\mathrm{T}g\cos\varphi \;=\; -m_\mathrm{T}a_r$$

$$\nwarrow:\; V(x)-m_\mathrm{T}g\sin\varphi \;=\; -m_\mathrm{T}a_\varphi$$

$$\overset{\frown}{\mathrm{S_T}}:\; M(x)+V(x)\,\frac{h-x}{2} \;=\; \Theta_{S_\mathrm{T}}\,\ddot{\varphi}$$

Die noch unbekannten Beschleunigungen des Teilsystems (a_r und a_φ) ergeben sich aus der Kinematik der Kreisbewegung, siehe Abschnitt 18.2.3, und den bereits bekannten Größen $\dot{\varphi}$ und $\ddot{\varphi}$.

$$a_r \;=\; -r\dot{\varphi}^2 \;=\; -\frac{h+x}{2}\,3\,\frac{g}{h}\,(1-\cos\varphi) \;=\; -\frac{3}{2}\,g\left(1+\frac{x}{h}\right)(1-\cos\varphi)$$

$$a_\varphi \;=\; r\ddot{\varphi} \;=\; \frac{h+x}{2}\,\frac{3}{2}\,\frac{g}{h}\,\sin\varphi \;=\; \frac{3}{4}\,g\left(1+\frac{x}{h}\right)\sin\varphi$$

Mit den Massenwerten für den Teilkörper

$$
\begin{aligned}
m_{\mathrm{T}} &= \frac{h-x}{h}\,m = \left(1-\frac{x}{h}\right)m\,,\\
\Theta_{S_{\mathrm{T}}} &= \frac{1}{12}\,m_{\mathrm{T}}\,(h-x)^2 = \frac{mh^2}{12}\left(1-\frac{x}{h}\right)^3
\end{aligned}
$$

lassen sich nun die gesuchten Schnittgrößen bestimmen.

$$
\begin{aligned}
N(x) &= -m_{\mathrm{T}}\,(a_r + g\cos\varphi)\\
&= -\left(1-\frac{x}{h}\right)m\left(-\frac{3}{2}\,g\left(1+\frac{x}{h}\right)(1-\cos\varphi) + g\cos\varphi\right)\\
&= -mg\left(1-\frac{x}{h}\right)\left(-\frac{3}{2}\left(1+\frac{x}{h}\right)(1-\cos\varphi) + \cos\varphi\right)
\end{aligned}
$$

$$
\begin{aligned}
V(x) &= -m_{\mathrm{T}}\,(a_\varphi - g\sin\varphi)\\
&= -\left(1-\frac{x}{h}\right)m\left(\frac{3}{4}\,g\left(1+\frac{x}{h}\right)\sin\varphi - g\sin\varphi\right)\\
&= \frac{mg}{4}\,\sin\varphi\left(1-\frac{x}{h}\right)\left(1-3\,\frac{x}{h}\right)
\end{aligned}
$$

$$
\begin{aligned}
M(x) &= \Theta_{S_{\mathrm{T}}}\ddot{\varphi} - V(x)\,\frac{h-x}{2}\\
&= \frac{mh^2}{12}\left(1-\frac{x}{h}\right)^3\frac{3}{2}\,\frac{g}{h}\,\sin\varphi\\
&\quad - \frac{mg}{4}\,\sin\varphi\left(1-\frac{x}{h}\right)\left(1-3\,\frac{x}{h}\right)\frac{h-x}{2}\\
&= \ldots\\
&= \frac{mgh}{4}\,\sin\varphi\left(1-\frac{x}{h}\right)^2\frac{x}{h}
\end{aligned}
$$

Der qualitative Verlauf der Schnittgrößen (für $\varphi = 30°$) ist in dem folgenden Bild dargestellt.

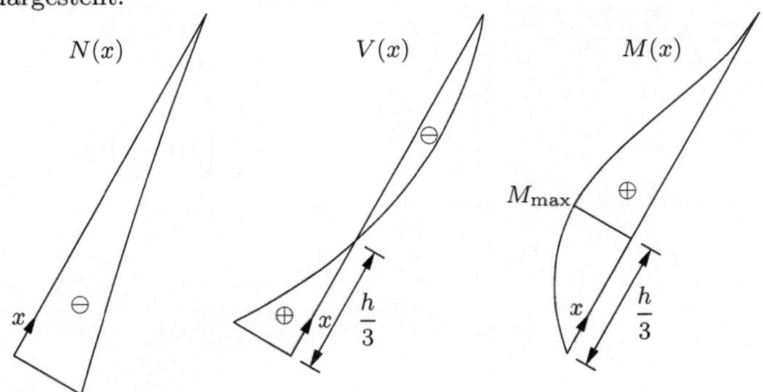

Das maximale Biegemoment tritt an der Stelle auf, an der

$$\frac{\mathrm{d}M}{\mathrm{d}x} = \frac{mg}{4} \sin\varphi \left(1 - \frac{x}{h}\right) \left(1 - 3\frac{x}{h}\right) = 0$$

erfüllt ist. Außer für $x = h$ ist dies nur noch für $x = h/3$ der Fall (vergleiche Bild 20.5). Einsetzen in den Momentenverlauf liefert das maximale Biegemoment

$$M_{\max} = \frac{mgh}{4} \sin\varphi \left(1 - \frac{1}{3}\right)^2 \frac{1}{3} = \frac{mgh}{27} \sin\varphi \,.$$

Aus der Bedingung

$$M_{\mathrm{B}} \stackrel{!}{=} M_{\max}$$

folgt nun der Bruchwinkel

$$\Rightarrow \quad \frac{mgh}{54} = \frac{mgh}{27} \sin\varphi_{\mathrm{B}} \qquad \Rightarrow \quad \sin\varphi_{\mathrm{B}} = \frac{1}{2} \qquad \Rightarrow \quad \varphi_{\mathrm{B}} = 30^\circ \,.$$

20.7 Übungsaufgaben

Aufgabe 20.1 (Schwierigkeitsgrad 1)

Das dargestellte Doppelzahnrad bewegt sich auf einer feststehenden unteren Zahnstange mit einer Mittelpunktsgeschwindigkeit v_{S}.

Ermitteln Sie die Winkelgeschwindigkeit des Zahnrades, die Geschwindigkeit der oberen Zahnstange und die Geschwindigkeit des Punktes D.

Gegeben: v_{S}, r_1, r_2

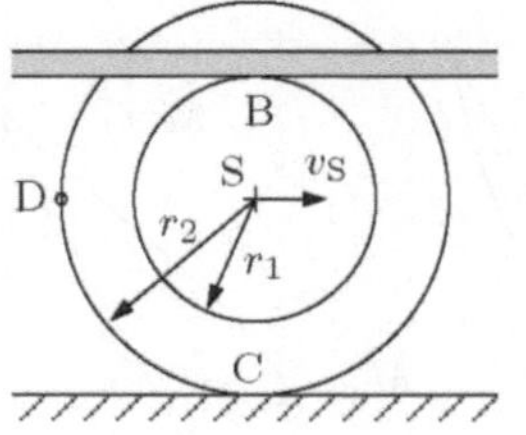

Lösung:

$$\omega = \frac{v_{\mathrm{S}}}{r_2}$$

$$v_{\mathrm{B}} = \left(1 + \frac{r_1}{r_2}\right) v_{\mathrm{S}}$$

$$v_{\mathrm{D}} = \sqrt{2}\, v_{\mathrm{S}}$$

Aufgabe 20.2 (Schwierigkeitsgrad 2)

Eine homogene Walze (Masse m, Radius r) rollt eine schiefe Ebene (Neigungswinkel $\alpha < \alpha_1$) hinunter. Für $\alpha > \alpha_1$ rutscht die Walze.

a) Wie groß ist der Reibkoeffizient zwischen Walze und schiefer Ebene?

b) Welche Haftkraft wirkt zwischen Walze und schiefer Ebene bei einem Neigungswinkel $\alpha < \alpha_1$?

Gegeben: m, r, g, α_1

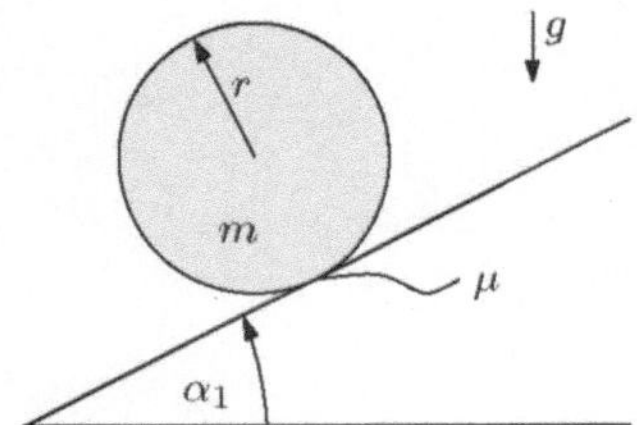

Lösung:

a) $\mu = \dfrac{1}{3} \tan \alpha_1$

b) $|H| = \dfrac{1}{3} mg \sin \alpha$

Aufgabe 20.3 (Schwierigkeitsgrad 2)

Eine homogene Kugel (Masse m, Radius r) rollt in einer rechtwinkligen Rinne ohne zu gleiten. Die Rinne ist um den Winkel α gegen die Horizontale geneigt.

Man berechne die Schwerpunktsbeschleunigung der Kugel.

Gegeben: m, r, g, α

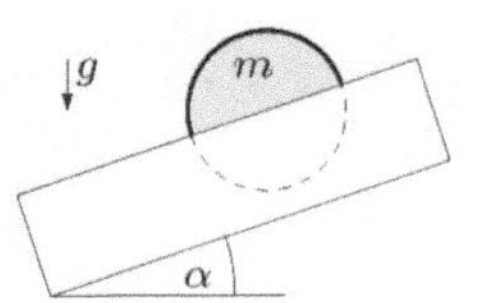

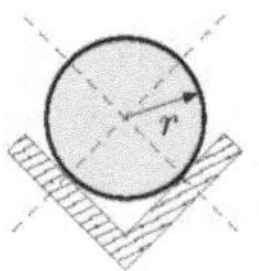

Lösung:

$$a_S = \frac{5}{9} g \sin \alpha$$

Aufgabe 20.4 (Schwierigkeitsgrad 2)

Eine Bowlingkugel (Masse m, Radius r) soll von der Bowlingmaschine zurückbefördert werden. Dazu wird sie bei A auf die Höhe h gehoben und rollt aus der Ruhe heraus eine Bahn entlang. Stoßeffekte bei der Bewegungsumkehr der Kugel sind vernachlässigbar.
a) Bestimmen Sie die Höhe h so, dass die Kugel bei C mit einer Schwerpunktsgeschwindigkeit v_C ankommt.
b) Wie groß ist die Schwerpunktsgeschwindigkeit bei B?
c) Begründen Sie, warum nahe der Stelle C die Annahme des Rollens aufgegeben werden muß.

Gegeben: m, g, r, R, v_C

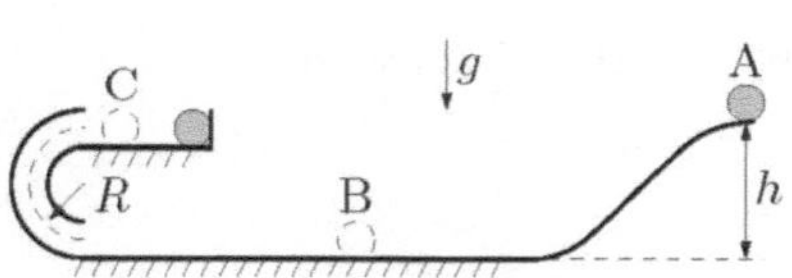

Lösung:

a) $h = 2R + \frac{7}{10}\frac{v_C^2}{g}$

b) $v_B^2 = \frac{20}{7}gR + v_C^2$

Aufgabe 20.5 (Schwierigkeitsgrad 2)

Ein homogener Stab (Masse m_1) wird aus einer Anfangsauslenkung φ_0 losgelassen und trifft in seiner tiefsten Lage auf eine Kugel (Masse $m_2 = \frac{1}{6}m_1$). Die Stoßzahl ist e.
a) Wie groß ist die Geschwindigkeit des Massenmittelpunktes der Kugel unmittelbar nach dem Stoß?
b) Wie groß ist der Energieverlust des Systems durch den Stoß?

Gegeben: m_1, m_2, e, ℓ, r, φ_0

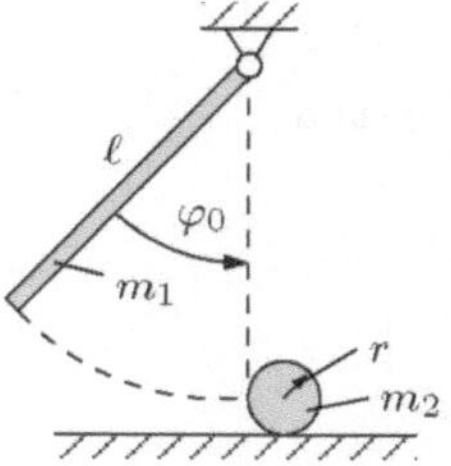

Lösung:

a) $v_S = \frac{2}{3}(1+e)\sqrt{3g\ell(1-\cos\varphi_0)}$

b) $\frac{\Delta T}{T} = \frac{1}{3}(1-e^2)$

Aufgabe 20.6 (Schwierigkeitsgrad 2)

Ein Ball (Masse m, Radius r) prallt unter dem Winkel α_0 gegen eine Wand. Vor dem Stoß hat er die Anfangsgeschwindigkeit v_0 und die Winkelgeschwindigkeit $\dot{\varphi}_0 = 0$.

Unter welchem Winkel α_1 bewegt sich der Ball von der Wand weg, wenn während des Stoßes Haften eintritt?

Gegeben: m, r, v_0, $\dot{\varphi}_0 = 0$, α_0, e

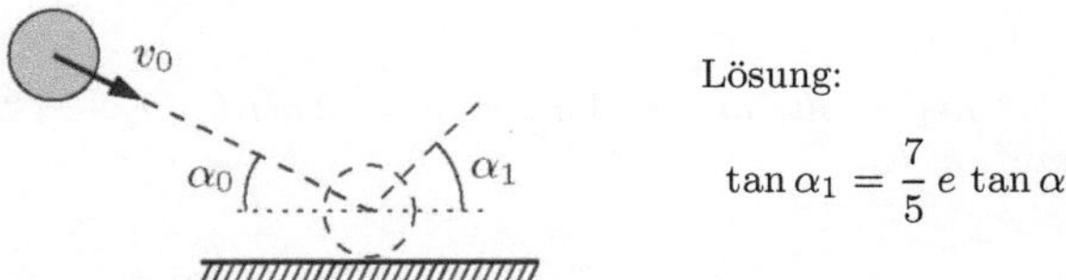

Lösung:

$$\tan\alpha_1 = \frac{7}{5}\, e \tan\alpha_0$$

Aufgabe 20.7 (Schwierigkeitsgrad 2)

Gegeben ist die unten dargestellte Anordnung.

Stellen Sie die Bewegungsgleichung auf. Wie groß ist die Geschwindigkeit, mit der das Gewicht G_2 auf dem Boden auftrifft, nachdem das System aus der dargestellten Ruhelage befreit wurde?

Die Rolle ist als homogene Kreisscheibe zu behandeln. Kontrollieren Sie das Ergebnis mit dem Energiesatz.

Gegeben: G, G_1, G_2, H, g, R

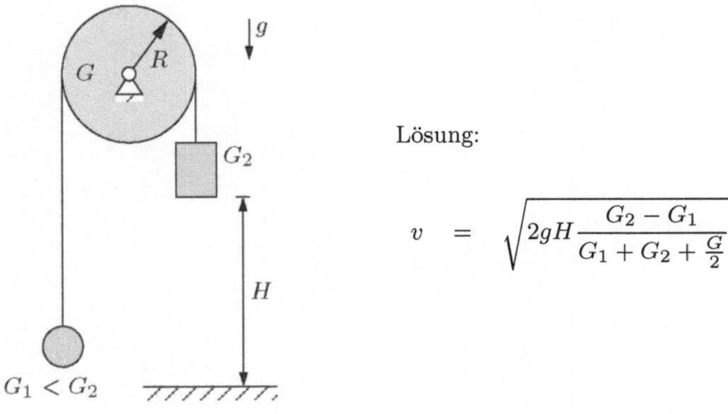

Lösung:

$$v = \sqrt{2gH\frac{G_2 - G_1}{G_1 + G_2 + \frac{G}{2}}}$$

Aufgabe 20.8 (Schwierigkeitsgrad 2)

Ein Faden, an dem eine Masse m_1 befestigt ist, wird über eine Rolle (Masse m_2, Massenträgheitsmoment Θ_{2S}) geführt, dann reibungsfrei umgelenkt und auf eine lose Rolle (Masse m_3, Massenträgheitsmoment Θ_3) gewickelt. Das System befindet sich zunächst in Ruhe und beginnt dann, sich unter dem Einfluss des Gewichts von m_1 zu bewegen.

a) Welche Geschwindigkeit v_{3S} hat die lose Rolle, wenn die Masse m_1 den Weg h zurückgelegt hat und reines Rollen vorausgesetzt wird?

b) Wie groß muss der Haftungskoeffizient μ_H mindestens sein, damit die Rolle nicht gleitet?

Gegeben: r, R, $m_1 = m_3 = m$, $m_2 = 4m$, $\Theta_{2S} = 2mR^2$, $\Theta_{3S} = 2mr^2$, $\Theta_{3B} = 6mr^2$, g, h

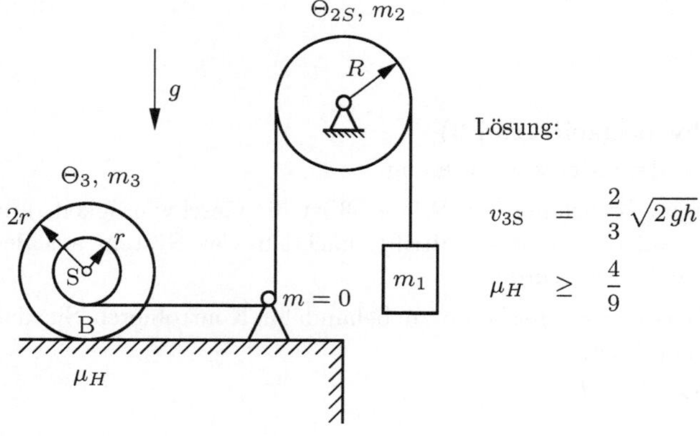

Lösung:

$$v_{3S} = \frac{2}{3}\sqrt{2gh}$$

$$\mu_H \geq \frac{4}{9}$$

Aufgabe 20.9 (Schwierigkeitsgrad 1)

Ein Pendel besteht aus einem Stab der Länge ℓ an dessen Ende ein Gewicht angebracht ist. Beide haben jeweils die Masse m.

Bestimmen Sie das Massenträgheitsmoment
a) bezüglich des Drehpunkts A,
b) bezüglich des Schwerpunkts des Pendels.

Gegeben: ℓ, m

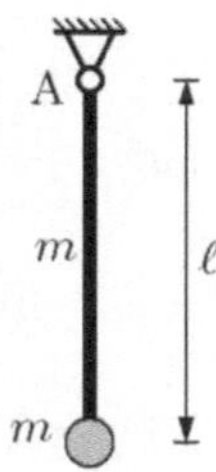

Lösung:

a) $\Theta_A = \frac{4}{3} m\ell^2$

b) $\Theta_S = \frac{5}{24} m\ell^2$

Aufgabe 20.10 (Schwierigkeitsgrad 2)

Um die Bewegung eines Baggers zu untersuchen, wird das Massenträgheitsmoment benötigt. Dazu wird das abgebildete einfache Modell verwendet.

Bestimmen Sie das Massenträgheitsmoment
a) bezüglich der gegebenen Drehachse des Baggers,
b) bezüglich der senkrechten Achse durch den Schwerpunkt.

Gegeben: a, $m_1 = 3\,m$, $m_2 = m$, $m_3 = 12\,m$

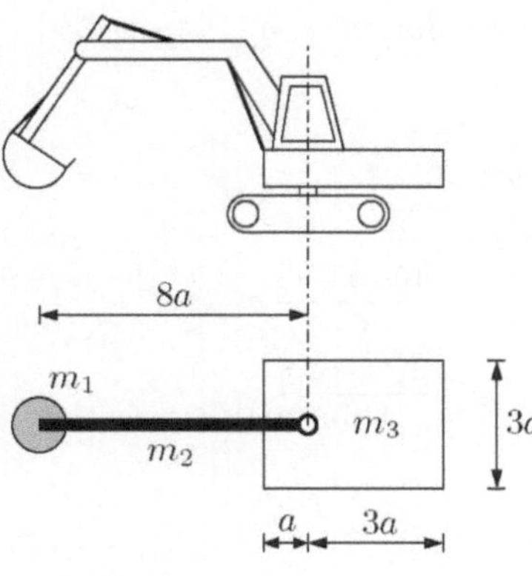

Lösung:

a) $\Theta_A = \frac{751}{3} ma^2$

b) $\Theta_S = \frac{703}{3} ma^2$

Aufgabe 20.11 (Schwierigkeitsgrad 1)

Berechnen Sie das Massenträgheitsmoment Θ_S des dargestellten Winkels der Masse m.

Gegeben: ℓ, m

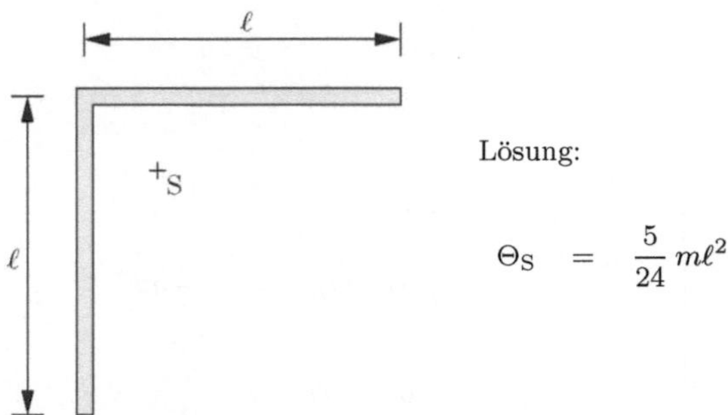

Lösung:

$$\Theta_S = \frac{5}{24} m\ell^2$$

Aufgabe 20.12 (Schwierigkeitsgrad 3)

Das dargestellte System besteht aus drei Kreiszylinderscheiben (mit jeweils dem Radius r) und zwei Gewichten, die auf einer geneigten Ebene aufliegen. Die Kreiszylinderscheiben 3 und 4 sind im Schwerpunkt frei drehbar gelagert. Die Seile sollen als masselos und dehnstarr angenommen werden. Reibung ist nicht zu berücksichtigen.

Bestimmen Sie die Schwerpunktsbeschleunigung a_5 sowie die Winkelbeschleunigung $\dot{\omega}_5$ der unteren Kreisscheibe, wenn das System aus der dargestellten Ruhelage befreit wird.

Gegeben: $m_1 = m$, $m_2 = m_5 = 2m$, $m_3 = m_4 = 3m$, m, r, g

Lösung:

$$a_5 = \frac{10\sqrt{2} - 14}{55} g$$

$$\dot{\omega}_5 = \frac{5\sqrt{2} - 4}{110} \frac{g}{r}$$

Aufgabe 20.13 (Schwierigkeitsgrad 3)

Das skizzierte System setzt sich aus der Ruhelage heraus in Bewegung.

Mit welcher Geschwindigkeit hebt sich die Rolle 2?

Gegeben: $m_0 = 5m$, $m_1 = 2m$, $m_2 = 4m$, m, g

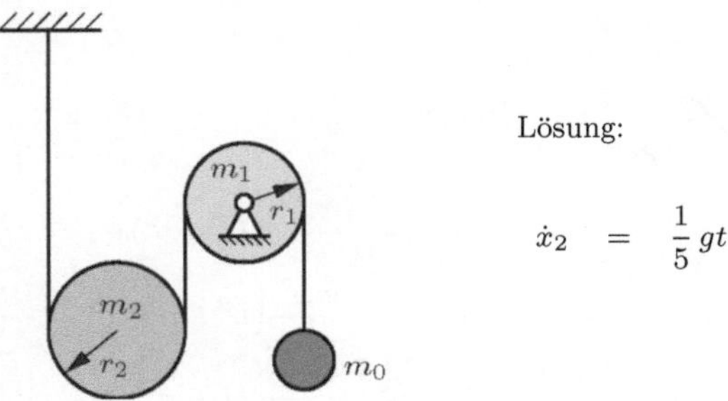

Lösung:

$$\dot{x}_2 = \frac{1}{5}\,gt$$

Aufgabe 20.14 (Schwierigkeitsgrad 3)

Zwei gleiche Fahrzeuge begegnen sich auf glatter Straße mit dem Geschwindigkeiten v_1 und v_2. Das Fahrzeug 2 gerät aus Unachtsamkeit des Fahrers zu weit nach links, so dass die Fahrzeuge mit den vorderen linken Ecken zusammenprallen (Stoßzahl e). Die Stoßstelle sei als ideal glatt vorausgesetzt.

Welche Schwerpunktsgeschwindigkeiten $\bar{v}_1$ und $\bar{v}_2$ und Winkelgeschwindigkeiten $\bar{\omega}_1$ und $\bar{\omega}_2$ haben die Fahrzeuge unmittelbar nach dem Aufprall?

Gegeben: $\Theta_1 = \Theta_2 = \Theta = \frac{1}{4}mb^2$, $m_1 = m_2 = m$, b, ℓ, v_1, v_2, $\omega_1 = \omega_2 = 0$, e

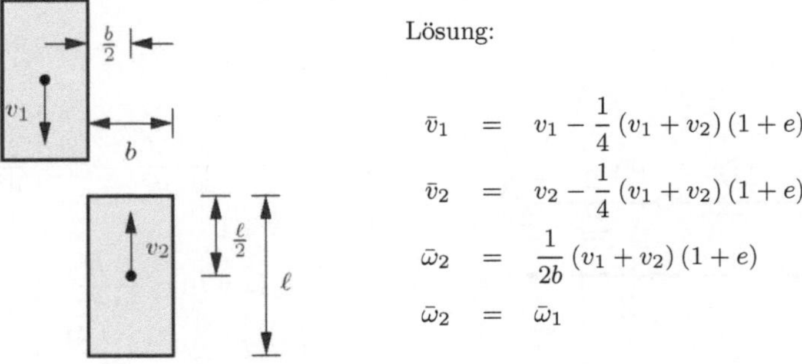

Lösung:

$$\bar{v}_1 = v_1 - \frac{1}{4}\,(v_1 + v_2)\,(1 + e)$$

$$\bar{v}_2 = v_2 - \frac{1}{4}\,(v_1 + v_2)\,(1 + e)$$

$$\bar{\omega}_2 = \frac{1}{2b}\,(v_1 + v_2)\,(1 + e)$$

$$\bar{\omega}_2 = \bar{\omega}_1$$

Aufgabe 20.15 (Schwierigkeitsgrad 2)

Ein Stab (Masse m) dreht sich um die z–Achse mit einer konstanten Winkelgeschwindigkeit $\omega = \dot{\varphi}$.

Bestimmen Sie die Schnittgrößen in dem Stab als Funktion des Ortes und der Zeit. Das Eigengewicht ist zu vernachlässigen.

Gegeben: m, $\omega = \dot{\varphi}$, L

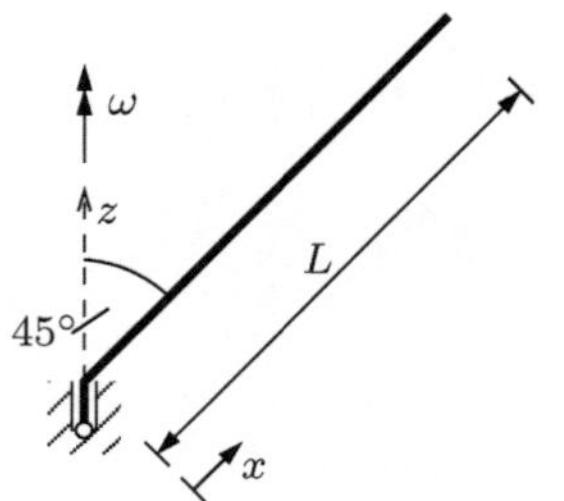

Lösung:

$$N = \frac{m\omega^2}{4L}\left(L^2 - x^2\right)$$

$$V = \frac{m\omega^2}{4L}\left(L^2 - x^2\right)$$

$$M = -\frac{m\omega^2}{8L}(L-x)^2(L+x)$$

Aufgabe 20.16 (Schwierigkeitsgrad 2)

Der dargestellte Träger wird durch ein konstantes Moment M belastet. Berechnen Sie für den Fall, dass das Auflager C zum Zeitpunkt $t = 0$ plötzlich versagt
a) die Winkelbeschleunigungen $\dot{\omega}_1$ und $\dot{\omega}_2$ bezüglich der skizzierten Lage unter der Einschränkung kleiner Verschiebungen
b) die Schnittgrößenverläufe für die Normalkräfte und die Querkräfte und stellen Sie diese unter Angabe der Randwerte über die Trägerlänge grafisch dar. Das Eigengewicht ist zu vernachlässigen.

Gegeben: ℓ, M, $\mu_1 = \mu$, $\mu_2 = 4\mu$

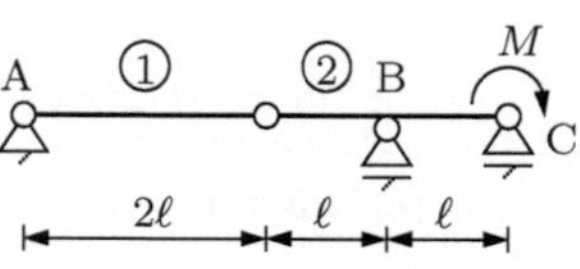

Lösung:

a) $\ddot{\varphi}_1 = \dfrac{3}{20}\dfrac{M}{\mu\ell^3}, \quad \ddot{\varphi}_2 = \dfrac{3}{10}\dfrac{M}{\mu\ell^3}$

b) $N = 0$

$$V(x=0) = \frac{1}{10}\frac{M}{\ell}$$

$$V(x=2\ell) = -\frac{1}{5}\frac{M}{\ell}$$

Aufgabe 20.17 (Schwierigkeitsgrad 2)

Der dargestellte Propeller mit konstantem Querschnitt wird aus der Ruhe heraus durch ein konstantes Antriebsmoment M beschleunigt, bis er die Winkelgeschwindigkeit ω_0 erreicht hat. Von diesem Zeitpunkt an bleibt die Winkelgeschwindigkeit konstant.

a) Nach welcher Zeit hat der Propeller die Winkelgeschwindigkeit ω_0 erreicht?

b) Berechnen Sie die kinematischen Schnittgrößen, die während des Beschleunigungsvorgangs im Propeller auftreten. Geben Sie die Schnittgrößen als Funktion des Ortes und der Zeit an.

c) Um welches Maß $\Delta\ell$ ist der Propeller während der Rotation mit der konstanten Winkelgeschwindigkeit ω_0 länger als im Ruhezustand?

Gegeben: $\ell = 1$ m, $m = 12$ kg, $M = 10$ Nm, $\omega_0 = 100\ \text{s}^{-1}$, $EA = 2.1 \cdot 10^5$ kN

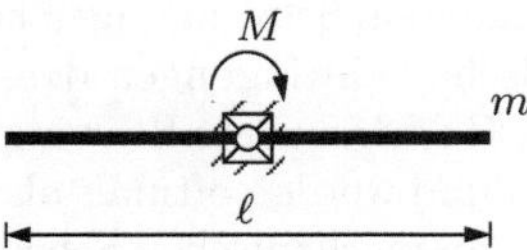

Lösung:

a) $T = 10$ s

c) $\Delta\ell = 0.0476$ mm

21 Schwingungen

Mechanische Schwingungen sind im Ingenieurwesen allgegenwärtig. Diese können einerseits gewollt sein, dafür sind Uhren ein Beispiel. Anhand der Periodendauer der Schwingungen eines Uhrenpendels kann die Zeit gemessen werden. In mechanischen Armbanduhren führt ein kleines Rädchen, die Unruh, eine Drehschwingung aus. Weitere Beispiele der Nutzung mechanischer Schwingungen sind die Saitenschwingungen von Musikinstrumenten. Schwingungen können aber auch unerwünscht sein. So können mechanische Schwingungen den Komfort, z. B. in einen Kraftfahrzeug, beeinträchtigen. Hochfrequente Schwingungen können an die umgebende Luft übertragen werden und werden oftmals als Lärm wahrgenommen. Unter gewissen Umständen geht von mechanischen Schwingungen sogar eine Gefahr aus. Seismisch oder winderregte Schwingungen können gar ganze Bauwerke zerstören. Ein berühmtes Beispiel dafür ist der Einsturz der Tacoma Narrows Brücke, siehe Bild 21.1.

Bild 21.1 Tacoma Narrows Bridge

Bei Musikinstrumenten und Uhren beispielsweise sind die so genannten Eigenschwingungen des mechanischen Systems von Relevanz, diese werden in Abschnitt 21.2 behandelt. Mit den Eigenschwingungen einer Struktur sind die dynamischen Eigenschaften eines schwingungsfähigen Systems beschrieben. Die dynamischen Systemeigenschaften sind auch für das Verständnis der erzwungenen Schwingungen eine wichtige Grundlage. Teils sind erzwungene Schwingungen unerwünscht, mit der Kenntnis der dynamischen Eigenschaften mechanischer Systeme, können mechanische Systeme aber auch effizient betrieben werden. Als Beispiel sei hier der so genannte „Rüttler“ oder Vibrationsrammen angeführt, die durch Unwuchtanregung im Resonanzbetrieb mit geringer Energiezufuhr arbeiten. Erzwungene Schwingungen werden in Abschnitt 21.3 behandelt.

Das grundlegende Verständnis mechanischer Schwingungen ist für den Ingenieur nicht nur für die sichere Konstruktion von Bedeutung, sondern eröffnet auch einen Blickwinkel für den gezielten Einsatz von Schwingungen.

21.1 Modellbildung und Grundbegriffe

Im Rahmen der Technischen Mechanik werden schwingende Bauwerke oder Bauteile häufig durch mechanische Systeme mit einem Freiheitsgrad abgebildet, siehe Bild 21.2.

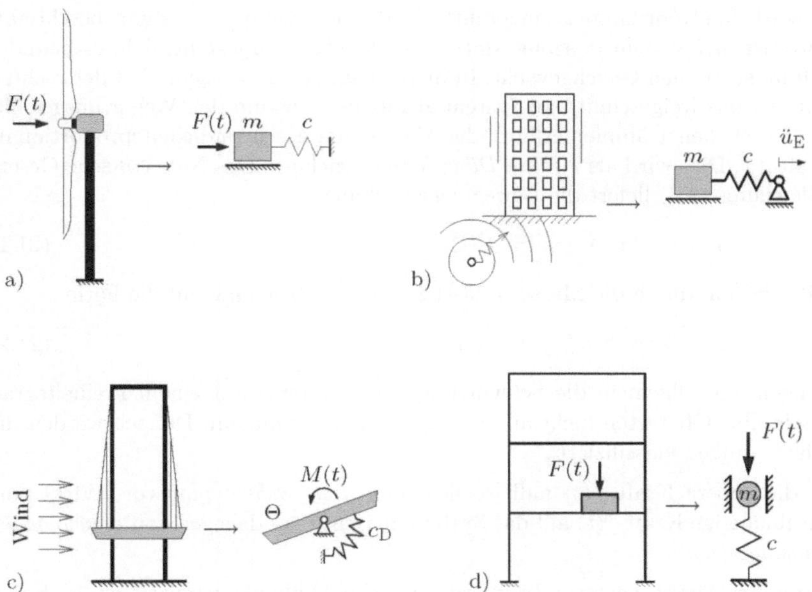

Bild 21.2 Ersatzmodelle: a) Windkraftanlage, b) Gebäude bei Erdbeben, c) Hängebrücke mit Windanregung, d) Maschinenfundament in Gebäude

So kann die Kopfpunktverschiebung einer Windkraftanlage durch ein Einmassensystem oder die schon in Bild 21.1 gezeigten Torsionsschwingungen einer Hängebrücke durch einen trägen Körper, der an einer Drehfeder befestigt ist, approximiert werden. Verallgemeinert führt diese Modellbildung auf eine gewöhnliche Differentialgleichung, die hier für den gedämpften Einmassenschwinger hergeleitet wird.

Das Verhalten eines schwingungsfähigen Systems wird durch die *Bewegungsgleichung* beschrieben. Diese erhält man aus der Betrachtung des aus der Gleichgewichtslage ausgelenkten Systems. Dies soll beispielhaft für das in Bild 21.3 abgebildete Feder-Masse-System geschehen, das einem einfachen Ersatzmodell entspricht.

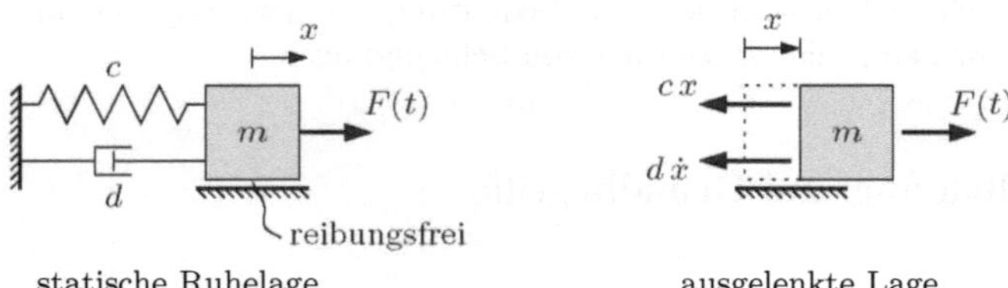

Bild 21.3 Feder-Masse-System

Es wird eine Koordinate x eingeführt, die die Bewegung des Systems beschreibt. Links ist das System in seiner *statischen Ruhelage* dargestellt, d. h. es befindet sich im statischen Gleichgewicht. In dieser Lage soll $x = 0$ sein. Auf der rechten Seite ist das freigeschnittene System abgebildet, das um den Weg x ausgelenkt ist. Durch den Dämpfer erfährt die Masse eine geschwindigkeitsproportionale Kraft $d\dot{x}$. Dies wird als *viskose Dämpfung* bezeichnet. Das NEWTONsche Gesetz (Gleichung 19.3) liefert die Bewegungsgleichung

$$m\ddot{x} + d\dot{x} + cx = F(t)\,. \tag{21.1}$$

Mit Division durch die Masse m lässt sich diese Gleichung auf die Form

$$\ddot{x} + 2\delta\dot{x} + \omega_0^2 x = f(t) \tag{21.2}$$

bringen, die allgemein die Schwingung eines Systems mit einem Freiheitsgrad beschreibt. Oft treten nicht alle hier gegebenen Terme auf. Danach werden die Schwingungen klassifiziert.

Ist die äußere Kraft $f(t)$ null, so liegt eine *freie Schwingung* vor. Wirkt eine zeitabhängige Kraft $f(t)$ auf das System, spricht man dagegen von *erzwungenen Schwingungen.*

Wenn der Dämpfungsterm $\delta\dot{x}$ auftritt, also die Abklingkonstante δ ungleich null ist, so liegt eine *gedämpfte Schwingung* vor.

Bei Schwingungen treten zeitlich veränderliche Auslenkungen auf. Diese lassen sich durch eine Variable $x(t)$ beschreiben. Trägt man die Auslenkung über die Zeit auf, so erhält man ein *Weg-Zeit-Diagramm.*

Bewegungen, dies sich wiederholen, heißen *periodische Schwingungen.* Die Zeit, nach der sich der Verlauf wiederholt wird als *Schwingungsdauer* oder *Periode* T bezeichnet. Bei periodischen Schwingungen gilt also

$$x(t+T) = x(t)\,. \tag{21.3}$$

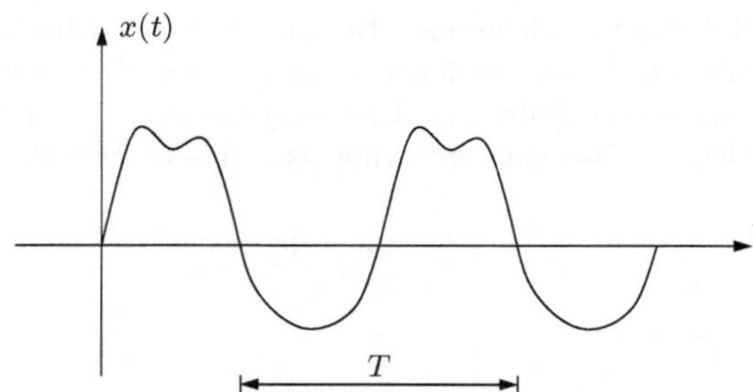

Bild 21.4
Weg-Zeit-Diagramm einer periodischen Schwingung

Die Anzahl der Schwingungen pro Zeiteinheit ist die *Frequenz* f. Sie entspricht dem Kehrwert der *Periode*,

$$f = \frac{1}{T}\,. \tag{21.4}$$

Die Einheit der Frequenz ist Hertz (Hz), nach HEINRICH RUDOLF HERTZ (1857–1894).

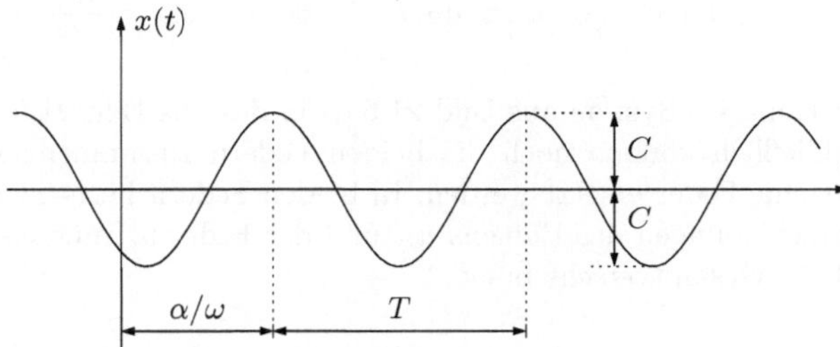

Bild 21.5
Weg-Zeit-Diagramm einer harmonischen Schwingung

Ein Sonderfall der periodischen Schwingungen ist die *harmonische Schwingung*. Ihr (co)sinusförmiger Verlauf kann durch eine trigonometrische Funktion

$$x(t) \;=\; C\,\cos(\omega\, t \;-\; \alpha) \tag{21.5}$$

beschrieben werden. Die maximale Auslenkung C ist die *Amplitude* der Schwingung, ω die *Kreisfrequenz* mit

$$\omega \;=\; 2\pi\, f\,. \tag{21.6}$$

Um Verwechslungen zwischen Frequenz und Kreisfrequenz zu vermeiden, wird die Kreisfrequenz meist nicht in Hz, sondern in 1/s angegeben.

Federschaltungen

Bei vielen schwingungsfähigen Systemen, die aus Kombinationen verschiedener Bauteile bestehen, können die elastischen Komponenten jeweils durch eine Feder ersetzt werden, siehe auch Beispiel 16.3 auf Seite 316. Damit erhält man eine Kombination verschiedener Federn – eine *Federschaltung*. Diese kann wiederum durch eine Feder mit der entsprechenden *Ersatzfedersteifigkeit* repräsentiert werden, so dass man ein einfacheres System erhält.

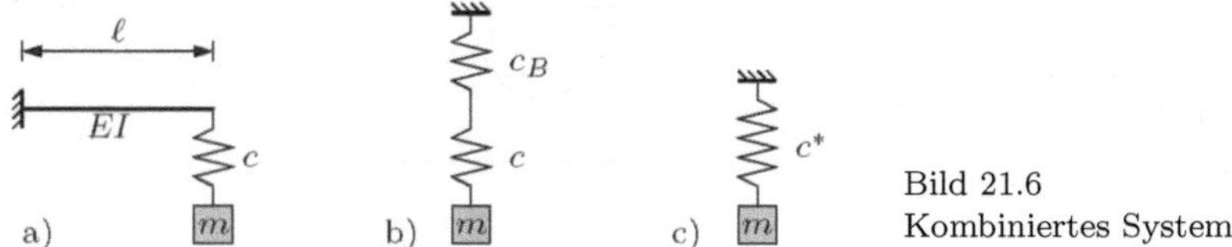

Bild 21.6
Kombiniertes System

Bild 21.6 zeigt ein kombiniertes System, das aus einem Balken der Länge ℓ mit Biegesteifigkeit EI, einer Feder mit Federkonstante c und einer Masse m besteht. Um das System zu vereinfachen, wird zunächst der Balken durch eine Feder mit der entsprechenden Federsteifigkeit ersetzt. Wie man der Biegelinientafel (Tabelle B.3) entnehmen kann, gilt für den Balken die Beziehung

$$F = \frac{3\,EI}{\ell^3}\,u = c_B\,u \qquad \Rightarrow \qquad c_B = \frac{3\,EI}{\ell^3}\,. \tag{21.7}$$

So kann das System aus Bild 21.6 a) in das aus Bild 21.6 b) überführt werden. Schließlich können noch die beiden Federn zusammengefasst und durch eine einzelne Feder ersetzt werden. In beiden Federn herrscht dieselbe Kraft F, die Verschiebungen des Balkens u_B und der Feder u_c müssen addiert werden, also ist die Gesamtverschiebung

$$u = u_B + u_c = \frac{F}{c_B} + \frac{F}{c} = \frac{F}{c^*}\,. \tag{21.8}$$

Man erhält also die Federsteifigkeit c^* des Ersatzsystems in Bild 21.6 c) aus

$$\frac{1}{c^*} = \frac{1}{c_B} + \frac{1}{c} = \frac{\ell^3}{3EI} + \frac{1}{c}\,. \tag{21.9}$$

Bei der Überführung in ein Ersatzsystem kann grundsätzlich zwischen zwei verschiedenen Federschaltungen unterschieden werden. Diese beiden Federschaltungen sind die *Parallelschaltung* und die *Reihenschaltung*. Federn können darüber hinaus beliebig kombiniert werden. Diese Kombinationen lassen sich stets in Parallel- und Reihenschaltungen aufteilen. Nacheinander können so mehrere Federn durch einzelne ersetzt werden, bis man die endgültige Ersatzfedersteifigkeit erhält.

Die Ermittlung der Bewegungsgleichung mit Hilfe der Ersatzfedersteifigkeit wird in Beispiel 21.2 gezeigt.

- Parallelschaltung (gleiche Auslenkung aller Federn)

Hierbei müssen die Federkräfte addiert werden, während alle Federn die Verlängerung u erfahren. Also

$$F = \sum_i F_i = \sum_i c_i u = c^* u\,, \tag{21.10}$$

damit ist die Ersatzfedersteifigkeit

$$c^* = \sum_i c_i\,. \tag{21.11}$$

- Reihenschaltung (gleiche Kraft in allen Federn)

Mit der gleichen Kraft F in allen Federn erhält man

$$u = \sum_i u_i = \sum_i \frac{F}{c_i} = \frac{F}{c^*}\,, \tag{21.12}$$

also die Ersatzfedersteifigkeit

$$\frac{1}{c^*} = \sum_i \frac{1}{c_i}\,. \tag{21.13}$$

- Kombination von Parallel- und Reihenschaltung

Die Ersatzfedersteifigkeit c^* des kombinierten Systems erhält man durch Anwendung von Gleichung 21.11 und Gleichung 21.13 als

$$\frac{1}{c^*} = \frac{1}{c_{12}} + \frac{1}{c_3} = \frac{1}{c_1 + c_2} + \frac{1}{c_3}\,. \tag{21.14}$$

21.2 Freie Schwingungen

21.2.1 Freie ungedämpfte Schwingungen

Zur mathematischen Beschreibung mechanischer Schwingungen sind verschiedene Stufen der Idealisierung sinnvoll. Ungedämpfte Schwinger kommen in endlicher Zeit nicht zur Ruhe, was der physikalischen Wirklichkeit widerspricht.

Dennoch macht eine derartige Modellbildung Sinn, wenn nur eine sehr schwache Dämpfung vorliegt, oder wenn man den Grenzfall der ungedämpften Systemantwort bestimmen möchte.

Bewegungsgleichung

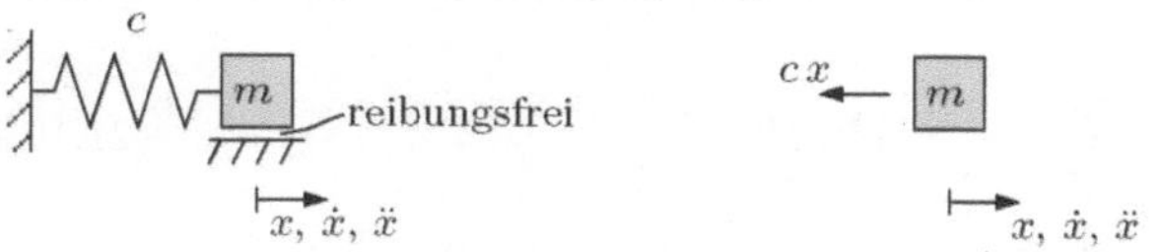

Bild 21.7
Einfaches
Feder-Masse-System

Als Beispiel einer freien ungedämpften Schwingung soll das Feder-Masse-System in Bild 21.7 dienen. Die Masse m kann reibungsfrei auf einer horizontalen Unterlage gleiten und wird durch eine Feder mit Federkonstante c gehalten. Die Bewegung der Masse wird durch die Koordinate $x(t)$ beschrieben. Schneidet man die Masse in einer ausgelenkten Lage frei, so wirkt lediglich die Federkraft auf die Masse. Mit dem NEWTONschen Gesetz (Gleichung 19.3) erhält man

$$-cx = m\ddot{x} \tag{21.15}$$

bzw.

$$\ddot{x} + \frac{c}{m}x = 0\,. \tag{21.16}$$

Bewegungsgleichung mit Hilfe des Energiesatzes

Für konservative Systeme können die Bewegungsgleichungen alternativ auch mit Hilfe des Energiesatzes bestimmt werden (siehe Abschnitt 19.4). Im ausgelenkten Zustand setzt sich hier die Energie aus Federenergie U und kinetischer Energie T zusammen.

$$U + T = \frac{1}{2}cx^2 + \frac{1}{2}m\dot{x}^2 = \text{konst.} \tag{21.17}$$

Durch einmaliges Ableiten nach der Zeit t folgt

$$cx\dot{x} + m\dot{x}\ddot{x} = 0 \tag{21.18}$$

bzw.

$$\dot{x}\,(cx + m\ddot{x}) = 0 \tag{21.19}$$

mit den Lösungen $\dot{x} = 0$ und Gleichung 21.15, d. h. entweder das System ist in Ruhe oder es gilt die Bewegungsgleichung 21.16.

Systemverhalten

Allgemein liegt bei freien ungedämpften Systemen eine Bewegungsgleichung der Form

$$\ddot{x} + \omega^2 x = 0 \tag{21.20}$$

vor. Im Gegensatz zu Gleichung 21.1 tritt hier keine äußere Kraft und kein geschwindigkeitsproportionaler Term auf. Damit liegt eine freie ungedämpfte Schwingung vor.

Die allgemeine Lösung der gewöhnlichen homogenen linearen Differentialgleichung 21.20 lautet

$$x(t) = A\cos(\omega\, t) + B\sin(\omega\, t)\,. \tag{21.21}$$

Dies soll im Folgenden demonstriert werden, indem Gleichung 21.21 in Gleichung 21.20 eingesetzt wird. Dazu wird die Beschleunigung $\ddot{x}(t)$ benötigt. Ableiten nach der Zeit liefert die Geschwindigkeit

$$\dot{x}(t) = -A\,\omega\sin(\omega\, t) + B\,\omega\cos(\omega\, t) \tag{21.22}$$

und die Beschleunigung

$$\ddot{x}(t) = -A\,\omega^2\cos(\omega\, t) - B\,\omega^2\sin(\omega\, t) = -\omega^2\, x(t)\,, \tag{21.23}$$

womit man sofort erkennt, dass der Ansatz $x(t)$ die Differentialgleichung 21.20 für beliebige Parameter A und B erfüllt.

Die Konstanten A und B erhält man aus den *Anfangsbedingungen.* In der Regel ist der Bewegungszustand zu einem Zeitpunkt t_0 bekannt, durch einfaches Einsetzen lassen sich dann A und B ermitteln, siehe Beispiel 21.1.

Gleichung 21.21 lässt sich auch zu

$$x(t) = A\cos(\omega\, t) + B\sin(\omega\, t) = C\cos(\omega\, t - \alpha) \tag{21.24}$$

umschreiben, womit sich leicht ein Weg-Zeit-Diagramm wie in Bild 21.5 zeichnen lässt. Bei ungedämpften Systemen, die frei schwingen, liegt demnach eine harmonische Schwingung vor.

Als systemspezifische Größe tritt hier lediglich die Kreisfrequenz ω auf, die stets positiv ist. Da sie das Schwingungsverhalten des Systems charakterisiert, wird sie als *Eigenkreisfrequenz* des Systems bezeichnet. Sie lässt sich für den Einmassenschwinger durch Vergleich von Gleichung 21.16 mit Gleichung 21.20 ermitteln und ist

$$\omega = \sqrt{\frac{c}{m}}\,. \tag{21.25}$$

Die Periode T der Schwingung lässt sich aus der bekannten Periodizität der Cosinusfunktion ermitteln. Es gilt

$$\cos(\omega\, t - \varphi) = \cos(\omega\, t - \varphi + 2\,\pi) \tag{21.26}$$

und damit entsprechend Gleichung 21.3

$$x(t + \frac{2\pi}{\omega}) = x(t)\,, \tag{21.27}$$

also

$$T = \frac{2\pi}{\omega}\,. \tag{21.28}$$

Die Periode der Schwingung hängt demnach allein von der Eigenkreisfrequenz ab, sie ist also ebenfalls eine systemspezifische Größe. Entsprechend ist

$$f = \frac{1}{T} = \frac{\omega}{2\pi} \tag{21.29}$$

die *Eigenfrequenz* des Systems.

Der Faktor

$$C = \sqrt{A^2 + B^2} \tag{21.30}$$

ist die Amplitude der Schwingung. Der *Phasenwinkel*

$$\alpha = \arctan\left(\frac{B}{A}\right) \tag{21.31}$$

ist ein Maß für die Verschiebung der Kurve auf der Zeitachse. Da der Nullpunkt der Zeitachse beliebig gewählt werden kann, hat er bei der Betrachtung von freien Schwingungen mit einem Freiheitsgrad nur eine geringe Bedeutung.

Beispiel 21.1 Freie ungedämpfte Schwingung eines mathematischen Pendels
Bei dem abgebildeten Pendel mit der Punktmasse m wird die Masse des Seiles vernachlässigt. In diesem Fall spricht man auch von einem mathematischen Pendel. Das Pendel wird um einen Anfangswinkel φ_0 ausgelenkt und ohne Anfangsgeschwindigkeit losgelassen. Gesucht ist der Verlauf der Bewegung $\varphi(t)$.

Lösung:
Zur Beschreibung der Bewegung wird eine Koordinate φ so eingeführt, dass in der statischen Ruhelage (Pendel hängt senkrecht nach unten) $\varphi = 0$ ist.

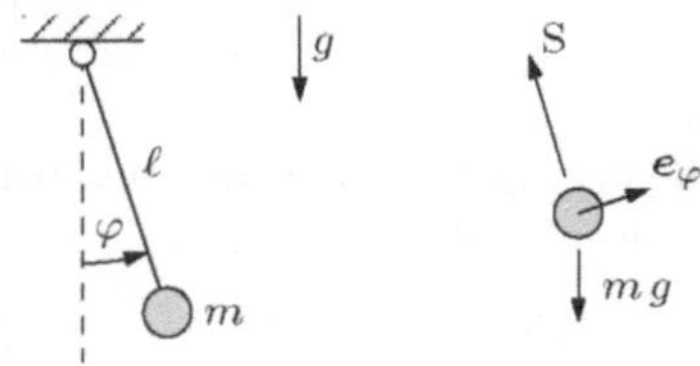

Um die Bewegungsgleichung zu ermitteln, wird das rechts abgebildete ausgelenkte System betrachtet. Das NEWTONsche Gesetz in Richtung der Koordinate $\boldsymbol{e}_\varphi$ an der freigeschnittenen Masse m liefert

$$-mg\sin\varphi \;=\; m\,\ell\,\ddot{\varphi}$$

oder

$$\ddot{\varphi} \,+\, \frac{g}{\ell}\,\sin\varphi \;=\; 0\,.$$

Mit der Annahme, dass φ klein ist, also $\sin\varphi \approx \varphi$ ist, erhält man

$$\ddot{\varphi} \,+\, \frac{g}{\ell}\,\varphi \;=\; 0\,,$$

beziehungsweise

$$\ddot{\varphi} \,+\, \omega^2\,\varphi \;=\; 0$$

mit der Eigenkreisfrequenz des mathematischen Pendels

$$\omega = \sqrt{\frac{g}{\ell}}\,.$$

Die Bewegungsgleichung lässt sich auch hier mit Hilfe des Energiesatzes herleiten. Es gilt

$$U+T \;=\; mg\,\ell\,(1-\cos\varphi) \,+\, \frac{1}{2}\,m\,(\ell\,\dot{\varphi})^2 \;=\; \text{konst.}$$

Ableiten nach der Zeit t führt auf

$$\dot{\varphi}\,(g\sin\varphi \,+\, \ell\,\ddot{\varphi}) \;=\; 0\,,$$

so dass man analog zu Gleichung 21.19 die oben angegebene Bewegungsgleichung erhält.
Damit lautet entsprechend Gleichung 21.21 die Bewegung des Pendels

$$\varphi(t) \;=\; A\cos\left(\sqrt{\frac{g}{\ell}}\,t\right) \,+\, B\sin\left(\sqrt{\frac{g}{\ell}}\,t\right)\,,$$

wobei A und B aus den Anfangsbedingungen ermittelt werden müssen. Es soll $\varphi(t=0) = \varphi_0$ sein, also

$$\varphi_0 \;=\; \varphi(t=0) \;=\; A\cos(0) \,+\, B\sin(0) \;=\; A\,,$$

damit ist $A = \varphi_0$. Eine zweite Gleichung erhält man durch Betrachten der Anfangsgeschwindigkeit. Diese ist hier mit $\dot{\varphi}(0) = 0$ gegeben, also nach Gleichung 21.22

$$0 \;=\; \dot{\varphi}(t=0) \;=\; -A\,\omega\sin(0) \,+\, B\,\omega\cos(0) \;=\; B\,\omega$$

Da $\omega \neq 0$ ist also $B = 0$. Damit wird die Bewegung des Pendels durch

$$\varphi(t) \;=\; \varphi_0 \cos\left(\sqrt{\frac{g}{\ell}}\, t\right)$$

beschrieben. Die Amplitude ist

$$C \;=\; \sqrt{A^2 + B^2} \;=\; A \;=\; \varphi_0\,.$$

Der Verlauf von $\varphi(t)$ sieht demnach folgendermaßen aus:

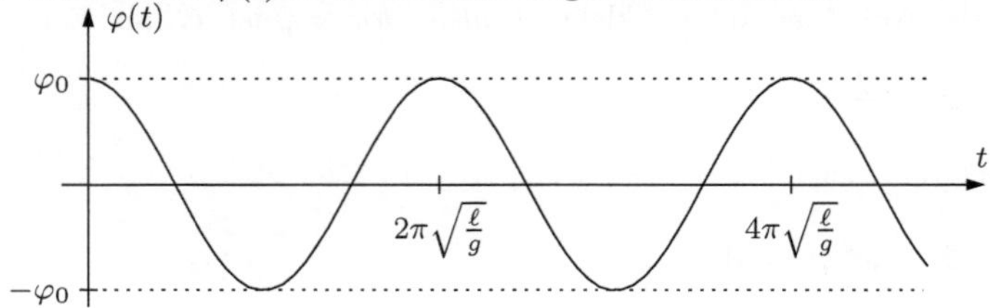

Beispiel 21.2 Bewegungsgleichung mit Parallelschaltung von Federn
Gesucht ist die Bewegungsgleichung des dargestellten Balken-Feder-Masse-Systems.

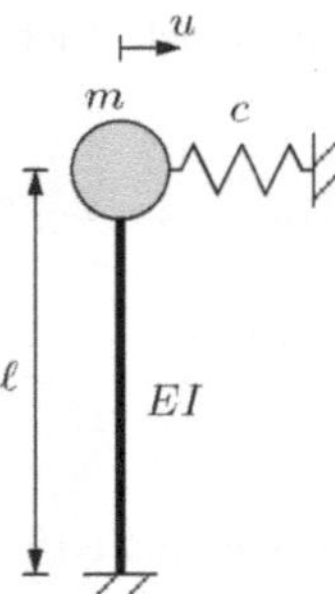

Lösung:
Es handelt sich hier um die Parallelschaltung eines Balkens und einer Feder (vgl. Abschnitt 21.1), da die Punktmasse an sowohl der Feder als auch dem Balken hängt, die Feder und das Balkenende also dieselbe Verschiebung erfahren. Der Balken kann durch eine Feder ersetzt werden, die die gleiche mechanische Eigenschaft hat, wie der Balken, also den gleichen Zusammenhang zwischen Kraft und Verschiebung liefert.

Für einen Kragarmes mit Einzellast am Ende kann man die Verschiebung des Lastangriffspunktes der Biegelinientafel in Tabelle B.3 entnehmen. Sie ist

$$u = \frac{\ell^3}{3\,EI}\,F \qquad \Rightarrow \qquad c_B = \frac{F}{u} = \frac{3\,EI}{\ell^3}\,.$$

Also gilt für die Ersatzfedersteifigkeit des Gesamtsystems nach Gleichung 21.11 für Parallelschaltungen

$$c^* = c_B + c = \frac{3EI}{\ell^3} + c\,.$$

Die Bewegungsgleichung des Gesamtsystems entspricht damit Gleichung 21.16 und lautet

$$\ddot{u} + \frac{\frac{3EI}{\ell^3} + c}{m}\,u \;=\; 0\,.$$

21.2.2 Freie gedämpfte Schwingungen

Durch Dämpfung wird dem System Energie entzogen, d. h. die Energieerhaltung gilt nicht. Dämpfung kann in Form von Reibung, siehe Kapitel 19, oder aber auch durch inelastisches (viskoses oder plastisches) Materialverhalten verursacht sein. Durch die Dämpfung ändert sich das Verhalten des Systems; freie Schwingungen kommen nach endlicher Zeit zur Ruhe.

Systeme mit viskoser Dämpfung

Viskose Dämpfung in einem System wird in der Regel durch einen viskosen Dämpfer repräsentiert. Solche Dämpfer werden beispielsweise auch in Stoßdämpfern von Kraftfahrzeugen verwendet. Bild 21.8 zeigt einen Körper mit Dämpfer.

Bild 21.8
Körper mit
viskosem Dämpfer

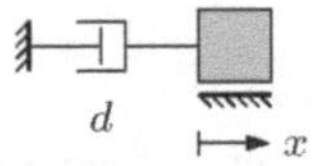

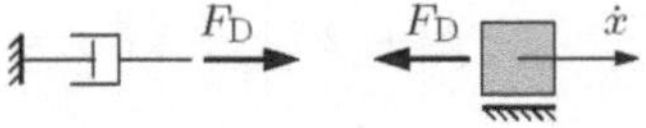

Bewegt sich der Körper mit der Geschwindigkeit $\dot{x}$, so erfährt er eine der Bewegung entgegengerichtete Dämpferkraft F_D, die proportional zur Geschwindigkeit ist, also

$$F_\mathrm{D} \;=\; d\,\dot{x}\,, \tag{21.32}$$

wobei der Faktor d die so genannte *Dämpferkonstante*, eine Kenngröße des Dämpfers, ist.

Die tatsächlichen Ursachen der Dämpfung lassen sich in den seltensten Fällen genau erfassen. Jedoch ist fast jedes System mehr oder weniger stark gedämpft. Deshalb wird oft basierend auf dem gemessenen Systemverhalten eine viskose Dämpfung eingeführt.

Bewegungsgleichung

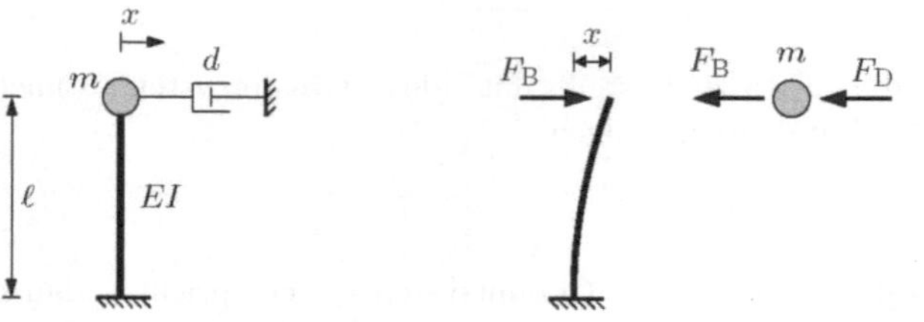

Bild 21.9
System mit viskoser Dämpfung

Die Bewegungsgleichung eines gedämpften Systems wird wie bei ungedämpften Systemen am ausgelenkten System ermittelt. Die in Bild 21.9 rechts freigeschnittene Masse erfährt eine Kraft F_B aus der Verformung des Balkens und eine Dämpferkraft F_D. Mit

$$EI\,x = \frac{F_B \ell^3}{6} 2 \qquad \Rightarrow \qquad F_B = \frac{3\,EI}{\ell^3}\,x\,. \tag{21.33}$$

und

$$F_D = d\,\dot{x} \tag{21.34}$$

lautet das NEWTONsche Gesetz am ausgelenkten System

$$-\frac{3\,EI}{\ell^3}\,x - d\,\dot{x} = m\,\ddot{x}\,. \tag{21.35}$$

Daraus folgt die Bewegungsgleichung

$$\ddot{x} + \frac{d}{m}\,\dot{x} + \frac{3\,EI}{m\,\ell^3}\,x = 0\,. \tag{21.36}$$

für die freien Schwingungen eines viskos gedämpften Systems. Dies entspricht Gleichung 21.2 ohne Belastung, also

$$\ddot{x} + 2\,\delta\,\dot{x} + \omega_0^2\,x = 0\,. \tag{21.37}$$

Die Kreisfrequenz ω_0^2 und die Abklingkonstante δ folgen aus der Bewegungsgleichung, für das System aus Bild 21.9 sind sie

$$\omega_0 = \sqrt{\frac{3\,EI}{m\,\ell^3}}\,, \qquad \delta = \frac{d}{2\,m}\,. \tag{21.38}$$

Im Gegensatz zu ungedämpften Systemen kann die Bewegungsgleichung nicht mit Hilfe des Energiesatzes ermittelt werden, da durch die Dämpfung Energie dissipiert, d. h. in Wärme umgewandelt wird.

Anstelle von ω^2, wie in Gleichung 21.20 für ungedämpfte Systeme, wird hier ω_0^2 geschrieben, weil ω_0 nicht mit der Eigenkreisfrequenz ω_d des gedämpften Systems übereinstimmt, wie unten gezeigt wird. Der Wert ω_0 entspricht der Eigenkreisfrequenz des ungedämpften Systems, also derjenigen, die man für $\delta = 0$ erhält.

Systemverhalten

Zur Lösung der Bewegungsgleichung 21.37 wird der Ansatz

$$x(t) = C\,e^{\lambda t} \tag{21.39}$$

mit komplexen Koeffizienten C und λ verwendet. Einsetzen führt auf

$$C\,e^{\lambda t}(\lambda^2 + 2\delta\lambda + \omega_0^2) = 0\,. \tag{21.40}$$

Um eine nichttriviale Lösung zu erhalten (d.h. mit Amplituden $C \neq 0$), muss der Ausdruck in der Klammer verschwinden, also

$$\lambda_{1,2} = -\delta \pm \sqrt{\delta^2 - \omega_0^2}\,. \tag{21.41}$$

Der Charakter der Lösung hängt dabei entscheidend vom Wert der Diskriminante $\sqrt{\delta^2 - \omega_0^2}$ ab. Als Maß für die Dämpfung wird daher der dimensionslose *Dämpfungsgrad*

$$D = \frac{\delta}{\omega_0} \tag{21.42}$$

eingeführt, der auch als *Lehr'sches Dämpfungsmaß* bezeichnet wird. Damit wird Gleichung 21.41 zu

$$\lambda_{1,2} = \omega_0 \left(-D \pm \sqrt{D^2 - 1}\right)\,. \tag{21.43}$$

Es lassen sich in Abhängigkeit der Diskriminante bzw. des *Dämpfungsgrades* drei Fälle unterscheiden:

a) $\delta < \omega_0$, $D < 1$, Schwache Dämpfung: Gleichung 21.41 hat in diesem Fall die Lösung

$$\lambda_{1,2} = -\delta \pm i\sqrt{\omega_0^2 - \delta^2}\,. \tag{21.44}$$

Mit Gleichung 21.39 erhält man die allgemeine Lösung

$$\begin{aligned} x(t) &= C_1\,e^{(-\delta + i\sqrt{\delta^2-\omega_0^2})\,t} + C_2\,e^{(-\delta - i\sqrt{\delta^2-\omega_0^2})\,t} \\ &= \left(A\cos(\sqrt{\omega_0^2 - \delta^2}\;t) + B\sin(\sqrt{\omega_0^2 - \delta^2}\;t) \right) e^{-\delta\,t}\,. \end{aligned} \tag{21.45}$$

Die Eigenkreisfrequenz des gedämpften Systems ist demnach

$$\omega_d = \sqrt{\omega_0^2 - \delta^2} = \omega_0\sqrt{1 - D^2}\,, \tag{21.46}$$

womit man eine übersichtlichere Darstellung

$$\begin{aligned} x(t) &= \Big(A\cos(\omega_d\,t) + B\sin(\omega_d\,t)\Big)\,e^{-\delta\,t} \\ &= Ce^{-\delta\,t}\cos(\omega_d\,t - \varphi) \end{aligned} \tag{21.47}$$

erhält. Die Konstanten A und B oder C und φ werden wiederum aus den Anfangsbedingungen bestimmt. Die Periode der gedämpften Schwingung ist mit

$$T_d = \frac{2\pi}{\omega_d} = \frac{2\pi}{\sqrt{\omega_0^2 - \delta^2}} = \frac{2\pi}{\omega_0\sqrt{1-D^2}} = \frac{1}{\sqrt{1-D^2}}T_0 \qquad (21.48)$$

größer als die *Periode* T_0 der ungedämpften Schwingung. Der Unterschied hängt vom Dämpfungsgrad D ab. Bei vielen Problemstellungen ist $D \ll 1$ und damit $T_d \approx T_0$ beziehungsweise $\omega_d \approx \omega_0$.

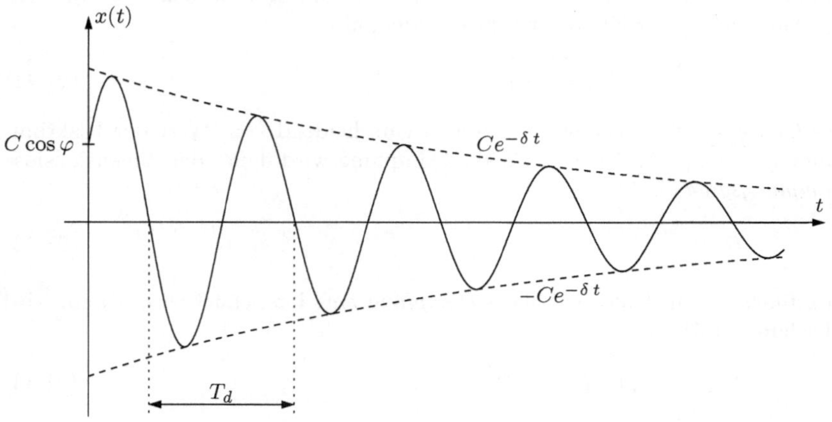

Bild 21.10 Schwingung mit schwacher Dämpfung

Bild 21.10 zeigt den typischen Funktionsverlauf von Gleichung 21.47. Die Sinuskurve wird dabei von zwei Exponentialkurven

$$x'(t) = \pm C e^{-\delta t} \qquad (21.49)$$

eingehüllt. Die Abklingkonstante δ, die in Gleichung 21.47 im Exponent steht, ist also ein Maß für die Abnahme der Amplitude. Alternativ wird das so genannte *logarithmische Dekrement* verwendet. Es entspricht dem Verhältnis des Ausschlags im Abstand einer Periodendauer T_d.

$$\begin{aligned}\Lambda &= \ln\left|\frac{x_i}{x_{i+1}}\right| = \ln\left|\frac{Ce^{-\delta t}\cos(\omega_d t - \varphi)}{Ce^{-\delta(t+T_d)}\cos(\omega_d(t+T_d) - \varphi)}\right| \\ &= \ln e^{\delta T_d} = \delta T_d = \frac{2\pi\delta}{\omega_d} \qquad (21.50)\end{aligned}$$

Im Gegensatz zur Abklingkonstanten δ kann das logarithmische Dekrement Λ direkt aus Messergebnissen abgelesen werden.

Eine Übersicht über die in diesem Buch verwendeten Dämpfungsmaße ist in Tabelle 21.1 gegeben.

Abklingkonstante	$\delta \;=\; D\,\omega_0 \;=\; \dfrac{\Lambda\,\omega_0}{\sqrt{\Lambda^2 + (2\,\pi)^2}}$
Dämpfungsgrad	$D \;=\; \dfrac{\delta}{\omega_0} \;=\; \dfrac{\Lambda}{\sqrt{\Lambda^2 + (2\,\pi)^2}}$
logarithmisches Dekrement	$\Lambda \;=\; \dfrac{2\,\pi\,\delta}{\sqrt{\omega_0^2 - \delta^2}} \;=\; \dfrac{2\,\pi\,D}{\sqrt{1 - D^2}}$

Tabelle 21.1 Dämpfungsmaße bei schwacher Dämpfung

b) $\delta > \omega_0$, $D > 1$, **Starke Dämpfung:** Die Lösung von Gleichung 21.41 lautet in diesem Fall

$$\lambda_{1,2} \;=\; -\delta \pm \sqrt{\delta^2 - \omega_0^2}\,. \tag{21.51}$$

Mit der Einführung von

$$\mu = \sqrt{\delta^2 - \omega_0^2} \tag{21.52}$$

erhält man die Bewegung

$$\begin{aligned} x(t) &= e^{-\delta\,t}\left(C_1\,e^{\mu t} \;+\; C_2\,e^{-\mu t}\right) \\ &= e^{-\delta\,t}\,(A\cosh\mu t \;+\; B\sinh\mu t)\,. \end{aligned} \tag{21.53}$$

Die beiden Konstanten A und B sind wieder aus den Anfangsbedingungen zu bestimmen. Da anstelle der trigonometrischen nun die hyperbolischen Winkelfunktionen auftreten, ist die Bewegung keine wirkliche Schwingung mehr, sondern eine *Kriechbewegung.* Aus diesem Grund kann in diesem Fall auch keine Frequenz oder Amplitude angegeben werden. Da der Faktor $e^{-\delta\,t}$ noch vorhanden ist, geht die Bewegung langsam auf $x = 0$ zurück.

Bild 21.11 zeigt zwei mögliche Verläufe einer solchen Funktion. Es sind noch andere Verläufe möglich, die Kurve schneidet allerdings maximal einmal die t-Achse. Die genaue Form der Kurve hängt von den Anfangsbedingungen ab.

c) $\delta = \omega_0$, $D = 1$, **Aperiodischer Grenzfall:** In diesem Fall wird die Diskriminante in Gleichung 21.41 zu null. Es ist also

$$\lambda \;=\; -\delta\,. \tag{21.54}$$

Daraus folgt die Bewegung

$$x(t) \;=\; (\,A \;+\; B\,t\,)\,e^{-\delta t}\,. \tag{21.55}$$

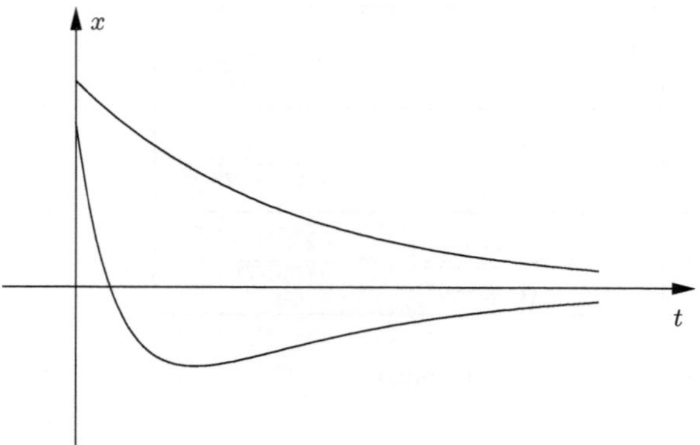

Bild 21.11
Bewegung bei starker Dämpfung

Die Konstanten A und B werden aus den Anfangsbedingungen bestimmt.

Der aperiodische Grenzfall entspricht dem Übergang von starker zu schwacher Dämpfung, bei dem die Bewegung gerade keine Schwingung mit mehreren Nulldurchgängen mehr ist. Deshalb wird

$$D = 1 \tag{21.56}$$

auch als *kritische Dämpfung* bezeichnet. Man erhält in diesem Fall bereits eine Kriechbewegung wie bei starker Dämpfung. Der aperiodischen Grenzfall stellt insofern einen Sonderfall dar, als dass die Abnahme der Auslenkung hier größer als bei starker Dämpfung und größer als die Amplitudenabnahme bei schwacher Dämpfung ist.

Beispiel 21.3 Bewegungsgleichung eines gedämpften Systems
Ein einfaches Modell eines einstöckigen Gebäudes ist der unten abgebildete Stockwerkrahmen. Er besteht aus einer starren Decke mit der Masse m und zwei Stützen mit der Biegesteifigkeit EI und der Höhe h. Gesucht ist die Bewegungsgleichung des Rahmens.

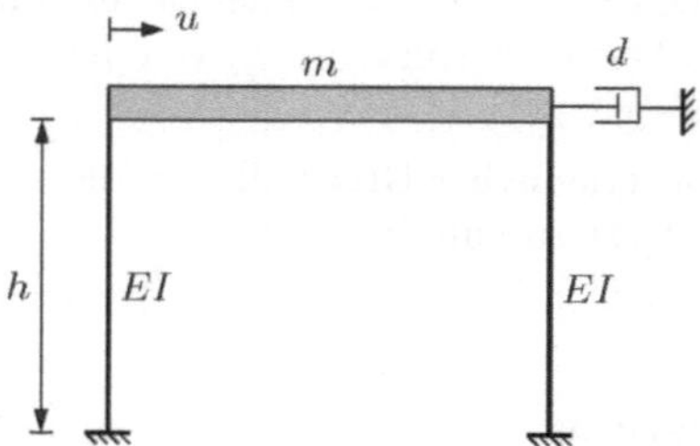

Lösung:

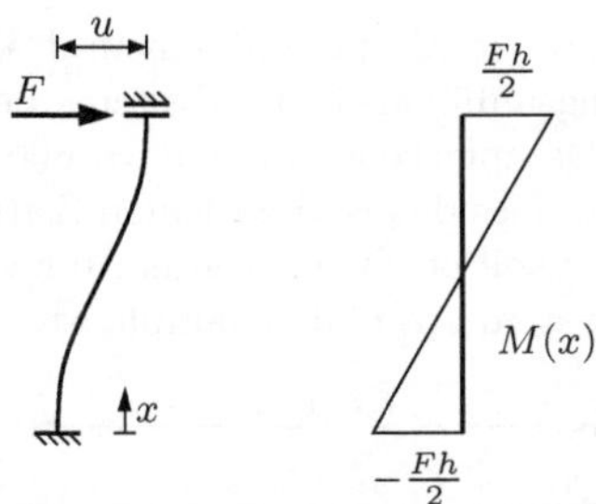

Um die Bewegungsgleichung zu ermitteln, wird zunächst eine Beziehung zwischen Kraft F und Verschiebung u für die Stützen benötigt. Aus der über den Träger konstanten Querkraft $V = F$ erhält man sofort den abgebildeten Momentenverlauf $M(x)$ aus $M'(x) = V(x)$ und mit dem Prinzip der virtuellen Kräfte (siehe Abschnitt 15.6) die Verschiebung am Kraftangriffspunkt

$$
\begin{aligned}
u &= \int\limits_0^h \frac{M(x)\,\overline{M}(x)}{EI}\,\mathrm{d}x = 2\cdot\frac{1}{3}\,\frac{\frac{Fh}{2}\cdot\frac{h}{2}}{EI}\cdot\frac{h}{2} = \frac{Fh^3}{12\,EI} \\
\Rightarrow \quad F &= \frac{12\,EI}{h^3}\,u\,.
\end{aligned}
$$

F m F_D F

Das NEWTONsche Gesetz für die in der ausgelenkten Lage freigeschnittene Decke liefert die Gleichung

$$
\begin{aligned}
-2\,F - F_\mathrm{D} &= m\ddot{u} \\
-\frac{24\,EI}{h^3}\,u - d\,\dot{u} &= m\ddot{u}\,.
\end{aligned}
$$

Daraus folgt die Bewegungsgleichung

$$\ddot{u} + \frac{d}{m}\,\dot{u} + \frac{24\,EI}{h^3}\,u = 0\,.$$

Die Abklingkonstante dieses Systems ist demnach

$$\delta = \frac{d}{2\,m}$$

und die Eigenkreisfrequenz des ungedämpften Systems

$$\omega_0 = \sqrt{\frac{24\,EI}{h^3}}\,.$$

Beispiel 21.4 Schwache und starke Dämpfung

Ein Fahrrad mit Federgabel kann vereinfachend durch das unten abgebildete System modelliert werden. Die Federgabel besteht aus einer Feder mit Steifigkeit $k = 48\,\text{kN/m}$ und einem Dämpfer. Untersucht werden soll die Schwingungsanfälligkeit des Systems bei einer Anfangsauslenkung $x_0 = 5$ cm und Dämpferkonstanten $d = 600\,\frac{\text{Ns}}{\text{m}}$ und $d = 3000\,\frac{\text{Ns}}{\text{m}}$. Es wird angenommen, dass das Rad zu jedem Zeitpunkt mit der Fahrbahn in Kontakt ist. Ferner soll ermittelt werden, für welchen Wert der Dämpferkonstante d das System optimal gedämpft ist.

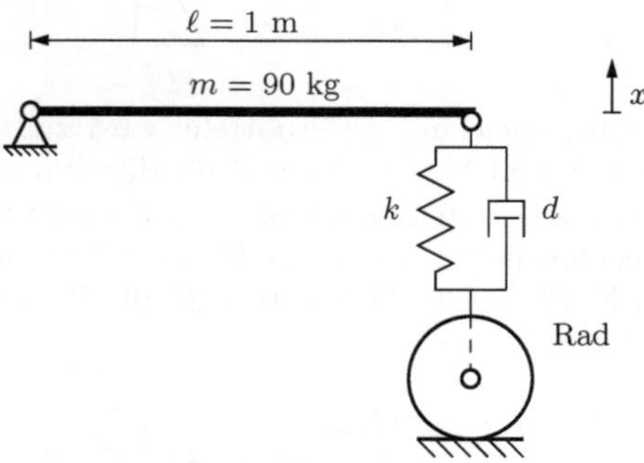

Lösung:
Um die Bewegungsgleichung des Systems zu bestimmen, wird der Balken freigeschnitten. Dabei wird davon ausgegangen, dass nur kleine Auslenkungen φ auftreten, also $\sin\varphi \approx \varphi$, $\cos\varphi \approx 1$.

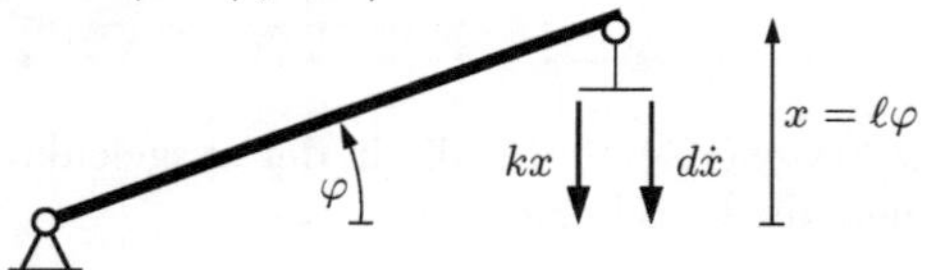

Aus dem Momentensatz um das Auflager

$$-(kx + d\dot{x})\ell = \Theta\ddot{\varphi}$$

folgt mit $x = \ell\varphi$ die Bewegungsgleichung

$$\ddot{\varphi} + \frac{d\,\ell^2}{\Theta}\,\dot{\varphi} + \frac{k\,\ell^2}{\Theta}\varphi = 0\,.$$

Mit dem Massenträgheitsmoment $\Theta = \dfrac{m\ell^2}{3}$ (Tabelle B.6) folgt

$$\ddot{\varphi} + \frac{3\,d}{m}\,\dot{\varphi} + \frac{3\,k}{m}\varphi = 0\,.$$

Es liegt also eine gedämpftes System mit einer Bewegungsgleichung in der Form von Gleichung 21.37 vor. Die Eigenkreisfrequenz des ungedämpften Systems ist

$$\omega_0 = \sqrt{\frac{3\,k}{m}} = \sqrt{\frac{3\cdot 48\cdot 10^3}{90}\,\frac{\text{kg m}}{\text{s}^2\,\text{m kg}}} = 40\,\frac{1}{\text{s}} = 40\ \text{Hz}\,.$$

Entscheidend für das Verhalten des Systems ist in erster Linie die Dämpfung. Die Abklingkonstante ist für eine Dämpfung $d = 600\ \dfrac{\text{Ns}}{\text{m}}$

$$2\delta = \frac{3\,d}{m} \qquad \Rightarrow \qquad \delta = \frac{3\,d}{2\,m} = \frac{3 \cdot 600}{2 \cdot 90}\,\frac{\text{kg m s}}{\text{s}^2\text{ m kg}} = 10\ \frac{1}{\text{s}}$$

und das logarithmische Dekrement nach Gleichung 21.50

$$D = \frac{\delta}{\omega_0} = \frac{10\ \frac{1}{\text{s}}}{40\ \frac{1}{\text{s}}} = \frac{1}{4} < 1\,;$$

demnach ist das System schwach gedämpft. Die Eigenkreisfrequenz des gedämpften Systems ist mit Gleichung 21.46

$$\omega_d = \sqrt{\omega_0^2 - \delta^2} = \sqrt{40^2 - 10^2}\ \frac{1}{\text{s}} = 10\sqrt{15}\ \frac{1}{\text{s}}\,.$$

Das System bewegt sich nach Gleichung 21.47, also

$$\begin{aligned} \varphi(t) &= (A\cos\omega_d t + B\sin\omega_d t)\,e^{-\delta t} \\ \Rightarrow \dot{\varphi}(t) &= (-A\omega_d \sin\omega_d t + B\omega_d\cos\omega_d t)\,e^{-\delta t} \\ &\quad - \delta\,(A\cos\omega_d t + B\sin\omega_d t)\,e^{-\delta t} \end{aligned}$$

Um A und B zu bestimmen, werden die Anfangsbedingungen verwendet:

$$\begin{aligned} \varphi(t=0) = \frac{5\text{ cm}}{100\text{ cm}} \quad &\Rightarrow \quad (A \cdot 1 + B \cdot 0) \cdot 1 = 0.05 \\ &\Rightarrow \quad A = 0.05\,, \\ \dot{\varphi}(t=0) = 0 \quad &\Rightarrow \quad (-A\omega_d \cdot 0 + B\omega_d \cdot 1) \cdot 1 \\ &\qquad - \delta(A \cdot 1 + B \cdot 0) \cdot 1 = 0 \\ &\Rightarrow \quad B = \frac{\delta\,A}{\omega_d} = \frac{10 \cdot 0.05}{10\sqrt{15}} = \frac{0.05}{\sqrt{15}} \end{aligned}$$

Der Verlauf der Schwingung sieht damit folgendermaßen aus:

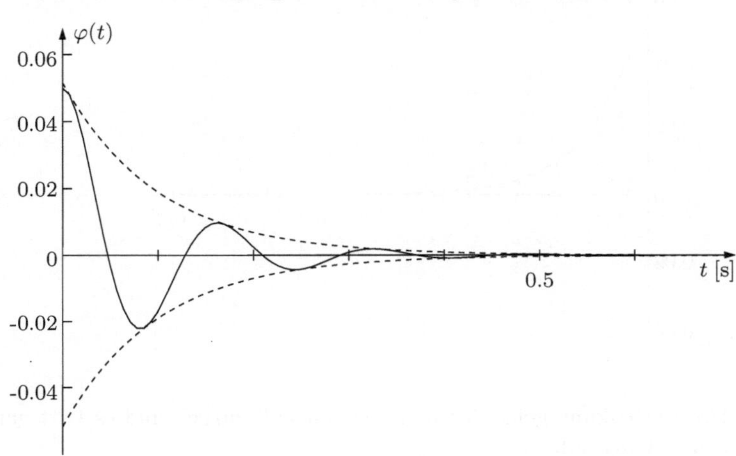

Es handelt sich um eine gedämpfte Schwingung, die nach ca. 3 Perioden bei $t = 0.5$ s abgeklungen ist.
Für die deutlich stärkere Dämpfung $d = 3000\ \frac{\text{Ns}}{\text{m}}$ folgt

$$\delta = \frac{3\,d}{2\,m} = \frac{3 \cdot 3000}{2 \cdot 90}\,\frac{1}{\text{s}} = 50\,\frac{1}{\text{s}} \quad \Rightarrow \quad D = \frac{\delta}{\omega_0} = \frac{50}{40} = \frac{5}{4} > 1\,,$$

es liegt demnach eine starke Dämpfung vor, mit

$$\mu = \sqrt{\delta^2 - \omega_0^2} = \sqrt{50^2 - 40^2}\,\frac{1}{\text{s}} = 30\,\frac{1}{\text{s}}\,.$$

Die Bewegung des Systems gehorcht also Gleichung 21.53

$$\begin{aligned} \varphi(t) &= (A\cosh\mu t + B\sinh\mu t)e^{-\delta t} \\ \Rightarrow \quad \dot\varphi(t) &= (A\mu\sinh\mu t + B\mu\cosh\mu t)e^{-\delta t} \\ &\quad - \delta\,(A\cosh\mu t + B\sinh\mu t)e^{-\delta t}\,. \end{aligned}$$

Aus den Anfangsbedingungen folgt

$$\begin{aligned} \varphi(t=0) = \frac{5\text{ cm}}{100\text{ cm}} &\Rightarrow \quad (A\cdot 1 + B\cdot 0)\cdot 1 = 0.05 \\ &\Rightarrow \quad A = 0.05\,, \\ \dot\varphi(t=0) = 0\text{ cm} &\Rightarrow \quad (A\mu\cdot 0 + B\mu\cdot 1)\cdot 1 - \delta(A\cdot 1 + B\cdot 0)\cdot 1 = 0 \\ &\Rightarrow \quad B = \frac{\delta\,A}{\mu} = \frac{50\cdot 0.05}{30} = \frac{0.25}{3}\,. \end{aligned}$$

In diesem Fall erhält man folgende Kurve (zum Vergleich ist gepunktet die Bewegung für $d = 600\ \frac{\text{N s}}{\text{m}}$ angegeben):

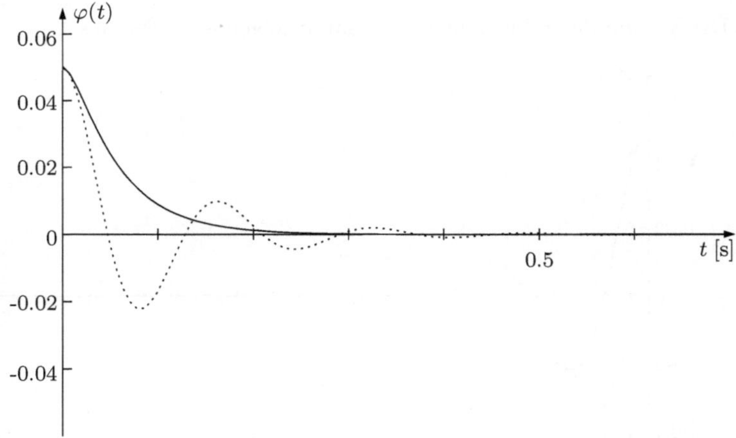

Die Auslenkung geht hier schneller auf null zurück und es tritt gar keine Schwingung auf.

Am schnellsten geht die Auslenkung im aperiodischen Grenzfall zurück, also für $D = 1$ bzw.

$$\delta = \omega_0 = 40\,\frac{1}{\mathrm{s}}\,,$$

dann ist

$$\delta = \frac{3\,d}{2\,m} \quad \Rightarrow \quad d = \frac{2}{3}\,m\,\delta = \frac{2}{3}\cdot 90\cdot 40\,\frac{\mathrm{kg}}{\mathrm{s}} = 2400\,\frac{\mathrm{kg}}{\mathrm{s}} = 2400\,\frac{\mathrm{N\,s}}{\mathrm{m}}\,.$$

In diesem Fall erhält man mit Gleichung 21.55 folgenden Verlauf:

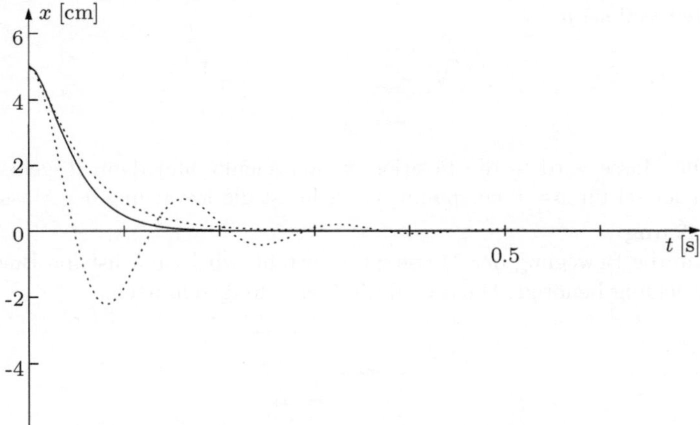

Man sieht, dass in diesem Fall die Bewegung noch schneller zur Ruhe kommt als mit $d = 3000\,\frac{\mathrm{Ns}}{\mathrm{m}}$.

Trockene Reibung

Bei Systemen mit trockener Reibung (siehe auch Abschnitt 19.8) gibt es eine stückweise konstante Reibkraft, die der Bewegung entgegenwirkt. Anders als bei viskoser Dämpfung ist die Reibkraft nicht proportional zur Geschwindigkeit. Ihr Betrag ist konstant, sie wechselt lediglich das Vorzeichen. Die allgemeine Form der Bewegungsgleichung für solche Systeme lautet

$$\ddot{x} + \omega_0^2 x = \begin{cases} -\omega_0^2\, r & \text{für } \dot{x} > 0 \\ +\omega_0^2\, r & \text{für } \dot{x} < 0 \end{cases}\,. \qquad (21.57)$$

Die Bewegung $x(t)$ lässt sich ebenfalls nur abschnittsweise angeben. Ähnlich wie Gleichung 21.24 für ungedämpfte Systeme erhält man

$$x(t) = \begin{cases} C\cos(\omega_0\, t - \varphi) - r & \text{für } \dot{x} > 0 \\ C\cos(\omega_0\, t - \varphi) + r & \text{für } \dot{x} < 0 \end{cases}\,. \qquad (21.58)$$

Der Verlauf dieser Funktion kann nur stückweise ermittelt werden, wie im folgenden Beispiel 21.5 demonstriert wird. Die Konstanten C und φ verändern sich dabei von Abschnitt zu Abschnitt und werden aus den Anfangs- bzw. Übergangsbedingungen bestimmt. Die Amplitude der Schwingung nimmt bei jeder Halbschwingung um den Wert $2r$ ab. Die Schwingung kommt ab dem Zeitpunkt zum Erliegen, wenn erstmals die Haftgrenze unterschritten ist.

Beispiel 21.5 Schwingung mit trockener Reibung

Ein Feder-Masse-System besteht aus einer Feder mit Steifigkeit c und einer Masse m. Anders als in Abschnitt 21.2.1 soll die Masse hier nicht reibungsfrei gleiten – stattdessen soll eine Reibkraft auftreten. Die Haft- und Reibzahl sei μ.

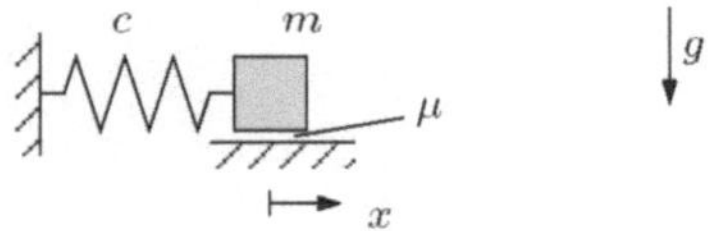

Die Masse wird in die Position x_0 ausgelenkt und dann losgelassen. Die Feder sei für $x = 0$ entspannt. Gesucht ist die Bewegung der Masse.

Lösung:

Um die Bewegung der Masse zu ermitteln, wird zunächst die Bewegungsgleichung benötigt. Dazu wird die Masse freigeschnitten.

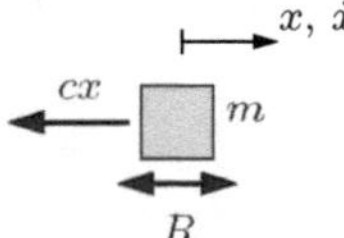

Das NEWTONsche Gesetz in horizontaler Richtung liefert nun

$$-cx \pm R = m\ddot{x}$$

wobei die Reibkraft

$$R = \mu N = \mu mg$$

stets der Bewegung entgegen gerichtet ist. Somit lautet die Bewegungsgleichung

$$\ddot{x} + \frac{c}{m}x = \begin{cases} -\mu g & \text{für } \dot{x} > 0 \\ +\mu g & \text{für } \dot{x} < 0 \end{cases} .$$

Damit ist mit der Eigenkreisfrequenz

$$\omega_0 = \sqrt{\frac{c}{m}}$$

und der spezifischen Reibkraft

$$r = \frac{\mu g}{\omega_0^2} = \frac{\mu m g}{c} .$$

Da die Anfangsauslenkung nach rechts in positive x-Richtung geht, ist die Geschwindigkeit zunächst negativ. Für $t = 0$ ist

$$
\begin{aligned}
x(t) &= C\cos(-\varphi) + r \;=\; x_0 \\
\dot{x}(t) &= C\,\omega_0 \sin(\varphi) \;=\; 0
\end{aligned}
$$

Aus der Gleichung für die Geschwindigkeit erhält man sofort $\varphi = 0$, damit ist $C = x_0 - r$, also

$$x(t) \;=\; (x_0 \;-\; r)\cos(\omega_0\, t) + r\,.$$

Diese Bewegung gilt, solange bis $\dot{x}(t)$ das Vorzeichen wechselt, also bis $\omega_0\, t = \pi$, d. h. $t = t_1 = \pi/\omega_0$. Dann muss mit den Übergangsbedingungen eine neue Gleichung ermittelt werden. Es ist

$$x(t_1) \;=\; -x_0 + r + r \;=\; 2r - x_0$$

und mit $\dot{x}(t_1) = 0$ erhält man

$$x(t) \;=\; (x_0 \;-\; 3r)\cos(\omega_0\, t) - r \qquad \text{für} \quad \pi < \omega_0\, t < 2\pi\,.$$

und entsprechend

$$
\begin{aligned}
x(t) &= (x_0 \;-\; 5r)\cos(\omega_0\, t) + r \qquad \text{für} \quad 2\pi < \omega_0\, t < 3\pi \\
x(t) &= (x_0 \;-\; 7r)\cos(\omega_0\, t) + r \qquad \text{für} \quad 3\pi < \omega_0\, t < 4\pi\,.
\end{aligned}
$$

Man erkennt hier deutlich die Abnahme der Amplitude um $2r$ pro Halbwelle. Für $x_0 = 7.5\,r$ erhält man beispielsweise folgende Bewegung:

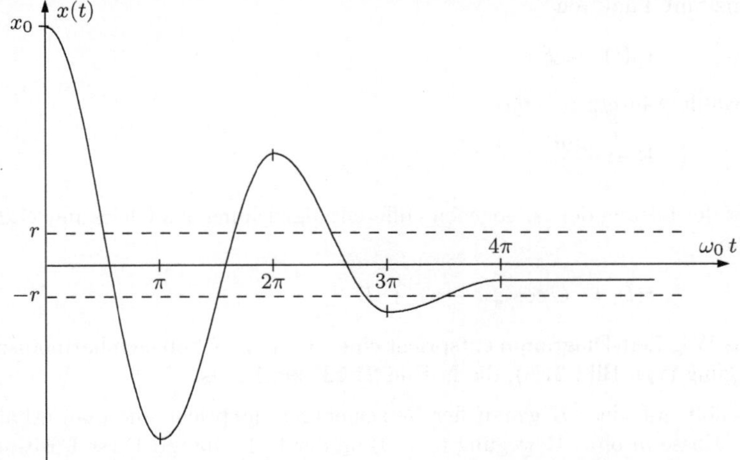

Die Bewegung kommt bei $\omega_0\, t = 4\pi$ zum Stillstand. Die Masse bleibt liegen da bei $\dot{x} = 0$ die Haftkraft größer als die Federkraft ist. Die Übergänge zwischen den einzelnen Cosinusfunktionen sind mit Strichen markiert.

21.2.3 Statische Ruhelage

Bisher wurde davon ausgegangen, dass die Bewegung einer schwingenden Masse mit einer Koordinate beschrieben wird, die in der statischen Ruhelage null ist. Prinzipiell können Koordinaten beliebig gewählt werden. Dies wird am Beispiel des in Bild 21.12 skizzierten Feder-Masse-Systems gezeigt.

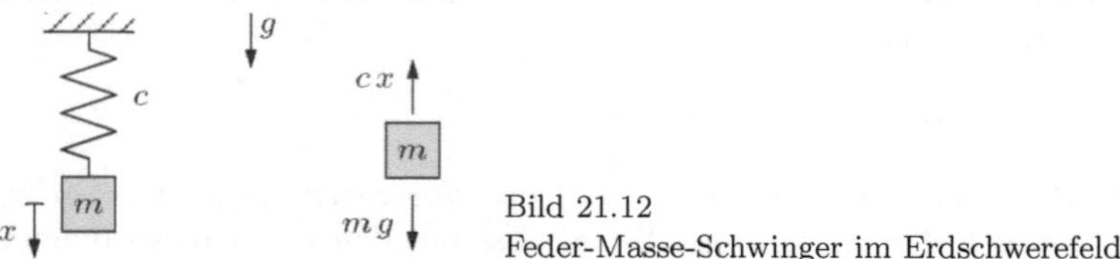

Bild 21.12
Feder-Masse-Schwinger im Erdschwerefeld

Die Koordinate x wird hier so gewählt, dass die Federkraft für $x = 0$ verschwindet. Das NEWTONsche Gesetz für die rechts abgebildete freigeschnittenen Masse lautet

$$\downarrow \; : m g \; - \; c x \; = \; m \ddot{x} \tag{21.59}$$

beziehungsweise

$$\ddot{x} \; + \; \frac{c}{m} x \; = \; g \, . \tag{21.60}$$

Die Lösung dieser inhomogenen Differentialgleichung ist die Summe aus der bereits bekannten Lösung der homogenen Gleichung und einer Partikulärlösung. Da die rechte Seite konstant ist, wird als Ansatz für die Partikulärlösung die konstante Funktion

$$x_{\mathrm{p}}(t) \; = \; E \tag{21.61}$$

gewählt. Einsetzen liefert

$$E \; = \; \frac{mg}{c} \, . \tag{21.62}$$

Mit der Lösung der homogenen Differentialgleichung aus Gleichung 21.24 erhält man

$$x(t) \; = \; C \cos(\omega \, t - \alpha) \; + \; E \, . \tag{21.63}$$

Das Weg-Zeit-Diagramm entspricht einer um E verschobenen harmonischen Bewegung (vgl. Bild 21.5), die in Bild 21.13 skizziert ist.

Es fällt auf, dass E genau der Verschiebung entspricht, die man erhält, wenn die Masse m ohne Bewegung ($\dot{x} = 0$) an der Feder hängt. Diese Position $x = E$ wird als *statische Ruhelage* des Systems bezeichnet.

Es ist im Allgemeinen geschickter die Koordinate x so zu wählen, dass in der statischen Ruhelage $x = 0$ ist.

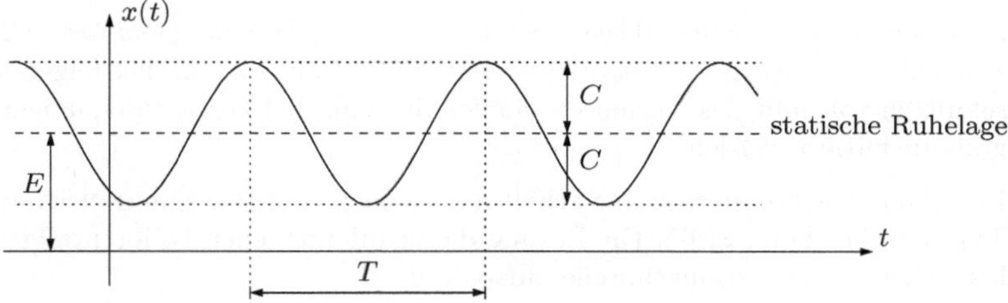

Bild 21.13 Schwingung um die statische Ruhelage

21.3 Erzwungene Schwingungen

Bei freien Schwingungen besteht die Anregung aus einer Anfangsauslenkung oder Anfangsgeschwindigkeit, die durch die Anfangsbedingungen berücksichtigt wird.

Unter erzwungenen Schwingungen versteht man im Gegensatz dazu solche Vorgänge, bei denen ein System einer dauernden Anregung von außen ausgesetzt ist. Im allgemeinen Fall eines gedämpften Systems erhält man eine Bewegungsgleichung der Form

$$\ddot{x} + 2\delta\dot{x} + \omega_0^2 x = p(t)\,, \tag{21.64}$$

die sich von Gleichung 21.37 für freie Schwingungen durch den Anregungsterm $p(t)$ auf der rechten Seite unterscheidet.

Im Rahmen dieses Buches beschränken wir uns auf periodische Anregungen der Form $p = \omega_0^2\, p_0 \cos(\Omega\, t)$, so genannte *harmonische Anregung*, wie sie bei Lasten durch Maschinen mit Unwucht auftreten. Aber auch Strömungskräfte oder Erdbebenlasten können in vielen Fällen gut durch periodische Anregungen angenähert werden. Die Bewegungsgleichung hat dann die Form

$$\ddot{x} + 2\delta\dot{x} + \omega_0^2 x = \omega_0^2\, p_0 \cos(\Omega\, t)\,. \tag{21.65}$$

Dabei ist p_0 die Amplitude der Anregung, also ein konstanter Wert. Damit p_0 dieselbe Einheit wie x hat wird der Parameter ω_0^2 eingefügt. Bei erzwungenen Schwingungen spielt das *Frequenzverhältnis* zwischen Erreger- und Eigenkreisfrequenz

$$\eta = \frac{\Omega}{\omega_0} \tag{21.66}$$

eine wichtige Rolle.

Die Bewegung $x(t)$ eines Systems, dass zu Schwingungen angeregt wird, wird auch als *Antwort* des Systems bezeichnet. Systeme mit erzwungenen Schwingungen lassen sich nach Art der Anregung klassifizieren. Prinzipiell kann man zwischen *Kraftanregung*, *Weganregung über Feder*, *Weganregung über Dämpfer*, *Unwuchtanregung* und *Fußpunktanregung* unterscheiden. In den folgenden Abschnitten soll nun das Verhalten einiger Systeme bei verschiedenartiger Anregung diskutiert werden.

Für alle betrachteten Systeme erhält man jedoch eine Bewegungsgleichung vom Typ der Gleichung 21.65. Die Lösung dieser inhomogenen Differentialgleichung lässt sich in zwei Lösungsanteile aufspalten,

$$x(t) = x_{\mathrm{h}}(t) + x_{\mathrm{p}}(t)\,. \tag{21.67}$$

Dabei ist $x_{\mathrm{h}}(t)$ die Lösung der homogenen Schwingungsdifferentialgleichung 21.37

$$\ddot{x} + 2\delta\dot{x} + \omega_0^2 x = 0\,,$$

deren allgemeine Lösung mit Gleichung 21.47 bereits angegeben wurde, also

$$x_{\mathrm{h}}(t) = Ce^{-\delta t}\cos(\omega_d t - \varphi)\,. \tag{21.68}$$

Die *Partikulärlösung* $x_{\mathrm{p}}(t)$ muss die inhomogene Differentialgleichung 21.65 erfüllen. Als Lösungsansatz wird eine Funktion nach Form der Erregerfunktion gewählt, z. B.

$$x_{\mathrm{p}}(t) = \hat{x}\cos(\Omega t - \varphi^*)\,, \tag{21.69}$$

wobei der Winkel φ^* eine Phasenverschiebung zwischen Erreger- und Antwortsignal beschreibt. Mit $\cos(\alpha - \beta) = \cos\alpha\,\cos\beta + \sin\alpha\,\sin\beta$ ist

$$\begin{aligned}
x_{\mathrm{p}} &= \hat{x} &&(\cos\Omega t\cos\varphi^* + \sin\Omega t\sin\varphi^*)\\
\dot{x}_{\mathrm{p}} &= \hat{x}\,\Omega &&(-\sin\Omega t\cos\varphi^* + \cos\Omega t\sin\varphi^*)\\
\ddot{x}_{\mathrm{p}} &= \hat{x}\,\Omega^2 &&(-\cos\Omega t\cos\varphi^* - \sin\Omega t\sin\varphi^*)\,.
\end{aligned}$$

Eingesetzt in die Differentialgleichung 21.65 erhält man nach Division durch ω_0^2

$$\begin{aligned}
&\hat{x}\,\frac{\Omega^2}{\omega_0^2}\quad(-\cos\Omega t\cos\varphi^* - \sin\Omega t\sin\varphi^*)\\
+&\;2D\hat{x}\frac{\Omega}{\omega_0}\quad(-\sin\Omega t\cos\varphi^* + \cos\Omega t\sin\varphi^*)\\
+&\;\hat{x}\quad(\cos\Omega t\cos\varphi^* + \sin\Omega t\sin\varphi^*) = p_0\cos\Omega t\,.
\end{aligned} \tag{21.70}$$

Diese Gleichung muss für jedes beliebige t erfüllt sein. Klammert man die Terme, die t enthalten aus,

$$\begin{aligned}
&(-\hat{x}\eta^2\cos\varphi^* + 2D\hat{x}\eta\sin\varphi^* + \hat{x}\cos\varphi^* - p_0)\cos\Omega t\\
+&\;(-\hat{x}\eta^2\sin\varphi^* - 2D\hat{x}\eta\cos\varphi^* + \hat{x}\sin\varphi^*)\quad\sin\Omega t = 0\,,
\end{aligned} \tag{21.71}$$

so erkennt man, dass die Ausdrücke in den Klammern verschwinden müssen, damit die Gleichung für jedes t erfüllt ist. Aus der zweiten Klammer folgt der Phasenwinkel φ^*

$$\begin{aligned} (1-\eta^2)\sin\varphi^* &= 2D\eta\cos\varphi^* \\ \Rightarrow \qquad \tan\varphi^* &= \frac{2D\eta}{1-\eta^2}. \end{aligned} \tag{21.72}$$

Die erste Klammer liefert die Amplitude $\hat{x}$ der Partikulärlösung. Setzt man die trigonometrischen Beziehungen

$$\begin{aligned} \sin\varphi &= \frac{\tan\varphi}{\sqrt{1+\tan^2\varphi}} = \frac{\frac{2D\eta}{1-\eta^2}}{\sqrt{1+\frac{4D^2\eta^2}{(1-\eta^2)^2}}} = \frac{2D\eta}{\sqrt{(1-\eta^2)^2+4D^2\eta^2}}, \\ \cos\varphi &= \frac{1}{\sqrt{1+\tan^2\varphi}} = \frac{1-\eta^2}{\sqrt{(1-\eta^2)^2+4D^2\eta^2}}, \end{aligned}$$

die für $-\frac{\pi}{2} < \varphi* < \frac{\pi}{2}$ gelten, so folgt

$$\hat{x} = \frac{p_0}{\sqrt{(1-\eta^2)^2+4D^2\eta^2}}. \tag{21.73}$$

Für $\tan\varphi^* < 0$ erhält man ebenfalls Gleichung 21.73. Im Gegensatz zur Lösung der homogenen Differentialgleichung x_h (Gleichung 21.68) enthält die Partikulärlösung keinen Abklingterm $e^{-\delta t}$. D. h. bei länger andauernder Anregung wird x_h mit der Zeit herausgedämpft, während die Amplitude von x_p konstant bleibt. Daher ist x_p auch von größerer Bedeutung. Die Zeit, während der x_h noch einen wesentlichen Einfluss hat, wird als *Einschwingvorgang* bezeichnet.

Das Verhältnis der Amplituden der Anregung und der Systemantwort

$$V = \frac{\hat{x}}{p_0} \tag{21.74}$$

wird als *Vergrößerungsfunktion* bezeichnet. Da diese von der Art der Anregung abhängt wird sie in den folgenden Abschnitten diskutiert.

21.3.1 Kraftanregung

Wirkt eine harmonische Kraft unmittelbar auf den starren Körper ein, sprechen wir von einer Kraftanregung. Bild 21.14 zeigt ein *mathematisches Pendel* mit Kraftanregung. Die Kraft stellt mit

$$F(t) = F_0\cos(\Omega t) \tag{21.75}$$

eine harmonische Anregung dar. Das NEWTONsche Gesetz in Richtung von $\boldsymbol{e}_\varphi$ am ausgelenkten System liefert

$$-mg\sin\varphi + F(t)\cos\varphi = m\,\ell\,\ddot{\varphi}, \tag{21.76}$$

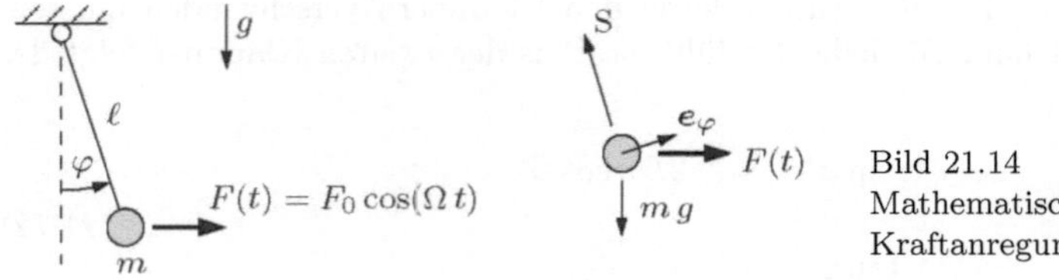

Bild 21.14
Mathematisches Pendel mit Kraftanregung

und mit der Annahme kleiner Auslenkungen, also $\sin\varphi \approx \varphi$ und $\cos\varphi \approx 1$ erhält man die Bewegungsgleichung

$$\ddot{\varphi} + \frac{g}{\ell}\varphi = \frac{F(t)}{m\ell} = \frac{F_0}{m\ell}\cos(\Omega\, t)\,. \tag{21.77}$$

bzw.

$$\ddot{\varphi} + \omega_0^2\,\varphi = \omega_0^2\, p_0 \cos(\Omega\, t) \tag{21.78}$$

mit der Eigenkreisfrequenz des ungedämpften Systems

$$\omega_0 = \sqrt{\frac{g}{\ell}}\,, \tag{21.79}$$

und der Erregeramplitude

$$p_0 = \frac{F_0}{m\ell\,\omega_0^2} = \frac{F_0}{mg}\,. \tag{21.80}$$

Gegenüber der Bewegungsgleichung des frei schwingenden mathematischen Pendels (siehe Beispiel 21.1) ist also noch der Erregerterm auf der rechten Seite hinzugekommen. Es ist keine Dämpfung vorhanden, also $D = 0$. Damit ist die Amplitude der Partikulärlösung nach Gleichung 21.73

$$\hat{\varphi} = \frac{p_0}{|1-\eta^2|} = \frac{1}{|1-\eta^2|}\,\frac{F_0}{m\,g}\,. \tag{21.81}$$

Die Vergrößerungsfunktion, also das Verhältnis von Antwort- zu Erregeramplitude ist hier

$$V = \frac{\hat{\varphi}}{p_0} = \frac{1}{|1-\eta^2|} \tag{21.82}$$

da keine Dämpfung vorhanden ist. Ist jedoch $D \neq 0$, so erhält man

$$V = \frac{1}{\sqrt{(1-\eta^2)^2 + 4D^2\eta^2}}\,. \tag{21.83}$$

Die Vergrößerungsfunktion hängt also vom Dämpfungsgrad D und entscheidend von dem Frequenzverhältnis $\eta = \Omega/\omega_0$ ab.

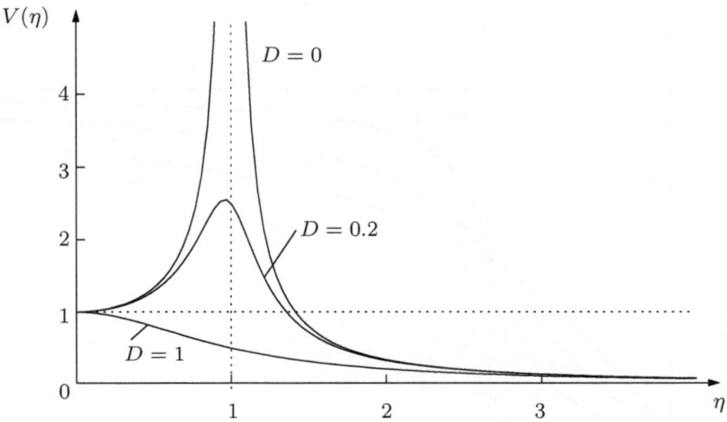

Bild 21.15 Vergrößerungsfunktion bei Kraftanregung

Bild 21.15 zeigt die Vergrößerungsfunktionen bei Kraftanregung für verschiedene Dämpfungsmaße D. Wenn keine Dämpfung vorhanden ist, dann existiert bei $\eta = 1$ eine Polstelle. Hier wird die Amplitude des Systems (theoretisch) unendlich groß. Praktisch gibt es keine völlig ungedämpften Systeme, aber bei gering gedämpften Systemen steigt die Amplitude bei Werten von η um die 1, d. h. für $\Omega \approx \omega$ sehr stark an.

Dieses Phänomen wird *Resonanz* genannt. Wenn ein System mit einer Frequenz erregt wird, die ungefähr der Eigenfrequenz des Systems entspricht, so treten sehr große Schwingungsamplituden auf. In der alltäglichen Praxis können wir Resonanzphänomene z. B. beim Auslaufen rotierender Maschinen (wie Waschmaschinen aus dem Schleuderprogramm) beobachten.

Bei größerer Dämpfung ist der Resonanzfall weniger stark ausgeprägt, weshalb eine große Dämpfung wünschenswert ist. Dies lässt sich im Bauwesen allerdings nur schwer realisieren. Bei Stahlkonstruktionen ohne zusätzliche Dämpfer wird je nach Ausführung z. B. von $\delta \approx 0.05$ ausgegangen.

Für kleine Werte von η geht die Vergrößerungsfunktion $V(\eta)$ gegen 1. Das bedeutet, dass bei kleinen Erregerfrequenzen, die weit unter der Eigenfrequenz liegen, das System ungefähr die gleiche Amplitude wie die Anregung besitzt. Für große η geht die Amplitude in Gegensatz dazu gegen null, die Schwingungsanfälligkeit in diesem Bereich ist demnach sehr gering.

Die Phasenverschiebung ist hier nach Gleichung 21.72

$$\varphi^* = 0\,, \tag{21.84}$$

oder

$$\varphi^* = \pi\,. \tag{21.85}$$

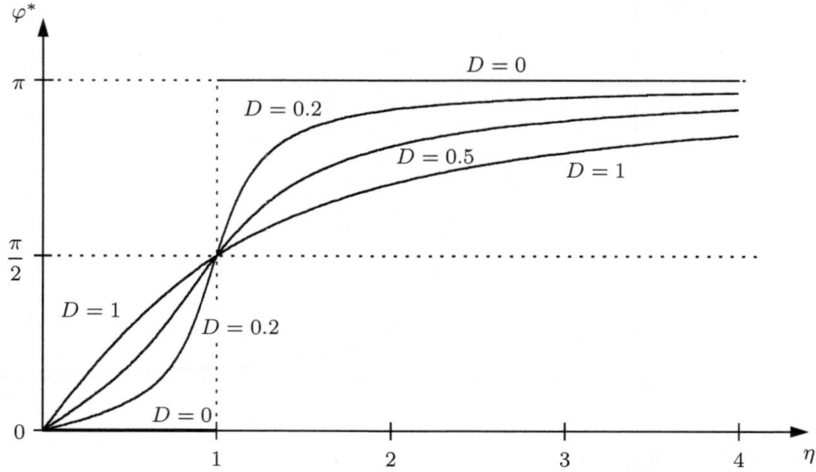

Bild 21.16 Phasenverschiebung bei Kraftanregung

Ist eine Dämpfung vorhanden, so ist

$$\varphi^* = \operatorname{atan}\left(\frac{2D\eta}{1-\eta^2}\right).$$

Der Verlauf der Phasenverschiebung für verschiedene Werte von D ist in Bild 21.16 dargestellt. Der Phasenwinkel wächst von 0 bis π. Für sehr kleine Erregerfrequenzen ($\eta \ll 1$) bewegt sich das System mit der Erregung, man sagt System und Erregung sind in Phase. Mit wachsender Erregerfrequenz wächst auch der Phasenwinkel, der für große Werte von η gegen π geht. Dann bewegt sich das System genau entgegen der angreifenden Kraft. Man spricht für $\eta < 1$, also $\varphi^* < \pi$, von unterkritischer und für $\eta > 1$, also $\varphi^* > \pi$ von überkritischer Erregung.

Wenn nur eine sehr geringe Dämpfung vorliegt, also $D \approx 0$, liegt bei $\eta = 1$ ein deutlich ausgeprägter Sprung von 0 auf π vor.

21.3.2 Weganregung über Feder

Bei der Weganregung über eine Feder wird das System durch die Kraft einer Feder angeregt, die an einem Ende mit dem System verbunden ist und am anderen Ende mit einer vorgegebenen Verschiebung $u_c(t)$ bewegt wird, wie das mathematische Pendel in Bild 21.17. Die periodische Bewegung $u_c(t)$ sei durch

$$u_c(t) = u_0 \cos(\Omega\, t) \tag{21.86}$$

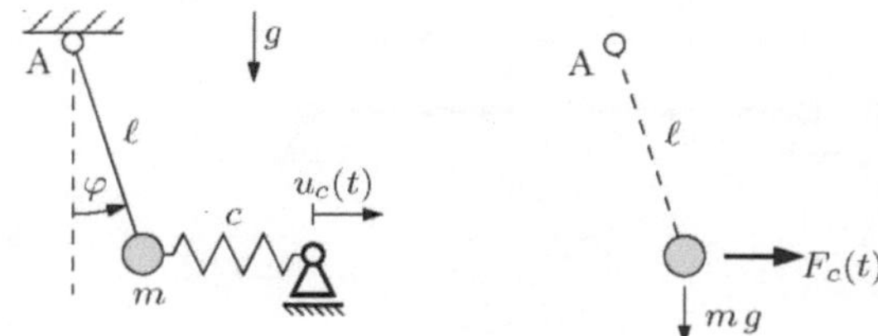

Bild 21.17
Mathematisches Pendel mit Weganregung über Feder

gegeben. Die Kraft in der Feder erhält man aus der Verlängerung Δu_c der Feder. Es ist

$$F_c(t) \;=\; c\,\Delta u_c \;=\; c\Big(u_c(t) - \ell\varphi\Big) \;=\; c\Big(u_0\cos(\Omega\,t) - \ell\varphi\Big) \qquad (21.87)$$

Anders als bei der Kraftanregung soll hier die Bewegungsgleichung mit Hilfe des Momentensatzes um das Auflager A ermittelt werden. Er lautet

$$-mg\ell\sin\varphi \;+\; F_c(t)\ell\cos\varphi \;=\; m\,\ell^2\,\ddot{\varphi}\,, \qquad (21.88)$$

und mit $\sin\varphi \approx \varphi$ und $\cos\varphi \approx 1$

$$\ddot{\varphi} \;+\; \left(\frac{g}{\ell} + \frac{c}{m}\right)\varphi \;=\; \frac{c\,u_0}{m\,\ell}\cos(\Omega\,t)\,. \qquad (21.89)$$

Ein Vergleich mit Gleichung 21.65 liefert

$$\omega_0 \;=\; \sqrt{\frac{g}{\ell} + \frac{c}{m}}\,, \qquad (21.90)$$

$$p_0 \;=\; \frac{c\,u_0}{m\,\ell\,\omega_0^2}\,. \qquad (21.91)$$

Die Vergrößerungsfunktion unterscheidet sich nicht vom Fall der Kraftanregung (Gleichung 21.82). Allerdings liegt in diesem Fall eine durch die Feder veränderte Eigenkreisfrequenz und damit ein anderes Frequenzverhältnis η vor. Dies gilt auch für den Phasenwinkel, bei $\eta \ll 1$ (unterkritisch) bewegen sich Pendelmasse und u_c in Phase, für $\eta \gg 1$ (überkritisch) bewegen sie sich in entgegengesetzten Richtungen.

21.3.3 Weganregung über Dämpfer

Bei dieser Art der Anregung wird das System über einen Dämpfer angeregt, an dessen Ende die Verschiebung $x_d(t)$ vorgegeben ist. Bild 21.18 zeigt einen Balken, dessen Masse m in der Mitte konzentriert ist, der über einen Dämpfer angeregt wird. Das NEWTONsche Gesetz für die freigeschnittene Masse liefert

$$F_d \;-\; F_b \;=\; m\,\ddot{u}\,, \qquad (21.92)$$

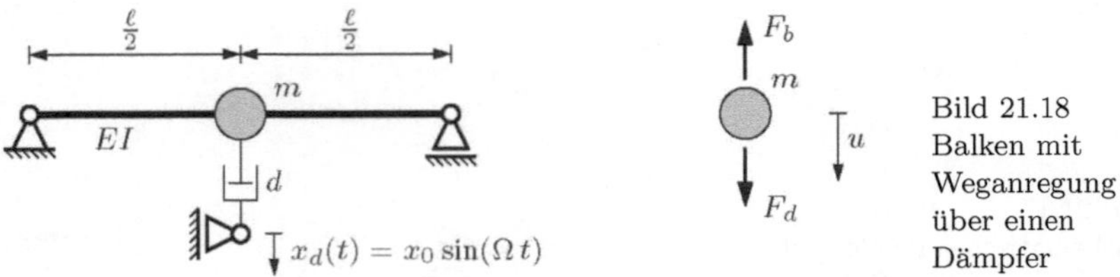

Bild 21.18 Balken mit Weganregung über einen Dämpfer

dabei lässt sich die Kraft F_b aus der Durchbiegung des Balkens beispielsweise aus der Biegelinientafel in Tabelle B.2 ermitteln. Man erhält

$$F_b \;=\; \frac{48\,EI}{\ell^3}\,u\,. \tag{21.93}$$

Die Dämpferkraft ist proportional zur Geschwindigkeit der Verlängerung des Dämpfers, also

$$F_d \;=\; d\left(\dot{x}_d(t) - \dot{u}(t)\right). \tag{21.94}$$

Damit erhält man die Bewegungsgleichung

$$\ddot{u} \;+\; \frac{d}{m}\,\dot{u} \;+\; \frac{48EI}{\ell^3}\,u \;=\; \frac{d}{m}\,\dot{x}_d(t) \;=\; \frac{d}{m}\,x_0\Omega\cos(\Omega\,t)\,, \tag{21.95}$$

also

$$\delta \;=\; \frac{d}{2\,m}\,, \qquad \omega_0^2 \;=\; \sqrt{\frac{48EI}{\ell^3}}\,. \tag{21.96}$$

Die rechte Seite lässt sich noch umformen in

$$\frac{d}{m}\,x_0\Omega\cos(\Omega\,t) \;=\; x_0 2\,\delta\eta\,\omega_0\cos(\Omega\,t) \;=\; x_0\,\omega_0^2\,2\,D\eta\cos(\Omega\,t)\,, \tag{21.97}$$

also ist

$$p_0 \;=\; x_0 2\,D\eta \tag{21.98}$$

und damit

$$\hat{x} \;=\; \frac{x_0 2\,D\eta}{\sqrt{(1-\eta^2)^2 + 4D^2\eta^2}}\,. \tag{21.99}$$

Die Vergrößerungsfunktion ist hier

$$V \;=\; \frac{\hat{x}}{x_0} \;=\; \frac{2D\eta}{\sqrt{(1-\eta^2)^2 + 4D^2\eta^2}}\,. \tag{21.100}$$

Der Verlauf der Vergrößerungsfunktion ist in Bild 21.19 dargestellt. Der Verlauf ist ein ganz anderer als bei Kraftanregung. Da die Größe der äußeren Kraft direkt von der Dämpfung abhängt, tritt hier kein Resonanzfall auf. Die größten Amplituden treten aber wieder bei $\eta = 1$, also $\Omega = \omega$ auf. Für $D = 0$ tritt überhaupt keine Schwingung auf, da in diesem Fall die Dämpferkraft und damit die Erregerkraft null ist. Der Zusammenhang zwischen Phasenwinkel und Frequenzverhältnis entspricht dem bei Kraftanregung.

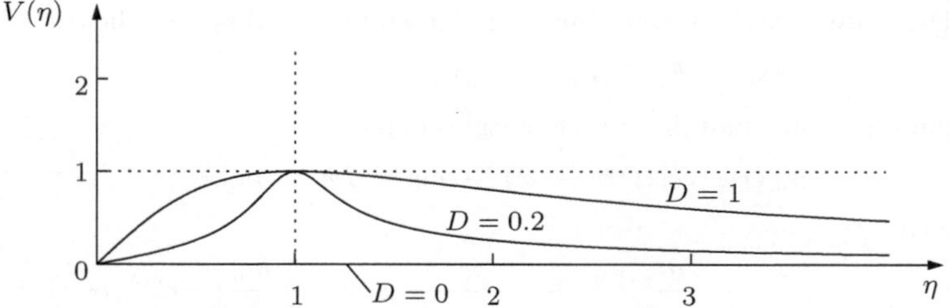

Bild 21.19 Vergrößerungsfunktion bei Dämpferkraftanregung

21.3.4 Unwuchtanregung

Bei dieser Art der Anregung ist an der eigentlichen schwingenden Masse eine zusätzliche Unwucht vorhanden. Durch die Rotation der Unwuchtmasse m_u entstehen Trägheitskräfte, die das Gesamtsystem zu Schwingungen anregen. Ein Beispiel dafür ist der Schleudervorgang bei einer Waschmaschine. Generell sind alle rotierenden Maschinen anfällig für derart angeregte Schwingungen.

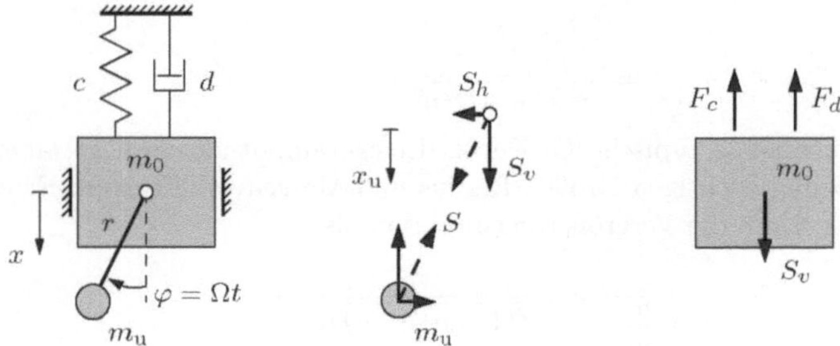

Bild 21.20 System mit Unwuchtanregung

In Bild 21.20 ist ein einfaches System mit Unwuchtanregung abgebildet. Dieses besteht aus zwei Massen m_0 und m_u. Die kleinere Masse m_u rotiert mit der Winkelgeschwindigkeit Ω um eine Achse, die mit der Masse m_0 verbunden ist, die sich nur in der gegebenen x-Richtung bewegen kann. Durch die rotierende Masse entsteht so eine periodische Anregung. Um die Erregerkraft zu ermitteln wird die Unwuchtmasse m_u freigeschnitten. Die Bewegung $x_\mathrm{u}(t)$ der Unwuchtmasse setzt sich aus der Bewegung $x(t)$ der Masse m_0 und der Rotation zusammen.

$$x_\mathrm{u} = x + r\cos(\Omega\, t) \tag{21.101}$$

Mit den NEWTONschen Gesetz erhält man die vertikale Kraft

$$S_v(t) = -m_\mathrm{u}\, \ddot{x}_\mathrm{u} = m_\mathrm{u} \left(r\Omega^2 \cos(\Omega\, t) - \ddot{x} \right). \tag{21.102}$$

Das NEWTONsche Gesetz für die freigeschnittene Masse m_0 liefert

$$S_v(t) - F_c - F_d = m_0\ddot{x}\,, \tag{21.103}$$

daraus erhält man die Bewegungsgleichung

$$m_{\mathrm{u}}\left(r\Omega^2\cos(\Omega\,t) - \ddot{x}\right) - c\,x - d\,\dot{x} = m_0\,\ddot{x}\,, \tag{21.104}$$

also

$$\ddot{x} + \frac{d}{m_0+m_{\mathrm{u}}}\,\dot{x} + \frac{c}{m_0+m_{\mathrm{u}}}\,x = \frac{m_{\mathrm{u}}}{m_0+m_{\mathrm{u}}}\,r\Omega^2\cos(\Omega\,t)\,, \tag{21.105}$$

beziehungsweise mit der Gesamtmasse $m = m_0 + m_{\mathrm{u}}$

$$\ddot{x} + \frac{d}{m}\,\dot{x} + \frac{c}{m}\,x = r\,\frac{m_{\mathrm{u}}}{m}\omega_0^2\eta^2\cos(\Omega\,t)\,, \tag{21.106}$$

womit aus Gleichung

$$\ddot{x} + 2\delta\,\dot{x} + \omega_0^2\,x = \omega_0^2\,p_0\cos(\Omega\,t)\,, \tag{21.107}$$

die Parameter

$$\delta = \frac{d}{2\,m}\,,\quad \omega_0^2 = \frac{c}{m}\,,\quad p_0 = r\,\frac{m_{\mathrm{u}}}{m}\,\eta^2\,. \tag{21.108}$$

zu identifizieren sind.

Die Amplitude der Systemantwort ist also mit Gleichung 21.73

$$\hat{x} = \frac{r\,\dfrac{m_{\mathrm{u}}}{m}\,\eta^2}{\sqrt{(1-\eta^2)^2+4D^2\eta^2}}\,. \tag{21.109}$$

Da hier keine typische Größe als Erregeramplitude vorliegt, aber die für die Anregung wichtigen Größen Radius und Massenverhältnis im Erregerterm auftreten, kann die Vergrößerungsfunktion als

$$V = \frac{\hat{x}}{r\dfrac{m_{\mathrm{u}}}{m}} = \frac{\eta^2}{\sqrt{(1-\eta^2)^2+4D^2\eta^2}} \tag{21.110}$$

definiert werden.

Der Verlauf der Vergrößerungsfunktion für verschiedene Dämpfungsmaße D ist in Bild 21.21 abgebildet. Das Resonanzverhalten ist ähnlich wie bei Kraftanregung, der Verlauf des Phasenwinkels stimmt mit dem bei Kraftanregung überein (siehe Bild 21.16). Die Antwort des Systems bei kleinen und großen Erregerfrequenzen unterscheidet sich allerdings von der bei Kraftanregung. Für kleine η schwingt das System kaum mit. Wenn also die Unwucht mit niedriger Geschwindigkeit rotiert, treten nur kleine Schwingungsamplituden auf, wobei sich die beiden Massen m_0 und m_u bei geringer Dämpfung in Phase bewegen. Wandert also m_u nach oben, so bewegt sich auch m_0 dorthin. Bei großer Rotationsgeschwindigkeit treten dagegen mäßige Schwingungen auf. Die Amplitude hängt hier in erster Linie von den relativen Größe der Unwucht ab, also neben der Rotationsgeschwindigkeit auch von Radius r und Massenverhältnis m_{u}/m_0. In diesem Fall bewegen sich die beide Massen gegenphasig, d. h. der Gesamtschwerpunkt bleibt in Ruhe.

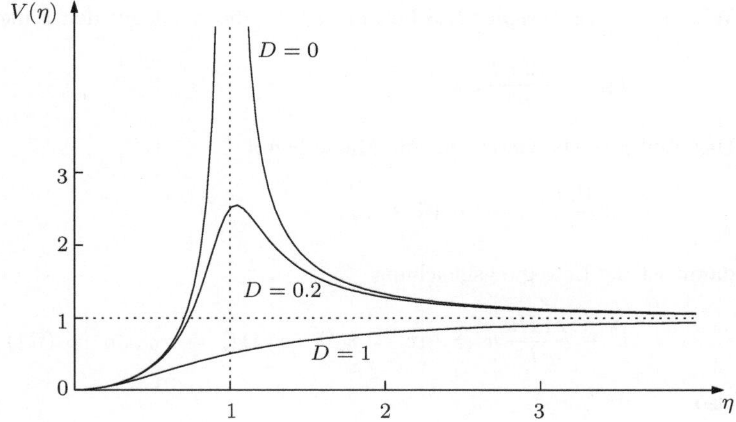

Bild 21.21 Vergrößerungsfunktion bei Unwuchtanregung

21.3.5 Seismische Anregung

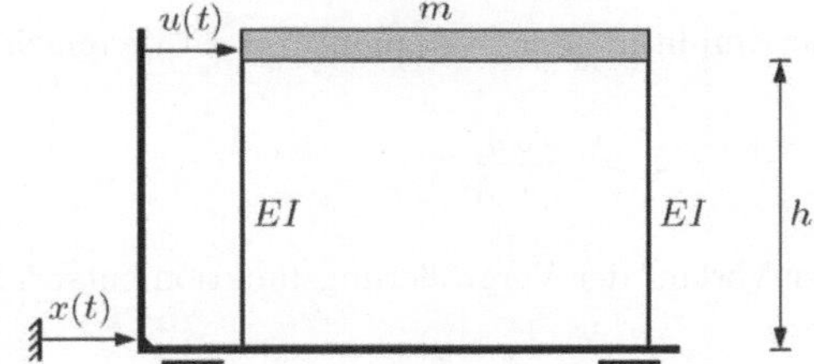

Bild 21.22
Stockwerkrahmen mit Fußpunktanregung

Bei Fußpunktanregung wird das System dadurch ins Schwingen gebracht, dass sich das Auflager des Systems bewegt. Diesen Fall hatten wir bereits in Abschnitt 21.3.2. Für den wichtigen Fall der seismischen Anregung kann es zweckmäßig sein, ein mitbewegtes Koordinatensystem einuführen, dass z. B. bei der Erdbebenbelastung an der bewegten Erdoberfläche festgemacht ist. Bild 21.22 zeigt das einfache Modell eines solchen Gebäudes – einen Stockwerkrahmen. Dieser ist fest mit dem Boden verbunden, der sich mit

$$x(t) = x_0 \cos(\Omega t) \tag{21.111}$$

in horizontaler Richtung bewegt. Dadurch schwingt der Rahmen mit der Relativbewegung $u(t)$, d. h. die Masse m bewegt sich letztlich mit $u(t) + x(t)$. Um die Bewegungsgleichung zu ermitteln wird die Masse m im ausgelenkten Zustand frei geschnitten.

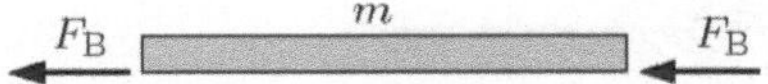

Wie bereits aus Beispiel 21.3 bekannt ist, ist die Kraft aus den Balken

$$F_\mathrm{B} = \frac{12\,EI}{h^3}\,u\,. \tag{21.112}$$

Das NEWTONsche Gesetz für die Masse liefert

$$-2\frac{12\,EI}{h^3}\,u = m\,(\ddot{u} + \ddot{x})\,, \tag{21.113}$$

damit ist die Bewegungsgleichung

$$\ddot{u} + \frac{24\,EI}{m\,h^3}\,u = -\ddot{x} = x_0\Omega^2\cos(\Omega\,t) = x_0\,\omega_0^2\eta^2\cos(\Omega\,t)\,, \tag{21.114}$$

also

$$\ddot{u} + \omega_0^2\,u = \omega_0^2\,p_0\cos(\Omega\,t) \tag{21.115}$$

mit

$$\delta = 0\,, \quad \omega_0^2 = \frac{24\,EI}{m\,h^3}\,, \quad p_0 = x_0\,\eta^2\,. \tag{21.116}$$

Die Amplitude der Systemantwort ist demnach

$$\hat{u} = \frac{x_0\,\eta^2}{1-\eta^2}\,. \tag{21.117}$$

Der Verlauf der Vergrößerungsfunktion entspricht dem bei Unwuchtanregung.

Beispiel 21.6 Einschwingvorgang bei Kraftanregung

Die abgebildete Walze wird von einer an der Achse befestigen Feder und einem Dämpfer mit der Dämpferkonstante $d = \sqrt{\frac{m\,c}{6}}$ in der dargestellten statischen Ruhelage gehalten. Die Walze erfährt ab dem Zeitpunkt $t = 0$ eine periodische Kraft $F(t) = F_0\cos(\Omega\,t)$ mit $\Omega = 2\,\omega_0$. Gesucht ist die Bewegung des Walzenmittelpunkts, insbesondere wann der Einschwingvorgang beendet ist und die Amplitude der anschließenden harmonischen Bewegung.

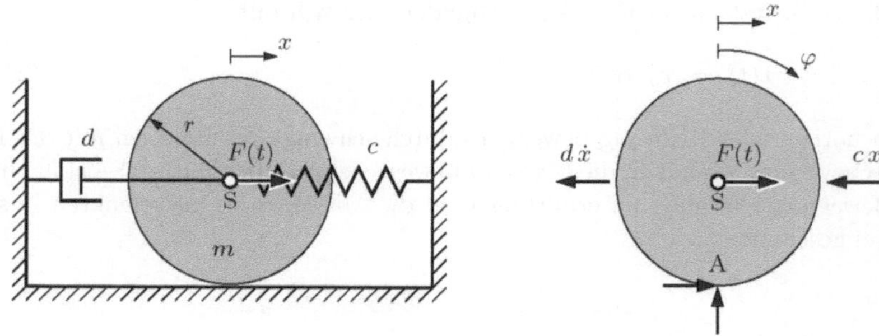

Lösung:
Um die Bewegungsgleichung des Systems zu bestimmen, wird die Walze freigeschnitten. Die Koordinate x bezeichnet die Verschiebung der Achse, der Winkel φ die Verdrehung der Walze. Der Momentensatz bezüglich des Punktes A liefert

$$-c\,x\,r \;-\; d\,\dot{x}\,r \;+\; F(t)\,r \;=\; \Theta_A\,\ddot{\varphi}\,.$$

Mit dem Massenträgheitsmoment

$$\Theta_A \;=\; \frac{3}{2}\,mr^2$$

aus Tabelle B.6 und der Rollbedingung

$$\varphi \;=\; \frac{x}{r}$$

erhält man die Bewegungsgleichung

$$\ddot{x} \;+\; \frac{2}{3}\,\frac{d}{m}\,\dot{x} \;+\; \frac{2}{3}\,\frac{c}{m}\,x \;=\; \frac{2}{3}\,\frac{F(t)}{m} \;=\; \frac{2\,F_0}{3\,m\,\omega_0^2}\,\omega_0^2\cos(\Omega\,t)\,.$$

Dabei sind

$$\omega_0^2 \;=\; \sqrt{\frac{2}{3}\,\frac{c}{m}}\,, \qquad p_0 \;=\; \frac{2\,F_0}{3\,m\,\omega_0^2} \;=\; \frac{F_0}{c}\,,$$

und die Dämpfungsmaße

$$\delta \;=\; \frac{1}{3}\,\frac{d}{m}\,, \qquad D \;=\; \frac{\delta}{\omega_0} \;=\; \frac{d}{\sqrt{6\,m\,c}} \;=\; \frac{1}{6} \;<\; 1\,,$$

zu identifizieren. Das System ist demnach schwach gedämpft. Die Lösung des Systems setzt sich aus zwei Anteilen zusammen

$$x(t) \;=\; x_{\mathrm{p}}(t) \;+\; x_{\mathrm{h}}(t)\,,$$

dabei ist die Partikulärlösung nach Gleichung 21.69

$$x_{\mathrm{p}}(t) \;=\; \hat{x}\,\cos(\Omega\,t - \varphi^*)\,.$$

Mit $\eta = \Omega/\omega_0 = 2$ ist

$$\begin{aligned} \hat{x} \;&=\; \frac{p_0}{\sqrt{(1-\eta^2)^2 + 4D^2\eta^2}} \\ &=\; \frac{1}{\sqrt{(1-2^2)^2 + 4\cdot(\frac{1}{6})^2\cdot 2^2}}\,\frac{F_0}{c} \;=\; 0.342\frac{F_0}{c} \end{aligned}$$

und

$$\tan\varphi^* \;=\; \frac{2D\eta}{1-\eta^2} \;=\; \frac{2\cdot\frac{1}{6}\cdot 2}{1-2^2} \;=\; -\frac{2}{9} \qquad\Rightarrow\qquad \varphi^* \;=\; -0.218\,.$$

Die Lösung der homogenen Gleichung ist nach Gleichung 21.68 beziehungsweise Gleichung 21.47

$$x_{\mathrm{h}}(t) \;=\; \Big(A\cos(\omega_d\, t) \,+\, B\sin(\omega_d\, t)\Big)e^{-\delta t} \;=\; Ce^{-\delta t}\cos(\omega_d t-\varphi)$$

mit

$$\omega_d \;=\; \omega_0\sqrt{1-D^2} \;=\; 0.986\,\omega_0\,.$$

Die Werte von A und B erhält man aus den Anfangsbedingungen

$$\begin{aligned} x(t=0) \;&=\; x_{\mathrm{p}}(0) \,+\, x_{\mathrm{h}}(0) \;=\; \hat{x}\cos(-\varphi^*) \,+\, A \;=\; 0 \\ \Rightarrow\quad A \;&=\; -\hat{x}\,\cos(-\varphi^*) \;=\; -0.334\,\frac{F_0}{c} \end{aligned}$$

und

$$\begin{aligned} \dot{x}(t=0) \;&=\; \dot{x}_{\mathrm{p}}(0) \,+\, \dot{x}_{\mathrm{h}}(0) \\ &=\; -\hat{x}\,\eta\omega_0\sin(-\varphi^*) \,+\, \omega_d\,B - \delta\,A \;=\; 0 \\ \Rightarrow\quad B \;&=\; \frac{\delta}{\omega_d}A \,+\, \hat{x}\,\eta\sin(-\varphi^*) \;=\; 0.094\,\frac{F_0}{c}\,, \end{aligned}$$

damit ist

$$C \;=\; \sqrt{A^2+B^2} \;=\; 0.347\,\frac{F_0}{c}\,.$$

Man kann nun beispielsweise davon ausgehen, dass der Einschwingvorgang beendet ist, wenn die Amplitude der homogenen Lösung bis auf $\frac{1}{100}$ der Amplitude der Partikulärlösung zurückgegangen ist. Also

$$\begin{aligned} C\,e^{-\delta t} \;&=\; C\,e^{-D\,\omega_0 t} \;=\; \frac{1}{100}\,\hat{x} \\ \Rightarrow\quad \omega_0 t \;&=\; -\frac{1}{D}\ln\left(\frac{1}{100}\,\frac{\hat{x}}{C}\right) \;=\; -6\ln\left(\frac{0.342}{100\cdot 0.347}\right) \;=\; 27.7 \\ &\approx\; 4.4\cdot 2\pi\,, \end{aligned}$$

d. h. nach ca. 4.5 Perioden, bzw. 9 Erregerperioden kann der Einschwingvorgang als beendet angesehen werden. Man erhält folgenden Verlauf:

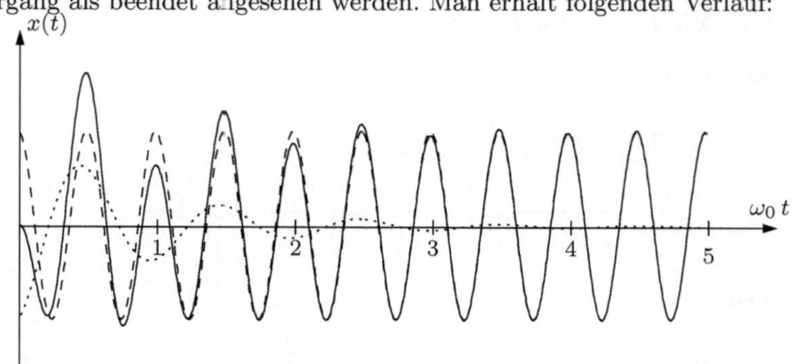

Man erkennt deutlich, dass $x_\mathrm{h}(t)$ (gepunktet) abnimmt, während $x_\mathrm{p}(t)$ (gestrichelt) konstant bleibt. Die wirkliche Bewegung $x(t)$ (durchgezogene Linie) stimmt also nach dem Einschwingvorgang mit $x_\mathrm{p}(t)$ überein.

Beispiel 21.7 Partikulärlösung bei Unwuchtanregung

Zur Bemessung einer Windkraftanlage wird der Fall untersucht, dass ein Flügel abbricht. Um die Belastung des Mastes zu beurteilen, soll die Amplitude der entstehenden Schwingung ermittelt werden. Die Flügel rotieren mit der Winkelgeschwindigkeit $\dot{\varphi} = 2/\mathrm{s}$, die Biegesteifigkeit des Turmes ist $EI = 4\,000\ \mathrm{MN\,m}^2$, die Masse $m_0 = 9.5$ t und die Unwucht $m_\mathrm{u} = 0.5$ t mit einem Radius $r = 10$ m. Die Nabenhöhe soll $\ell = 50$ m betragen. Als Dämpfung kann für die Stahlkonstruktion von einem logarithmischen Dekrement $\Lambda = 0.02$ ausgegangen werden.

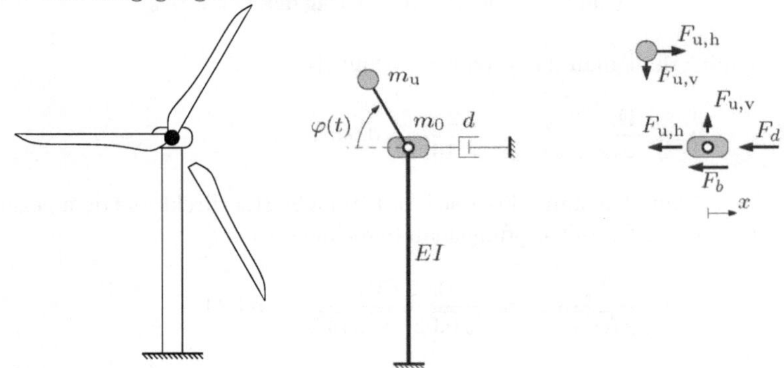

Lösung:

Durch den fehlenden Flügel entsteht eine Unwucht, die das System zu Schwingungen anregt. Da die Biegesteifigkeit des Mastes sehr viel geringer als seine Dehnsteifigkeit ist, kann davon ausgegangen werden, dass lediglich eine horizontale Bewegung auftritt. Daher kann das System wie oben abgebildet vereinfacht werden.

Der Turm wird als masseloser Kragarm modelliert. Nach der Biegelinientafel in Tabelle B.3 gilt daher die Last-Verschiebungs-Beziehung

$$x = \frac{F_b\,\ell^3}{3EI} \quad \Rightarrow \quad F_b = \frac{3\,EI}{\ell^3}\,x\,.$$

Mit dem Newtonsche Gesetz für die freigeschnittene Masse

$$-F_d - F_b - F_{\mathrm{u,h}} = m_0\,\ddot{x}\,,$$

der Dämpferkraft

$$F_d = d\,\dot{x}$$

und mit

$$\begin{aligned} x_\mathrm{u} &= x + r\cos(\varphi(t)) \\ \Rightarrow \quad F_{\mathrm{u,h}} &= m_\mathrm{u}\,\ddot{x}_\mathrm{u} = m_\mathrm{u}\,\ddot{x} - m_\mathrm{u}\,r\dot{\varphi}^2\cos(\dot{\varphi}\,t) \end{aligned}$$

erhält man die Bewegungsgleichung

$$(m_0 + m_u)\,\ddot{x} + d\,\dot{x} + \frac{3\,EI}{\ell^3}\,x = m_u\, r\, \dot{\varphi}^2 \cos(\dot{\varphi}\, t)$$

Ferner folgt mit $m = m_0 + m_u = 10$ t

$$\ddot{x} + \frac{d}{m}\,\dot{x} + \frac{3\,EI}{m\,\ell^3}\,x = \frac{m_u}{m}\, r\, \dot{\varphi}^2 \cos(\dot{\varphi}\, t) = \omega_0^2 \frac{m_u}{m}\, r\, \eta^2 \cos(\dot{\varphi}\, t)\,.$$

Die Eigenkreisfrequenz des ungedämpften Systems ist

$$\omega_0 = \sqrt{\frac{3\,EI}{m\,\ell^3}} = \sqrt{\frac{3\cdot 4\,000}{10\cdot 50^3}\;\frac{10^6\,\mathrm{N\,m^2}}{10^3\mathrm{kg\,m^3}}} = 3.10\;\frac{1}{\mathrm{s}}\,,$$

damit erhält man das Frequenzverhältnis

$$\eta = \frac{\Omega}{\omega_0} = \frac{\dot{\varphi}}{\omega_0} = \frac{2}{3.10} = 0.645\,.$$

Die Abklingkonstante lässt sich mit Tabelle 21.1 direkt aus dem gegebenen logarithmischen Dämpfungsmaß berechnen, es ist

$$\delta = \frac{\Lambda\,\omega_0}{\sqrt{\Lambda^2 + \pi^2}} = \frac{0.02\cdot 3.10}{\sqrt{0.02^2 + 3.14^2}} = 0.020\;\frac{1}{\mathrm{s}}$$

und damit der Dämpfungsgrad

$$D = \frac{\delta}{\omega_0} = \frac{0.020}{3.10} = 0.0065\,.$$

Da der Einschwingvorgang von den genauen Anfangsbedingungen abhängt, die nicht bekannt sind, soll hier nur der eingeschwungene Zustand näher untersucht werden um eine Größenordnung der zu erwartenden Amplitude zu erhalten. Mit

$$p_0 = \frac{m_u}{m} r \eta^2 = \frac{0.5}{10}\,10\ \mathrm{m}\cdot 0.645^2 = 0.208\ \mathrm{m}$$

ist die Amplitude der Partikulärlösung nach Gleichung 21.73

$$\begin{aligned}\hat{x} &= \frac{p_0}{\sqrt{(1-\eta^2)^2 + 4D^2\eta^2}}\\ &= \frac{0.208\ \mathrm{m}}{\sqrt{(1-0.645^2)^2 + 4\cdot 0.0065^2\cdot 0.645^2}}\\ &= 0.356\ \mathrm{m} = 35.6\ \mathrm{cm}\,.\end{aligned}$$

21.4 Übungsaufgaben

Aufgabe 21.1 (Schwierigkeitsgrad 2)

Für das skizzierte, schwingungsfähige System ist die Eigenkreisfrequenz ω_0 zu bestimmen.

Die Umlenkrollen (Massen m_2 und m_3) sind homogene, starr miteinander verbundene Zylinder. Die Verbindungsseile zwischen der Feder (Federsteifigkeit c) und der Rolle bzw. zwischen der Masse m_1 und der Rolle sind undehnbar und biegeschlaff.

Gegeben: m_1, m_2, m_3, c, r_2, r_3

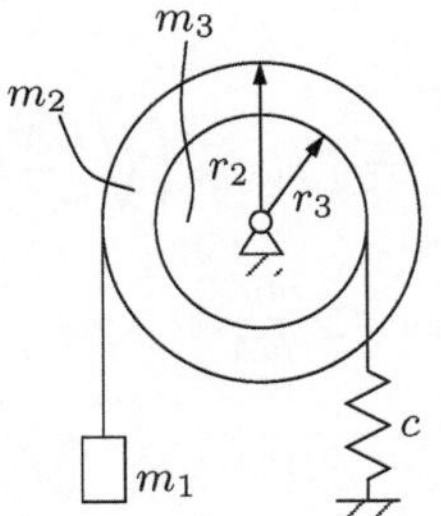

Lösung:

$$\omega_0^2 = \frac{c\left(\frac{r_3}{r_2}\right)^2}{m_1 + \frac{m_2}{2} + \frac{m_3}{2}\left(\frac{r_3}{r_2}\right)^2}$$

Aufgabe 21.2 (Schwierigkeitsgrad 1)

Unter dem Gewicht der Masse $3m$ hat sich eine Feder um den Betrag f_0 verlängert. Die Masse $2m$ wird plötzlich entfernt.

Berechnen Sie die Eigenkreisfrequenz ω sowie die Bewegung $x(t)$.

Gegeben: m, $f_0 = 6$ cm, $g = 10$ m/s^2

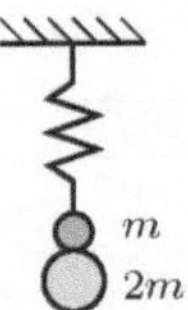

Lösung:

$$\omega = \sqrt{500}\,\frac{1}{\text{s}}$$

$$x(t) = \frac{2}{3}\,f_0 \cos \omega t$$

Aufgabe 21.3 (Schwierigkeitsgrad 2)

Ein Klotz (Masse m) hängt an einem elastischen Gummiband (Länge ℓ, Längssteifigkeit EA).

a) Wie sieht der Schwingungsverlauf $x(t)$ aus, wenn der Körper zur Zeit $t = 0$ mit der kleinen Anfangsauslenkung x_0 ohne Anfangsgeschwindigkeit losgelassen wird?

b) Wie groß darf x_0 höchstens sein, wenn das Seil stets gespannt ist?

c) Diskutieren Sie den Fall, wenn das x_0 aus b) überschritten wird.

Gegeben: m, g, ℓ, EA, x_0

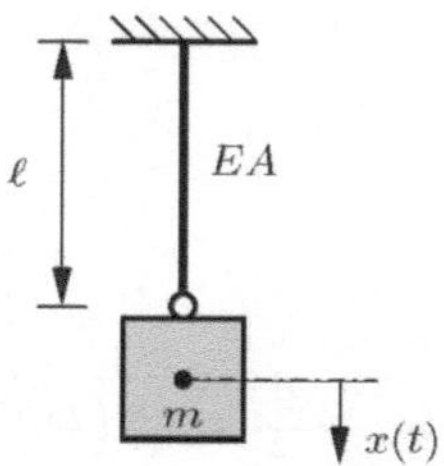

Lösung:

a) $x(t) = x_0 \cos\left(\sqrt{\frac{EA}{m\ell}}\, t\right)$

b) $x_0 < \frac{mg\ell}{EA}$

Aufgabe 21.4 (Schwierigkeitsgrad 3)

Eine Masse m fällt auf einen Träger der Länge ℓ und der Biegesteifigkeit EI. In dem Augenblick, in dem die Masse den Träger erreicht, hat sie die Geschwindigkeit v_0. Die Trägermasse kann vernachlässigt werden.

1. Bestimmen Sie die Eigenfrequenz des entstehenden schwingungsfähigen Systems.
2. Bestimmen Sie den zeitlichen Verlauf der Schwingung.
3. Wie groß ist die maximale Durchbiegung des Trägers?

Gegeben: m, EI, ℓ, v_0, g

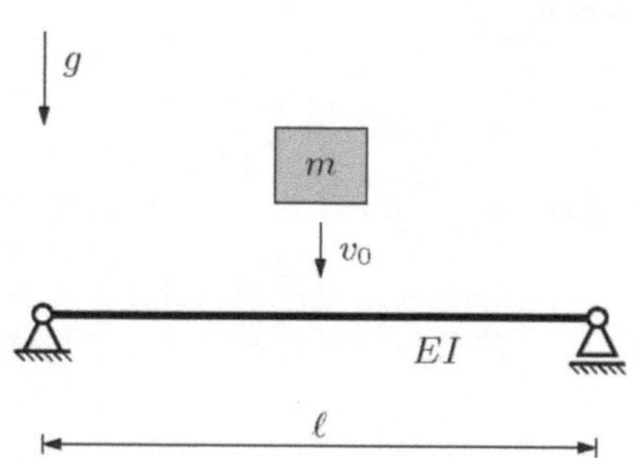

Lösung:

a) $\omega = \sqrt{\frac{48\,EI}{m\ell^3}}$

b) $\bar{u}(t) = \frac{v_0}{\omega}\sin(\omega t) - \frac{g}{\omega^2}\cos(\omega t)$

c) $u_{\max} = \sqrt{\frac{g^2}{\omega^4} + \frac{v_0^2}{\omega^2}} + \frac{g}{\omega^2}$

Aufgabe 21.5 (Schwierigkeitsgrad 2)
Ein Läufer (Masse m, Massenträgheitsmoment Θ_M) liegt mit seinen Wellenenden auf einem Lager mit dem Krümmungsradius R.
a) Stellen Sie die Bewegungsgleichung für kleine Schwingungen auf, wenn der Läufer rollt, ohne zu rutschen.
b) Wie kann man durch Messung der Periodendauer T das Massenträgheitsmoment ermitteln? Geben Sie den entsprechenden Zusammenhang an.

Gegeben: m, Θ_M, r, R, g, φ, T

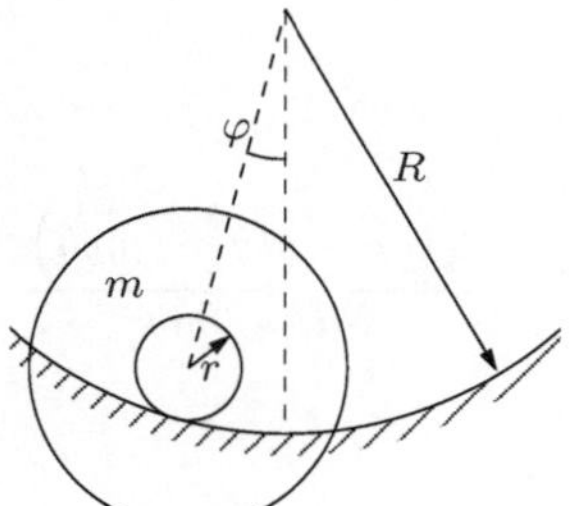

Lösung:

a) $$\ddot{\varphi} + \frac{g}{\left(1 + \frac{\Theta_\mathrm{M}}{mr^2}\right)(R-r)}\varphi = 0$$

b) $$\Theta_\mathrm{M} = mr^2 \left[\frac{g\,T^2}{(2\pi)^2\,(R-r)} - 1\right]$$

Aufgabe 21.6 (Schwierigkeitsgrad 1)
Ein starrer Stab der Masse m wird wie dargestellt gelagert.
Berechnen Sie die Eigenkreisfrequenz des Systems.
Gegeben: M, ℓ, c, c_D

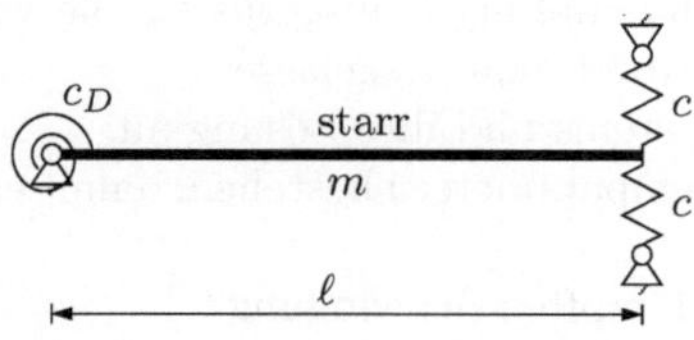

Lösung:

$$\omega = \sqrt{\frac{3c_D + 6c\ell^2}{m\ell^2}}$$

Aufgabe 21.7 (Schwierigkeitsgrad 2)

Ein Schornstein (idealisiert durch eine starre, dünne Stange) trägt eine Plattform (idealisiert als Massenpunkt). Die Stange hat die Gesamtmasse M und die Höhe ℓ. Der Massenpunkt befindet sich in der Höhe h. In einer Drehfeder mit der Drehfederkonstanten c_D ist die Biegesteifigkeit des Schornsteins konzentriert.

Bestimmen Sie die Eigenkreisfrequenz des Systems.

Gegeben: M, m, g, h, ℓ, c_D, ω_0

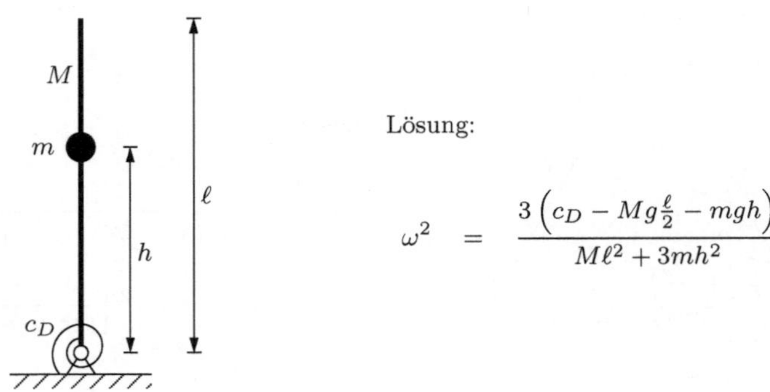

Lösung:

$$\omega^2 = \frac{3\left(c_D - Mg\frac{\ell}{2} - mgh\right)}{M\ell^2 + 3mh^2}$$

Aufgabe 21.8 (Schwierigkeitsgrad 2)

Die dargestellte homogene Pendeltür (Masse m, Breite ℓ) ist mit einem Türschließer der Drehfedersteifigkeit c und Drehdämpfung b ausgerüstet. Sie wird aus der Ruhelage heraus um $\varphi = \varphi_0$ geöffnet und dann losgelassen.

a) Man gebe die Bewegungsgleichung des Systems und ihre Lösung an.

b) Welche Beziehung muß zwischen den Systemparametern bestehen, damit eine Schwingbewegung möglich ist?

c) Wie groß ist die Periodendauer dieser gedämpften Schwingung?

d) Wie groß muß die Dämpferkonstante $b = b_{\min}$ sein, damit die Tür ohne Überschwingen in die Gleichgewichtslage zurückkehrt?

Gegeben: m, ℓ, c, b, $\varphi = \varphi_0$

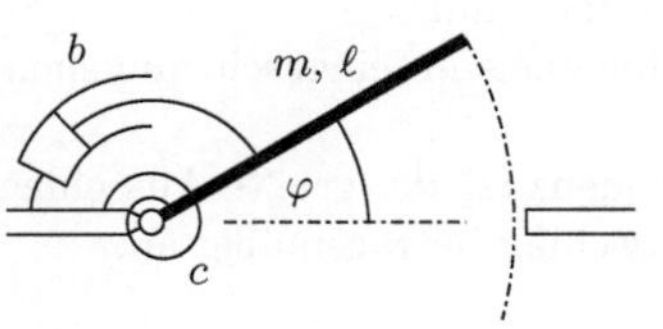

Lösung:

a) $\ddot{\varphi} + \frac{3b}{m\ell^2}\dot{\varphi} + \frac{3c}{m\ell^2}\varphi = 0$

b) $\frac{3b}{2\ell\sqrt{3mc}} < 1$

c) $T = \frac{4\pi m\ell^2}{\sqrt{12cm\ell^2 - 9b^2}}$

d) $b_{\min} = \frac{2}{3}\ell\sqrt{3mc}$

Aufgabe 21.9 (Schwierigkeitsgrad 3)

Stellen Sie für die zwei dargestellten Systeme jeweils die Bewegungsgleichung auf und berechnen Sie die Eigenkreisfrequenz.

Wie groß ist jeweils der Ausschlag der Masse nach einer Periode, wenn der Anfangsausschlag $x(t=0) = x_0$ und die Anfangsgeschwindigkeit $\dot{x}(t=0) = 0$ ist und ferner angenommen werden soll, daß schwache Dämpfung vorliegt und die Walze nicht rutscht. In der statischen Ruhelage soll $x = 0$ sein.

Gegeben: m, g, c, d, r, μ, $x(t=0) = x_0$, $\dot{x}(t=0) = 0$

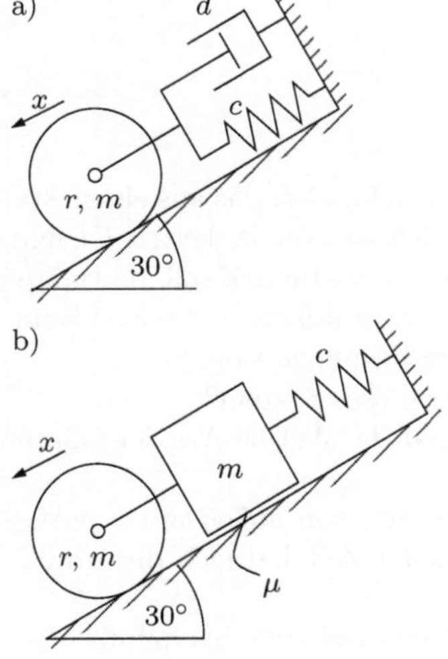

Lösung:

a)

$$\omega_d = \sqrt{\frac{2c}{3m}}\sqrt{1 - \frac{d^2}{6mc}}$$

$$x(T) = e^{-\frac{2\pi d}{3m\omega_d}}\, x_0$$

b)

$$\omega = \sqrt{\frac{2c}{5m}}$$

$$x(T) = x_0 - 2\sqrt{3}\,\frac{\mu m g}{c}$$

Aufgabe 21.10 (Schwierigkeitsgrad 3)

Gegeben ist das skizzierte System in seiner statischen Ruhelage.
a) Stellen Sie die Bewegungsgleichung des Systems auf.
b) Ermitteln Sie die Amplitude des Stabdrehwinkels im eingeschwungenen Zustand.
c) Berechnen Sie, bei welcher Erregerkreisfrequenz Ω^* der größte Ausschlag des Systems auftritt. Geben Sie diesen Winkelausschlag betragsmäßig an.

Gegeben: m, ℓ, d, k, u_0, $u(t) = u_0 \sin(\Omega t)$

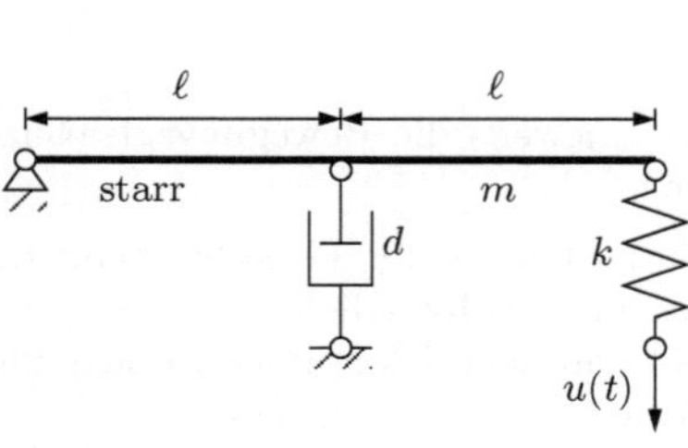

Lösung:

a) $$\ddot{\varphi} + \frac{3d}{4m}\dot{\varphi} + \frac{3k}{m}\varphi = -\frac{3k}{2m\ell}u(t)$$

b) $$A = \frac{u_0}{2\ell\sqrt{(1-\eta^2)^2 + 4D^2\eta^2}}$$

mit

$$\eta = \frac{\Omega}{\omega},\ D = \frac{3d}{8m\omega},\ \omega = \sqrt{\frac{3k}{m}}$$

c) $$\Omega^* = \omega\sqrt{1-2D^2},$$

$$A = \frac{u_0}{4\ell D\sqrt{1-D^2}}$$

Aufgabe 21.11 (Schwierigkeitsgrad 2)

Unten abgebildet ist ein einfaches Modell eines Gebäudes, das aus einem starren Dach mit der Masse m und zwei Stützen mit den Biegesteifigkeiten EI und der Höhe h besteht. Der Dämpfer mit der Dämpfungskonstante d soll die Dämpfung durch Luftreibung und im Tragwerk ersetzen. Für Stahlkonstruktionen kann von einem logarithmischen Dekrement $\Lambda = 0.05$ ausgegangen werden.

1. Wie groß ist die Dämpfungskonstante d für dieses System?
2. Bestimmen Sie das Lehr'sche Dämpfungsmaß D. Welche Art der Dämpfung liegt vor?
3. Das Gebäude wird am Dach durch Einwirkung von außen um den Weg x_0 ausgelenkt und schwingt dann frei. Nach welcher Zeit hat sich die Amplitude halbiert?
4. Wie viele Schwingungsperioden durchläuft das Gebäude bis dahin?

Gegeben: $m = 40$ t, $EI = 4.5$ MNm^2, $h = 3$ m, $\Lambda = 0.05$

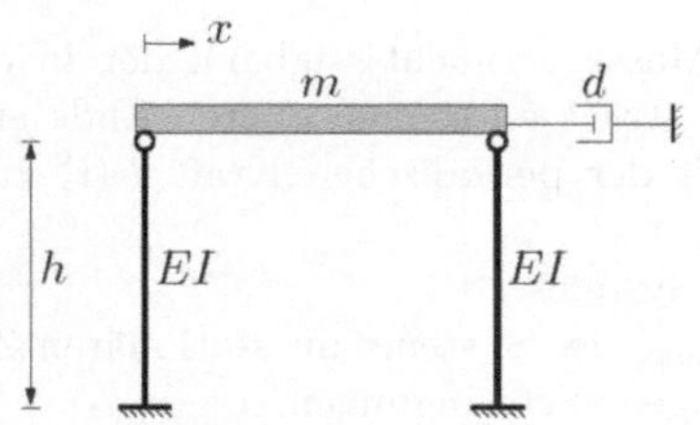

Lösung:

$$\begin{aligned} \text{a)}\quad d &= 0.0064\ \frac{\text{MN s}}{\text{m}} \\ \text{b)}\quad D &= 0.016 \\ \text{c)}\quad t &= 8.66\ \text{s} \\ \text{d)}\quad n &= 13.8 \end{aligned}$$

Aufgabe 21.12 (Schwierigkeitsgrad 3)

Für das skizzierte System mit viskoser Dämpfung ermittle man die Eigenkreisfrequenz der gedämpften Schwingung.

Die Massen des Balkens (Biegesteifigkeit EI, Länge ℓ) und der Stäbe (jeweils Dehnsteifigkeit EA, Länge $\ell/2$) seien vernachlässigbar.

Gegeben: ℓ, EA, $EI = EA\,\ell^2$, d, m

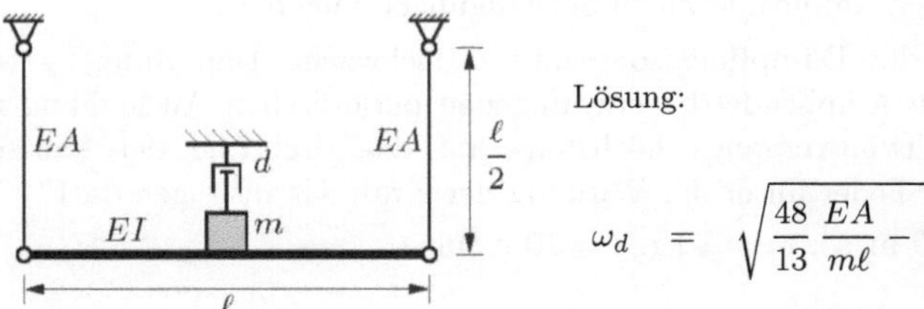

Lösung:

$$\omega_d = \sqrt{\frac{48}{13}\,\frac{EA}{m\ell} - \left(\frac{d}{2m}\right)^2}$$

Aufgabe 21.13 (Schwierigkeitsgrad 3)

Ein Mast (Länge ℓ, Biegesteifigkeit EI, Masse vernachlässigbar), der in der Höhe h durch dehnstarre Seile gestützt ist, trägt an seinem oberen Ende eine Masse m. Der Mast wird durch Wind mit der periodischen Kraft $F(t)$ zum Schwingen angeregt.

a) Bestimmen Sie die Kreisfrequenz ω des Systems.

b) Ermitteln Sie den Maximalausschlag $x_{\max}$ des Systems im stationären Zustand für mit der Erregerkraft $F(t)$ erzwungene Schwingungen.

Gegeben: $EI = 3 \cdot 10^8$ Nm^2, $\ell = 20$ m, $h = 10$ m, $m = 3000$ kg,
$F(t) = F_0 \cos \Omega t$, $F_0 = 1 \cdot 10^4$ N, $\Omega = 10$ s^{-1}

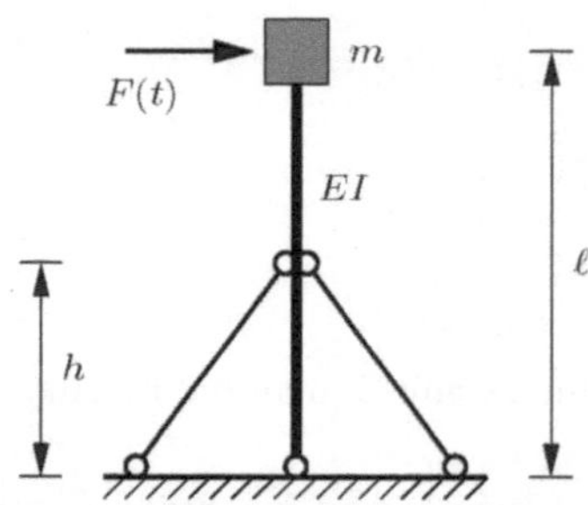

Lösung:

a) $\omega = \sqrt{150}$ 1/s

b) $x_{\max} = 6.67$ cm

Aufgabe 21.14 (Schwierigkeitsgrad 2)

Ein gedämpfter Feder-Masse-Schwinger wird durch eine harmonisch veränderliche Kraft mit der Amplitude F_0 zu Schwingungen angeregt.

Wie groß muß die Dämpfungskonstante d (schwache Dämpfung) gewählt werden, wenn die Amplitude der erzwungenen periodischen Auslenkung nach Ende des Einschwingvorgangs höchstens auf das dreifache der statischen Verlängerung der Feder unter der Wirkung der Kraft F_0 ansteigen darf?

Gegeben: $g = 10$ m/s^2, $m = 1$ kg, $c = 10$ N/m

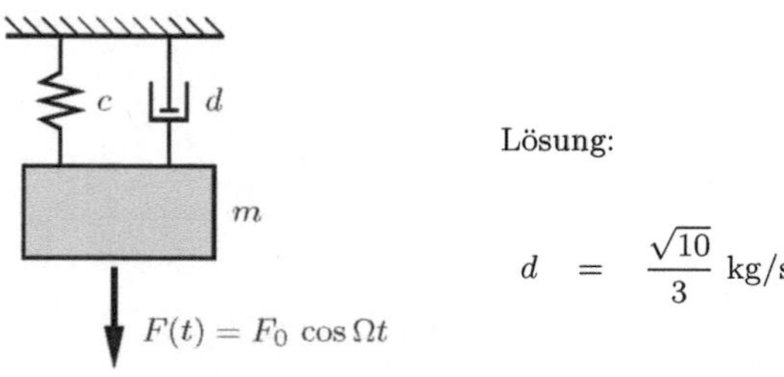

Lösung:

$$d = \frac{\sqrt{10}}{3} \text{ kg/s}$$

Aufgabe 21.15 (Schwierigkeitsgrad 3)

Eine Waschmaschine sei durch das skizzierte Ersatzsystem dargestellt. Die Wäschetrommel mit Waschgut wird durch die ausmittige Masse m_1 approximiert. Sie ist über eine Feder (Federkonstante c), einen geschwindigkeitsproportionalen Dämpfer (Dämpfungskonstante d) und eine starre, masselose Pendelstütze mit dem Maschinengehäuse (Masse m) verbunden.

Geben Sie an, wie groß die Masse m des Maschinengehäuses mindestens sein muss, wenn die Maschine beim Schleudern (mit 335 Umdrehungen pro Minute) im stationären Zustand nicht vom Boden abheben soll.

Gegeben: $m_1 = 10$ kg, $r = 0.1$ m, $g = 10$ m/s^2, $c = 49$ kN/m, $d = 140$ Ns/m, $n = 335$ min^{-1}

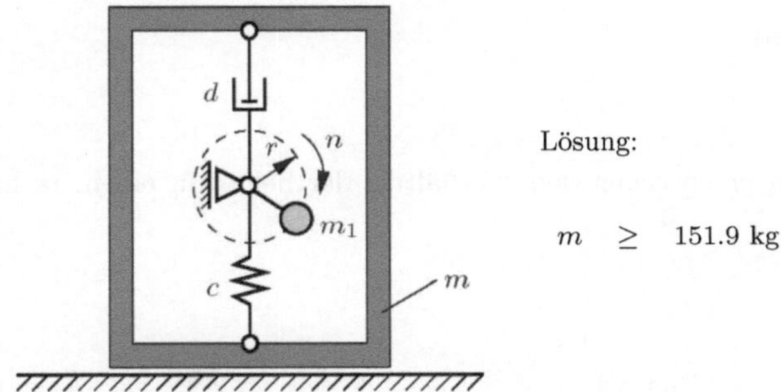

Lösung:

$$m \geq 151.9 \text{ kg}$$

Anhang

A Mathematische Grundlagen

A.1 Ebene Trigonometrie

A.1.1 Definitionen

Definition am Dreieck

Die Winkelfunktionen entsprechen dem Verhältnis der Seiten in einem rechtwinkligen Dreieck.

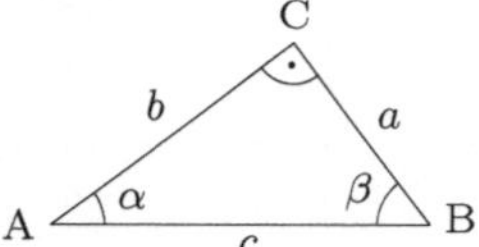

Bild A.1
Winkelfunktionen am rechtwinkligen Dreieck

Mit den in Bild A.1 festgelegten Bezeichnungen gilt beispielsweise für den Winkel α:

$$\begin{aligned} \text{Sinus} &= \frac{\text{Gegenkathete}}{\text{Hypotenuse}} & \sin\alpha &= \frac{a}{c} \\ \text{Cosinus} &= \frac{\text{Ankathete}}{\text{Hypotenuse}} & \cos\alpha &= \frac{b}{c} \\ \text{Tangens} &= \frac{\text{Gegenkathete}}{\text{Ankathete}} & \tan\alpha &= \frac{a}{b} \\ \text{Cotangens} &= \frac{\text{Ankathete}}{\text{Gegenkathete}} & \cot\alpha &= \frac{b}{a} \end{aligned} \tag{A.1}$$

Winkelfunktionen am Kreis

Die Definition am Dreieck lässt sich am Kreis für große Winkel erweitern.

Die Koordinaten des Punktes P in Bild A.2 auf einem Kreis mit dem Radius r lassen sich mit den Winkelfunktionen ausdrücken, dies gilt auch für Win-

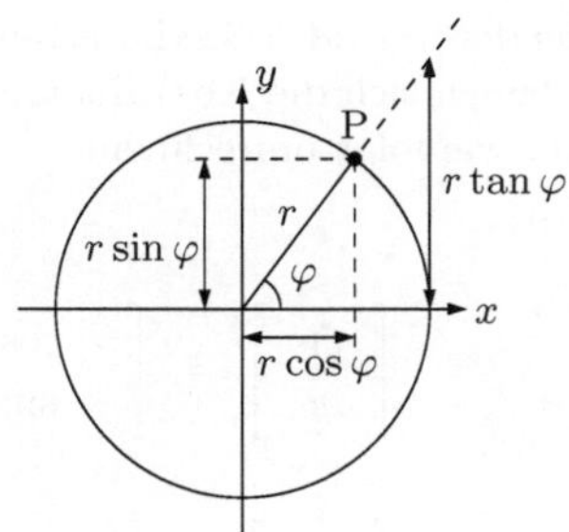

Bild A.2
Winkelfunktionen am Kreis

kel $\varphi > 90°$. Die Koordinaten von P sind also

$$P(r\,\cos\varphi, r\,\sin\varphi)\,.$$

A.1.2 Zusammenhänge zwischen den Winkelfunktionen

Für die Winkelfunktionen gelten folgende Beziehungen für beliebige Winkel α:

$$\begin{aligned} \sin^2\alpha + \cos^2\alpha &= 1 \\ \tan\alpha &= \frac{\sin\alpha}{\cos\alpha} \quad (\cos\alpha \neq 0) \\ 1 + \tan^2\alpha &= \frac{1}{\cos^2\alpha} \quad (\cos\alpha \neq 0) \\ \cot\alpha &= \frac{1}{\tan\alpha} \quad (\tan\alpha \neq 0) \end{aligned} \tag{A.2}$$

A.2 Drehung des Koordinatensystems

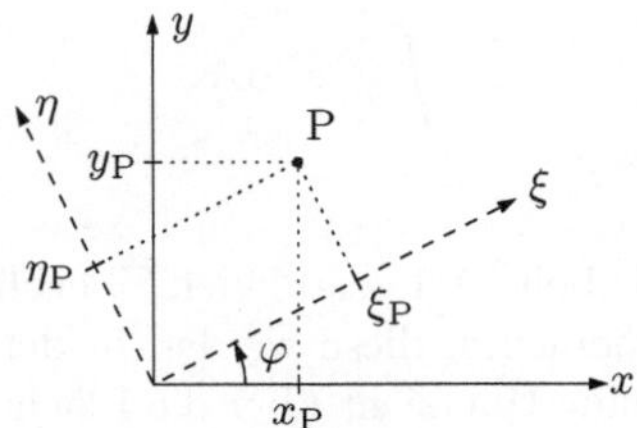

Bild A.3
Drehung des Koordinatensystems

Bei der in Bild A.3 skizzierten Drehung des Koordinatensystems um den Winkel φ lassen sich die Koordinaten des Punktes P mit Hilfe der Transformationsmatrix wie folgt umrechnen:

$$\begin{bmatrix} \xi_\mathrm{P} \\ \eta_\mathrm{P} \end{bmatrix} = \begin{bmatrix} \cos\varphi & \sin\varphi \\ -\sin\varphi & \cos\varphi \end{bmatrix} \begin{bmatrix} x_\mathrm{P} \\ y_\mathrm{P} \end{bmatrix} \tag{A.3}$$

$$\begin{bmatrix} x_\mathrm{P} \\ y_\mathrm{P} \end{bmatrix} = \begin{bmatrix} \cos\varphi & -\sin\varphi \\ \sin\varphi & \cos\varphi \end{bmatrix} \begin{bmatrix} \xi_\mathrm{P} \\ \eta_\mathrm{P} \end{bmatrix} \tag{A.4}$$

A.3 Geometrische Momente

A.3.1 Definition

Unter geometrischen Momenten versteht man allgemein Integrale von Potenzen der Koordinaten in der Form

$$\int_s x^\alpha y^\beta z^\gamma \,\mathrm{d}s \quad , \quad \int_A x^\alpha y^\beta z^\gamma \,\mathrm{d}A \quad , \quad \int_V x^\alpha y^\beta z^\gamma \,\mathrm{d}V \tag{A.5}$$

mit natürlichen Exponenten α, β und γ, wobei die Summe $n = \alpha + \beta + \gamma$ als Grad des geometrischen Moments bezeichnet wird.

Flächenmomente

In der Mechanik werden hauptsächlich die Flächenmomente für Querschnitte von Balken, also für den zweidimensionalen Fall benötigt, d. h.

$$\int_A y^\beta z^\gamma \,\mathrm{d}A \,. \tag{A.6}$$

Tabelle A.1 zeigt einen Überblick über die Definitionen der wichtigsten Flächenmomente, diese werden in den folgenden Abschnitten detaillierter dargestellt. Eine Übersicht über die Flächenmomente einfacher Geometrien befindet sich in Tabelle B.5.

Grad	Name	Definition
0	Fläche	$A = \int\limits_A \mathrm{d}A$
1	statisches Moment	$S_y = \int\limits_A z\,\mathrm{d}A$ $S_z = \int\limits_A y\,\mathrm{d}A$
2	Flächenträgheitsmoment	$I_y = \int\limits_A z^2\,\mathrm{d}A$ $I_z = \int\limits_A y^2\,\mathrm{d}A$
2	Deviationsmoment der Fläche	$I_{yz} = -\int\limits_A yz\,\mathrm{d}A$
2	Polares Flächenträgheitsmoment	$I_p = \int\limits_A r^2\,\mathrm{d}A\,, \quad (r^2 = y^2 + z^2)$

Tabelle A.1 Flächenmomente

Flächeninhalt

Der Flächeninhalt

$$A = \int\limits_A \mathrm{d}A \tag{A.7}$$

ist unabhängig von der Wahl des Koordinatensystems, da im Integral keine Koordinaten auftreten.

A.3.2 Statisches Moment und geometrischer Schwerpunkt

Das *statische Moment* wird auf eine Achse bezogen. Das auf die y-Achse bezogene statische Moment ist beispielsweise

$$S_y = \int\limits_A z\,\mathrm{d}A\,. \tag{A.8}$$

Da das statische Moment achsenbezogen ist, ändert es sich, wenn man die zugehörige Achse verschiebt. Bild A.4 zeigt eine Fläche mit einem infinitesimalen

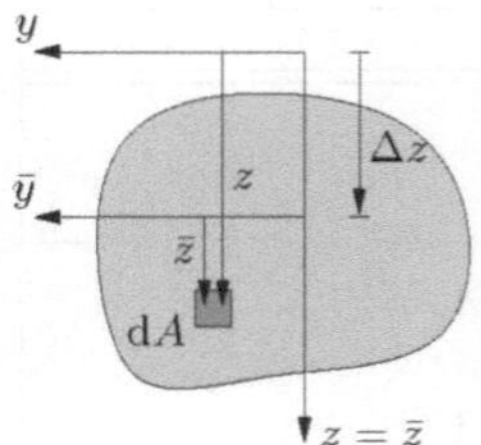

Bild A.4
Statisches Moment bei Verschiebung der y-Achse

Flächenelement $\mathrm{d}A$. Bei Verschiebung der y-Achse um Δz, also $\bar{z} = z - \Delta z$, erhält man

$$S_{\bar{y}} = \int_A \bar{z}\,\mathrm{d}A = \int_A z - \Delta z\,\mathrm{d}A = \int_A z\,\mathrm{d}A - \Delta z \int_A \mathrm{d}A = S_y - \Delta z\,A\,. \tag{A.9}$$

Das Koordinatensystem kann so verschoben werden, dass S_y und S_z verschwinden. Der Ursprung eines solchen Koordinatensystems wird *geometrischer Schwerpunkt* S genannt, man spricht auch vom *Schwerpunktskoordinatensystem.*

Die Koordinaten des geometrischen Schwerpunkts in einem gegebenen y-z-Koordinatensystem ergeben sich mit der Forderung $S_{\bar{y}} = S_{\bar{z}} = 0$ aus Gleichung A.9

$$y_\mathrm{S} = \frac{1}{A}\int_A y\,\mathrm{d}A \quad , \qquad z_\mathrm{S} = \frac{1}{A}\int_A z\,\mathrm{d}A. \tag{A.10}$$

Beispiel A.1 Schwerpunkt eines Dreiecks

Berechnen Sie den geometrischen Schwerpunkt $(x_\mathrm{S}, y_\mathrm{S})$ des Dreiecks mit der oberen Berandung $g(x)$.

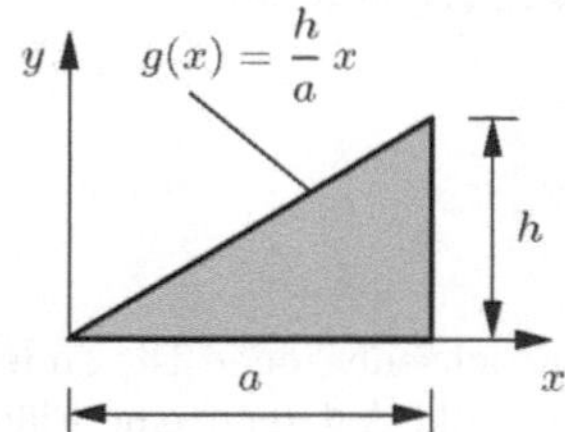

Lösung:
1. Schritt: Berechnung der Dreiecksfläche

$$\begin{aligned} A &= \int_A \mathrm{d}A = \int_{x=0}^{x=a} \int_{y=0}^{y=g(x)} \mathrm{d}y \, \mathrm{d}x = \int_{x=0}^{x=a} g(x) \, \mathrm{d}x \\ &= \frac{h}{a} \int_{x=0}^{x=a} x \, \mathrm{d}x = \frac{1}{2} ha \, . \end{aligned}$$

2. Schritt: Berechnung des geometrischen Schwerpunktes

$$\begin{aligned} x_\mathrm{S} &= \frac{1}{A} \int x \, \mathrm{d}A = \frac{1}{A} \int_{x=0}^{x=a} x \, g(x) \, \mathrm{d}x \\ &= \frac{1}{A} \left[\frac{h}{a} \frac{x^3}{3} \right]_{x=0}^{x=a} = \frac{1}{A} \frac{1}{3} ha^2 = \frac{2}{3} a \, . \end{aligned}$$

3. Schritt: Durch analoges Vorgehen erhält man für die y-Koordinate des geometrischen Schwerpunkts

$$y_\mathrm{S} = \frac{1}{3} h \, .$$

Zusammengesetzte Flächen

Mit Gleichung A.9 und Gleichung A.10 erhält man eine einfache Gleichung zur Berechnung des statischen Moments bei aus einfachen Geometrien zusammengesetzten Flächen, deren Teilschwerpunkte bekannt sind. (Diese können beispielsweise Tabelle B.5 entnommen werden). S_y und S_z können mit

$$S_y = \sum_i z_{\mathrm{S}_i} A_i \, , \qquad S_z = \sum_i y_{\mathrm{S}_i} A_i \tag{A.11}$$

berechnet werden, wobei z_{S_i} und y_{S_i} die Koordinaten der geometrischen Teilschwerpunkte und A_i die Flächen der Teile sind. Daraus folgt auch entsprechend Gleichung A.10 für den geometrischen Schwerpunkt von solchen zusammengesetzten Flächen:

$$y_\mathrm{S} = \frac{\sum_i y_{\mathrm{S}_i} A_i}{\sum_i A_i} \, , \qquad z_\mathrm{S} = \frac{\sum_i z_{\mathrm{S}_i} A_i}{\sum_i A_i} \tag{A.12}$$

Die praktische Berechnung des Flächenschwerpunkts einer zusammengesetzten Fläche wird in Beispiel 5.1 gezeigt.

Geometrischer Linien- und Volumenschwerpunkt

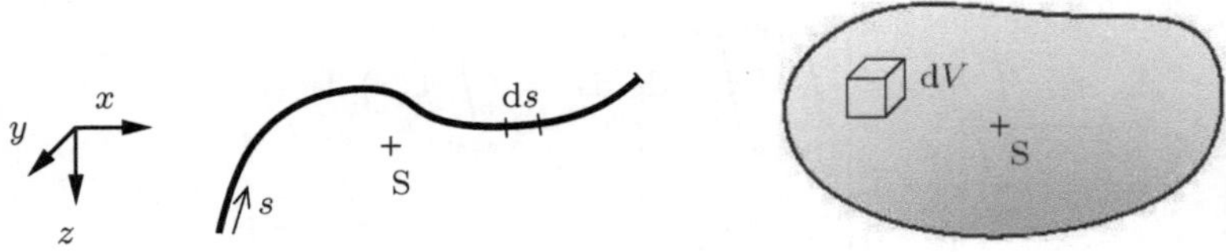

Bild A.5 Geometrischer Schwerpunkt von Linie und Volumen

Analog zu Gleichung A.10 lassen sich im allgemeinen dreidimensionalen Fall die geometrischen Schwerpunkte von Linien und Volumen berechnen. Für den Linienschwerpunkt gilt

$$x_{\mathrm{S}} = \frac{1}{L}\int x\ \mathrm{d}s\,, \qquad y_{\mathrm{S}} = \frac{1}{L}\int y\ \mathrm{d}s\,, \qquad z_{\mathrm{S}} = \frac{1}{L}\int z\ \mathrm{d}s \tag{A.13}$$

mit der Länge

$$L = \int \mathrm{d}s\,. \tag{A.14}$$

Der Volumenschwerpunkt lässt sich mit

$$x_{\mathrm{S}} = \frac{1}{V}\int x\ \mathrm{d}V\,, \quad y_{\mathrm{S}} = \frac{1}{V}\int y\ \mathrm{d}V\,, \quad z_{\mathrm{S}} = \frac{1}{V}\int z\ \mathrm{d}V \tag{A.15}$$

berechnen mit dem Volumen

$$V = \int \mathrm{d}V\,. \tag{A.16}$$

Beispiel A.2 Linienschwerpunkt

Berechnen Sie den Linienschwerpunkt $(x_{\mathrm{S}}, y_{\mathrm{S}})$ des dargestellten Kreisbogens.

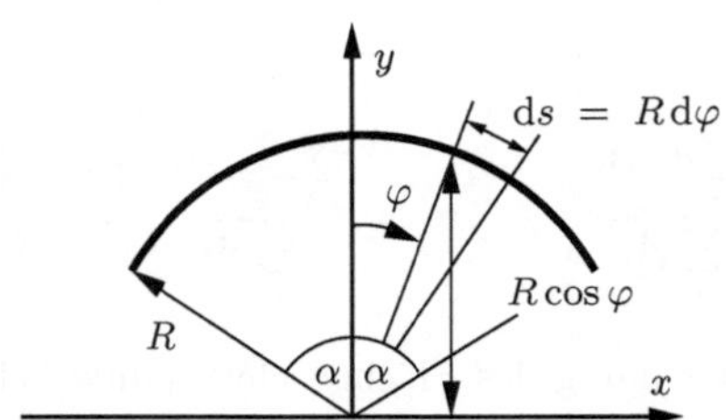

Lösung:
Aus der *Symmetrie* ergibt sich

$$x_S = 0\,.$$

Die Länge des Kreisbogens ergibt sich nach Gleichung A.14 zu

$$L = \int \mathrm{d}s = 2\int_0^\alpha R\,\mathrm{d}\varphi = 2\,R\alpha\,.$$

Die Koordinate y_S bestimmt sich mit

$$y = R\cos\varphi$$

nach Gleichung A.13 zu

$$y_S = \frac{2}{L}\int_0^\alpha R\cos\varphi\,\mathrm{d}s = R\,\frac{\sin\alpha}{\alpha}\,.$$

Beispiel A.3 Volumenschwerpunkt
Berechnen Sie den geometrischen Schwerpunkt (x_S, y_S, z_S) der skizzierten Pyramide.

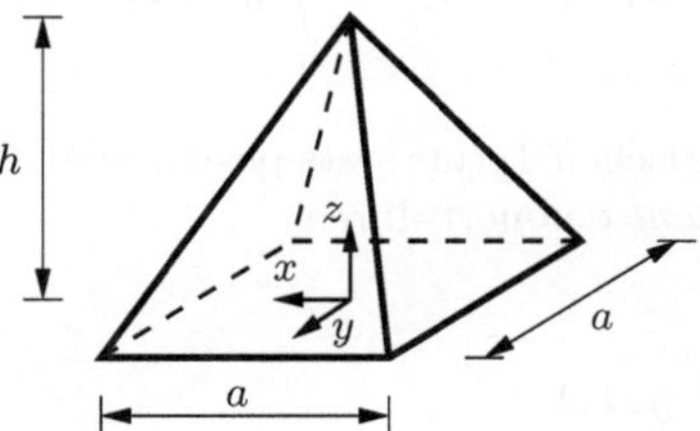

Lösung:
Da sich die horizontalen Querschnittsflächen $A(z)$ der Pyramide leicht in Abhängigkeit der z-Koordinate ausdrücken lassen, empfiehlt sich eine Integration über die Pyramidenhöhe h. Die Querschnittsfläche ist

$$A(z) = \left[a\left(1-\frac{z}{h}\right)\right]^2 = a^2\left(1-2\,\frac{z}{h}+\frac{z^2}{h^2}\right)$$

Das Volumen V der Pyramide ist

$$V = \int_0^h A(z)\,\mathrm{d}z = a^2\int_0^h\left(1-2\,\frac{z}{h}+\frac{z^2}{h^2}\right)\,\mathrm{d}z$$

$$= a^2\left[z-\frac{z^2}{h}+\frac{z^3}{3h^2}\right]_0^h = \frac{1}{3}\,a^2 h\,.$$

Die Lage des Schwerpunktes ergibt sich in x- und y-Richtung aus der Symmetrie zu

$$x_{\mathrm{S}} = 0\,, \quad y_{\mathrm{S}} = 0\,.$$

In z-Richtung erhält man aus Gleichung A.15 die Schwerpunktkoordinate

$$z_{\mathrm{S}} = \frac{1}{V}\int_0^h z\,A(z)\,\mathrm{d}z = \frac{a^2}{V}\int_0^h z\left(1 - 2\,\frac{z}{h} + \frac{z^2}{h^2}\right)\,\mathrm{d}z$$

$$= \frac{a^2}{V}\left[\frac{z^2}{2} - \frac{2\,z^3}{3h} + \frac{z^4}{4\,h^2}\right]_0^h = \frac{a^2}{V}\frac{h^2}{12} = \frac{1}{4}\,h\,.$$

A.3.3 Flächenträgheitsmoment

Definition

Neben den *axialen Flächenträgheitsmomenten*

$$I_y = \int_A z^2\,\mathrm{d}A \quad , \qquad I_z = \int_A y^2\,\mathrm{d}A\,, \tag{A.17}$$

die wegen der quadratischen Terme stets positiv sind, ist das *Deviationsmoment* oder *Zentrifugalmoment* definiert durch

$$I_{yz} = -\int_A yz\,\mathrm{d}A\,. \tag{A.18}$$

Bei Flächen, bei denen eine der Koordinatenachse Symmetrieachse ist, ist das Deviationsmoment null. Dies wird unten bei der Berechnung der Hauptträgheitsmomente gezeigt.

Anmerkung: Das negative Vorzeichen wird hier aus rechentechnischen Gründen eingeführt. In der Literatur wird das Deviationsmoment teilweise auch ohne negatives Vorzeichen definiert, daher ist beim Nachschlagen von Querschnittswerten in Tabellen auf das richtige Vorzeichen zu achten.

Das *polare Flächenträgheitsmoment* ist definiert durch

$$I_{\mathrm{p}} = \int_A r^2\,\mathrm{d}A = \int_A \left(y^2 + z^2\right)\,\mathrm{d}A = I_y + I_z \tag{A.19}$$

und kann daher leicht aus den axialen Trägheitsmomenten berechnet werden.

Beispiel A.4 Flächenträgheitsmomente eines Rechtecks

Berechnen Sie für das dargestellte Rechteck der Breite B und Höhe H die Flächenträgheitsmomente bzgl. des Schwerpunktskoordinatensystems.

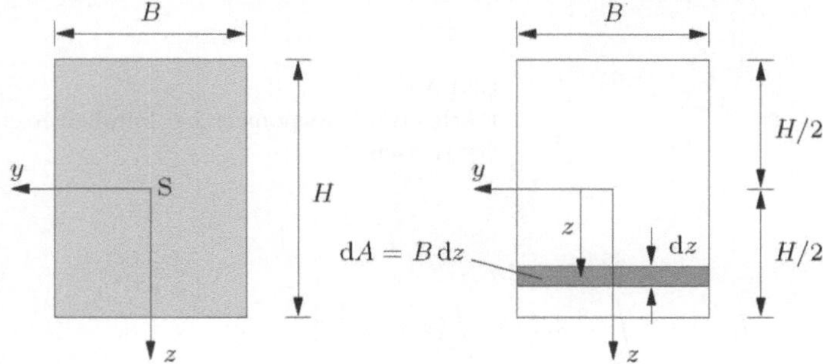

Lösung:

Zur Bestimmung von I_y ist es zweckmäßig, ein Flächenelement $\mathrm{d}A$ zu wählen, bei dem alle Punkte den gleichen Abstand z von der y-Achse haben. Daraus folgt

$$
\begin{aligned}
I_y &= \int_A z^2 \,\mathrm{d}A = \int_{-H/2}^{H/2} z^2 B \,\mathrm{d}z \\
&= \frac{1}{3} B z^3 \bigg|_{-H/2}^{H/2} = \frac{1}{3} B \left[\frac{H^3}{8} - \left(-\frac{H^3}{8} \right) \right] = \frac{H^3 B}{12}
\end{aligned}
$$

Entsprechend ergibt sich durch Vertauschen von B und H

$$
I_z = \frac{H B^3}{12}
$$

und daraus unter Verwendung von Gleichung A.19

$$
I_p = \frac{H^3 B + H B^3}{12} \,.
$$

Wegen der Symmetrie des Rechtecks bzgl. der Koordinatenachsen ist das Deviationsmoment

$$
I_{yz} = 0 \,.
$$

Parallelverschiebung des Koordinatensystems

Verschiebt man die Achsen wie in Bild A.6 dargestellt parallel aus dem Schwerpunkt heraus mit $\bar{z} = z + \bar{z}_S$, $\bar{y} = y + \bar{y}_S$, erhält man

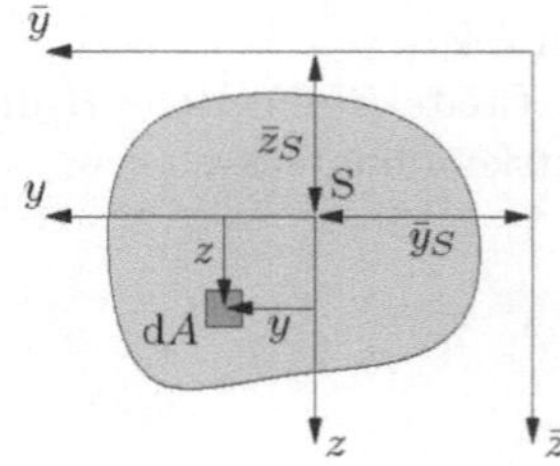

Bild A.6
Flächenträgheitsmoment bei Parallelverschiebung der Achsen

$$
\begin{aligned}
I_{\bar{y}} &= \int \bar{z}^2 \,\mathrm{d}A = \int (z + \bar{z}_\mathrm{S})^2 \,\mathrm{d}A \\
&= \underbrace{\int z^2 \,\mathrm{d}A}_{I_y} + 2\bar{z}_\mathrm{S} \underbrace{\int z \,\mathrm{d}A}_{0} + \bar{z}_\mathrm{S}^2 \underbrace{\int \mathrm{d}A}_{A}, \\
I_{\bar{z}} &= \int \bar{y}^2 \,\mathrm{d}A = \int (y + \bar{y}_\mathrm{S})^2 \,\mathrm{d}A \\
&= \underbrace{\int y^2 \,\mathrm{d}A}_{I_z} + 2\bar{y}_\mathrm{S} \underbrace{\int y \,\mathrm{d}A}_{0} + \bar{y}_\mathrm{S}^2 \underbrace{\int \mathrm{d}A}_{A}, \\
I_{\bar{y}\bar{z}} &= -\int \bar{y}\bar{z} \,\mathrm{d}A = -\int (y + \bar{y}_\mathrm{S})(z + \bar{z}_\mathrm{S}) \,\mathrm{d}A \\
&= \underbrace{-\int yz \,\mathrm{d}A}_{I_{yz}} - \bar{y}_\mathrm{S} \underbrace{\int z \,\mathrm{d}A}_{0} - \bar{z}_\mathrm{S} \underbrace{\int y \,\mathrm{d}A}_{0} - \bar{y}_\mathrm{S}\bar{z}_\mathrm{S} \underbrace{\int \mathrm{d}A}_{A}.
\end{aligned}
\qquad (\mathrm{A.20})
$$

Aus diesen Gleichungen folgen die *Steinerschen Sätze* (nach JACOB STEINER, 1796 – 1863)

$$
\begin{aligned}
I_{\bar{y}} &= I_y + \bar{z}_\mathrm{S}^2 A, \\
I_{\bar{z}} &= I_z + \bar{y}_\mathrm{S}^2 A, \\
I_{\bar{y}\bar{z}} &= I_{yz} - \bar{y}_\mathrm{S}\bar{z}_\mathrm{S} A.
\end{aligned}
\qquad (\mathrm{A.21})
$$

Aus den STEINERschen Formeln erkennt man unmittelbar, dass die axialen Flächenträgheitsmomente bezüglich des Schwerpunktskoordinatensystems am kleinsten sind. Die so genannten STEINERanteile $\bar{z}_\mathrm{S}^2 A$ und $\bar{y}_\mathrm{S}^2 A$ sind stets positiv, $\bar{y}_\mathrm{S}\bar{z}_\mathrm{S} A$ kann je nach Lage der Achsen positiv oder negativ sein. Bei Verschiebung aus einem beliebigen Koordinatensystem in das Schwerpunktskoordinatensystem müssen die STEINERanteile abgezogen werden.

Beispiel A.5 Flächenträgheitsmoment eines Dreiecks
Berechnen Sie für den dargestellten Dreiecksquerschnitt die Flächenträgheitsmomente I_y und $I_{\bar{y}}$. Kontrollieren Sie den Zusammenhang der Flächenträgheitsmomente I_y und $I_{\bar{y}}$ mit Hilfe des STEINERschen Satzes.

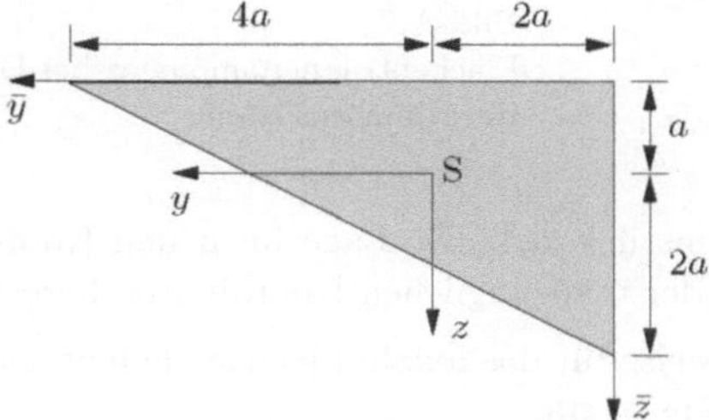

Lösung:
Mit den Geradengleichungen für die Hypotenuse

$$y = 2a - 2z\,, \qquad \bar{y} = 6a - 2\bar{z}$$

folgt

$$I_y = \int_A z^2\,\mathrm{d}A = \int_{-a}^{2a}\int_{-2a}^{2a-2z} z^2\,\mathrm{d}y\,\mathrm{d}z = \int_{-a}^{2a} z^2\,[y]_{-2a}^{2a-2z}\,\mathrm{d}z$$

$$= \int_{-a}^{2a} \left(4az^2 - 2z^3\right)\mathrm{d}z = \left[\frac{4a}{3}\,z^3 - \frac{1}{2}\,z^4\right]_{-a}^{2a} = \frac{9}{2}\,a^4$$

und

$$I_{\bar{y}} = \int_A \bar{z}^2\,\mathrm{d}A = \int_0^{3a}\int_0^{6a-2\bar{z}} \bar{z}^2\,\mathrm{d}\bar{y}\,\mathrm{d}\bar{z} = \int_0^{3a} \bar{z}^2\,[\bar{y}]_0^{6a-2\bar{z}}\,\mathrm{d}\bar{z}$$

$$= \int_0^{3a} \left(6a\bar{z}^2 - 2\bar{z}^3\right)\mathrm{d}\bar{z} = \left[2a\bar{z}^3 - \frac{1}{2}\,\bar{z}^4\right]_0^{3a} = \frac{27}{2}\,a^4\,.$$

Aus Gleichung A.21 folgt für $I_{\bar{y}}$ direkt

$$I_{\bar{y}} = \frac{9}{2}\,a^4 + (-a)^2\left(\frac{1}{2}\,6a\,3a\right) = \frac{27}{2}\,a^4\,.$$

Anmerkung: In Tabelle B.5 sind Flächenträgheitsmomente von diversen Querschnitten angegeben.

Drehung des Koordinatensystems

Bild A.7 zeigt das durch Drehung um den mathematisch positiven Winkel φ aus dem Schwerpunktskoordinatensystem y, z hervorgegangene System η, ζ sowie ein

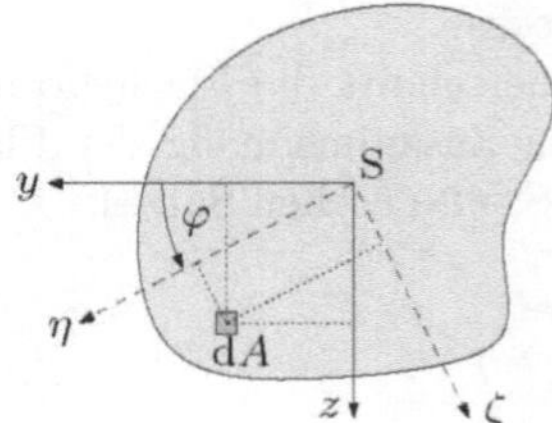

Bild A.7
Flächenträgheitsmoment bei Drehung des Koordinatensystems

infinitesimales Flächenstück dA. Die Lage im neuen Koordinatensystem lässt sich in Abhängigkeit der ursprünglichen Koordinaten berechnen.

Damit folgt beispielsweise für das axiale Flächenträgheitsmoment bezüglich des gedrehten Koordinatensystems

$$\begin{aligned} I_\eta &= \int_A \zeta^2 \,\mathrm{d}A = \int_A (-y\sin\varphi + z\cos\varphi)^2 \,\mathrm{d}A \\ &= \int_A \left(y^2\sin^2\varphi - 2yz\sin\varphi\cos\varphi + z^2\cos^2\varphi\right) \mathrm{d}A \\ &= I_z\sin^2\varphi + I_{yz}2\sin\varphi\cos\varphi + I_y\cos^2\varphi\,. \end{aligned} \tag{A.22}$$

Mit den Additionstheoremen

$$\begin{aligned} 2\sin\varphi\cos\varphi &= \sin 2\varphi\,, \\ \cos^2\varphi &= \frac{1}{2}(1+\cos 2\varphi)\,, \\ \sin^2\varphi &= \frac{1}{2}(1-\cos 2\varphi)\,, \end{aligned}$$

lässt sich I_η schließlich umschreiben zu

$$I_\eta = \frac{1}{2}(I_y + I_z) + \frac{1}{2}(I_y - I_z)\cos 2\varphi + I_{yz}\sin 2\varphi\,. \tag{A.23}$$

Entsprechend folgt

$$I_\zeta = \frac{1}{2}(I_y + I_z) - \frac{1}{2}(I_y - I_z)\cos 2\varphi - I_{yz}\sin 2\varphi\,, \tag{A.24}$$

$$I_{\eta\zeta} = -\frac{1}{2}(I_y - I_z)\sin 2\varphi + I_{yz}\cos 2\varphi\,. \tag{A.25}$$

Hauptträgheitsmomente

Unter Hauptträgheitsmomenten versteht man die durch Drehung eines Schwerpunktskoordinatensystems erreichbaren maximalen und minimalen Flächenträgheitsmomente.

Um diese zu ermitteln leitet man das Flächenträgheitsmoment I_η nach dem Drehwinkel φ ab und setzt das Ergebnis gleich null. Damit erhält man als Bedingung für ein extremales Flächenträgheitsmoment die Gleichung

$$-\frac{1}{2}\,(I_y - I_z)\; 2\sin 2\varphi^* \;+\; I_{yz}\, 2\cos 2\varphi^* \;=\; 0\,. \tag{A.26}$$

Woraus sich die Bedingung für den Drehwinkel ergibt,

$$\tan 2\varphi^* \;=\; 2\frac{I_{yz}}{I_y - I_z}\,. \tag{A.27}$$

Möchte man die Extremwerte von I_z bestimmen, so erhält man wegen der orthogonalen Achsen dieselben Gleichungen. Für eine Drehung um den Winkel φ^* erhält man also sowohl die maximalen als auch die minimalen Flächenträgheitsmomente. Die zugehörigen Achsen werden *Hauptachsen* genannt und mit I (maximales Trägheitsmoment) und II (minimales Trägheitsmoment) bezeichnet. Da der Tangens π-periodisch ist, erhält man zwei Lösungen φ_1^* und φ_2^*, die sich um $\frac{\pi}{2}$ bzw. $90°$ unterscheiden, also

$$\varphi_2^* \;=\; \varphi_1^* \;+\; 90°\,. \tag{A.28}$$

Beide Winkel führen aber auf dieselben Hauptachsen, die den Winkel $90°$ einschließen. Das Ergebnis unterscheidet sich lediglich in der Zuordnung der Hauptachsen zu den Koordinatenachsen η und ζ.

Vergleicht man Gleichung A.26 mit der Gleichung für die Transformation des Deviationsmoments A.25, so sieht man, dass in einem Hauptachsensystem das Deviationsmoment verschwindet. Ein Hauptachsensystem liegt genau dann vor, wenn das Deviationsmoment null ist. Setzt man den mit Gleichung A.27 erhaltenen Winkel in Gleichung A.23 und A.24 ein, so kann man auch eine Formel zur direkten Berechnung der Hauptträgheitsmomente herleiten. Unter Berücksichtigung elementarer trigonometrischer Zusammenhänge folgt

$$I_{I,II} \;=\; \frac{I_y + I_z}{2} \pm \sqrt{\left(\frac{I_y - I_z}{2}\right)^2 + I_{yz}^2}\,. \tag{A.29}$$

Im Allgemeinen benötigt man allerdings auch die Lage der Hauptachsen nach Gleichung A.27, so dass sich eine Berechnung mit den Gleichungen A.27, A.23 und A.24 empfiehlt.

Der Mohrsche Trägheitskreis

Die Transformationsgleichungen A.23, A.24 und A.25 für Flächenträgheitsmomente können grafisch interpretiert werden. Dies führt auf den *Mohrschen Trägheitskreis* (nach Christian Otto Mohr, 1853-1918).

Bild A.8 zeigt einen solchen Trägheitskreis, in dem für den dargestellten Querschnitt die Trägheitsmomente bezüglich des ursprünglichen Koordinatensystems

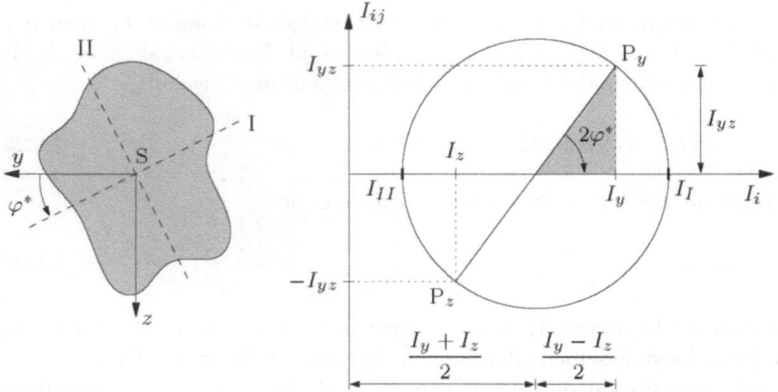

Bild A.8 MOHR'scher Trägheitskreis

y, z eingezeichnet sind, sowie die Hauptachsen I und II. Der Rotationswinkel φ tritt im MOHR'schen Trägheitskreis mit dem doppelten Betrag und dem entgegengesetzten Drehsinn auf.

Man erkennt auch hier, dass es stets ein maximales und ein minimales Flächenträgheitsmoment gibt, wobei die zugehörigen Hauptachsen senkrecht aufeinander stehen. Gleichung A.27 ist als trigonometrische Beziehung im grau unterlegten Dreieck erkennbar.

Mit dem Satz von PYTHAGORAS lässt sich in diesem Dreieck der Radius des Kreises berechnen. Dies führt auf Gleichung A.29.

Ein Sonderfall liegt vor, wenn die Hauptträgheitsmomente I_I und I_{II} gleich groß sind. Dann wird der MOHR'sche Trägheitskreis zu einem Punkt und alle Richtungen sind Hauptachsen mit jeweils dem gleichen Trägheitsmoment. Dies ist beispielsweise bei quadratischen oder kreisrunden Querschnitten der Fall, siehe dazu auch den folgenden Abschnitt.

Hauptträgheitsachsen symmetrischer Profile

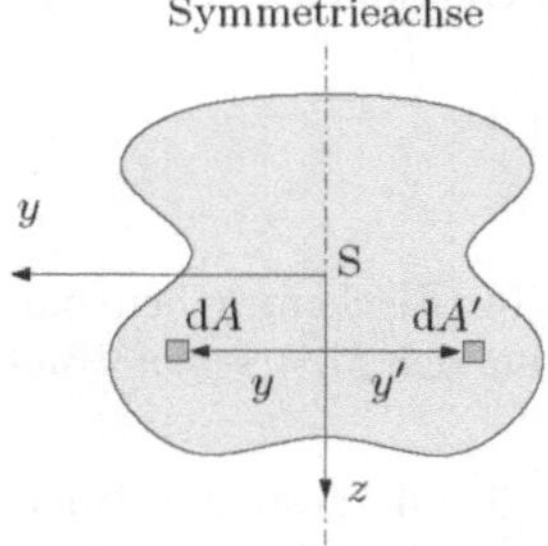

Bild A.9
Symmetrischer Querschnitt

Bild A.9 zeigt einen symmetrischen Querschnitt, bei dem das Koordinatensystem so festgelegt sei, dass die z-Achse mit der Symmetrieachse zusammenfällt, wie in Bild A.9 gezeigt. Zu jedem Flächenelement $\mathrm{d}A$ mit dem Abstand y zur z-Achse gibt es ein symmetrisches Element $\mathrm{d}A'$ mit dem Abstand $y' = -y$. Daher erhält man bei der Berechnung des Deviationsmoments nach Gleichung A.18

$$\begin{aligned} I_{yz} &= -\int_A yz\,\mathrm{d}A = -\int_{\frac{1}{2}A} yz\,\mathrm{d}A - \int_{\frac{1}{2}A} y'z\,\mathrm{d}A \\ &= -\int_{\frac{1}{2}A} yz\,\mathrm{d}A - \int_{\frac{1}{2}A} -yz\,\mathrm{d}A = 0\,. \end{aligned} \tag{A.30}$$

Das Deviationsmoment ist demnach bei symmetrischen Querschnitten null. Dies ist im Allgemeinen genau dann der Fall, wenn das gewählte Koordinatensystem ein Hauptachsensystem ist. Daraus folgt, dass bei einfach symmetrischen Querschnitten die Symmetrieachse eine Hauptachse ist. Die zweite Hauptachse verläuft orthogonal zur Symmetrieachse durch den Schwerpunkt.

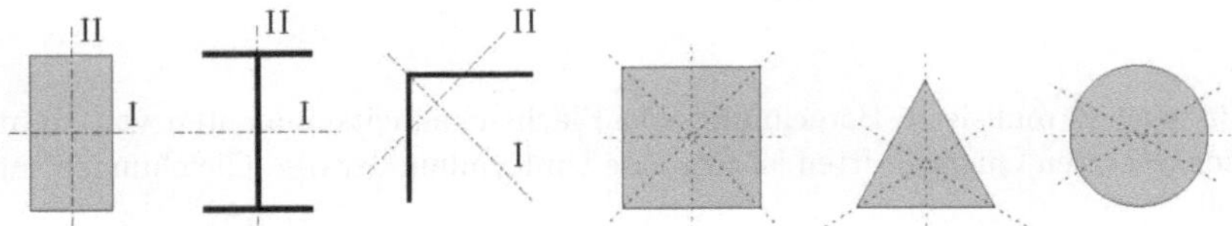

Bild A.10 Hauptachsen symmetrischer Querschnitte

Hieraus lässt sich folgern, dass ein Querschnitt, der Symmetrieachsen hat, die nicht orthogonal sind, wie das Quadrat, das gleichseitige Dreieck und der Kreis in Bild A.10, mehrere Hauptachsen haben. Bei diesen Querschnitten entartet der MOHRsche Trägheitskreis zu einem Punkt und *alle* Achsen sind Hauptachsen.

Flächenträgheitsmomente zusammengesetzter Querschnitte

Ist eine Querschnittsfläche A aus geometrisch einfachen Teilflächen A_i zusammengesetzt, deren Flächenträgheitsmomente bekannt sind (z. B. nach Tabelle B.5), so lässt sich das Flächenträgheitsmoment des Gesamtquerschnitts aus der Summe der Flächenträgheitsmomente der Einzelflächen berechnen, nachdem diese zunächst auf ein gemeinsames Koordinatensystem bezogen wurden.

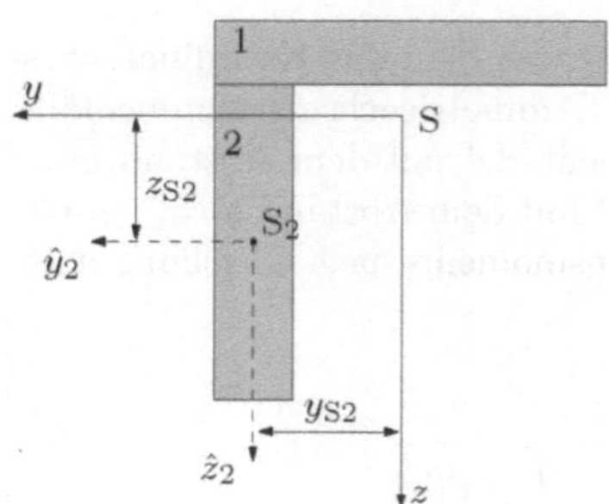

Bild A.11
Flächenträgheitsmomente eines zusammengesetzten Querschnitts

Bild A.11 zeigt einen aus zwei Teilen zusammengesetzten Querschnitt mit dem lokalen Koordinatensystem für Teil 2. Für die Flächenträgheitsmomente gilt

$$I_y = \int_A z^2 \, dA = \int_{A_1} z^2 \, dA_1 + \int_{A_2} z^2 \, dA_2 + \ldots = \sum_i I_{y\,i} \tag{A.31}$$

$$I_z = \ldots = \sum_i I_{z\,i} \tag{A.32}$$

$$I_{yz} = \ldots = \sum_i I_{yz\,i} \,. \tag{A.33}$$

Für eine formalisierte Berechnung von Flächenträgheitsmomenten von zusammengesetzten Querschnitten ist folgende Umformung der o. g. Gleichungen sinnvoll,

$$\begin{aligned} I_y &= \sum_i I_{\hat{y}i} + \sum_i z_{Si}^2 A_i \,, \\ I_z &= \sum_i I_{\hat{z}i} + \sum_i y_{Si}^2 A_i \,, \\ I_{yz} &= \sum_i I_{\hat{y}\hat{z}i} - \sum_i y_{Si} z_{Si} A_i \,, \end{aligned} \tag{A.34}$$

wobei $I_{\hat{y}\,i}$, $I_{\hat{z}\,i}$ und $I_{\hat{y}\hat{z}\,i}$ die Eigenanteile der Flächenträgheitsmomente der Teilflächen (bezogen auf die jeweiligen Teilschwerpunktsachsen) sind sowie y_{Si} und z_{Si} die Abstände vom Gesamtschwerpunkt zum jeweiligen Teilschwerpunkt.

Beispiel A.6 Flächenträgheitsmoment eines zusammenesetzten Querschnitts
Berechnen Sie für das dargestellte T-Profil die Flächenträgheitsmomente I_y, I_z und I_{yz} bezüglich der Schwerpunktsachsen.

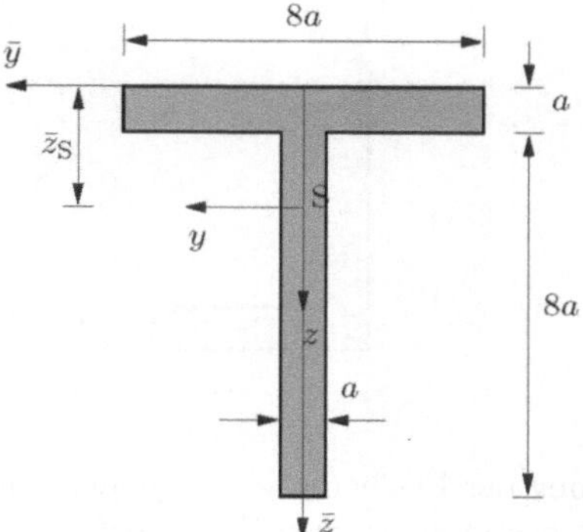

Lösung:
Da das T-Profil zur z-Achse symmetrisch ist, ist zum einen das Deviationsmoment I_{yz} null, zum anderen liegt der Schwerpunkt ebenfalls auf dieser Achse ($\bar{y}_s = 0$). Die z-Koordinate des Schwerpunkts berechnet sich nach Gleichung A.12 zu

$$\bar{z}_S = \frac{11}{4}\,a\,.$$

Das T-Profil wird in die zwei Teilflächen Flansch (1) und Steg (2) aufgeteilt, deren (Teil-) Schwerpunkte ebenfalls auf der z-Achse liegen

$$y_{S1} = 0\,, \qquad y_{S2} = 0\,.$$

Die z-Koordinaten der Teilschwerpunkte ergeben sich zu

$$z_{S1} = -\frac{11}{4}\,a + \frac{1}{2}\,a = -\frac{9}{4}\,a\,, \qquad z_{S2} = 5a - \frac{11}{4}\,a = \frac{9}{4}\,a\,.$$

Mit Gleichung A.34 folgt für die gesuchten axialen Flächenträgheitsmomente

$$\begin{aligned} I_y &= I_{\hat{y}\,1} + I_{\hat{y}\,2} + z_{S1}^2 A_1 + z_{S2}^2 A_2 \\ &= \frac{1}{12}\,a^3 \cdot 8a + \frac{1}{12}\,a \cdot (8a)^3 + \left(-\frac{9}{4}\,a\right)^2 \cdot 8a^2 + \left(\frac{9}{4}\,a\right)^2 \cdot 8a^2 \\ &= \frac{373}{3}\,a^4\,, \end{aligned}$$

$$\begin{aligned} I_y &= I_{\hat{z}\,1} + I_{\hat{z}\,2} + y_{S1}^2 A_1 + y_{S2}^2 A_2 \\ &= \frac{1}{12}\,a \cdot (8a)^3 + \frac{1}{12}\,a^3 \cdot 8a + 0 + 0 = \frac{130}{3}\,a^4\,. \end{aligned}$$

Beispiel A.7 Hauptachsen, Hauptträgheitsmomente
Gesucht sind die Flächenträgheitsmomente I_y, I_z und I_{yz} bezüglich des Schwerpunktskoordinatensystems y, z sowie Hauptachsen und Hauptträgheitsmomente I_I und I_{II} für das abgebildete L-Profil.

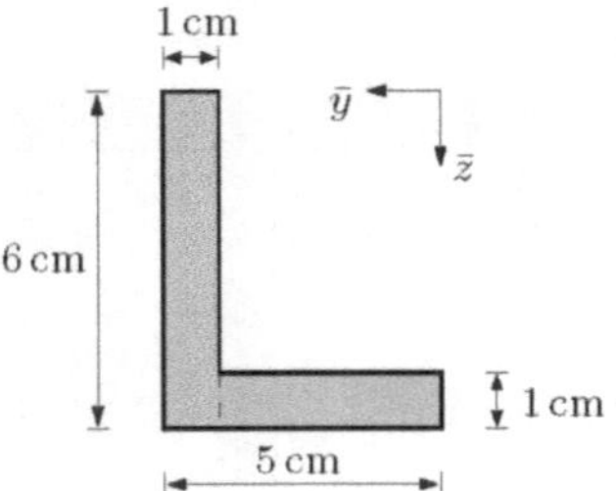

Lösung:
Für die Berechnung der Flächenträgheitsmomente muss zunächst der Flächenschwerpunkt bestimmt werden. Dazu zerlegen wir die Fläche in zwei Teilflächen und verwenden Gleichung A.12 zur Berechnung des Flächenschwerpunktes,

$$\begin{aligned} y_S &= \frac{y_{S1} A_1 + y_{S2} A_2}{A_1 + A_2} = \frac{4.5 \cdot 6 + 2 \cdot 4}{6+4} = 3.5 \text{ cm} \\ z_S &= \frac{z_{S1} A_1 + z_{S2} A_2}{A_1 + A_2} = \frac{3 \cdot 6 + 5.5 \cdot 4}{6+4} = 4 \text{ cm}. \end{aligned}$$

Damit kann man nun die Flächenträgheitsmomente bezüglich des Schwerpunktskoordinatensystems berechnen. Dazu benötigt man die Flächenträgheitsmomente der Teilflächen bezüglich ihrer Teilschwerpunkte, wie sie z. B. in Tabelle B.5 aufgeführt sind. Mit den Abmessungen b_1, h_1, b_2 und h_2 folgt

$$\begin{aligned} I_y &= \frac{b_1 h_1^3}{12} + (z_{S1} - z_S)^2 \cdot A_1 + \frac{b_2 h_2^3}{12} + (z_{S2} - z_S)^2 \cdot A_2 \\ &= \frac{1 \cdot 6^3}{12} + (3-4)^2 \cdot 6 + \frac{4 \cdot 1^3}{12} + (5.5-4)^2 \cdot 4 = 33.33 \text{ cm}^4 \\ I_z &= \frac{h_1 b_1^3}{12} + (y_{S1} - y_S)^2 \cdot A_1 + \frac{h_2 b_2^3}{12} + (y_{S2} - y_S)^2 \cdot A_2 \\ &= \frac{6 \cdot 1^3}{12} + (4.5-3.5)^2 \cdot 6 + \frac{1 \cdot 4^3}{12} + (2-3.5)^2 \cdot 4 = 20.83 \text{ cm}^4 \\ I_{yz} &= 0 - (y_{S1} - y_S)(z_{S1} - z_S) A_1 \\ &\quad + 0 - (y_{S2} - y_S)(z_{S2} - z_S) A_2 \\ &= 0 - (4.5-3.5) \cdot (3-4) \cdot 6 + 0 - (2-3.5) \cdot (5.5-4) \cdot 4 \\ &= 15 \text{ cm}^4 . \end{aligned}$$

Die Richtung der Hauptachsen erhält man mit Hilfe von Gleichung A.27,

$$\tan 2\varphi^* = 2 \frac{I_{yz}}{I_y - I_z} = 2 \cdot \frac{15}{33.33 - 20.83} = 2.4 ,$$

$$\Rightarrow \quad 2\varphi^* = 67.38^\circ \quad \Rightarrow \quad \varphi_1^* = 33.69^\circ .$$

Anmerkung: Als zweite Lösung ergibt sich der Winkel $\varphi_2^* = 33.69^\circ + 90^\circ$, der aber auf dieselben Hauptspannungen führt (vergleiche Gleichung A.28).

Die zugehörigen Hauptträgheitsmomente erhält man schließlich mit den Transformationsgleichungen A.23 und A.24,

$$\begin{aligned}
I_\eta &= \frac{1}{2}(I_y + I_z) + \frac{1}{2}(I_y - I_z)\cos 2\varphi + I_{yz}\sin 2\varphi \\
&= \frac{1}{2}(33.33 + 20.83) + \frac{1}{2}(33.33 - 20.83)\cos 67.38^\circ \\
&\qquad +15\sin 67.38^\circ = 43.33\ \text{cm}^4 \\
I_\zeta &= \frac{1}{2}(I_y + I_z) - \frac{1}{2}(I_y - I_z)\cos 2\varphi - I_{yz}\sin 2\varphi \\
&= \frac{1}{2}(33.33 + 20.83) - \frac{1}{2}(33.33 - 20.83)\cos 67.38^\circ \\
&\qquad -15\sin 67.38^\circ = 10.83\ \text{cm}^4
\end{aligned}$$

Die Hauptträgheitsmomente sind so definiert, dass I_I das maximale und I_{II} das minimale Trägheitsmoment ist, also hier

$$I_I = I_\eta = 43.33\ \text{cm}^4 \quad , \qquad I_{II} = I_\zeta = 10.83\ \text{cm}^4 .$$

Die Lage der Hauptachsen I und II ist durch den Winkel φ^* (oder φ_2^*) bestimmt:

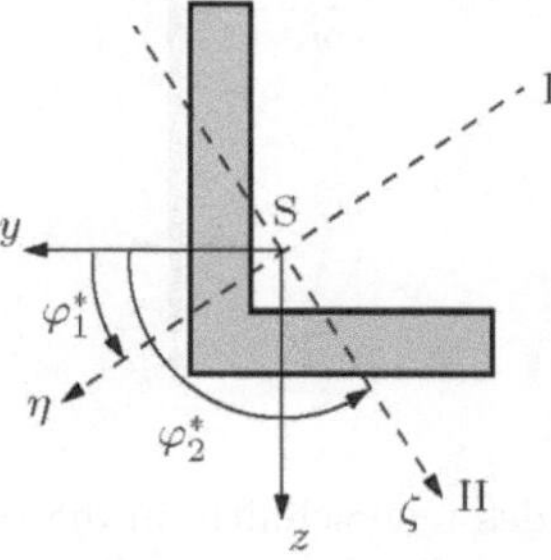

Zur anschaulichen Kontrolle kann man den MOHR'schen Trägheitskreis verwenden.

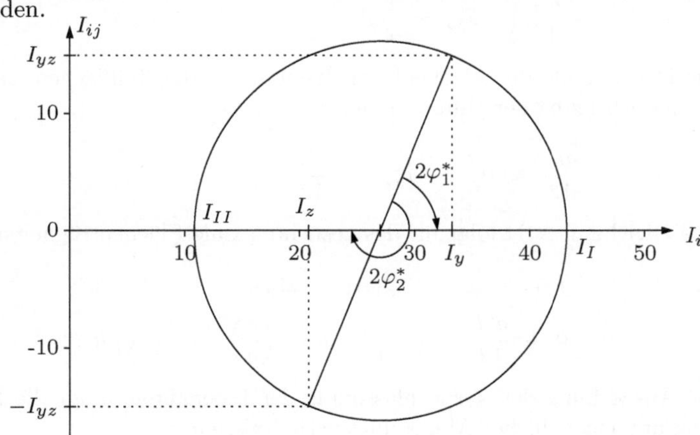

Flächenträgheitsmomente dünnwandiger Querschnitte

Dünnwandige Querschnitte sind Querschnitte, bei denen eine Kantenlänge (z. B. die Dicke t) wesentlich kleiner als die andere ist (z. B. die Länge a), d. h. $t \ll a$.

Bei der Berechnung von Flächenträgheitsmomenten von dünnwandigen Querschnitten können dann meistens die Eigenanteile der Flächenträgheitsmomente vernachlässigt werden, wenn die kleinere Kantenlänge potenziert wird.

Die STEINERanteile dieser (Teil-)Querschnitte dürfen jedoch auf keinen Fall vernachlässigt werden. Sie liefern dennoch einen wesentlichen Anteil zum gesamten Flächenträgheitsmoment und müssen deswegen unbedingt in Betracht gezogen werden.

Beispiel A.8 Flächenträgheitsmoment eines dünnwandigen Querschnitts
Berechnen Sie das axiale Flächenträgheitsmoment des skizzierten dünnwandigen T-Profils ($t \ll a$) bezüglich der angegebenen Schwerpunktsachse y.

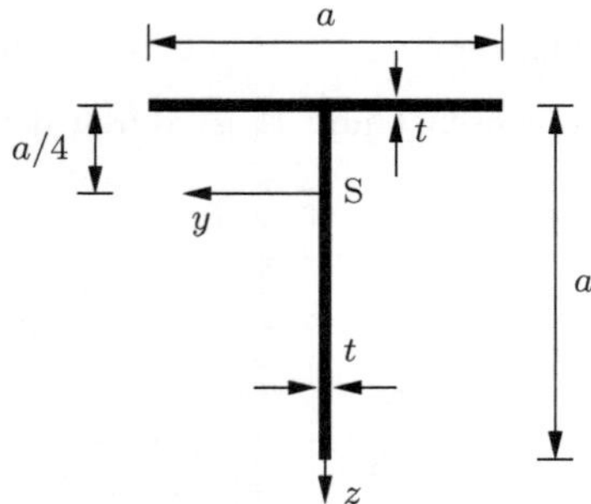

Lösung:
Mit der Aufteilung des Querschnitts in die beiden Teilflächen Flansch (1) und Steg (2) ergibt sich für die z-Koordinaten der Teilschwerpunkte

$$z_{S1} = -\frac{a}{4}, \qquad z_{S2} = \frac{a}{4}.$$

Die Eigenanteile der Flächenträgheitsmomente der Teilflächen sind unter Berücksichtigung der Dünnwandigkeit ($t \ll a$)

$$I_{\hat{y}\,1} = \frac{at^3}{12} \approx 0, \qquad I_{\hat{y}\,2} = \frac{a^3 t}{12}.$$

Aus Gleichung A.34 folgt für das gesuchte axiale Flächenträgheitsmoment

$$\begin{aligned} I_y &= I_{\hat{y}\,1} + I_{\hat{y}\,2} + z_{S1}^2 A_1 + z_{S2}^2 A_2 \\ &= 0 + \frac{a^3 t}{12} + \left(-\frac{a}{4}\right)^2 at + \left(\frac{a}{4}\right)^2 at = \frac{5}{24}\, a^3 t. \end{aligned}$$

Die Auswirkung der Vernachlässigung der Eigenanteile zeigt die Betrachtung unterschiedlicher Abmessungsverhältnisse a/t:

Für $a/t = 10$ folgt

$$I_y = \frac{1250}{6}\,t^4\,, \qquad I_{\hat{y}\,1} = \frac{5}{6}\,t^4\,,$$

für $a/t = 100$ folgt

$$I_y = \frac{625000}{3}\,t^4\,, \qquad I_{\hat{y}\,1} = \frac{25}{3}\,t^4\,.$$

Die Abweichung von der exakten Lösung beträgt damit für $a/t = 10$ 0.4 % bzw. für $a/t = 100$ sogar nur noch 0.004 %.

A.3.4 Volumenträgheitsmoment

Entsprechend den Flächenträgheitsmomenten für eine Fläche in Gleichung A.17 sind für ein Volumen V die axialen Volumenträgheitsmomente bezüglich eines Schwerpunktskoordinatensystems definiert durch

$$\Theta_x^{(\mathrm{S})} = \int \left(y^2 + z^2\right)\,\mathrm{d}V\,, \tag{A.35}$$

$$\Theta_y^{(\mathrm{S})} = \int \left(z^2 + x^2\right)\,\mathrm{d}V\,, \tag{A.36}$$

$$\Theta_z^{(\mathrm{S})} = \int \left(x^2 + y^2\right)\,\mathrm{d}V\,, \tag{A.37}$$

die deviatorischen Trägheitsmomente lauten

$$\Theta_{xy}^{(\mathrm{S})} = \Theta_{yx} = -\int xy\,\mathrm{d}V\,, \tag{A.38}$$

$$\Theta_{yz}^{(\mathrm{S})} = \Theta_{zy} = -\int yz\,\mathrm{d}V\,, \tag{A.39}$$

$$\Theta_{zx}^{(\mathrm{S})} = \Theta_{xz} = -\int zx\,\mathrm{d}V\,. \tag{A.40}$$

Die Volumenträgheitsmomente bezüglich der Parallelen zu den Achsen durch einen Punkt $\mathrm{A}(x_\mathrm{A}, y_\mathrm{A}, z_\mathrm{A})$ lassen sich mit Hilfe der *Steiner'schen Sätze* berechnen,

$$\Theta_x^{(\mathrm{A})} = \Theta_x^{(\mathrm{S})} + V(y_\mathrm{A}^2 + z_\mathrm{A}^2) \tag{A.41}$$

$$\Theta_y^{(\mathrm{A})} = \Theta_y^{(\mathrm{S})} + V(x_\mathrm{A}^2 + z_\mathrm{A}^2) \tag{A.42}$$

$$\Theta_z^{(\mathrm{A})} = \Theta_z^{(\mathrm{S})} + V(x_\mathrm{A}^2 + y_\mathrm{A}^2) \tag{A.43}$$

$$\Theta_{xy}^{(\mathrm{A})} = \Theta_{xy}^{(\mathrm{S})} - V(x_\mathrm{A}\,y_\mathrm{A}) \tag{A.44}$$

$$\Theta_{yz}^{(\mathrm{A})} = \Theta_{yz}^{(\mathrm{S})} - V(y_\mathrm{A}\,z_\mathrm{A}) \tag{A.45}$$

$$\Theta_{zx}^{(\mathrm{A})} = \Theta_{zx}^{(\mathrm{S})} - V(z_\mathrm{A}\,x_\mathrm{A}) \tag{A.46}$$

Beispiel A.9 Massenträgheitsmoment eines Quaders
Von dem abgebildeten Quader ist das Massenträgheitsmoment bezüglich der x-Achse durch den Schwerpunkt S gesucht.

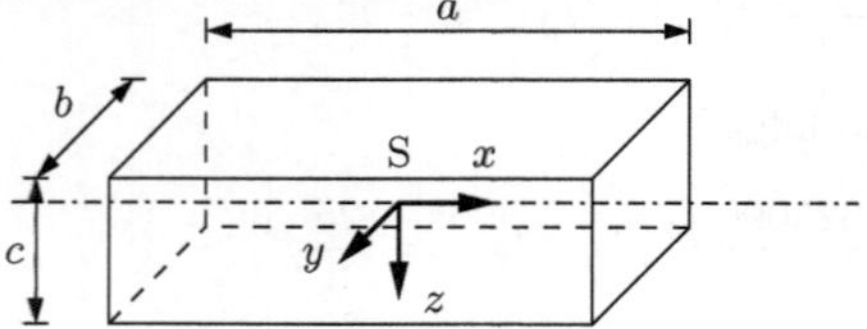

Lösung:
Nach Gleichung A.35 ist

$$\Theta_x^{(\mathrm{S})} = \int \left(y^2 + z^2\right) \mathrm{d}V$$

Die Integration kann nacheinander in jeder Achsrichtung erfolgen. Die Integrationsgrenzen müssen dabei so gewählt werden, dass genau über das gesamte Volumen des Quaders integriert wird, also

$$\begin{aligned}
\Theta_x^{(\mathrm{S})} &= \int_{-c/2}^{c/2} \int_{-b/2}^{b/2} \int_{-a/2}^{a/2} \left(y^2 + z^2\right) \mathrm{d}x \, \mathrm{d}y \, \mathrm{d}z \\
&= \int_{-c/2}^{c/2} \int_{-b/2}^{b/2} \left(y^2 + z^2\right) a \, \mathrm{d}y \, \mathrm{d}z \\
&= \int_{-c/2}^{c/2} \left[\left(\frac{1}{3}y^2 + z^2\right) y\, a\right]_{y=-b/2}^{y=b/2} \mathrm{d}z \\
&= \int_{-c/2}^{c/2} \left(\frac{b^2}{12} + z^2\right) ab \, \mathrm{d}z \\
&= \left[\left(\frac{b^2}{12} + \frac{1}{3}z^2\right) zab\right]_{z=-c/2}^{z=c/2} \\
&= \frac{b^2 + c^2}{12} abc \, .
\end{aligned}$$

A.4 Vektor- und Matrizenrechnung

In diesem Abschnitt wird stets von einem kartesischen Koordinatensystem ausgegangen. Auf eine Einführung in die Tensorrechnung wird verzichtet, da diese für die Grundlagen der Mechanik nicht benötigt wird.

A.4.1 Vektoren

Darstellung eines Vektors

In einem kartesischen Koordinatensystem ist in Richtung jeder Achse ein Einheitsvektor der Länge 1 definiert. Ein allgemeiner Vektor $\boldsymbol{a}$, dargestellt durch einen Pfeil, setzt sich aus Vielfachen dieser Einheitsvektoren zusammen.

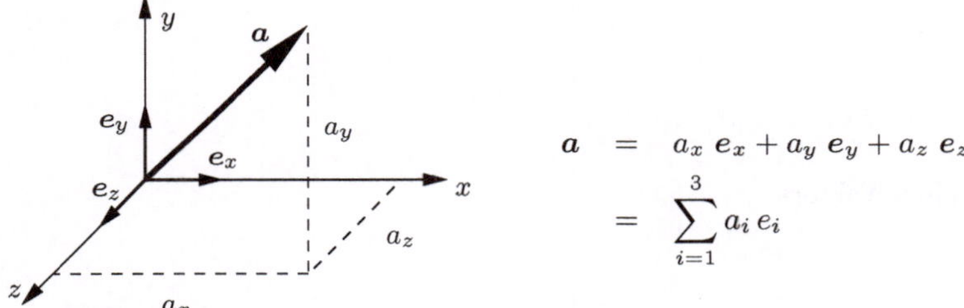

$$\boldsymbol{a} = a_x\,\boldsymbol{e}_x + a_y\,\boldsymbol{e}_y + a_z\,\boldsymbol{e}_z = \sum_{i=1}^{3} a_i\,\boldsymbol{e}_i$$

In der Regel wird die matrizielle Schreibweise verwendet, d. h. es werden lediglich die Faktoren a_x, a_y, a_z in einer Spaltenmatrix notiert

$$\boldsymbol{a} = \begin{bmatrix} a_x \\ a_y \\ a_z \end{bmatrix} .$$

Das verwendete kartesische Koordinatensystem muss als *Rechtshandsystem* definiert sein, d. h. die Lage der orthogonalen Koordinatenachsen entspricht dem gespreizten Daumen, Zeigefinger und Mittelfinger der rechten Hand, wie in Bild A.12 dargestellt ist.

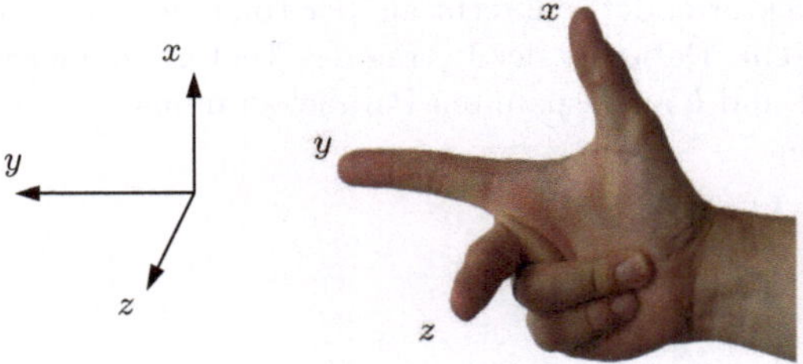

Bild A.12
Rechtshandsystem

Skalarprodukt

Das Skalarprodukt $\boldsymbol{a} \cdot \boldsymbol{b}$ zweier Vektoren $\boldsymbol{a}$ und $\boldsymbol{b}$ ist ein Skalar c:

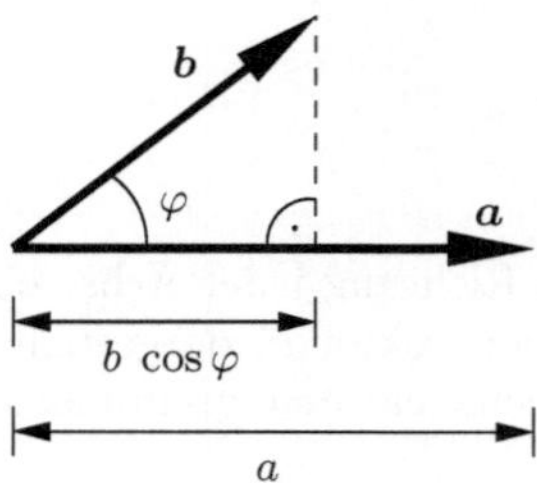

$$
\begin{aligned}
c &= \boldsymbol{a} \cdot \boldsymbol{b} = ab \cos(\varphi) \\
&= a_x b_x + a_y b_y + a_z b_z \\
&= \boldsymbol{a}^T \boldsymbol{b} = [a_x,\ a_y,\ a_z] \begin{bmatrix} b_x \\ b_y \\ b_z \end{bmatrix}.
\end{aligned}
$$

Betrag eines Vektors

Der Betrag (die „Länge“) eines Vektors lässt sich mit Hilfe des Skalarproduktes berechnen:

$$a = |\boldsymbol{a}| = \sqrt{\boldsymbol{a} \cdot \boldsymbol{a}} = \sqrt{a_x^2 + a_y^2 + a_z^2}$$

Vektorprodukt

Das Vektorprodukt oder Kreuzprodukt $\boldsymbol{a} \times \boldsymbol{b}$ zweier Vektoren $\boldsymbol{a}$ und $\boldsymbol{b}$ ist ein Vektor $\boldsymbol{c}$, der senkrecht auf der von den Vektoren $\boldsymbol{a}$ und $\boldsymbol{b}$ aufgespannten Fläche steht. Dabei ist der Betrag des Vektors $|\boldsymbol{c}|$ gleich dem Flächeninhalt A des von $\boldsymbol{a}$ und $\boldsymbol{b}$ aufgespannten Parallelogramms.

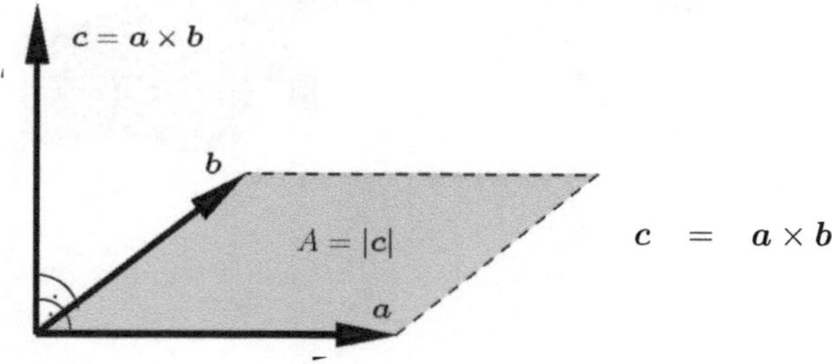

$$\boldsymbol{c} = \boldsymbol{a} \times \boldsymbol{b}$$

Die Berechnung des Vektorprodukts kann mit Hilfe der Sarrus-Regel erfolgen:

$$\begin{aligned}
\boldsymbol{c} &= \det\begin{pmatrix} \boldsymbol{e}_x & \boldsymbol{e}_y & \boldsymbol{e}_z \\ a_x & a_y & a_z \\ b_x & b_y & b_z \end{pmatrix} = \begin{vmatrix} \boldsymbol{e}_x & \boldsymbol{e}_y & \boldsymbol{e}_z \\ a_x & a_y & a_z \\ b_x & b_y & b_z \end{vmatrix} \\
&= (a_y b_z - a_z b_y)\boldsymbol{e}_x + (a_z b_x - a_x b_z)\boldsymbol{e}_y + (a_x b_y - a_y b_x)\boldsymbol{e}_z \\
&= [a_y b_z - a_z b_y,\ a_z b_x - a_x b_z,\ a_x b_y - a_y b_x] \begin{bmatrix} \boldsymbol{e}_x \\ \boldsymbol{e}_y \\ \boldsymbol{e}_z \end{bmatrix} \\
&= [a_y b_z - a_z b_y,\ a_z b_x - a_x b_z,\ a_x b_y - a_y b_x]\,\mathbf{e} \\
&= \mathbf{e}^T \begin{bmatrix} a_y b_z - a_z b_y \\ a_z b_x - a_x b_z \\ a_x b_y - a_y b_x \end{bmatrix}
\end{aligned}$$

Die drei Vektoren $\boldsymbol{a}$, $\boldsymbol{b}$ und $\boldsymbol{c}$ bilden in dieser Reihenfolge ein Rechtshandsystem, siehe Bild A.12. Daher lässt sich auch die folgende Rechenregel für das Vektorprodukt leicht nachvollziehen:

$$\boldsymbol{a} \times \boldsymbol{b} = -\boldsymbol{b} \times \boldsymbol{a}$$

A.4.2 Dyaden (Tensoren 2. Stufe)

Um zum Beispiel Spannungszustände dreidimensional darstellen zu können, werden in der Mechanik Dyaden bzw. Tensoren 2. Stufe benötigt.

Darstellung eines Tensors 2. Stufe

Tensoren 2. Stufe können sowohl nach der *Einsteinschen Summenkonvention* als auch in der Komponentenschreibweise geschrieben werden:

$$\begin{aligned}
\underline{\boldsymbol{\sigma}} &= \sigma_{ij}\boldsymbol{e}_i\boldsymbol{e}_j \\
&= \quad \sigma_{xx}\boldsymbol{e}_x\boldsymbol{e}_x + \sigma_{xy}\boldsymbol{e}_x\boldsymbol{e}_y + \sigma_{xz}\boldsymbol{e}_x\boldsymbol{e}_z \\
&\quad + \sigma_{yx}\boldsymbol{e}_y\boldsymbol{e}_x + \sigma_{yy}\boldsymbol{e}_y\boldsymbol{e}_y + \sigma_{yz}\boldsymbol{e}_y\boldsymbol{e}_z \\
&\quad + \sigma_{zx}\boldsymbol{e}_z\boldsymbol{e}_x + \sigma_{zy}\boldsymbol{e}_z\boldsymbol{e}_y + \sigma_{zz}\boldsymbol{e}_z\boldsymbol{e}_z \,.
\end{aligned}$$

In der matriziellen Schreibweise sieht die Darstellung folgendermaßen aus:

$$\begin{aligned}
\underline{\boldsymbol{\sigma}} &= \mathbf{e}^T\boldsymbol{\sigma}\mathbf{e} \\
&= \begin{bmatrix} \boldsymbol{e}_x & \boldsymbol{e}_y & \boldsymbol{e}_z \end{bmatrix} \begin{bmatrix} \sigma_{xx} & \sigma_{xy} & \sigma_{xz} \\ \sigma_{yx} & \sigma_{yy} & \sigma_{yz} \\ \sigma_{zx} & \sigma_{zy} & \sigma_{zz} \end{bmatrix} \begin{bmatrix} \boldsymbol{e}_x \\ \boldsymbol{e}_y \\ \boldsymbol{e}_z \end{bmatrix} .
\end{aligned}$$

Die Ausführung des Matrizenprodukts nach dem *Falkschen Schema* ergibt wieder

$$\begin{array}{ccc} & & \begin{bmatrix} \boldsymbol{e}_x \\ \boldsymbol{e}_y \\ \boldsymbol{e}_z \end{bmatrix} \\ \begin{bmatrix} \sigma_{xx} & \sigma_{xy} & \sigma_{xz} \\ \sigma_{yx} & \sigma_{yy} & \sigma_{yz} \\ \sigma_{zx} & \sigma_{zy} & \sigma_{zz} \end{bmatrix} & & \begin{bmatrix} \sigma_{xx}\boldsymbol{e}_x + \sigma_{xy}\boldsymbol{e}_y + \sigma_{xz}\boldsymbol{e}_z \\ \sigma_{yx}\boldsymbol{e}_x + \sigma_{yy}\boldsymbol{e}_y + \sigma_{yz}\boldsymbol{e}_z \\ \sigma_{zx}\boldsymbol{e}_x + \sigma_{zy}\boldsymbol{e}_y + \sigma_{zz}\boldsymbol{e}_z \end{bmatrix} \end{array}$$

$$\begin{aligned} \begin{bmatrix} \boldsymbol{e}_x & \boldsymbol{e}_y & \boldsymbol{e}_z \end{bmatrix} = \quad & \sigma_{xx}\boldsymbol{e}_x\boldsymbol{e}_x + \sigma_{xy}\boldsymbol{e}_x\boldsymbol{e}_y + \sigma_{xz}\boldsymbol{e}_x\boldsymbol{e}_z \\ & + \sigma_{yx}\boldsymbol{e}_y\boldsymbol{e}_x + \sigma_{yy}\boldsymbol{e}_y\boldsymbol{e}_y + \sigma_{yz}\boldsymbol{e}_y\boldsymbol{e}_z \\ & + \sigma_{zx}\boldsymbol{e}_z\boldsymbol{e}_x + \sigma_{zy}\boldsymbol{e}_z\boldsymbol{e}_y + \sigma_{zz}\boldsymbol{e}_z\boldsymbol{e}_z \,. \end{aligned}$$

Eigenwerte und Eigenvektoren symmetrischer Matrizen (Dyaden)

Für symmetrische Matrizen (Dyaden) gilt

$$\begin{aligned} \sigma_{yx} &= \sigma_{xy} \,, \\ \sigma_{zx} &= \sigma_{xz} \,, \\ \sigma_{zy} &= \sigma_{yz} \,. \end{aligned}$$

Für alle symmetrischen Dyaden gibt es eine Drehtransformation in eine Diagonalform, also

$$\boldsymbol{\sigma}^* = \begin{bmatrix} \sigma_1 & 0 & 0 \\ 0 & \sigma_2 & 0 \\ 0 & 0 & \sigma_3 \end{bmatrix} .$$

Die Diagonalelemente heißen Eigenwerte oder Hauptwerte der Dyade. Es gilt

$$[\boldsymbol{\sigma} - \sigma_i \mathbf{I}] = \mathbf{0} \,,$$

woraus die Bedingung

$$\det \begin{bmatrix} \sigma_{xx} - \sigma_i & \sigma_{xy} & \sigma_{xz} \\ \sigma_{xy} & \sigma_{yy} - \sigma_i & \sigma_{yz} \\ \sigma_{xz} & \sigma_{yz} & \sigma_{zz} - \sigma_i \end{bmatrix} = 0$$

folgt.

Aus der Determinante berechnet sind das charakteristische Polynom zur Bestimmung der Eigenwerte

$$\sigma_i^3 - I_1 \sigma_i^2 + I_2 \sigma_i - I_3 = 0$$

mit den Invarianten

$$\begin{aligned} I_1 &= \sigma_{xx} + \sigma_{yy} + \sigma_{zz}\,, \\ I_2 &= \sigma_{xx}\sigma_{yy} + \sigma_{yy}\sigma_{zz} + \sigma_{zz}\sigma_{xx} - \left(\sigma_{xy}^2 + \sigma_{yz}^2 + \sigma_{zx}^2\right)\,, \\ I_3 &= \det\boldsymbol{\sigma} \;=\; \sigma_{xx}\left(\sigma_{yy}\sigma_{zz} - \sigma_{yz}^2\right) - \sigma_{xy}\left(\sigma_{xy}\sigma_{zz} - \sigma_{yz}\sigma_{xz}\right) \\ &\quad + \sigma_{xz}\left(\sigma_{xy}\sigma_{yz} - \sigma_{yy}\sigma_{xz}\right)\,. \end{aligned}$$

Sind die Eigenwerte bestimmt, so können die zugehörigen Eigenvektoren $\boldsymbol{x}_i$ aus einem linearen Gleichungssystem berechnet werden,

$$\begin{bmatrix} \sigma_{xx} - \sigma_i & \sigma_{xy} & \sigma_{xz} \\ \sigma_{xy} & \sigma_{yy} - \sigma_i & \sigma_{yz} \\ \sigma_{xz} & \sigma_{yz} & \sigma_{zz} - \sigma_i \end{bmatrix} \begin{bmatrix} x_i \\ y_i \\ z_i \end{bmatrix} = \begin{bmatrix} 0 \\ 0 \\ 0 \end{bmatrix}.$$

Die Eigenvektoren beschreiben die Orientierung des Hauptachsensystems bezüglich des inertialen Koordinatensystems.

Anmerkung: Für symmetrische Matrizen sind alle Eigenwerte σ_i und Eigenvektoren $\boldsymbol{x}_i$ reell!

Mit Hilfe der Eigenvektoren lässt die Dyade $\boldsymbol{\sigma}$ in die Diagonalform $\boldsymbol{\sigma}^*$ transformieren:

$$\boldsymbol{\sigma}^* \;=\; \mathbf{A}^T\boldsymbol{\sigma}\mathbf{A} \qquad \text{mit} \quad \mathbf{A} = [\,\boldsymbol{x}_1,\, \boldsymbol{x}_2,\, \boldsymbol{x}_3\,]$$

Ebenes Problem

Für ebene symmetrische Probleme gilt

$$\boldsymbol{\sigma} \;=\; \begin{bmatrix} \sigma_{xx} & \sigma_{xy} & 0 \\ \sigma_{xy} & \sigma_{yy} & 0 \\ 0 & 0 & 0 \end{bmatrix}$$

mit den Invarianten

$$\begin{aligned} I_1 &= \sigma_{xx} + \sigma_{yy} \\ I_2 &= \sigma_{xx}\sigma_{yy} - \sigma_{xy}^2 \\ I_3 &= 0 \end{aligned}$$

und dem charakteristischen Polynom

$$\sigma_i^3 - I_1\sigma_i^2 + I_2\sigma_i - I_3 \;=\; 0\,.$$

Mit der trivialen Lösung

$$\sigma_3 \;=\; 0$$

folgen die restlichen Eigenwerte aus

$$\sigma_i^2 - (\sigma_{xx} + \sigma_{yy})\,\sigma_i + \left(\sigma_{xx}\sigma_{yy} - \sigma_{xy}^2\right) \;=\; 0\,.$$

Die Lösungen dieser quadratischen Gleichung lauten

$$\begin{aligned}\sigma_{1,2} &= \frac{\sigma_{xx} + \sigma_{yy}}{2} \pm \sqrt{\left(\frac{\sigma_{xx} + \sigma_{yy}}{2}\right)^2 - \left(\sigma_{xx}\sigma_{yy} - \sigma_{xy}^2\right)} \\ &= \frac{\sigma_{xx} + \sigma_{yy}}{2} \pm \sqrt{\left(\frac{\sigma_{xx} - \sigma_{yy}}{2}\right)^2 + \sigma_{xy}^2}\,.\end{aligned}$$

Beispiel A.10 Eigenwerte, Eigenvektoren

Berechnen Sie die Eigenwerte und Eigenvektoren der gegebenen (symmetrischen) Matrix.

$$\boldsymbol{\sigma} \;=\; \begin{bmatrix} 4 & \sqrt{3} & 0 \\ \sqrt{3} & 2 & 0 \\ 0 & 0 & 0 \end{bmatrix}$$

Lösung:

Die Eigenwerte lassen sich entweder durch Nullstellenbestimmung des charakteristischen Polynoms oder mit Hilfe der Invarianten bestimmen. Hier sollen beide Wege gezeigt werden. Mit Hilfe der Invarianten folgt unmittelbar

$$\sigma_{1,2} \;=\; \frac{4+2}{2} \pm \sqrt{\left(\frac{4-2}{2}\right)^2 + \sqrt{3}^2} \;=\; 3 \pm 2\,.$$

Das charakteristische Polynom lautet

$$\det\begin{bmatrix} 4-\sigma_i & \sqrt{3} & 0 \\ \sqrt{3} & 2-\sigma_i & 0 \\ 0 & 0 & 0 \end{bmatrix} \;=\; (4-\sigma_i)\,(2-\sigma_i) - 3 \;=\; 0$$

mit den Lösungen

$$\sigma_i^2 - 6\sigma_i + 5 \;=\; 0 \qquad \Rightarrow \qquad \sigma_{1,2} \;=\; 3 \pm \sqrt{9-5} \;=\; 3 \pm 2\,.$$

Damit lauten die Eigenwerte

$$\begin{aligned}\sigma_1 &= 5\,, \\ \sigma_2 &= 1\,.\end{aligned}$$

Der 1. Eigenvektor $\boldsymbol{x}_1$ lässt sich nun aus mit Hilfe des 1. Eigenwertes σ_1 durch Lösung eines linearen Gleichungssystems lösen:

$$\begin{bmatrix} 4-5 & \sqrt{3} \\ \sqrt{3} & 2-5 \end{bmatrix}\begin{bmatrix} x_1 \\ y_1 \end{bmatrix} = \begin{bmatrix} 0 \\ 0 \end{bmatrix}$$

$$\Rightarrow \qquad \begin{aligned} -x_1 + \sqrt{3}\,y_1 &= 0 \\ \sqrt{3}\,x_1 - 3y_1 &= 0 \end{aligned} \qquad \Rightarrow \qquad x_1 = \sqrt{3}\,y_1$$

Dieses Gleichungssystem ist linear abhängig, da sich Eigenvektoren nur bis auf einen Faktor bestimmen lassen! Notwendig ist eine Normierung des Vektors auf die Länge 1:

$$||\boldsymbol{x}_1|| = 1 \quad \Rightarrow \quad \boldsymbol{x}_1 = \frac{1}{2}\begin{bmatrix} \sqrt{3} \\ 1 \end{bmatrix}.$$

Analog bestimmt sich der 2. Eigenvektor $\boldsymbol{x}_2$ mit Hilfe des 2. Eigenwertes σ_2 zu

$$\begin{bmatrix} 4-1 & \sqrt{3} \\ \sqrt{3} & 2-1 \end{bmatrix}\begin{bmatrix} x_2 \\ y_2 \end{bmatrix} = \begin{bmatrix} 0 \\ 0 \end{bmatrix} \quad \Rightarrow \quad \boldsymbol{x}_2 = \frac{1}{2}\begin{bmatrix} 1 \\ -\sqrt{3} \end{bmatrix}.$$

Die Matrix der Eigenvektoren

$$\mathbf{A} = \begin{bmatrix} \boldsymbol{x}_1 & \boldsymbol{x}_2 \end{bmatrix} = \frac{1}{2}\begin{bmatrix} \sqrt{3} & 1 \\ 1 & -\sqrt{3} \end{bmatrix}$$

beschreibt die Hauptachsentransformation

$$\boldsymbol{\sigma}^* = \mathbf{A}^T\boldsymbol{\sigma}\mathbf{A} = \begin{bmatrix} 5 & 0 \\ 0 & 1 \end{bmatrix}.$$

A.5 Übungsaufgaben

Aufgabe A.1 (Schwierigkeitsgrad 1)

Berechnen Sie die Schwerpunktskoordinaten des abgebildeten gleichseitigen Dreiecks mit der Seitenlänge a.

Gegeben: a

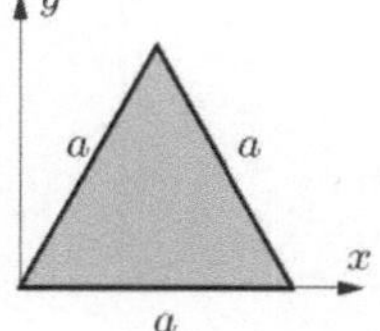

Lösung:

$x_S = \dfrac{a}{2}, \quad y_S = \dfrac{\sqrt{3}}{6}a$

Aufgabe A.2 (Schwierigkeitsgrad 2)

Bestimmen Sie die Schwerpunktskoordinaten einer Halbkugel mit dem Radius r.

Gegeben: r

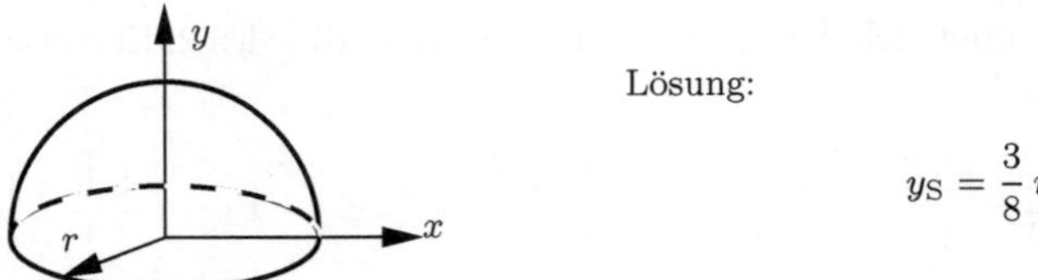

Lösung:

$$y_S = \frac{3}{8}\,r$$

Aufgabe A.3 (Schwierigkeitsgrad 2)

Wo liegt der Schwerpunkt des abgebildeten Rotationsparaboloids?
Es handelt sich um eine quadratische Parabel.

Gegeben: R, h

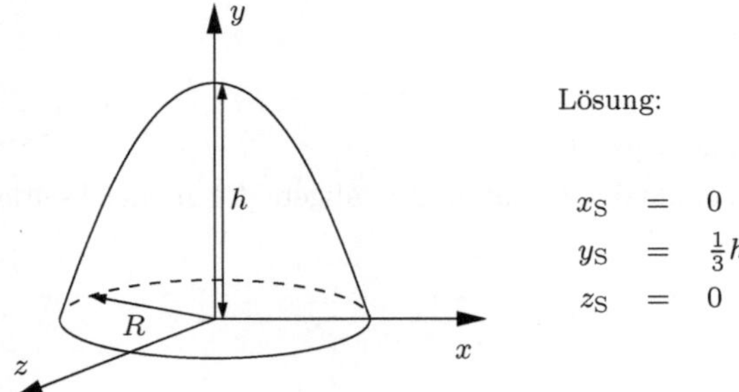

Lösung:

$$\begin{aligned} x_S &= 0 \\ y_S &= \tfrac{1}{3}h \\ z_S &= 0 \end{aligned}$$

Aufgabe A.4 (Schwierigkeitsgrad 3)

Berechnen Sie die Schwerpunktskoordinaten für die Linie $y = x^2$ im Bereich $x \in [0, 1]$.

Gegeben: siehe Skizze

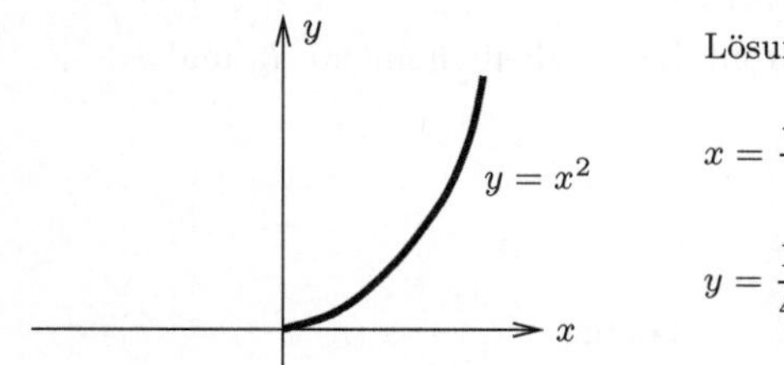

Lösung:

$$x = \frac{\sqrt{5}}{12};$$

$$y = \frac{1}{4} \frac{\sqrt{125}}{2\sqrt{5} + \ln(1 + \sqrt{\frac{5}{4}})} - \frac{1}{16} \approx 0.473$$

Aufgabe A.5 (Schwierigkeitsgrad 2)
Bestimmen Sie die Koordinate z_S der Linienschwerpunkte.
Gegeben: siehe Skizze

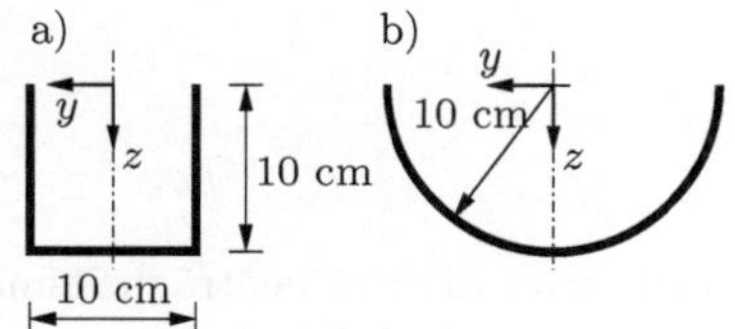

Lösung:

a) $z_S = \frac{20}{3}$ cm

b) $z_S = \frac{20}{\pi}$ cm

Aufgabe A.6 (Schwierigkeitsgrad 1)
Geben Sie die Schwerpunktskoordinaten (x_S, y_S) der folgenden Flächen an.
Gegeben: a, b

Lösung:

a) $x_S = \frac{1}{3}\,b,\ y_S = \frac{1}{3}\,a$

b) $x_S = \frac{41}{44}\,b,\ y_S = \frac{5}{11}\,a$

c) $x_S = \frac{59}{60}\,a,\ y_S = \frac{59}{60}\,a$

d) $x_S = -\frac{1}{60}\,a,\ y_S = \frac{1}{60}\,a$

Aufgabe A.7 (Schwierigkeitsgrad 3)

Bestimmen Sie für das skizzierte Profil die Trägheitsmomente I_y und I_z.

Gegeben: r

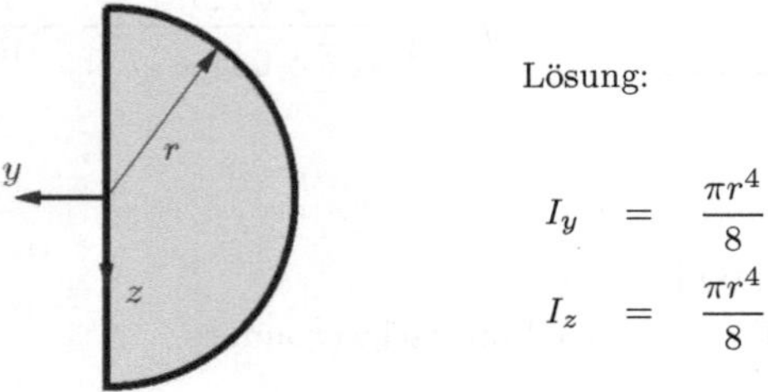

Lösung:

$$I_y = \frac{\pi r^4}{8}$$

$$I_z = \frac{\pi r^4}{8}$$

Aufgabe A.8 (Schwierigkeitsgrad 2)

Für den unten abgebildeten Hohlkasten ermittle man die Flächenträgheitsmomente I_y, I_z, I_{yz} und I_p für das im Schwerpunkt liegende Achsenkreuz.

Gegeben: $h_1 = 20$ cm, $h_2 = 10$ cm, $h_3 = 12$ cm, $h = 162$ cm, $b = 200$ cm

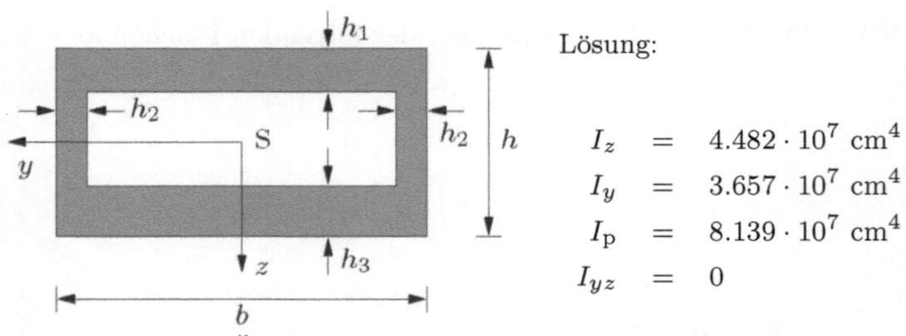

Lösung:

$$I_z = 4.482 \cdot 10^7 \text{ cm}^4$$

$$I_y = 3.657 \cdot 10^7 \text{ cm}^4$$

$$I_\text{p} = 8.139 \cdot 10^7 \text{ cm}^4$$

$$I_{yz} = 0$$

Aufgabe A.9 (Schwierigkeitsgrad 2)

Bestimmen Sie für den mit seinen Abmessungen dargestellten Brückenquerschnitt die Trägheitsmomente I_y und I_z.

Gegeben:

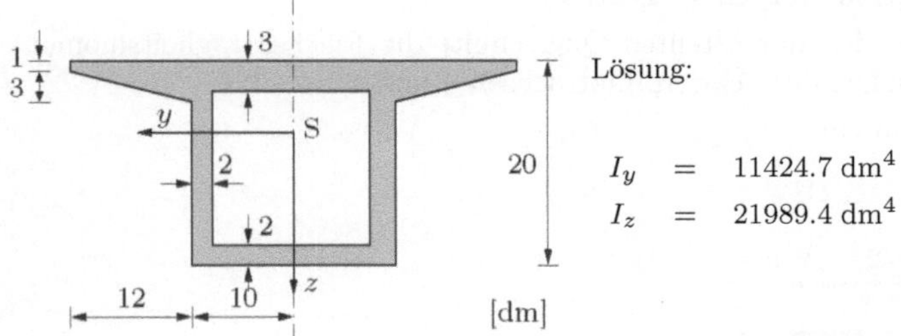

Lösung:

$$I_y = 11424.7 \text{ dm}^4$$
$$I_z = 21989.4 \text{ dm}^4$$

Aufgabe A.10 (Schwierigkeitsgrad 1)

Berechnen Sie für den dargestellten Querschnitt die Flächenträgheitsmomente I_y und I_z bezüglich der Schwerpunktsachsen y und z.

Gegeben: $a = 1$ cm

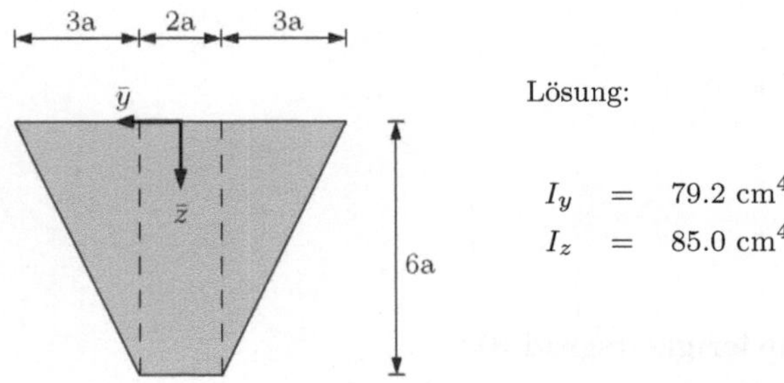

Lösung:

$$I_y = 79.2 \text{ cm}^4$$
$$I_z = 85.0 \text{ cm}^4$$

Aufgabe A.11 (Schwierigkeitsgrad 1)

Berechnen Sie für den dargestellten Querschnitt das Flächenträgheitsmoment I_y bezüglich der Schwerpunktsachse y.

Gegeben: a

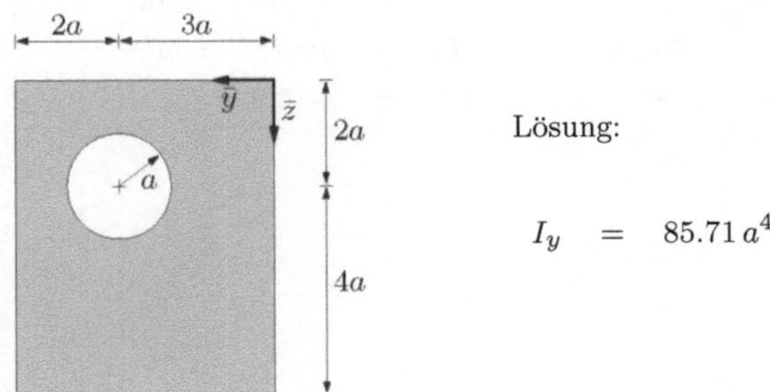

Lösung:

$$I_y = 85.71\,a^4$$

Aufgabe A.12 (Schwierigkeitsgrad 1)

Berechnen Sie für den dargestellten Querschnitt die Flächenträgheitsmomente I_y und I_z bezüglich der Schwerpunktsachsen y und z.

Gegeben: Maße in cm

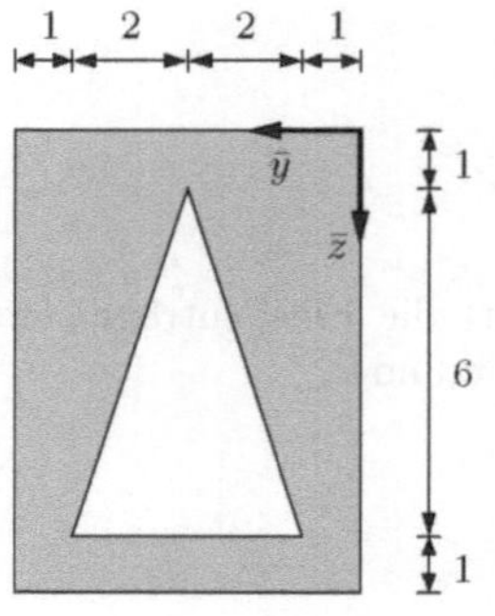

Lösung:

$$I_y = 216.0 \text{ cm}^4$$
$$I_z = 136.0 \text{ cm}^4$$

Aufgabe A.13 (Schwierigkeitsgrad 3)

Gesucht sind die Hauptträgheitsmomente und die Lage der Hauptträgheitsachsen für den gegebenen dünnwandigen Querschnitt.

Gegeben: $b = 200$ mm, $h = 100$ mm, $t = s = 10$ mm

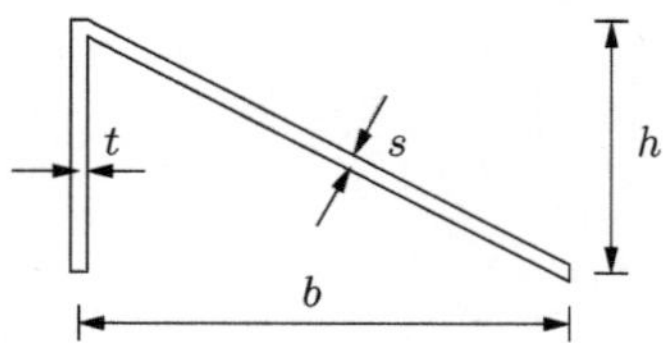

Lösung:

$$I_1 = 15452243 \text{ mm}^4$$
$$I_2 = 1607870 \text{ mm}^4$$
$$\varphi^* = -16.29°$$

B Hilfsmittel

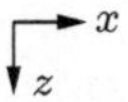 x z	Zug/Druck		Biegung	
	Verschiebung	Schnittgrößen	Verschiebung	Schnittgrößen
	$u = 0$	—	$w = 0, w' = 0$	—
	$u = 0$	—	$w = 0$	$M = 0$
	—	$N = 0$	$w = 0$	$M = 0$
	$u = 0$	—	$w' = 0$	$V = 0$
	—	$N = 0$	$w = 0,\ w' = 0$	—
	—	$N = 0$	—	$V = 0,\ M = 0$
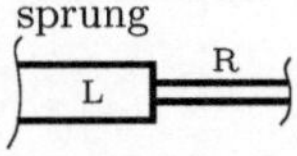 Steifigkeitssprung (L, R)	$u_\mathrm{L} = u_\mathrm{R}$	—	$w'_\mathrm{L} = w'_\mathrm{R}$ $w_\mathrm{L} = w_\mathrm{R}$	—
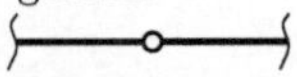 Momentengelenk	$u_\mathrm{L} = u_\mathrm{R}$	—	$w_\mathrm{L} = w_\mathrm{R}$	$M_\mathrm{L} = M_\mathrm{R} = 0$
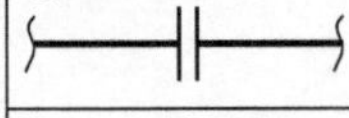 Querkraftgelenk	$u_\mathrm{L} = u_\mathrm{R}$	—	$w'_\mathrm{L} = w'_\mathrm{R}$	$V_\mathrm{L} = V_\mathrm{R} = 0$
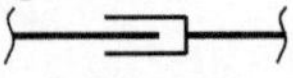 Normalkraftgelenk	—	$N_\mathrm{L} = N_\mathrm{R} = 0$	$w_\mathrm{L} = w_\mathrm{R}$ $w'_\mathrm{L} = w'_\mathrm{R}$	—

Tabelle B.1 Rand- und Übergangsbedingungen

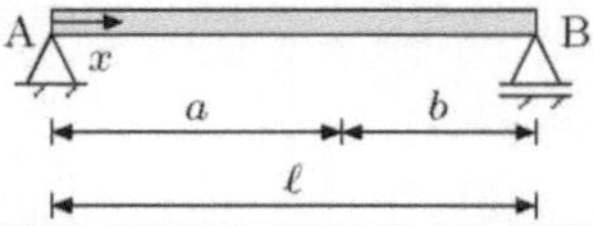

A B x a b ℓ

$$\alpha = \frac{a}{\ell}, \quad \beta = \frac{b}{\ell}, \quad \xi = \frac{x}{\ell}$$

F

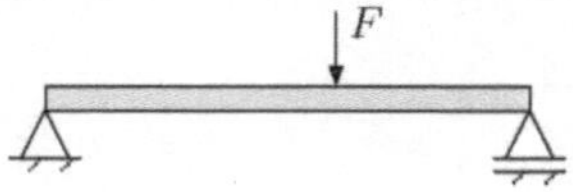

$$EIw'_{\mathrm{A}} = \frac{F\ell^2}{6}\left(-\beta^3 + \beta\right)$$

$$EIw'_{\mathrm{B}} = \frac{F\ell^2}{6}\left(\alpha^3 - \alpha\right)$$

$$EIw(x) = \begin{cases} \dfrac{F\ell^3}{6}\left[\beta\,\xi\left(-\xi^2 - \beta^2 + 1\right)\right] & \text{für} \quad x \leq a \\[2ex] \dfrac{F\ell^3}{6}\left[\beta\,\xi\left(-\xi^2 - \beta^2 + 1\right) + (\xi - \alpha)^3\right] & \text{für} \quad x \geq a \end{cases}$$

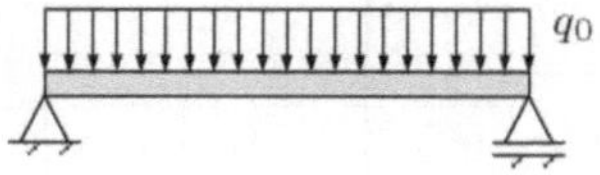

---

q_0

$$EIw'_{\mathrm{A}} = \frac{q_0\ell^3}{24}$$

$$EIw'_{\mathrm{B}} = -\frac{q_0\ell^3}{24}$$

$$EIw(x) = \frac{q_0\ell^4}{24}\left(\xi^4 - 2\xi^3 + \xi\right)$$

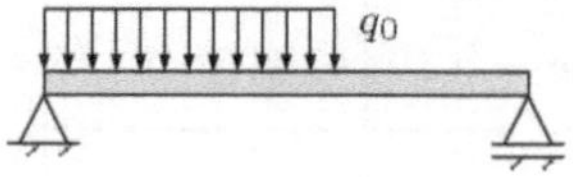

---

q_0

$$EIw'_{\mathrm{A}} = \frac{q_0\ell^3}{24}\left(1 - \beta^2\right)^2$$

$$EIw'_{\mathrm{B}} = \frac{q_0\ell^3}{24}\left(\beta^4 - 4\,\beta^3 + 4\,\beta^2 - 1\right)$$

$$EIw(x) = \begin{cases} \dfrac{q_0\ell^4}{24}\left[\xi^4 - 2\left(1 - \beta^2\right)\xi^3 + \left(1 - \beta^2\right)^2\xi\right] & \text{für} \quad x \leq a \\[2ex] \dfrac{q_0\ell^4}{24}\left[\xi^4 - 2\left(1 - \beta^2\right)\xi^3 + \left(1 - \beta^2\right)^2\xi - (\xi - \alpha)^4\right] & \text{für} \quad x \geq a \end{cases}$$

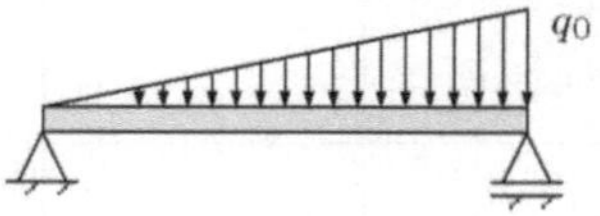

---

q_0

$$EIw'_{\mathrm{A}} = \frac{7q_0\ell^3}{360}$$

$$EIw'_{\mathrm{B}} = -\frac{q_0\ell^3}{45}$$

$$EIw(x) = \frac{q_0\ell^4}{360}\left(3\,\xi^5 - 10\,\xi^3 + 7\,\xi\right)$$

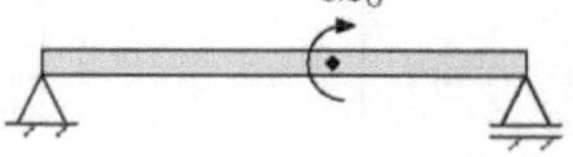

M_0

$$EIw'_{\mathrm{A}} = \frac{M_0\ell}{6}\left(3\,\beta^2 - 1\right)$$

$$EIw'_{\mathrm{B}} = \frac{M_0\ell}{6}\left(3\,\alpha^2 - 1\right)$$

$$EIw(x) = \begin{cases} \dfrac{M_0\ell^2}{6}\left[\xi^3 + \left(3\,\beta^2 - 1\right)\xi\right] & \text{für} \quad x \leq a \\[2ex] \dfrac{M_0\ell^2}{6}\left[\xi^3 + \left(3\,\beta^2 - 1\right)\xi - 3\,(\xi - \alpha)^2\right] & \text{für} \quad x \geq a \end{cases}$$

Tabelle B.2 Biegelinientafel für Einfeldbalken

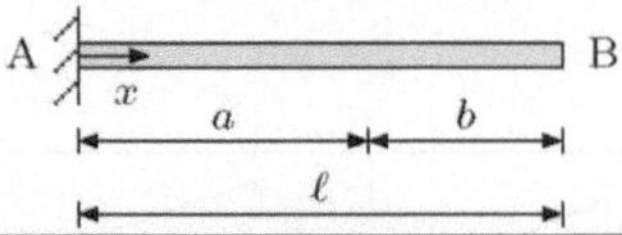

A, B, x, a, b, ℓ	$\alpha = \frac{a}{\ell}, \quad \beta = \frac{b}{\ell}, \quad \xi = \frac{x}{\ell}$
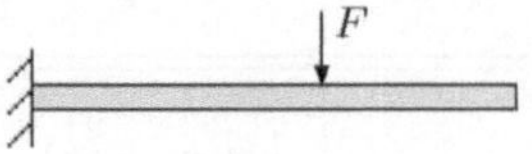 F	$EIw'_A = 0$ $EIw'_B = \frac{Fa^2}{2}$ $EIw(x) = \begin{cases} \frac{F\ell^3}{6}\left(-\xi^3 + 3\,\alpha\,\xi^2\right) & \text{für} \quad x \le a \\ \frac{F\ell^3}{6}\left[-\xi^3 + 3\,\alpha\,\xi^2 + (\xi-\alpha)^3\right] & \text{für} \quad x \ge a \end{cases}$
q_0	$EIw'_A = 0$ $EIw'_B = \frac{q_0\ell^3}{6}$ $EIw(x) = \frac{q_0\ell^4}{24}\left(\xi^4 - 4\,\xi^3 + 6\,\xi^2\right)$
q_0	$EIw'_A = 0$ $EIw'_B = \frac{q_0\ell^3}{6}\left(\beta^3 - 3\,\beta^2 + 3\,\beta\right)$ $EIw(x) = \begin{cases} \frac{q_0\ell^4}{24}\left[-4\,\beta\,\xi^3 + 6\,\beta\,(2-\beta)\,\xi^2\right] & \text{für} \quad x \le a \\ \frac{q_0\ell^4}{24}\left[-4\,\beta\,\xi^3 + 6\,\beta\,(2-\beta)\,\xi^2 + (\xi-\alpha)^4\right] & \text{für} \quad x \ge a \end{cases}$
q_0	$EIw'_A = 0$ $EIw'_B = \frac{q_0\ell^3}{24}$ $EIw(x) = \frac{q_0\ell^4}{120}\left(-\xi^5 + 5\,\xi^4 - 10\,\xi^3 + 10\,\xi^2\right)$
M_0	$EIw'_A = 0$ $EIw'_B = M_0 a$ $EIw(x) = \begin{cases} \frac{M_0\ell^2}{2}\xi^2 & \text{für} \quad x \le a \\ \frac{M_0\ell^2}{2}\left(2\,\alpha\,\xi - \alpha^2\right) & \text{für} \quad x \ge a \end{cases}$

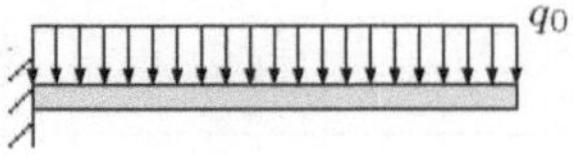

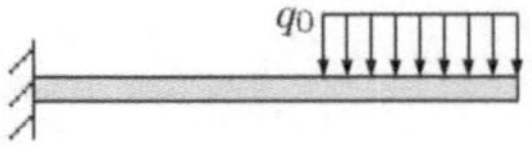

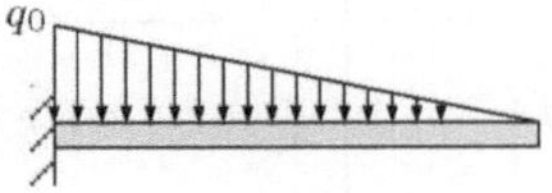

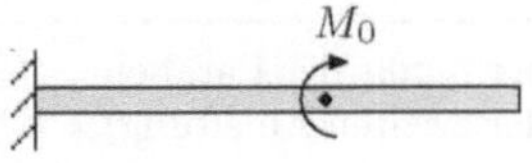

Tabelle B.3 Biegelinientafel für Kragarm

$f(x)$ / $g(x)$	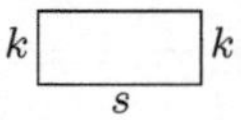 k s k	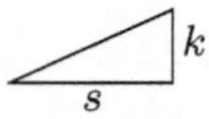 s k	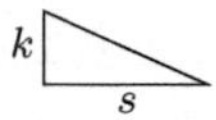 k s	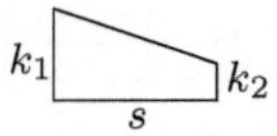 k_1 s k_2
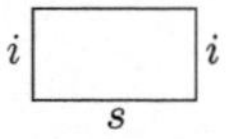 i s i	sik	$\frac{1}{2}sik$	$\frac{1}{2}sik$	$\frac{1}{2}si(k_1 + k_2)$
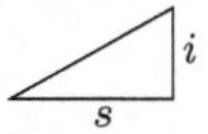 s i	$\frac{1}{2}sik$	$\frac{1}{3}sik$	$\frac{1}{6}sik$	$\frac{1}{6}si(k_1 + 2k_2)$
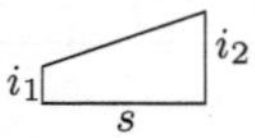 i_1 s i_2	$\frac{1}{2}s(i_1 + i_2)k$	$\frac{1}{6}s(i_1 + 2i_2)k$	$\frac{1}{6}s(2i_1 + i_2)k$	$\frac{1}{6}s(2i_1k_1 + 2i_2k_2$ $+i_1k_2 + i_2k_1)$
quadratisch 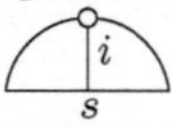 i s	$\frac{2}{3}sik$	$\frac{1}{3}sik$	$\frac{1}{3}sik$	$\frac{1}{3}si(k_1 + k_2)$
quadratisch 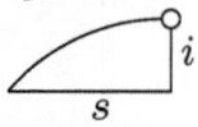 s i	$\frac{2}{3}sik$	$\frac{5}{12}sik$	$\frac{1}{4}sik$	$\frac{1}{12}si(3k_1 + 5k_2)$
quadratisch 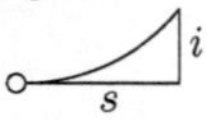 s i	$\frac{1}{3}sik$	$\frac{1}{4}sik$	$\frac{1}{12}sik$	$\frac{1}{12}si(k_1 + 3k_2)$
kubisch 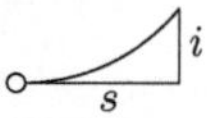 s i	$\frac{1}{4}sik$	$\frac{1}{5}sik$	$\frac{1}{20}sik$	$\frac{1}{20}si(k_1 + 4k_2)$
kubisch 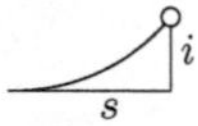 s i	$\frac{3}{8}sik$	$\frac{11}{40}sik$	$\frac{1}{10}sik$	$\frac{1}{40}si(4k_1 + 11k_2)$
kubisch 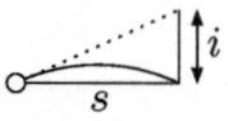 s i	$\frac{1}{4}sik$	$\frac{2}{15}sik$	$\frac{7}{60}sik$	$\frac{1}{60}si(7k_1 + 8k_2)$

Bei quadratischen Parabeln kennzeichnet ∘ den Scheitelpunkt der Parabel, bei kubischen Parabeln den Wendepunkt (Nullstelle der zweiten Ableitung)

Tabelle B.4 Werte der Integrale $\int\limits_{(s)} f(x)\, g(x)\, \mathrm{d}x$

Rechteck 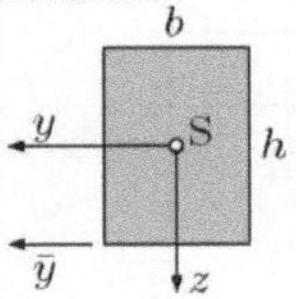	$A = bh$	$I_y = \frac{bh^3}{12}$ $I_z = \frac{hb^3}{12}$ $I_{yz} = 0$ $I_{\bar{y}} = \frac{bh^3}{3}$	$I_\text{P} = \frac{bh}{12}(h^2 + b^2)$
Quadrat 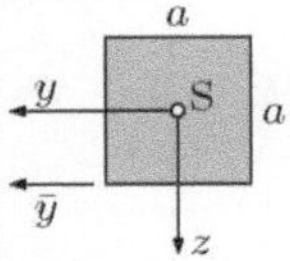	$A = a^2$	$I_y = I_z = \frac{a^4}{12}$ $I_{yz} = 0$ $I_{\bar{y}} = \frac{a^4}{3}$	$I_\text{P} = \frac{a^4}{6}$ $I_\text{T} = 0.140a^4$ $W_\text{T} = 0.208a^3$
Dreieck 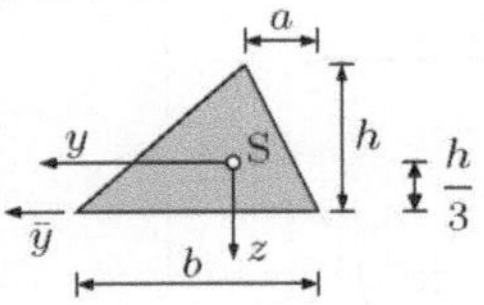	$A = \frac{bh}{2}$	$I_y = \frac{bh^3}{36}$ $I_z = \frac{bh}{36}(b^2 - ba + a^2)$ $I_{yz} = \frac{bh^2}{72}(b - 2a)$ $I_{\bar{y}} = \frac{bh^3}{12}$	$I_\text{P} = \frac{bh}{36}(h^2 + b^2 - ba + a^2)$
Kreis 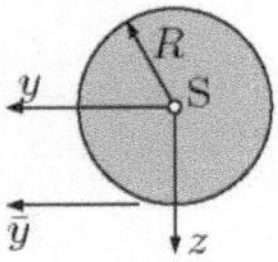	$A = \pi R^2$	$I_y = I_z = \frac{\pi R^4}{4}$ $I_{yz} = 0$ $I_{\bar{y}} = \frac{5\pi R^4}{4}$	$I_\text{P} = I_\text{T} = \frac{\pi R^4}{2}$ $W_\text{T} = \frac{\pi R^3}{2}$
dünner Kreisring 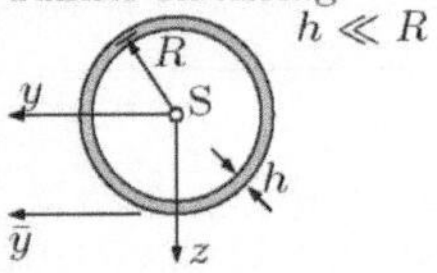 $h \ll R$	$A = 2\pi Rh$	$I_y = I_z = \pi R^3 h$ $I_{yz} = 0$ $I_{\bar{y}} = 3\pi R^3 h$	$I_\text{P} = I_\text{T} = 2\pi R^3 h$ $W_\text{T} = 2\pi R^2 h$
Halbkreis 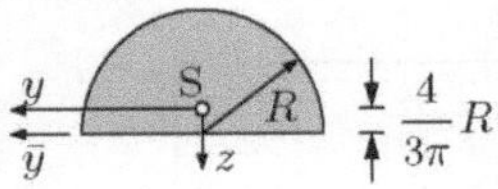	$A = \frac{\pi R^2}{2}$	$I_y = \frac{R^4}{72\pi}(9\pi^2 - 64)$ $I_z = I_{\bar{y}} = \frac{\pi R^4}{8}$ $I_{yz} = 0$	$I_\text{P} = \frac{\pi R^4}{36\pi}(9\pi^2 - 32)$
Ellipse 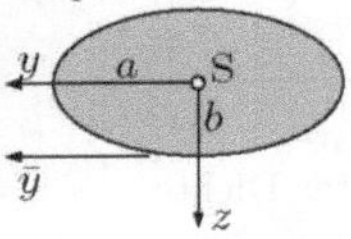	$A = \pi ab$	$I_y = \frac{\pi}{4}ab^3$ $I_z = \frac{\pi}{4}ba^3$ $I_{yz} = 0$ $I_{\bar{y}} = \frac{5\pi}{4}ab^3$	$I_\text{P} = \frac{\pi ab}{4}(a^2 + b^2)$ $I_\text{T} = \pi\frac{a^3b^3}{a^2 + b^2}$ $W_\text{T} = \frac{a^2 b}{2} \quad (a > b)$

Tabelle B.5 Flächenmaße einfacher Geometrien

Geometrie	Massenträgheitsmomente
Punktmasse 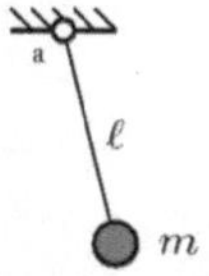	$\Theta_a = m\ell^2$
dünner Stab 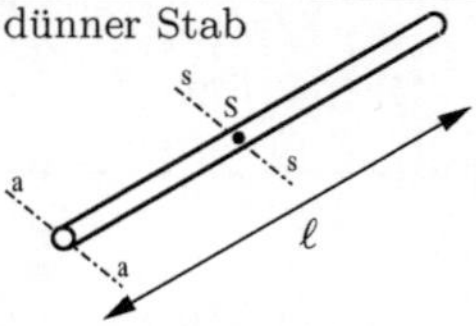	$\Theta_s = \dfrac{m\ell^2}{12}$ $\Theta_a = \dfrac{m\ell^2}{3}$
Quader 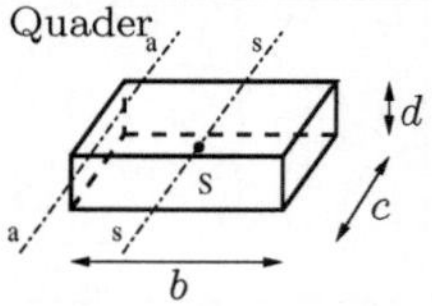	$\Theta_s = \dfrac{1}{12}m\left(b^2+d^2\right)$ $\Theta_a = m\left(\dfrac{1}{3}b^2+\dfrac{1}{12}d^2\right)$
Kreiszylinder 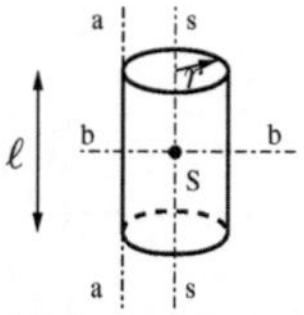	$\Theta_s = \dfrac{1}{2}mr^2$ $\Theta_a = \dfrac{3}{2}mr^2$ $\Theta_b = \dfrac{1}{4}mr^2+\dfrac{1}{12}m\ell^2$
dünne Kreisscheibe 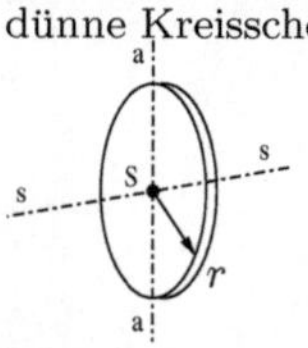	$\Theta_s = \dfrac{1}{2}mr^2$ $\Theta_a = \dfrac{1}{4}mr^2$
Kugel 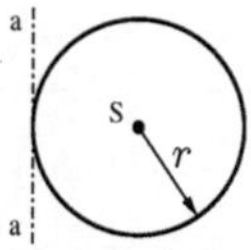	$\Theta_s = \dfrac{2}{5}mr^2$ $\Theta_a = \dfrac{7}{5}mr^2$

Tabelle B.6 Massenträgheitsmomente einfacher Körper mit konstanter Dichte

C Englische Fachbegriffe

Als Hilfe zum Verständnis englischer Fachliteratur ist im Folgenden eine Übersicht der wichtigsten Begriffe der Mechanik in englischer und deutscher Sprache wiedergegeben. Hinter dem deutschen Begriff ist in Klammern jeweils die Nummer des entsprechenden Kapitels angegeben, sie ermöglicht ein Nachschlagen des Zusammenhangs, in dem der jeweilige Begriff verwendet wird. Um das rasche Auffinden der Begriffe in beiden Sprachen zu ermöglichen, ist die gesamte Vokabelliste zunächst englisch–deutsch und anschließend deutsch–englisch abgedruckt.

Zur vertieften Einarbeitung in die englische Fachsprache eignet sich auch die englische Version dieses Buches, die zurzeit in Arbeit ist und nach Fertigstellung im Internet unter `www.tm-kompakt.de` zum Download bereitgestellt wird.

Englisch–deutsche Vokabelübersicht

acceleration	Beschleunigung (18)
amplitude	Amplitude (21)
angular frequency	Kreisfrequenz (21)
angular momentum	Drall (20)
angular momentum	Drehimpuls (20)
angular velocity	Winkelgeschwindigkeit (18)
arch	Bogenträger (6)
area	Flächeninhalt (A)
area	Fläche (A)
at-rest position	statische Ruhelage (21)
axial force	Normalkraft (6)
axial moment of inertia	Massenträgheitsmoment (20)
axial stiffness	Dehnsteifigkeit (7)
axial stress	Axialspannung (8)
axiom	Axiom (1)
bar	Stab (11)
base excitation	Fußpunktanregung (21)
beam	Balken (6)
bearing	Lager (3)
bending	Biegung (12)
bending moment	Biegemoment (6)
bending stiffness	Biegesteifigkeit (12)
body	Körper (1)
boundary condition	Randbedingung (12)

brittle	spröde (17)
buckling	Knicken (16)
cantilever beam	Kragarm (B)
Cartesian coordinates	Kartesische Koordinaten (18)
center of gravity	Schwerpunkt (5)
central system of forces	zentrales Kräftesystem (2)
centripetal acceleration	Zentripetalbeschleunigung (18)
centroid	geometrischer Schwerpunkt (A)
centroidal axis	Schwerachse (12)
chain	Kette (6)
circular arc	Kreisbogenträger (6)
circular motion	Kreisbewegung (18)
circular tube	Kreisrohr (13)
coefficient of restitution	Stoßzahl (19)
composite beam	Verbundbalken (14)
compression	Druckspannung (11)
compression	Kompression (19)
compression force	Druckkraft (4)
conservation of energy	Energieerhaltung (20)
conservation of momentum	Impulserhaltung (19)
conservative force	konservative Kraft (20)
continuum	Kontinuum (1)
coordinate system	Koordinatensystem (18)
critical load	kritische Last (16)
critically damped	kritische Dämpfung (21)
critically damped state	aperiodischer Grenzfall (21)
curvature	Krümmung (12)
curved beam	gekrümmter Balken (6)
cylinder coordinates	Zylinderkoordinaten (18)
damped vibration	gedämpfte Schwingung (21)
damper	Dämpfer (21)
damping	Dämpfung (21)
damping coefficient	Dämpferkonstante (21)
damping ratio	Dämpfungsgrad (21)
deflection curve	Biegelinie (12)
deformation energy	Formänderungsenergie (15)
degree of freedom	Freiheitsgrad (3)
density	Dichte (5)
displacement	Verschiebung (9)
displacement vector	Verschiebungsvektor (9)
displacement-time graph	Weg-Zeit-Diagramm (21)
distributed load	verteilte Last (5)
ductile	duktil (17)
dynamics	Dynamik (1)
eigenfrequency	Eigenfrequenz (21)
elastic	elastisch (19)
elastic modulus	Elastizitätsmodul (7)
elastic section modulus	Widerstandsmoment (12)
elastostatics	Elastostatik (7)
elongation	Verlängerung (11)

energy dissipation	Energieverlust (19)
energy method	Energiemethode (15)
energy theorem	Arbeitssatz (15)
equation of motion	Bewegungsgleichung (20)
equilibrium	Gleichgewicht (3)
equivalent stress	Vergleichsspannung (17)
excitation	Anregung (21)
finite elements	Finite Elemente (15)
fixed support	Festlager (3)
flexure	Biegung (12)
force	Kraft (2)
force of impact	Kraftstoß (19)
forced vibration	erzwungene Schwingung (21)
frame	Rahmen (6)
free vibration	freie Schwingung (21)
free-body diagram	Freikörperbild (3)
frequency	Frequenz (21)
frequency ratio	Frequenzverhältnis (21)
friction	Reibung (19)
friction of ropes	Seilreibung (19)
gravitation force	Gewichtskraft (5)
gravitational acceleration	Erdbeschleunigung (5)
harmonic excitation	harmonische Anregung (21)
harmonic oscillation	harmonische Schwingung (21)
harmonic vibration	harmonische Schwingung (21)
hinge	Gelenk (3)
hinged bar	Pendelstab (3)
hinged column	Pendelstütze (3)
homogeneous	homogen (10)
Hooke's law	Hookesches Gesetz (10)
hydrostatic state of stress	hydrostatischer Spannungszustand (8)
imbalance excitation	Unwuchtanregung (21)
impact	Stoß (19)
inclined plane	schiefe Ebene (20)
indifferent	indifferent (16)
initial condition	Anfangsbedingung (21)
instantaneous center of rotation	Momentanpol (20)
internal forces and moments	Schnittgrößen (6)
isotropic	isotrop (10)
joint	Gelenk (3)
kinematically indeterminated	kinematisch unbestimmt (3)
kinematics	Kinematik (18)
kinetic energy	kinetische Energie (19)
kinetics	Kinetik (19)
lever arm	Hebelarm (2)
line load	Linienlast (5)
line load	Streckenlast (5)
line of action	Wirkungslinie (2)
linear motion	geradlinige Bewegung (18)
load	Last (5)

logarithmic decrement	logarithmisches Dekrement (21)
magnification factor	Vergrößerungsfunktion (21)
mass	Masse (19)
matching condition	Übergangsbedingung (12)
material equation	Materialgleichung (10)
material equation	Stoffgleichung (10)
material property	Werkstoffkennwert (10)
mathematical pendulum	mathematisches Pendel (21)
mechanical work	mechanische Arbeit (15)
mechanics	Mechanik (1)
method of joints	Knotenpunktverfahren (4)
method of sections	Schnittprinzip (3)
method of sections (truss)	Ritter-Schnitt-Verfahren (Fachwerk) (4)
model	Modell (1)
Mohr's circle of inertia	Mohrscher Trägheitskreis (A)
Mohr's circle of stress	Mohrscher Spannungskreis (8)
moment	Moment (2)
moment of inertia	Flächenträgheitsmoment (A)
momentum	Impuls (19)
motion	Bewegung (18)
natural coordinates	natürliche Koordinaten (18)
natural frequency	Eigenfrequenz (21)
neutral axis	Spannungsnulllinie (12)
neutral axis	neutrale Faser (12)
node	Knoten (4)
normal stress	Normalspannung (8)
oblique centric impact	schiefer zentrischer Stoß (19)
oscillation	Schwingung (21)
overdamped	stark gedämpft (21)
parallel connection	Parallelschaltung (21)
parallel-axis theorems	Steinersche Sätze (A)
parallelogram of forces	Kräfteparallelogramm (2)
pendulum	Pendel (21)
period	Periode (21)
period	Schwingungsdauer (21)
phase angle	Phasenverschiebung (21)
phase angle	Phasenwinkel (21)
planar impact	ebener Stoß (20)
plane bending	ebene Biegung (12)
plane stress	ebener Spannungszustand (8)
plane stress	ebener Verzerrungszustand (9)
plastic	plastisch (19)
point mass	Massenpunkt (19)
point of application	Angriffspunkt (2)
Poisson's ratio	Querkontraktionszahl (10)
polar coordinates	Polarkoordinaten (18)
polar moment of inertia	polares Flächenträgheitsmoment (A)
position vector	Ortsvektor (18)
potential	Potential (19)
potential energy	potentielle Energie (15)

power	Leistung (19)
preservation of shape	Formtreue (13)
pressure	Druck (5)
pressure vessel	Kessel (8)
principal axis	Hauptachse (A)
principal moment of inertia	Hauptträgheitsmoment (A)
principal strain	Hauptdehnung (9)
principal stress	Hauptspannung (8)
principle	Prinzip (1)
product of inertia	Deviationsmoment (A)
projectile motion	schiefer Wurf (19)
pulley	Seilrolle (3)
pure bending	reine Biegung (12)
quantity	Größe (1)
radial velocity	Radialgeschwindigkeit (18)
reaction force	Reaktionskraft (3)
reaction of joint	Gelenkreaktion (3)
relative angle-of-twist	Drillung (13)
resonance	Resonanz (21)
response	Antwort (21)
response of a system	Systemantwort (21)
restitution	Restitution (19)
resultant	Resultierende (2)
rigid body	starrer Körper (2)
rigid body motion	Starrkörperbewegung (20)
rod	Stab (4)
roller support	Loslager (3)
rope	Seil (3)
rope line	Seillinie (6)
rotation	Rotation (20)
section	Schnittufer (6)
self-weight	Eigengewicht (6)
sense (of a moment)	Drehsinn (eines Moments) (2)
series connection	Reihenschaltung (21)
shear	Schub (13)
shear center	Schubmittelpunkt (13)
shear flow	Schubfluss (13)
shear force	Querkraft (6)
shear modulus	Schubmodul (10)
shear stress	Schubspannung (8)
shearing strain	Gleitung (9)
sign convention	Vorzeichenkonvention (8)
simply supported beam	Einfeldbalken (B)
skew bending	schiefe Biegung (12)
slide bearing	Gleitlager (3)
slipping	Gleiten (19)
specific weight	spezifisches Gewicht (5)
spring	Feder (16)
spring combination	Federschaltung (21)
spring constant	Federkonstante (16)

stability	Stabilität (16)
stable	stabil (16)
state of stress	Spannungszustand (8)
static moment	statisches Moment (A)
statical determined	statisch bestimmt (3)
statical determinism	statische Bestimmtheit (3)
statical indetermined	statisch unbestimmt (3)
statics	Statik (1)
sticking	Haften (19)
sticking coefficient	Haftzahl (19)
stiffness	Steifigkeit (7)
straight centric impact	gerader zentrischer Stoß (19)
strain	Dehnung (9)
strain	Verzerrung (9)
strain tensor	Verzerrungstensor (9)
strength of materials	Festigkeitslehre (17)
stress	Beanspruchung (17)
stress	Spannung (8)
stress tensor	Spannungstensor (8)
superposition	Überlagerung (14)
superposition	Superposition (14)
support	Lager (3)
support reaction	Lagerreaktion (3)
surface load	Flächenlast (5)
surface load	Oberflächenlast (5)
symmetric cross section	symmetrisches Profil (A)
symmetry	Symmetrie (A)
tangent	Tangente (18)
tangential velocity	Bahngeschwindigkeit (18)
temperature	Temperatur (10)
tensile force	Zugkraft (4)
tensile test	Zugversuch (10)
tension	Zugspannung (11)
thermal expansion	Wärmedehnung (10)
thin-walled	dünnwandig (13)
torque	Torsionsmoment (13)
torsion	Torsion (13)
torsion stiffness	Torsionssteifigkeit (13)
torsional moment	Torsionsmoment (13)
torsional spring	Drehfeder (16)
transient motion	Einschwingvorgang (21)
truss	Fachwerk (4)
undamped motion	ungedämpfte Bewegung (21)
underdamped	schwach gedämpft (21)
unit	Einheit (1)
unloaded truss	Nullstab (4)
unstable	labil (16)
velocity	Geschwindigkeit (18)
vibration	Schwingung (21)
virtual displacement	virtuelle Verrückung (15)

virtual force	virtuelle Kraft (15)
virtual work	virtuelle Arbeit (15)
viscous damping	viskose Dämpfung (21)
volumetric moment of inertia	Volumenträgheitsmoment (A)
warp	Verwölbung (13)
warping torsion	Wölbkrafttorsion (13)
weight	Gewicht (5)
weight force	Schwerkraft (5)
work	Arbeit (15)
yield criterion	Beanspruchungshypothese (17)
Young's modulus	Elastizitätsmodul (7)

Deutsch–englische Vokabelübersicht

Amplitude (21)	amplitude
Anfangsbedingung (21)	initial condition
Angriffspunkt (2)	point of application
Anregung (21)	excitation
Antwort (21)	response
aperiodischer Grenzfall (21)	critically damped state
Arbeit (15)	work
Arbeitssatz (15)	energy theorem
Axialspannung (8)	axial stress
Axiom (1)	axiom
Bahngeschwindigkeit (18)	tangential velocity
Balken (6)	beam
Beanspruchung (17)	stress
Beanspruchungshypothese (17)	yield criterion
Beschleunigung (18)	acceleration
Bewegung (18)	motion
Bewegungsgleichung (20)	equation of motion
Biegelinie (12)	deflection curve
Biegemoment (6)	bending moment
Biegesteifigkeit (12)	bending stiffness
Biegung (12)	bending
Biegung (12)	flexure
Bogenträger (6)	arch
Dämpfer (21)	damper
Dämpferkonstante (21)	damping coefficient
Dämpfung (21)	damping
Dämpfungsgrad (21)	damping ratio
Dehnsteifigkeit (7)	axial stiffness
Dehnung (9)	strain
Deviationsmoment (A)	product of inertia
Dichte (5)	density
Drall (20)	angular momentum
Drehfeder (16)	torsional spring
Drehimpuls (20)	angular momentum
Drehsinn (eines Moments) (2)	sense (of a moment)

Drillung (13)	relative angle-of-twist
Druck (5)	pressure
Druckkraft (4)	compression force
Druckspannung (11)	compression
dünnwandig (13)	thin-walled
duktil (17)	ductile
Dynamik (1)	dynamics
ebene Biegung (12)	plane bending
ebener Spannungszustand (8)	plane stress
ebener Stoß (20)	planar impact
ebener Verzerrungszustand (9)	plane stress
Eigenfrequenz (21)	eigenfrequency
Eigenfrequenz (21)	natural frequency
Eigengewicht (6)	self-weight
Einfeldbalken (B)	simply supported beam
Einheit (1)	unit
Einschwingvorgang (21)	transient motion
elastisch (19)	elastic
Elastizitätsmodul (7)	Young's modulus
Elastizitätsmodul (7)	elastic modulus
Elastostatik (7)	elastostatics
Energieerhaltung (20)	conservation of energy
Energiemethode (15)	energy method
Energieverlust (19)	energy dissipation
Erdbeschleunigung (5)	gravitational acceleration
erzwungene Schwingung (21)	forced vibration
Fachwerk (4)	truss
Feder (16)	spring
Federkonstante (16)	spring constant
Federschaltung (21)	spring combination
Festigkeitslehre (17)	strength of materials
Festlager (3)	fixed support
Finite Elemente (15)	finite elements
Flächenlast (5)	surface load
Fläche (A)	area
Flächeninhalt (A)	area
Flächenträgheitsmoment (A)	moment of inertia
Formtreue (13)	preservation of shape
Formänderungsenergie (15)	deformation energy
freie Schwingung (21)	free vibration
Freiheitsgrad (3)	degree of freedom
Freikörperbild (3)	free-body diagram
Frequenz (21)	frequency
Frequenzverhältnis (21)	frequency ratio
Fußpunktanregung (21)	base excitation
gedämpfte Schwingung (21)	damped vibration
gekrümmter Balken (6)	curved beam
Gelenk (3)	hinge
Gelenk (3)	joint
Gelenkreaktion (3)	reaction of joint

geometrischer Schwerpunkt (A)	centroid
gerader zentrischer Stoß (19)	straight centric impact
geradlinige Bewegung (18)	linear motion
Geschwindigkeit (18)	velocity
Gewicht (5)	weight
Gewichtskraft (5)	gravitation force
Gleichgewicht (3)	equilibrium
Gleiten (19)	slipping
Gleitlager (3)	slide bearing
Gleitung (9)	shearing strain
Größe (1)	quantity
Haften (19)	sticking
Haftzahl (19)	sticking coefficient
harmonische Anregung (21)	harmonic excitation
harmonische Schwingung (21)	harmonic oscillation
harmonische Schwingung (21)	harmonic vibration
Hauptachse (A)	principal axis
Hauptdehnung (9)	principal strain
Hauptspannung (8)	principal stress
Hauptträgheitsmoment (A)	principal moment of inertia
Hebelarm (2)	lever arm
homogen (10)	homogeneous
Hookesches Gesetz (10)	Hooke's law
hydrostatischer Spannungszustand (8)	hydrostatic state of stress
Impuls (19)	momentum
Impulserhaltung (19)	conservation of momentum
indifferent (16)	indifferent
isotrop (10)	isotropic
Kartesische Koordinaten (18)	Cartesian coordinates
Kessel (8)	pressure vessel
Kette (6)	chain
Kinematik (18)	kinematics
kinematisch unbestimmt (3)	kinematically indeterminated
Kinetik (19)	kinetics
kinetische Energie (19)	kinetic energy
Knicken (16)	buckling
Knoten (4)	node
Knotenpunktverfahren (4)	method of joints
Körper (1)	body
Kompression (19)	compression
konservative Kraft (20)	conservative force
Kontinuum (1)	continuum
Koordinatensystem (18)	coordinate system
Kräfteparallelogramm (2)	parallelogram of forces
Kraft (2)	force
Kraftstoß (19)	force of impact
Kragarm (B)	cantilever beam
Kreisbewegung (18)	circular motion
Kreisbogenträger (6)	circular arc
Kreisfrequenz (21)	angular frequency

Kreisrohr (13)	circular tube
kritische Dämpfung (21)	critically damped
kritische Last (16)	critical load
Krümmung (12)	curvature
labil (16)	unstable
Lager (3)	bearing
Lager (3)	support
Lagerreaktion (3)	support reaction
Last (5)	load
Leistung (19)	power
Linienlast (5)	line load
logarithmisches Dekrement (21)	logarithmic decrement
Loslager (3)	roller support
Masse (19)	mass
Massenpunkt (19)	point mass
Massenträgheitsmoment (20)	axial moment of inertia
Materialgleichung (10)	material equation
mathematisches Pendel (21)	mathematical pendulum
Mechanik (1)	mechanics
mechanische Arbeit (15)	mechanical work
Modell (1)	model
Mohrscher Spannungskreis (8)	Mohr's circle of stress
Mohrscher Trägheitskreis (A)	Mohr's circle of inertia
Moment (2)	moment
Momentanpol (20)	instantaneous center of rotation
natürliche Koordinaten (18)	natural coordinates
neutrale Faser (12)	neutral axis
Normalkraft (6)	axial force
Normalspannung (8)	normal stress
Nullstab (4)	unloaded truss
Oberflächenlast (5)	surface load
Ortsvektor (18)	position vector
Parallelschaltung (21)	parallel connection
Pendel (21)	pendulum
Pendelstab (3)	hinged bar
Pendelstütze (3)	hinged column
Periode (21)	period
Phasenverschiebung (21)	phase angle
Phasenwinkel (21)	phase angle
plastisch (19)	plastic
polares Flächenträgheitsmoment (A)	polar moment of inertia
Polarkoordinaten (18)	polar coordinates
Potential (19)	potential
potentielle Energie (15)	potential energy
Prinzip (1)	principle
Querkontraktionszahl (10)	Poisson's ratio
Querkraft (6)	shear force
Radialgeschwindigkeit (18)	radial velocity
Rahmen (6)	frame
Randbedingung (12)	boundary condition

Reaktionskraft (3)	reaction force
Reibung (19)	friction
Reihenschaltung (21)	series connection
reine Biegung (12)	pure bending
Resonanz (21)	resonance
Restitution (19)	restitution
Resultierende (2)	resultant
Ritter-Schnitt-Verfahren (Fachwerk) (4)	method of sections (truss)
Rotation (20)	rotation
schiefe Biegung (12)	skew bending
schiefe Ebene (20)	inclined plane
schiefer Wurf (19)	projectile motion
schiefer zentrischer Stoß (19)	oblique centric impact
Schnittgrößen (6)	internal forces and moments
Schnittprinzip (3)	method of sections
Schnittufer (6)	section
Schub (13)	shear
Schubfluss (13)	shear flow
Schubmittelpunkt (13)	shear center
Schubmodul (10)	shear modulus
Schubspannung (8)	shear stress
schwach gedämpft (21)	underdamped
Schwerachse (12)	centroidal axis
Schwerkraft (5)	weight force
Schwerpunkt (5)	center of gravity
Schwingung (21)	oscillation
Schwingung (21)	vibration
Schwingungsdauer (21)	period
Seil (3)	rope
Seillinie (6)	rope line
Seilreibung (19)	friction of ropes
Seilrolle (3)	pulley
Spannung (8)	stress
Spannungsnulllinie (12)	neutral axis
Spannungstensor (8)	stress tensor
Spannungszustand (8)	state of stress
spezifisches Gewicht (5)	specific weight
spröde (17)	brittle
Stab (11)	bar
Stab (4)	rod
stabil (16)	stable
Stabilität (16)	stability
stark gedämpft (21)	overdamped
starrer Körper (2)	rigid body
Starrkörperbewegung (20)	rigid body motion
Statik (1)	statics
statisch bestimmt (3)	statical determined
statisch unbestimmt (3)	statical indetermined
statische Bestimmtheit (3)	statical determinism
statische Ruhelage (21)	at-rest position

statisches Moment (A)	static moment
Steifigkeit (7)	stiffness
Steinersche Sätze (A)	parallel-axis theorems
Stoffgleichung (10)	material equation
Stoß (19)	impact
Stoßzahl (19)	coefficient of restitution
Streckenlast (5)	line load
Superposition (14)	superposition
Symmetrie (A)	symmetry
symmetrisches Profil (A)	symmetric cross section
Systemantwort (21)	response of a system
Tangente (18)	tangent
Temperatur (10)	temperature
Torsion (13)	torsion
Torsionsmoment (13)	torque
Torsionsmoment (13)	torsional moment
Torsionssteifigkeit (13)	torsion stiffness
Übergangsbedingung (12)	matching condition
Überlagerung (14)	superposition
ungedämpfte Bewegung (21)	undamped motion
Unwuchtanregung (21)	imbalance excitation
Verbundbalken (14)	composite beam
Vergleichsspannung (17)	equivalent stress
Vergrößerungsfunktion (21)	magnification factor
Verlängerung (11)	elongation
Verschiebung (9)	displacement
Verschiebungsvektor (9)	displacement vector
verteilte Last (5)	distributed load
Verwölbung (13)	warp
Verzerrung (9)	strain
Verzerrungstensor (9)	strain tensor
virtuelle Arbeit (15)	virtual work
virtuelle Kraft (15)	virtual force
virtuelle Verrückung (15)	virtual displacement
viskose Dämpfung (21)	viscous damping
Volumenträgheitsmoment (A)	volumetric moment of inertia
Vorzeichenkonvention (8)	sign convention
Wärmedehnung (10)	thermal expansion
Weg-Zeit-Diagramm (21)	displacement-time graph
Werkstoffkennwert (10)	material property
Widerstandsmoment (12)	elastic section modulus
Winkelgeschwindigkeit (18)	angular velocity
Wirkungslinie (2)	line of action
Wölbkrafttorsion (13)	warping torsion
zentrales Kräftesystem (2)	central system of forces
Zentripetalbeschleunigung (18)	centripetal acceleration
Zugkraft (4)	tensile force
Zugspannung (11)	tension
Zugversuch (10)	tensile test
Zylinderkoordinaten (18)	cylinder coordinates

Abbildungsnachweis

Die Wiedergabe der aufgeführten Abbildungen erfolgt mit freundlicher Genehmigung des jeweiligen Rechteinhabers bzw. Verlages.

Bild 3.1: Sascha Beuermann

Bild 3.5: Sascha Beuermann; Eisenbahnbrücke über die Leine von 1975, Hannover

Bild 3.9: Sascha Beuermann; Messehalle 13, Messegelände Hannover

Bild 4.1: Sascha Beuermann; Brücke des 25. April über den Tejo, Lissabon (1966)

Bild 5.1: Holger Spiess

Bild 6.1: Ing.-Software Dlubal GmbH, Tiefenbach

Bild 6.6: Hans Straub; Gmündertobelbrücke über die Sitter bei Teufel, Schweiz (1908), aus Straub, Hans: Die Geschichte der Bauingenieurkunst, erschienen im Birkhäuser Verlag

Bild 8.1: Jochen Naumann, Institut für Mechanik, Technische Universität Chemnitz

Bild 10.1: Sascha Beuermann; Zugversuch am Institut für Baustoffe, Universität Hannover

Bild 11.1: Sascha Beuermann; Messehalle 27, Messegelände Hannover

Bild 12.1: Holger Spiess

Bild 12.2: Holger Spiess

Bild 13.1: Sascha Beuermann; Versuchskörper am Institut für Stahlbau, Universität Hannover

Bild 13.21: Rolf Lammering, Institut für Mechanik, Helmut-Schmidt-Universität, Hamburg

Bild 15.1: DaimlerChrysler AG, Sindelfingen, 2005; Crashsimulation des Frontalaufpralls eines PKW

Bild 16.1: Sascha Beuermann; Knickversuch am Institut für Stahlbau, Universität Hannover

Bild 17.1: Andrea Hildebrand, Institut für Baustoffe, Universität Hannover

Bild 18.1: Heide-Park Soltau GmbH, Soltau

Bild 20.5: Firma Hagedorn GmbH Abbruch und Bauschuttaufbereitung, Gütersloh

Bild 21.1: The Camera Shop, 1007 Pacific Ave, Tacoma WA 98402, USA

Symbolverzeichnis

Grundsätzliche Schreibweise

Skalare werden kursiv dargestellt (z. B. A), Vektoren durch fett-kursive Buchstaben (beispielsweise $\boldsymbol{v}$), Matrizen durch i. d. R. Großbuchstaben, die fett und aufrecht dargestellt sind (z. B. $\mathbf{I}$).

Verzeichnis wichtiger Symbole

Im Folgenden sind Symbole aufgeführt, die in der Mechanik verwendet werden. Die Symbole sind alphabetisch sortiert, zunächst nach lateinischen Buchstaben, anschließend nach griechischen.

Symbol	Bedeutung
A	Querschnittsfläche
A_i	ideelle Querschnittsfläche
A_{m}	von Profilmittellinie eingeschlossene Fläche
a	Wertigkeit eines Lagers
a	Beschleunigung
$\boldsymbol{a}$	Beschleunigungsvektor
a_r	Radialbeschleunigung
a_φ	Zirkularbeschleunigung
$\boldsymbol{b}$	Massenkraftdichte
C	Amplitude
c	Federkonstante
D	Dämpfungsgrad
E	Elastizitätsmodul
e	Stoßzahl
e_{M}	Lage des Schubmittelpunkts
$\boldsymbol{e}_x$, $\boldsymbol{e}_y$, $\boldsymbol{e}_z$	Basiseinheitsvektoren
$\boldsymbol{f}$	Volumenkraft
$\boldsymbol{F}$	Kraft
$\boldsymbol{F}_{\mathrm{R}}$	Resultierende Kraft
F_{krit}	kritische Last
$\boldsymbol{F}(t)$	zeitabhängige Kraft
$\hat{F}$	Kraftstoß
f	Stichhöhe, Durchhang
f	Gesamtverschiebung
f	Frequenz
$\boldsymbol{f}$	Volumenkraftdichte
G	Gewichtskraft
G	Schubmodul
g	Gravitationskonstante
H	Betrag der Haftkraft
h	Scheibendicke
I_y, I_z	axiale Flächenträgheitsmomente
I_{yz}	Deviationsmoment der Fläche
I_{p}	polares Flächenträgheitsmoment
I_ξ, I_η	transformierte Flächenträgheitsmomente
$I_{\xi\eta}$	transformiertes Deviationsmoment
I_I, I_{II}	Hauptträgheitsmomente
I_i	ideelles Flächenträgheitsmoment
I_{T}	Torsionsträgheitsmoment
i	Trägheitsradius
$\mathcal{K}$	Stoßebene
k	Anzahl der Knoten in einem Fachwerk
$\boldsymbol{L}$	Drehimpuls
M	Moment
$\boldsymbol{M}_{\mathrm{R}}$	resultierendes Moment

$\hat{\boldsymbol{M}}^{(0)}$ Momentenstoß
M_{T} Torsionsmoment
m Masse
m Streckenmoment
N Normalkraft
n Anzahl der Teilsysteme
n Anzahl der Stäbe in einem Fachwerk
n Streckennormallast
$\mathcal{N}$ Stoßnormalenrichtung
$\boldsymbol{n}$ Richtungsvektor
P Leistung
$\boldsymbol{p}$ Impuls
p Druck
q Streckenlast
R Reibkraft
R_{m} Radius der Profilmittellinie
r Radius
r Anzahl der Lagerreaktionen in einem Fachwerk
$\boldsymbol{r}$ Ortsvektor
$r_{\perp}$ Hebelarm
S Schwerpunkt
S Seil-/Stabkraft
S_i ideeller Schwerpunkt
S_y, S_z statisches Moment
s Kurvenparameter
$\dot{s}$ Bahngeschwindigkeit
$\ddot{s}$ Bahnbeschleunigung
T Temperatur
T Schwingungsdauer
t Schubfluss
t Zeit
$\boldsymbol{t}$ Spannungsvektor
$\boldsymbol{t}$ Oberflächenspannungen
U Umfang
U potentielle Energie
U^G Gestaltänderungsenergie
U^V Volumenänderungsarbeit
u Verschiebung in x-Richtung
V Querkraft
V Volumen
v Verschiebung in y-Richtung
v Geschwindigkeit
$\boldsymbol{v}$ Geschwindigkeitsvektor
v_r Radialgeschwindigkeit
v_φ Zirkulargeschwindigkeit
W Widerstandsmoment
W mechanische Arbeit
W_{T} Torsionswiderstandsmoment
w Verschiebung in z-Richtung
x_{S}, y_{S}, z_{S} Koordinaten des Schwerpunktes
z Wertigkeit eines Gelenks

γ spezifisches Gewicht
γ Gleitung
δ Abklingkonstante
ε Dehnung
ϑ Drillung
Θ Trägheitsmoment
κ Schubflächenfaktor
μ_H Haftzahl
μ_R Reibzahl
ν Querdehnzahl
Π Momentanpol
ϱ Krümmungsradius
ϱ Dichte
σ Spannung
σ_{m} mittlere Spannung
σ_{zul} zulässige Spannung
σ_1, σ_2 Hauptspannungen
σ_i ideelle Spannung
σ_ξ, σ_η, $\tau_{\xi\eta}$ transformierte Spannungen
$\sigma_{\mathrm{V}}^{\mathrm{G}}$ von Mises-Vergleichsspannung
$\sigma_{\mathrm{V}}^{\mathrm{S}}$ Tresca-Vergleichsspannung
$\sigma_{\mathrm{V}}^{\mathrm{Z}}$ maximale Zugnormalspannung
τ Schubspannung
φ Phasenwinkel
φ_0, φ_1 Richtungen der Hauptspannungen
ψ Verdrehung
ω Kreisfrequenz
$\boldsymbol{\omega}$ Winkelgeschwindigkeit
ω_d Kreisfrequenz der gedämpften Schwingung

Stichwortverzeichnis

Tritt ein Stichwort nicht als Hauptbegriff auf, so sollte zunächst nach einem Oberbegriff gesucht werden, unter dem das gesuchte Stichwort evtl. als Untereintrag zu finden ist. Seitenzahlen, die bei den nachfolgenden Stichwörtern **fett** dargestellt sind, verweisen auf diejenigen Stellen, an denen der zugehörige Begriff weitergehend behandelt wird.

L

M

T

U

V